Eletrônica de Potência

H325e Hart, Daniel W.
        Eletrônica de potência : análise e projetos de circuitos /
     Daniel W. Hart ; tradução: Romeu Abdo ; revisão técnica:
     Antonio Pertence Júnior. – Porto Alegre : AMGH, 2012.
        xvi, 480 p. : il. ; 25 cm.

        ISBN 978-85-8055-045-0

        1. Engenharia elétrica. 2. Eletrônica. I. Título.

                                                    CDU 621.3

Catalogação na publicação: Ana Paula M. Magnus – CRB 10/2052

Daniel W. Hart
Valparaiso University

Eletrônica de Potência
análise e projetos de circuitos

Tradução
Romeu Abdo
Especialista em Automação Industrial
Ex-Professor de Eletrônica do Cetel – MG

Revisão Técnica
Antonio Pertence Júnior; MsC
Engenheiro Eletrônico e de Telecomunicações
Especialista em Processamento de Sinais (Ryerson University – Canadá)
Membro da Sociedade Brasileira de Eletromagnetismo
Professor da Faculdade de Engenharia e Arquitetura da Universidade Fumec – MG

AMGH Editora Ltda.
2012

Obra originalmente publicada sob o título
Power Electronics, 1st Edition.
ISBN 0073380679 / 9780073380674

Original edition copyright© 2011, The McGraw-Hill Companies, New York, NY,U.S.A. All rights reserved.
Portuguese-language translation copyright © 2011 AMGH Editora Ltda. All rights reserved.

Capa: *VS Digital* (arte sobre capa original)

Leitura final: *Fabrícia Carpinelli Romaniv Chicaroni*

Gerente editorial – CESA: *Arysinha Jacques Affonso*

Editora sênior: *Viviane R. Nepomuceno*

Editora: *Luciana Cruz*

Assistente editorial: *Kelly Rodrigues dos Santos*

Editoração eletrônica: *Techbooks*

Reservados todos os direitos de publicação, em língua portuguesa, à
AMGH Editora Ltda. (AMGH EDITORA é uma parceria entre
ARTMED Editora S.A. e MCGRAW-HILL EDUCATION).
Av. Jerônimo de Ornelas, 670 – Santana
90040-340 – Porto Alegre – RS
Fone: (51) 3027-7000   Fax: (51) 3027-7070

É proibida a duplicação ou reprodução deste volume, no todo ou em parte, sob quaisquer
formas ou por quaisquer meios (eletrônico, mecânico, gravação, fotocópia, distribuição na Web
e outros), sem permissão expressa da Editora.

Unidade São Paulo
Av. Embaixador Macedo Soares, 10.735 – Pavilhão 5 – Cond. Espace Center
Vila Anastácio – 05095-035 – São Paulo – SP
Fone: (11) 3665-1100   Fax: (11) 3667-1333

SAC 0800 703-3444 – www.grupoa.com.br

IMPRESSO NO BRASIL
PRINTED IN BRAZIL
Impresso sob demanda na Meta Brasil a pedido de Grupo A Educação.

*Para minha família, amigos e
vários alunos
que tive o privilégio e o prazer
de orientar*

Prefácio

Este livro é um texto introdutório em eletrônica de potência para graduação em engenharia elétrica. O texto supõe que o aluno esteja familiarizado com técnicas de análise de circuito normalmente ensinadas em um nível iniciante. O aluno deve estar habituado com dispositivos eletrônicos, tais como diodos e transistores, mas a ênfase deste texto está na topologia e função dos circuitos mais do que nos instrumentos. Entender as relações entre dispositivos lineares é o primeiro requisito, e o conceito das séries de Fourier também é importante.

O conteúdo foi planejado para ser ministrado durante um semestre no curso de eletrônica de potência, com tópicos convenientes, que podem ser selecionados ou omitidos pelo professor. O texto foi escrito para que haja certa flexibilidade na ordem dos tópicos. Recomenda-se que o Capítulo 2, sobre cálculos de potência, seja visto no início do curso com tantos detalhes quanto o professor considerar necessário para o nível dos estudantes. Os Capítulos 6 e 7, sobre conversores CC-CC e fontes de alimentação CC, podem ser estudados antes dos Capítulos 3, 4 e 5, sobre retificadores e controladores de tensão. O autor expõe os capítulos na ordem 1, 2 (Introdução, Cálculos de Potência), 6, 7 (Conversores CC-CC, Fonte de Alimentação CC), 8 (Inversores), 3, 4, 5 (Retificadores e Controladores de Tensão), seguido pela exposição de tópicos escolhidos nos Capítulos 9 (Conversores Ressonantes) e 10 (Circuitos de Acionamento e Snubber e Dissipadores de Calor). Alguns temas mais avançados, tais como a seção sobre controle, no Capítulo 7, podem ser omitidos em um curso introdutório.

O aluno pode usar todos os programas de computador disponíveis para a solução das equações que descrevem os circuitos de eletrônica de potência, os quais vão desde calculadoras com funções embutidas como integração e cálculo de raiz até programas de computador avançados como MATLAB®, Mathcad®, Maple™ Mathematica® e outros. Técnicas numéricas são sempre sugeridas neste livro. Fica a critério do aluno escolher e adaptar as ferramentas de informática disponíveis para usar em eletrônica de potência.

Em muitas situações este livro inclui o uso do programa de simulação PSpice® como um suplemento para as técnicas de solução analítica de circuito. Alguma experiência prévia com o programa é útil, mas não necessária. De forma alternativa, o professor pode usar um programa de simulação diferente, tal como o PSM® ou o NI Multisim™, em vez do PSpice®. A simulação por computador não foi pensada para substituir a compreensão dos princípios fundamentais, o autor crê que o uso de programas de simulação que favoreçam o estudo do comportamento básico dos circuitos de eletrônica de potência acrescenta uma outra dimensão ao aprendizado do aluno que não é possível estritamente por manipulação de equações. Observar as formas de onda da tensão e corrente por um programa de simulação proporciona o desenvolvimento de objetivos típicos de experiências em laboratório. Em um programa de simulação, todas as tensões e correntes podem ser estudadas, em geral, com mais eficiência do que nos laboratórios de prática de circuitos. As variações que ocorrem na atuação dos circuitos pela troca de componentes ou parâmetro de funcionamento podem ser efetuadas mais facilmente com um programa de simulação do que em um laboratório. Os circuitos apresentados neste livro no PSpice® não representam necessariamente a melhor forma para simular circuitos, os alunos devem se sentir encorajados a usar suas habilidades de engenharia para melhorar a simulação de circuitos sempre que possível.

Arquivos de circuito do Capture para simulação no PSpice® estão disponíveis com acesso livre no site do Grupo A, www.grupoa.com.br. Professores interessados em obter o manual do instrutor (em inglês) e as apresentações em PowerPoint (em português) devem entrar na exclusiva Área do Professor, também pelo site da Editora.

Meus sinceros agradecimentos aos revisores e alunos que fizeram valiosas contribuições para este projeto. Os revisores são:

Ali Emadi
Illinois Institute of Technology
Shaahin Filizadeh
University of Manitoba
James Gover
Kettering University
Peter Idowu
Penn State, Harrisburg
Mehrdad Kazerani
University of Waterloo
Xiaomin Kou
University of Wisconsin-Platteville
Alexis Kwasinski
The University of Texas at Austin
Medhat M. Morcos
Kansas State University
Steve Pekarek
Purdue University
Wajiha Shireen
University of Houston
Hamid Toliyat
Texas A&M University

Zia Yamayee
University of Portland
Lin Zhao
Gannon University

Um agradecimento especial aos meus colegas Kraig Olejniczak, Mark Budnik e Michael Doria na Valparaiso University por suas contribuições. Agradeço também a Nikke Ault pela preparação de grande parte do manuscrito.

Daniel W. Hart
Valparaiso University
Valparaiso, Indiana

Sumário Resumido

Capítulo 1
Introdução 1

Capítulo 2
Cálculos de Potência 21

Capítulo 3
Retificadores de Meia Onda 65

Capítulo 4
Retificadores de Onda Completa 111

Capítulo 5
Controladores de Tensão CA 171

Capítulo 6
Conversores CC-CC 197

Capítulo 7
Fontes de Alimentação CC 267

Capítulo 8
Inversores 333

Capítulo 9
Conversores Ressonantes 389

Capítulo 10
Circuitos de Acionamento, Circuitos Snubber (Amortecedores) e Dissipadores de Calor 433

Apêndice A
Séries de Fourier para Algumas Formas de Onda Comuns 463

Apêndice B
Modelo de Variáveis de Estado para Circuitos com Chaveamento Múltiplo 469

Índice 475

Sumário

Capítulo 1
Introdução 1
- 1.1 Eletrônica de Potência 1
- 1.2 Classificação dos Conversores 1
- 1.3 Conceitos de Eletrônica de Potência 3
- 1.4 Chaves Eletrônicas 5
  - Diodo 6
  - Tiristores 7
  - Transistor 8
- 1.5 Escolha da Chave 11
- 1.6 Spice, Pspice e Capture 13
- 1.7 Chaves no Pspice 14
  - A chave controlada por tensão 14
  - Transistores 16
  - Diodos 17
  - Tiristores (SCRs) 18
  - Problemas de convergência no PSpice 18
- 1.8 Bibliografia 19
  - Problemas 20

Capítulo 2
Cálculos de Potência 21
- 2.1 Introdução 21
- 2.2 Potência e Energia 21
  - Potência instantânea 21
  - Energia 22
  - Potência média 22
- 2.3 Indutores e Capacitores 25
- 2.4 Recuperação de Energia 27
- 2.5 Valores Eficazes: Rms 34
- 2.6 Potência Aparente e Fator de Potência 42
  - Potência aparente S 42
  - Fator de potência 43
- 2.7 Cálculos da Potência para Circuitos Ca Senoidais 43
- 2.8 Cálculos de Potência para Formas de Onda Não Senoidal 44
  - As séries de Fourier 45
  - Potência média 46
  - Fonte não senoidal e carga linear 46
  - Fonte senoidal e carga não linear 48
- 2.9 Cálculos de Potência Usando o Pspice 51
- 2.10 Resumo 58
- 2.11 Bibliografia 59
  - Problemas 59

Capítulo 3
Retificadores de Meia Onda 65
- 3.1 Introdução 65
- 3.2 Carga Resistiva 65
  - Produzindo uma componente CC usando uma chave eletrônica 65
- 3.3 Carga Resistiva-Indutiva 67
- 3.4 Simulação com o Pspice 72
  - Usando o programa de simulação para cálculos numéricos 72
- 3.5 Fonte como Carga-RL 75
  - Fornecimento de potência para uma fonte CC a partir de uma fonte CA 75
- 3.6 Fonte como Carga com Indutor 79
  - Usando uma indutância para limitar a corrente 79
- 3.7 O Diodo Roda Livre (Freewheeling) 81

Produzindo uma corrente CC 81
Reduzindo as harmônicas da corrente na carga 86

3.8 Retificador de Meia Onda com Filtro Capacitivo 88
Produzindo uma tensão CC a partir de uma fonte CA 88

3.9 Retificador de Meia Onda Controlado 94
Carga resistiva 94
Carga RL 96
Fonte como carga RL 98

3.10 Soluções para Retificadores Controlados Usando Pspice 100
Modelando o SCR no PSpice 100

3.11 Comutação 103
O efeito da indutância na fonte 103

3.12 Resumo 105
3.13 Bibliografia 106
Problemas 106

Capítulo 4
Retificadores de Onda Completa 111

4.1 Introdução 111
4.2 Retificadores de Onda Completa Monofásicos 111
A retificador em ponte 111
O retificador com transformador com tomada central (Center-tap) 114
Carga resistiva 115
Carga RL 115
Harmônicas na fonte 118
Simulação no PSpice 119
Fonte como carga RL 120
Filtro capacitivo na saída 122
Dobradores de tensão 125
Saída filtrada com LC 126

4.3 Retificadores de Onda Completa Controlados 131
Carga resistiva 131
Modo descontínuo de corrente com carga RL 133
Carga RL no modo contínuo de corrente 135
Simulação com PSpice do retificador de onda completa controlado 139
Retificador controlado com fonte como carga RL 140
Conversor monofásico controlado funcionando com inversor 142

4.4 Retificadores Trifásicos 144
4.5 Retificadores Trifásicos Controlados 149
Retificadores de doze pulsos 151

O conversor trifásico funcionado como inversor 154

4.6 Transmissão de Potência CC 156
4.7 Comutação: O Efeito da Indutância da Fonte 160
Retificador em ponte monofásico 160
Retificador trifásico 162

4.8 Resumo 163
4.9 Bibliografia 164
Problemas 164

Capítulo 5
Controladores de Tensão CA 171

5.1 Introdução 171
5.2 Controlador de Tensão CA Monofásico 171
Funcionamento básico 171
Controlador monofásico com carga resistiva 173
Controlador monofásico com carga RL 177
Simulação com o PSpice para o controlador de tensão CA monofásico 180

5.3 Controladores de Tensão Trifásicos 183
Conexão de carga resistiva em Y 183
Carga RL conectada em Y 187
Carga resistiva conectada em triângulo 189

5.4 Controle de Rotação de Motor de Indução 191
5.5 Controle Estático Var 191
5.6 Resumo 192
5.7 Bibliografia 193
Problemas 193

Capítulo 6
Conversores CC-CC 197

6.1 Reguladores de Tensão Lineares 197
6.2 Um Conversor Chaveado Básico 198
6.3 O Conversor Buck (abaixador) 199
Relações de tensão e corrente 199
Tensão de ondulação na saída 205
Resistência do capacitor – o efeito da ondulação na tensão 207
Retificação síncrona para o conversor buck 208

6.4 Considerações Sobre Projetos 208
6.5 O Conversor Boost (ou Elevador) 212
Relações de tensão e corrente 212

Tensão de ondulação na saída 216
Resistência do indutor 219
6.6 O Conversor Buck-Boost 222
Relações de tensão e corrente 222
Tensão de ondulação na saída 226
6.7 O Conversor Cuk 227
6.8 Conversor com Indutância Simples no Primário (Sepic) 232
6.9 Conversores Intercalados 238
6.10 Desempenho do Conversor e Chaves Não Ideais 240
Queda de tensão na chave 240
Perdas no chaveamento 241
6.11 Funcionamento no Modo de Condução Descontínua 242
Conversor buck com modo de condução descontínua 242
Conversor boost com modo de condução descontínua 245
6.12 Conversores com Capacitor Chaveado 248
Conversores com capacitor chaveado elevador 248
Conversor com capacitor chaveado com inversão 250
Conversores com capacitor chaveado abaixador 251
6.13 Simulação de Conversores CC-CC com o Pspice 252
Um modelo chaveado para o PSpice 253
Modelo de circuito de valores médios 255
6.14 Resumo 260
6.15 Bibliografia 260
Problemas 261

Capítulo 7
Fontes de Alimentação CC 267
7.1 Introdução 267
7.2 Modelos de Transformador 267
7.3 Conversor Flyback 269
Modo de condução contínua 269
Modo de condução descontínua no conversor flyback 277
Resumo do funcionamento do conversor flyback 279
7.4 O Conversor Direto 279
Resumo do funcionamento do conversor direto 285
7.5 O Conversor Direto com Chave Dupla 287
7.6 O Conversor Push-Pull 289
Resumo do funcionamento do conversor Push-Pull 292

7.7 Conversores CC-CC em Meia Ponte e em Ponte Completa 293
7.8 Conversores Alimentados por Corrente 296
7.9 Saídas Múltiplas 299
7.10 Escolha do Conversor 300
7.11 Correção do Fator de Potência 301
7.12 Simulação de Fontes de Alimentação CC com o Pspice 303
7.13 Controle de Fontes de Alimentação 304
Estabilidade da malha de controle 305
Análise em pequeno sinal 306
Função de transferência da chave 307
Função de transferência do filtro 308
Função de transferência da modulação por largura de pulso 309
Amplificador de erro tipo 2 com compensação 310
Projeto de um amplificador de erro tipo 2 com compensação 313
Simulação de um controle realimentado no PSpice 317
Amplificador de erro tipo 3 com compensação 319
Projeto de um amplificador de erro tipo 3 com compensação 320
Localização manual de polos e zeros no amplificador tipo 3 325
7.14 Circuitos de Controle PWM 325
7.15 O Filtro de Linha CA 325
7.16 A Fonte de Alimentação CC Completa 327
7.17 Bibliografia 328
Problemas 329

Capítulo 8
Inversores 333
8.1 Introdução 333
8.2 Conversor em Ponte Completa 333
8.3 O Inversor com Onda Quadrada 335
8.4 Análise com a Séries de Fourier 339
8.5 Distorção Harmônica Total 341
8.6 Simulação do Inversor com Onda Quadrada com o Pspice 342
8.7 Controle de Amplitude e Harmônica 344
8.8 O Inversor em Meia Ponte 348
8.9 Inversores Multiníveis 350
Conversores multiníveis com fontes CC independentes 351

Equalização da fonte de alimentação média com padrão de troca (Pattern Swapping) 355
Inversores multiníveis com grampo de diodo 356

8.10 Saída Modulada por Largura de Pulso 359
Chaveamento bipolar 359
Chaveamento unipolar 360

8.11 Definições de PWM e Considerações 361

8.12 Harmônicas com o PWM 363
Chaveamento bipolar 363
Chaveamento unipolar 367

8.13 Amplificadores de Áudio Classe D 368

8.14 Simulação de Inversores Com Modulação por Largura de Pulso 369
PWM bipolar 369
PWM unipolar 372

8.15 Inversores Trifásicos 375
O inversor de seis degraus 375
Inversores trifásicos com PWM 378
Inversores trifásicos multiníveis 380

8.16 Simulação do Inversor Trifásico no Pspice 380
Inversor trifásico de seis degraus 380
PWM para inversores trifásicos 380

8.17 Controle de Rotação de Motor de Indução 381

8.18 Resumo 384

8.19 Bibliografia 385
Problemas 385

Capítulo 9
Conversores Ressonantes 389

9.1 Introdução 389

9.2 Conversor com Chave Ressonante: Chaveamento com Corrente-Zero 389
Funcionamento básico 389
Tensão na saída 394

9.3 Conversor com Chave Ressonante: Chaveamento com Tensão Zero 396
Funcionamento básico 396
Tensão na saída 401

9.4 Inversor Ressonante Série 403
Perdas no chaveamento 405
Controle da amplitude 406

9.5 Conversor CC-CC Ressonante Série 409
Funcionamento básico 409
Funcionamento para $\omega_s > \omega_o$ 409
Funcionamento para $\omega_o/2 < \omega_s < \omega_o$ 415

Funcionamento para $\omega_s < \omega_o/2$ 415
Variação de conversores CC-CC ressonantes série 416

9.6 O Conversor CC-CC Ressonante Paralelo 417

9.7 Conversor CC-CC Série-Paralelo 420

9.8 Comparação de Conversor Ressonante 423

9.9 Conversor Ressonante Com Ligação CC (*Link* CC) 424

9.10 Resumo 428

9.11 Bibliografia 428
Problemas 429

Capítulo 10
Circuitos de Acionamento, Circuitos Snubber (Amortecedores) e Dissipadores de Calor 433

10.1 Introdução 433

10.2 Circuitos de Acionamento com Mosfet E IGBT 433
Acionadores fornecendo corrente (low-side drivers) 433
Acionadores drenando corrente (high-side drivers) 435

10.3 Circuitos de Acionamento com Transistor Bipolar 439

10.4 Circuitos de Acionamento com Tiristor 442

10.5 Circuitos Snubber com Transistor 443

10.6 Recuperação de Energia com Circuitos Snubber 452

10.7 Circuitos Snubber para Tiristor 452

10.8 Dissipadores de Calor e Condução Térmica 453
Temperaturas no estado estável 453
Temperaturas variando com o tempo 456

10.9 Resumo 459

10.10 Bibliografia 460
Problemas 460

Apêndice A
Séries de Fourier para Algumas Formas de Onda Comuns 463

Apêndice B
Modelo de Variáveis de Estado para Circuitos com Chaveamento Múltiplo 469

Índice 475

Capítulo 1

Introdução

1.1 ELETRÔNICA DE POTÊNCIA

Circuitos eletrônicos de potência convertem a potência elétrica de uma forma para outra usando dispositivos eletrônicos. Circuitos eletrônicos de potência funcionam usando dispositivos semicondutores como chave, controlando ou modificando desta forma o valor da tensão ou da corrente de um circuito. Aplicações de circuitos eletrônicos de potência incluem desde equipamentos de conversão de alta potência, tais como linhas de transmissão de potência CC, até aplicações de circuito do nosso cotidiano como ferramentas elétricas portáteis, fontes de alimentação para computadores, carregadores de bateria de celulares e bateria de automóveis híbridos. Eletrônica de potência inclui aplicações em circuitos que processam potência desde a faixa de miliwatts até megawatts. Aplicações típicas de circuitos eletrônicos de potência incluem conversão CA em CC, conversão de CC em CA, conversão de uma tensão CC não regulada em uma tensão CC regulada e conversão de uma fonte de alimentação CA com determinadas amplitude e frequência em uma outra com amplitude e frequências diferentes.

O projeto de equipamentos de conversão de potência inclui várias disciplinas da área de engenharia elétrica. A eletrônica de potência inclui aplicações de teoria de circuito e de controle, eletrônica, eletromagnetismo, microprocessadores (para controle) e transferência de calor. O avanço na capacidade dos dispositivos semicondutores de chaveamento combinado com a vontade de aumentar a eficiência e o funcionamento dos dispositivos elétricos fez da eletrônica de potência uma área importante e de rápido crescimento na engenharia elétrica.

1.2 CLASSIFICAÇÃO DOS CONVERSORES

A finalidade de um circuito eletrônico de potência é a de corresponder às condições da tensão e da corrente da carga em função da fonte de alimentação. Circuitos de eletrônica de potência convertem um tipo ou nível de uma forma de onda de tensão ou corrente em outra e por esta razão são chamados de *conversores*, os quais funcionam como uma interface entre a fonte e a carga (Fig. 1-1).

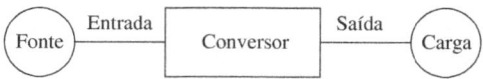

Figura 1-1 Uma fonte e uma carga com um conversor eletrônico de potência como interface.

Os conversores são classificados conforme a relação entre a entrada e a saída.

entrada CA/saída CC

Os conversores CA/CC produzem uma tensão CC na saída a partir de uma tensão CA na entrada. A potência média é transferida da fonte CA para a carga CC. O conversor CA/CA é especificamente classificado como *retificador*. Por exemplo, um conversor CA/CC permite que circuitos integrados operem numa rede CA de 60 Hz convertendo o sinal CA em sinal CC com uma tensão apropriada.

entrada CC/saída CA

O conversor CC/CA é, de forma específica, classificado como um *inversor*. Nele, a potência média é transferida do lado CC para o lado CA. Exemplos de aplicações de inversores incluem a produção de uma tensão CA de 120 V rms 60 Hz a partir de uma bateria de 12 V, tendo como interface uma fonte de energia e uma matriz de células solares para alimentar um aparelho elétrico.

entrada CC/saída CC

O conversor CC/CC é útil quando a carga requer uma tensão ou corrente CC especificada (quase sempre regulada), mas a fonte é de um valor CC diferente ou não regulado. Por exemplo, 5 V podem ser obtidos a partir de uma fonte de 12 V via um conversor CC.

entrada CA/saída CA

O conversor CA/CA pode ser usado para mudar o nível ou a frequência de um sinal CA. Podemos citar como exemplos circuitos de controle de luminosidade de luz (dimmer) e de controle de rotação de um motor de indução.

Alguns circuitos conversores podem funcionar em diferentes modos, dependendo dos parâmetros do circuito e do controle. Por exemplo, alguns circuitos retificadores podem atuar como inversores pela modificação do controle dos dispositivos semicondutores. Nestes casos, é o sentido da transferência de potência média que determina a classificação do conversor. Na Fig. 1-2, se a bateria for carregada a partir da fonte, o conversor é classificado como retificador. Se os parâmetros de funcionamento do conversor forem mudados e a bateria funcionar como fonte de alimentação para o sistema CA, o conversor é classificado como inversor.

A conversão de potência pode ser processada em etapas envolvendo mais de um tipo de conversor. Por exemplo, uma conversão AC-CC-AC pode ser usada para modificar uma fonte CA convertendo primeiro em corrente direta e depois convertendo o sinal CC em sinal CA com amplitude e frequência diferentes da fonte CA original, conforme ilustrado na Fig. 1-3.

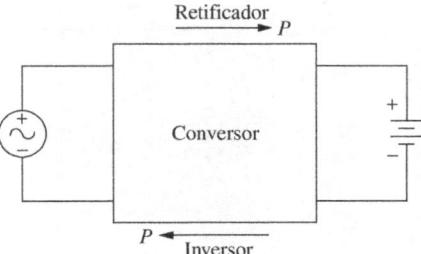

Figura 1-2 Um conversor pode funcionar como um retificador ou inversor, dependendo do sentido de transferência da potência média.

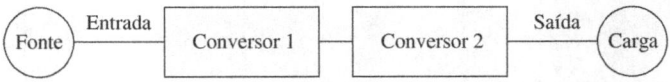

Figura 1-3 Dois conversores usados para um processo de multietapas.

1.3 CONCEITOS DE ELETRÔNICA DE POTÊNCIA

Para ilustrar alguns conceitos da eletrônica de potência, considere o problema de um projeto para fornecer um nível de tensão de 3 V CC a partir de uma bateria de 9 V. O objetivo é alimentar com 3 V uma carga com resistência. Uma solução simples é usar um divisor de tensão como mostrado na Fig. 1-4. Para um resistor de carga R_L, a instalação de uma resistência de $2R_L$ em série resulta numa tensão de 3 V na carga. Um problema com esta solução é que a potência absorvida pelo resistor de $2R_L$ é o dobro da entregue para a carga, que é perdida em calor, fazendo com que a eficiência do circuito seja de apenas 33,3%. Outro problema é que se o valor da resistência de carga mudar, a tensão na saída também muda, a não ser que a resistência $2R_L$ mude proporcionalmente. A solução para este problema poderia estar no uso de um transistor no lugar da resistência de $2R_L$. Ele poderia ser controlado de tal modo que a tensão fosse mantida em 6 V, regulando então a saída em 3 V. Contudo, teríamos o mesmo problema da baixa eficiência com esta solução.

Para chegar a um projeto com uma solução mais próxima do desejável, considere o circuito mostrado na Fig. 1-5a. Neste circuito, uma chave é aberta e fechada periodicamente. A chave é um curto-circuito quando fechada e um circuito aberto quando aberta, fazendo com que a tensão em R_L seja igual a 9 V quando a chave é fechada e 0 V quando a chave é aberta. A tensão resultante em R_L será exemplificada

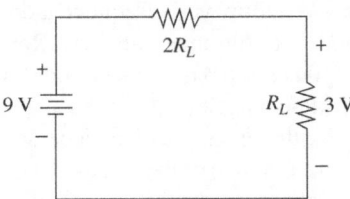

Figura 1-4 Um divisor de tensão simples para fornecer 3 V a partir de 9 V da fonte.

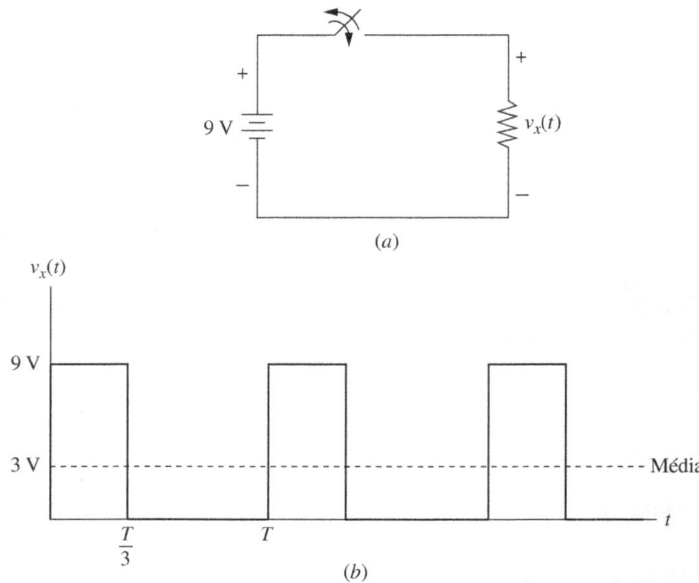

Figura 1-5 (a) Um circuito chaveado; (b) uma forma de onda da tensão chaveada.

na Fig. 1-5b. Esta tensão não é, obviamente, uma tensão CC constante, mas se a chave for fechada um terço do período, o valor médio de v_x (denotado como V_x) será um terço da tensão da fonte. O valor médio é calculado pela equação

$$\mathrm{med}(v_x) = V_x = \frac{1}{T}\int_0^T v_x(t)\,dt = \frac{1}{T}\int_0^{T/3} 9\,dt + \frac{1}{T}\int_{T/3}^T 0\,dt = 3\,\mathrm{V} \qquad (1\text{-}1)$$

Considerando a eficiência do circuito, a potência instantânea (veja Capítulo 2) absorvida pela chave é o produto da tensão e da corrente. Quando a chave está aberta, a potência absorvida é zero por que a corrente é zero. Quando a chave está fechada, a potência absorvida é zero por que a tensão nela é zero. Como a potência absorvida pela chave é zero para ambas as condições da chave, aberta ou fechada, toda a potência da fonte de 9 V é entregue para R_L, fazendo com que a eficiência do circuito seja de 100%.

Até agora, o circuito não realizou o objetivo do projeto de fornecer uma tensão de 3 V_{cc}. Contudo, a forma de onda da tensão v_x pode ser expressa como uma série de Fourier contendo um termo CC (o valor médio) mais os termos da senoide nas frequências que são múltiplas da frequência do pulso. Para fornecer uma tensão de 3 V_{cc}, v_x é aplicada a um filtro passa-baixas. Um filtro passa-baixas ideal permite que a componente CC da tensão passe para a saída enquanto remove os termos CA, criando, assim, a saída desejada. Se o filtro for sem perda, o conversor será 100% eficiente.

Na prática, o filtro apresenta alguma perda e absorverá uma certa potência. Além disto, o dispositivo eletrônico utilizado como chave não será perfeito e apresentará perdas. No entanto, a eficiência do conversor pode ainda ser bem alta (mais de 90%). Os valores necessários dos componentes do filtro podem se tornar menores com frequên-

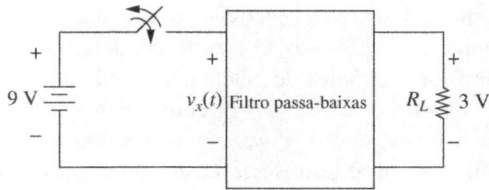

Figura 1-6 Um filtro passa-baixas permite que somente o valor médio de v_x passe para a carga.

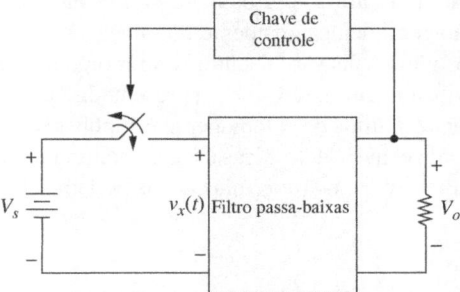

Figura 1-7 A realimentação é usada para controlar a chave e manter a tensão na saída em um valor desejado.

cias de chaveamento mais altas e maiores, tornando-as desejáveis. Os Capítulos 6 e 7 descrevem os processos de conversão CC-CC com detalhes. A "chave", neste exemplo, será algum dispositivo eletrônico como um transistor de efeito de campo de óxido de metal (MOSFET), ou pode ser composta por mais de um dispositivo eletrônico.

O processo de conversão de potência geralmente envolve um sistema de controle. As grandezas de saída, tais como tensão e corrente, são medidas e os parâmetros de funcionamento ajustados para manter a saída com os valores desejáveis. Por exemplo, se a bateria de 9 V da Fig. 1-6 diminuísse para 6 V, a chave teria de ser fechada 50% do tempo para manter um valor médio de 3 V para v_x. Um sistema de controle com realimentação poderia detectar se a tensão na saída não estava em 3 V e ajustar o fechamento ou a abertura da chave de forma adequada, como mostra a Fig. 1-7.

1.4 CHAVES ELETRÔNICAS

Uma chave eletrônica é caracterizada por ter dois estados *ligado* e *desligado*, idealmente sendo ambos um curto-circuito ou circuito aberto. Aplicações usando dispositivos de chaveamento são desejáveis por causa de uma perda relativamente menor de potência no dispositivo. Se a chave é ideal, ou a tensão ou a corrente é zero, então a potência absorvida por ela é zero. Os dispositivos reais absorvem alguma potência quando estão no estado ligado e quando fazem transição entre os estados ligado e desligado, mas a eficiência do circuito ainda pode ser bastante alta. Alguns dispositivos eletrônicos, como os transistores, podem funcionar também na faixa da região ativa na qual os valores da tensão e da corrente não são zero, mas é desejável usar este dispositivo como chave no processamento da potência.

A ênfase deste livro está mais no funcionamento básico de circuitos do que no desempenho do dispositivo. O uso de um determinado dispositivo de chaveamento em circuitos de eletrônica de potência depende do estado atual da tecnologia do dispositivo. O comportamento dos circuitos eletrônicos de potência, muitas vezes, não é afetado de forma significativa pelo dispositivo que está sendo usado para o chaveamento, em especial se a queda de tensão numa chave em condução for menor comparada com outros valores de tensão do circuito. Portanto, dispositivos semicondutores em geral são modelados como chaves ideais para que o comportamento do circuito possa ser enfatizado. As chaves são modeladas como curtos-circuitos quando no estado ligado e circuitos abertos quando no estado desligado. As transições entre os estados são geralmente consideradas como sendo instantâneas, mas os efeitos de chaveamentos não ideais são discutidos no momento apropriado. Um breve estudo das chaves com semicondutores será apresentado nesta seção e informações adicionais relativas aos circuitos de acionamento e snubber serão encontradas no Capítulo 10. A tecnologia de chaves eletrônicas está em contínua mudança e um tratamento completo do estado dos dispositivos mais atuais podem ser encontrados na literatura.

Diodo

O diodo é a chave eletrônica mais simples. Ele não pode ser controlado e as condições de seus estados ligado e desligado são determinadas pelas tensões e correntes do circuito. O diodo está polarizado de forma direta (em condução ou ligado) quando a corrente i_d (Fig. 1-8a) é positiva e reversamente polarizada (em corte ou desligada) e quando v_d é negativa. No caso ideal, o diodo é um curto-circuito no momento em que é polarizado diretamente e é um circuito aberto na polarização reversa. As características, corrente-tensão, real e idealizada são mostradas nas Figs. 1-8b e c. A característica idealizada é usada na maioria das análises neste livro.

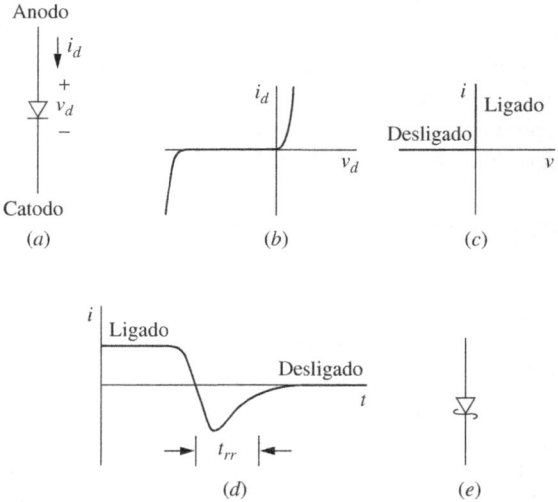

Figura 1-8 (a) Diodo retificador; (b) característica i-v; (c) característica i-v idealizada; (d) tempo de recuperação reversa t_{rr}; (e) diodo Schottky.

Uma característica dinâmica importante de um diodo não ideal é a corrente de recuperação reversa. Quando um diodo é desligado, a corrente nele diminui e momentaneamente torna-se negativa antes de estabilizar em zero, como mostra a Fig. 1-8d. O tempo t_{rr} diz respeito ao momento de recuperação reversa, que é geralmente menor que 1 µs. Este fenômeno pode se tornar importante em aplicações de alta frequência. Os diodos de recuperação rápida são projetados para ter um t_{rr} menor que o dos diodos projetados para as aplicações na frequência da rede. Os diodos de carboneto de silício (SiC) têm um tempo de recuperação muito menor, resultando em circuitos mais eficientes, em especial nas aplicações em alta frequência.

Os diodos Schottky (Fig. 1-8e) têm uma barreira de metal-silício em vez de uma junção P-N. Os diodos Schottky têm uma queda de tensão direta típica de 0,3 V. Eles são frequentemente utilizados em aplicações de baixa tensão em que as quedas nos diodos são significativas em relação às outras tensões do circuito. A tensão reversa para um diodo Schottky é limitada em 100 V aproximadamente. A barreira metal-silício num diodo Schottky não está sujeita aos transientes de recuperação e entram em condução (ligam) e em corte (desligam) mais rápido que os diodos com junção P-N.

Tiristores

Os tiristores são chaves eletrônicas utilizadas em alguns circuitos nos quais se necessita controlar o estado ligado. O termo *tiristor* se refere quase sempre a uma família de dispositivos de três terminais entre os quais podemos citar o diodo controlado de silício (SCR), o triac, o tiristor desligado pela porta (GTO, na sigla em inglês), o tiristor controlado por MOS (MCT) e outros. Tiristor e SCR são termos utilizados algumas vezes como sinônimos. O SCR é usado neste livro para ilustrar os dispositivos controlados da família de tiristores. Os tiristores são capazes de conduzir correntes de valores elevados e de bloquear valores altos de tensão para aplicações com valores altos de potência, mas as frequências de chaveamento não podem ser tão altas quanto as usadas com outros dispositivos como os MOSFETs.

Os três terminais do SCR: são anodo, catodo e gatilho (Fig. 1-9a). Para o SCR começar a conduzir é preciso que se aplique uma corrente no gatilho quando a tensão anodo-catodo for positiva. Uma vez estabelecida a condução, o sinal no gatilho não é mais necessário para manter a corrente no anodo. O SCR continuará a conduzir enquanto a corrente no anodo permanecer positiva e acima de um valor mínimo chamado de nível de manutenção. As Figs. 1-9a e b mostram o símbolo do SCR para os circuitos e a característica corrente-tensão idealizada.

O tiristor com desligamento pelo gatilho (GTO) da Fig. 1-9c, como o SCR, entra em condução com uma corrente no gatilho de curta duração se a tensão anodo-catodo for positiva. Porém, diferente do SCR, o GTO pode ser desligado com uma corrente negativa no gatilho; sendo, portanto, adequado para algumas aplicações em que ambos os controles de ligamento e de desligamento de uma chave são necessários. A corrente negativa de desligamento no gatilho pode ser de curta duração (alguns microssegundos), mas seu valor deve ser muito alto comparado com a corrente de condução. Tipicamente, a corrente de desligamento é de um terço da corrente de condução no anodo no estado ligado. A característica *i-v* é como mostrada na Fig. 1-9b para o SCR.

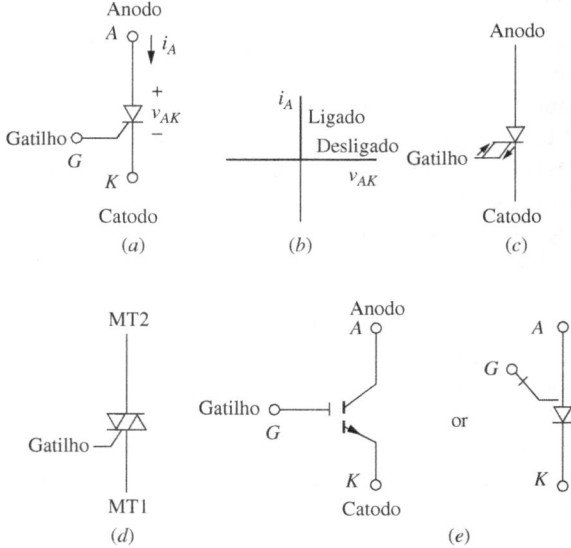

Figura 1-9 Dispositivos da família de tiristores: (a) retificador controlado de silício SCR; (b) característica *i-v* idealizada do SCR; (c) tiristor com desligamento pelo gatilho (GTO); (d) triac; (e) tiristor controlado por MOS (MCT).

O triac (Fig. 1-9d) é um tiristor capaz de conduzir em ambos os sentidos. O triac é funcionalmente equivalente a dois SCRs (em paralelo, mas com sentidos opostos)*. Circuitos comuns de controle de luminosidade de lâmpadas incandescentes (dimmer), usam um triac para modificar os semiciclos positivo e negativo da onda senoidal de entrada.

O tiristor controlado por MOS (MCT) na Fig. 1-9e é um dispositivo funcional equivalente a um GTO, mas sem a necessidade de uma corrente de alto valor no gatilho para o desligamento. O MCT tem um SCR com dois MOSFETs integrados num dispositivo. Um dos MOSFETs liga o SCR e o outro MOSFET desliga o SCR. O MCT é ligado e desligado pelo estabelecimento de uma tensão apropriada do gatilho para o catodo, que é o oposto do estabelecido para a corrente no gatilho do GTO.

Tiristores foram historicamente escolhidos como chaves eletrônicas de potência por causa das faixas de valores altos de corrente e de tensão disponíveis. Os tiristores ainda são utilizados, especialmente em aplicações de alta potência; entretanto, as faixas de potência dos transistores têm aumentado enormemente, tornando os transistores mais desejáveis em muitas aplicações.

Transistor

Transistores funcionam como chaves em circuitos eletrônicos de potência. Circuitos de acionamento com transistores são projetados para que funcionem em ambos os estados, totalmente ligado ou desligado. Isto difere de outras aplicações do transistor, como nas aplicações de um circuito amplificador linear em que o transistor funciona na região tendo valores altos de tensão e de corrente simultaneamente.

---

*N. de T.: Dizemos também que os dois SCRs estão em antiparalelo.

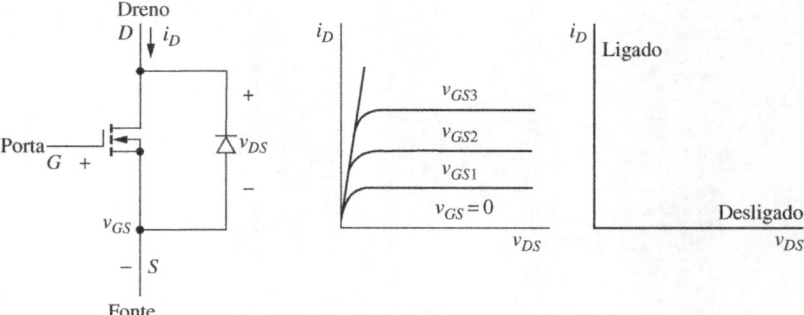

Figura 1-10 (a) MOSFET (canal N) com diodo de corpo; (b) características do MOSFET; (c) características idealizadas do MOSFET.

Diferente do diodo, os estados ligado e desligado de um transistor são controlados. Os tipos de transistores utilizados em circuitos eletrônicos de potência são os MOSFETs, transistores de junção bipolar (BJTs) e os dispositivos híbridos como os transistores de junção bipolar com porta isolada (IGBTs). As Figs. 1-10 até 1-12 mostram os símbolos para circuitos e as características corrente-tensão.

O MOSFET da (Fig. 1-10a) é um dispositivo controlado por tensão com as características mostradas na Fig. 1-10b. A fabricação do MOSFET produz um diodo parasita (corpo), como mostrado, que algumas vezes pode ser usado como uma vantagem nos circuitos eletrônicos de potência. Os MOSFETs de potência são do tipo crescimento em vez do tipo depleção. Uma tensão porta-fonte com valor suficientemente alto faz com que o dispositivo seja ligado, resultando numa baixa tensão dreno-fonte. No estado ligado, a variação em v_{DS} é linearmente proporcional a uma variação em i_D.

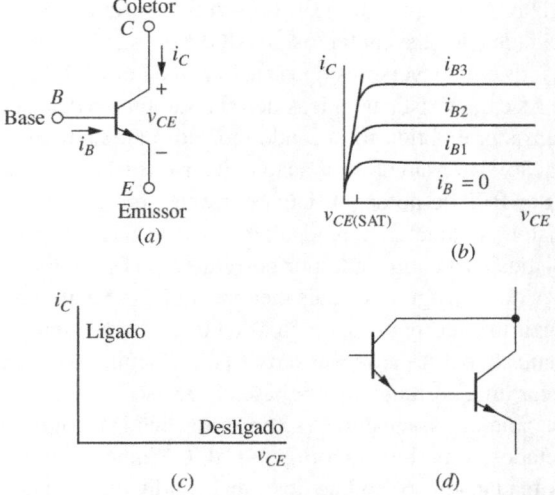

Figura 1-11 (a) BJT (NPN); (b) características do BJT; (c) características idealizadas do BJT; (d) configuração Darlington.

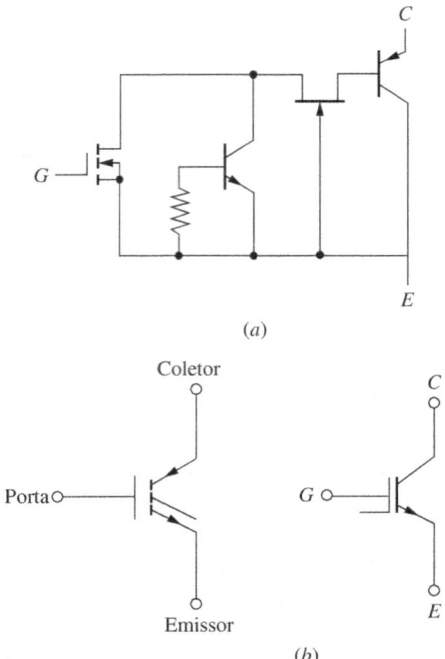

Figura 1-12 IGBT: (a) Circuito equivalente; (b) símbolos para circuito.

Portanto, o estado ligado do MOSFET pode ser modelado como uma resistência de estado ligado chamada de $R_{DS(lig.)}$. Os MOSFETs têm uma resistência de estado ligado da ordem de poucos miliohms. Para uma primeira aproximação, o MOSFET pode ser modelado como uma chave ideal com a característica mostrada na Fig. 1-10c. As faixas de valores vão de 1500 V a 600 A (embora de forma não simultânea). As velocidades de chaveamentos do MOSFET são maiores que as dos BJTs e eles são utilizados em conversores que funcionam na faixa de mega Hertz.

    As características típicas do BJT são mostradas na Fig. 1-11b. O estado ligado do transistor é obtido fornecendo uma corrente na base suficiente para levar o BJT à saturação. A tensão de saturação coletor-emissor é tipicamente da ordem de 1 a 2 V para um BJT de potência. Uma corrente zero na base resulta no desligamento do transistor. A característica idealizada i-v do BJT é mostrada na Fig. 1-11c. O BJT é um dispositivo controlado por corrente e BJTs de potência têm tipicamente baixos valores de h_{FE}, algumas vezes menores que 20. Se um BJT de potência com $h_{FE} = 20$ conduzir uma corrente de coletor de 60 A, por exemplo, a corrente na base precisaria ser maior que 3 A para levar o transistor à saturação. Para o circuito de acionamento fornecer uma corrente alta na base, é preciso que ele seja um circuito de significante potência em si mesmo. As configurações Darlington têm dois transistores BJTs conectados como mostra a Fig. 1-11d. O ganho de corrente eficaz da combinação é aproximadamente o produto dos ganhos individuais e pode, desta forma, reduzir (continua) a corrente exigida para o circuito de acionamento. A configuração Darlington pode ser construída a partir de dois transistores discretos ou pode ser obtida como um dispositivo integrado único. Os BJTs de potência são raramente utilizados em novas aplicações, tendo sido superado pelos MOSFETs e IGBTs.

O IGBT da Fig. 1-12 é uma conexão integrada de um MOSFET e um BJT. O circuito de acionamento para o IGBT é semelhante ao do MOSFET, enquanto que as características do estado ligado são equivalentes às do BJT. Os IGBTs têm substituído os BJTs em várias aplicações.

1.5 ESCOLHA DA CHAVE

A escolha de um dispositivo de potência para uma dada aplicação depende não apenas dos níveis de tensão e corrente exigidos, mas também das características de chaveamento. Os transistores e GTOs possibilitam o controle de ligamento e desligamento, os SCRs possibilitam o controle de ligamento, mas não do desligamento e os diodos de nenhum.

As velocidades de chaveamento e as perdas de potência associadas são muito importantes nos circuitos eletrônicos de potência. O BJT é um dispositivo com portadores minoritários, enquanto que o MOSFET é um dispositivo com portadores majoritários que não tem portadores minoritários armazenados em atraso, dando ao MOSFET uma vantagem nas velocidades de chaveamento. Os tempos de chaveamento de um BJT podem ser maiores que os do MOSFET. Portanto, o MOSFET tem em geral perdas menores e é preferido em relação ao BJT.

Ao escolher um dispositivo de chaveamento adequado, a primeira consideração é o ponto de operação exigido e as características de ligamento e desligamento. O Exemplo 1-1 resume o procedimento para a escolha.

Exemplo 1-1

Escolha da chave

O circuito da Fig. 1-13a tem duas chaves. A chave S_1 está ligada e conecta a fonte de tensão ($V_s = 24$ V) à fonte de corrente ($I_o = 2$ A). É desejado abrir a chave S_1 para desconectar V_s da fonte de corrente. Isto requer que a segunda chave S_2 feche para fornecer um caminho para a corrente I_o, como na Fig. 1-13b. Decorrido um tempo, S_1 é religada e S_2 deve abrir para restaurar o circuito à sua condição inicial. O ciclo é repetido numa frequência de 200 kHz. Determine o tipo de dispositivo requerido para cada chave e a tensão e corrente máximas necessárias para cada.

■ Solução

O tipo de dispositivo é escolhido a partir da necessidade de ligar e desligar, das exigências de tensão e corrente da chave para os estados ligado e desligado e da velocidade de chaveamento exigida.

Os pontos de operação do estado estável para S_1 são em $(v_1, i_1) = (0, I_o)$ para S_1 fechada e $(V_s, 0)$ para a chave aberta (Fig. 1-13c). Os pontos de operação estão sobre os eixos positivos de i e v e S_1 precisam desligar quando $i_1 = I_o > 0$ e deve ligar quando $V_1 = V_s > 0$. O dispositivo utilizado para S_1 deve, portanto, proporcionar um controle do ligamento e do desligamento. A característica do MOSFET da Fig. 1-10d ou a característica do BJT da Fig. 1-11c atende às exigências. Um MOSFET seria uma boa escolha por causa da frequência de chaveamento

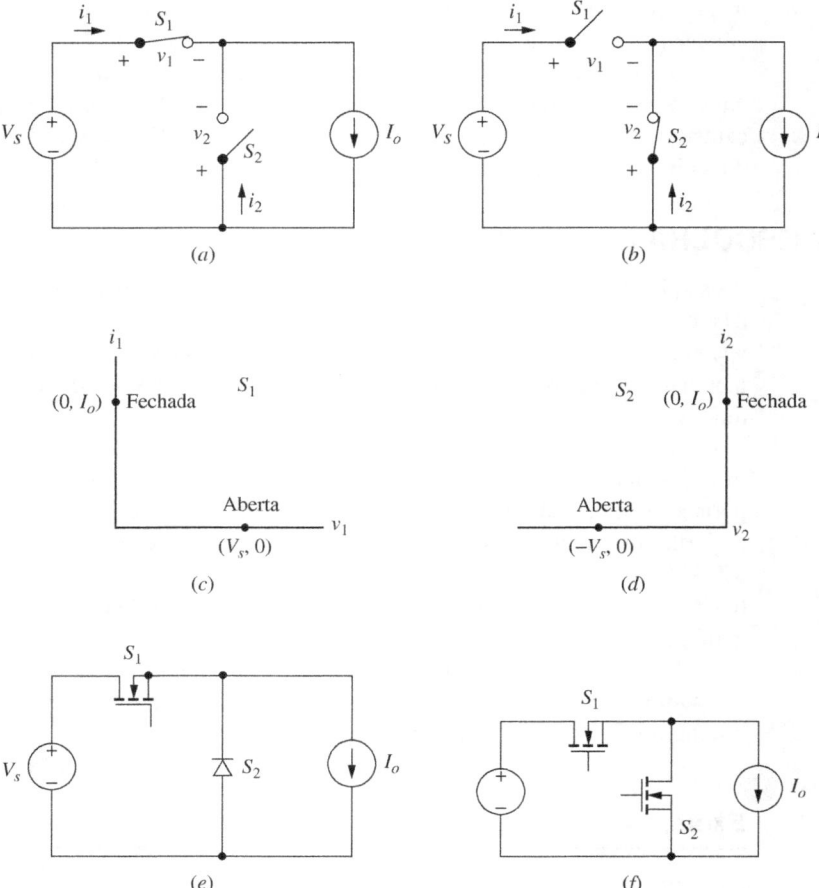

Figura 1-13 Circuito para o Exemplo 1-1. (a) S_1 fechada, S_2 aberta; (b) S_1 aberta, S_2 fechada; (c) pontos de operação para S_1; (d) pontos de operação para S_2; (e) implementação da chave usando um MOSFET e um diodo; (f) implementação da chave usando dois MOSFETs (retificação síncrona).

exigida, a necessidade de acionamento simples pela porta e a necessidade de tensão e corrente relativamente baixas (24 V e 2 A).

Os pontos de funcionamento do estado estável para S_2 estão em $(v_2, i_2) = (-V_s, 0)$ na Fig. 1-13a e $(0, I_o)$ na Fig. 1-13b, como mostrado na Fig. 1-13d. Os pontos de operação estão sobre o eixo positivo da corrente e o eixo negativo da tensão. Portanto, uma corrente positiva em S_2 é a exigência para ligar S_2 e uma tensão negativa existe quando S_2 deve ser desligada. Desde que os pontos de operação combinam com o diodo da (Fig. 1-8c) e nenhum outro controle é necessário para o dispositivo, um diodo é uma escolha apropriada para S_2. A Fig. 1-13e implementa o circuito de chaveamento. A corrente máxima é de 2 A e a tensão máxima no estado de bloqueio é de 24 V.

Embora um diodo seja um dispositivo suficiente e adequado para a chave S_2, um MOSFET também funcionaria nesta posição, como mostra a Fig. 1-13f. Quando S_2 está fechada e S_1 aberta, a corrente circula para cima, saindo do dreno de S_2. A vantagem de usar um MOSFET é que, quando em condução, ele tem uma queda de tensão muito mais baixa nos seus terminais comparada com um diodo, resultando em uma perda de potência menor e maior eficiência do circuito. A desvantagem é que é necessário um circuito de controle mais complexo para ligar S_2 quando S_1 for desligada. Contudo, existem vários circuitos de controle para isto. O esquema de controle é conhecido como retificação síncrona ou chaveamento síncrono.

Em uma aplicação de eletrônica de potência, a fonte de corrente neste circuito representaria um indutor que tem uma corrente aproximadamente constante.

1.6 SPICE, PSPICE E CAPTURE

A simulação por computador é uma análise valiosa e uma ferramenta de projeto enfatizada no decorrer deste livro. O SPICE é um programa de simulação de circuito desenvolvido no Departamento de Engenharia Elétrica e Ciência da Computação da Universidade de Berkeley, na Califórnia. O PSpice é uma adaptação do SPICE disponível no mercado que foi desenvolvido para o computador pessoal. O Capture é um programa de interface gráfica que permite fazer uma simulação a partir da representação gráfica do diagrama de um circuito. A Cadense fornece um produto chamado de OrCAD Capture e uma versão de demonstração sem custo[1]. Quase todas as simulações descritas neste livro podem ser realizadas usando a versão de demonstração.

Uma simulação pode assumir vários níveis de dispositivos e modelos de componentes, dependendo de seu objetivo. A maioria dos exemplos de simulação e exercícios usa modelos de componentes idealizados ou padrões, obtendo resultados com aproximações de primeira ordem, da mesma forma que o trabalho analítico feito no primeiro debate de um assunto em qualquer livro texto. Após o entendimento fundamental do funcionamento de um circuito eletrônico de potência, o engenheiro pode incluir modelos detalhados do dispositivo para prever mais precisamente o comportamento de um circuito real.

O Probe, é um programa de pós-processamento (*postprocessor*) gráfico que acompanha o PSpice, sendo bastante útil. O Probe é capaz de mostrar graficamente a forma de onda da corrente ou da tensão em qualquer circuito. Isto dá ao estudante uma visão do comportamento do circuito que não é possível em uma análise com papel e lápis. Além do mais, o Probe é capaz de executar cálculos matemáticos relacionados com corrente e/ou tensão, incluindo determinação numérica de valores rms e médio. Exemplos de análises com o PSpice e projetos de circuitos eletrônicos de potência são partes integrantes deste livro.

Os arquivos de circuitos do PSpice listados neste livro foram desenvolvidos usando a versão 16.0. Revisões contínuas do programa necessitam de atualizações na técnica de simulação.

---

[1] http://www.cadence.com/products/orcad/pages/downloads.aspx#demo

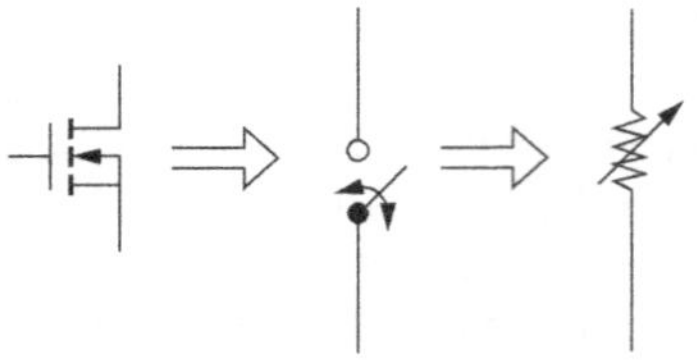

$R = 10^6\ \Omega$ Desligado (Aberta)
$R = 10^{-3}\ \Omega$ Ligado (Fechada)

Figura 1-14 Implementando uma chave com uma resistência no PSpice.

1.7 CHAVES NO PSPICE

A chave controlada por tensão

A chave controlada por tensão de curta duração (Sbreak) no PSpice pode ser usada como um modelo idealizado para a maioria dos dispositivos eletrônicos. A chave controlada por tensão é uma resistência que tem um valor estabelecido por uma tensão de controle. A Fig. 1-14 demonstra o conceito usando uma resistência controlada como chave para a simulação de um circuito eletrônico de potência no PSpice. Um MOSFET ou outro dispositivo de chaveamento é idealmente uma chave aberta ou fechada. Uma resistência de alto valor aproxima-se de uma chave aberta e uma resistência de baixo valor aproxima-se de uma chave fechada. Os parâmetros do modelo da chave são:

Parâmetro	Descrição	Valores padrões
RON	resistência "ligada"	1 (que se reduz para 0,001 ou 0,01 Ω)
ROFF	resistência "desligada"	$10^6\ \Omega$
VON	tensão de controle p/ estado ligado	1,0 V
VOFF	tensão de controle p/ o estado desligado	0 V

A resistência muda de um valor alto para um valor baixo pela tensão controle. A resistência do estado desligado é de 1 MΩ, que é uma boa aproximação para um circuito aberto em aplicações de eletrônica de potência. A resistência padrão para o estado ligado de 1 Ω em geral é muito alta. Se a chave for ideal, a resistência do estado ligado no modelo da chave deveria ser mudada para valor muito mais baixo, como 0,001 ou 0,01 Ω.

Exemplo 1-2

Uma chave controlada por tensão no PSpice

O diagrama de um circuito de chaveamento no Capture é mostrado na Fig. 1-15a. A chave é implementada com uma chave controlada por tensão Sbreak, encontrada em Breakout na biblioteca dos dispositivos. A tensão de controle é VPULSE e usa as características ilustradas. Os tempos de subida e de descida, TR e TF, são de curtas durações se comparadas com a largura do pulso e do período PW e PER. V1 e V2 devem alcançar os níveis de tensão dos estados ligado e desligado para a chave, 0 e 1 pelo padrão. O período de chaveamento é de 25 ms, correspondente a uma frequência de 40 kHz.

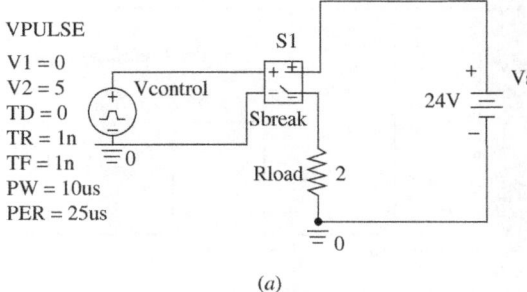

(a)

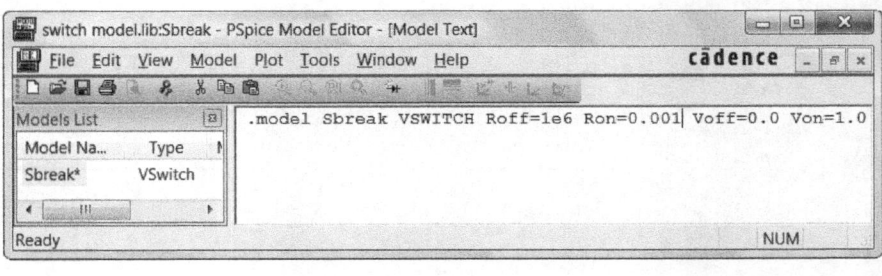

(b)

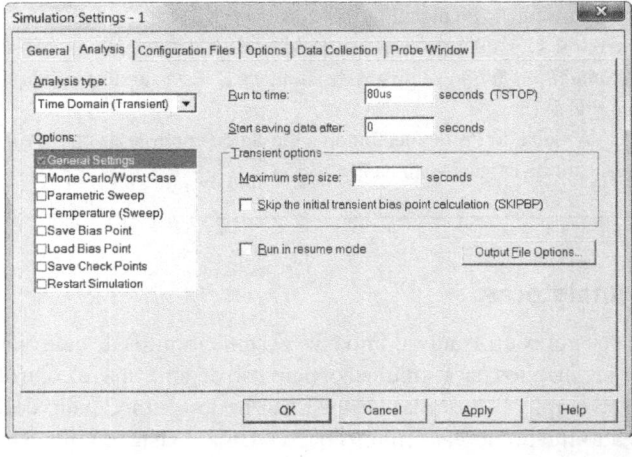

(c)

Figura 1-15 (a) Circuito para o Exemplo 1-2; (b) editando o modelo da chave Sbreak do PSpice para fazer Ron = 0,001 Ω; (c) preparação para análise de transiente; (d) a saída do Probe.

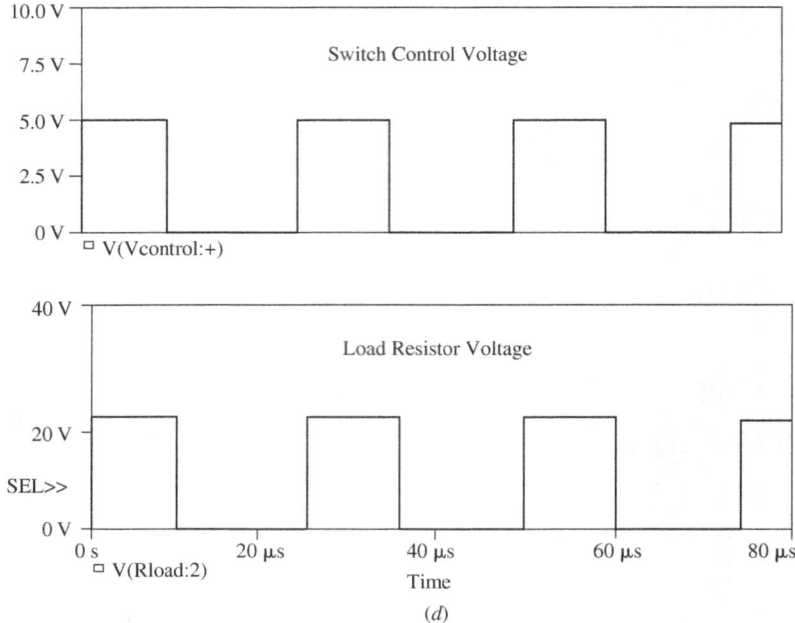

Figura 1-15 (*continuação*)

O modelo para Sbreak do PSpice é acessado clicando em *edit*, depois *PSpice model*. A janela para edição do modelo é mostrada na Fig. 1-15b. A resistência ligada Ron foi modificada para 0,001 Ω para aproximar de uma chave ideal. O menu de análise de transiente é acessado em *Simulation Settings* (ajustes de simulação). Esta simulação funciona por 80 μs, como ilustra a Fig. 1-15c.

A saída do Probe mostrando a tensão de controle da chave e a forma de onda da tensão no resistor de carga é vista na Fig. 1-15d.

Transistores

Transistores utilizados como chaves, em circuitos de eletrônica de potência, podem ser idealizados para simulação, pelo uso de uma chave controlada por tensão. Como no Exemplo 1-2, um transistor ideal pode ser modelado como uma resistência no estado ligado de valor muito baixo. Uma resistência no estado ligado, correspondendo às características do MOSFET, pode ser usada para simular a resistência de condução $r_{DS(lig.)}$ de um MOSFET para determinar o comportamento do circuito com componentes não ideais. Se for necessária uma representação precisa de um transistor, pode haver um modelo disponível na biblioteca de dispositivos do PSpice ou na *website* do fabricante. Os modelos IRF150 e IRF140 para MOSFETs de potência estão na biblioteca da versão de demonstração. O modelo padrão de MOSFET MbreakN ou MbreakN3 deve ter parâmetros de tensão de limiar VTO e constante KP adicionados ao modelo de dispositivo do PSpice para uma simulação significa-

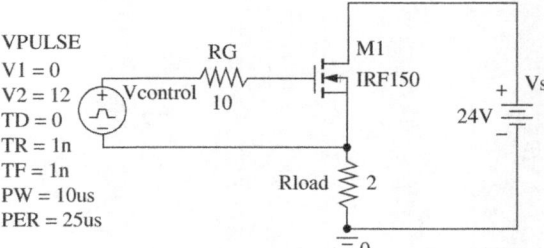

Figura 1-16 Um circuito de acionamento com MOSFET idealizado no PSpice.

tiva. Os *sites* dos fabricantes, como, por exemplo, o www.irf.com da International Rectifier, têm modelos disponíveis do PSpice para seus produtos. O BJT QbreakN padrão pode ser usado no lugar de um modelo detalhado de transistor para uma simulação sem muita precisão.

Os transistores no PSpice devem ter circuitos de acionamento, que podem ser idealizados se não for exigido funcionamento de um circuito de acionamento específico. Simulações com MOSFETs podem ter circuitos de acionamento como o mostrado na Fig. 1-16. A fonte de tensão VPULSE estabelece a tensão porta-fonte para ligar e desligar o MOSFET. O resistor conectado na porta pode não ser necessário, mas algumas vezes ele elimina problemas de convergência numérica.

Diodos

É razoável considerar um diodo como ideal quando, no desenvolvimento de equações que descrevem um circuito eletrônico de potência, as tensões do circuito forem muito maiores que a queda de tensão direta no diodo em condução. A corrente no diodo está relacionada à tensão no diodo por

$$i_d = I_S e^{v_d/nV_T} - 1 \qquad (1\text{-}2)$$

onde *n* é o coeficiente de emissão cujo valor padrão é 1 no PSpice. Um diodo ideal pode ser aproximado no PSpice se for estabelecido um valor baixo para *n* como 0,001 ou 0,01. O diodo mais próximo do ideal é modelado no item Dbreak com o modelo do PSpice

modelo Dbreak D n = 0,001

Com o modelo de diodo ideal, o resultado da simulação combina com os resultados analíticos das equações descritas. Um modelo de diodo do PSpice que prevê mais precisamente o funcionamento do diodo pode ser obtido de um dispositivo da biblioteca. Simulações com um modelo detalhado de diodo produzirão resultados mais realísticos do que com o diodo idealizado. Contudo, se os valores de tensão do circuito forem maiores, a diferença entre o uso de um modelo de diodo ideal e um modelo preciso não afetará os resultados significativamente. O modelo padrão de diodo para o Dbreak pode ser usado como um compromisso entre os casos ideal e real, sempre com uma pequena diferença no resultado.

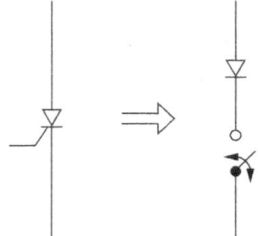

Figura 1-17 Modelo simplificado do tiristor (SCR) para o PSpice.

Tiristores (SCRs)

Um modelo de SCR encontra-se disponível na biblioteca da versão de demonstração do PSpice e pode ser usado na simulação de circuitos com SCR. Contudo, o modelo contém uma quantidade relativamente grande de componentes que impõe um limite de tamanha na versão de demonstração do PSpice. Um modelo simples de SCR que é usado em vários circuitos neste livro é uma chave em série com um diodo, como mostrado na Fig. 1-17. Fechar a chave controlada por tensão é equivalente à aplicação de uma corrente no gatilho do SCR e o diodo evita que circule uma corrente reversa pelo modelo. Este modelo simples de SCR tem a desvantagem significativa de exigir que a chave controlada por tensão permaneça fechada durante o tempo total de condução do SCR, necessitando, portanto, de algum conhecimento anterior do funcionamento de um circuito que usa o dispositivo. Mais explicações estão incluídas com os exemplos do PSpice nos capítulos posteriores.

Problemas de convergência no PSpice

Algumas simulações do PSpice neste livro estão sujeitas ao problema de convergência numérica devido ao chaveamento que ocorre nos circuitos com indutores e capacitores. Todos os arquivos do PSpice apresentados neste livro foram projetados para evitar os problemas de convergência. Contudo, uma modificação no parâmetro do circuito causará uma falha de convergência na análise de transiente. Caso haja algum problema de convergência no PSpice, as seguintes sugestões podem ser úteis:

- Aumente o limite de iteração ITL de 10 para 100 ou mais. Esta é uma das opções que podem ser acessadas no perfil de simulação (*Simulation Profile Options*), como ilustrada na Fig. 1-19.
- Mude o valor da tolerância relativa RELTOL para outro diferente de 0,001.
- Mude o modelo de dispositivo para outro que seja menos ideal. Por exemplo, mude o valor da resistência do estado ligado de uma chave controlada por tensão para um valor maior, ou use a fonte de tensão de controle para uma que não mude de valor tão rapidamente. Um diodo poderia ser menos ideal se o valor de *n* no modelo fosse aumentado. Em geral, modelos de dispositivos idealizados introduzem mais problemas de convergência do que os modelos de dispositivos reais.

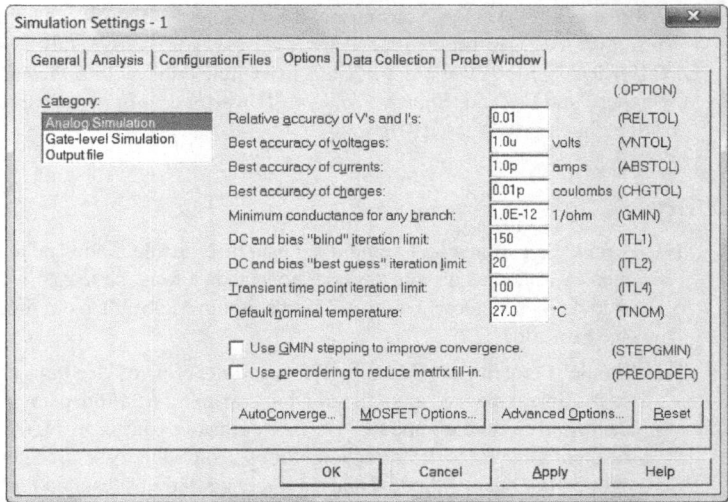

Figura 1-18 O menu de opções para o ajuste que pode solucionar o problema de convergência. Os valores de RELTOL e ITL4 foram aqui modificados.

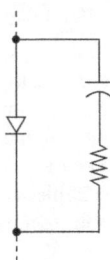

Figura 1-19 Um circuito RC para auxiliar na convergência no PSpice.

- Adicione um circuito RC "snubber". Uma resistência em série com uma capacitância com um valor baixo da constante de tempo pode ser ligada em paralelo com a chave para evitar as tensões que mudam muito rapidamente. Por exemplo, ligando uma combinação de um resistor de 1 kΩ em série com um capacitor de 1-nF em paralelo com um diodo (Fig. 1-19) pode melhorar a convergência sem afetar os resultados da simulação.

1.8 BIBLIOGRAFIA

M. E. Balci and M. H. Hocaoglu, "Comparison of Power Definitions for Reactive Power Compensation in Nonsinusoidal Circuits," *International Conference on Harmonics and Quality of Power*, Lake Placid, N.Y. 2004.

L. S. Czarnecki, "Considerations on the Reactive Power in Nonsinusoidal Situations," *International Conference on Harmonics in Power Systems*, Worcester Polytechnic Institute, Worcester, Mass., 1984, pp. 231–237.

A. E. Emanuel, "Powers in Nonsinusoidal Situations, A Review of Definitions and Physical Meaning," *IEEE Transactions on Power Delivery*, vol. 5, no. 3, July 1990.

G. T. Heydt, *Electric Power Quality*, Stars in a Circle Publications, West Lafayette, Ind., 1991.

W. Sheperd and P. Zand, *Energy Flow and Power Factor in Nonsinusoidal Circuits*, Cambridge University Press, 1979.

Problemas

1-1 A fonte de corrente no Exemplo 1-1 está invertida de modo que a corrente circula para cima. A fonte de corrente deve ser conectada à fonte de tensão pelo fechamento alternado de S_1 e S_2. Desenhe um circuito com um MOSFET e um diodo para realizar este chaveamento.

1-2 Simule o circuito do Exemplo 1-1 usando o PSpice. Use uma chave controlada por tensão Sbreak para S_1 e um diodo Dbreak para S_2. (a) Edite os modelos do PSpice para idealizar o circuito usando RON = 0,001 Ω para a chave e n = 0,001 para o diodo. Mostre a tensão na fonte de corrente no Probe. (b) Use RON = 0,1 Ω em Sbreak e n = 1 (o valor padrão) para o diodo. Qual é a diferença entre os resultados obtidos em *a* e *b*?

1-3 O modelo de MOSFET de potência IRF150 está na biblioteca EVAL que acompanha a versão de demonstração do PSpice. Simule o circuito do Exemplo 1-1, usando IRF150 para o MOSFET e o modelo padrão de diodo Dbreak para S_2. Use um circuito de acionamento da porta idealizado similar ao da Fig. 1-16. Mostre a tensão na fonte de corrente usando o Probe. Como diferem os resultados comparados com aqueles obtidos quando foi usada a chave ideal?

1-4 Use o PSpice para simular o circuito do Exemplo 1-1. Use o BJT padrão do PSpice QbreakN para a chave S_1. Use um circuito de acionamento da base idealizado similar ao circuito de acionamento do gatilho para o MOSFET na Fig. 1-9. Escolha uma resistência de base apropriada para garantir que o transistor ligue para um h_{FE} de 100. Use o diodo padrão Dbreak do PSpice para a chave S_2. Mostre a tensão na fonte de corrente. Como diferem os resultados comparados com aqueles obtidos usando uma chave ideal?

Capítulo 2

Cálculos de Potência

2.1 INTRODUÇÃO

Os cálculos de potência são essenciais em análise de projetos de circuitos de eletrônica de potência. Os conceitos básicos de potência serão revisados neste capítulo, com ênfase nos cálculos de potência para circuitos com tensões e correntes senoidais. Um tratamento extra é dado para alguns casos especiais que são frequentemente encontrados em eletrônica de potência. O cálculo de potência é demonstrado usando o programa de simulação de circuito PSpice.

2.2 POTÊNCIA E ENERGIA

Potência instantânea

A potência instantânea para um dispositivo qualquer é calculada pela tensão aplicada nele e pela corrente que por ele circula. A *potência instantânea* é

$$p(t) = v(t)i(t) \tag{2-1}$$

Esta relação é valida para qualquer dispositivo ou circuito. A potência instantânea é geralmente uma grandeza que varia no tempo. Se o sinal de convenção passivo mostrado na Fig. 2-1a for observado, o dispositivo estará absorvendo potência se $p(t)$ for positivo em um valor especificado de tempo t. O dispositivo fornecerá potência se $p(t)$ for negativo. Frequentemente tem se adotado o sentido da corrente consistente com a fonte de alimentação. Com a convenção da Fig. 2-1b, um valor positivo de $p(t)$ indica que a fonte está fornecendo potência.

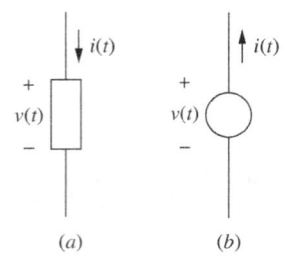

Figura 2-1 (a) Sinal convencional passivo: $p(t) > 0$ indica que a potência está sendo absorvida; (b) $p(t) > 0$ indica que a potência está sendo fornecida pela fonte.

Energia

Energia ou trabalho é a integral da potência instantânea. Observando o sinal de convenção passivo, a energia absorvida por uma componente num intervalo de tempo de t_1 a t_2 é

$$W = \int_{t_1}^{t_2} p(t)\, dt \tag{2-2}$$

Se $v(t)$ está em volts e $i(t)$ está em ampères, a potência tem uma unidade em watts e a energia tem unidade em joules

Potência média

Funções periódicas de tensão e corrente produzem uma função periódica da potência instantânea. A potência média é o tempo médio de $p(t)$ sobre um ou mais períodos. A *potência media P* é calculada por

$$P = \frac{1}{T}\int_{t_0}^{t_0+T} p(t)\, dt = \frac{1}{T}\int_{t_0}^{t_0+T} v(t)i(t)\, dt \tag{2-3}$$

onde T é o período da forma de onda da potência. Combinando as equações (2-3) e (2-2), a potência pode ser calculada também pela energia por período.

$$P = \frac{W}{T} \tag{2-4}$$

A potência média é algumas vezes chamada de *potência real* ou *potência ativa*, especialmente em circuitos CA. O termo *potência* é subentendido por vezes por potência média. A potência média total absorvida num circuito é igual à potência média total fornecida.

Exemplo 2-1

Potência e energia

A tensão e a corrente coerentes com o sinal de convenção passivo, para um dispositivo, podem ser vistas na Figs. 2-2a e b. (a) Determine a potência instantânea *p(t)* absorvida pelo dispositivo. (b) Determine a energia absorvida pelo dispositivo em um periodo. (c) Determine a potência média absorvida pelo dispositivo.

■ Solução

(a) A potência instantânea é calculada pela Eq.(2-1). A tensão e a corrente são expressas como

$$v(t) = \begin{cases} 20\,\text{V} & 0 < t < 10\,\text{ms} \\ 0 & 10\,\text{ms} < t < 20\,\text{ms} \end{cases}$$

$$i(t) = \begin{cases} 20\,\text{V} & 0 < t < 6\,\text{ms} \\ -15\,\text{A} & 6\,\text{ms} < t < 20\,\text{ms} \end{cases}$$

A potência instantânea, mostrada na Fig. 2-2c, é o produto da tensão e corrente, sendo expressa como

$$p(t) = \begin{cases} 400\,\text{W} & 0 < t < 6\,\text{ms} \\ -300\,\text{W} & 6\,\text{ms} < t < 10\,\text{ms} \\ 0 & 10\,\text{ms} < t < 20\,\text{ms} \end{cases}$$

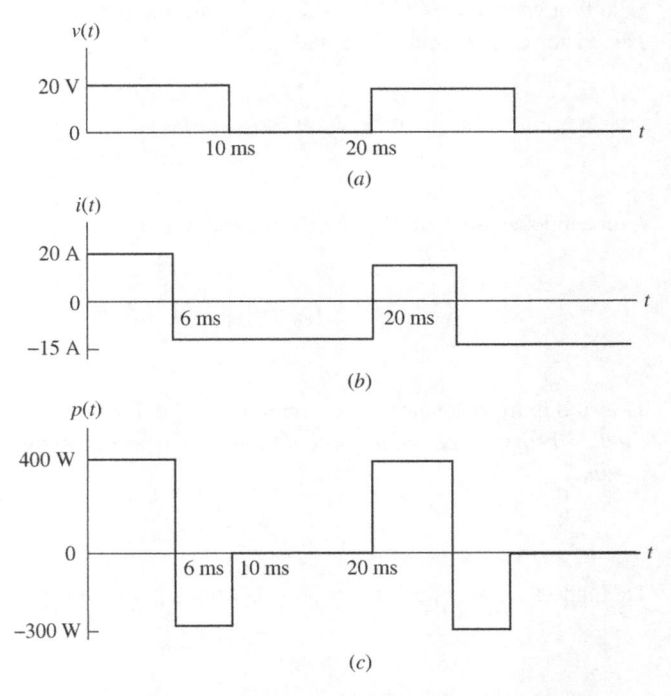

Figura 2-2 Tensão, corrente e potência instantânea para o Exemplo 2-1.

(b) A energia absorvida pelo dispositivo em um período é determinada pela Eq. (2-2).

$$W = \int_0^T p(t)\,dt = \int_0^{0,006} 400\,dt + \int_{0,006}^{0,010} -300\,dt + \int_{0,010}^{0,020} 0\,dt = 2,4 - 1,2 = 1,2\text{ J}$$

(c) A potência média é determinada pela Eq. (2-3).

$$P = \frac{1}{T}\int_0^T p(t)\,dt = \frac{1}{0,020}\left(\int_0^{0,006} 400\,dt + \int_{0,006}^{0,010} -300\,dt + \int_{0,010}^{0,020} 0\,dt\right)$$

$$= \frac{2,4 - 1,2 - 0}{0,020} = 60\text{ W}$$

A potência média poderia ser calculada também pela Eq. (2-4) usando a energia por período obtida no item (b).

$$P = \frac{W}{T} = \frac{1,2\text{ J}}{0,020\text{ s}} = 60\text{ W}$$

Um caso especial que é encontrado frequentemente em eletrônica de potência é a potência absorvida ou fornecida por uma fonte CC. Dentre as aplicações temos os circuitos de carga de bateria e fontes de alimentação CC. A potência média absorvida pela fonte de tensão CC $V(t) = V_{cc}$ cuja corrente periódica é $i(t)$ é derivada da definição básica da potência média na Eq. (2-3):

$$P_{cc} = \frac{1}{T}\int_{t_0}^{t_0+T} v(t)i(t)\,dt = \frac{1}{T}\int_{t_0}^{t_0+T} V_{cc}\,i(t)\,dt$$

Colocando a constante V_{cc} fora da integral temos

$$P_{cc} = V_{cc}\left[\frac{1}{T}\int_{t_0}^{t_0+T} i(t)\,dt\right]$$

O termo entre colchetes é a corrente média da forma de onda. Portanto, a *potência média absorvida por uma fonte de tensão CC é o produto da tensão e da corrente média.*

$$\boxed{P_{cc} = V_{cc}\,I_{\text{med}}} \tag{2-5}$$

De modo similar, a potência média absorvida por uma fonte CC $i(t) = I_{cc}$ é

$$P_{cc} = I_{cc}\,V_{\text{med}} \tag{2-6}$$

2.3 INDUTORES E CAPACITORES

Indutores e capacitores têm características particulares que são importantes nas aplicações em eletrônica de potência. Para correntes e tensões periódicas,

$$i(t + T) = i(t)$$
$$v(t + T) = v(t) \quad (2\text{-}7)$$

Para um indutor, a energia armazenada é

$$w(t) = \frac{1}{2} L i^2(t) \quad (2\text{-}8)$$

Se a corrente no indutor for periódica, a energia armazenada ao final de um período é a mesma do início. Como não há transferência líquida de energia, isto indica que *a potência média absorvida por um indutor é zero para o estado estável do funcionamento periódico.*

$$\boxed{P_L = 0} \quad (2\text{-}9)$$

A potência instantânea não é necessariamente igual a zero porque a potência pode ser absorvida durante parte do período e retorna para o circuito em outro momento.

Além do mais, pela relação de tensão-corrente para o indutor

$$i(t_0 + T) = \frac{1}{L} \int_{t_0}^{t_0+T} v_L(t)\, dt + i(t_0) \quad (2\text{-}10)$$

Rearranjando e admitindo que os valores iniciais e finais são os mesmos para correntes periódicas, temos

$$i(t_0 + T) - i(t_0) = \frac{1}{L} \int_{t_0}^{t_0+T} v_L(t)\, dt = 0 \quad (2\text{-}11)$$

Multiplicando por *L/T* obtemos uma expressão equivalente para a tensão média no indutor sobre um período.

$$\boxed{\operatorname{med}[v_L(t)] = V_L = \frac{1}{T} \int_{t_0}^{t_0+T} v_L(t)\, dt = 0} \quad (2\text{-}12)$$

Portanto, *para correntes periódicas, a tensão média num indutor é zero*. Isto é muito importante e será usado na análise de muitos circuitos, inclusive conversores CC-CC e fontes de alimentação CC.

$$w(t) = \frac{1}{2} C v^2(t) \quad (2\text{-}13)$$

Se a tensão no capacitor for periódica, a energia armazenada no final do período é a mesma do início. Portanto, *a potência média absorvida pelo capacitor é zero para o estado estável do funcionamento periódico.*

$$\boxed{P_C = 0} \qquad (2\text{-}14)$$

Da relação tensão-corrente para o capacitor,

$$v(t_0 + T) = \frac{1}{C} \int_{t_0}^{t_0+T} i_C(t)\, dt + v(t_0) \qquad (2\text{-}15)$$

Rearranjando a equação anterior e admitindo que os valores iniciais e finais são os mesmos para a tensão periódica, obtemos,

$$v(t_0 + T) - v(t_0) = \frac{1}{C} \int_{t_0}^{t_0+T} i_C(t)\, dt = 0 \qquad (2\text{-}16)$$

Multiplicando por *C/T* obtemos uma expressão para a corrente média no capacitor sobre um período

$$\boxed{\operatorname{med}[i_C(t)] = I_C = \frac{1}{T} \int_{t_0}^{t_0+T} i_C(t)\, dt = 0} \qquad (2\text{-}17)$$

Portanto, *para tensões periódicas, a corrente média num capacitor é zero.*

Exemplo 2-2

Potência e tensão para um indutor

A corrente no indutor de 5 mH da Fig. 2-3a tem a forma de onda triangular da Fig. 2-3b. Determine a tensão, a potência instantânea e a potência média para o indutor.

■ Solução

A tensão no indutor é calculada por $v(t) = L(di/dt)$ e pode ser vista na Fig. 2-3c. A tensão média no indutor é zero, como pode ser determinada pela inspeção da Fig. 2-3c. A potência instantânea no indutor é determinada por $p(t) = v(t)i(t)$ e é mostrada na Fig. 2-3d. Quando a potência $p(t)$ é positiva, o indutor está absorvendo potência e quando $p(t)$ é negativa, o indutor está fornecendo potência. A potência média no indutor é zero.

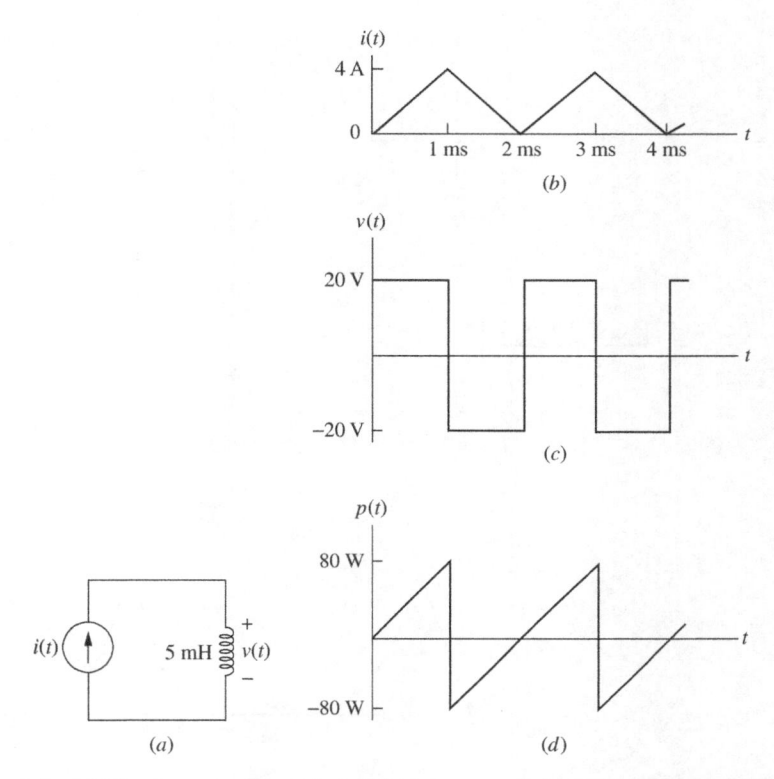

Figura 2-3 (a) Circuito para o Exemplo 2-2; (b) corrente no indutor; (c) tensão no indutor; (d) potência instantânea no indutor.

2.4 RECUPERAÇÃO DE ENERGIA

Indutores e capacitores precisão ser energizados e desenergizados em várias aplicações de circuitos de potência. Por exemplo, o solenoide do injetor de combustível em um automóvel é energizado para ajustar o intervalo de tempo por um transistor como chave. A energia é armazenada na indutância do solenoide quando a corrente é estabelecida. O circuito deve ser projetado para retirar a energia armazenada no indutor enquanto previne danos no transistor quando ele for desligado. A eficiência do circuito pode ser melhorada se a energia guardada for transferida para a carga ou para a fonte em vez de ser dissipada na resistência do circuito. O conceito de recuperação de energia armazenada é mostrado pelos circuitos descritos nesta seção.

A Fig. 2-4a mostra um indutor que é energizado quando o transistor como chave é ligado. A resistência associada com a indutância é considerada desprezível e o transistor como chave e o diodo são considerados ideais. O caminho diodo-resistor fornece um meio de abrir a chave e retirar a energia armazenada no indutor quando o transistor for desligado. Sem o caminho diodo-resistor, o transistor poderia ser danifi-

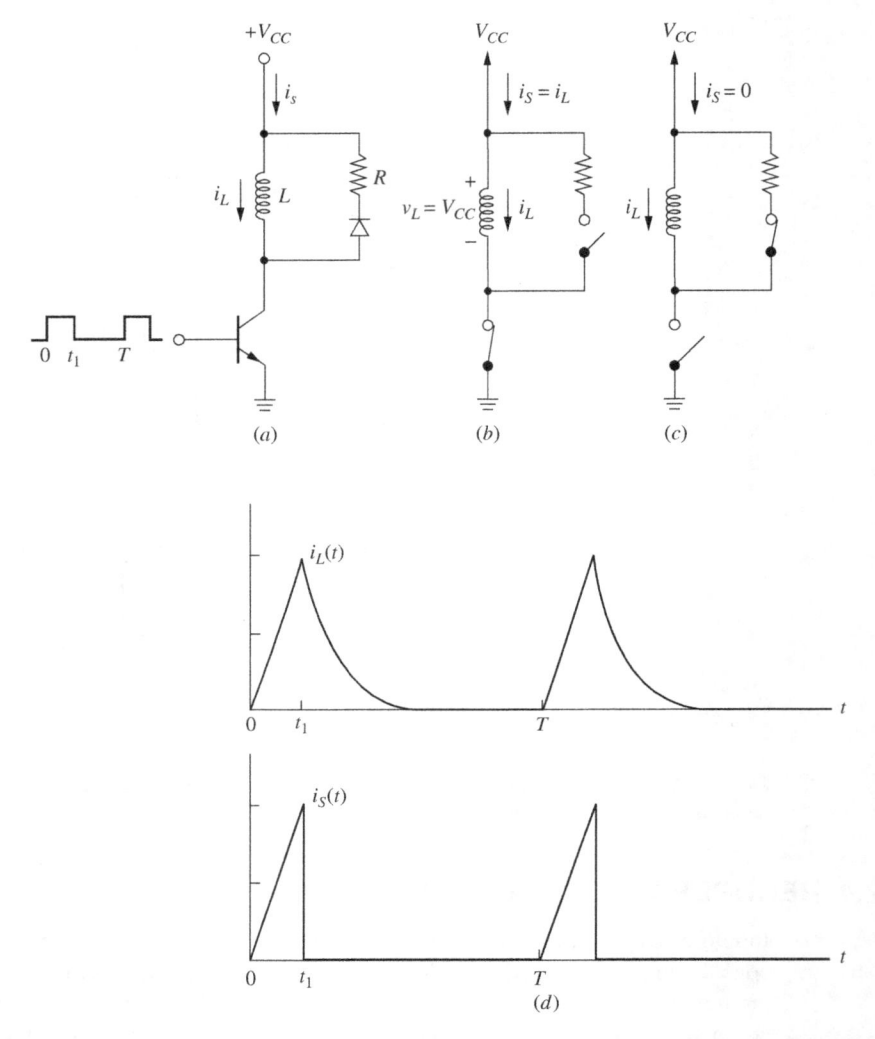

Figura 2-4 (a) Um circuito para energizar uma indutância e depois transferir a energia armazenada para um resistor; (b) circuito equivalente quando o transistor é ligado; (c) circuito equivalente quando o transistor é desligado e o diodo está ligado; (d) indutor e fonte de corrente.

cado quando ele for desligado por que uma rápida diminuição da corrente no indutor resultaria em uma tensão excessivamente alta no indutor e no transistor.

Suponha que o transistor como chave liga no instante $t = 0$ e desliga em $t = t_1$. O circuito é analisado primeiro com o transistor como chave ligada e depois desligada.

Transistor ligado: $0 < t < t_1$

A tensão no indutor é V_{cc} e o diodo está reversamente polarizado quando o transistor está ligado (Fig. 2-4b).

$$v_L = V_{CC} \tag{2-18}$$

Uma expressão para a corrente no indutor é obtida da relação tensão-corrente:

$$i_L(t) = \frac{1}{L}\int_0^t v_L(\lambda)\,d\lambda + i_L(0) = \frac{1}{L}\int_0^t V_{CC}\,d\lambda + 0 = \frac{V_{CC}\,t}{L} \tag{2-19}$$

A corrente da fonte é mesma corrente do indutor.

$$i_s(t) = i_L(t) \tag{2-20}$$

Portanto, as correntes da fonte e do indutor aumentam de maneira linear quando o transistor está ligado.

Transistor desligado: $t_1 < t < T$

No intervalo $t_1 < t < T$, o transistor como chave está desligado e o diodo está ligado (Fig. 2-4c). A corrente na fonte é zero e a corrente no indutor e resistor é uma exponencial decrescente com uma constante de tempo L/R. A condição inicial para a corrente no indutor é determinada pela Eq. (2-19):

$$i_L(t_1) = \frac{V_{CC}\,t_1}{L} \tag{2-21}$$

A corrente no indutor é então expressada como

$$i_L(t) = i_L(t_1)e^{-(t-t_1)/\tau} = \left(\frac{V_{CC}\,t_1}{L}\right)e^{-(t-t_1)/\tau} \quad t_1 < t < T \tag{2-22}$$

Onde $\tau = L/R$. A corrente na fonte é zero quando o transistor está desligado.

$$i_S = 0 \tag{2-23}$$

A potência média fornecida pela fonte CC durante o período de chaveamento é determinada pelo produto da tensão e da corrente média [Eq. (2-5)].

$$P_S = V_S I_S = V_{CC}\left[\frac{1}{T}\int_0^T i_s(t)\,dt\right]$$

$$= V_{CC}\left[\frac{1}{T}\int_0^{t_1} \frac{V_{CC}\,t}{L}\,dt + \frac{1}{T}\int_{t_1}^T 0\,dt\right] = \frac{(V_{CC}\,t_1)^2}{2LT} \tag{2-24}$$

A potência média absorvida pelo resistor poderia ser determinada integrando uma expressão para uma potência instantânea no resistor, mas um exame no circuito nos revela um modo mais fácil. A potência média absorvida pelo indutor é zero e a potência absorvida pelo transistor e diodo ideais é zero. Portanto, toda energia fornecida pela fonte deve ser absorvida pelo resistor.

$$P_R = P_S = \frac{(V_{CC} t_1)^2}{2LT} \qquad (2\text{-}25)$$

Um outro modo de abordar o problema é determinar o pico de energia armazenada no indutor,

$$W = \frac{1}{2} L i^2(t_1) = \frac{1}{2} L \left(\frac{V_{CC} t_1}{L} \right)^2 = \frac{(V_{CC} t_1)^2}{2L} \qquad (2\text{-}26)$$

A energia armazenada no indutor é transferida para o resistor enquanto a chave com transistor estiver aberta. A potência absorvida pelo resistor pode ser determinada pela Eq. (2-4).

$$P_R = \frac{W}{T} = \frac{(V_{CC} t_1)^2}{2LT} \qquad (2\text{-}27)$$

Que pode também ser a potência fornecida pela fonte. A função do resistor no circuito da Fig. 2-4a é a de absorver a energia armazenada na indutância e proteger o transistor. A energia é convertida em calor e representa a potência perdida no circuito.

Outro modo de retirar a energia armazenada no indutor é mostrado na Fig. 2-5a. Duas chaves com transistor são ligadas e desligadas simultaneamente. O diodo proporciona um meio de retornar a energia armazenada no indutor de volta para a fonte. Suponha que o transistor ligue no instante $t = 0$ e desligue em $t = t_1$. A análise do circuito da Fig. 2-5a começa com o transistor ligado.

Transistor ligado: $0 < t < t_1$

Quando os transistores estão ligados os diodos estão polarizados reversamente e a tensão no indutor é V_{CC}. A tensão no indutor é a mesma da fonte quando os transistores estão ligados (Fig. 2-5b):

$$v_L = V_{CC} \qquad (2\text{-}28)$$

A corrente no indutor é a função

$$i_L(t) = \frac{1}{L} \int_0^t v_L(\lambda)\, d\lambda + i_L(0) = \frac{1}{L} \int_0^t V_{CC}\, d\lambda + 0 = \frac{V_{CC} t}{L} \qquad (2\text{-}29)$$

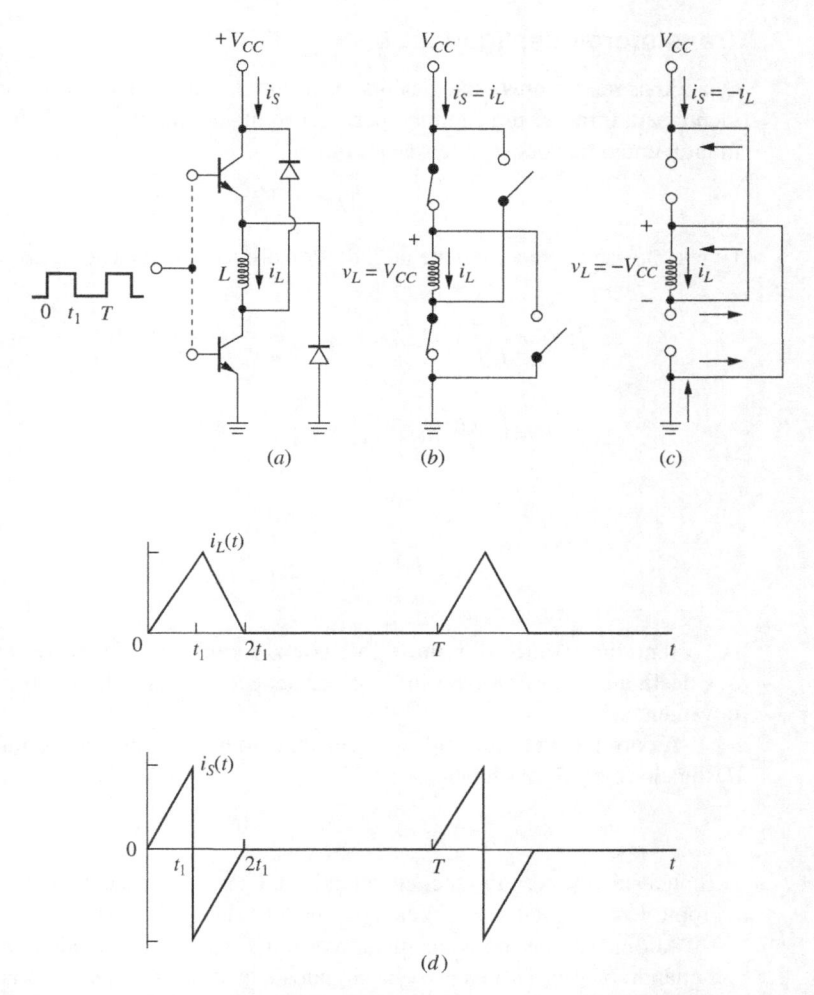

Figura 2-5 (a) Um circuito para energizar uma indutância e recuperar a energia armazenada transferindo-a de volta para a fonte; (b) circuito equivalente quando os transistores estão ligados; (c) circuito equivalente quando os transistores estão desligados e os diodos ligados; (d) correntes no indutor e na fonte.

A corrente na fonte é a mesma corrente no indutor.

$$i_S(t) = i_L(t) \tag{2-30}$$

Pelas equações anteriores, as correntes na fonte e no indutor aumentam de forma linear enquanto as chaves estiverem ligadas, como era no caso para o circuito da Fig. 2-4a.

O circuito é analisado a seguir para o caso dos transistores desligados.

Transistores desligados: $t_1 < t < T$

Quando os transistores estão desligados, os diodos passam a ficar polarizados diretamente para fornecer um caminho para a corrente do indutor (Fig. 2-5c.). A tensão no indutor então fica oposta à tensão da fonte:

$$v_L = -V_{CC} \qquad (2\text{-}31)$$

Uma expressão para a corrente no indutor é obtida pela relação da corrente-tensão.

$$i_L(t) = \frac{1}{L}\int_{t_1}^{t} v_L(\lambda)\,d\lambda + i_L(t_1) = \frac{1}{L}\int_{t_1}^{t}(-V_{CC})\,d\lambda + \frac{V_{CC}t_1}{L}$$

$$= \left(\frac{V_{CC}}{L}\right)[(t_1 - t) + t_1]$$

ou

$$i_L(t) = \left(\frac{V_{CC}}{L}\right)(2t_1 - t) \qquad t_1 < t < 2t_1 \qquad (2\text{-}32)$$

A corrente no indutor diminui e torna-se zero em $t = 2t$ e neste instante os diodos desligam. A corrente no indutor permanece em zero até que o transistor ligue novamente.

A corrente na fonte é oposta à corrente do indutor quando os transistores estão desligados e os diodos ligados:

$$i_S(t) = -i_L(t) \qquad (2\text{-}33)$$

A fonte está absorvendo potência quando sua corrente é negativa. A corrente média na fonte é zero, resultando em uma potência média igual a zero.

A fonte fornece potência quando os transistores estão ligados e absorve potência quando os transistores estão desligados e os diodos ligados. Portanto, a energia armazenada no indutor é recuperada pela transferência de volta para a fonte. Na prática, os solenoides ou outros dispositivos magnéticos têm resistências equivalentes que representam perdas ou energia absorvida para realizar trabalho, logo nem toda energia retornará para a fonte. O circuito da Fig. 2-5a não apresenta perda de energia em função do projeto, sendo, portanto, mais eficiente que o da Fig. 2-4a.

Exemplo 2-3

Recuperação de energia

O circuito da Fig. 2-4a tem $V_{CC} = 90$ V, $L = 200$ mH, $R = 20$ Ω, $t_1 = 10$ ms e $T = 100$ ms. Determine (a) A corrente de pico e a energia armazenada no indutor, (b) A potência média absorvida pelo resistor e (c) A potência de pico e a potência média fornecida pela fonte. (d) Compare os resultados com o que poderia acontecer se o indutor fosse energizado usando o circuito da Fig. 2-5a.

■ Solução

(a) Pela Eq. (2-19), quando o transistor está ligado, a corrente no indutor é

$$i_L(t) = \left(\frac{V_{CC}}{L}\right)t = \left(\frac{90}{0,2}\right)t = 450t \text{ A} \quad 0 < t < 10 \text{ ms}$$

A corrente de pico no indutor e a energia armazenada no indutor são

$$i_L(t_1) = 450(0,01) = 4,5 \text{ A}$$

$$W_L = \frac{1}{2}Li^2(t_1) = \frac{1}{2}(0,2)(4,5)^2 = 2,025 \text{ J}$$

(b) A constante de tempo para a corrente quando a chave está aberta é $L/R = 200$ mH/20 $\Omega = 10$ ms. A chave fica aberta por 90 ms, que é 10 vezes a constante de tempo, logo essencialmente toda a energia armazenada no indutor é transferida para o resistor:

$$W_R = W_L = 2,025 \text{ J}$$

A potência média absorvida pelo resistor é determinada pela Eq. (2-4):

$$P_R = \frac{W_R}{T} = \frac{2,025 \text{ J}}{0,1 \text{ s}} = 20,25 \text{ W}$$

(c) A corrente da fonte é a mesma corrente do indutor quando a chave está fechada e é zero quando ela está aberta. A potência instantânea fornecida pela fonte é

$$p_S(t) = v_S(t)i_S(t) = \begin{cases} (90 \text{ V})(450t \text{ A}) = 40.500t \text{ W} & 0 < t < 10 \text{ ms} \\ 0 & 10 \text{ ms} < t < 100 \text{ ms} \end{cases}$$

Que tem um valor máximo de 405 W em $t = 10$ ms. A potência média fornecida pela fonte pode ser determinada pela Eq. (2-3):

$$P_S = \frac{1}{T}\int_0^T p_S(t)\,dt = \frac{1}{0,1}\left(\int_0^{0,01} 40.500t\,dt + \int_{0,01}^{0,1} 0\,dt\right) = 20,25 \text{ W}$$

A potência média da fonte pode também ser determinada pela Eq. (2-5). A corrente média da fonte com uma forma de onda triangular sobre um período é

$$I_S = \frac{1}{2}\left[\frac{(0,01 \text{ s})(4,5 \text{ A})}{0,1 \text{ s}}\right] = 0,225 \text{ A}$$

Logo, a potência média da fonte é

$$P_S = V_{CC}I_S = (90 \text{ V})(0,225 \text{ A}) = 20,25 \text{ W}$$

Ainda há outro cálculo da potência média da fonte feito pelo reconhecimento de que a potência absorvida pelo resistor é a mesma fornecida pela fonte.

$$P_S = P_R = 20,25 \text{ W}$$

(Veja o Exemplo 2-13 no final deste capítulo para a simulação do circuito no PSpice.)

(d) Quando o indutor é energizado pelo circuito da Fig. 2-5a, a corrente que circula por ele é descrita pelas Eqs. (2-29) e (2-32).

$$i_L(t) = \begin{cases} 450t \text{ A} & 0 < t < 10 \text{ ms} \\ 9 - 450t \text{ A} & 10 \text{ ms} < t < 20 \text{ ms} \\ 0 & 20 \text{ ms} < t < 100 \text{ ms} \end{cases}$$

A corrente de pico e a energia armazenada são as mesmas obtidas no circuito da Fig. 2-4a. A corrente da fonte tem a forma mostrada na Fig. 2-5d e é enunciada como

$$i_S(t) = \begin{cases} 450t \text{ A} & 0 < t < 10 \text{ ms} \\ 450t - 9 \text{ A} & 10 \text{ ms} < t < 20 \text{ ms} \\ 0 & 20 \text{ ms} < t < 100 \text{ ms} \end{cases}$$

A potência instantânea fornecida pela fonte é

$$p_S(t) = 90 i_S(t) = \begin{cases} 40{,}500t \text{ W} & 0 < t < 10 \text{ ms} \\ 40{,}500t - 810 \text{ W} & 10 \text{ ms} < t < 20 \text{ ms} \\ 0 & 20 \text{ ms} < t < 100 \text{ ms} \end{cases}$$

A corrente média na fonte é zero e a potência média absorvida é zero. O pico de potência na fonte é o pico de corrente multiplicado pela tensão, que é 405 W como no item c.

2.5 VALORES EFICAZES: RMS

O valor eficaz da tensão ou da corrente é conhecido também como valor médio quadrático (rms). O valor eficaz de uma forma de onda periódica da tensão é baseada potência média entregue para um resistor. Para uma tensão CC aplicada num resistor,

$$P = \frac{V_{cc}^2}{R} \tag{2-34}$$

Para uma tensão periódica aplicada num resistor, a *tensão eficaz* é definida como a tensão que é tão eficaz quanto a tensão CC no fornecimento de potência média. A tensão eficaz pode ser calculada usando a equação

$$P = \frac{V_{ef}^2}{R} \tag{2-35}$$

Calculando a potência média num resistor pela Eq. (2-3) obtemos

$$P = \frac{1}{T}\int_0^T p(t)\,dt = \frac{1}{T}\int_0^T v(t)i(t)\,dt = \frac{1}{T}\int_0^T \frac{v^2(t)}{R}\,dt$$

$$= \frac{1}{R}\left[\frac{1}{T}\int_0^T v^2(t)\,dt\right] \tag{2-36}$$

Equacionando as expressões para a potência média nas Eqs. (2-35) e (2-36) obtemos

$$P = \frac{V_{ef}^2}{R} = \frac{1}{R}\left[\frac{1}{T}\int_0^T v^2(t)\,dt\right]$$

ou

$$V_{ef}^2 = \frac{1}{T}\int_0^T v^2(t)\,dt$$

Resultando na expressão para a tensão eficaz ou rms

$$V_{ef} = V_{rms} = \sqrt{\frac{1}{T}\int_0^T v^2(t)\,dt} \qquad (2\text{-}37)$$

O valor eficaz é a *raiz* quadrada da *média* ao *quadrado* da tensão, daí o termo raiz quadrada da média ao quadrado.

De modo similar, a corrente rms é desenvolvida por $P = I_{rms}^2$ como

$$I_{rms} = \sqrt{\frac{1}{T}\int_0^T i^2(t)\,dt} \qquad (2\text{-}38)$$

A utilidade do valor rms para tensões e correntes está no cálculo da potência absorvida pela resistência. Adicionalmente, em sistemas CA, as tensões e correntes são invariavelmente dadas pelo valor rms. Os valores dos dispositivos tais como transformadores são sempre especificados em termos da tensão e corrente rms.

Exemplo 2-4

Valor RMS de uma forma de onda pulsante

Determine o valor rms de uma forma de onda pulsante periódica que tem uma taxa de trabalho D como mostrado na Fig. 2-6.

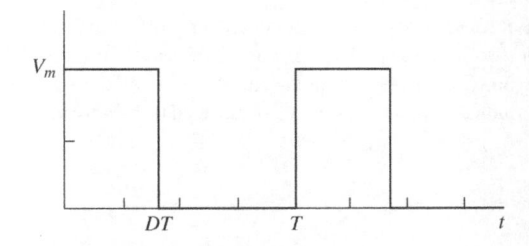

Figura 2-6 Forma de onda pulsante para o Exemplo 2-4.

■ **Solução**

A tensão é descrita como

$$v(t) = \begin{cases} V_m & 0 < t < DT \\ 0 & DT < t < T \end{cases}$$

Usando a Eq. (2-37) para determinar o valor rms da forma de onda obtemos

$$V_{\text{rms}} = \sqrt{\frac{1}{T}\int_0^T v^2(t)\, dt} = \sqrt{\frac{1}{T}\left(\int_0^{DT} V_m^2\, dt + \int_{DT}^T 0^2\, dt\right)} = \sqrt{\frac{1}{T}(V_m^2 DT)}$$

Resultando

$$V_{\text{rms}} = V_m \sqrt{D}$$

Exemplo 2-5

Valor rms de senoides

Determine os valores rms de (a) uma tensão senoidal de $v(t) = V_m \text{sen}(\omega t)$, (b) uma onda senoidal retificada em onda completa de $v(t) = |V_m \text{sen}(\omega t)|$ e (c) uma onda senoidal retificada em meia onda de $v(t) = V_m \text{sen}(\omega t)$ para $0 < t < T/2$ e zero caso contrário.

■ **Solução**

(a) O valor rms de uma tensão senoidal é calculada pela Eq. (2-37):

$$V_{\text{rms}} = \sqrt{\frac{1}{T}\int_0^T V_m^2 \text{sen}^2(\omega t)\, dt} \quad \text{onde} \quad T = \frac{2\pi}{\omega}$$

Uma expressão equivalente usa ωt como a variável de integração. Sem mostrar os detalhes da integração, o resultado é

$$V_{\text{rms}} = \sqrt{\frac{1}{2\pi}\int_0^{2\pi} V_m^2 \text{sen}^2(\omega t)\, d(\omega t)} = \frac{V_m}{\sqrt{2}}$$

Observe que o valor rms é independente da frequência.

(b) A Eq. (2-37) pode ser aplicada para a senoide retificada em onda completa, mas os resultados do item (a) podem ser aproveitados. A fórmula rms usa a integral do quadrado da função. O quadrado da onda senoidal é idêntico ao quadrado da onda senoidal retificada em onda completa, logo os valores rms das duas formas de onda são idênticos.

$$V_{\text{rms}} = \frac{V_m}{\sqrt{2}}$$

(c) A Eq. (2-37) pode ser aplicada a uma senoide retificada em meia onda.

$$V_{rms} = \sqrt{\frac{1}{2\pi}\left(\int_0^\pi V_m^2 \text{sen}^2(\omega t)\, d(\omega t) + \int_\pi^{2\pi} 0^2\, d(\omega t)\right)} = \sqrt{\frac{1}{2\pi}\int_0^\pi V_m^2 \text{sen}^2(\omega t)\, d(\omega t)}$$

O resultado do item (a) será novamente usado para avaliar esta expressão. O quadrado da função tema metade da área da função em (a) e em (b).
Isto é,

$$V_{rms} = \sqrt{\frac{1}{2\pi}\int_0^\pi V_m^2 \text{sen}^2(\omega t)\, d(\omega t)} = \sqrt{\left(\frac{1}{2}\right)\frac{1}{2\pi}\int_0^{2\pi} V_m^2 \text{sen}^2(\omega t)\, d(\omega t)}$$

Tomando a metade fora da raiz quadrada obtemos

$$V_{rms} = \left(\sqrt{\frac{1}{2}}\right)\sqrt{\frac{1}{2\pi}\int_0^{2\pi} V_m^2 \text{sen}^2(\omega t)\, d(\omega t)}$$

O último termo da direita é o valor rms de uma onda senoidal que é conhecida como $V_m/\sqrt{2}$, de modo que o valor rms da onda senoidal retificada em meia onda é

$$V_{rms} = \sqrt{\frac{1}{2}}\,\frac{V_m}{\sqrt{2}} = \frac{V_m}{2}$$

A Fig. 2-7 mostra as formas de onda,

(a)

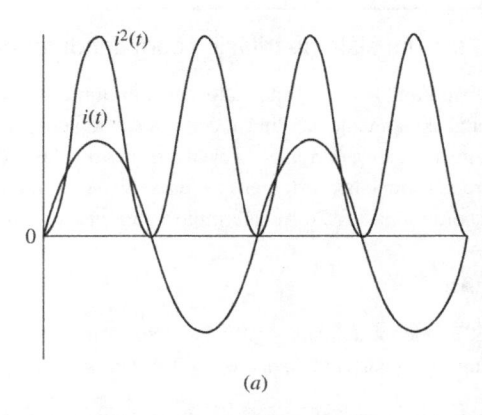

Figura 2-7 Formas de onda e seus quadrados para o Exemplo 2-5 (a) onda senoidal; (b) senoidal retificada em onda completa; (c) senoidal retificada em meia onda.

(b)

(c)

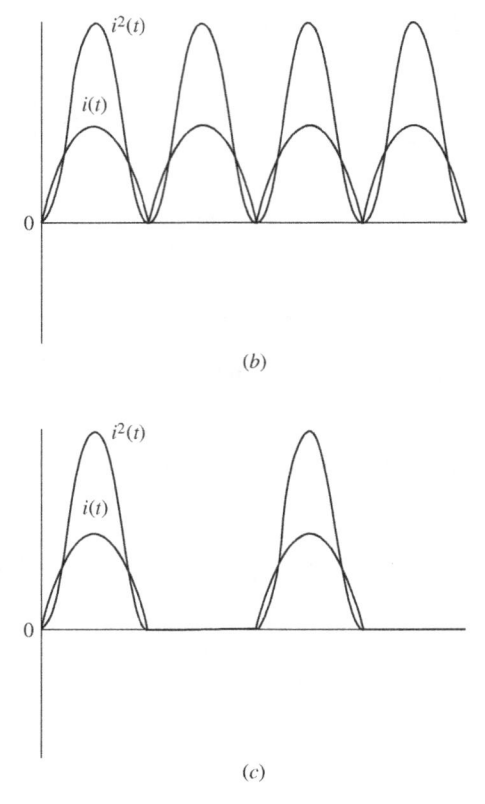

Figura 2-7 (*continuação*)

Exemplo 2-6

Corrente em um sistema trifásico com condutor neutro

Um escritório complexo é alimentado por uma fonte de tensão trifásica a quatro fios (Fig. 2-8a). A carga é altamente não linear, como resultado dos retificadores das fontes de alimentação do equipamento, e a corrente em cada uma das três fases é mostrada na Fig. 2-8b. A corrente no neutro é a soma das correntes nas fases. Se a corrente rms em cada condutor de fase for conhecida como sendo de 20 A, determine a corrente rms no condutor neutro.

■ **Solução**

A Eq. (2-38) pode ser aplicada neste caso. Observando por inspeção visual que a área do quadrado da função da corrente no neutro i_n é três vezes a área de cada fase i_a (Fig. 2-8c)

$$I_{n,\text{rms}} = \sqrt{\frac{1}{T}\int_0^T i_n^2(t)\,d(t)} = \sqrt{3\left(\frac{1}{T}\int_0^T i_a^2(t)\,d(t)\right)} = \sqrt{3}\,I_{a,\text{rms}}$$

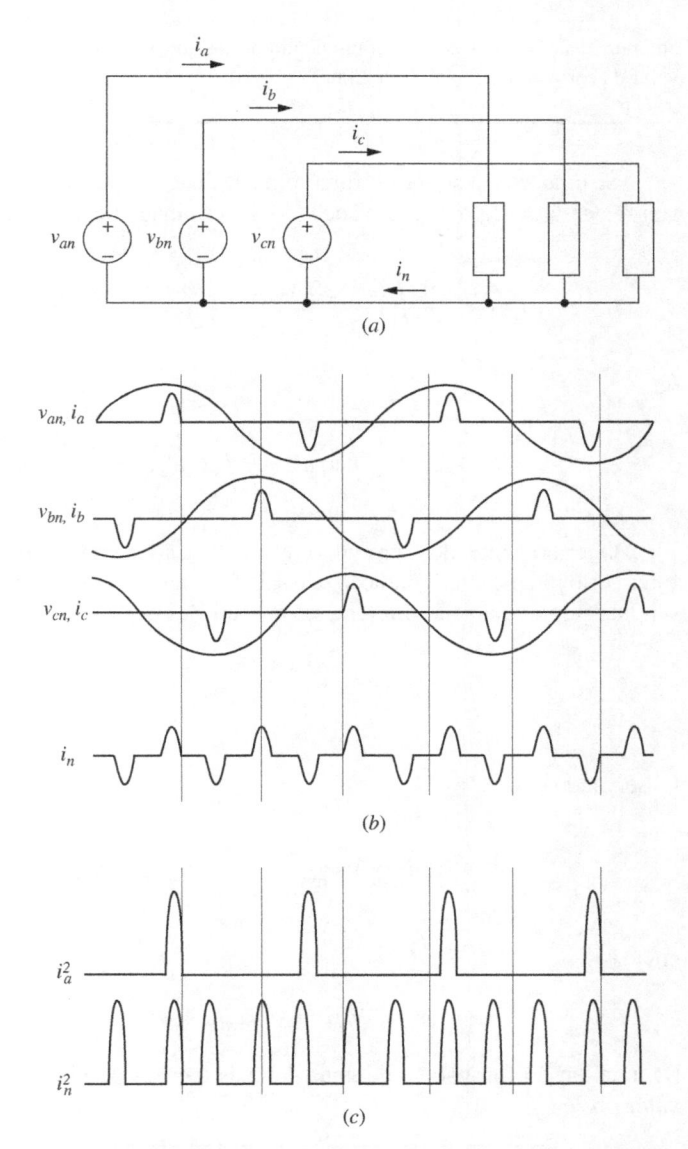

Figura 2-8 (a) Fonte trifásica alimentando uma carga não linear desequilibrada para o Exemplo 2-8; (b) corrente nas fases e no neutro; (c) quadrado de i_a e i_n.

Portanto, a corrente rms no neutro é

$$I_{n,\,\text{rms}} = \sqrt{3}\,(20) = 34{,}6 \text{ A}$$

Observe que a corrente rms no neutro é maior que a corrente da fase para esta situação. Isto é muito diferente para cargas lineares balanceadas onde as correntes da linha são senoidais e deslocadas de 120° e soma zero. Sistemas de distribuição trifásicos que alimentam cargas altamente não lineares devem ter um condutor neutro capaz de conduzir correntes $\sqrt{3}$ vezes o valor da corrente do condutor de linha.

Se uma tensão periódica for a soma de duas formas de onda de tensão periódica, $v(t) = v_1(t) + v_2(t)$, o valor rms de $v(t)$ é determinado pela Eq. (2-37) como

$$V_{rms}^2 = \frac{1}{T}\int_0^T (v_1 + v_2)^2\, dt = \frac{1}{T}\int_0^T \left(v_1^2 + 2v_1 v_2 + v_2^2\right) dt$$

ou

$$V_{rms}^2 = \frac{1}{T}\int_0^T v_1^2\, dt + \frac{1}{T}\int_0^T 2v_1 v_2\, dt + \frac{1}{T}\int_0^T v_2^2\, dt$$

O termo contendo o produto $v_1 v_2$ na equação acima é zero se as funções v_1 e v_2 forem ortogonais. Uma condição que satisfaz esta exigência ocorre quando v_1 e v_2 são senoidais de frequências diferentes. Para funções ortogonais,

$$V_{rms}^2 = \frac{1}{T}\int_0^T v_1^2(t)\, dt + \frac{1}{T}\int_0^T v_2^2(t)\, dt$$

Observando que

$$\frac{1}{T}\int_0^T v_1^2(t)\, dt = V_{1,rms}^2 \quad e \quad \frac{1}{T}\int_0^T v_2^2(t)\, dt = V_{2,rms}^2$$

então,

$$V_{rms} = \sqrt{V_{1,rms}^2 + V_{2,rms}^2}$$

Se uma tensão for a soma de mais de duas tensões periódicas, todas ortogonais, o valor rms é

$$\boxed{V_{rms} = \sqrt{V_{1,rms}^2 + V_{2,rms}^2 + V_{3,rms}^2 + \ldots} = \sqrt{\sum_{n=1}^N V_{n,rms}^2}} \qquad (2\text{-}39)$$

De modo similar,

$$\boxed{I_{rms} = \sqrt{I_{1,rms}^2 + I_{2,rms}^2 + I_{3,rms}^2 + \ldots} = \sqrt{\sum_{n=1}^N I_{n,rms}^2}} \qquad (2\text{-}40)$$

Observe que a Eq. (2-40) pode ser aplicada para o Exemplo 2-6 para obter o valor rms da corrente no neutro.

Exemplo 2-7

Valor rms da soma de formas de ondas

Determine o valor eficaz (rms) de $v(t) = 4 + 8\,\text{sen}(\omega_1 t + 10°) + 5\,\text{sen}(\omega_2 t + 50°)$ para (a) $\omega_2 = 2\omega_1$ e (b) $\omega_2 + \omega_1$.

■ **Solução**

(a) O valor rms de uma senoide simples é $V_m/\sqrt{2}$ e o valor rms de uma constante é a própria constante. Quando as senoides são de frequências diferentes, os termos são ortogonais e a Eq. (2-30) pode ser aplicada.

$$V_{\text{rms}} = \sqrt{V_{1,\text{rms}}^2 + V_{2,\text{rms}}^2 + V_{3,\text{rms}}^2} = \sqrt{4^2 + \left(\frac{8}{\sqrt{2}}\right)^2 + \left(\frac{5}{\sqrt{2}}\right)^2} = 7{,}78 \text{ V}$$

(b) Para senoides de mesma frequência, a Eq. (2-39) não se aplica por que a integral do produto cruzado sobre um período não é zero. Primeiro combine as senoides usando a adição de fasores:

$$8\angle 10° + 5\angle 50° = 12{,}3\angle 25{,}2°$$

A função tensão é então expressa como

$$v(t) = 4 + 12{,}3\,\text{sen}\,(\omega_1 t + 25{,}2°) \text{ V}$$

O valor rms desta tensão é determinado pela Eq. (2-39) como

$$V_{\text{rms}} = \sqrt{4^2 + \left(\frac{12{,}3}{\sqrt{2}}\right)^2} = 9{,}57 \text{ V}$$

Exemplo 2-8

Valor RMS de formas de ondas triangulares

(a) Uma corrente com forma de onda triangular como mostrada na Fig. 2-9a é encontrada normalmente em circuitos de fonte de alimentação CC. Determine o valor rms desta corrente.
(b) Determine o valor rms da forma de onda triangular deslocada na Fig. 2-9b.

■ **Solução**

(a) A corrente é descrita como

$$i(t) = \begin{cases} \dfrac{2I_m}{t_1}t - I_m & 0 < t < t_1 \\ \dfrac{-2I_m}{T-t_1}t + \dfrac{I_m(T+t_1)}{T-t_1} & t_1 < t < T \end{cases}$$

O valor rms é determinado pela Eq. (2-38).

$$I_{\text{rms}}^2 = \frac{1}{T}\left[\int_0^{t_1}\left(\frac{2I_m}{t_1}t - I_m\right)^2 dt + \int_{t_1}^{T}\left(\frac{-2I_m}{T-t_1}t + \frac{I_m(T+t_1)}{T-t_1}\right)^2 dt\right]$$

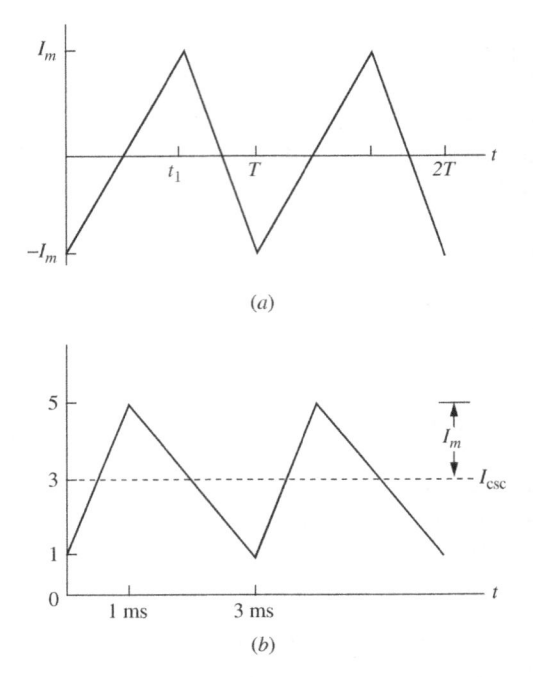

Figura 2-9 (a) Forma de onda triangular para o Exemplo 2-8; (b) forma de onda triangular deslocada.

Os detalhes da integração são extensos, mas o resultado é simples: o valor rms da corrente com forma de onda triangular é

$$I_{rms} = \frac{I_m}{\sqrt{3}}$$

(b) O valor rms da forma de onda triangular deslocada pode ser determinada usando o resultado do item (a). Como a forma de onda triangular do item (a) não contém uma componente CC, o sinal CC e a forma de onda triangular são ortogonais e a Eq. (2-40) pode ser aplicada.

$$I_{rms} = \sqrt{I_{1,rms}^2 + I_{2,rms}^2} = \sqrt{\left(\frac{I_m}{\sqrt{3}}\right)^2 + I_{dc}^2} = \sqrt{\left(\frac{2}{\sqrt{3}}\right)^2 + 3^2} = 3{,}22 \text{ A}$$

2.6 POTÊNCIA APARENTE E FATOR DE POTÊNCIA

Potência aparente S

A potência aparente é o produto dos valores da tensão rms e da corrente rms e é sempre usada para a especificação da potência dos equipamentos, tais como transformadores. A potência aparente é expressa como

$$\boxed{S = V_{rms} I_{rms}} \tag{2-41}$$

Em circuitos CA (circuitos lineares com fontes senoidais), a potência aparente é a magnitude da potência complexa.

Fator de potência

O *fator de potência* de uma carga é definido como a razão da potência média pela potência aparente:

$$\text{fp} = \frac{P}{S} = \frac{P}{V_{\text{rms}} I_{\text{rms}}} \tag{2-41}$$

Em circuitos CA senoidais, o cálculo acima resulta em fp = cosθ onde θ é o ângulo de fase entre as senoides da tensão e da corrente. Contudo, este é um caso especial e deve ser usado apenas quando ambas tensão e correntes são senoidais. Em geral, o fator de potência pode ser calculado pela Eq. (2-42).

2.7 CÁLCULOS DA POTÊNCIA PARA CIRCUITOS CA SENOIDAIS

Em geral, tensões e/ou correntes em circuitos eletrônicos de potência não são senoidais. Contudo, uma forma de onda não senoidal periódica pode ser representada por uma série de Fourier de senoides. Portanto, isto é importante para entender completamente os cálculos de potência para o caso senoidal. Apresentamos a seguir uma revisão dos cálculos de potência para circuitos CA.

Para circuitos lineares que têm fontes senoidais, o estado estável de todas as tensões e correntes são senoidais. A potência instantânea e a potência média para circuitos CA são calculadas usando as Eqs (2-1) e (2-3) como segue:

Para qualquer elemento em um circuito CA, temos

$$v(t) = V_m \cos(\omega t + \theta)$$
$$i(t) = I_m \cos(\omega t + \phi) \tag{2-43}$$

Então a potência instantânea é

$$p(t) = v(t)i(t) = [V_m \cos(\omega t + \theta)][I_m \cos(\omega t + \phi)] \tag{2-44}$$

Usando a identidade trigonométrica temos

$$(\cos A)(\cos B) = \frac{1}{2}[\cos(A+B) + \cos(A-B)] \tag{2-45}$$

$$p(t) = \left(\frac{V_m I_m}{2}\right)[\cos(2\omega t + \theta + \phi) + \cos(\theta - \phi)] \tag{2-46}$$

A potência média é

$$P = \frac{1}{T}\int_0^T p(t)\, dt = \left(\frac{V_m I_m}{2}\right) \int_0^T [\cos(2\omega t + \theta + \phi) + \cos(\theta - \phi)]\, dt \tag{2-47}$$

O resultado da integração anterior pode ser obtido por inspeção. Desde que o primeiro termo na integração seja uma função de cosseno, a integral sobre um período é zero por que as áreas acima e abaixo do eixo do tempo são iguais. O segundo termo na integração é a constante cos $(\theta - \phi)$, que tem um valor médio cos $(\theta - \phi)$. Portanto, a potência média em qualquer elemento em um circuito CA é

$$P = \left(\frac{V_m I_m}{2}\right) \cos(\theta - \phi) \qquad (2\text{-}48)$$

Esta equação é frequentemente expressa como

$$P = V_{rms} I_{rms} \cos(\theta - \phi) \qquad (2\text{-}49)$$

onde $V_{rms} = V_m/\sqrt{2}$, $I_{rms} = I_m/\sqrt{2}$, e $\theta - \phi$ é o ângulo, de fase entre a tensão e a corrente. O fator de potência é determinado como cos $(\theta\text{-}\phi)$ pelo uso da Eq. (2-42).

No estado estável, nenhum valor líquido de potência é absorvido por um indutor ou capacitor. O termo *potência reativa* é normalmente utilizado em conjunção com as tensões e correntes para indutores e capacitores. A potência reativa é caracterizada pela energia armazenada durante metade do ciclo e a energia é recuperada durante a outra metade. A potência reativa é calculada por uma relação similar à Eq. (2-49):

$$Q = V_{rms} I_{rms} \operatorname{sen}(\theta - \phi) \qquad (2\text{-}50)$$

Por convenção, indutores absorvem potência reativa positiva e capacitores absorvem potência reativa negativa.

A *potência complexa* combina as potências real e reativa para os circuitos CA:

$$\mathbf{S} = P + jQ = (\mathbf{V}_{rms})(\mathbf{I}_{rms})^* \qquad (2\text{-}51)$$

Na equação acima V_{rms} e I_{rms} são grandezas complexas sempre expressas como fasores (magnitude ângulo) e $(I_{rms})^*$ é o conjugado complexo do fasor corrente, que fornece um resultado consistente com a convenção que a indutância, ou a corrente de atraso, absorve potência reativa. A potência aparente em circuitos CA é a magnitude da potência complexa:

$$S = |\mathbf{S}| = \sqrt{P^2 + Q^2} \qquad (2\text{-}52)$$

É importante observar que a potência complexa na Eq. (2-52) e o fator de potência cos $(\theta - \phi)$ para circuitos CA senoidais são casos especiais e não se aplicam para tensões e correntes senoidais.

2.8 CÁLCULOS DE POTÊNCIA PARA FORMAS DE ONDA NÃO SENOIDAL

Os circuitos eletrônicos de potência tipicamente têm tensões e/ou correntes que são periódicas, mas não senoidais. Para o caso geral, as definições básicas para os termos de potência descritos no início deste capítulo podem ser aplicadas. Um erro comum que é cometido nos cálculos de potência é o de tentar aplicar algumas relações especiais para ondas senoidais em formas de ondas que não são senoides.

As séries de Fourier podem ser usadas para descrever formas de onda periódica não senoidal em termos de uma série de senoides. As relações de potências para estes circuitos podem ser expressas em termos das componentes da série de Fourier.

As séries de Fourier

As formas de ondas periódicas não senoidais que apresentam certas condições podem ser descritas por uma série de Fourier de senoides. As séries de Fourier para uma função periódica $f(t)$ podem ser expressas em forma trigonométrica como

$$f(t) = a_0 + \sum_{n=1}^{\infty} [a_n \cos(n\omega_0 t) + b_n \operatorname{sen}(n\omega_0 t)] \qquad (2\text{-}53)$$

onde

$$a_0 = \frac{1}{T} \int_{-T/2}^{T/2} f(t)\, dt$$

$$a_n = \frac{2}{T} \int_{-T/2}^{T/2} f(t) \cos(n\omega_0 t)\, dt \qquad (2\text{-}54)$$

$$b_n = \frac{2}{T} \int_{-T/2}^{T/2} f(t) \operatorname{sen}(n\omega_0 t)\, dt$$

Senos e cossenos de mesma frequência podem ser combinados em uma senoide, resultando em uma expressão alternativa de uma série de Fourier:

$$f(t) = a_0 + \sum_{n=1}^{\infty} C_n \cos(n\omega_0 t + \theta_n)$$

onde (2-55)

$$C_n = \sqrt{a_n^2 + b_n^2} \quad e \quad \theta_n = \operatorname{tg}^{-1}\left(\frac{-b_n}{a_n}\right)$$

ou

$$f(t) = a_0 + \sum_{n=1}^{\infty} C_n \operatorname{sen}(n\omega_0 t + \theta_n)$$

onde (2-56)

$$C_n = \sqrt{a_n^2 + b_n^2} \quad e \quad \theta_n = \operatorname{tg}^{-1}\left(\frac{a_n}{b_n}\right)$$

O termo a_0 é uma constante que é o valor médio de $f(t)$ e representa uma tensão ou corrente CC em aplicações elétricas. O coeficiente C_1 é a amplitude do termo na frequência fundamental ω_0. Os coeficientes C_1, C_2 são as amplitudes das harmônicas que têm frequências $2\omega_0$, $3\omega_0$,....

O valor rms de $f(t)$ pode ser calculado pelas séries de Fourier:

$$F_{\text{rms}} = \sqrt{\sum_{n=0}^{\infty} F_{n,\text{rms}}^2} = \sqrt{a_0^2 + \sum_{n=1}^{\infty} \left(\frac{C_n}{\sqrt{2}}\right)^2} \qquad (2\text{-}57)$$

Potência média

Se as formas de ondas periódicas de tensão e corrente representadas pelas séries de Fourier

$$v(t) = V_0 + \sum_{n=1}^{\infty} V_n \cos(n\omega_0 t + \theta_n)$$
$$i(t) = I_0 + \sum_{n=1}^{\infty} I_n \cos(n\omega_0 t + \phi_n) \qquad (2\text{-}58)$$

são de um dispositivo ou circuito, então a potência média em calculada pela Eq. (2-3).

$$P = \frac{1}{T} \int_0^T v(t) i(t)\, dt$$

A média dos produtos dos termos CC é $V_0 I_0$. A média dos produtos da tensão e da corrente na mesma frequência é dada pela Eq. (2-49) e a média dos produtos da tensão e da corrente de frequências diferentes é zero. Consequentemente, a potência média para tensão e corrente com formas de ondas periódicas não senoidais é

$$\boxed{\begin{array}{c} P = \displaystyle\sum_{n=0}^{\infty} P_n = V_0 I_0 + \sum_{n=1}^{\infty} V_{n,\text{rms}} I_{n,\text{rms}} \cos(\theta_n - \phi_n) \\ \text{ou} \\ P = V_0 I_0 + \displaystyle\sum_{n=1}^{\infty} \left(\frac{V_{n,\max} I_{n,\max}}{2}\right) \cos(\theta_n - \phi_n) \end{array}} \qquad (2\text{-}59)$$

Observe que a potência média total é a soma das potências nas frequências nas séries de Fourier.

Fonte não senoidal e carga linear

Se uma tensão periódica não senoidal é aplicada a uma que é uma combinação de elementos não lineares, a potência absorvida pela carga pode ser determinada usando a superposição. Uma tensão periódica não senoidal é equivalente a uma combinação de séries de Fourier, como mostrado na Fig. 2-10. A corrente na carga pode ser determinada usando a superposição e a Eq. (2-59) pode ser aplicada para calcular a potência média. Lembre-se que a superposição para potência não é válida quando as fontes têm a mesma frequência. A técnica é demonstrada no Exemplo 2-9.

Figura 2-10 Circuito equivalente para a análise de Fourier.

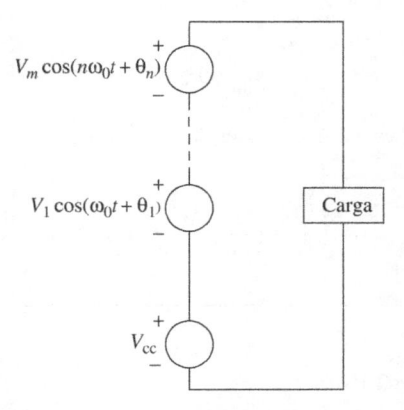

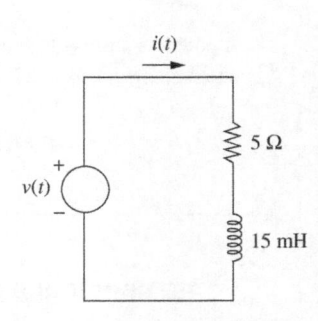

Figura 2-11 Circuito para o Exemplo 2-9.

Exemplo 2-9

Fonte não Senoidal e carga linear

Uma tensão periódica não senoidal tem uma série de Fourier de $v(t) = 10 + 20\cos(2\pi 60 t - 25°)$ + $30 \cos(4\pi 60 t + 20°)$ V. Esta tensão está conectada a uma carga que tem um resistor de 5 Ω conectado em série com um indutor de 15 mH como na Fig. 2-11. Determine a potência absorvida pela carga.

■ Solução

A corrente em cada fonte de frequência é calculada separadamente. O termo CC da corrente é

$$I_0 = \frac{V_0}{R} = \frac{10}{5} = 2 \text{ A}$$

As amplitudes dos termos CA da corrente são calculados pela análise de fasor:

$$I_1 = \frac{V_1}{R + j\omega_1 L} = \frac{20\angle(-25°)}{5 + j(2\pi 60)(0{,}015)} = 2{,}65 \angle (-73{,}5°) \text{ A}$$

$$I_2 = \frac{V_2}{R + j\omega_2 L} = \frac{30\angle 20°}{5 + j(4\pi 60)(0{,}015)} = 2{,}43 \angle (-46{,}2°) \text{ A}$$

A corrente na carga pode então ser expressa como

$$i(t) = 2 + 2{,}65 \cos(2\pi 60 t - 73{,}5°) + 2{,}43 \cos(4\pi 60 t - 46{,}2°) \text{ A}$$

A potência em cada frequência nas séries de Fourier é determinada pela Eq. (2-59):
O termo CC:

termo CC: $P_0 = (10 \text{ V})(2 \text{ A}) = 20 \text{ W}$

$\omega = 2\pi 60$: $P_1 = \dfrac{(20)(2{,}65)}{2} \cos(-25° + 73{,}5°) = 17{,}4 \text{ W}$

$\omega = 4\pi 60$: $P_2 = \dfrac{(30)(2{,}43)}{2} \cos(20° + 46°) = 14{,}8 \text{ W}$

A potência total é, então,

$$P = 20 + 17{,}4 + 14{,}8 = 52{,}2 \text{ W}$$

A potência absorvida pela carga também pode ser calculada por $I^2\text{rms}R$ neste circuito porque a potência média em um indutor é zero.

$$P = I_{\text{rms}}^2 R = \left[2^2 + \left(\frac{2{,}65}{\sqrt{2}}\right)^2 + \left(\frac{2{,}43}{\sqrt{2}}\right)^2\right] 5 = 52{,}2 \text{ W}$$

Fonte senoidal e carga não linear

Se uma fonte de tensão senoidal for aplicada a uma carga não linear, a forma de onda da corrente não será senoidal, mas poderá ser representada como uma série de Fourier. Se a tensão for senoidal

$$v(t) = V_1 \operatorname{sen}(\omega_0 t + \theta_1) \tag{2-60}$$

E a corrente é representada pelas séries de Fourier

$$i(t) = I_0 + \sum_{n=1}^{\infty} I_n \operatorname{sen}(n\omega_0 t + \phi_n) \tag{2-61}$$

então, a potência média absorvida pela carga (ou fornecida pela fonte) é calculada pela Eq. (2-59), como

$$\begin{aligned} P &= V_0 I_0 + \sum_{n=1}^{\infty} \left(\frac{V_{n,\max} I_{n,\max}}{2}\right) \cos(\theta_n - \phi_n) \\ &= (0)(I_0) + \left(\frac{V_1 I_1}{2}\right) \cos(\theta_1 - \phi_1) + \sum_{n=2}^{\infty} \frac{(0)(I_{n,\max})}{2} \cos(\theta_n - \phi_n) \quad (2\text{-}62) \\ &= \left(\frac{V_1 I_1}{2}\right) \cos(\theta_1 - \phi_1) = V_{1,\text{rms}} I_{1,\text{rms}} \cos(\theta_1 - \phi_1) \end{aligned}$$

Observe que apenas o termo diferente de zero está na frequência da tensão aplicada. O fator de potência da carga é calculado pela Eq. (2-42).

$$\begin{aligned} \text{pf} &= \frac{P}{S} = \frac{P}{V_{\text{rms}} I_{\text{rms}}} \\ \text{pf} &= \frac{V_{1,\text{rms}} I_{1,\text{rms}} \cos(\theta_1 - \phi_1)}{V_{1,\text{rms}} I_{\text{rms}}} = \left(\frac{I_{1,\text{rms}}}{I_{\text{rms}}}\right) \cos(\theta_1 - \phi_1) \end{aligned} \tag{2-63}$$

Em que a corrente rms é calculada por

$$I_{\text{rms}} = \sqrt{\sum_{n=0}^{\infty} I_{n,\text{rms}}^2} = \sqrt{I_0^2 + \sum_{n=1}^{\infty} \left(\frac{I_n}{\sqrt{2}}\right)^2} \tag{2-64}$$

Observe também que para uma tensão senoidal e uma corrente senoidal, fp = $\cos(\theta_1 - \phi_1)$, que é o termo do fator de potência comumente usado em circuitos lineares, sendo chamado de *deslocamento do fator de potência*. A razão do valor rms da frequência fundamental para o valor rms total, $I_{1,\text{rms}}/I_{\text{rms}}$ na Eq. (2-63) é o *fator de distorção* (FD).

$$\text{FD} = \frac{I_{1,\text{rms}}}{I_{\text{rms}}} \qquad (2\text{-}65)$$

O fator de distorção representa a redução no fator de potência devido as propriedades da corrente não senoidal. O fator de potência é expresso também como

$$\text{fp} = [\cos(\theta_1 - \phi_1)]\text{FD} \qquad (2\text{-}66)$$

A *distorção harmônica total* (DHT) é outro termo usado para quantificar a propriedade não senoidal de uma forma de onda. DHT é a razão do valor rms de todos os termos da frequência fundamental para o valor rms da frequência fundamental

$$\text{DHT} = \sqrt{\frac{\sum_{n \neq 1} I_{n,\text{rms}}^2}{I_{1,\text{rms}}^2}} = \frac{\sqrt{\sum_{n \neq 1} I_{n,\text{rms}}^2}}{I_{1,\text{rms}}} \qquad (2\text{-}67)$$

A DHT é equivalentemente expressa como

$$\text{DHT} = \sqrt{\frac{I_{\text{rms}}^2 - I_{1,\text{rms}}^2}{I_{1,\text{rms}}^2}} \qquad (2\text{-}68)$$

A distorção harmônica total é sempre aplicada em situações onde o termo CC é zero. Neste caso, DHT pode ser expressa como

$$\text{DHT} = \frac{\sqrt{\sum_{n=2}^{\infty} I_n^2}}{I_1} \qquad (2\text{-}69)$$

Uma outra forma de expressar o fator de distorção é

$$\text{FD} = \sqrt{\frac{1}{1 + (\text{DHT})^2}} \qquad (2\text{-}70)$$

A potência reativa para uma tensão senoidal e uma corrente não senoidal pode ser expressa como na Eq. (2-50). O único termo diferente de zero para a potência reativa é na frequência da tensão:

$$Q = \frac{V_1 I_1}{2} \text{sen}(\theta_1 - \phi_1) \qquad (2\text{-}71)$$

Com *P* e *Q* definidas para o caso não senoidal, a potência aparente *S* deve incluir um termo para considerar a corrente nas frequências que são diferentes da frequência da tensão. O termo *distorção volt-ampères* D é tradicionalmente usado nos cálculos de S,

$$S = \sqrt{P^2 + Q^2 + D^2} \tag{2-72}$$

onde

$$D = V_{1,\text{rms}}\sqrt{\sum_{n\neq 1}^{\infty} I_{n,\text{rms}}^2} = \frac{V_1}{2}\sqrt{\sum_{n\neq 1}^{\infty} I_n} \tag{2-73}$$

Outros termos que são algumas vezes usados para corrente não senoidal (ou tensão) são *fator de forma* e *fator de crista*.

$$\text{Fator de forma} = \frac{I_{\text{rms}}}{I_{\text{med}}} \tag{2-74}$$

$$\text{Fator de crista} = \frac{I_{\text{pico}}}{I_{\text{rms}}} \tag{2-75}$$

Exemplo 2-10

Fonte senoidal e carga não linear

Uma fonte de tensão senoidal de $v(t) = 100\cos(377t)$ V é aplicada a uma carga não linear, resultando em uma corrente não senoidal que é expressa na forma de séries de Fourier como

$$i(t) = 8 + 15\cos(377t + 30°) + 6\cos[2(377)t + 45°] + 2\cos[3(377)t + 60°]$$

Determine (a) a potência absorvida pela carga, (b) o fator de potência da carga, (c) o fator de distorção na corrente da carga, (d) a distorção harmônica total na corrente da carga.

■ Solução

(a) A potência absorvida pela carga é determinada pelo cálculo da potência absorvida em cada frequência nas séries de Fourier [Eq.(2-59)].

$$P = (0)(8) + \left(\frac{100}{\sqrt{2}}\right)\left(\frac{15}{\sqrt{2}}\right)\cos 30° + (0)\left(\frac{6}{\sqrt{2}}\right)\cos 45° + (0)\left(\frac{2}{\sqrt{2}}\right)\cos 60°$$

$$P = \left(\frac{100}{\sqrt{2}}\right)\left(\frac{15}{\sqrt{2}}\right)\cos 30° = 650 \text{ W}$$

(b) A tensão rms é

$$V_{\text{rms}} = \frac{100}{\sqrt{2}} = 70{,}7 \text{ V}$$

e a corrente rms é calculada pela Eq. (2-64):

$$I_{rms} = \sqrt{8^2 + \left(\frac{15}{\sqrt{2}}\right)^2 + \left(\frac{6}{\sqrt{2}}\right)^2 + \left(\frac{2}{\sqrt{2}}\right)^2} = 14,0 \text{ A}$$

O fator de potência é

$$fp = \frac{P}{S} = \frac{P}{V_{rms}I_{rms}} = \frac{650}{(70,7)(14,0)} = 0,66$$

Alternativamente, o fator de potência pode ser calculado pela Eq. (2-63):

$$fp = \frac{I_{1,\,rms} \cos(\theta_1 - \phi_1)}{I_{rms}} = \frac{\left(\frac{15}{\sqrt{2}}\right)\cos(0 - 30°)}{14,0} = 0,66$$

(c) O fator de distorção é calculado pela Eq. (2-65), como

$$FD = \frac{I_{1,\,rms}}{I_{rms}} = \frac{\frac{15}{\sqrt{2}}}{14,0} = 0,76$$

(d) A distorção harmônica total da corrente na carga é obtida pela Eq. (2-68).

$$DHT = \sqrt{\frac{I_{rms}^2 - I_{1,rms}^2}{I_{1,rms}^2}} = \sqrt{\frac{14^2 - \left(\frac{15}{\sqrt{2}}\right)^2}{\left(\frac{15}{\sqrt{2}}\right)^2}} = 0,86 = 86\%.$$

2.9 CÁLCULOS DE POTÊNCIA USANDO O PSPICE

O PSpice pode ser usado para simular os circuitos eletrônicos de potência para determinar os valores de tensões, correntes e potências. Um método conveniente é o uso da capacidade de análise do acompanhamento gráfico do programa postprocessor Probe para obter valores de potência diretamente. O Probe é capaz de

- Mostrar as formas de ondas da tensão e corrente $(v)(t)$ e $i(t)$
- Mostrar a potência instantânea $p(t)$
- Calcular a potência absorvida pelo dispositivo
- Calcular a potência média P
- Calcular a tensão média e a corrente média
- Calcular tensões e correntes rms
- Determinar as séries de Fourier de forma de onda periódica

Os exemplos que se seguem ilustram o uso do PSpice para calcular a potência.

Exemplo 2-11

Potência instantânea, energia e potência média usando o PSpice

O PSpice pode ser utilizado para mostrar a potência instantânea e para calcular a Energia. Um exemplo simples é o de uma tensão senoidal aplicada em um resistor. A fonte de tensão tem amplitude $V_m = 10$ V com uma frequência de 60 Hz e um resistor de 5 Ω. Use VSIN para a fonte e escolha o domínio do tempo (Domain Time) (Transiente) na preparação da simulação (Simulation Setup). Entre com um valor de 16,67 para tempo de funcionamento (Run Time) e (Stop Time) para um período da fonte.

O circuito pode ser visto na Fig. 2-12a. O ponto superior é rotulado como 1. Quando conectar o resistor, deixe o circuito funcionar por três vezes de modo que o primeiro nó esteja em cima. Após a simulação, uma lista (Netlist) deve ser parecida com:

```
*source EXAMPLE 2-11
V_V1    1 0
+SIN 0 10 60 0 0 0
R_R1    1 0 5
```

Quando a simulação estiver completada, aparece a tela do Probe. As formas de ondas da tensão e corrente são obtidas ao entrar com V(1) e I(R1). A potência instantânea $p(t) = v(t)i(t)$

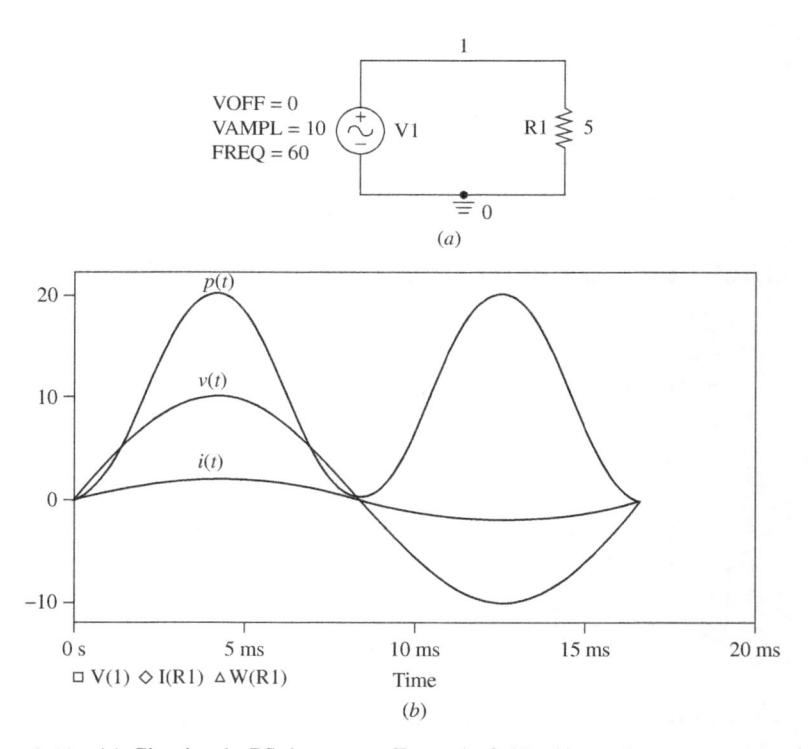

Figura 2-12 (a) Circuito do PSpice para o Exemplo 2-11; (b) tensão, corrente e potência instantânea para o resistor; (c) energia absorvida pelo resistor; (d) potência média absorvida pelo resistor.

Capítulo 2 Cálculos de Potência 53

[Gráfico (c): Energia S(W(R1)) vs Tempo, mostrando ENERGY AFTER ONE PERIOD 166.664 mJ no ponto (16.670 m, 166.664 m)]

(c)

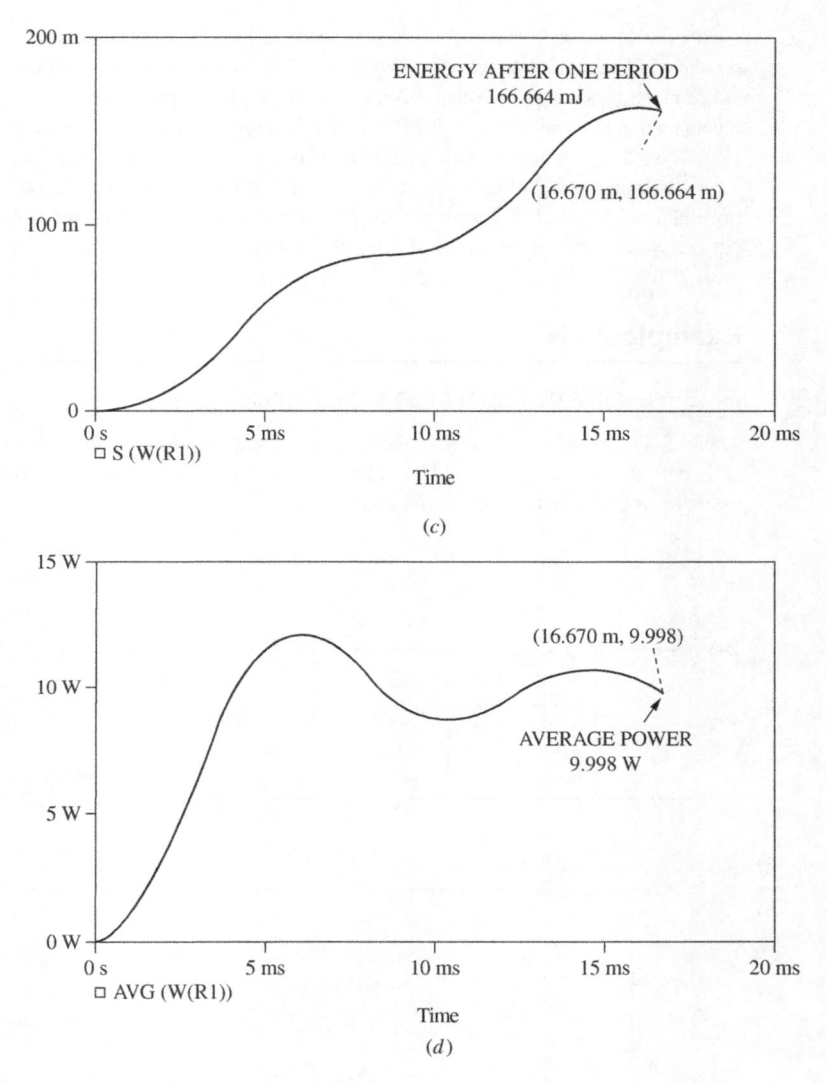

[Gráfico (d): Potência média AVG(W(R1)) vs Tempo, mostrando AVERAGE POWER 9.998 W no ponto (16.670 m, 9.998)]

(d)

Figura 2-12 (*continuação*)

absorvida pelo resistor é obtida pelo Probe ao entrar com a expressão V(1)*I(R1) ou pela escolha de W(R1). O resultado mostrando V(1), I(R1) e *p(t)* pode ser visto na Fig. 2-12b.

A energia pode ser calculada usando a definição da Eq. (2-2). Quando usar o Probe, entre com a expressão S(V(1)*I(R1)) ou S(W(R1)), que calcula a integral da potência instantânea. O resultado é um traçado que mostra que a energia absorvida aumenta com o tempo. A energia consumida pelo resistor após um período da fonte é determinada posicionando o cursor no final do traço, o qual revela que W_R = 166.66 mJ (Fig. 2-12c).

A característica do Probe do PSpice pode também ser usada para determinar o valor da potência média diretamente. Para o circuito no exemplo anterior, a potência média é obtida com a entrada da expressão AVG(V(1)*I(R1)0 ou AVG(W(R1)). O resultado é um "running" que mostra o valor da potência média como calculada na Eq. (2-3). Portanto, o valor médio da forma de onda da potência pode ser obtido *no final* de um ou mais períodos da forma de onda. A Fig. 2-12d mostra a saída pelo Probe. A opção do cursor é usada para obter um valor preciso da potência média. Esta saída mostra 9,998 W, uma diferença bem pequena do valor teórico de 10 W. Lembre-se de que a integração é feita numericamente de pontos de dados discretos.

O PSpice pode ser usado também para determinar a potência em circuitos CA contendo um indutor ou capacitor, mas *a simulação deve representar uma resposta no estado estável* para ser válida no funcionamento do circuito neste mesmo modo.

Exemplo 2-12

RMS e análise de Fourier usando o PSpice

A Fig. 2-13a mostra uma tensão pulsante periódica que está conectada a um circuito R-L em série com $R = 10\ \Omega$ e $L = 10$ mH. O PSpice é usado para determinar a corrente rms no estado estável e as componentes de Fourier da corrente.

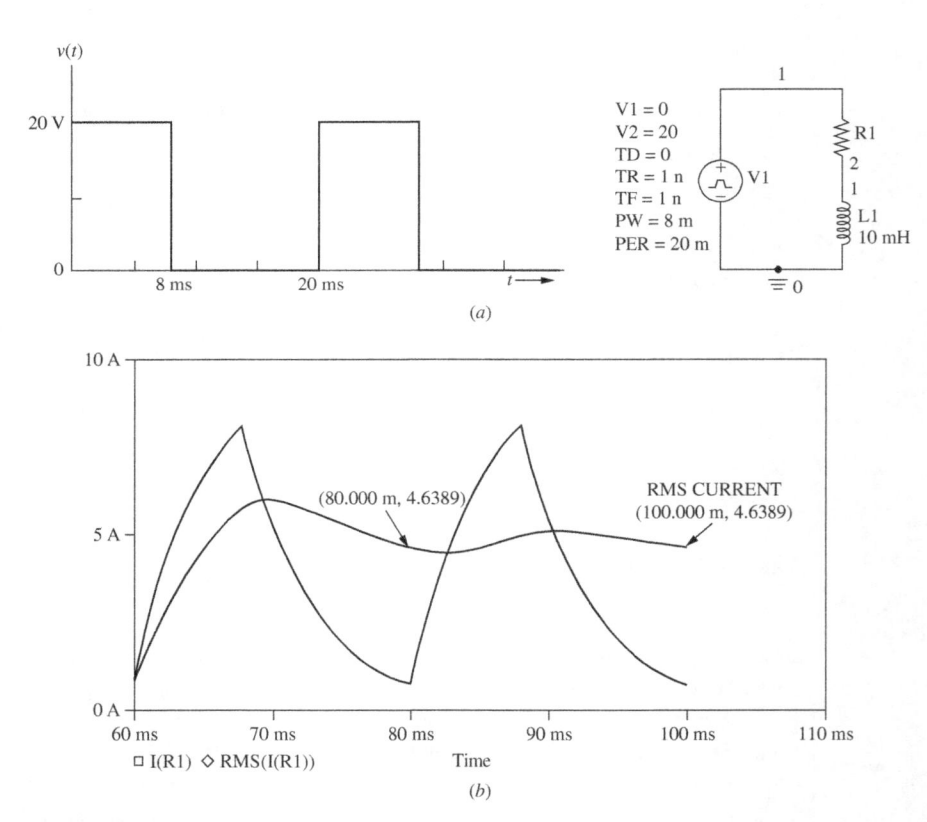

Figura 2-13 (a) Uma fonte de tensão com forma de onda pulsante é aplicada a um circuito série *R-L*, (b) a saída do Probe mostra o estado estável da corrente e o valor rms.

Nos cálculos de potência no PSpice, *é extremamente importante que a saída em análise represente o estado estável das tensões e correntes*. O estado estável da corrente é atingido após vários períodos da forma de onda pulsante. Portanto, os ajustes da simulação (Simulations Settings) devem ter o tempo de funcionamento (Run Time) (Time to Stop) de 100 ms e os inícios para salvar os dados (Start Saving Data) em 60 ms. O atraso de 60 ms permite que a corrente atinja o estado estável. O passo máximo é ajustado para 10 μs para produzir uma forma de onda alisada.

A corrente é mostrada no Probe entrando com I(R1) e o estado estável é verificado, pois os valores de início e de final são os mesmos para cada período. A corrente rms é obtida entrando com a expressão RMS(I(R1)). O valor da corrente rms de 4.6389 A é obtido no final de cada período da forma de onda da corrente. A Fig. 2-13b mostra a saída do Probe.

As séries de Fourier de uma forma de onda podem ser obtidas usando o PSpice. A análise de Fourier é entrada pela opções de arquivo de saída (Output File Options) no menu de análise de transiente (Transient Analysis). A transformação rápida de Fourier (Fast Fourier Transform – FFT) sobre as formas de onda da tensão e da corrente na carga aparecerá no arquivo de saída. A frequência fundamental (frequência de centro) das séries de Fourier é 50 Hz (1/20 mS). Neste exemplo, são simulados

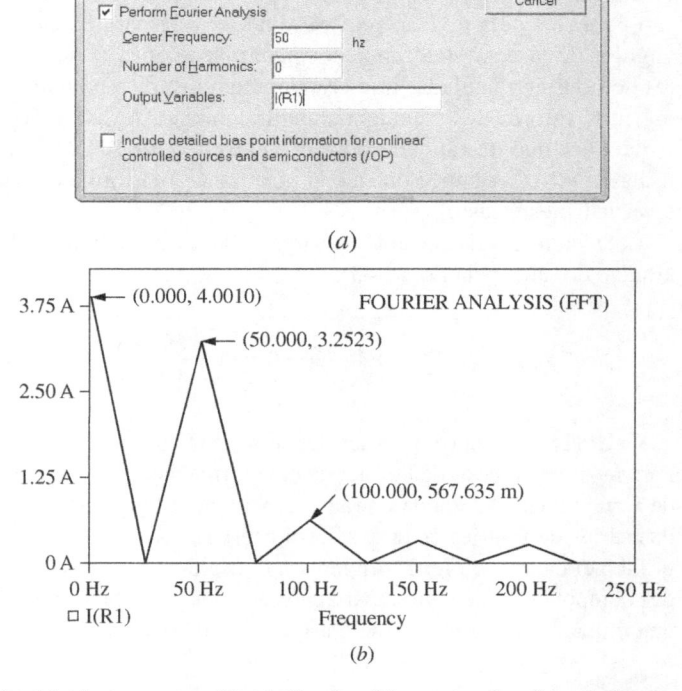

Figura 2-14 (a) Ajuste para a análise de Fourier, (b) espectro das séries de Fourier pelo Probe usando FFT.

cinco períodos da forma de onda para garantir que se atinja o estado estável da corrente para esta constante de tempo L/R.

Uma parte do arquivo de saída que mostra as componentes de Fourier da fonte de tensão e da corrente no resistor pode ser vista como segue:

```
FOURIER COMPONENTS OF TRANSIENT RESPONSE I(R_R1)

DC COMPONENT = 4.000000E+00

 HARMONIC   FREQUENCY    FOURIER     NORMALIZED     PHASE      NORMALIZED
    NO        (HZ)      COMPONENT    COMPONENT      (DEG)      PHASE (DEG)

     1      5.000E+01   3.252E+00    1.000E+00    -3.952E+01   0.000E+00
     2      1.000E+02   5.675E-01    1.745E-01    -1.263E+02  -4.731E+01
     3      1.500E+02   2.589E-01    7.963E-02    -2.402E+01   9.454E+01
     4      2.000E+02   2.379E-01    7.317E-02    -9.896E+01   5.912E+01
     5      2.500E+02   1.391E-07    4.277E-08     5.269E+00   2.029E+02
     6      3.000E+02   1.065E-01    3.275E-02    -6.594E+01   1.712E+02
     7      3.500E+02   4.842E-02    1.489E-02    -1.388E+02   1.378E+02
     8      4.000E+02   3.711E-02    1.141E-02    -3.145E+01   2.847E+02
     9      4.500E+02   4.747E-02    1.460E-02    -1.040E+02   2.517E+02

TOTAL HARMONIC DISTORTION = 2.092715E+01 PERCENT
```

Quando você usa a saída do PSpice para as séries de Fourier, lembre-se de que os valores são listados como amplitude (de zero ao valor de pico) e a conversão para rms pela divisão por $\sqrt{2}$ é necessária para os cálculos de potência. Os ângulos de fase são referenciados para o seno em vez de cosseno. As componentes de Fourier calculadas numericamente no PSpice podem não ter exatamente os mesmos valores dos calculados analiticamente. A distorção harmônica (DHT) é listada no final da saída de Fourier. [*Observação*: A DHT calculada pelo PSpice usa a Eq. (2-69) e supõe que a componente CC da forma de onda é zero, o que não é verdade neste caso.]

O valor rms da corrente na carga pode ser calculado pelas séries de Fourier no arquivo de saída pela Eq. (2-43).

$$I_{rms} = \sqrt{(4,0)^2 + \left(\frac{3,252}{\sqrt{2}}\right)^2 + \left(\frac{0,5675}{\sqrt{2}}\right)^2 + \cdots} \approx 4,63 \text{ A}$$

Uma representação gráfica das séries de Fourier pode ser reproduzida no Probe. Para mostrar as séries de Fourier de uma forma de onda, clique no botão FFT na barra de ferramentas. Acima da entrada, na variável a ser mostrada, aparecerá o espectro das séries de Fourier. Será desejável acertar a faixa das frequências para obter um gráfico eficiente. A Fig. 2-14b mostra o resultado para este exemplo. As magnitudes das componentes de Fourier são representadas pelos picos no gráfico, que podem ser determinadas precisamente pelo uso da opção do cursor.

Exemplo 2-13

Solução do Exemplo 2-3 com o PSpice

Use o PSpice para simular o circuito com indutor da Fig. 2-4a com os parâmetros do Exemplo 2-3.

■ Solução

A Fig. 2-15 mostra o circuito usado no PSpice para simulação. O transistor é usado como chave, de modo que a chave controlada por tensão (Sbreak) pode ser usada no circuito do PSpice. A chave é idealizada pelo ajuste da resistência ligada para $R_{on} = 0.001\ \Omega$. O controle para a chave é uma fonte de tensão pulsante com uma largura de pulso de 10 ms e um período de 100 ms. É usado o diodo Dbreak.

Alguns resultados possíveis que podem ser obtidos da saída do Probe são listados abaixo. Todos os traços, exceto a corrente máxima no indutor e a energia armazenada no mesmo, são lidos no final do traço do Probe, que ocorre após um período completo. Observe a concordância entre os resultados do Exemplo 2-3 e os resultados do PSpice.

Desired quantity	Probe entry	Result
Inductor current	I(L1)	max = 4.5 A
Energy stored in inductor	0.5*0.2*I(L1)*I(L1)	max = 2.025 J
Average switch power	AVG(W(S1))	0.010 W
Average source power (absorbed)	AVG(W(VCC))	−20.3 W
Average diode power	AVG(W(D1))	0.464 W
Average inductor power	AVG(W(L1))	≈ 0
Average inductor voltage	AVG(V(1,2))	≈ 0
Average resistor power	AVG(W(R1))	19.9 W
Energy absorbed by resistor	S(W(R1))	1.99 J
Energy absorbed by diode	S(W(D1))	0.046 J
Energy absorbed by inductor	S(W(L1))	≈ 0
RMS resistor current	RMS(I(R1))	0.998 A

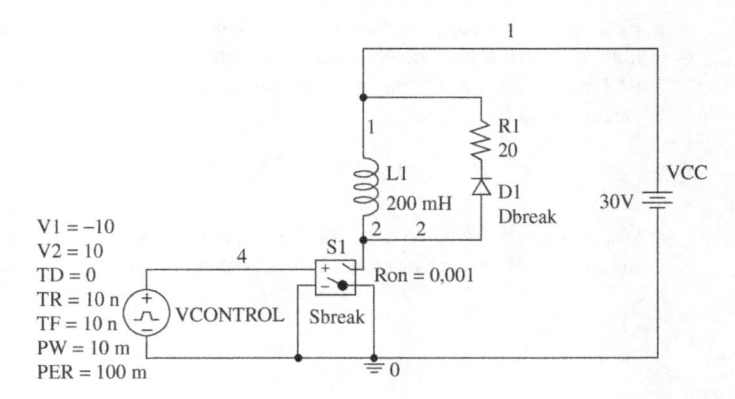

Figura 2-15 Circuito para o Exemplo 2-13, uma simulação do circuito no Exemplo 2-4.

2.10 RESUMO

- A potência instantânea é o produto da tensão e da corrente em um instante qualquer:

$$p(t) = v(t)i(t)$$

Usando o sinal de convenção passivo, o dispositivo absorverá potência se $(p)(t)$ for positiva e o dispositivo fornecerá potência se $(p)(t)$ for negativa.

- *Potência* geralmente se refere a potência média, que é o tempo médio do período da potência instantânea:

$$P = \frac{1}{T}\int_{t_0}^{t_0+T} v(t)i(t)\,dt = \frac{1}{T}\int_{t_0}^{t_0+T} p(t)\,dt$$

- O valor rms é a raiz média quadrática ou o valor eficaz de uma forma de onda da tensão ou da corrente.

$$V_{rms} = \sqrt{\frac{1}{T}\int_0^T v^2(t)\,dt}$$

$$I_{rms} = \sqrt{\frac{1}{T}\int_0^T i^2(t)\,dt}$$

- A potência aparente é o produto da tensão e da corrente rms.

$$S = V_{rms}I_{rms}$$

- O fator de potência é a razão da potência média pela potência aparente.

$$fp = \frac{P}{S} = \frac{P}{V_{rms}I_{rms}}$$

- Para indutores e capacitores que têm tensões e correntes periódicas, a potência média é zero. A potência instantânea geralmente não é zero por que o dispositivo armazena energia e depois retorna a energia para o circuito.
- Para correntes periódicas, a tensão média em um indutor é zero.
- Para tensões periódicas, a corrente média em um capacitor é zero.
- Para forma de ondas periódicas não senoidais, a potência média pode ser calculada pela definição básica, ou pode ser usado o método das séries de Fourier. O método das séries de Fourier trata cada frequência nas séries separadamente e usa a superposição para calcular a potência total.

$$P = \sum_{n=0}^{\infty} P_n = V_0 I_0 + \sum_{n=1}^{\infty} V_{n,\,rms} I_{n,\,rms} \cos(\theta_n - \phi_n)$$

- Uma simulação usando o programa PSpice pode ser utilizada para obter não apenas forma de onda da tensão e da corrente, mas também a potência instantânea, energia, valores

rms e potência média pelo uso das capacidades numéricas do programa postprocessos de gráfico Probe. Para os cálculos numéricos no Probe terem precisão, a simulação deve representar o estado estável das tensões e das correntes.
- Os termos das séries de Fourier estão disponíveis no PSpice pelo uso da análise Fourier (Fourier Analyses) no ajuste da simulação ou pelo uso da opção FFT no Probe.

2.11 BIBLIOGRAFIA

M. E. Balci and M. H. Hocaoglu, "Comparison of Power Definitions for Reactive Power Compensation in Nonsinusoidal Circuits," *International Conference on Harmonics and Quality of Power*, Lake Placid, New York, 2004.

L. S. Czarnecki, "Considerations on the Reactive Power in Nonsinusoidal Situations," *International Conference on Harmonics in Power Systems*, Worcester Polytechnic Institute, Worcester, Mass., 1984, pp. 231–237.

A. E. Emanuel, "Powers in Nonsinusoidal Situations, A Review of Definitions and Physical Meaning," *IEEE Transactions on Power Delivery*, vol. 5, no. 3, July 1990.

G. T. Heydt, *Electric Power Quality*, Stars in a Circle Publications, West Lafayette, Ind., 1991.

W. Sheperd and P. Zand, *Energy Flow and Power Factor in Nonsinusoidal Circuits*, Cambridge University Press, 1979.

Problemas

Potência instantânea e potência média

2-1 A potência média geralmente *não* é o produto da tensão média com a corrente média. Dê um exemplo de forma de onda periódica para $v(t)$ e $i(t)$ que tenha valores médios zero e a potência média absorvida pelo dispositivo não seja zero. Faça um esboço de $v(t)$, $i(t)$ e $p(t)$.

2-2 A tensão aplicada em um resistor de 10 Ω é $v(t) = 170$ sen (377t) V. Determine (a) uma expressão para a potência instantânea absorvida pelo resistor, (b) a potência de pico e (c) a potência média.

2-3 A tensão num elemento é $v(t) = 5$ sen (2 πt) V. Use o programa de gráfico para traçar a potência instantânea absorvida pelo elemento e determine a potência média se a corrente, usando o sinal de convenção passivo, para (a) $i(t) = 4$ sen ($2\pi\,t$) A e (b) $i(t) = 3$ sen ($4\pi t$) A.

2-4 A tensão e a corrente para um dispositivo (usando o sinal de convenção passivo) são funções periódicas com $T = 100$ ms descritas por

$$v(t) = \begin{cases} 10\,\text{V} & 0 < t < 70\,\text{ms} \\ 0 & 70\,\text{ms} < t < 100\,\text{ms} \end{cases}$$

$$i(t) = \begin{cases} 0 & 0 < t < 50\,\text{ms} \\ 4\,\text{A} & 50\,\text{ms} < t < 100\,\text{ms} \end{cases}$$

Determine (a) a potência instantânea, (b) a potência média e (c) a energia absorvida pelo dispositivo em cada período.

2-5 A tensão e a corrente para um dispositivo (usando o sinal de convenção passivo) são funções periódicas com $T = 20$ ms descritas por

$$v(t) = \begin{cases} 10\text{ V} & 0 < t < 14\text{ ms} \\ 0 & 14\text{ ms} < t < 20\text{ ms} \end{cases}$$

$$i(t) = \begin{cases} 7\text{ A} & 0 < t < 6\text{ ms} \\ -5\text{ A} & 6\text{ ms} < t < 10\text{ ms} \\ 4\text{ A} & 10\text{ ms} < t < 20\text{ ms} \end{cases}$$

Determine (a) a potência instantânea, (b) a potência média e (c) a energia absorvida pelo dispositivo em cada período.

2-6 Defina a potência média absorvida por uma fonte de 12 V CC quando a corrente que entra pelo terminal positivo da fonte é dada em (a) Prob. 2-4 e (b) Prob. 2-5.

2-7 Uma corrente de 5 sen $(2\pi 60 t)$ A passa por um elemento. Esboce a potência instantânea e determine a potência média absorvida pelo elemento carga quando o elemento for (a) um resistor de 5 Ω, (b) um indutor de 10 mH e (c) uma fonte de 12 V (corrente entrando pelo terminal positivo).

2-8 Uma fonte de corrente de $i(t) = 2 + 6$ sen $(2\pi 60 t)$ A está conectada a uma carga que é uma combinação em série de um resistor e um indutor e uma fonte de tensão CC (corrente entrando pelo terminal positivo). Se $R = 4$ Ω, $L = 15$ mH e $V_{cc} = 6$ V, determine a potência média absorvida por cada elemento.

2-9 Uma resistência elétrica de um aquecedor com valor nominal de 1.500 W para uma fonte de tensão de $v(t) = 120\sqrt{2}$ sen $(2\pi 60 t)$ V tem uma chave controlada por um termostato. O aquecedor é ligado periodicamente por 5 min e desligado por 7 min. Determine (a) a potência instantânea máxima, (b) a potência média sobre o ciclo de 12 min e (c) a energia elétrica convertida pelo aquecedor em cada 12 min.

Recuperação de energia

2-10 Um indutor é energizado como mostra o circuito da Fig. 2-4a. O circuito tem $L = 100$ mH, $R = 20$ Ω, $V_{cc} = 90$ V, $t_1 = 4$ ms e $T = 40$ ms. Supondo que o transistor e o diodo sejam ideais, determine (a) a energia de pico armazenada no indutor, (b) a energia absorvida pelo resistor em cada período de chaveamento, (c) a potência média fornecida pela fonte e (d) Se o resistor mudar para 40 Ω, qual é a potência média fornecida pela fonte?

2-11 Um indutor é energizado como mostra o circuito da Fig. 2-4a. O circuito tem $L = 10$ mH, $V_{cc} = 14$ V. Determine (a) o tempo necessário que a chave deve ficar ligada de modo que a energia de pico armazenada no indutor seja de 1,2 J. (b) Escolha um valor para R de modo que o ciclo de chaveamento possa ser repetido a cada 20 ms. Suponha que a chave e o diodo sejam ideais.

2-12 Um indutor é energizado como mostra o circuito da Fig. 2-5a. O circuito tem $L = 50$ mH, $V_{cc} = 90$ V, $t_1 = 4$ ms e $T = 50$ ms. (a) Determine a energia de pico armazenada no indutor e (b) mostre os gráficos da corrente no indutor, da corrente na fonte, a potência instantânea no indutor e a potência instantânea *versus* tempo. Suponha que o transistor seja ideal.

2-13 Um circuito alternativo para energizar um indutor e retirar a enrgia armazenada sem danificar um transistor é mostrado na Fig. P2-13. Aqui, $V_{cc} = 12$ V, $L = 75$ mH e a tensão de ruptura do zener é $V_z = 20$ V. O transistor como chave abre e fecha periodicamente com $t_{lig.} = 20$ ms e $t_{desl.} = 50$ ms. (a) Explique como o diodo zener permite que a chave se abra, (b) determine e esboce a corrente no indutor $i_L(t)$ e a corrente no zener $i_z(t)$ para um período de chaveamento e (c) esboce $(p)(t)$ para o indutor e o diodo zener e (d) Determine a potência média absorvida pelo indutor e pelo diodo zener.

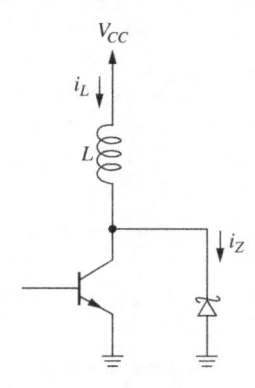

Figura P2-13

2-14 Repita o Prob. 2-13 com $V_{cc} = 20$ V, $L = 50$ mH, $= V_z = 30$ V, $t_{lig.} = 16$ ms e $t_{desl.} = 60$ ms.

Valor eficaz: RMS

2-15 O valor rms de uma senoide é o valor de pico dividido por $\sqrt{2}$. Dê dois exemplos para mostrar que isto não é geralmente o caso de formas de ondas periódicas.

2-16 Um sistema de distribuição trifásico está conectado a uma carga não linear que tem as correntes de linha e de neutro como as da Fig. 2-8. A corrente rms em cada fase é de 12 A e a resistência em cada linha e o condutor neutro é 0,5 Ω. Determine a potência total absorvida pelos condutores. Qual deve ser a resistência do condutor neutro para que ele absorva a potência de cada um dos condutores de fases?

2-17 Determine o valor rms das formas de ondas da tensão e da corrente no Prob. 2-4.

2-18 Determine o valor rms das formas de ondas da tensão e da corrente no Prob. 2-5.

Formas de ondas não senoidais

2-19 A tensão e a corrente para um elemento do circuito são $v(t) = 2 + 5\cos(2\pi 60 t) - 3\cos(4\pi 60 t + 45°)$ V e $i(t) = 1,5 + 2\cos(2\pi 60 t + 20°) + 1,1\cos(4\pi 60 t - 20°)$ (a) Determine os valores rms da tensão e da corrente e (b) Determine a potência absorvida pelo elemento.

2-20 A fonte de corrente $i(t) = 3 + 4\cos(4\pi 60t) + 6\cos(4\pi 60t)$ A está conectada a uma carga RC em paralelo com $R = 100\ \Omega$ e $C = 50\mu F$. Determine a potência média absorvida pela carga.

2-21 Na Fig. P2-21, $R = 4\ \Omega$, $L = 10$ mH, $V_{cc} = 12$ V e $v(t) = 50 + 30\cos(4\pi 60t) + 10\cos(8\pi 60t)$ V. Determine a potência absorvida por cada elemento.

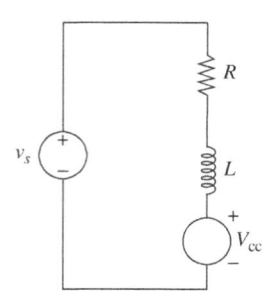

Figura P2-21

2-22 Uma tensão periódica não senoidal tem as séries de Fourier de $v(t) = 6 + 5\cos(2\pi 60) + 3\cos(6\pi 60t)$. Esta tensão está conectada a uma carga que tem um resistor de $16\ \Omega$ em série com um indutor de 25 mH como na Fig. 2-11. Determine a potência absorvida pela carga.

2-23 A tensão e a corrente para um dispositivo (usando o sinal de convenção passivo) são

$$v(t) = 20 + \sum_{n=1}^{\infty} \left(\frac{20}{n}\right) \cos(n\pi t)\ \text{V}$$

$$i(t) = 5 + \sum_{n=1}^{\infty} \left(\frac{5}{n^2}\right) \cos(n\pi t)\ \text{A}$$

Determine a potência média baseado nos termos até $n = 4$.

2-24 A tensão e a corrente para um dispositivo (usando o sinal de convenção passivo) são

$$v(t) = 50 + \sum_{n=1}^{\infty} \left(\frac{50}{n}\right) \cos(n\pi t)\ \text{V}$$

$$i(t) = 10 + \sum_{n=1}^{\infty} \left(\frac{10}{n^2}\right) \cos\left(n\pi t - \text{tg}^{-1} n/2\right)\ \text{A}$$

Determine a potência média baseado nos termos até $n = 4$.

2-25 Na Fig. P2-21, $R = 20\ \Omega$, $L = 25$ mH e V_{cc} 36 V. A fonte é uma tensão periódica que tem a série de Fourier

$$v_s(t) = 50 + \sum_{n=1}^{\infty} \left(\frac{400}{n\pi}\right) \text{sen}(200 n\pi t)$$

Usando o método de séries de Fourier, determine a potência média absorvida por R, L e V_{cc} quando o circuito está funcionando no estado estável. Use tantos termos quanto necessário nas séries de Fourier para obter uma estimativa razoável para a potência.

2-26 Uma corrente senoidal de 10 A rms em uma frequência fundamental de 60 Hz está contaminada com uma corrente de nona harmônica. A corrente é expressa como

$$i(t) = 10\sqrt{2}\,\text{sen}\,(2\pi 60t) + I_9\sqrt{2}\,\text{sen}(18\pi 60t)\ \text{A}$$

Determine o valor da corrente rms da nona harmônica I_9 se DHT é (a) 5%, (b) 10%, (c) 20%, (d) 40%. Use o programa gráfico ou o PSpice para mostrar $i(t)$ para cada caso.

2-27 Uma fonte de tensão senoidal de $v(t) = 170\cos(4\pi 60t)$ é aplicada a uma carga não linear, resultando em uma corrente não senoidal que é expressa na forma de séries de Fourier como $i(t) = 10\cos(2\pi 60t + 30°) + 6\cos(4\pi 60t + 45°) + 3\cos(8\pi 60t + 20°)$ A. Determine (a) a potência absorvida pela carga, (b) o fator de potência da carga, (c) o fator de distorção e (d) a distorção harmônica total da corrente na carga.

2-28 Repita o Prob. 2-27 com $i(t) = 12\cos(2\pi 60t - 40°) + 5\text{sen}(4\pi 60t) + 4\cos(8\pi 60t)$ A.

2-29 Uma fonte de tensão senoidal de $v(t) = 240\sqrt{2}\text{sen}(2\pi 60t)$ V é aplicada a uma carga não linear, resultando em uma corrente $i(t) = 8\text{sen}(2\pi 60t) + 4\text{sen}(4\pi 60t)$ A. Determine (a) a potência absorvida pela carga, (b) o fator de potência da carga, (c) a DHT da corrente na carga, (d) o fator de distorção e (e) o fator de crista da corrente na carga.

2-30 Repita o Prob. 2-29 com $i(t) = 12\text{sen}(2\pi 60t) + 9\text{sen}(4\pi 60t)$ A.

2-31 Uma fonte de tensão de $v(t) = 5 + 25\cos(1000t) + 10\cos(2000t)$ V está conectada a uma combinação de um resistor de 2 Ω em série com um indutor de 1 mH e um capacitor de 1000 μF. Determine a corrente rms no circuito e a potência absorvida por cada componente.

PSpice

2-32 Use o PSpice para simular o circuito do Exemplo 2-1. Defina a tensão e a corrente com uma fonte de PULSO. Determine a potência instantânea, a energia absorvida em um período e a potência média.

2-33 Use PSpice para determinar a potência instantânea e a potência média nos elementos do Prob. 2-7.

2-34 Use PSpice para determinar os valores rms das formas de ondas da tensão e da corrente em (a) Prob. 2-5 e Prob. 2-6.

2-35 Use PSpice para simular o circuito do Prob. 2-10. (a) Idealize o circuito usando uma chave controlada por tensão que tem $R_{lig.} = 0,001\ \Omega$ e um diodo com $n = 0,001$ e (b) use $R_{lig.} = 0,5\ \Omega$ e use um diodo padrão.

2-36 Use PSpice para simular o circuito do Fig. 2-5a. O circuito tem $V_{CC} = 75$ V, $t_o = 40$ ms e $T = 100$ ms. A indutância é de 100 mH e tem uma resistência interna de 20 Ω. Use a chave controlada por tensão com $R_{lig.} = 1\ \Omega$ para os transistores e use o modelo de diodo padrão para o PSpice. Determine a potência média absorvida em cada elemento do circuito. Comente sobre as diferenças entre o comportamento deste circuito e aquele do circuito ideal.

2-37 Use PSpice para simular o circuito do Prob. 2-13. Use $R_{lig.} = 0,001\ \Omega$ para a chave controlada por tensão e use $n = 0,001$, $BV = 20$ V para a tensão de ruptura e $I_{BV} = 10$ A para a corrente de ruptura para o modelo de diodo zener ideal. (a) Mostre $i_L(t)$ e $i_z(t)$. Determine a potência média no indutor e no diodo zener e (b) repita a parte (a), mas inclua uma resistência de 1,5 Ω em série o indutor e use $R_{lig.} = 0,5\ \Omega$ para a chave.

2-38 Repita o Prob. 2-37 usando o circuito do Prob. 214.

2-39 Use PSpice para determinar a potência absorvida pela carga no Exemplo 2-10. Modele o sistema como uma fonte de tensão e quatro fontes de corrente em paralelo

2-40 Modifique o modelo da chave de modo que $R_{lig.} = 1\ \Omega$ no arquivo do circuito no PSpice no Exemplo 2-13. Determine o efeito sobre cada uma das quantidades obtidas pelo Probe no exemplo.

2-41 Demonstre com o PSpice que a forma de onda triangular como a da Fig. 2-9a tem um valor rms de $V_m/\sqrt{3}$. Escolha um período T qualquer e use pelo menos três valores de t_1. Use uma fonte VPULSE com os tempos de subida e descida representando a onda triangular.

Retificadores de Meia Onda

Capítulo 3

Os Princípios Básicos de Análises

3.1 INTRODUÇÃO

Um retificador converte CA em CC. A finalidade de um retificador pode ser a de produzir uma saída que é puramente CC ou uma forma de onda de tensão ou corrente que tem uma componente CC especificada.

Na pratica, o retificador de meia onda é quase sempre utilizado em aplicações de baixa potência porque a corrente média na fonte não é zero e a corrente média não sendo zero pode causar problemas na performance do transformador. Embora as aplicações práticas deste circuito sejam limitadas, é conveniente analisar o retificador de meia onda detalhadamente. Uma compreensão completa do circuito retificador de meia onda permitirá que o aluno avance na análise de circuitos mais complexos com um esforço menor.

Os objetivos deste capítulo são os de introduzir as técnicas comuns de análise para os circuitos de eletrônica de potência, aplicar os conceitos dos cálculos de potência dos capítulos anteriores e ilustrar as soluções do PSpice.

3.2 CARGA RESISTIVA

Produzindo uma componente CC usando uma chave eletrônica

Um retificador de meia onda básico com uma carga resistiva pode ser visto na Fig. 3-1a. A fonte é CA e o objetivo é o de produzir uma tensão para a carga que tenha uma componente CC diferente de zero. O diodo é uma chave eletrônica básica que permite que a corrente circule em apenas um sentido. Para o semiciclo positivo da fonte neste circuito o diodo está ligado (polarizado diretamente). Considerando o

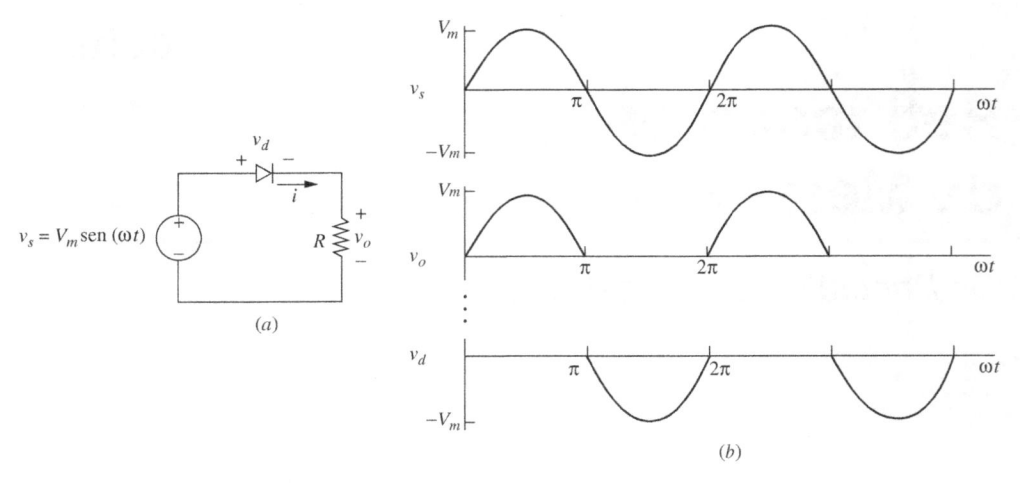

Figura 3-1 (a) Retificador de meia onda com carga resistiva; (b) formas de onda da tensão.

diodo como ideal, a tensão em um diodo polarizado diretamente é zero e a corrente é positiva.

Para o semiciclo negativo da fonte, o diodo é polarizado reversamente, fazendo com que a corrente seja zero. A tensão no diodo polarizado reversamente tem a mesma tensão da fonte, que é um valor negativo.

As formas de ondas na fonte, na carga e no diodo são mostradas na Fig. 3-1b. Observe que as unidades no eixo horizontal são em termos do ângulo (ωt). Esta representação é útil porque os valores são independentes da frequência. A componente CC V_o da tensão de saída é o valor médio da senoide retificada em meia onda

$$V_o = V_{\text{med}} = \frac{1}{2\pi} \int_0^\pi V_m \operatorname{sen}(\omega t) d(\omega t) = \frac{V_m}{\pi} \tag{3-1}$$

A componente CC da corrente para uma carga puramente resistiva é

$$I_o = \frac{V_o}{R} = \frac{V_m}{\pi R} \tag{3-2}$$

A potência média absorvida pelo resistor na Fig. 3-1a pode ser calculada por $P = I_{\text{rms}}^2 R = V_{\text{rms}}^2/R$. Quando a tensão e a corrente são senoides retificadas em meia onda,

$$V_{\text{rms}} = \sqrt{\frac{1}{2\pi} \int_0^\pi [V_m \operatorname{sen}(\omega t)]^2 d(\omega t)} = \frac{V_m}{2}$$

$$I_{\text{rms}} = \frac{V_m}{2R} \tag{3-3}$$

No estudo anterior, o diodo era suposto como sendo ideal. Para um diodo real, a queda de tensão nele reduzirá a tensão na carga e a corrente será reduzida, mas não será muito notada se o valor de V_m for alto. Para circuitos que têm tensão muito maior que a queda típica do diodo, o modelo melhorado de diodo pode ter efeitos apenas de segunda ordem sobre os cálculos da tensão e da corrente na carga.

Exemplo 3-1

Retificador de meia onda com carga resistiva

Para o retificador de meia onda da Fig. 3-1, a fonte é senoidal de 120 V rms na frequência de 60 Hz. A corrente na carga é de 5 Ω. Determine (a) a corrente média na carga, (b) a potência média absorvida pela carga e (c) o fator de potência do circuito.

■ Solução

(a) A tensão no resistor é uma onda senoidal retificada em meia onda com valor de pico $V_m = 120\sqrt{2} = 169,7$ V. Pela Eq. (3-2), a tensão média é V_m/π e a corrente média é

$$I_o = \frac{V_o}{R} = \frac{V_m}{\pi R} = \frac{\sqrt{2}(120)}{5\pi} = 10,8 \text{ A}$$

(b) Pela Eq. (3-3), a tensão rms no resistor para um retificador de meia onda senoidal é

$$V_{\text{rms}} = \frac{V_m}{2} = \frac{\sqrt{2}(120)}{2} = 84,9 \text{ V}$$

A potência absorvida pelo resistor é

$$P = \frac{V_{\text{rms}}^2}{R} = \frac{84,9^2}{4} = 1.440 \text{ W}$$

A corrente rms no resistor é $V_m/(2R) = 17,0$ A e a potência poderia também ser calculada por $I_{\text{rms}}^2 R = (17,0)^2(5) = 1440$ W.

(c) O fator de potência é

$$\text{fp} = \frac{P}{S} = \frac{P}{V_{s,\text{rms}} I_{s,\text{rms}}} = \frac{1.440}{(120)(17)} = 0,707$$

3.3 CARGA RESISTIVA-INDUTIVA

As cargas industriais contêm indutância e resistência. Como a tensão da fonte passa por zero, tornando-se positiva no circuito da Fig. 3-2a, o diodo fica polarizado diretamente. A equação da tensão pela lei de Kirchhoff que descreve a corrente no circuito para o diodo ideal polarizado diretamente é

$$V_m \text{sen}(\omega t) = Ri(t) + L\frac{di(t)}{dt} \quad (3\text{-}4)$$

A solução pode ser obtida expressando a corrente como a soma da resposta forçada com a resposta normal:

$$i(t) = i_f(t) + i_n(t) \quad (3\text{-}5)$$

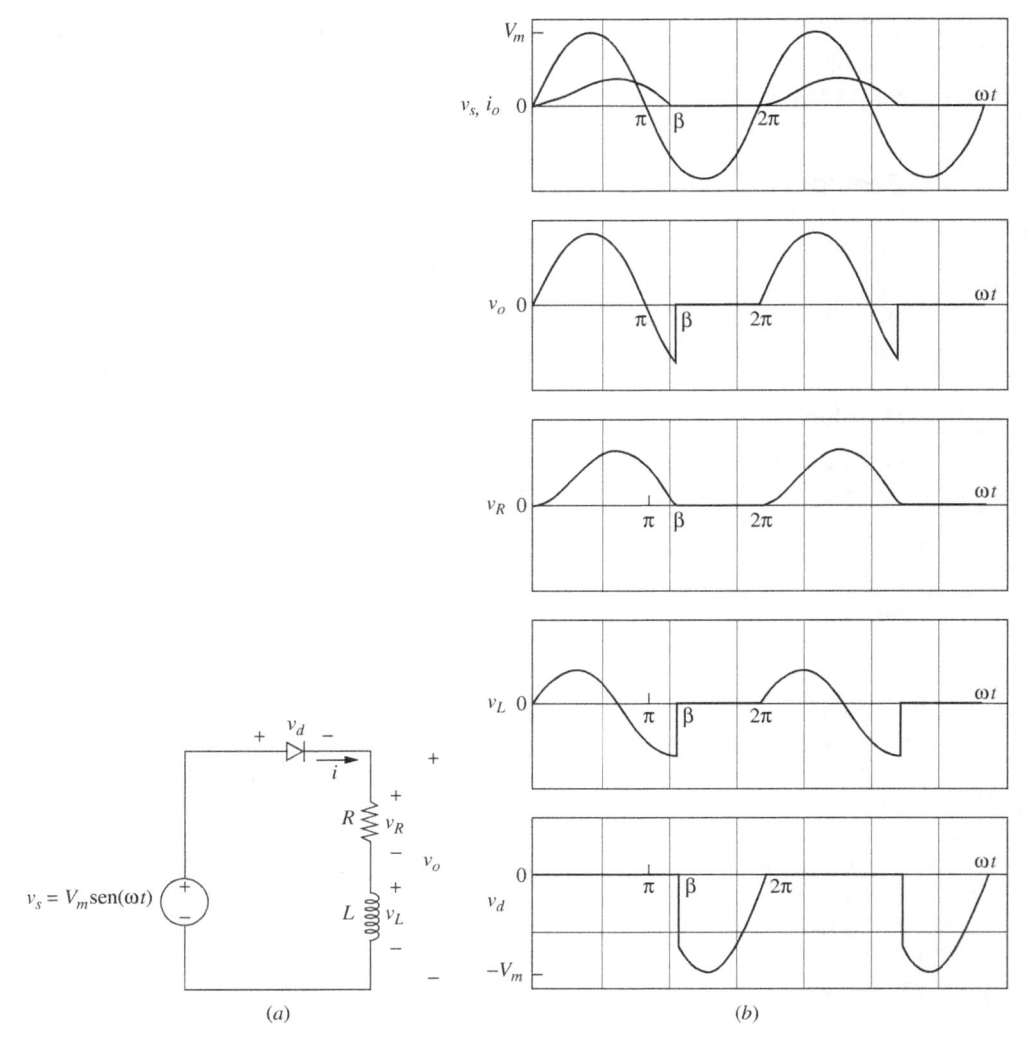

Figura 3-2 (a) Retificador de meia onda com uma carga RL; (b) formas de ondas.

A resposta forçada para este circuito é a corrente que existe após a resposta normal ter diminuído até zero. Neste caso, a resposta forçada é a corrente senoidal no estado estável que existiria no circuito se o diodo não estivesse presente. A corrente no estado estável pode ser encontrada por análise fasorial, resultando em

$$i_f(t) = \frac{V_m}{Z} \operatorname{sen}(\omega t - \theta)$$

$$Z = \sqrt{R^2 + (\omega L)^2} \quad \text{e} \quad \theta = \operatorname{tg}^{-1}\left(\frac{\omega L}{R}\right)$$

(3-6)

A resposta normal é o transiente que ocorre quando a carga é energizada. Ela é a solução para a equação diferencial homogênia para o circuito sem a fonte ou diodo:

$$R\,i(t) + L\frac{di(t)}{dt} = 0 \qquad (3\text{-}7)$$

Para este circuito de primeira ordem, a resposta normal tem a forma

$$i_n(t) = Ae^{-t/\tau} \qquad (3\text{-}8)$$

onde τ é a constante de tempo L/R e A é a constante que é determinada pela condição inicial. Somando as respostas forçada com a normal obtém-se a solução completa.

$$i(t) = i_f(t) + i_n(t) = \frac{V_m}{Z}\text{sen}(\omega t - \theta) + Ae^{-t/\tau} \qquad (3\text{-}9)$$

A constante A é avaliada usando a condição inicial para a corrente. A condição inicial da corrente no indutor é zero porque ela possuia esse mesmo valor antes do diodo ter começado sua condução, não podendo mudar instantaneamente.

Usando a condição inicial e a Eq. (3-9) para avaliar A, obtemos

$$\begin{aligned} i(0) &= \frac{V_m}{Z}\text{sen}(0 - \theta) + Ae^0 = 0 \\ A &= -\frac{V_m}{Z}\text{sen}(-\theta) = \frac{V_m}{Z}\text{sen}\theta \end{aligned} \qquad (3\text{-}10)$$

Substituindo para A na Eq. (3-9) fornece

$$\begin{aligned} i(t) &= \frac{V_m}{Z}\text{sen}(\omega t - \theta) + \frac{V_m}{Z}\text{sen}(\theta)e^{-t/\tau} \\ &= \frac{V_m}{Z}\bigl[\text{sen}(\omega t - \theta) + \text{sen}(\theta)e^{-t/\tau}\bigr] \end{aligned} \qquad (3\text{-}11)$$

Na maioria das vezes é conveniente escrever a função em termos do ângulo ωt no lugar do tempo. Isto exige apenas que ωt seja a variável no lugar de t. Para escrever a equação acima em termos do ângulo, o t na exponencial deve ser escrito como ωt, o que requer que τ seja multiplicado por ω também. O resultado é

$$i(\omega t) = \frac{V_m}{Z}\bigl[\text{sen}(\omega t - \theta) + \text{sen}(\theta)e^{-\omega t/\omega \tau}\bigr] \qquad (3\text{-}12)$$

Um gráfico típico da corrente no circuito pode ser visto na Fig. 3-2b. A Eq. (3-12) é válida apenas para correntes positivas por causa do diodo no circuito, logo a corrente é zero quando a função na Eq. (3-12) é negativa. Quando a tensão da fonte voltar a ser positiva, o diodo liga e a parte positiva da forma de onda na Fig. 3-2b se repete. Isto ocorre a cada semiciclo positivo da fonte. As formas de ondas da tensão para cada elemento são mostradas na Fig. 3-2b.

Observe que o diodo permanece polarizado diretamente além de π rad e que a fonte é negativa para a última parte do intervalo de condução. Isto pode não ser usual, mas um exame nas tensões revela que a lei de Kirchhoff para tensão é satisfeita e não há contradição. Note também que a tensão no indutor é negativa quando a corrente está diminuindo ($v_L = Ldi/dt$).

O ponto em que a corrente atinge o zero na Eq. (3-12) ocorre quando o diodo desliga. O primeiro valor positivo de ωt na Eq. (3-12) que resulta na corrente zero é chamado de ângulo de extinção β.

Substituindo $\omega t = \beta$ na Eq. (3-12), a equação que deve ser resolvida é

$$i(\beta) = \frac{V_m}{Z}\left[\operatorname{sen}(\beta - \theta) + \operatorname{sen}(\theta)e^{-\beta/\omega\tau}\right] = 0 \qquad (3\text{-}13)$$

Que reduz para

$$\boxed{\operatorname{sen}(\beta - \theta) + \operatorname{sen}(\theta)e^{-\beta/\omega\tau} = 0} \qquad (3\text{-}14)$$

Não existe uma solução de forma fechada para β e é necessário algum método numérico. Para resumir, a corrente no circuito retificador de meia onda com carga RL (Fig. 3-2) é expressa como

$$\boxed{\begin{aligned} i(\omega t) &= \begin{cases} \dfrac{V_m}{Z}\left[\operatorname{sen}(\omega t - \theta) + \operatorname{sen}(\theta)e^{-\omega t/\omega\tau}\right] & \text{para } 0 \leq \omega t \leq \beta \\ 0 & \text{para } \beta \leq \omega t \leq 2\pi \end{cases} \\ \text{onde} \quad & Z = \sqrt{R^2 + (\omega L)^2} \quad \theta = \operatorname{tg}^{-1}\left(\frac{\omega L}{R}\right) \quad \text{e} \quad \tau = \frac{L}{R} \end{aligned}} \qquad (3\text{-}15)$$

A potência média absorvida pela carga é $I_{\text{rms}}^2 R$, visto que a potência média absorvida pelo indutor é zero. O valor rms da corrente é determinado pela função corrente da Eq. (3-15).

$$I_{\text{rms}} = \sqrt{\frac{1}{2\pi}\int_0^{2\pi} i^2(\omega t)\,d(\omega t)} = \sqrt{\frac{1}{2\pi}\int_0^{\beta} i^2(\omega t)\,d(\omega t)} \qquad (3\text{-}16)$$

A corrente média é

$$I_o = \frac{1}{2\pi}\int_0^{\beta} i(\omega t)\,d(\omega t) \qquad (3\text{-}17)$$

Exemplo 3-2

Retificador de meia onda com carga RL

Para o retificador de meia onda da Fig. 3-2a $R = 100\ \Omega$, $L = 0,1$ H, $\omega = 377$ rad/s e $V_m = 100$ V. Determine (a) uma expressão para a corrente neste circuito, (b) a corrente média, (c) a corrente rms, (d) a potência absorvida pela carga e (e) o fator de potência.

■ Solução

Pelos parâmetros dados,

$Z = [R^2 + (\omega L)^2]^{0,5} = 106,9\ \Omega$
$\theta = \text{tg}^{-1}(\omega L/R) = 20,7° = 0,361\ \text{rad}$
$\omega t = \omega L/R = 0,377\ \text{rad}$

(a) A Eq. (3-15) para a corrente fica sendo

$$i(\omega t) = 0,936\,\text{sen}(\omega t - 0,361) + 0,331 e^{-\omega t/0,377} \quad \text{A} \quad \text{para } 0 \le \omega t \le \beta$$

Beta é encontrado pela Eq. (3-14).

$$\text{sen}(\beta - 0,361) + \text{sen}(0,361)e^{-\beta/0,377} = 0$$

Usando um programa numérico de busca de raiz, β é encontrado como sendo 3,50 rad, ou 201°

(b) A corrente média é determinada pela Eq. (3-17).

$$I_o = \frac{1}{2\pi} \int_0^{3,50} \left[0,936\,\text{sen}(\omega t - 0,361) + 0,331 e^{-\omega t/0,377}\right] d(\omega t) = 0,308\ \text{A}$$

(É recomendado um programa de integração numérica.)

(c) A corrente rms é encontrada a partir da Eq. (3-16) sendo

$$I_{\text{rms}} = \sqrt{\frac{1}{2\pi} \int_0^{3,50} \left[0,936\,\text{sen}(\omega t - 0,361) + 0,331 e^{-\omega t/0,377}\right]^2 d(\omega t)} = 0,474\ \text{A}$$

(d) A potência absorvida pelo resistor é

$$P = I_{\text{rms}}^2 R = (0,474)^2(100) = 22,4\ \text{W}$$

A potência média absorvida pelo indutor é zero. P também pode ser calculada pela definição de potência média:

$$P = \frac{1}{2\pi} \int_0^{2\pi} p(\omega t) d(\omega t) = \frac{1}{2\pi} \int_0^{2\pi} v(\omega t) i(\omega t) d(\omega t)$$

$$= \frac{1}{2\pi} \int_0^{3,50} [100\,\text{sen}(\omega t)]\left[0,936\,\text{sen}(\omega t - 0,361) + 0,331 e^{-\omega t/0,377}\right] d(\omega t)$$

$$= 22,4\ \text{W}$$

(e) O fator de potência é calculado pela definição fp $= P/S$ e P é a potência fornecida pela fonte, que deve ser a mesma daquela absorvida pela carga.

$$\text{fp} = \frac{P}{S} = \frac{P}{V_{s,\text{rms}} I_{\text{rms}}} = \frac{22,4}{(100/\sqrt{2})0,474} = 0,67$$

Observe que o fator de potência *não* é o cos θ.

3.4 SIMULAÇÃO COM O PSPICE

Usando o programa de simulação para cálculos numéricos

Uma simulação por computador do retificador de meia onda pode ser executada usando o PSpice. O PSpice oferece a vantagem de ter um programa de pós-processamento Probe que pode mostrar as formas de ondas da tensão e da corrente no circuito e efetuar cálculos numéricos. Quantidades tais como correntes rms e média, potência média absorvida pela carga e fator de potência podem ser determinados diretamente com o PSpice. O conteúdo harmônico pode ser determinado pela saída do PSpice.

Uma análise de transiente produz as tensões e correntes desejadas. Um período completo de tempo é suficiente para a análise de transiente.

Exemplo 3-3

Use o PSpice para analisar o circuito do Exemplo 3-2

■ Solução

O circuito da Fig. 3-2a é elaborado usando VSIN para a fonte e Dbreak para o diodo. Nos ajustes da simulação, escolha o domínio do tempo (Time Domain) (transiente) para o tipo de análise e ajuste o tempo de funcionamento (Run Time) para 16,67 ms para um período da fonte. Ajuste a largura máxima do degrau (Maximum Step Size) para 10 μs para obter uma amostra adequada das formas de ondas. Uma análise de transiente com um tempo de funcionamento de 16,67 ms (um período para 60 Hz) e uma largura máxima de degrau de 10 μs é usada para ajustes da simulação.

Se um modelo de diodo que se aproxima de um diodo ideal for desejado para o propósito de comparação da simulação com os resultados analíticos, edite o modelo do PSpice e usando $n = 0,001$. Com isso, a queda de tensão do diodo polarizado diretamente será próxima de zero. Alternativamente, um modelo para um diodo de potência pode ser usado para a obtenção de uma representação melhor de um circuito retificador real. Para muitos circuitos, as tensões e as correntes não serão afetadas de forma significativa quando são usados modelos de diodos diferentes. Portanto, pode ser conveniente usar o modelo de diodo Dbreak para uma análise preliminar.

Quando a análise de transiente é realizada e a tela do Probe aparecer, será mostrada a forma de onda da corrente pela entrada da expressão I(R1). Um método para mostrar o ângulo em vez do tempo no eixo x é o de usar a opção variável-x dentro do menu (x-axis), entrando com TIME*60*360. O fator de 60 converte o eixo para períodos (f = 60 Hz) e o fator 360 converte o eixo para graus. Entrando TIME*60*2*3.14 para a variável x converte o eixo x para radianos. A Fig. 3-3a mostra o resultado. O ângulo de extinção β é encontrado como sendo de 200° usando a opção cursor. Observe que usando o modelo de diodo padrão no PSpice resultou num valor de β muito próximo de 201° no Exemplo 3-2.

O Probe pode ser usado para determinar numericamente valor rms da forma de onda. Ainda no Probe entre com a expressão RMS(I(R1)) para obter o valor rms da corrente no resistor. O Probe mostra um "running" valor da integração na Eq. (3-16), de modo que o valor apropriado é *no final de cada período completo ou mais* da forma de onda. A Fig. 3-3b mostra como obter a corrente rms, que é lida como sendo de 468 mA aproximadamente. Isto aproxima com 474 mA calculado no Exemplo 3-2.

Capítulo 3 Retificadores de Meia Onda

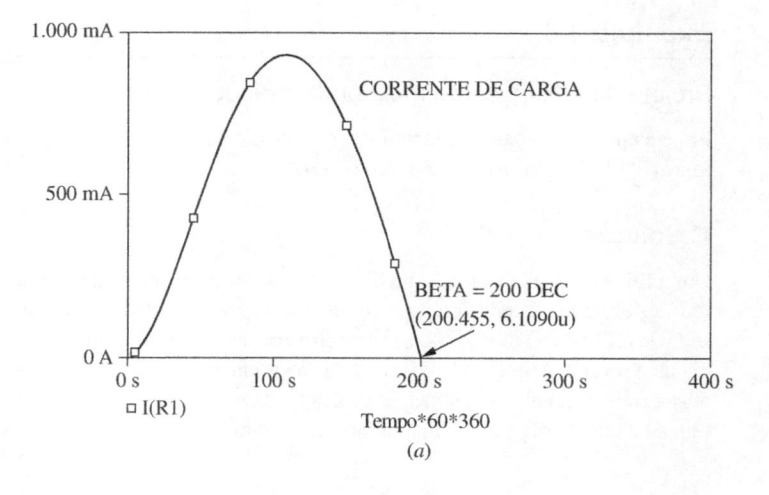

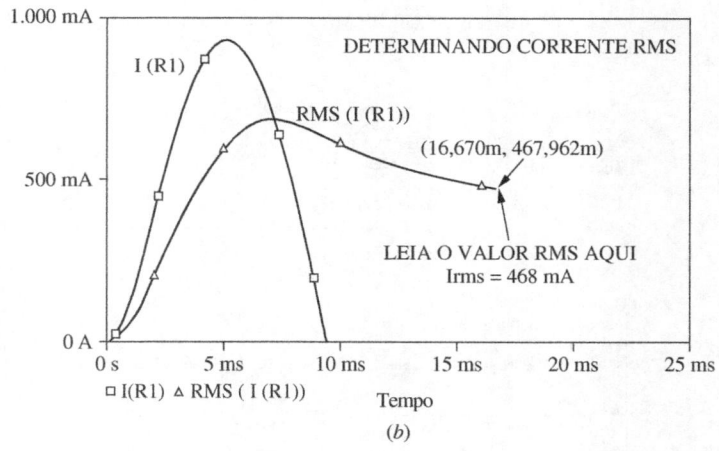

Figura 3-3 (a) Determinando o ângulo de extinção β no Probe. O eixo do tempo muda para ângulo usando a opção da variável x e entrando com Time*60*360. (b) Determinando o valor rms da corrente no Probe.

Lembre-se que o modelo padrão de diodo é usado no PSpice e um diodo ideal foi utilizado no Exemplo 3-2. A corrente média é encontrada entrando com AVG(I(R1)), resultando em $I_o = 304$ mA

O PSpice é usado também no processo de projeto. Por exemplo, o objetivo é projetar um circuito retificador de meia onda para produzir um valor especificado de corrente média pela escolha do valor adequado de L na carga RL. Como não há uma solução em forma-fechada, um método interativo de ensaio e erro pode ser usado. Uma simulação no PSpice, que inclui uma varredura paramétrica, é utilizada para experimentar vários valores de L. O Exemplo 3-4 ilustra este método.

Exemplo 3-4

Projeto de retificador de meia onda usando o PSpice

Projete um circuito para produzir uma corrente média de 2,0 A em uma resistência de 10 Ω. A fonte é de 120 V rms na frequência de 60 Hz.

■ Solução

Um retificador de meia onda é um dos circuitos que pode ser usado para esta aplicação. Se um retificador de meia onda simples com uma resistência de 10 Ω fosse usado, a corrente média seria de $(120\sqrt{2}/\pi)/8 = 6,5$ A. Será preciso encontrar algum meio para reduzir a corrente média para o valor especificado de 2 A. Uma resistência em série poderia ser adicionada a carga, mas a resistência absorve potência. A adição de uma indutância em série reduzirá a corrente sem adicionar perdas, logo um indutor será escolhido.

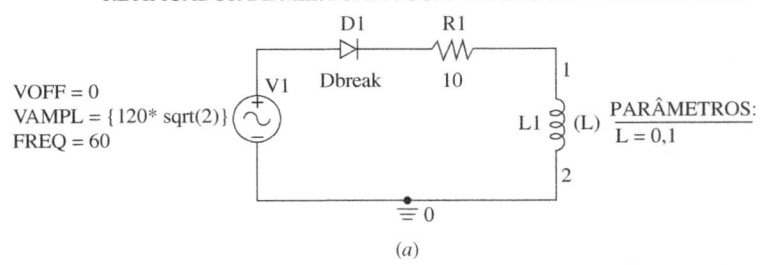

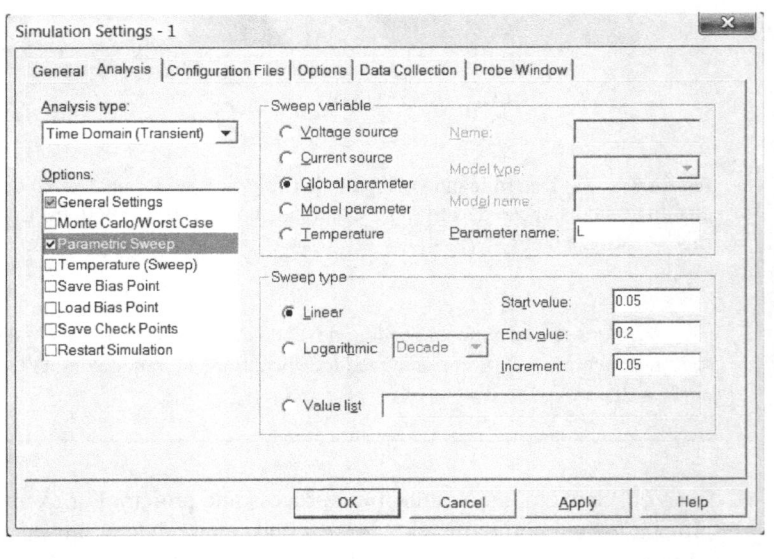

Figura 3-4 (a) Circuito do PSpice para o Exemplo 3-4. (b) Uma varredura paramétrica é estabelecida na caixa de ajustes da simulação (Simulation Settings). (c) O indutor $L = 0,15$ H para uma corrente de 2 A aproximadamente.

Capítulo 3 Retificadores de Meia Onda 75

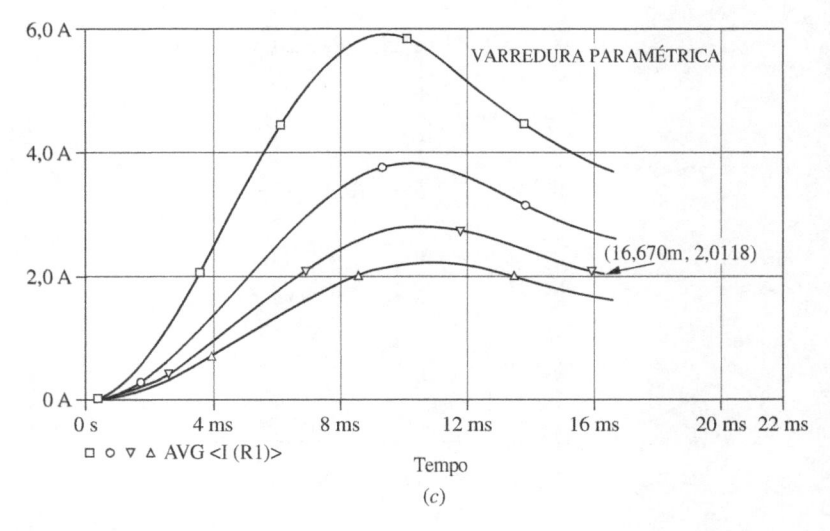

Figura 3-4 (*continuação*)

As Equações (3-15) e (3-17) descrevem a função corrente e sua média para cargas *RL*. Não há solução em forma-fechada para *L*. Uma técnica de ensaio e erro no PSpice usa a parte do parâmetro (PARAM) e uma varredura paramétrica para tentar uma série de valores para *L*. O circuito do PSpice e a caixa de ajustes da simulação (Simulation Settings) são mostrados na Fig. 3-4.

A corrente média no resistor é encontrada entrando com AVG(I(R1)) no Probe, produzindo uma família de curvas para valores diferentes de indutância (Fig. 3-4c). A terceira indutância na varredura (0,15 H) resulta numa corrente média de 2,0118 A no resistor, que está muito próximo do objetivo desejado. Se for necessária uma precisão maior, uma simulação subsequente pode ser executada, estreitando a faixa de *L*.

3.5 FONTE COMO CARGA-*RL*

Fornecimento de potência para uma fonte CC a partir de uma fonte CA

Outra variação de retificador de meia onda pode ser vista na Fig. 3-5a. A carga consiste de uma resistência, uma indutância e uma tensão CC. Começando a análise em $\omega t = 0$ e supondo a corrente inicial como zero, reconheça que o diodo permanecerá em corte enquanto a tensão da fonte CA for menor que a tensão CC. Fazendo com que α seja o valor de ωt que iguala a tensão da fonte sendo igual a V_{cc},

$$V_m \operatorname{sen} \alpha = V_{cc}$$

ou

$$\boxed{\alpha = \operatorname{sen}^{-1}\left(\frac{V_{cc}}{V_m}\right)} \tag{3-18}$$

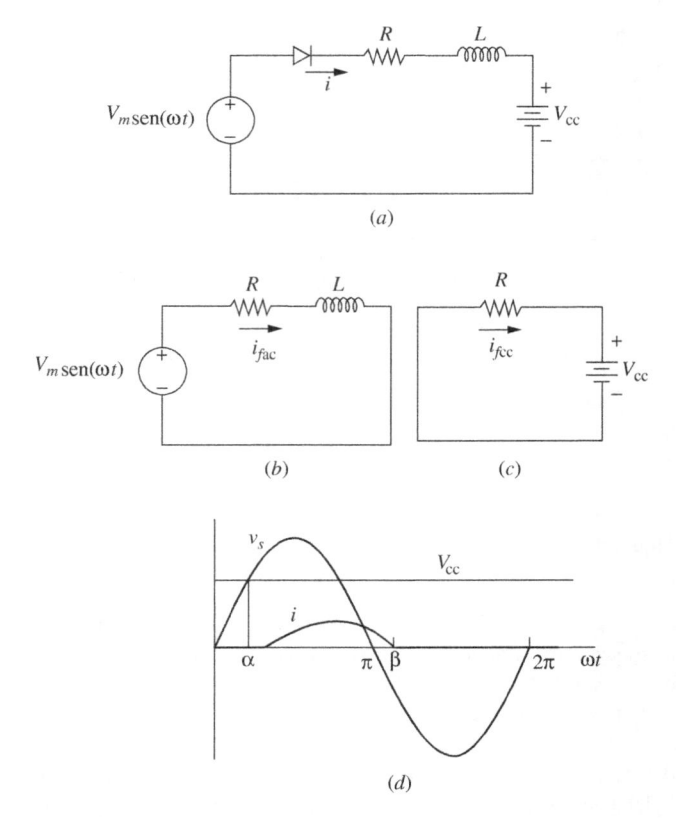

Figura 3-5 (a) Retificador de meia onda com *RL* e fonte como carga; (b) Circuito para a resposta forçada para a fonte CA; (c) circuito para a resposta forçada para a fonte CC; (d) formas de ondas.

O diodo começa a conduzir em $\omega t = \alpha$. Com o diodo conduzindo, a lei das tensões de Kirchhoff para o circuito fornece a equação

$$V_m \text{sen}(\omega t) = Ri(t) + L\frac{di(t)}{dt} + V_{cc} \qquad (3\text{-}19)$$

A corrente total é determinada pela soma das respostas forçada e normal:

$$i(t) = i_f(t) + i_n(t)$$

A corrente $i_f(t)$ é determinada usando a superposição para as duas fontes. A resposta forçada pela fonte CA (Fig. 3-5b) é $(V_m/Z)\text{sen}(\omega t - \theta)$. A resposta forçada pela fonte CC (Fig. 3-5c) é $-V_{cc}/R$. A resposta forçada total é

$$i_f(t) = \frac{V_m}{Z}\text{sen}(\omega t - \theta) - \frac{V_{cc}}{R} \qquad (3\text{-}20)$$

A resposta normal é

$$i_n(t) = Ae^{-t/\tau} \tag{3-21}$$

Somando as respostas forçada com a normal obtemos a resposta completa.

$$i(\omega t) = \begin{cases} \dfrac{V_m}{Z}\operatorname{sen}(\omega t - \theta) - \dfrac{V_{cc}}{R} + Ae^{-\omega t/\omega\tau} & \text{para } \alpha \leq \omega t \leq \beta \\ 0 & \text{outro valor} \end{cases} \tag{3-22}$$

O ângulo de extinção β é definido como o ângulo em que a corrente chega a zero, como foi feito antes na Eq. (3-15). Usando a condição inicial de i(α) = 0 e resolvendo para A,

$$A = \left[-\dfrac{V_m}{Z}\operatorname{sen}(\alpha - \theta) + \dfrac{V_{dc}}{R} \right]e^{\alpha/\omega\tau} \tag{3-23}$$

A Fig. 3-5d mostra as formas de onda da corrente e da tensão para um retificador de meia onda com uma fonte como carga-RL.

A potência média absorvida pelo resistor é $I_{rms}^2 R$, onde

$$I_{rms} = \sqrt{\dfrac{1}{2\pi}\int_{\alpha}^{\beta} i^2(\omega t)\, d(\omega t)} \tag{3-24}$$

A potência média absorvida pela fonte CC é

$$P_{cc} = I_o V_{cc} \tag{3-25}$$

Onde I_o é a corrente média, que é,

$$I_o = \dfrac{1}{2\pi}\int_{\alpha}^{\beta} i(\omega t)\, d(\omega t) \tag{3-26}$$

Supondo o diodo e o indutor como ideais, não há potência média absorvida por ambos. A potência fornecida pela fonte CA é igual a soma das potências absorvidas pelo resistor e a fonte CC

$$P_{ca} = I_{rms}^2 R + I_o V_{cc} \tag{3-27}$$

ou ela pode ser calculada por

$$P_{ca} = \dfrac{1}{2\pi}\int_0^{2\pi} v(\omega t)\,i(\omega t)\,d(\omega t) = \dfrac{1}{2\pi}\int_{\alpha}^{\beta} (V_m \operatorname{sen}\omega t)\,i(\omega t)\,d(\omega t) \tag{3-28}$$

Exemplo 3-5

Retificador de meia onda e fonte CC como carga RL

Para o circuito da Fig. 3-5a, $R = 2\,\Omega$, $L = 20$ mH e $V_{cc} = 100$ V. A fonte CA é de 120 V rms em 60 Hz. Determine (a) uma expressão para a corrente no circuito, (b) a potência absorvida pelo resistor, (c) a potência absorvida pela fonte CC e (d) a potência fornecida pela fonte CA e o fator de potência do circuito.

■ Solução

Pelos parâmetros dados,

$V_m = 120\sqrt{2} = 169,7$ V
$Z = [R^2 + (\omega L)^2]^{0,5} = 7,80\,\Omega$
$\theta = \mathrm{tg}^{-1}(\omega L/R) = 1,31$ rad
$\alpha = \mathrm{sen}^{-1}(100/169,7) = 36,1° = 0,630$ rad
$\omega\tau = 377(0,02/2) = 3,77$ rad

(a) Usando a Eq. (3-22),

$$i(\omega t) = 21,8\,\mathrm{sen}(\omega t - 1,31) - 50 + 75,3 e^{-\omega t/3,77} \quad \text{A}$$

O ângulo de extinção β é encontrado pela solução de

$$i(\beta) = 21,8\,\mathrm{sen}(\beta - 1,31) - 50 + 75,3 e^{-\beta/3,77} = 0$$

que resulta em $\beta = 3,37$ rad ($193°$) usando o programa de cálculo de raiz.

(b) Usando a expressão anterior para $i(\omega t)$ na Eq. (3-24) e o programa de integração numérica, a corrente rms é

$$I_{\mathrm{rms}} = \sqrt{\frac{1}{2\pi}\int_{0,63}^{3,37} i^2(\omega t)\,d(\omega t)} = 3,98\ \text{A}$$

resultando em

$$P_R = I_{\mathrm{rms}}^2 R = 3,98^2(2) = 31,7\ \text{W}$$

(c) A potência absorvida pela fonte CC é $I_o V_{cc}$. Usando a Eq. (3-26),

$$I_o = \frac{1}{2\pi}\int_{\alpha}^{\beta} i(\omega t)\,d(\omega t)$$

Produzindo

$$P_{cc} = I_o V_{cc} = (2,25)(100) = 225\ \text{W}$$

(d) A potência fornecida pela fonte CA é a soma das potências absorvidas pela carga

$$P_s = P_R + P_{cc} = 31,2 + 225 = 256\ \text{W}$$

O fator de potência é

$$\mathrm{fp} = \frac{P}{S} = \frac{P}{V_{s,\mathrm{rms}} I_{\mathrm{rms}}} = \frac{256}{(120)(3,98)} = 0,54$$

■ Solução com PSpice

Os valores de potência neste exemplo podem ser determinados por uma simulação com o PSpice para este circuito. O circuito da Fig. 3-5a é desenhado usando VSIN, Dbreak, R e L. Para os ajustes da simulação, escolha o domínio do tempo (transiente) (Time Domain) para o tipo de análise e ajuste o tempo de funcionamento (Run Time) para 16,67 ms para um período da fonte. Ajuste a largura máxima do degrau para 10 µs para obter uma amostra adequada das formas de ondas. Uma análise de transiente com tempo de funcionamento de 16,67 ms (um período de 60 Hz) e uma largura de degrau máxima de 10 µs foi usada para os ajustes da simulação.

A potência média absorvida pelo resistor de 2 Ω pode ser calculada no Probe pela definição básica da média de $p(t)$ entrando com AVG(W(R1)), resultando em 29,7 W ou por $I_{rms}^2 R$ entrando com RMS(I(R1))* RMS(I(R1))*2. A potência média absorvida pela fonte CC é calculada pelo Probe com a expressão AVG(W(V_{cc})), que produz 217 W.

Os valores no PSpice diferem ligeiramente daqueles obtidos analiticamente por causa do modelo do diodo. Contudo, o diodo padrão é mais real que o diodo ideal na previsão do funcionamento do circuito.

3.6 FONTE COMO CARGA COM INDUTOR

Usando uma indutância para limitar a corrente

Uma outra variação do circuito retificador de meia onda tem uma carga que consiste de um indutor e uma fonte CC, como mostra a Fig. 3-6. Mesmo que uma implementação prática desse circuito contenha alguma resistência, ela pode ser desprezada quando comparada com os outros parâmetros do circuito.

Começando com $\omega t = 0$ e supondo uma corrente inicial zero no indutor, o diodo permanece polarizado reversamente até que a tensão CA da fonte alcance a tensão CC. O valor de ωt que faz o diodo iniciar a condução é α, calculado segundo a Eq. (3-18). Com o diodo conduzindo, a lei da tensão de Kirchhoff para este circuito é

$$V_m \text{sen}(\omega t) = L \frac{di(t)}{dt} + V_{cc} \quad (3\text{-}29)$$

ou

$$V_m \text{sen}(\omega t) = \frac{L}{\omega} \frac{di(\omega t)}{dt} + V_{cc} \quad (3\text{-}30)$$

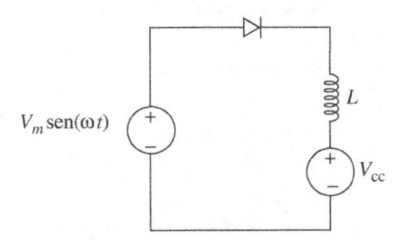

Figura 3-6 O retificador de meia onda com fonte como carga com indutor.

Rearranjando temos

$$\frac{di(\omega t)}{dt} = \frac{V_m \text{sen}(\omega t) - V_{cc}}{\omega L} \quad (3\text{-}31)$$

Resolvendo para $i(\omega t)$,

$$i(\omega t) = \frac{1}{\omega L}\int_{\alpha}^{\omega t} V_m \text{sen}\,\lambda\, d(\lambda) - \frac{1}{\omega L}\int_{\alpha}^{\omega t} V_{cc}\, d(\lambda) \quad (3\text{-}32)$$

Operando a integração,

$$i(\omega t) = \begin{cases} \dfrac{V_m}{\omega L}(\cos\alpha - \cos\omega t) + \dfrac{V_{cc}}{\omega L}(\alpha - \omega t) & \text{para } \alpha \leq \omega t \leq \beta \\ 0 & \text{outro valor} \end{cases} \quad (3\text{-}33)$$

Uma característica distinta deste circuito é que a potência fornecida pela fonte é a mesma que é absorvida pela fonte CC, menos alguma perda associada com o diodo não ideal e o indutor. Se o objetivo for o de transferir potência da fonte CA para a fonte CC, as perdas são mantidas como mínimas com o uso desse circuito.

Exemplo 3-6

Retificador de meia onda com fonte como carga com indutor

Para o circuito da Fig. 3-6, a fonte CA é de 120 V rms em 60 Hz, $L = 50$ mH e $V_{cc} = 72$ V. Determine (a) uma expressão para a corrente, (b) a potência absorvida pela fonte CC e (c) o fator de potência.

■ Solução

Pelos parâmetros dados,

$$\alpha = \text{sen}^{-1}\left(\frac{72}{120\sqrt{2}}\right) = 25{,}1° = 0{,}438 \text{ rad}$$

(a) A equação para a corrente é encontrada pela Eq. (3-33).

$$i(\omega t) = 9{,}83 - 9{,}00\cos(\omega t) - 3{,}82\,\omega t \quad \text{A} \quad \text{para } \alpha \leq \omega t \leq \beta$$

onde β é encontrado como sendo de 4,04 rad pela solução numérica de $9{,}83 - 9{,}00\cos\beta - 3{,}82\beta = 0$.

(b) A potência absorvida pela fonte CC é $I_o V_{cc}$, onde

$$I_o = \frac{1}{2\pi}\int_{\alpha}^{\beta} i(\omega t)\, d(\omega t)$$

$$= \frac{1}{2\pi}\int_{0{,}438}^{4{,}04} [9{,}83 - 9{,}00\cos(\omega t) - 3{,}82\,\omega t]\, d(\omega t) = 2{,}46 \text{ A}$$

Resultando em

$$P_{cc} = V_{cc}I_o = (2{,}46)(72) = 177 \text{ W}$$

(c) A corrente rms é encontrada por

$$I_{rms} = \sqrt{\frac{1}{2\pi} \int_\alpha^\beta i^2(\omega t)\, d(\omega t)} = 3{,}81 \text{ A}$$

Portanto,

$$\text{fp} = \frac{P}{S} = \frac{P}{V_{rms}I_{rms}} = \frac{177}{(120)(3{,}81)} = 0{,}388$$

3.7 O DIODO RODA LIVRE (FREEWHEELING)

Produzindo uma corrente CC

Um diodo roda livre ou diodo de recuperação (freewheeling), D_2 na Fig. 3-7a, pode ser conectado em paralelo com uma carga RL como apresentado. O funcionamento deste circuito é um pouco diferente do retificador de meia onda da Fig. 3-2. Um modo para a análise deste circuito é determinar o momento de condução de cada diodo. Primeiro, observa-se que ambos os diodos não podem estar polarizados diretamente ao mesmo tempo. A lei da tensão de Kirchhoff em torno do caminho contendo a fonte e os dois diodos mostram que um deve ser polarizado reversamente. O diodo D_1 será ligado quando a fonte for positiva e o diodo D_2 será ligado quando a fonte for negativa.

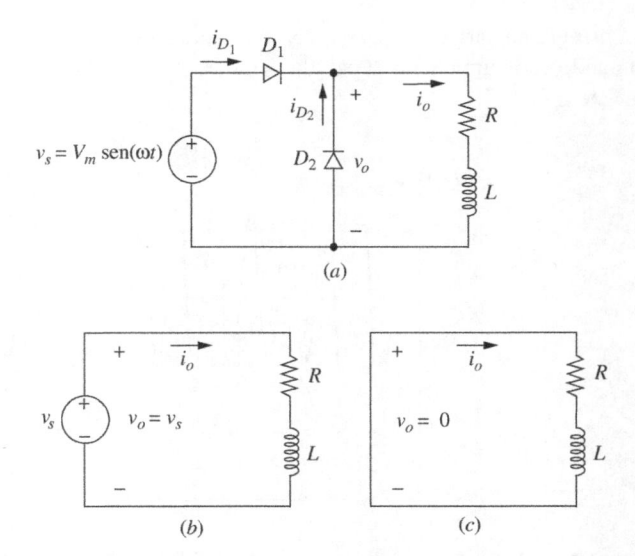

Figura 3-7 (a) Retificador de meia onda com diodo roda livre; (b) circuito equivalente para $V_s > 0$; (c) circuito equivalente para $V_s < 0$.

Para uma tensão positiva da fonte,

- D_1 está ligado.
- D_2 está desligado.
- O circuito equivalente é o mesmo da Fig. 3-2, mostrado novamente na Fig. 3-7b.
- A tensão na carga RL é a mesma da fonte.

Para uma tensão negativa da fonte,

- D_1 está desligado.
- D_2 está ligado.
- O circuito equivalente é o mesmo da Fig. 3-7c.
- A tensão na carga RL é zero.

Como a tensão na carga RL é a mesma tensão da fonte quando a fonte é positiva e é zero quando é negativa, a tensão na carga é uma onda senoidal retificada em meia onda.

Quando o circuito é energizado pela primeira vez, a corrente na carga é zero e não pode mudar instantaneamente. A corrente atinge o estado estável periódico após poucos períodos (dependendo da constante de tempo L/R), o que significa que a corrente no final de um período é a mesma do início, como mostrado na Fig. 3-8. A corrente no estado estável é geralmente de maior interesse que o transiente que ocorre quando o circuito é energizado pela primeira vez. As correntes no estado estável da carga, fonte e do diodo são mostradas na Fig. 3-9.

As séries de Fourier para uma onda senoidal retificada em meia onda para a tensão na carga são

$$v(t) = \frac{V_m}{\pi} + \frac{V_m}{2} \text{sen}(\omega_0 t) - \sum_{n=2,4,6...}^{\infty} \frac{2V_m}{(n^2-1)\pi} \cos(n\omega_0 t) \qquad (3\text{-}34)$$

A corrente na carga é expressa como as séries de Fourier pelo uso da superposição, tomando cada uma delas separadamente. O método das séries de Fourier é ilustrado no Exemplo 3-7.

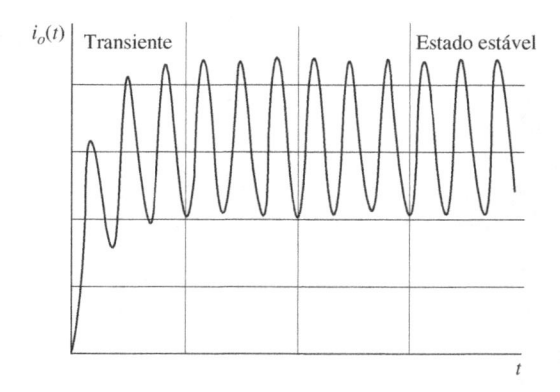

Figura 3-8 A corrente na carga atingindo o estado estável após o circuito ser energizado.

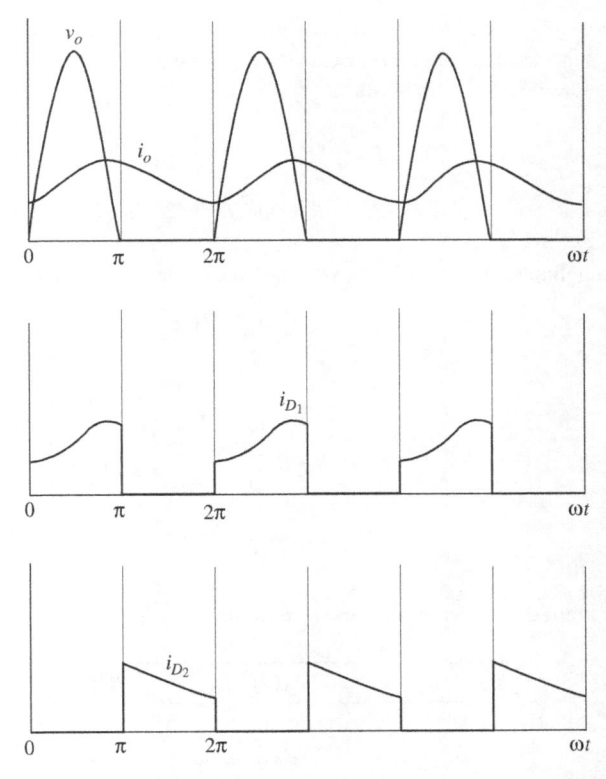

Figura 3-9 Tensão na carga no estado estável e formas de onda da corrente com o diodo roda livre.

Exemplo 3-7

Retificador de meia onda com diodo roda livre

Determine a tensão e a corrente média na carga e determine a potência absorvida pelo resistor no circuito da Fig. 3-7a, onde $R = 2\ \Omega$ e $L = 25$ mH, V_m é de 100 V e a frequência de 60 Hz.

■ Solução

A tensão nas séries de Fourier para meia onda retificada que aparece na carga é obtida pela Eq. (3-34). A tensão média na carga é o termo CC nas séries de Fourier:

$$V_o = \frac{V_m}{\pi} = \frac{100}{\pi} = 31{,}8\ \text{V}$$

A corrente média é

$$I_o = \frac{V_o}{R} = \frac{31{,}8}{2} = 15{,}9\ \text{A}$$

A potência na carga pode ser determinada por $I_{rms}^2 R$, e a corrente rms é determinada pelas componentes de Fourier da corrente. As amplitudes das componentes da corrente CA são estabelecidas pela análise de fasores:

$$I_n = \frac{V_n}{Z_n}$$

onde $\qquad Z_n = |R + jn\omega_0 L| = |2 + jn377(0{,}025)|$

As amplitudes da tensão CA são determinadas pela Eq. (3-34), resultando em

$$V_1 = \frac{V_m}{2} = \frac{100}{2} = 50 \text{ V}$$

$$V_2 = \frac{2V_m}{(2^2-1)\pi} = 21{,}2 \text{ V}$$

$$V_4 = \frac{2V_m}{(4^2-1)\pi} = 4{,}24 \text{ V}$$

$$V_6 = \frac{2V_m}{(6^2-1)\pi} = 1{,}82 \text{ V}$$

Os termos de Fourier resultantes são os seguintes:

n	V_n(V)	$Z_n(\Omega)$	I_n(A)
0	31,8	2,00	15,9
1	50,0	9,63	5,19
2	21,2	18,96	1,12
4	4,24	37,75	0,11
6	1,82	56,58	0,03

A corrente rms é obtida usando a Eq. (2-64).

$$I_{rms} = \sqrt{\sum_{k=0}^{\infty} I_{k,rms}^2} \approx \sqrt{15{,}9^2 + \left(\frac{5{,}19}{\sqrt{2}}\right)^2 + \left(\frac{1{,}12}{\sqrt{2}}\right)^2 + \left(\frac{0{,}11}{\sqrt{2}}\right)^2} = 16{,}34 \text{ A}$$

Observe que a contribuição para a corrente rms pelas harmônicas diminui à medida que n aumenta e os termos de ordens superiores não são significantes. A potência no resistor é $I_{rms}^2 R = (16{,}34)^2 2 = 534$ W.

■ Solução com o PSpice

O circuito da Fig. 3-7a é gerado usando VSIN, Dbreak, R e L. O modelo no PSpice para Dbreak é modificado para fazer $n = 0{,}001$, aproximando-o de um diodo ideal. Uma análise de transiente é executada com um tempo de funcionamento de 150 ms com dados memorizados após 100 ms para eliminar o transiente de partida (start-up) pelos dados. Uma largura de degrau máxima de 10 μs dá um alisamento na forma de onda.

Uma parte do arquivo de saída é como segue:

```
****        FOURIER ANALYSIS         TEMPERATURE =   27.000 DEG C

FOURIER COMPONENTS OF TRANSIENT RESPONSE V(OUT)

DC COMPONENT =       3.183002E+01

HARMONIC  FREQUENCY   FOURIER    NORMALIZED    PHASE      NORMALIZED
   NO       (HZ)     COMPONENT   COMPONENT    (DEG)       PHASE (DEG)

    1     6.000E+01  5.000E+01   1.000E+00   -5.804E-05   0.000E+00

    2     1.200E+02  2.122E+01   4.244E-01   -9.000E+01  -9.000E+01

    3     1.800E+02  5.651E-05   1.130E-06   -8.831E+01  -8.831E+01

    4     2.400E+02  4.244E+00   8.488E-02   -9.000E+01  -9.000E+01

    5     3.000E+02  5.699E-05   1.140E-06   -9.064E+01  -9.064E+01

    6     3.600E+02  1.819E+00   3.638E-02   -9.000E+01  -9.000E+01

    7     4.200E+02  5.691E-05   1.138E-06   -9.111E+01  -9.110E+01

    8     4.800E+02  1.011E+00   2.021E-02   -9.000E+01  -9.000E+01

    9     5.400E+02  5.687E-05   1.137E-06   -9.080E+01  -9.079E+01


FOURIER COMPONENTS OF TRANSIENT RESPONSE I(R_R1)

DC COMPONENT =       1.591512E+01

HARMONIC  FREQUENCY   FOURIER    NORMALIZED    PHASE      NORMALIZED
   NO       (HZ)     COMPONENT   COMPONENT    (DEG)       PHASE (DEG)

    1     6.000E+01  5.189E+00   1.000E+00   -7.802E+01   0.000E+00

    2     1.200E+02  1.120E+00   2.158E-01   -1.739E+02  -1.788E+01

    3     1.800E+02  1.963E-04   3.782E-05   -3.719E+01   1.969E+02

    4     2.400E+02  1.123E-01   2.164E-02   -1.770E+02   1.351E+02

    5     3.000E+02  7.524E-05   1.450E-05    6.226E+01   4.524E+02

    6     3.600E+02  3.217E-02   6.200E-03   -1.781E+02   2.900E+02

    7     4.200E+02  8.331E-05   1.605E-05    1.693E+02   7.154E+02

    8     4.800E+02  1.345E-02   2.592E-03   -1.783E+02   4.458E+02

    9     5.400E+02  5.435E-05   1.047E-05   -1.074E+02   5.948E+02
```

Observe a concordância entre os termos de Fourier obtidos analiticamente e a saída do PSpice. A corrente média pode ser obtida no Probe entrando com AVG(I(R1)), produzindo 15,9 A. A potência média no resistor pode ser obtida entrando com AFG(W(R1)), produzindo $P = 535$ W. É importante que a simulação represente o estado estável da corrente periódica para os resultados serem válidos.

Reduzindo as harmônicas da corrente na carga

A corrente média na carga RL é função da tensão aplicada e resistência, mas não da indutância. A indutância afeta apenas os termos CA nas séries de Fourier. Se a indutância for infinitamente maior, a impedância da carga para os termos CA nas séries de Fourier será infinita e a corrente na carga será puramente CC. A corrente na carga é então

$$\boxed{i_o(t) \approx I_o = \frac{V_o}{R} = \frac{V_m}{\pi R} \qquad \frac{L}{R} \to \infty} \qquad (3\text{-}35)$$

Um indutor de valor alto ($L/R \gg T$) com um diodo roda livre proporciona um meio de estabelecer uma corrente na carga aproximadamente constante. Uma flutuação de zero ao valor de pico na corrente da carga pode ser estimada como sendo igual ao da amplitude do primeiro termo CA nas séries de Fourier. A ondulação (ripple) de pico a pico é, então,

$$\Delta I_o \approx 2 I_1 \qquad (3\text{-}36)$$

Exemplo 3-8

Retificador de meia onda com diodo roda livre: $L/R \to \infty$

Para o retificador de meia onda com um diodo roda livre e uma carga RL conforme mostrado na Fig. 3-7a, a fonte é de 240 V rms em 60 Hz e $R = 8\,\Omega$. (a) Suponha que L seja infinitamente maior. Determine a potência absorvida pela carga e o fator de potência visto pela fonte. Faça um rascunho dos valores de V_o, i_{D_1} e i_{D_2}. (b) Determine a corrente média em cada diodo. (c) Para uma indutância finita, determine L de modo que a corrente de pico a pico não seja maior que 10% da corrente média.

■ Solução

(a) A tensão na carga RL é uma onda senoidal retificada em meia onda, que tem um valor médio de V_m/π. A corrente na carga é

$$i(\omega t) = I_o = \frac{V_o}{R} = \frac{V_m/\pi}{R} = \frac{(240\sqrt{2})/\pi}{8} = 13{,}5\,\text{A} \approx I_{rms}$$

A potência no resistor é

$$P = (I_{rms})^2 R = (13{,}5)^2 8 = 1.459\,\text{W}$$

A corrente rms na fonte é calculada por

$$I_{s,rms} = \sqrt{\frac{1}{2\pi} \int_0^\pi (13{,}5)^2 \, d(\omega t)} = 9{,}55\,\text{A}$$

O fator de potência é

$$\text{fp} = \frac{P}{V_{s,rms} I_{s,rms}} = \frac{1.459}{(240)(9{,}55)} = 0{,}637$$

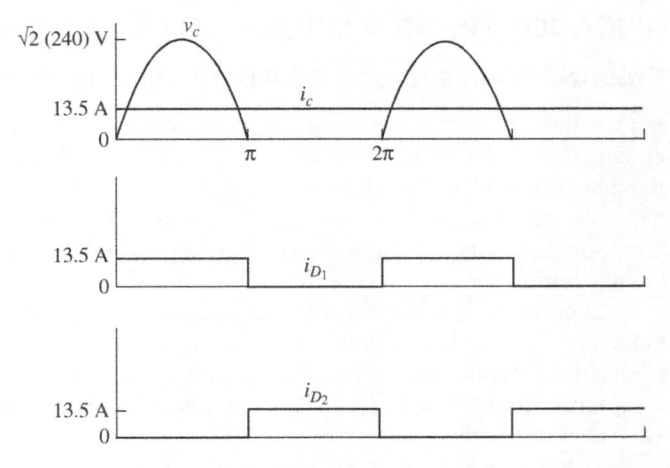

Figura 3-10 Formas de onda para o retificador de meia onda com diodo roda livre do Exemplo 3-8 com $L/R \to \infty$.

As formas de onda da tensão e da corrente são mostradas na Fig. 3-10.
(b) Cada diodo conduz metade do tempo. A corrente média para cada diodo é $I_o/2 = 13{,}5/2 = 6{,}75$ A.
(c) O valor da indutância necessária para limitar a variação da corrente na carga em 10% pode ser aproximada pela frequência fundamental das séries de Fourier. A tensão de entrada para a carga para $n = 1$ na Eq. (3-34) tem amplitude de $V_m/2 = \sqrt{2}\,(240)/2 = 170$ V a corrente de pico a pico deve ser limitada em

$$\Delta I_o = (0{,}10)(I_o) = (0{,}10)(13{,}5) = 1{,}35 \text{ A}$$

o que corresponde a uma amplitude de $1{,}35/2 = 0{,}675$ A. A impedância da carga na frequência fundamental então deve ser

$$Z_1 = \frac{V_1}{I_1} = \frac{170}{0{,}675} = 251 \text{ }\Omega$$

A impedância da carga é

$$Z_1 = 251 = |R + j\omega L| = |8 + j377L|$$

Visto que a resistência de 8 Ω é desprezível comparada com a impedância total, a indutância pode ser aproximada como

$$L \approx \frac{Z_1}{\omega} = \frac{251}{377} = 0{,}67 \text{ H}$$

A indutância deverá ser ligeiramente maior que 0,67 H por causa dos termos de Fourier maiores que $n = 1$ que foram desprezados nesta estimativa.

3.8 RETIFICADOR DE MEIA ONDA COM FILTRO CAPACITIVO

Produzindo uma tensão CC a partir de uma fonte CA

Uma aplicação comum dos circuitos retificadores é a de converter uma tensão de entrada CA em uma tensão de saída CC. O retificador de meia onda da Fig. 3-11a tem uma carga RC em paralelo. A finalidade do capacitor é a de reduzir a variação na tensão de saída, fazendo com que ela fique mais parecida com CC. A resistência pode representar uma carga externa e o capacitor pode ser um filtro o qual é parte do circuito retificador.

Supondo o capacitor inicialmente descarregado e o circuito energizado no instante $\omega t = 0$, o diodo fica polarizado diretamente assim que a fonte ficar positiva. Com o diodo conduzindo, a tensão na saída é a mesma que ocorre na fonte e carrega o capacitor. O capacitor é carregado até V_m, quando a tensão na entrada atinge o seu valor de pico positivo em $\omega t = \pi/2$.

Como a fonte diminui após $\omega t = \pi/2$, o capacitor descarrega no resistor de carga. Em algum ponto, a tensão da fonte se torna menor que a tensão de saída, polarizando o diodo reversamente e isolando a carga da fonte. A tensão de saída é uma exponencial descendente com uma constante de tempo RC enquanto o diodo não estiver conduzindo.

O ponto que o diodo para de conduzir é determinado pela comparação da taxa de variação da tensão na fonte e a tensão no capacitor. O diodo desliga quando a taxa

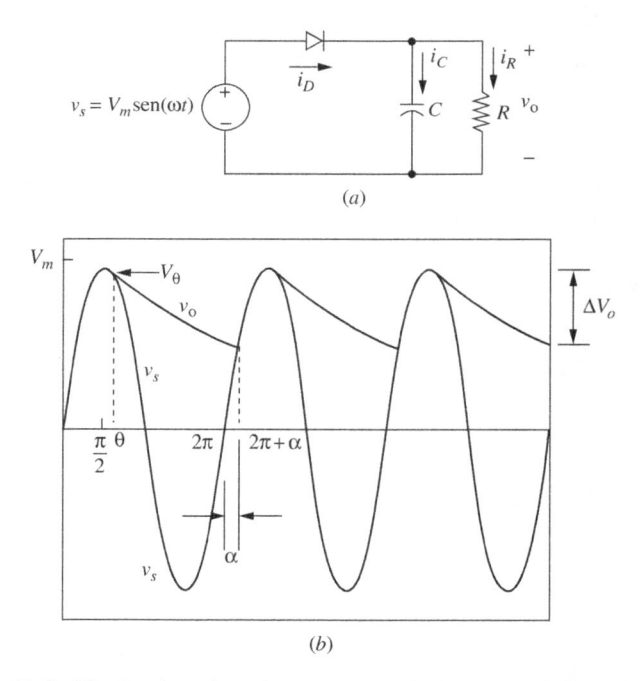

Figura 3-11 (a) Retificador de meia onda com carga RC; (b) tensões de entrada e de saída.

descendente de variação da fonte exceder o valor permitido pela constante de tempo *RC* da carga. O ângulo ω*t* = θ é o ponto quando o diodo desliga na Fig. 3-11b. A tensão na saída é descrita por

$$v_o(\omega t) = \begin{cases} V_m \operatorname{sen} \omega t & \text{diodo ligado} \\ V_\theta e^{-(\omega t - \theta)/\omega RC} & \text{diodo desligado} \end{cases} \quad (3\text{-}37)$$

onde
$$V_\theta = V_m \operatorname{sen} \theta \quad (3\text{-}38)$$

As inclinações destas funções são

$$\frac{d}{d(\omega t)}[V_m \operatorname{sen}(\omega t)] = V_m \cos(\omega t) \quad (3\text{-}39)$$

e

$$\frac{d}{d(\omega t)}\left(V_m \operatorname{sen}\theta \, e^{-(\omega t - \theta)/\omega RC}\right) = V_m \operatorname{sen}\theta \left(-\frac{1}{\omega RC}\right) e^{-(\omega t - \theta)/\omega RC} \quad (3\text{-}40)$$

Em ω*t* = θ, as inclinações das funções das tensões são iguais a

$$V_m \cos\theta = \left(\frac{V_m \operatorname{sen}\theta}{-\omega RC}\right) e^{-(\theta - \theta)/\omega RC} = \frac{V_m \operatorname{sen}\theta}{-\omega RC}$$

$$\frac{V_m \cos\theta}{V_m \operatorname{sen}\theta} = \frac{1}{-\omega RC}$$

$$\frac{1}{\operatorname{tg}\theta} = \frac{1}{-\omega RC}$$

Resolvendo para θ e expressando θ de modo que ele esteja no próprio quadrante, temos

$$\boxed{\theta = \operatorname{tg}^{-1}(-\omega RC) = -\operatorname{tg}^{-1}(\omega RC) + \pi} \quad (3\text{-}41)$$

Nos circuitos práticos onde a constante de tempo tem um valor muito alto,

$$\boxed{\theta \approx \frac{\pi}{2} \quad \text{e} \quad V_m \operatorname{sen}\theta \approx V_m} \quad (3\text{-}42)$$

Quando a tensão da fonte volta para o valor da tensão de saída no próximo período, o diodo torna a ficar polarizado diretamente e a tensão de saída novamente é a mesma da fonte. O ângulo em que o diodo conduz no segundo período, ω*t* = 2π + α, é o ponto em que a fonte senoidal alcança o mesmo valor do decaimento da exponencial da saída:

$$V_m \operatorname{sen}(2\pi + \alpha) = (V_m \operatorname{sen}\theta) e^{-(2\pi + \alpha - \theta)/\omega RC}$$

ou

$$\text{sen } \alpha - (\text{sen}\,\theta)e^{-(2\pi+\alpha-\theta)/\omega RC} = 0 \qquad (3\text{-}43)$$

A Eq. (3-34) deve ser resolvida numericamente para α.

A corrente no resistor é calculada por $I_R = V_o/R$. A corrente no capacitor é calculada por

$$i_C(t) = C\,\frac{dv_o(t)}{dt}$$

que pode também ser expressa, usando ωt como a variável, como

$$i_C(\omega t) = \omega C\,\frac{dv_o(\omega t)}{d(\omega t)}$$

Usando V_o para a Eq. (3-37),

$$i_C(\omega t) = \begin{cases} -\left(\dfrac{V_m \text{sen}\,\theta}{R}\right)e^{-(\omega t-\theta)/\omega RC} & \text{para } \theta \leq \omega t \leq 2\pi + \alpha\,(\text{diodo deligado}) \\ \omega C V_m \cos(\omega t) & \text{para } 2\pi + \alpha \leq \omega t \leq 2\pi + \theta\,(\text{diodo ligado}) \end{cases} \qquad (3\text{-}44)$$

A corrente na fonte, que é a mesma corrente do diodo, é

$$i_S = i_D = i_R + i_C \qquad (3\text{-}45)$$

A corrente média no capacitor é zero, de modo que a corrente média no diodo é a mesma corrente média na carga. Como o diodo esta conduzindo por um curto espaço de tempo em cada ciclo, a corrente de pico no diodo é geralmente muito maior que a corrente média no diodo. A corrente de pico no capacitor ocorre quando o diodo entra em condução em $\omega t = 2\pi + \alpha$. Pela Eq (3-44),

$$I_{C,\text{pico}} = \omega C V_m \cos(2\pi + \alpha) = \omega C V_m \cos\alpha \qquad (3\text{-}46)$$

A corrente no resistor em $\omega t = 2\pi + \alpha$ é obtida pela Eq. (3-37).

$$i_R(2\omega t + \alpha) = \frac{V_m \text{sen}(2\omega t + \alpha)}{R} = \frac{V_m \text{sen}\,\alpha}{R} \qquad (3\text{-}47)$$

A corrente de pico no diodo é

$$I_{D,\text{pico}} = \omega C V_m \cos\alpha + \frac{V_m \text{sen}\,\alpha}{R} = V_m\!\left(\omega C \cos\alpha + \frac{\text{sen}\,\alpha}{R}\right) \qquad (3\text{-}48)$$

A eficácia do filtro com capacitor é determinada pela variação da tensão de saída. Isto pode ser expresso como a diferença entre a tensão de saída máxima e mínima. Para o retificador de meia onda da Fig. 3-11a, a tensão máxima de saída é V_m. A tensão mínima de saída ocorre em $\omega t = 2\pi + \alpha$, que pode ser calculada por $V_m \text{sen}\,\alpha$. A ondulação (ripple) de pico a pico para o circuito da Fig. 3-11a é expressa como

$$\boxed{\Delta V_o = V_m - V_m \text{sen}\,\alpha = V_m(1 - \text{sen}\,\alpha)} \qquad (3\text{-}49)$$

Nos circuitos onde o capacitor for escolhido para fornecer uma tensão de saída quase constante, a constante de tempo RC é maior comparada com o período da onda senoidal e a Eq. (3-42) pode ser aplicada. Além disso, o diodo conduz próximo do pico da onda senoidal quando $\alpha \approx \pi/2$. A variação na tensão de saída quando o diodo está desligado é descrita na Eq. (3-37). Na Eq. (3-37), se $V_o \approx V_m$ e $\theta \approx \pi/2$, quando a Eq. (3-37) avaliada em $\alpha = \pi/2$ é

$$v_o(2\pi + \alpha) = V_m e^{-(2\pi + \pi/2 - \pi/2)\omega RC} = V_m e^{-2\pi/\omega RC}$$

A tensão de ondulação pode ser aproximada como

$$\Delta V_o \approx V_m - V_m e^{-2\pi/\omega RC} = V_m\left(1 - e^{-2\pi/\omega RC}\right) \qquad (3\text{-}50)$$

Além disso, a exponencial na equação acima pode ser aproximada pela expansão das séries:

$$e^{-2\pi/\omega RC} \approx 1 - \frac{2\pi}{\omega RC}$$

Substituindo para a exponencial na Eq. (3-50), a ondulação de pico a pico é aproximadamente

$$\boxed{\Delta V_o \approx V_m\left(\frac{2\pi}{\omega RC}\right) = \frac{V_m}{fRC}} \qquad (3\text{-}51)$$

A tensão de ondulação na saída é reduzida pelo aumento no valor do capacitor de filtro C. Como C aumenta, o intervalo de condução para o diodo diminui. Portanto, aumentando a capacitância para reduzir a tensão de ondulação na saída resulta em uma corrente de pico de valor mais alto.

Exemplo 3-9

Retificador de meia onda com carga RC

O retificador de meia onda da Fig. 3-11a tem fonte de 120 V rms em 60 Hz, $R = 500\,\Omega$ e $C = 100\,\mu F$. Determine (a) uma expressão para a tensão de saída, (b) a variação na tensão de saída de pico a pico, (c) uma expressão para a corrente no capacitor, (d) a corrente de pico no diodo e (e) o valor de C de modo que ΔV_o seja 1 % de V_m.

■ **Solução**

Pelos parâmetros dados,

$$V_m = 120\sqrt{2} = 169{,}7\ \text{V}$$
$$\omega RC = (2\pi 60)(500)(10)^{-6} = 18{,}85\ \text{rad}$$

O ângulo θ é determinado pela Eq. (3-41)

$$\theta = -\text{tg}^{-1}(18,85) + \pi = 1,62 \text{ rad} = 93°$$
$$V_m \text{ sen } \theta = 169,5 \text{ V}$$

O ângulo α é determinado pela solução numérica da Eq. (3-43).

$$\text{sen } \alpha - \text{sen}(1,62)e^{-(2\pi+\alpha-1,62/18.85)} = 0$$

produzindo

$$\alpha = 0,843 \text{ rad} = 48°$$

(a) A tensão de saída é expressa pela Eq.(3-37).

$$v_o(\omega t) = \begin{cases} 169,7 \text{ sen}(\omega t) & 2\pi + \alpha \leq \omega t \leq 2\pi + \theta \\ 169,5 e^{-(\omega t - 1.62)/18.85} & \theta \leq \omega t \leq 2\pi + \alpha \end{cases}$$

(b) A tensão de saída de pico a pico é descrita pela Eq. (3-49).

$$\Delta V_o = V_m(1 - \text{sen } \alpha) = 169,7(1 - \text{sen } 0,843) = 43 \text{ V}$$

(c) A corrente no capacitor é determinada pela Eq. (3-44).

$$i_C(\omega t) = \begin{cases} -0,339 e^{-(\omega t - 1.62)/18.85} \text{ A} & \theta \leq \omega t \leq 2\pi + \alpha \\ 6,4 \cos(\omega t) \text{ A} & 2\pi + \alpha \leq \omega t \leq 2\pi + \theta \end{cases}$$

(d) A corrente de pico no diodo é determinada pela Eq. (3-48).

$$I_{D,\text{pico}} = \sqrt{2}(120)\left[377(10)^{-4}\cos 0,843 + \frac{\text{sen } 8,43}{500}\right]$$
$$= 4,26 + 0,34 = 4,50 \text{ A}$$

(e) Para $\Delta V_o = 0,001 V_m$, a Eq. (3-51) pode ser usada.

$$C \approx \frac{V_m}{fR(\Delta V_o)} = \frac{V_m}{(60)(500)(0,01 V_m)} = \frac{1}{300} \text{F} = 3333 \text{ μF}$$

Note que a corrente de pico no diodo pode ser determinada pela Eq. (3-48) usando um valor α estimado da Eq. (3-49).

$$\alpha \approx \text{sen}^{-1}\left(1 - \frac{\Delta V_o}{V_m}\right) = \text{sen}^{-1}\left(1 - \frac{1}{fRC}\right) = 81,9°$$

Pela Eq. (3-48), a corrente de pico do diodo é de 30,4 A.

■ Solução pelo PSpice

Um circuito no PSpice é editado para a Fig. 3-11a usando VSIN, Dbreak, *R* e *C*. O diodo Dbreak usado nesta análise faz com que os resultados sejam ligeiramente diferentes da solução analítica baseado no diodo ideal. A queda no diodo faz com que a tensão de saída máxima seja ligeiramente menor que a da fonte.

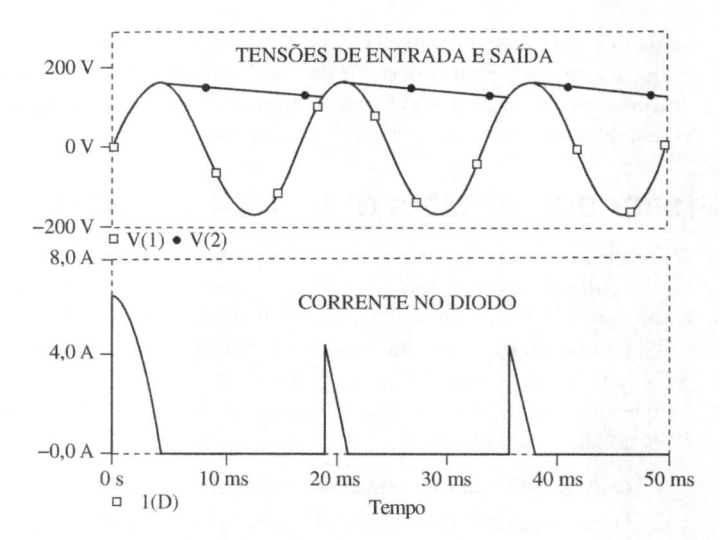

Figura 3-12 Saída do Probe para o Exemplo 3-9.

A saída do Probe é mostrada na Fig. 3-12, os ângulos θ e α são determinados diretamente pela primeira modificação da variável x para indicar graus (x-variable = time*60*360) e depois usando a opção cursor. A opção de dado restrito é usada para calcular quantidades baseadas nos valores do estado estável (16,67 ms para 50 ms). O estado estável é caracterizado pelas formas de onda que iniciam e terminam um período nos mesmos valores. Observe que a corrente de pico no diodo é maior no primeiro período por que o capacitor está inicialmente descarregado.

■ **Resultados pelo cursor do Probe**

Quantidade	Resultado
α + 360°	408° (α = 48°)
ϕ	98,5°
V_o max	168,9 V
V_o min	126 V
ΔV_o	42,9 V
$I_{D,peak}$	4,42 estado estável 6,36 primeiro período
$I_{C,peak}$	4,12 estado estável 6,39 primeiro período

■ **Resultados após a restrição do dado para o estado estável**

Quantidade	Expressão do Probe	Resultado
$I_{D,avg}$	AVG(I(D1))	0,295 A
$I_{C,rms}$	RMS(I(C1))	0,905 A
$I_{R,avg}$	AVG(W(R1))	43,8 W
P_s	AVG(W(Vs))	−44,1 W
P_D	AVG(W(D1))	345 mW

Neste exemplo, a ondulação, ou a variação na tensão de saída, é muito alta e o capacitor não é um filtro eficiente. Em muitas aplicações, é desejável produzir uma saída que seja mais próxima da CC. Isto requer que a constante de tempo RC seja maior comparada com o período da tensão de entrada, resultando em um pequeno decaimento da tensão de saída. Para um filtro capacitivo eficiente, a tensão na saída é essencialmente a mesma tensão de pico da entrada.

3.9 RETIFICADOR DE MEIA ONDA CONTROLADO

Os retificadores de meia onda analisados previamente neste capítulo são classificados como retificadores não controlados. Uma vez estabilizados os parâmetros da fonte e da carga, o nível CC da saída e a potência transferida para a carga são quantidades fixas.

Um modo de controlar a saída de um retificador de meia onda é usando um SCR[1] em vez de um diodo. A Fig. 3-1a mostra um retificador de meia onda controlado básico com uma carga resistiva. Duas condições devem ser atendidas antes de o SCR poder conduzir:

1. O SCR deve estar polarizado diretamente ($v_{SCR} > 0$).
2. Uma corrente deve ser aplicada no gatilho do SCR.

Diferente do diodo, o SCR não inicia sua condução quando a fonte fica positiva. A condução é atrasada até que seja aplicada uma corrente no gatilho, que é a base para usar o SCR como um meio de controle. Uma vez em condução, a corrente no gatilho pode ser retirada e o SCR permanece em condução até que a corrente chegue a zero.

Carga resistiva

A Fig. 3-13b mostra as formas de onda da tensão para um retificador de meia onda controlado com uma carga resistiva. Um sinal no gatilho é aplicado no SCR em $\omega t = \alpha$, no qual α é o ângulo de atraso. A tensão média CC no resistor de carga na Fig. 3-13a é

$$V_o = \frac{1}{2\pi} \int_{\alpha}^{\pi} V_m \operatorname{sen}(\omega t)\, d(\omega t) = \frac{V_m}{2\pi}(1 + \cos \alpha) \qquad (3\text{-}52)$$

A potência absorvida pelo resistor é V_{rms}^2/R, onde a tensão rms no resistor é calculada por

$$V_{rms} = \sqrt{\frac{1}{2\pi} \int_{0}^{2\pi} v_o^2(\omega t)\, d(\omega t)}$$

$$= \sqrt{\frac{1}{2\pi} \int_{\alpha}^{\pi} [V_m \operatorname{sen}(\omega t)]^2\, d(\omega t)}$$

$$= \frac{V_m}{2} \sqrt{1 - \frac{\alpha}{\pi} + \frac{\operatorname{sen}(2\alpha)}{2\pi}} \qquad (3\text{-}53)$$

---

[1] Chaveamento com outros dispositivos controlados para ligar, como transistores ou IGBTs, podem ser usados na saída de um conversor.

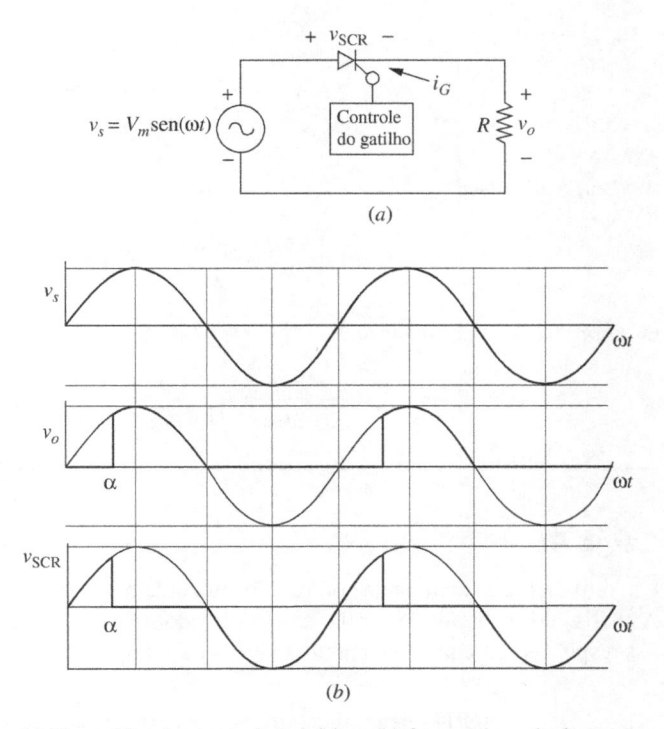

Figura 3-13 (a) Um retificador controlado básico; (b) formas de onda da tensão.

Exemplo 3-10

Retificador de meia onda controlado com carga resistiva

Projete um circuito para produzir uma tensão média de 40 V em uma carga resistiva de 100 Ω a partir de uma fonte CA de 120 V rms, 60 Hz. Determine a potência absorvida pela resistência e o fator de potência.

■ Solução

Se for usado um retificador de meia onda não controlado, a tensão média será $V_m/\pi = 120\sqrt{2}/\pi = 54$ V. É preciso encontrar algum meio de reduzir a tensão média no resistor para 40 V pela especificação do projeto. Poderia ser adicionada uma resistência ou um indutor em série ao retificador não controlado, ou então poderia ser usado um retificador controlado. O retificador controlado da Fig. 3-13a tem a vantagem de não alterar a carga ou introduzir perdas, de modo que é o escolhido para esta aplicação.

A Eq. (3-52) é rearranjada para determinar o ângulo de atraso necessário:

$$\alpha = \cos^{-1}\left[V_o\left(\frac{2\pi}{V_m}\right) - 1\right]$$

$$= \cos^{-1}\left\{40\left[\frac{2\pi}{\sqrt{2}(120)}\right] - 1\right\} = 61,2° = 1,07 \text{ rad}$$

A Eq. (3-53) fornece

$$V_{rms} = \frac{\sqrt{2}(120)}{2}\sqrt{1 - \frac{1,07}{\pi} + \frac{\text{sen}[2(1,07)]}{2\pi}} = 75,6 \text{ V}$$

A potência na carga é

$$P_R = \frac{V_{rms}^2}{R} = \frac{(75,6)^2}{100} = 57,1 \text{ W}$$

O fator de potência no circuito é

$$\text{fp} = \frac{P}{S} = \frac{P}{V_{S,rms}I_{rms}} = \frac{57,1}{(120)(75,6/100)} = 0,63$$

Carga *RL*

Um retificador de meia onda controlado com uma carga *RL* é mostrado na Fig. 3-14a. A análise deste circuito é similar a do retificador não controlado. A corrente é a soma das respostas forçada e real e a Eq. (3-9) pode ser aplicada:

$$i(\omega t) = i_f(\omega t) + i_n(\omega t) = \frac{V_m}{Z}\text{sen}(\omega t - \theta) + A e^{-\omega t/\omega \tau}$$

A constante *A* é determinada pela condição inicial $i(\alpha) = 0$:

$$i(\alpha) = 0 = \frac{V_m}{Z}\text{sen}(\alpha - \theta) + A e^{-\alpha/\omega\tau}$$

$$A = \left[-\frac{V_m}{Z}\text{sen}(\alpha - \theta)\right] = e^{\alpha/\omega\tau} \qquad (3\text{-}54)$$

Substituindo para *A* e simplificando,

$$i(\omega t) = \begin{cases} \frac{V_m}{Z}\left[\text{sen}(\omega t - \theta) - \text{sen}(\alpha - \theta)e^{(\alpha - \omega t)/\omega\tau}\right] & \text{para } \alpha \leq \omega t \leq \beta \\ 0 & \text{outro valor} \end{cases} \qquad (3\text{-}55)$$

O *ângulo de extinção* β é definido como o ângulo em que a corrente retorna a zero, como no caso do retificador não controlado. Quando $\omega t = \beta$.

$$i(\beta) = 0 = \frac{V_m}{Z}\left[\text{sen}(\beta - \theta) - \text{sen}(\alpha - \theta)e^{(\alpha - \beta)/\omega\tau}\right] \qquad (3\text{-}56)$$

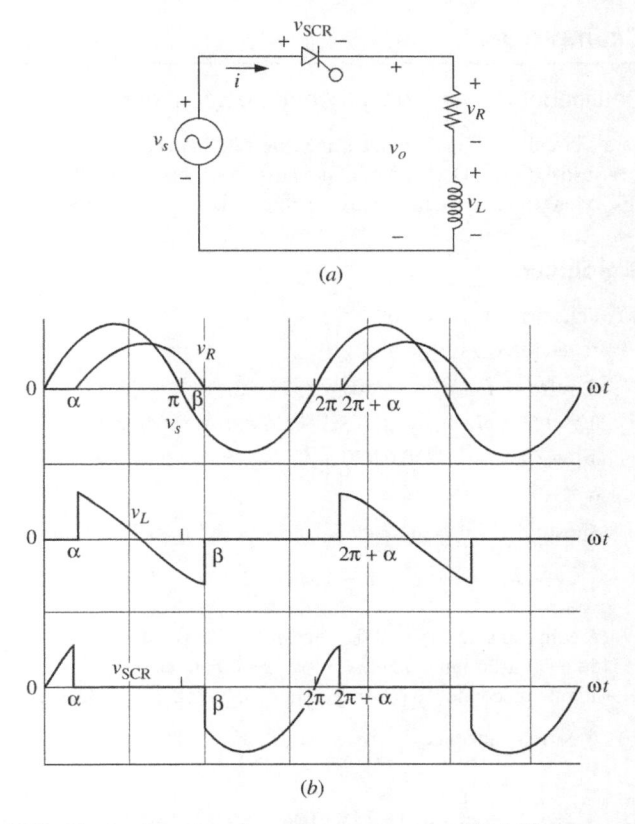

Figura 3-14 (a) Retificador de meia onda controlado com carga RL; (b) formas de onda da tensão.

Que deve ser resolvida numericamente para β. O ângulo $\beta - \alpha$ é chamado de *ângulo de condução* γ. A Fig. 3-14b mostra as formas de onda da tensão.

A tensão média CC na saída é

$$V_o = \frac{1}{2\pi} \int_\alpha^\beta V_m \operatorname{sen}(\omega t)\, d(\omega t) = \frac{V_m}{2\pi}(\cos\alpha - \cos\beta) \qquad (3\text{-}57)$$

A corrente média é calculada por

$$I_o = \frac{1}{2\pi} \int_\alpha^\beta i(\omega t)\, d(\omega t) \qquad (3\text{-}58)$$

Onde $i(\omega t)$ é definido na Eq. (3-55). A potência absorvida pela carga é $I_{rms}^2 R$, onde a corrente rms é calculada por

$$I_{rms} = \sqrt{\frac{1}{2\pi} \int_\alpha^\beta i^2(\omega t)\, d(\omega t)} \qquad (3\text{-}59)$$

Exemplo 3-11

Retificador de meia onda controlado com carga *RL*

Para o circuito da Fig. 3-14a, a fonte é de 120 V rms e 60 Hz, $R = 20\ \Omega$, $L = 0{,}04$ H e o ângulo de atraso é de 45°. Determine (a) uma expressão para $i(\omega t)$, (b) a corrente média, (c) a potência absorvida pela carga e (d) o fator de potência.

■ Solução

(a) Pelos parâmetros dados,

$V_m = 120\sqrt{2} = 169{,}7$ V

$Z = [R^2 + (\omega L)^2]^{0{,}5} = [20^2 + (377*0{,}04)^2]^{0{,}5} = 25{,}0\ \Omega$

$\theta = \mathrm{tg}^{-1}(\omega L/R) = \mathrm{tg}^{-1}(377*0{,}04)/20) = 0{,}646$ rad

$\omega\tau = \omega L/R = 377*0{,}04/20 = 0{,}754$

$\alpha = 45° = 0{,}785$ rad

Substituindo as quantidades anteriores na Eq. (3-55), a corrente é expressa como

$$i(\omega t) = 6{,}78\,\mathrm{sen}(\omega t - 0{,}646) - 2{,}67 e^{-\omega t/0{,}754} \quad A \quad \text{para } \alpha \le \omega t \le \beta$$

A equação anterior é válida a partir de α até β, onde β é encontrado numericamente fazendo a equação igual a zero e resolvendo para ωt, com o resultado $\beta = 3{,}79$ rad (217°). O ângulo de condução é $\gamma = \beta - \alpha = 3{,}79 - 0{,}785 = 3{,}01$ rad = 172°.

(b) A corrente média é determinada pela Eq. (3-58).

$$I_o = \frac{1}{2\pi} \int_{0{,}785}^{3{,}79} \left[6{,}78\,\mathrm{sen}(\omega t - 0{,}646) - 2{,}67 e^{-\omega t/0{,}754}\right] d(\omega t) = 2{,}19\ \text{A}$$

(c) A potência absorvida pela carga é calculada por $I^2_{rms} R$, onde

$$I_{rms} = \sqrt{\frac{1}{2\pi} \int_{0{,}785}^{3{,}79} \left[6{,}78\,\mathrm{sen}(\omega t - 0{,}646) - 2{,}67 e^{-\omega t/0{,}754}\right]^2 d(\omega t)} = 3{,}26\ \text{A}$$

produzindo

$$P = I^2_{rms} R = (3{,}26)^2 (20) = 213\ \text{W}$$

(d) O fator de potência é

$$\mathrm{fp} = \frac{P}{S} = \frac{213}{(120)(3{,}26)} = 0{,}54$$

Fonte como carga *RL*

Um retificador controlado com uma resistência em série, indutância e fonte CC pode ser visto na Fig. 3-15. A análise deste circuito é muito parecida com a do retificador

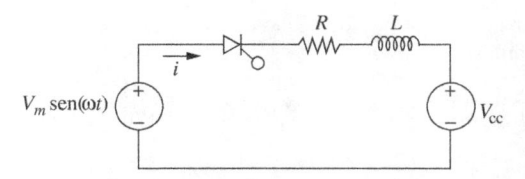

Figura 3-15 Retificador controlado com fonte como carga e *RL*.

de meia onda não controlado visto anteriormente neste capítulo. A diferença principal é que para o retificador não controlado a condução começa tão logo a tensão da fonte alcança o nível da tensão CC. Para o retificador controlado, a condução tem início quando é aplicado o sinal no gatilho do SCR, desde que ele esteja polarizado diretamente. Logo, o sinal no gatilho pode ser aplicado em qualquer instante que a tensão da fonte CA seja maior que a fonte CC:

$$\alpha_{min} = sen^{-1}\left(\frac{V_{cc}}{V_m}\right) \qquad (3\text{-}60)$$

A corrente é expressa como na Eq. (3-22), com o valor de α especificado dentro da faixa admissível:

$$i(\omega t) \begin{cases} \dfrac{V_m}{Z} sen(\omega t - \theta) - \dfrac{V_{cc}}{R} + Ae^{-\omega t/\omega \tau} & \text{para } \alpha \leq \omega t \leq \beta \\ 0 & \text{outro valor} \end{cases} \qquad (3\text{-}61)$$

onde A é determinada pela Eq. (3-61):

$$A = \left[-\frac{V_m}{Z}sen(\alpha - \theta) + \frac{V_{cc}}{R}\right]e^{\alpha/\omega\tau}$$

Exemplo 3-12

Retificador controlado com fonte como carga e *RL*

O retificador de meia onda controlado da Fig. 3-15 tem uma entrada CA de 120 V rms e 60 Hz, $R = 2\,\Omega$, $L = 20$ mH e $V_{cc} = 100$ V. O ângulo de atraso é $45°$. Determine (a) uma expressão para a corrente, (b) potência absorvida pelo resistor e (c) a potência absorvida pela fonte CC na carga.

■ **Solução**

Pelos parâmetros dados,

$V_m = 120\sqrt{2} = 169{,}7$ V
$Z = [R^2 + (\omega L)^2]^{0,5} = [2^2 + (377*0{,}02)^2]^{0,5} = 7{,}80\,\Omega$
$\theta = tg^{-1}(\omega L/R) = tg^{-1}(377*0{,}02)/2) = 1{,}312$ rad
$\omega\tau = \omega L/R = 377*0{,}02/2 = 3{,}77$
$\alpha = 45° = 0{,}785$ rad

(a) Primeiro, use a Eq. (3-60) para determinar se $\alpha = 45°$ é admissível. O ângulo de atraso mínimo é

$$\alpha_{min} = sen^{-1}\left(\frac{100}{120\sqrt{2}}\right) = 36°$$

o que indica que $45°$ é admissível. A Eq. (3-61) fica sendo

$$i(\omega t) = 21,8\,sen\,(\omega t - 1,312) - 50 + 75,0e^{-\omega t/3,77} \text{ A para } 0,785 \leq \omega t \leq 3,37 \text{ rad}$$

onde o ângulo de extinção β é encontrado numericamente sendo 3,37 rad pela equação $i(\beta) = 0$.

(b) A potência absorvida pelo resistor é $I_{rms}^2 R$, onde I_{rms} é calculada pela Eq. (3-59) usando a expressão anterior para $i(\omega t)$.

$$I_{rms} = \sqrt{\frac{1}{2\pi}\int_{\alpha}^{\beta} i^2(\omega t)d(\omega t)} = 3,90 \text{ A}$$

$$P = (3,90)^2(2) = 30,4 \text{ W}$$

(c) A potência absorvida pela fonte CC é $I_o V_{cc}$, na qual I_o é calculada pela (Eq. (3-58).

$$I_o = \frac{1}{2\pi}\int_{\alpha}^{\beta} i(\omega t)d(\omega t) = 2,19 \text{ A}$$

$$P_{dc} = I_o V_{dc} = (2,19)(100) = 219 \text{ W}$$

3.10 SOLUÇÕES PARA RETIFICADORES CONTROLADOS USANDO PSPICE

Modelando o SCR no PSpice

Para simular o retificador de meia onda controlado no PSpice, deve ser escolhido um modelo para o SCR. Um modelo do SCR disponível na biblioteca de dispositivos pode ser usado na simulação de um retificador de meia onda controlado. Um circuito para o Exemplo 3-10 usando o SCR 2N1595 na biblioteca de dispositivos da versão de demonstração do PSpice é mostrado na Fig. 3-16a. Um modelo alternativo para o SCR é uma chave controlada por tensão e um diodo como descrito no Capítulo 1. A chave controla quando o SCR começa a conduzir e o diodo permite corrente em apenas um sentido. A chave deve ser fechada abrangendo pelo menos o ângulo de condução da corrente. Uma vantagem de usar este modelo de SCR é que o dispositivo pode ser utilizado como ideal. A maior desvantagem do modelo é que a chave de controle deve permanecer fechada por todo o período de condução e aberta antes da fonte tornar-se positiva novamente. Um circuito para o circuito no Exemplo 3-11 é mostrado na Fig. 3-16b.

Exemplo 3-13

Projeto de um retificador de meia onda controlado usando o PSpice

Uma carga consiste de uma resistência em série com um indutor e uma fonte de tensão com $R = 2\,\Omega$, $L = 20$ mH e $V_{cc} = 100$ V. Projete um circuito capaz de fornecer 150 W para uma fonte CC a partir de uma fonte CA de 120 V rms 60 Hz.

Retificador de meia onda controlado com SCR 2N1595
Change the SCR model for a higher voltage rating

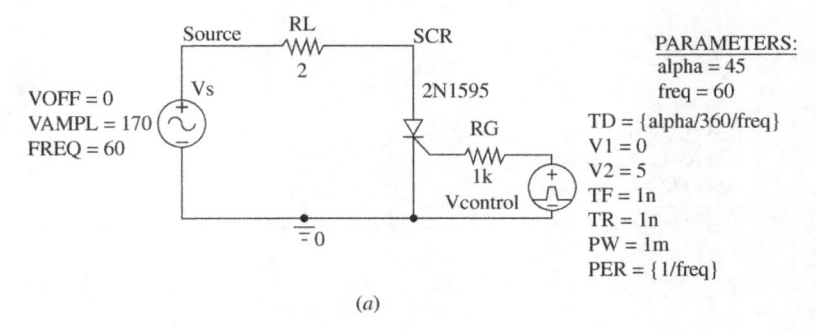

VOFF = 0
VAMPL = 170
FREQ = 60

PARAMETERS:
alpha = 45
freq = 60

TD = {alpha/360/freq}
V1 = 0
V2 = 5
TF = 1n
TR = 1n
PW = 1m
PER = {1/freq}

(a)

RETIFICADOR DE MEIA ONDA CONTROLADO
Switch and diode for SCR

VOFF = 0
VAMPL = 170
FREQ = 60

V1 = 0
V2 = 5
TD = {Alpha/360/60}
TR = 1n
TF = 1n
PW = {1/Freq-DLAY*1.1}
PER = {1/Freq}

PARAMETERS:
Alpha = 45
Freq = 60

(b)

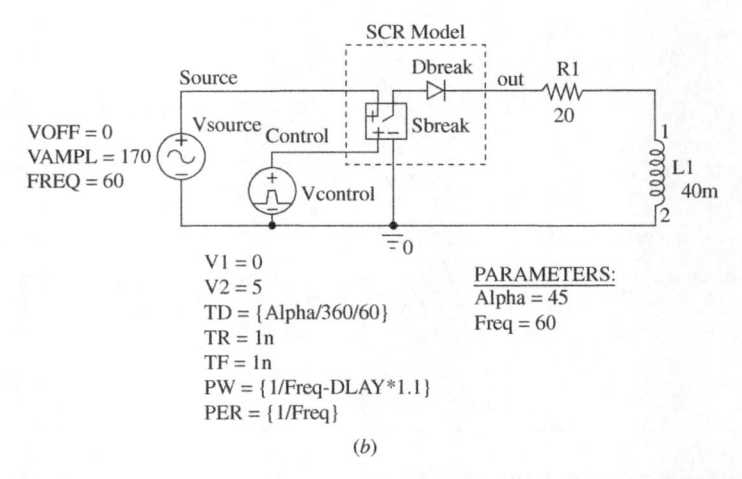

Figura 3-16 (a) Retificador de meia onda controlado usando um SCR da biblioteca de dispositivos; (b) um modelo de SCR usando uma chave controlada por tensão e um diodo.

■ Solução

Uma potência de 150 W na fonte CC requer uma corrente média de 150 W/100 V = 1,5 A. Um retificador não controlado com esta fonte e carga teria uma corrente média de 2,25 A e uma potência média na fonte CC de 225 W, conforme foi calculado no Exemplo 3-5 anteriormente. Será preciso encontrar um meio de limitar a corrente média em 1,5 A. Uma opção inclui a adição em série de resistência ou indutância. Uma outra escolha para esta aplicação é a de um retificador de meia onda controlado, como o da Fig. 3-15. A potência entregue para os componentes da carga é determinada pelo ângulo de atraso α. Como não há solução de forma-fechada para α, deve ser usado um método de ensaio e erro iterativo. Uma simulação no PSpice que inclui uma varredura paramétrica é usada para tentar vários valores de α. A varredura paramétrica é estabelecida na simulação ajustando o menu (veja o Exemplo 3-4). Um circuito do PSpice é mostrado na Fig. 3-17a.

RETIFICADOR DE MEIA ONDA CONTROLADO
Varredura paramétrica para alfa

VOFF = 0
VAMPL = {120*sqrt(2)}
FREQ = 60

V1 = 0
V2 = 5
TD = {ALPHA/360/60}
TR = 1n
TF = 1n
PW = {1/Freq-DLAY*11}
PER = {1/Freq}

PARAMETERS:
Alpha = 50
Freq = 60

PARAMETRIC SWEEP FOR ALPHA

(16.670m, 147.531)
70 deg

AVG {W(Vcc)}

(a)

(b)

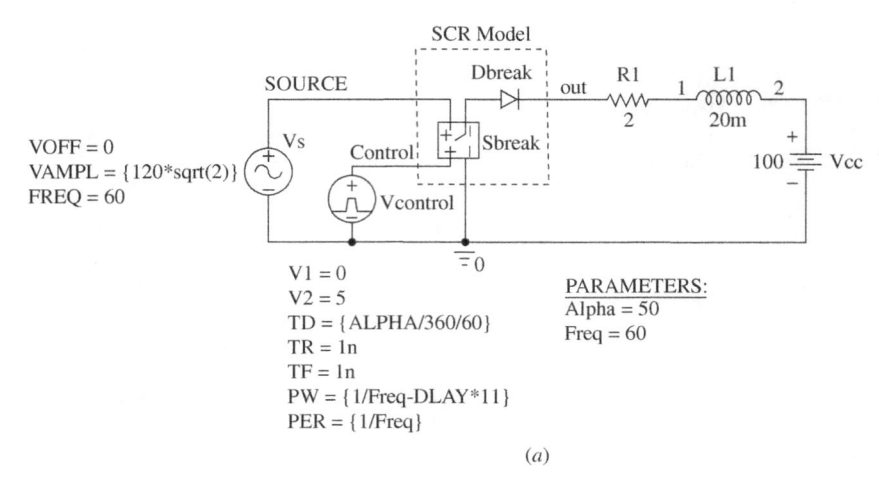

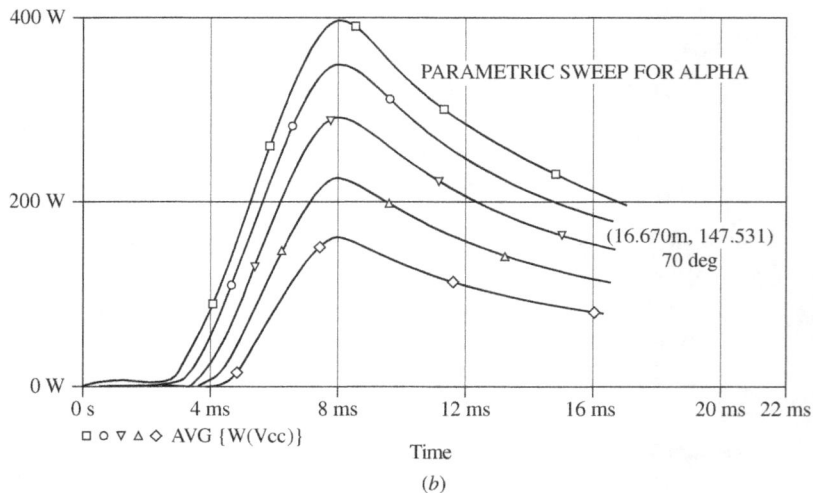

Figura 3-17 (a) Circuito do PSpice para o Exemplo 3-13; (b) saída do Probe para mostrar uma família de curvas para diferentes ângulos de atraso.

Quando a expressão AVG(W(V_{cc})) for entrada, o Probe produz uma família de curvas representando os resultados para uma quantidade de valores de α, conforme mostrado na Fig. 3-17b. Um valor de α de 70°, cujo resultado é de 148 W entregue para a carga, é a solução aproximada.

Os resultados a seguir são foram obtidos pelo Probe para $\alpha = 70°$:

Quantidade	Expressão	Resultado
DC source power	AVG(W(Vdc))	148 W(design objective of 150 W)
RMS current	RMS(I(R1))	2,87 A
Resistor power	AVG(W(R1))	16,5 W
Source apparent power	RMS(V(SOURCE))*RMS(I(Vs))	344 VA
Source average power	AVG(W(Vs))	166 W
Power factor (P/S)	166/344	0,48

3.11 COMUTAÇÃO

O efeito da indutância na fonte

O estudo anterior sobre os retificadores de meia onda supõe uma fonte ideal. Nos circuitos práticos, a fonte tem uma impedância equivalente que é predominantemente uma reatância indutiva. Para o diodo simples nos retificadores de meia onda das Figs. 3-1 e 3-2, o circuito não ideal é analisado pela inclusão de fonte com indutância com elementos da carga. Contudo, a fonte com indutância faz uma mudança fundamental no comportamento para circuitos como o retificador de meia onda com diodo roda livre.

Um retificador de meia onda com diodo roda livre e uma fonte com impedância L_s pode ser visto na Fig. 3-18a. Suponha que a indutância da carga seja muito alta, fazendo com que a corrente fique constante. Em $t = 0^-$, a corrente na carga é I_L, D_1 está desligado e D_2 está ligado. Como a tensão na fonte passa a ficar positiva, D_1 liga, mas a corrente na fonte não iguala instantaneamente à corrente da carga por causa de L_s. Por consequência, D_2 deve permanecer ligado enquanto a corrente em L_s e D_1 aumenta até a igualar à carga. O intervalo quando ambos, D_1 e D_2 estão ligados é chamado de tempo de comutação ou ângulo de comutação. A *comutação é o processo de desligar uma chave eletrônica, que envolve geralmente a transferência da corrente da carga de uma chave para outra.*[2]

Quando D_1 e D_2 estão ligados, a tensão em L_s é

$$v_{Ls} = V_m \operatorname{sen}(\omega t) \tag{3-62}$$

e a corrente em L_s e na fonte é

$$i_s = \frac{1}{\omega L_s} \int_0^{\omega t} v_{Ls} d(\omega t) + i_s(0) = \frac{1}{\omega L_s} \int_0^{\omega t} V_m \operatorname{sen}(\omega t) d(\omega t) + 0$$

$$i_s = \frac{V_m}{\omega L_s} (1 - \cos \omega t) \tag{3-63}$$

---

[2] A comutação, neste caso, é um exemplo de *comutação natural* ou *comutação de linha*, em que a variação instantânea na tensão da linha resulta no desligamento do dispositivo. Outras aplicações podem usar a *comutação forçada*, nas quais a corrente no dispositivo, um tiristor, por exemplo, é forçada para zero pelo circuito adicional. A *comutação da carga* faz uso das correntes oscilantes inerentes produzidas pela carga para desligar um dispositivo.

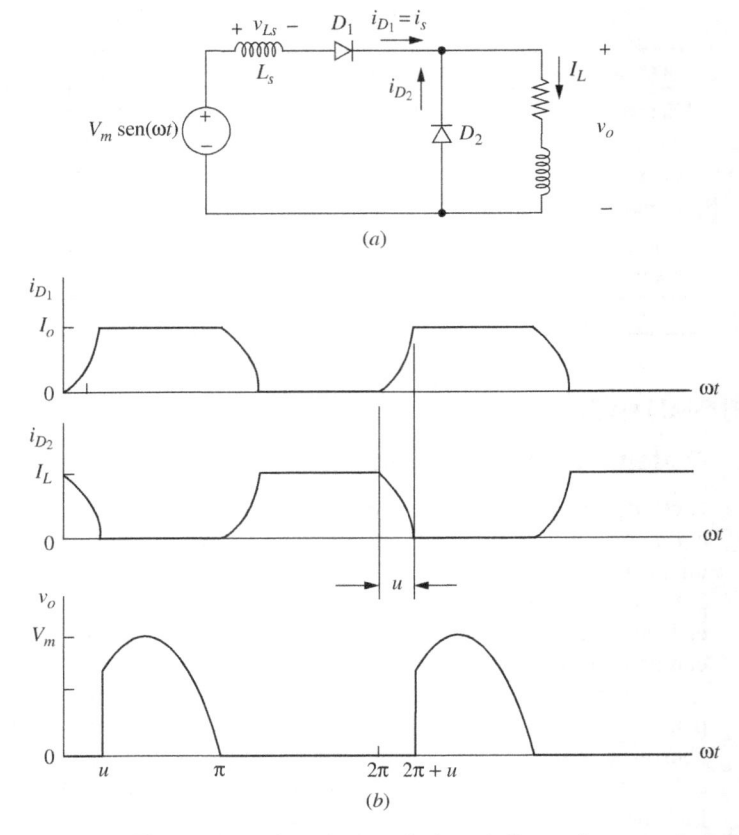

Figura 3-18 (a) Retificador de meia onda com diodo roda livre e fonte com indutância; (b) correntes nos diodos e tensão na carga mostrando os efeitos da comutação.

A corrente em D_2 é

$$i_{D_2} = I_L - i_s = I_L - \frac{V_m}{\omega L_s}(1 - \cos \omega t)$$

A corrente em D_2 começa em I_L e diminui até zero. Fazendo o ângulo, no qual a corrente atinge o valor zero, seja de $\omega t = u$,

$$i_{D_2}(u) = I_L - \frac{V_m}{\omega L_s}(1 - \cos u) = 0$$

Resolvendo para u,

$$\boxed{u = \cos^{-1}\left(1 - \frac{I_L \omega L_s}{V_m}\right) = \cos^{-1}\left(1 - \frac{I_L X_s}{V_m}\right)} \quad (3\text{-}64)$$

onde $X_s = \omega L_s$ é a reatância da fonte. A Fig. 3-18b mostra o efeito da reatância da fonte sobre as correntes dos diodos. A comutação de D_1 para D_2 é analisada de modo similar, produzindo um resultado idêntico para o ângulo de comutação u.

O ângulo de comutação afeta a tensão na carga. Como a tensão na carga é zero quando D_2 está conduzindo, ela permanece em zero até o fim do ângulo comutação, como mostrado na Fig. 4-17b. Lembre-se de que a tensão na carga é uma senoide retificada em meia onda quando a fonte é ideal.

A tensão média na carga é

$$V_o = \frac{1}{2\pi} \int_u^\pi V_m \operatorname{sen}(\omega t)\, d(\omega t)$$

$$= \frac{V_m}{2\pi}[-\cos(\omega t)]\Big|_u^\pi = \frac{V_m}{2\pi}(1 + \cos u)$$

Usando u pela Eq. (3-64)

$$\boxed{V_o = \frac{V_m}{\pi}\left(1 - \frac{I_L X_s}{2V_m}\right)} \tag{3-65}$$

Lembre-se de que a média de uma onda senoidal retificada em meia onda é V_m/π. Portanto, a reatância da fonte reduz a tensão média na carga.

3.12 RESUMO

- Um retificador converte CA em CC. A transferência de potência é da fonte CA para a carga CC.
- O retificador de meia onda com carga resistiva tem uma tensão média de V_m/π e a corrente média na carga é $V_m/\pi R$.
- A corrente em um retificador de meia onda com carga RL contém uma resposta normal e uma forçada, resultando em

$$i(\omega t) = \begin{cases} \dfrac{V_m}{Z}\left[\operatorname{sen}(\omega t - \theta) + \operatorname{sen}(\theta) e^{-\omega t/\omega \tau}\right] & \text{para } 0 \le \omega t \le \beta \\ 0 & \text{para } \beta \le \omega t \le 2\pi \end{cases}$$

em que $\quad Z = \sqrt{R^2 + (\omega L)^2}, \quad \theta = \operatorname{tg}^{-1}\left(\dfrac{\omega L}{R}\right) \quad$ e $\quad \tau = \dfrac{L}{R}$

O diodo permanece ligado enquanto a corrente for positiva. A potência na carga RL é I_m^2/R.

- Um retificador de meia onda com fonte como carga e RL não começa a conduzir enquanto a a fonte CA não atingir a tensão CC na carga. A potência na resistência é I_m^2/R e a potência absorvida é pela fonte CC é $I_o V_{cc}$, onde I_o é a corrente média na carga. A corrente na carga é expressa como

$$i(\omega t) = \begin{cases} \dfrac{V_m}{Z}\operatorname{sen}(\omega t - \theta) - \dfrac{V_{cc}}{R} + A e^{-\omega t/\omega \tau} & \text{para } \alpha \le \omega t \le \beta \\ 0 & \text{outro valor} \end{cases}$$

onde

$$A = \left[-\frac{V_m}{Z}\operatorname{sen}(\alpha - \theta) + \frac{V_{cc}}{R}\right]e^{\alpha/\omega\tau}$$

- Um diodo roda livre força a tensão em uma carga *RL* a ser uma onda senoidal retificada em meia onda. A corrente na carga pode ser analisada usando a análise de Fourier. Uma carga com alto valor de impedância resulta em uma corrente na carga quase constante.
- Um capacitor como filtro de alto valor, numa carga resistiva, faz com que a tensão na carga seja aproximadamente constante. A corrente média no diodo deve ser a mesma corrente média da carga, fazendo com que a corrente de pico tenha um valor alto.
- Um SCR no lugar de um diodo em um retificador de meia onda fornece um meio de controlar a corrente e a tensão na saída.
- Uma simulação com o PSpice é uma forma eficaz de analisar o funcionamento de um circuito. A varredura paramétrica no PSpice permite que vários valores de parâmetros sejam tentados e é uma ajuda no projeto de circuitos.

3.13 BIBLIOGRAFIA

S. B. Dewan and A. Straughen, *Power Semiconductor Circuits*, Wiley, New York, 1975.
Y.-S. Lee and M. H. L. Chow, *Power Electronics Handbook*, edited by M. H. Rashid, Academic Press, New York, 2001, Chapter 10.
N. Mohan, T. M. Undeland, and W. P. Robbins, *Power Electronics: Converters, Applications, and Design*, 3d ed., Wiley, New York, 2003.
M. H. Rashid, *Power Electronics: Circuits, Devices, and Systems*, 3d ed., Prentice-Hall, Upper Saddle River, NJ., 2004.
R. Shaffer, *Fundamentals of Power Electronics with MATLAB*, Charles River Media, Boston, Mass., 2007.
B. Wu, *High-Power Converters and AC Drives*, Wiley, New York, 2006.

Problemas

Retificador de meia onda com carga resistiva

3-1 O circuito retificador de meia onda da Fig. 3-1a tem $V_s(t) = 170\operatorname{sen}(377t)$ V e uma resistência de carga de $R = 15\ \Omega$. Determine (a) A corrente média na carga, (b) a corrente rms na carga, (c) a potência absorvida pela carga, (d) a potência aparente fornecida pela fonte e (e) o fator de potência do circuito.

3-2 O circuito retificador de meia onda da Fig. 3-1a tem um transformador ligado em série entre a fonte e o restante do circuito. A fonte é de 240 V rms e 60 Hz e o resistor de carga de 20 Ω. (a) Determine a relação de espiras do transformador de modo que a corrente média na carga seja de 12 A e (b) determine a corrente média no enrolamento primário de transformador.

3-3 Para um retificador de meia onda com uma carga resistiva, (a) mostre que o fator de potência é $1/\sqrt{2}$ e (b) determine a mudança no fator de potência e o fator de distorção conforme definido no Capítulo 2. As séries de Fourier para a tensão no retificador de meia onda são dadas na Eq. (3-34).

Retificador de meia onda com carga RL

3-4 Um retificador de meia onda tem uma fonte de 120 V rms em 60 Hz e uma carga $RL = 12\,\Omega$ e $L = 12$ mH. Determine (a) uma expressão para a corrente na carga, (b) a corrente média, (c) a potência absorvida pelo resistor e (d) o fator de potência.

3-5 Um retificador de meia onda tem uma fonte de 120 V rms em 60 Hz e uma carga $RL = 10\,\Omega$ e $L = 15$ mH. Determine (a) uma expressão para a corrente na carga, (b) a corrente média, (c) a potência absorvida pelo resistor e (d) o fator de potência.

3-6 Um retificador de meia onda tem uma fonte de 240 V rms em 60 Hz e uma carga RL com $R = 15\,\Omega$ e $L = 80$ mH. Determine (a) uma expressão para a corrente na carga, (b) a corrente média, (c) a potência absorvida pelo resistor e (d) o fator de potência e (e) use o PSpice para simular este circuito. Utilize o modelo de diodo padrão e compare estes resultados com os resultados analíticos.

3-7 O indutor na Fig. 3-2a representa uma indutância eletromagnética modelada como 0,1 H. A fonte é de 240 V em 60 Hz. Utilize o PSpice para determinar o valor de uma resistência em série para que a corrente média seja de 2,0 A.

Retificador de meia onda com fonte como carga e RL

3-8 O retificador de meia onda da Fig. 3-5a tem uma fonte CA de 240 V rms em 60 Hz. A carga é uma indutância em série com uma resistência com $L = 75$ mH e $R = 10\,\Omega$ e V_{cc} 100 V. Determine (a) a potência absorvida pela fonte CC, (b) a potência absorvida pelo resistor e (c) o fator de potência.

3-9 O retificador de meia onda da Fig. 3-5a tem uma fonte CA de 120 V rms em 60 Hz e a carga é uma é uma indutância em série com uma resistência e uma fonte CC com $L = 120$ mH $R = 12\,\Omega$ e $V_{cc} = 48$ V. Determine (a) a potência absorvida pela fonte CC, (b) a potência absorvida pela resistência e (c) o fator de potência.

3-10 O retificador de meia onda da Fig. 3-6a tem uma fonte CA de 120 V rms em 60 Hz. A carga é uma é uma indutância em série e uma fonte CC com $L = 100$ mH e $V_{cc} = 48$ V. Determine a potência absorvida pela fonte CC.

3-11 Um retificador de meia onda com um indutor em série com uma fonte CC como carga tem uma fonte CA de 240 V rms, 60 Hz. A fonte CC é de 96 V. Use o PSpice para determinar o valor da indutância que resulta em uma potência absorvida pela fonte CC de 150 W. Use o modelo de diodo padrão.

3-12 Um retificador de meia onda com um indutor em série com uma fonte CC como carga tem uma fonte CA de 120 Vrms, 60 Hz. A fonte CC é de 24 V. Use o PSpice para determinar o valor da indutância que resulta em uma potência absorvida pela fonte CC de 50 W. Use o modelo de diodo padrão.

Diodo roda livre

3-13 O retificador de meia onda com roda livre (Fig. 3-7a) tem $R = 12\,\Omega$ e $L = 60$ mH. A fonte é de 120 V rms em 60 Hz. (a) A partir das séries de Fourier da onda senoidal retificada em meia onda que aparece na carga, determine a componente CC da corrente e (b) determine as amplitudes dos quatro primeiros termos CA diferentes de zero. Comente os resultados.

3-14 No Exemplo 3-8, a indutância requerida para limitar a ondulação de pico a pico na corrente da carga foi estimada pelo uso do primeiro termo CA nas séries de Fourier. Use o PSpice para determinar a ondulação de pico a pico com esta indutância e compare-a com a estimada. Use o modelo de diodo ideal ($n = 0,001$).

3-15 O retificador de meia onda com diodo roda livre (Fig. 3-7a) tem $R = 4\,\Omega$ e uma fonte com $V_m = 50$ V em 60 Hz. (a) Determine o valor de L de modo que a amplitude do primeiro termo da corrente CA nas séries de Fourier seja menor que 5% da corrente CC. (b) Verifique seus resultados com o PSpice e determine a corrente de pico a pico.

3-16 O circuito da Fig. P3-16 é similar ao circuito da Fig. 3-7a, exceto que uma fonte CC foi adicionada à carga. O circuito tem $V_s(t) = 170\,\text{sen}(377t)$ V, $R = 10\,\Omega$. e $V_{cc} = 24$ V. Pelas séries de Fourier, (a) Determine o valor de L de modo que a variação de pico a pico na corrente da carga não seja maior que 1 A. (b) Determine a potência absorvida pela fonte CC e (c) Determine a potência absorvida pelo resistor.

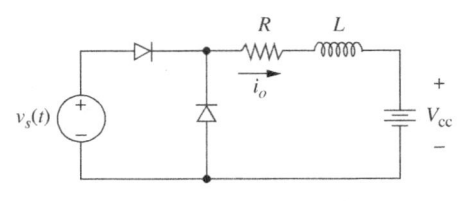

Figura P3-16

Retificador de meia onda com filtro capacitivo

3-17 Um retificador de meia onda com filtro capacitivo tem $V_m = 200$ V, $R = 1\,\text{k}\Omega$, $C = 1.000\,\mu\text{F}$ e $\omega = 377$. (a) Determine a razão da constante de tempo para o período da onda senoidal de entrada. Qual é o significado desta razão? (b) Determine a tensão de ondulação (ripple) de pico a pico usando as equações exatas e (c) determine a tensão de ondulação (ripple) de pico a pico utilizando a fórmula aproximada na Eq. (3-51).

3-18 Repita o Prob. 3-17 com (a) $R = 100\,\Omega$ e (b) $R = 10\,\Omega$. Comente os resultados.

3-19 Um retificador de meia onda com uma carga de 1 kΩ tem um capacitor. A fonte é de 120 V rms, 60 Hz. Determine a tensão de ondulação de pico a pico da saída quando o capacitor for de (a) 4.000 μF e (b) 20 μF. A aproximação pela fórmula da Eq. (3-51) é razoável neste caso?

3-20 Repita o Prob. 3-19 com $R = 500\,\Omega$.

3-21 Um retificador de meia onda tem uma fonte de 120 V rms, 60 Hz. A carga é de 750 Ω. Determine o valor do capacitor de filtro para manter uma ondulação de pico a pico na carga menor que 2 V. Determine os valores das correntes média e de pico no diodo.

3-22 Um retificador de meia onda tem uma fonte CA de 120 V rms 60 Hz. A carga é de 50 W. (a) Determine o valor de um capacitor de filtro para manter a ondulação de pico a pico na carga abaixo de 1,5 V. (b) Determine os valores das correntes média e de pico no diodo.

Retificador de meia onda controlado

3-23 Mostre que o retificador de meia onda controlado com uma resistência de carga na Fig. 3-13a tem um fator de potência de

$$fp = \sqrt{\frac{1}{2} - \frac{\alpha}{2\pi} + \frac{(2\alpha)}{4\pi}}$$

3-24 Para o retificador de meia onda controlado com carga resistiva, a fonte é de 120 V rms em 60 Hz. A resistência é de 100 Ω e o ângulo de atraso α é de 45°. (a) Determine a tensão média no resistor, (b) determine a potência absorvida pelo resistor e (c) determine o fator de potência visto pela fonte.

3-25 Um retificador de meia onda controlado tem uma fonte CA de 240 V rms em 60 Hz. A carga é um resistor de 30 Ω. (a) Determine o ângulo de atraso de modo que a corrente média na carga seja de 2,5 A, (b) determine a potência absorvida pela carga e (c) determine o fator de potência.

3-26 Um retificador de meia onda controlado tem uma fonte CA de 120 V rms em 60 Hz. A carga RL tem uma $R = 25\ \Omega$ e $L = 50$ mH. O ângulo de atraso é de $30°$. Determine (a) uma expressão para a corrente na carga, (b) a corrente média e (c) potência absorvida pela carga.

3-27 Um retificador de meia onda controlado tem uma fonte CA de 120 V rms em 60 Hz. A carga RL tem uma $R = 40\ \Omega$ e $L = 75$ mH. O ângulo de atraso é de $60°$. Determine (a) uma expressão para a corrente na carga, (b) a corrente média e (c) potência absorvida pela carga.

3-28 Um retificador de meia onda controlado tem uma carga RL com $R = 20\ \Omega$ e $L = 40$ mH. A fonte é de 120 V rms em 60 Hz. Use o PSpice para determinar o ângulo de atraso necessário para produzir uma corrente média de 2,0 A na carga. Use o diodo padrão na simulação.

3-29 Um retificador de meia onda controlado tem uma carga RL com $R = 16\ \Omega$ e $L = 60$ mH. A fonte é de 120 V rms em 60 Hz. Use o PSpice para determinar o ângulo de atraso necessário para produzir uma corrente média de 1,8 A na carga. Use o diodo padrão na simulação.

3-30 Um retificador de meia onda controlado tem uma fonte CA de 120 V rms em 60 Hz. A carga é uma indutância, uma resistência, uma resistência e uma fonte em série com $L = 100$ mH, $R = 12\ \Omega$ e $V_{cc} = 48$ V. O ângulo de atraso é de $50°$. Determine (a) a potência absorvida pela fonte CC, (b) potência absorvida pela resistência e (c) o fator de potência.

3-31 Um retificador de meia onda controlado tem uma fonte CA de 240 V rms em 60 Hz. A carga é uma indutância, uma resistência, uma resistência e uma fonte em série com $R = 100\ \Omega$, $L = 150$ mH e $V_{cc} = 96$ V. O ângulo de atraso é de $60°$. Determine (a) a potência absorvida pela fonte de tensão CC, (b) potência absorvida pela resistência e (c) o fator de potência.

3-32 Use o PSpice para determinar o ângulo de atraso necessário para que a fonte CC no Prob. 3-31 absorva 35 W.

3-33 Um retificador de meia onda controlado tem uma resistência, indutância e uma fonte CC em série com $R = 2\ \Omega$, $L = 75$ mH e $V_{cc} = 48$ V. A fonte é de 120 V rms em 60 Hz. O ângulo de atraso é de $50°$. Determine (a) uma expressão para a corrente na carga, (b) a potência absorvida pela fonte de tensão CC. (c) á potência absorvida pelo resistor.

3-34 Use o PSpice para determinar o ângulo de atraso necessário para que a fonte CC no Prob. 3-33 absorva 50 W.

3-35 Desenvolva uma expressão para a corrente em um circuito retificador de meia onda controlado que tem uma carga consistindo de uma indutância L em série com uma tensão V_{cc}. A fonte é $v_s = V_m\ \text{sen}\omega t$ e o ângulo de atraso é α. (a) Determine a corrente média se $V_m = 100$ V, $L = 35$ mH, $V_{cc} = 24$ V, $\omega = 2\pi 60$ rad/s e $\alpha = 75°$ e (b) verifique seu resultado com o PSpice.

3-36 Um retificador de meia onda controlado tem uma carga RL. Um diodo roda livre é ligado em paralelo com a carga. A indutância é alta o suficiente para considerar que a corrente na carga seja constante. Determine a corrente na carga como uma função do ângulo de atraso alfa. Esboce a corrente no SCR e no diodo roda livre. Projete a tensão na carga.

Comutação

3-37 O retificador de meia onda com diodo roda livre da Fig. 3-18a tem uma fonte CA de 120 V rms que tem uma indutância de 1,5 mH. A corrente na carga é constante com valor de 5 A. Determine o ângulo de comutação e a tensão média na saída. Use o PSpice para verificar seus resultados. Utilize os diodos ideais para a simulação. Verifique que o ângulo de comutação de D_1 para D_2 é o mesmo de D_2 para D_1.

3-38 O retificador de meia onda com diodo roda livre da Fig. 3-18a tem uma fonte CA de 120 V rms que tem uma indutância de 10 mH. A carga é uma resistência em série com uma indutância sendo $R = 20 \; \Omega$ e $L = 500$ mH. Use o PSpice para determinar (a) a corrente média na carga no estado estável, (b) a tensão média na carga e (c) o ângulo de comutação. Comente sobre os resultados.

3-39 O retificador de meia onda com diodo roda livre da Fig. 3-18a tem uma fonte CA de 120 V rms que tem uma indutância de 5 mH. A carga é uma resistência em série com uma indutância sendo $R = 15 \; \Omega$ e $L = 500$ mH. Use o PSpice para determinar (a) a corrente média na carga no estado estável, (b) a tensão média na carga e (c) o ângulo de comutação. Use o diodo padrão na simulação.

3-40 O ângulo de comutação dado na Eq. (3-64) para o retificador de meia onda com um diodo roda livre foi desenvolvido para a comutação de uma corrente de carga de D_2 para D_1. Mostre que o ângulo de comutação é o mesmo para a comutação de D_1 para D_2.

3-41 O diodo D_1 na Fig. 3-18a é substituído por um SCR para fazer um retificador de meia onda controlado. Mostre que o ângulo para comutação do diodo para o SCR é

$$u = \cos^{-1}\left(\cos \alpha - \frac{I_L X_s}{V_m}\right) - \alpha$$

onde α é o ângulo de atraso do SCR.

Problemas de projeto

3-42 Em uma determinada situação necessita-se que ambas as potências 160 ou 75 W sejam fornecidas à uma bateria de 48 V a partir de uma fonte CA de 120 V rms 60 Hz. Existe uma chave de duas posições em um painel de controle para ajustar ambas 160 ou 75. Projete um circuito simples que forneça os valores de potência e especifique o que a chave de controle fará. Especifique os valores de todos os componentes de seu circuito. A resistência interna da bateria é de 0,1 Ω.

3-43 Projete um circuito para produzir uma corrente média de 2 A em uma indutância de 100 mH. A fonte CA disponível é de 120 V rms em 60 Hz. Verifique seu projeto com o PSpice. Apresente circuitos alternativos que poderiam ser usados para atender as especificações do projeto e dê razões para sua escolha.

3-44 Projete um circuito que entregará 100 W para uma fonte CC de 48 V a partir de uma fonte CA de 120 V 60 Hz. Verifique seu projeto com o PSpice. Apresente circuitos alternativos que poderiam ser usados para atender às especificações do projeto e quais são as razões para sua escolha.

3-45 Projete um circuito que entregará 150 W para uma fonte CC de 100 V a partir de uma fonte CA de 120 V 60 Hz. Verifique seu projeto com o PSpice. Apresente circuitos alternativos que poderiam ser usados para atender as especificações do projeto e dê razões para sua escolha.

Retificadores de Onda Completa

Capítulo 4

Conversão de CA em CC

4.1 INTRODUÇÃO

O objetivo de um retificador de onda completa é produzir uma tensão ou corrente que seja puramente CC ou que tenha alguma componente CC especificada. Embora este objetivo seja basicamente o mesmo de um retificador de meia onda, os retificadores de onda completa têm algumas vantagens fundamentais. A corrente média em uma fonte CA é zero, assim como no retificador de onda completa, evitando, portanto, problemas associados com as correntes médias diferentes de zero nas fontes (particularmente nos transformadores). A saída do retificador de onda completa tem inerentemente uma ondulação menor que o retificador de meia onda.

Neste capítulo, conversores de onda completa, monofásicos e trifásicos controlados e não controlados, usados como retificadores serão analisados para vários tipos de cargas. São incluídos também exemplos de conversores controlados funcionando como inversores, em que o fluxo de potência é do lado CC para o lado CA.

4.2 RETIFICADORES DE ONDA COMPLETA MONOFÁSICOS

A ponte retificadora e o retificador com transformador com tomada central (Center-tap) das Figs. 4-1 e 4-2 são dois retificadores básicos de onda completa.

A retificador em ponte

Algumas observações básicas para a ponte retificadora da Fig. 4-1:

1. Os diodos D_1 e D_2 conduzem juntos, assim como D_3 e D_4. A lei da tensão de Kirchhoff em torno da malha contendo a fonte D_1 e D_3 mostra que eles não podem conduzir ao mesmo tempo, da mesma forma que D_2 e D_4 também não

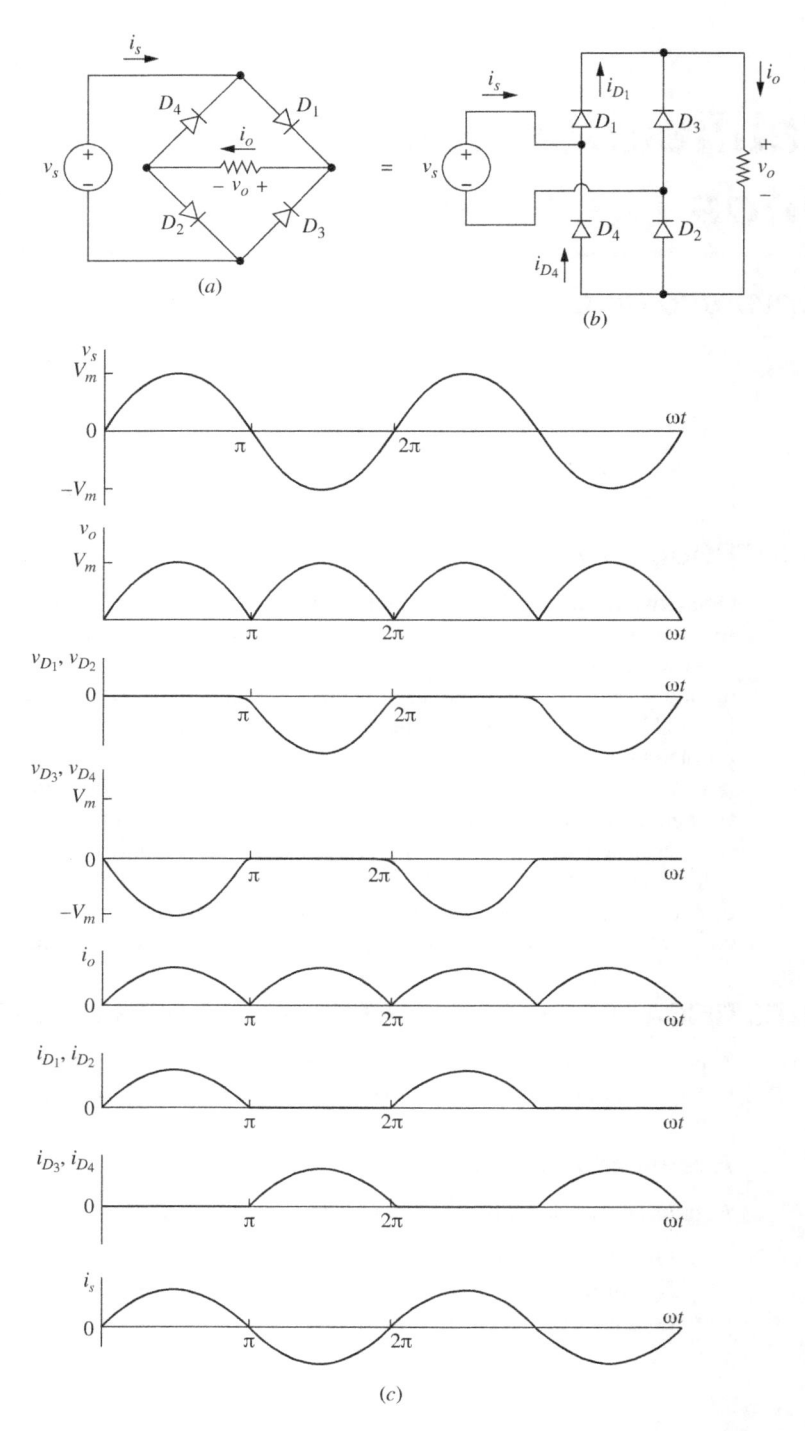

Figura 4-1 Ponte retificadora de onda completa. (a) Diagrama do circuito. (b) Representação alternativa. (c) Tensões e correntes.

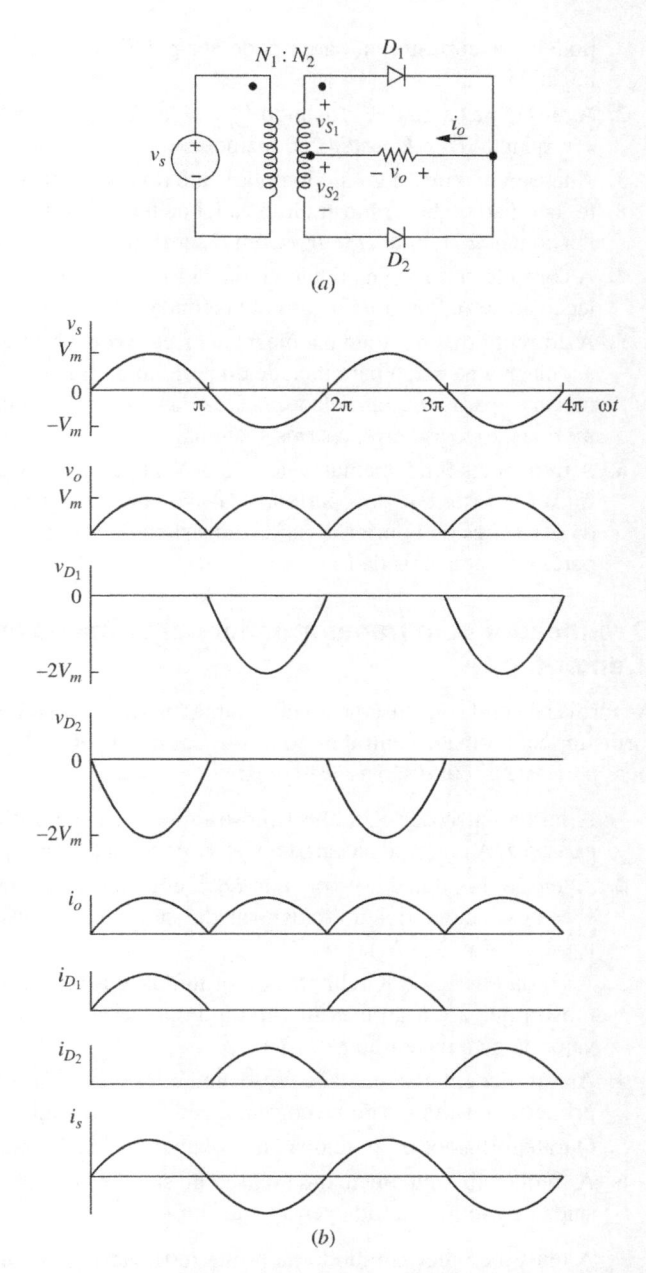

Figura 4-2 Retificador de onda completa com transformador com tomada central (a) circuito; (b) tensões e correntes.

podem. A corrente na carga pode ser positiva ou zero, mas nunca pode ser negativa.
2. A tensão na carga é $+v_s$ quando D_1 e D_2 estão conduzindo. A tensão na carga é $-v_s$ quando D_3 e D_4 estão conduzindo.
3. A tensão máxima num diodo polarizado reversamente é o valor de pico da fonte. Isto não pode ser mostrado pela lei da tensão de Kirchhoff em torno da malha contendo a fonte D_1 e D_3. Com D_1 em condução, a tensão em D_3 é $-v_s$.
4. A corrente entrando na ponte vinda da fonte é $i_{D_1} - i_{D_4}$, que é simétrica em relação ao zero. Portanto, a corrente média na carga é zero.
5. A corrente rms na fonte é a mesma corrente rms na carga. A corrente na fonte é a mesma na carga para metade do período da fonte e é a negativa da corrente na carga para a outra metade. A área das correntes na carga e na fonte são as mesmas, logo as correntes rms são iguais.
6. A frequência fundamental da tensão de saída é 2ω, onde ω é a frequência da entrada CA visto que dois períodos da saída ocorrem para cada período da entrada. As séries de Fourier da saída consistem de um termo CC e das harmônicas pares da frequência da fonte.

O retificador com transformador com tomada central (Center-tap)

As formas de onda da tensão para uma carga resistiva para o retificador usando transformador com tomada central estão mostradas na Fig. 4-2. Algumas observações básicas para este circuito são as seguintes:

1. A lei da tensão de Kirchhoff mostra que apenas um diodo pode conduzir de cada vez. A corrente na carga pode ser positiva ou zero, porém nunca negativa.
2. A tensão na saída é $+v_{s_1}$ quando D_1 conduz e $-v_{s_2}$ quando D_2 conduz. As tensões nos secundários do transformador são relacionadas à tensão da fonte por $v_{s_1} = v_{s_2} = v_s(N_2/2N_1)$.
3. A lei da tensão de Kirchhoff em torno dos enrolamentos secundários D_1 e D_2 mostra que a tensão máxima no diodo polarizado reversamente é o dobro do valor de pico da tensão na carga.
4. A corrente em cada metade do secundário do transformador é refletida para o primário, resultando numa corrente média da fonte igual a zero.
5. O transformador proporciona um isolamento elétrico entre a fonte e a carga.
6. A frequência fundamental da tensão de saída é 2ω, visto que dois períodos da saída ocorrem para cada período da entrada.

A tensão de pico no diodo na ponte retificadora é menor e isto faz com que ele seja o preferido para aplicações em tensões com valores mais altos. O retificador com transformador de tomada central, além de prover um isolamento elétrico, tem apenas uma queda de tensão no diodo entre a fonte e a carga, tornando-o desejável para aplicações com valores mais baixos de tensão e valores maiores de corrente.

Capítulo 4 Retificadores de Onda Completa

O estudo a seguir se concentra no retificador de onda completa com ponte, mas geralmente pode ser aplicado também para o circuito com tomada central.

Carga resistiva

A tensão na carga resistiva para o retificador com ponte da Fig. 4-1 é expressa como

$$v_o(\omega t) = \begin{cases} V_m \operatorname{sen} \omega t & \text{para } 0 \leq \omega t \leq \pi \\ -V_m \operatorname{sen} \omega t & \text{para } \pi \leq \omega t \leq 2\pi \end{cases} \quad (4\text{-}1)$$

O componente CC da tensão na saída é o valor médio e a corrente na carga é simplesmente a tensão no resistor dividida pela resistência.

$$\boxed{\begin{aligned} V_o &= \frac{1}{\pi} \int_0^\pi V_m \operatorname{sen} \omega t \, d(\omega t) = \frac{2V_m}{\pi} \\ I_o &= \frac{V_o}{R} = \frac{2V_m}{\pi R} \end{aligned}} \quad (4\text{-}2)$$

A potência absorvida pelo resistor de carga pode ser determinada por $I_{rms}^2 R$, onde I_{rms} para a forma de onda da corrente no retificador de onda completa é a mesma da onda senoidal não retificada,

$$I_{rms} = \frac{I_m}{\sqrt{2}} \quad (4\text{-}3)$$

A corrente na fonte para o retificador de onda completa com carga resistiva é uma senoide que está em fase com a tensão, de modo que o fator de potência é 1.

Carga *RL*

Para uma carga *RL* conectada em série (Fig. 4-3a), o método de análise é similar ao do retificador de meia onda com diodo roda livre estudado no Capítulo 3. Após um transiente que ocorre durante o início do funcionamento, a corrente na carga i_o atinge uma condição periódica de estado estável similar ao da Fig. 4-3b.

Para o circuito com ponte, a corrente é transferida de um par de diodos para outro par quando a fonte muda de polaridade. A tensão na carga *RL* é uma senoide retificada em onda completa, como no caso com carga resistiva. A tensão senoidal retificada em onda completa na carga pode ser expressa pelas séries de Fourier consistindo de um termo CC e as harmônicas pares.

$$v_o(t) = V_o + \sum_{n=2,4,\ldots}^{\infty} V_n \cos(n\omega_0 t + \pi)$$

Onde (4-4)

$$V_o = \frac{2V_m}{\pi} \quad \text{e} \quad V_n = \frac{2V_m}{\pi}\left(\frac{1}{n-1} - \frac{1}{n+1}\right)$$

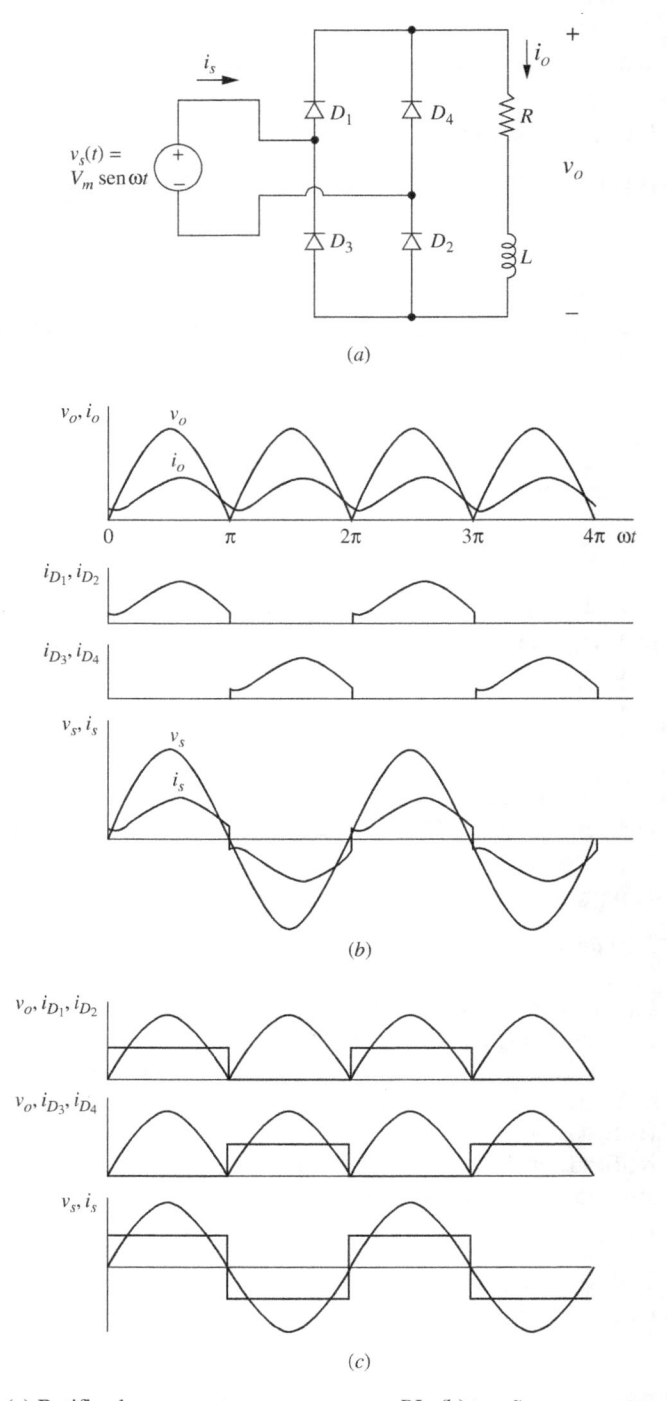

Figura 4-3 (a) Retificador em ponte com uma carga RL; (b) tensões e correntes; (c) correntes no diodo e na fonte quando o valor da indutância é alto e a corrente é aproximadamente constante.

A corrente na carga RL é então calculada usando a superposição, tomando cada frequência separadamente e combinando os resultados. A corrente CC e a amplitude da corrente em cada frequência são calculadas por

$$\boxed{\begin{aligned} I_0 &= \frac{V_0}{R} \\ I_n &= \frac{V_n}{Z_n} = \frac{V_n}{|R + jn\omega L|} \end{aligned}}$$
(4-5)

Observe que conforme o número de harmônicas n aumenta na Eq. (4-4), a amplitude da tensão diminui. Para uma carga RL, a impedância Z_n aumenta à medida que n aumenta. A combinação da diminuição de V_n e o aumento de Z_n faz com que I_n diminua rapidamente com o aumento do número de harmônicas. Portanto, o termo CC e apenas um pouco dos termos CA, ou mesmo nenhum, são geralmente necessários para descrever a corrente em uma carga RL.

Exemplo 4-1

Retificador de onda completa com carga RL

O circuito retificador em ponte da Fig. 4-3a tem uma fonte CA com $V_m = 100$ V em 60 Hz e uma carga RL em série com $R = 10\ \Omega$ e $L = 10$ mH. (a) Determine a corrente média na carga. (b) Estime a variação de pico a pico na corrente da carga baseado no primeiro termo CA nas séries de Fourier. (c) Determine a potência absorvida pela carga e o fator de potência do circuito. (d) Determine as correntes média e rms nos diodos.

■ Solução

(a) A corrente média na carga é determinada pelo termo CC nas séries de Fourier. A tensão na carga é uma onda senoidal retificada em onda completa que tem as séries de Fourier determinadas pela Eq. (4-4). A tensão média na saída é

$$V_0 = \frac{2V_m}{\pi} = \frac{2(200)}{\pi} = 63{,}7\ \text{V}$$

e a corrente média na carga é

$$I_0 = \frac{V_0}{R} = \frac{63{,}7\ \text{V}}{10\ \Omega} = 6{,}37\ \text{A}$$

(b) As amplitudes da tensão CA são determinadas pela Eq. (4-4). Para $n = 2$ e 4,

$$V_2 = \frac{2(100)}{\pi}\left(\frac{1}{1} - \frac{1}{3}\right) = 42{,}4\ \text{V}$$

$$V_4 = \frac{2(100)}{\pi}\left(\frac{1}{3} - \frac{1}{5}\right) = 8{,}49\ \text{V}$$

As amplitudes dos dois primeiros termos CA da corrente nas séries de Fourier são calculadas pela Eq. (4-5).

$$I_2 = \frac{42{,}4}{|10 + j(2)(377)(0{,}01)|} = \frac{42{,}4\ \text{V}}{12{,}5\ \Omega} = 3{,}39\ \text{A}$$

$$I_4 = \frac{8{,}49}{|10 + j(4)(377)(0{,}01)|} = \frac{8{,}49\ \text{V}}{18{,}1\ \Omega} = 0{,}47\ \text{A}$$

A corrente I_2 é muito maior que I_4 e harmônicas de ordens superiores, logo I_2 pode ser usada para estimar a variação de pico a pico na corrente da carga $\Delta i_o \approx 2(2{,}39) = 6{,}78$ A. A variação real em i_o será maior por causa dos termos de ordens superiores.

(c) A potência absorvida pela carga é determinada por I_{rms}^2. A corrente rms é então determinada pela Eq. (2-43) como

$$I_{rms} = \sqrt{\Sigma I_{n,rms}^2}$$

$$= \sqrt{(6{,}37)^2 + \left(\frac{3{,}39}{\sqrt{2}}\right)^2 + \left(\frac{0{,}47}{\sqrt{2}}\right)^2 + \cdots} \approx 6{,}81 \text{ A}$$

Adicionar mais termos nas séries não teria nenhuma utilidade porque seus valores são baixos e terão pouco efeito sobre o resultado. A potência na carga é

$$P = I_{rms}^2 R = (6{,}81)^2(10) = 464 \text{ W}$$

A corrente rms na fonte é a mesma corrente rms na carga. O fator de potência é

$$fp = \frac{P}{S} = \frac{P}{V_{s,rms} I_{s,rms}} = \frac{464}{\left(\frac{100}{\sqrt{2}}\right)(6{,}81)} = 0{,}964$$

(d) Cada diodo conduz metade do tempo, logo

$$I_{D,med} = \frac{I_o}{2} = \frac{6{,}37}{2} = 3{,}19 \text{ A}$$

e

$$I_{D,rms} = \frac{I_{rms}}{\sqrt{2}} = \frac{6{,}81}{\sqrt{2}} = 4{,}82 \text{ A}$$

Em algumas aplicações, a indutância da carga pode ser relativamente alta ou pode ser feita alta pela adição de indutâncias externas. Se a impedância indutiva for os termos CA nas séries de Fourier, efetivamente elimina os termos da corrente CA na carga e a corrente na carga é essencialmente CC. Se $\omega L \gg R$,

$$i(\omega t) \approx I_o = \frac{V_o}{R} = \frac{2V_m}{\pi R} \quad \text{para } \omega L \gg R \quad (4\text{-}6)$$

$$I_{rms} \approx I_o$$

As tensões e as correntes na carga e na fonte são mostradas na Fig. 4-3c.

Harmônicas na fonte

A corrente não senoidal na fonte é uma preocupação nos sistemas de potência. Correntes na fonte como as da Fig. 4-3 têm uma frequência fundamental igual a da fonte, mas são ricas em harmônicas de ordens ímpares. Medidas como a distorção harmônica total (DHT) e fator de distorção (FD), como apresentado no Capítulo 2 descrevem propriedades não senoidais na corrente da fonte. Onde harmônicas forem problemáticas, podem ser adicionados filtros na entrada do retificador.

Simulação no PSpice

Uma simulação com o PSpice fornecerá a tensão na saída, corrente e potência para os circuitos retificadores de onda completa. As análises de Fourier pelo comando FOUR ou pelo Probe fornecerão o conteúdo da harmônica das tensões e correntes na carga e na fonte. O modelo de diodo padrão dará resultados que diferem dos resultados analíticos que supõem um diodo ideal. Para o retificador de onda completa, dois diodos conduzirão ao mesmo tempo, resultando em duas quedas de tensões. Em algumas aplicações, a tensão reduzida na saída pode ser significante. Como existem quedas de tensões nos diodos, nos circuitos reais, os resultados do PSpice são melhores indicadores do desempenho do circuito que os resultados que supõem os diodos ideais. (Para simular um circuito ideal no PSpice, um modelo de diodo com $n = 0,001$ produzirá quedas de tensões direta na faixa de micro Volt, aproximando de um diodo ideal.)

Exemplo 4-2

Simulação de um retificador de onda completa com o PSpice

Para o retificador de onda completa em ponte no Exemplo 4-1, obtenha a corrente rms e a potência absorvida pela carga pela simulação com o PSpice.

■ Solução

O circuito com PSpice para a Fig. 4-3 é elaborado usando VSIN para a fonte, Dbreak para os diodos e R e L para a carga. Uma análise de transiente é executada usando um tempo de funcionamento de 50 ms e os dados armazenados após 33,33 ms para obter a corrente no estado estável.

A saída do Probe é usada para determinar as características do funcionamento do retificador, utilizando as mesmas técnicas conforme apresentado nos Capítulos 2 e 3. Para obter o valor médio da corrente na carga, entre com AVG(I(R1)). Por meio do cursor para identificar o ponto no fim do traço resultante, a corrente média é aproximadamente de 6,07 A. A saída do Probe é mostrada na Fig. 4-4.

Entrar com RMS(I(R1)) mostra que a corrente rms é aproximadamente 6,52 A. A potência absorvida pelo resistor pode ser calculada por $I_{rms}^2 R$, ou a potência média na carga pode ser encontrada diretamente pelo Probe, entrando com AVG(W(R1)), que produz 425,4 W. Isto é significativamente menor do que 464 W obtido no Exemplo 4-1, quando fizemos a suposição de diodos ideais.

A potência fornecida pela fonte CA é calculada por AVG(W(V1)) como 444,6 W. Quando supomos diodos ideais, a potência fornecida pela fonte CA foi idêntica à potência absorvida pela carga, mas esta análise revela que a potência absorvida pelos diodos na ponte é de $444,6 - 425,4 = 19,2$ W. Outro modo de determinar a potência absorvida pela ponte é entrando com AVG(W(D1)) para obter a potência absorvida pelo diodo D_1, que é 4,8 W. A potência total para os 4 diodos é 4 vezes 4,8 ou 19,2 W. Modelos melhores para diodos de potência podem produzir valores estimados mais precisos para a dissipação da potência nos diodos.

Comparar os resultados da simulação com aqueles baseados nos diodos ideais mostra como os modelos de diodos mais realísticos reduzem a corrente e a potência na carga.

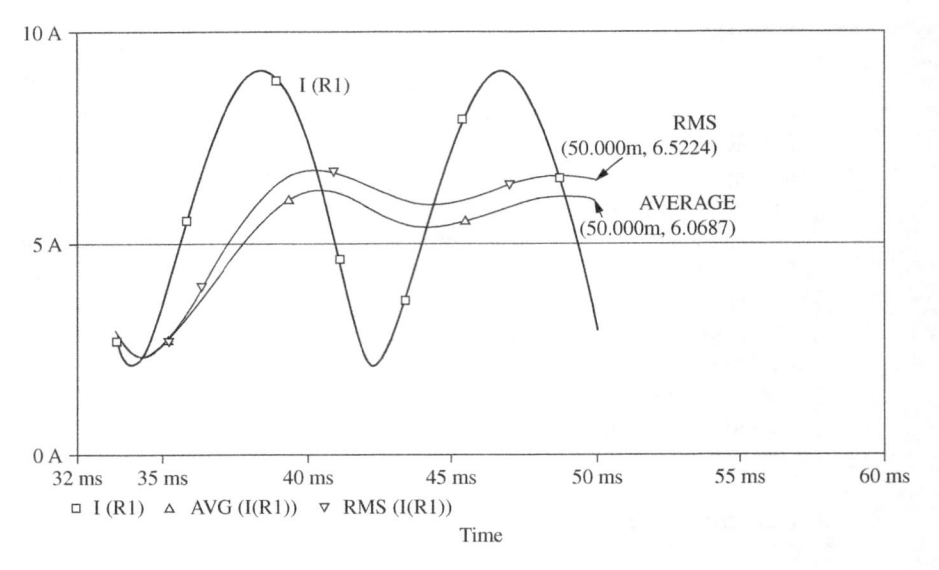

Figura 4-4 Saída do PSpice para o Exemplo 4-2.

Fonte como carga *RL*

Outra carga comum usada na indústria pode ser modelada como uma resistência em série com uma indutância e uma fonte usada como carga, tal qual mostrado na Fig. 4-5a. Um circuito para acionar um motor CC e um carregador de bateria são exemplos de aplicações para este modelo. Existem dois modos possíveis de funcionamento para este circuito: contínuo de corrente e descontínuo de corrente. No modo contínuo de corrente, a corrente na carga é sempre positiva para o estado estável de funcionamento (Fig. 4-5b). A corrente descontínua na carga é caracterizada pelo retorno a zero da corrente durante cada período (Fig. 4-5c).

Para o funcionamento no modo contínuo de corrente, um par de diodos está sempre conduzindo e a tensão na carga é uma senoidal retificada em onda completa. A única modificação na análise que foi feita para uma carga *RL* está no termo CC das séries de Fourier. A componente CC (média) da corrente neste circuito é

$$I_o = \frac{V_o - V_{cc}}{R} = \frac{\frac{2V_m}{\pi} - V_{cc}}{R} \tag{4-7}$$

Os termos senoidais na análise de Fourier não são alterados pela fonte CC desde que a corrente seja contínua.

O modo descontínuo de corrente é analisado como no caso do retificador de meia onda da Sec. 3-5. A tensão na carga não é uma senoide retificada em onda completa para este caso, logo as séries de Fourier da Eq. (4-4) não se aplicam.

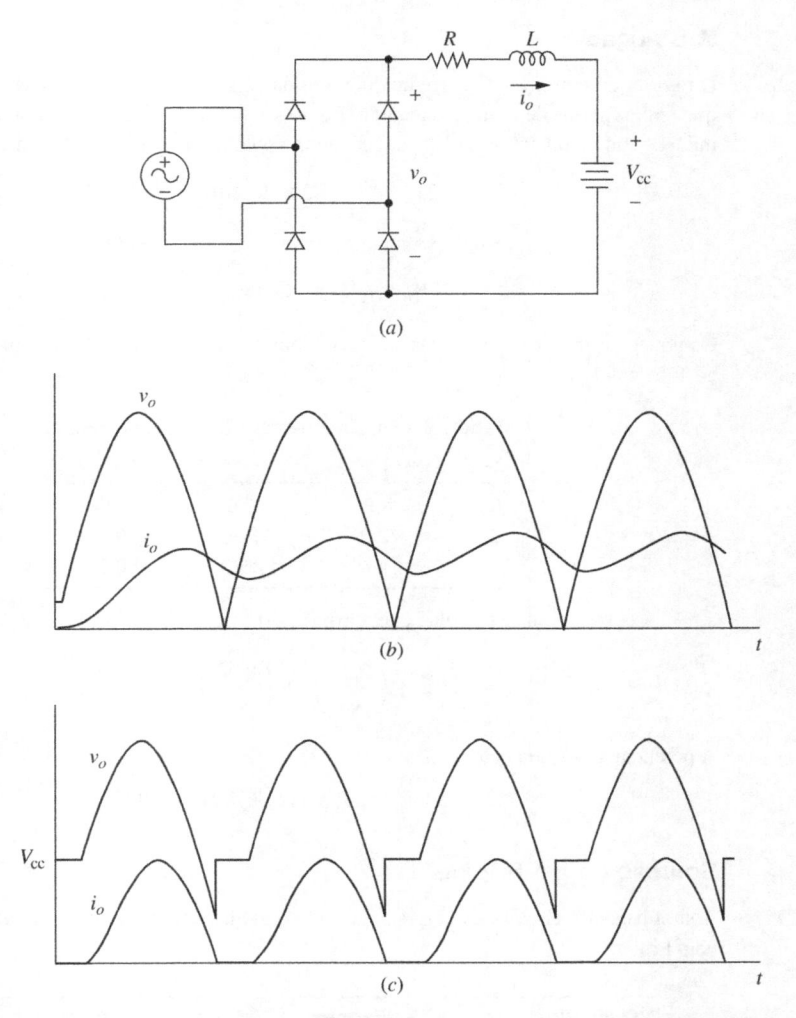

Figura 4-5 (a) Retificador com circuito *RL* e fonte como carga. (b) Modo contínuo de corrente: quando o circuito é energizado, a corrente atinge o estado estável após alguns poucos períodos. (c) Modo descontínuo de corrente: a corrente na carga retorna a zero durante cada período.

Exemplo 4-3

Retificador de onda completa com *RL* e fonte como carga – modo contínuo de corrente

Para o circuito retificador de onda completa em ponte da Fig. 4-5a, a fonte CA é de 120 V em 60 Hz, $R = 2\,\Omega$, $L = 10$ mH e $V_{cc} = 80$ V. Determine a potência absorvida pela fonte de tensão CC e a potência absorvida pelo resistor de carga.

■ **Solução**

Para o modo contínuo de corrente, a tensão na carga é senoidal retificada em onda completa que tem as séries de Fourier dada pela Eq. (4-4). A Eq. (4-7) é usada para calcular a corrente média, sendo também utilizada para calcular a potência absorvida pela fonte CC.

$$I_0 = \frac{\frac{2V_m}{\pi} - V_{cc}}{R} = \frac{\frac{2\sqrt{2}(120)}{\pi} - 80}{2} = 14,0 \text{ A}$$

$$P_{cc} = I_0 V_{cc} = (14)(80) = 1.120 \text{ W}$$

Os poucos primeiros termos das séries de Fourier usando as Eqs. (4-4) e (4-5) são mostrados na Tabela 4-1.

Tabela 4-1 Componentes das séries de Fourier

n	V_n	Z_n	I_n
0	108	2,0	14,0
2	72,0	7,80	9,23
4	14,4	15,2	0,90

A corrente rms é calculada pela Eq. (2-43).

$$I_{rms} = \sqrt{14^2 + \left(\frac{9,23}{\sqrt{2}}\right)^2 + \left(\frac{0,90}{\sqrt{2}}\right)^2 + \cdots} \approx 15,46 \text{ A}$$

A potência absorvida pelo resistor é

$$P_R = I_{rms}^2 R = (15,46)^2(2) = 478 \text{ W}$$

Solução com o PSpice

A simulação do circuito da Fig. 4-5a usando o modelo de diodo ideal produz estes resultados pelo Probe:

Quantity	Expression Entered	Result
I_o	AVG(I(R1))	11,9 A
I_{rms}	RMS(I(R1))	13,6 A
P_{ac}	AVG(W(Vs))	1383 W
P_{D1}	AVG(W(D1))	14,6 W
P_{dc}	AVG(W(VDC))	955 W
P_R	AVG(W(R))	370 W

Observe que a simulação confirma a suposição de que a corrente na carga é contínua.

Filtro capacitivo na saída

Colocar um capacitor de valor alto em paralelo com uma carga resistiva pode produzir uma tensão na saída que é essencialmente CC (Fig. 4-6). A análise é muito pareci-

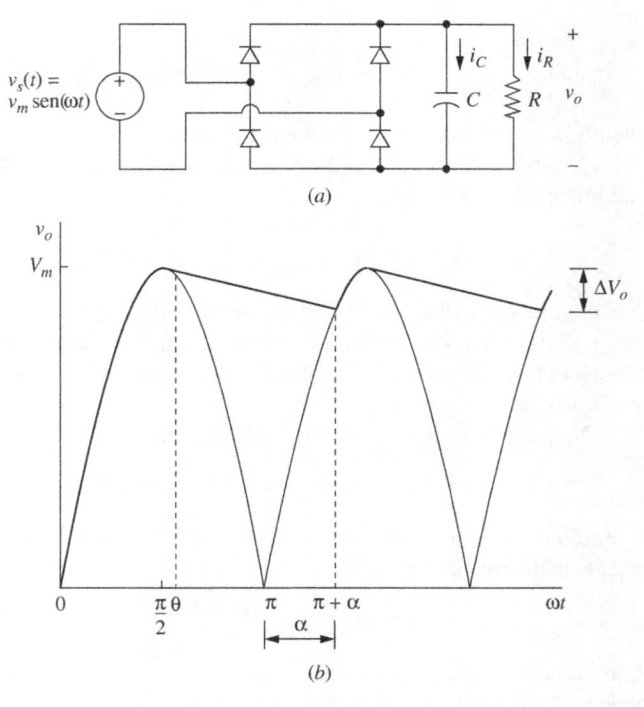

Figura 4-6 (a) Retificador de onda completa com filtro capacitivo; (b) tensão na fonte e na saída.

da com a do retificador de meia onda com filtro capacitivo no Capítulo 3. No circuito de onda completa, o tempo que o capacitor descarrega é menor do que no circuito de meia onda por causa da senoide retificada na segunda metade de cada período.

A tensão de ondulação na saída do retificador de onda completa é aproximadamente a metade da tensão de ondulação do retificador de meia onda. A tensão de pico na saída será menor no circuito de onda completa porque existem duas quedas de tensão nos diodos em vez de uma.

A análise é feita exatamente como no caso do retificador de meia onda. A tensão na saída é uma função seno positiva, quando o par de diodos está conduzindo e é, por outro lado, uma exponencial descendente. Supondo os diodos como ideais,

$$v_o(\omega t) = \begin{cases} |V_m \operatorname{sen} \omega t| & \text{um par de diodos em condução} \\ (V_m \operatorname{sen} \theta) e^{-(\omega t - \theta)/\omega RC} & \text{diodos em corte} \end{cases} \quad (4\text{-}8)$$

onde θ é o ângulo onde os diodos se tornam polarizados reversamente, que é o mesmo do caso do retificador de meia onda e é encontrado usando a Eq. (3-41).

$$\theta = \operatorname{tg}^{-1}(-\omega RC) = -\operatorname{tg}^{-1}(\omega RC) + \pi \quad (4\text{-}9)$$

A tensão máxima na saída é $V_m \operatorname{sen}(\omega t)$ e a tensão mínima na saída é determinada pela avaliação de v_o no ângulo em que o segundo par de diodos entra em condução, que é em $\omega t = \pi + \alpha$. Neste ponto limite,

$$(V_m \operatorname{sen} \theta) e^{-(\pi + \alpha - \theta)/\omega RC} = -V_m \operatorname{sen}(\pi + \alpha)$$

ou

$$(\text{sen}\,\theta)e^{-(\pi+\alpha-\theta)/\omega RC} - \text{sen}\,\alpha = 0 \qquad (4\text{-}10)$$

que pode ser resolvida numericamente para α.

A variação de tensão de pico a pico, ou ondulação, é a diferença entre as tensões máxima e mínima.

$$\boxed{\Delta V_o = V_m - |V_m \text{sen}(\pi + \alpha)| = V_m(1 - \text{sen}\,\alpha)} \qquad (4\text{-}11)$$

Que é o mesmo da Eq. (3-49) para a variação da tensão no retificador de meia onda, mas α é maior para o retificador de onda completa e a ondulação é menor para uma carga dada. A corrente no capacitor é descrita pela mesma equação como no caso do retificador de meia onda.

Nos circuitos práticos em que $\omega RC \gg \pi$.

$$\theta \approx \pi/2 \qquad \alpha \approx \pi/2 \qquad (4\text{-}12)$$

A tensão mínima na saída é então aproximada pela Eq. (4-9) para os diodos desligados avaliado em $\omega t = \pi$.

$$v_o(\pi + \alpha) = V_m e^{-(\pi + \pi/2 - \pi/2)/\omega RC} = V_m e^{-\pi/\omega RC}$$

A tensão de ondulação para o retificador de onda completa com um filtro capacitivo pode então ser aproximada como

$$\Delta V_o \approx V_m(1 - e^{-\pi/\omega RC})$$

Além disto, a exponencial na equação acima pode ser aproximada pela expansão da série

$$e^{-\pi/\omega RC} \approx 1 - \frac{\pi}{\omega RC}$$

Substituindo para a exponencial na aproximação, a tensão de ondulação de pico a pico é

$$\boxed{\Delta V_o \approx \frac{V_m \pi}{\omega RC} = \frac{V_m}{2fRC}} \qquad (4\text{-}13)$$

Observe que a tensão aproximada da ondulação de pico a pico para o retificador de onda completa é a metade da tensão de ondulação para o retificador de meia onda pela Eq. (3-51). Como para o retificador de meia onda, a corrente de pico no diodo é muito maior quando comparada com a corrente média no diodo, a Eq. (3-48) se aplica. A corrente média na fonte é zero.

Exemplo 4-4

Retificador de onda completa com filtro capacitivo

O retificador de onda completa na Fig. 4-6a tem uma fonte de 120 V em 60 Hz, $R = 500\,\Omega$ e $C = 100\,\mu\text{F}$. (a) Determine a variação da tensão de pico a pico na saída. (b) Determine o valor da capacitância que reduziria a tensão de ondulação na saída de 1% do valor CC.

■ Solução

Pelos parâmetros dados,

$$V_m = 120\sqrt{2} = 169,7 \text{ V}$$

$$\omega RC = (2\pi 60)(500)(10)^{-6} = 18,85$$

O ângulo θ é determinado pela Eq. (4-9).

$$\theta = -\text{tg}^{-1}(18,85) + \pi = 1,62 \text{ rad} = 93°$$

$$V_m \text{sen } \theta = 169,5 \text{ V}$$

O ângulo α é determinado pela solução numérica da Eq. (4-10).

$$\text{sen}(1,62)e^{-(\pi+\alpha-1.62)/18.85} - \text{sen } \alpha = 0$$

$$\alpha = 1,06 \text{ rad} = 60,6°$$

(a) A tensão de pico a pico na saída é descrita pela Eq. (4-11).

$$\Delta V_o = V_m(1 - \text{sen } \alpha) = 169,7[1 - \text{sen}(1,06)] = 22 \text{ V}$$

Observe que temos a mesma carga e fonte para o retificador de meia onda do Exemplo 3-9 onde $\Delta V_o = 43$ V.

(b) Com a ondulação limitada em 1%, a tensão na saída será mantida próxima de V_m e a aproximação da Eq. (4-13) pode ser aplicada.

$$\frac{\Delta V_o}{V_m} = 0,01 \approx \frac{1}{2fRC}$$

Resolvendo para C,

$$C \approx \frac{1}{2fR(\Delta V_o/V_m)} = \frac{1}{(2)(60)(500)(0,01)} = 1.670 \text{ μF}$$

Dobradores de tensão

O circuito retificador da Fig. 4-7a funciona como um dobrador de tensão simples, tendo uma saída de duas vezes o valor de pico da fonte. Para diodos ideais, C_1 carrega até V_m por D_1 quando a fonte é positiva; C_2 carrega até V_m por D_2 quando a fonte é negativa. A tensão no resistor de carga é a soma das tensões no capacitor $2V_m$. Este circuito é útil quando a tensão na saída de um retificador é maior do que a tensão de pico da entrada. Circuitos dobradores de tensão evitam o uso de um transformador para elevar a tensão, economizando no custo, volume e peso.

O retificador de onda completa com um filtro capacitivo na saída pode ser combinado com o dobrador de tensão, como mostrado na Fig. 4-7b. Quando a chave está aberta, o circuito é similar ao retificador de onda completa da Fig. 4-6a, com a saída aproximadamente V_m quando os capacitores são de valor maior. Quando a chave está fechada, o circuito age como o dobrador de tensão da Fig. 4-7a. O capacitor C_1 carrega até V_m por D_1 quando a fonte é positiva e C_2 carrega até V_m por D_4 quando a fonte é

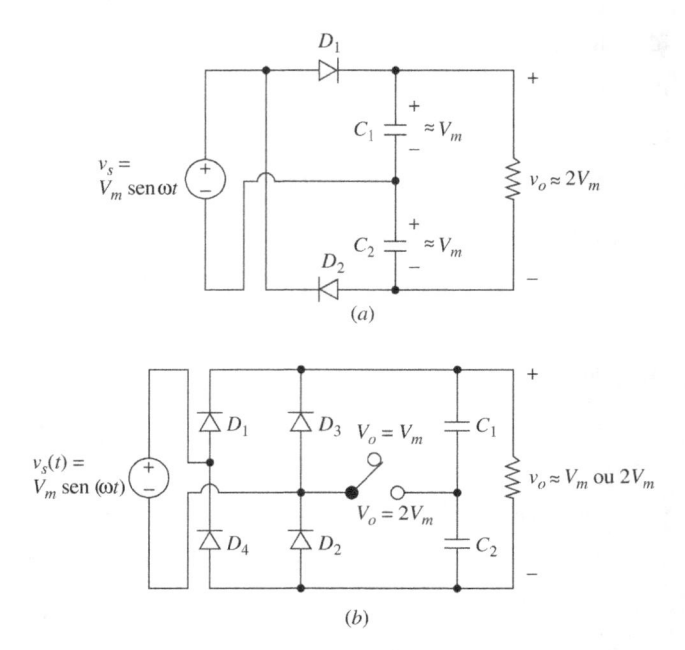

Figura 4-7 (a) Dobrador de tensão. (b) Retificador de tensão dupla.

negativa. A tensão na saída é então $2V_m$. Os diodos D_2 e D_3 permanecem polarizados reversamente neste modo.

Este circuito dobrador de tensão é útil quando o equipamento é usado em sistemas com diferentes padrões de tensão. Por exemplo, um circuito pode ser projetado para funcionar corretamente em ambas as tensões no Brasil, onde, em alguns lugares, a tensão de linha é de 127 V e em outros é de 220 V.

Saída filtrada com *LC*

Uma outra configuração de retificador de onda completa tem um filtro *LC* na saída, como mostrado na Fig. 4-8a. O objetivo do filtro é o de produzir uma saída que é próxima de uma tensão puramente CC. O capacitor mantém a tensão de saída em um nível constante e o indutor amortece a corrente do retificador e reduz a corrente de pico nos diodos como os da corrente da Fig. 4-6a.

O circuito pode funcionar no modo contínuo de corrente ou no descontínuo de corrente. Para o modo contínuo de corrente, a corrente no indutor é sempre positiva, como ilustrado na Fig. 4-8b. No modo descontínuo de corrente, a corrente no indutor retorna a zero em cada ciclo, como mostrado na Fig. 4-8c. O caso contínuo de corrente é fácil de analisar, sendo considerado primeiro.

Modo contínuo de corrente para saída filtrada com LC Para o modo contínuo de corrente, a tensão v_x na Fig. 4-8a é uma senoide retificada em onda completa que tem

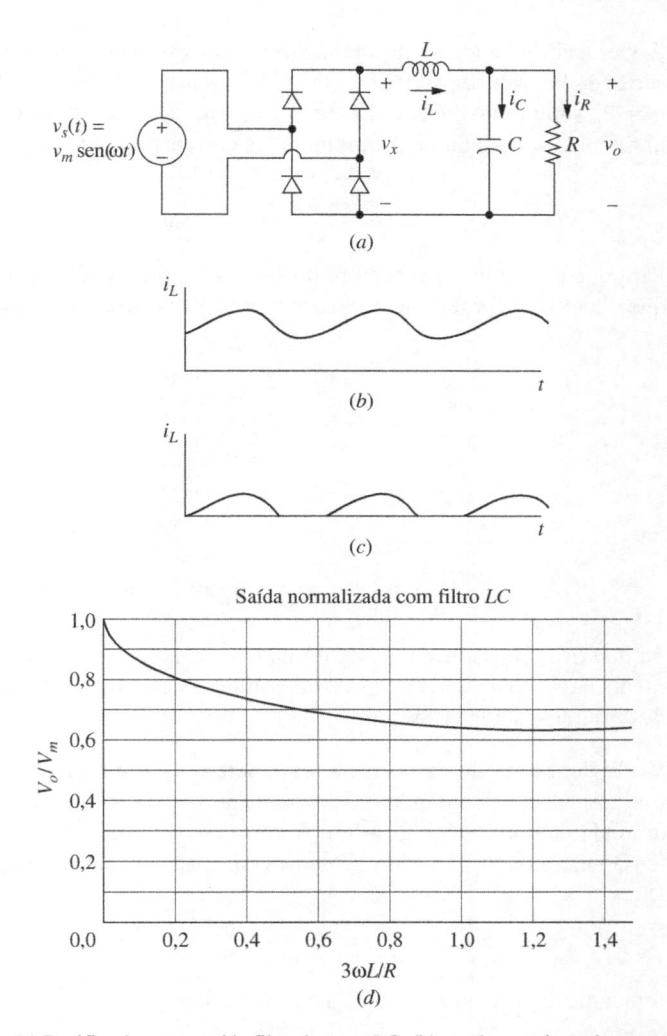

Figura 4-8 (a) Retificador com saída filtrada com LC; (b) modo contínuo de corrente no indutor; (c) modo descontínuo de corrente no indutor; (d) saída normalizada.

um valor médio de $2V_m/\pi$. Como a tensão média no indutor no estado estável é zero, a tensão média na saída para o modo contínuo de corrente no indutor é

$$V_o = \frac{2V_m}{\pi} \qquad (4\text{-}14)$$

A corrente média no indutor deve ser igual à corrente média no resistor, uma vez que a corrente média no capacitor é zero.

$$I_L = I_R = \frac{V_o}{R} = \frac{2V_m}{\pi R} \qquad (4\text{-}15)$$

A variação na corrente do indutor pode ser estimada pelo primeiro termo CA nas séries de Fourier. O primeiro termo CA da tensão pode ser obtido pela Eq. (4-4) com $n = 2$. Supondo o capacitor como um curto para os termos CA, existe uma tensão harmônica v_2 no indutor. A amplitude da corrente no indutor para $n = 2$ é

$$I_2 = \frac{V_2}{Z_2} \approx \frac{V_2}{2\omega L} = \frac{4V_m/3\pi}{2\omega L} = \frac{2V_m}{3\pi\omega L} \qquad (4\text{-}16)$$

Para que a corrente seja sempre positiva, a amplitude do termo CA deve ser menor que o termo CC (valor médio). Usando as equações acima e resolvendo para L,

$$I_2 < I_L$$

$$\frac{2V_m}{3\pi\omega L} < \frac{2V_m}{\pi R}$$

$$L > \frac{R}{3\omega}$$

Ou

$$\frac{3\omega L}{R} > 1 \qquad \text{para o modo contínuo de corrente} \qquad (4\text{-}17)$$

Se $3\omega L/R > 1$, a corrente é contínua e a tensão na saída tensão é $2V_m/\pi$. De outro modo, a tensão na saída pode ser determinada pela análise para no modo descontínuo de corrente, estudada a seguir.

Modo descontínuo de corrente para saída filtrada com LC Para o modo descontínuo de corrente com indutor, a corrente atinge o zero durante cada período da forma de onda da corrente (Fig. 4-8c). A corrente torna-se positiva novamente quando a tensão na saída da ponte atinge o nível da tensão no capacitor, que é em $\omega t = \alpha$.

$$\alpha = \text{sen}^{-1}\left(\frac{V_o}{V_m}\right) \qquad (4\text{-}18)$$

Enquanto a corrente é positiva, a tensão no indutor é

$$v_L = V_m \,\text{sen}\,(\omega t) - V_o \qquad (4\text{-}19)$$

onde a tensão de saída V_o ainda para ser determinada. A corrente no indutor é expressa como

$$i_L(\omega t) = \frac{1}{\omega L} \int_\alpha^{\omega t} \left[V_m \,\text{sen}\,(\omega t) - V_o\right] d(\omega t)$$

$$= \frac{1}{\omega L}\left[V_m\bigl(\cos\alpha - \cos\omega t\bigr)\right] - V_o(\omega t - \alpha) \qquad (4\text{-}20)$$

$$\text{para } \alpha \leq \omega t \leq \beta \quad \text{quando } \beta < \pi$$

que é válida até que a corrente atinja, em $\omega t = \beta$

A solução para a tensão na carga V_o é baseada no fato de que a corrente média no indutor deve ser igual à corrente média no resistor de carga. Infelizmente, uma solução de forma fechada não é possível e uma técnica iterativa se torna necessária.

Um procedimento para a determinação de V_o é como segue:

1. Estime o valor de V_o ligeiramente abaixo de V_m e resolva para α na Eq. (4-18).
2. Resolva para β numericamente na Eq. (4-20) para a corrente no indutor,

$$i_L(\beta) = 0 = V_m(\cos\alpha - \cos\beta) - V_o(\beta - \alpha)$$

3. Resolva para a corrente média no indutor I_L.

$$\begin{aligned} i_L &= \frac{1}{\pi} \int_\alpha^\beta i_L(\omega t)\, d(\omega t) \\ &= \frac{1}{\pi} \int_\alpha^\beta \frac{1}{\omega L}\left[V_m(\cos\alpha - \cos\omega t) - V_o(\omega t - \alpha)\right] d(\omega t) \end{aligned} \quad (4\text{-}21)$$

4. Resolva para a tensão na carga V_o baseando-se na corrente média do indutor no passo 3.

$$I_R = I_L = \frac{V_o}{R}$$

ou

$$V_o = I_L R \quad (4\text{-}22)$$

5. Repita os passos de 1 a 4 até calcular o valor de V_o no passo 4 igual ao estimado de V_o no passo 1.

A tensão de saída para o modo descontínuo de corrente é maior do que no modo contínuo de corrente. Se não tiver carga, o capacitor carrega até o valor de pico da fonte de modo que a saída máxima é V_m. A Fig. 4-8d mostra a saída normalizada V_o/V_m como uma função de $3\omega L/R$.

Exemplo 4-5

Retificador de onda completa com filtro *LC*

Um retificador de onda completa tem uma fonte de $v_s(t) = 100\operatorname{sen}(377t)$ V. É usado um filtro *LC* como na Fig. 4-8a com $L = 5$ mH e $C = 10.000$ μF. A resistência de carga é de (a) 5 Ω e (b) 50 Ω. Determine a tensão de saída para cada caso.

■ Solução

Usando a Eq. (4-17), o modo contínuo de corrente no indutor existe quando

$$R < 3\omega L = 3(377)(0{,}005) = 5{,}7\ \Omega$$

que indica o modo contínuo de corrente com 5 Ω e modo descontínuo de corrente para 50 Ω.

(a) Para $R = 5\ \Omega$, com o modo contínuo de corrente, a tensão de saída é determinada pela Eq. 4-14.

$$V_o = \frac{2V_m}{\pi} = \frac{2(100)}{\pi} = 63{,}7\ \text{V}$$

(b) Para $R = 50\ \Omega$, com o modo descontínuo de corrente, é usado o método de iteração para determinar V_o. Inicialmente, V_o é estimado como sendo de 90 V. Os resultados da iteração são mostrados a seguir:

V_o Estimado	α	β	V_o Calculado	
90	1,12	2,48	38,8	(Estimado muito alto)
80	0,93	2,89	159	(Estimado muito baixo)
85	1,12	2,70	88,2	(Estimado é ligeiramente baixo)
86	1,04	2,66	76,6	(Estimado muito alto)
85,3	1,02	2,69	84,6	(Próximo da solução)

Portanto, V_o é aproximadamente 85,3 V. Na prática, três figuras significativas para a tensão na carga podem não ser justificadas quando da análise do funcionamento de um circuito real. Saber que tensão de saída é ligeiramente acima de 85 V após a terceira iteração é de certa forma suficiente. A saída pode ser estimada também pelo gráfico da Fig. 4-8d.

Solução com o PSpice

O circuito é simulado usando VSIN para a fonte e Dbreak para os diodos, com o modelo de diodo modificado para representar um diodo ideal usando $n = 0{,}01$. A tensão do capacitor de filtro é inicialmente de 90 V e capacitores de valores menores são colocados em paralelo com os diodos para evitar os problemas de convergência. Ambos os valores de R foram testados em uma simulação usando uma varredura paramétrica. A análise de transiente deve ser suficientemente longa para permitir que uma saída no estado estável periódico possa ser observada. A saída do Probe para ambos os resistores de carga são mostrados na Fig. 4-9. A tensão média de saída para cada caso é obtida pelo Probe pela entrada AVG(V(out+) − (out-)) depois de restringir os dados para representar o estado estável na saída (após cerca de 250 ms), resultando em $V_o = 63{,}6$ V para $R = 5\ \Omega$ (modo contínuo de corrente) e $V_o = 84{,}1$ V para $R = 50\ \Omega$ (modo descontínuo de corrente). Estes valores concordam muito bem com aqueles obtidos com a solução analítica.

RETIFICADOR DE ONDA COMPLETA COM UM FILTRO L-C

(a)

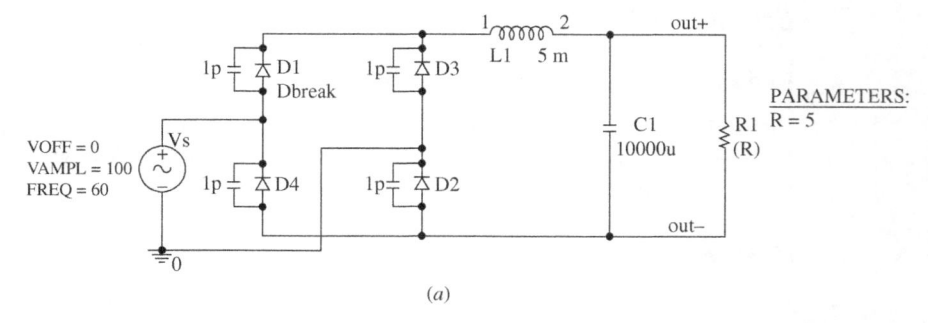

Figura 4-9 A saída do PSpice para o Exemplo 4-6. (a) Retificador de onda completa com filtro *LC*. Os capacitores de pequeno valor em paralelo com os diodos ajudam na convergência; (b) a tensão de saída para os modos contínuo e descontínuo de corrente no indutor.

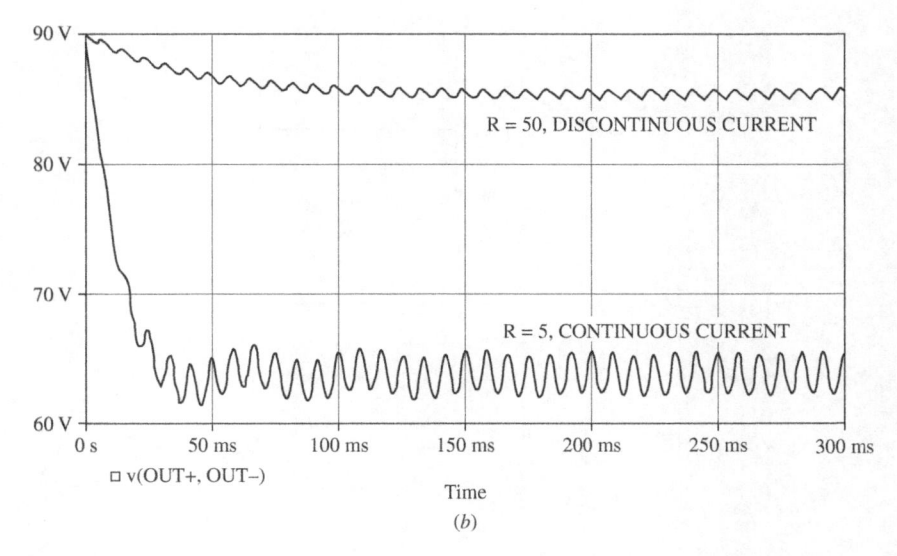

Figura 4-9 (*continuação*)

4.3 RETIFICADORES DE ONDA COMPLETA CONTROLADOS

Um método versátil de controlar a saída de um retificador de onda completa é substituir os diodos por chaves controladas como tiristores (SCRs). A saída é controlada pelo ajuste do ângulo de atraso de cada SCR, resultando em uma tensão de saída que é ajustável sobre uma faixa limitada.

Retificadores de onda completa controlados são mostrados na Fig. 4-10. Para a ponte de retificadores, SCRs S_1 e S_2 ficarão polarizados diretamente quando a fonte se tornar positiva, mas não entrarão em condução enquanto os sinais nos gatilhos não forem aplicados. De modo similar, S_3 e S_4 ficarão polarizados diretamente quando a fonte se tornar negativa, porém não entrarão em condução até que eles recebam sinais nos gatilhos. Para o retificador com transformador com tomada central, S_1 é polarizado diretamente quando v_s for positiva e S_2 será polarizado diretamente quando v_s for negativa, mas nenhum um deles não conduzirá enquanto não receberem um sinal no gatilho.

O ângulo de atraso α é o intervalo de ângulo entre a polarização direta do SCR e a aplicação do sinal. Se o ângulo de atraso for zero, os retificadores se comportam exatamente como os retificadores não controlados com diodos. O estudo que segue se aplica geralmente para retificadores com ponte e com tomada central.

Carga resistiva

A forma de onda da tensão de saída para um retificador de onda completa controlado com carga resistiva é mostrada na Fig. 4-10c. A componente média desta forma de onda é determinada por

$$V_o = \frac{1}{\pi} \int_{\alpha}^{\pi} V_m \operatorname{sen}(\omega t)\, d(\omega t) = \frac{V_m}{\pi}(1 + \cos \alpha) \qquad (4\text{-}23)$$

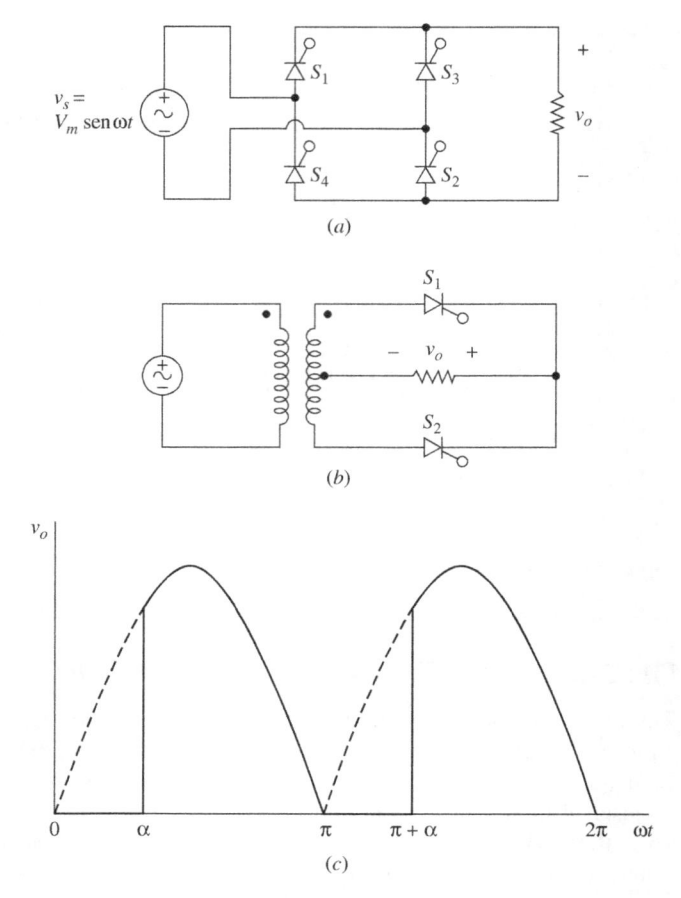

Figura 4-10 (a) Retificador de onda completa em ponte controlada, (b) retificador de onda completa com tomada central controlado; (c) saída para uma carga resistiva.

A corrente média na saída é então

$$I_o = \frac{V_o}{R} = \frac{V_m}{\pi R}(1 + \cos \alpha) \qquad (4\text{-}24)$$

A potência entregue para a carga é uma função da tensão de entrada, do ângulo de atraso e dos componentes da carga; $P = I_{rms}^2 R$ é usada para determinar a potência na carga resistiva, onde

$$\begin{aligned} I_{rms} &= \sqrt{\frac{1}{\pi}\int_\alpha^\pi \left(\frac{V_m}{R}\operatorname{sen}\omega t\right)^2 d(\omega t)} \\ &= \frac{V_m}{R}\sqrt{\frac{1}{2} - \frac{\alpha}{2\pi} + \frac{\operatorname{sen}(2\alpha)}{4\pi}} \end{aligned} \qquad (4\text{-}25)$$

A corrente rms na fonte é a mesma corrente rms na carga.

Exemplo 4-6

Retificador de onda completa controlado com carga resistiva

O retificador de onda completa em ponte controlada da Fig. 4-10a tem uma entrada CA de 120 V rms em 60 Hz e um resistor de carga de 20 Ω. O ângulo de atraso é de 40°. Determine a corrente média na carga, a potência absorvida pela carga e a potência aparente em Volt-Ampère na fonte.

■ Solução

A tensão média na saída é determinada pela Eq. (4-23).

$$V_o = \frac{V_m}{\pi}\left(1 + \cos\alpha\right) = \frac{\sqrt{2}\,(120)}{\pi}\left(1 + \cos 40°\right) = 95{,}4 \text{ V}$$

A corrente média é

$$I_o = \frac{V_o}{R} = \frac{95{,}4}{20} = 4{,}77 \text{ A}$$

A potência absorvida pela carga é determinada pela corrente rms com a Eq. (4-24), lembrando que deve ser usado α em radianos.

$$I_{\text{rms}} = \frac{\sqrt{2}(120)}{20}\sqrt{\frac{1}{2} - \frac{0{,}698}{2\pi} + \frac{\text{sen}[2(0{,}698)]}{4\pi}} = 5{,}80 \text{ A}$$

$$P = I_{\text{rms}}^2 R = (5{,}80)^2\,(20) = 673 \text{ W}$$

A corrente rms na fonte também é de 5,80 A e a potência aparente da fonte é

$$S = V_{\text{rms}} I_{\text{rms}} = (120)(5{,}80) = 696 \text{ VA}$$

O fator de potência é

$$\text{fp} = \frac{P}{S} = \frac{672}{696} = 0{,}967$$

Modo descontínuo de corrente com carga RL

A corrente na carga para um retificador de onda completa controlado com carga RL (Fig. 4-11a) pode ter modo contínuo de corrente ou descontínuo, sendo necessária uma análise separada para cada um. Começando a análise em ωt = 0, com a corrente na carga igual a zero, os SCRs S_1 e S_2 na ponte retificadora serão polarizados diretamente e S_3 e S_4 serão polarizados reversamente assim que a fonte se tornar positiva. Os sinais no gatilho são aplicados em S_1 e S_2 em ωt = α, ligando S_1 e S_2. Com S_1 e S_2 ligados, a tensão na carga é igual à tensão da fonte. Para esta condição, o circuito é idêntico ao do retificador de meia onda controlado do Capítulo 3, tendo uma função corrente

$$i_o(\omega t) = \frac{V_m}{Z}\left[\text{sen}(\omega t - \theta) - \text{sen}(\alpha - \theta)\,e^{-(\omega t - \alpha)/\omega\tau}\right] \quad \text{para } \alpha \leq \omega t \leq \beta$$

em que (4-26)

$$Z = \sqrt{R^2 + (\omega L)^2} \qquad \theta = \text{tg}^{-1}\left(\frac{\omega L}{R}\right) \qquad \text{e} \qquad \tau = \frac{L}{R}$$

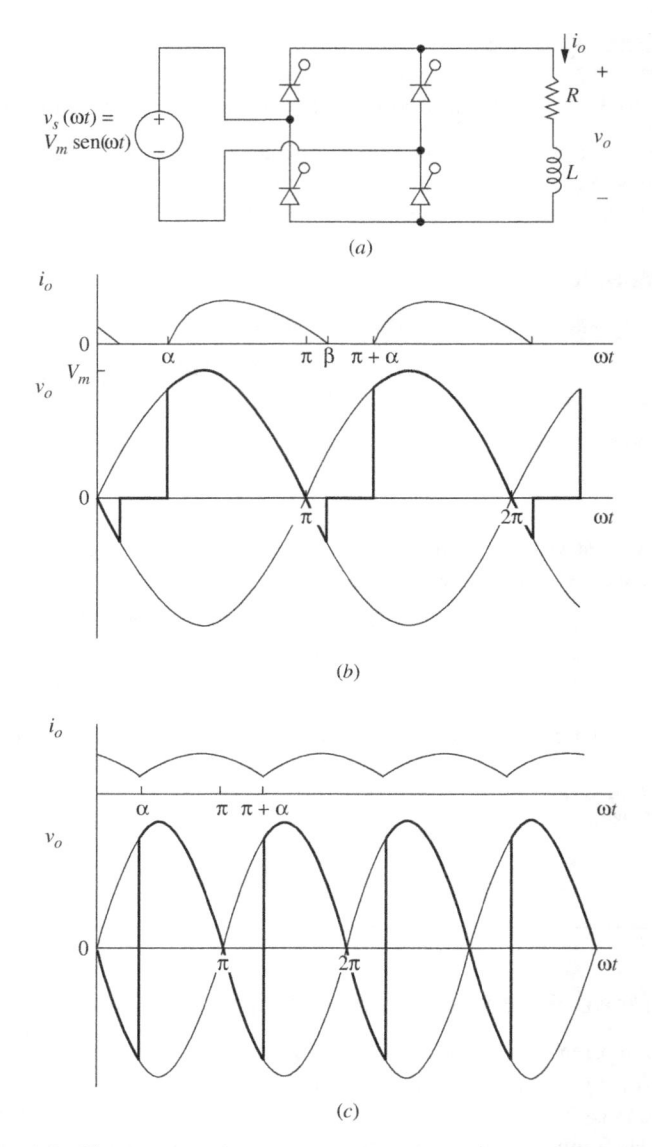

Figura 4-11 (a) Retificador controlado com carga RL; (b) modo descontínuo de corrente; (c) modo contínuo de corrente.

A função corrente anterior se torna zero em $\omega t = \beta$. Se $\beta < \pi + \alpha$, a corrente permanece em zero até $\omega t = \pi + \alpha$, quando os sinais forem aplicados aos gatilhos de S_3 e S_4, que estão então polarizados diretamente, começam a conduzir. Este modo de funcionamento é chamado de *modo de condução descontínua*, visto na Fig. 4-11b.

$$\beta < \alpha + \pi \ \rightarrow \ \text{modo de condução descontínua} \quad (4\text{-}27)$$

A análise do funcionamento do retificador de onda completa controlado no modo descontínuo de corrente é idêntica a do retificador de meia onda controlado, exceto que o período da corrente de saída é π em vez de 2π rad.

Exemplo 4-7

Retificador de onda completa controlado no modo descontínuo de corrente

O retificador de onda completa em ponte controlada da Fig. 4-11a tem uma fonte de 120 V rms em 60 Hz, $R = 10\ \Omega$, $L = 20$ mH e $\alpha = 60°$. Determine (a) uma expressão para a corrente na carga, (b) a corrente média na carga e (c) a potência absorvida pela carga.

■ Solução

Pelos parâmetros dados,

$$V_m = \frac{120}{\sqrt{2}} = 169,7\ \text{V}$$

$$Z = \sqrt{R^2 + (\omega L)^2} = \sqrt{10^2 + [(377)(0,02)]^2} = 12,5\ \Omega$$

$$\theta = \text{tg}^{-1}\left(\frac{\omega L}{R}\right) = \text{tg}^{-1}\left[\frac{(377)(0,02)}{10}\right] = 0,646\ \text{rad}$$

$$\omega\tau = \frac{\omega L}{R} = \frac{(377)(0,02)}{10} = 0,754\ \text{rad}$$

$$\alpha = 60° = 1,047\ \text{rad}$$

(a) Substituindo na Eq. (4-26),

$$i_o(\omega t) = 13,6\ \text{sen}(\omega t - 0,646) - 21,2e^{-\omega t/0,754}\ \text{A} \quad \text{para}\ \alpha \leq \omega t \leq \beta$$

Resolvendo $i_o(\beta) = 0$ numericamente para β, $\beta = 3,78$ rad ($216°$). Visto que $\pi + \alpha > \beta$, a corrente é descontínua e a expressão acima para a corrente é válida.

(b) A corrente média na carga é determinada pela integração numérica de

$$I_o = \frac{1}{\pi}\int_\alpha^\beta i_o(\omega t)\,d(\omega t) = 7,05\ \text{A}$$

(c) A potência absorvida pela carga ocorre no resistor e é calculada por $I_{\text{rms}}^2 R$, onde

$$I_{\text{rms}} = \sqrt{\frac{1}{\pi}\int_\alpha^\beta i_o(\omega t)\,d(\omega t)} = 8,35\ \text{A}$$

$$P = (8,35)^2(10) = 697\ \text{W}$$

Carga *RL* no modo contínuo de corrente

Se a corrente na carga ainda for positiva em $\omega t = \pi + \alpha$, quando os sinais são aplicados para S_3 e S_4 na análise anterior, S_3 e S_4 são ligados e S_1 e S_2 são forçados a desligar.

Como a condição inicial para a corrente no segundo semiciclo não é zero, a função corrente não repete. A Eq. (4-26) não é válida no estado estável para o modo contínuo de corrente. Para uma carga *RL* com o modo contínuo de corrente, as formas e onda de corrente e de tensão para o estado estável são geralmente conforme mostrado na Fig. 4-11c.

O limite entre os modos contínuo e descontínuo de corrente ocorre quando β para a Eq. (4-26) é $\pi + \alpha$. A corrente em $\omega t = \pi + \alpha$ deve ser maior que zero para o funcionamento no modo contínuo de corrente.

$$i(\pi + \alpha) \geq 0$$

$$\text{sen}(\pi + \alpha - \theta) - \text{sen}(\pi + \alpha - \theta)\, e^{-(\pi + \alpha - \alpha)/\omega\tau} \geq 0$$

Usando

$$\text{sen}(\pi + \alpha - \theta) = \text{sen}(\theta - \alpha)$$

$$\text{sen}(\theta - \alpha)\left(1 - e^{-(\pi/\omega\tau)}\right) \geq 0$$

Resolvendo para α,

$$\alpha \leq \theta$$

Utilizando

$$\theta = \text{tg}^{-1}\left(\frac{\omega L}{R}\right)$$

$$\alpha \leq \text{tg}^{-1}\left(\frac{\omega L}{R}\right) \quad \text{para o modo contínuo de corrente} \quad (4\text{-}28)$$

As Eq. (4-27) ou (4-28) podem ser usadas para verificar se a corrente na carga é contínua ou descontínua.

Um método para a determinação da tensão e corrente de saída para o caso do modo contínuo de corrente é usar as séries de Fourier. As séries de Fourier para a forma de onda da tensão, para o caso do modo contínuo de corrente visto na Fig. 4-11c, é expressa na forma geral como

$$v_o(\omega t) = V_o + \sum_{n=1}^{\infty} V_n \cos(n\omega_0 t + \theta_n) \quad (4\text{-}29)$$

O valor CC (médio) é

$$\boxed{V_o = \frac{1}{\pi}\int_{\alpha}^{\alpha + \pi} V_m \,\text{sen}\,(\omega t)\, d(\omega t) = \frac{2V_m}{\pi}\cos\alpha} \quad (4\text{-}30)$$

As amplitudes dos termos CA são calculadas por

$$V_n = \sqrt{a_n^2 + b_n^2} \quad (4\text{-}31)$$

onde

$$a_n = \frac{2V_m}{\pi}\left[\frac{\cos(n+1)\alpha}{n+1} - \frac{\cos(n-1)\alpha}{n-1}\right]$$

$$b_n = \frac{2V_m}{\pi}\left[\frac{\text{sen}(n+1)\alpha}{n+1} - \frac{\text{sen}(n-1)\alpha}{n-1}\right] \quad (4\text{-}32)$$

$$n = 2, 4, 6, \ldots$$

A Fig. 4-12 mostra a relação entre o conteúdo harmônico normalizado da tensão de saída e do ângulo de atraso.

As séries de Fourier para a corrente são determinadas pela superposição como foi feito anteriormente neste capítulo, para o retificador não controlado. A amplitude da corrente em cada frequência é determinada pela Eq. (4-5). A corrente rms é determinada pela combinação das correntes rms em cada frequência. Pela Eq. (2-43),

$$I_{\text{rms}} = \sqrt{I_o^2 + \sum_{n=2,4,6\ldots}^{\infty} \left(\frac{I_n}{\sqrt{2}}\right)^2}$$

onde

$$I_o = \frac{V_o}{R} \quad \text{e} \quad I_n = \frac{V_n}{Z_n} = \frac{V_n}{|R + jn\omega_0 L|} \quad (4\text{-}33)$$

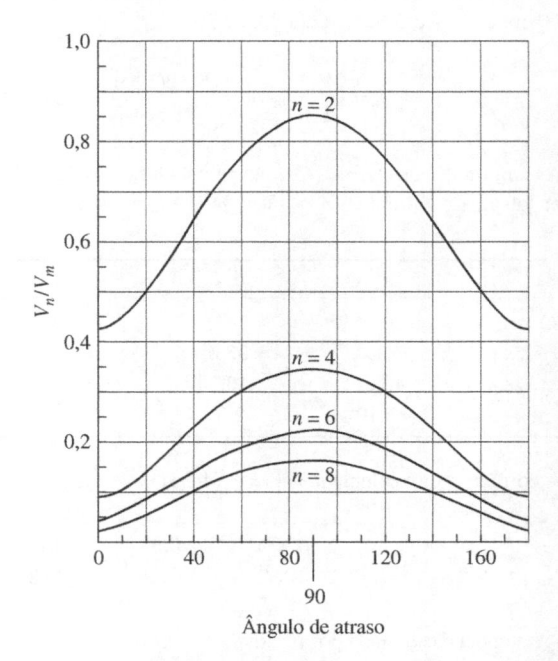

Figura 4-12 Tensões das harmônicas na saída como uma função do ângulo de atraso para um retificador controlado monofásico.

Com o aumento do número de harmônicas, aumenta a indutância com uma consequente aumento da impedância. Portanto, pode ser necessário resolver apenas alguns termos da série para se calcular a corrente rms. Se o valor do indutor é alto, os termos CA terão valores baixos e a corrente é essencialmente CC.

Exemplo 4-8

Retificador de onda completa controlado com carga *RL*, modo de condução contínua

O retificador de onda completa em ponte controlada da Fig. 4-11a tem uma fonte de 120 V rms em 60 Hz, $R = 10\ \Omega$, $L = 100$ mH e $\alpha = 60°$ (o mesmo do Exemplo 4-7, exceto que o valor de L é maior). (a) Verifique o modo de condução contínua. (b) Determine a componente CC (média) da corrente. (c) Determine a potência absorvida pela carga.

■ Solução

(a) A Eq. (4-28) é usada para verificar o modo de condução contínua.

$$\operatorname{tg}^{-1}\left(\frac{\omega L}{R}\right) = \operatorname{tg}^{-1}\left[\frac{(377)(0,1)}{10}\right] = 75°$$

$$\alpha = 60° < 75° \quad \therefore \text{ modo de condução contínua}$$

(b) A tensão na carga é expressa em termos das séries de Fourier da Eq. (4-29). O termo CC é calculado pela Eq. (4-30).

$$V_0 = \frac{2V_m}{\pi} \cos \alpha = \frac{2\sqrt{2}(120)}{\pi} \cos(60°) = 54,0 \text{ V}$$

(c) As amplitudes dos termos CA são calculadas pelas Eqs. (4-31) e (4-32) e estão resumidas na tabela a seguir onde, $Z_n = |R + j\omega L|$ e $I_n = V_n/Z_n$.

n	a_n	b_n	V_n	Z_n	I_n
0 (cc)	—	—	54,0	10	5,40
2	−90	−93,5	129,8	76,0	1,71
4	46,8	−18,7	50,4	151,1	0,33
6	−3,19	32,0	32,2	226,4	0,14

A corrente rms é calculada pela Eq. (4-33).

$$I_{\text{rms}} = \sqrt{(5,40)^2 + \left(\frac{1,71}{\sqrt{2}}\right)^2 + \left(\frac{0,33}{\sqrt{2}}\right)^2 + \left(\frac{0,14}{\sqrt{2}}\right)^2 + \cdots} \approx 5,54 \text{ A}$$

A potência é calculada por $I_{\text{rms}}^2 R$.

$$P = (5,54)^2(10) = 307 \text{ W}$$

Observe que a corrente rms poderia ser aproximada com precisão pelo termo CC e um termo CA ($n = 2$). Os termos de frequência superior são muito baixos e contribuem pouco para a potência na carga.

Simulação com PSpice do retificador de onda completa controlado

Para simular o retificador de onda completa controlado no PSpice, é preciso escolher um modelo disponível. Como no retificador de meia onda controlado do Capítulo 3, uma chave simples e um diodo podem ser usados para representar o SCR, como mostrado na Fig. 4-13a. Este circuito requer a versão completa do PSpice.

Exemplo 4-9

Simulação de um retificador de onda completa controlado com o PSpice

Use o PSpice para simular o retificador de onda completa controlado do Exemplo 4-8.

■ Solução

Um circuito no PSpice que usa um modelo de chave controlada para o SCR é mostrado na Fig. 4-13a. (Este circuito é muito longo para ser resolvido com a versão de demonstração e requer uma versão mais completa do PSpice.)

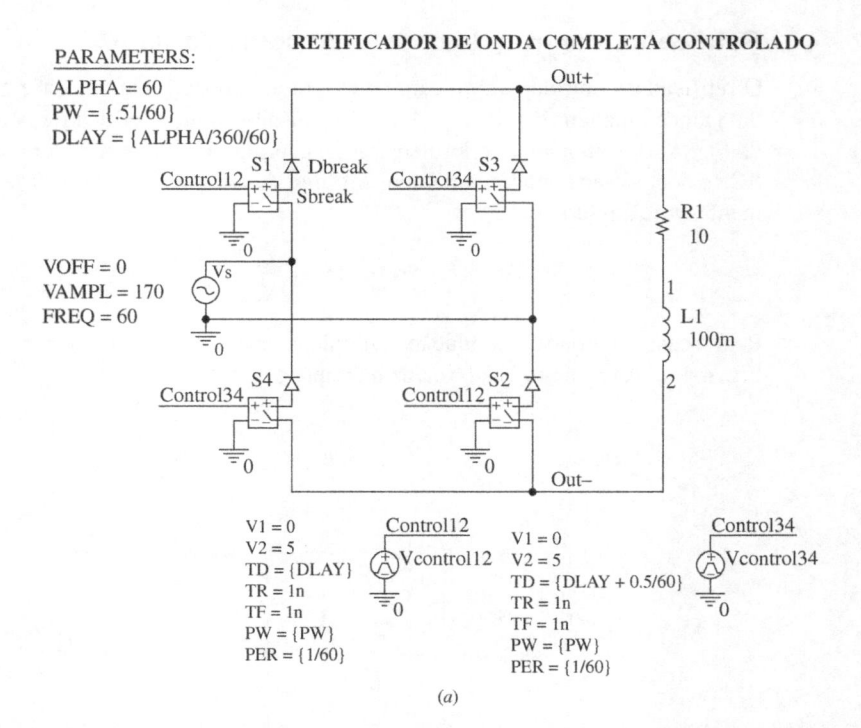

Figura 4-13 (a) Circuito no PSpice para o retificador de onda completa controlado do Exemplo 4-8; (b) saída do Probe mostrando a tensão e a corrente na carga.

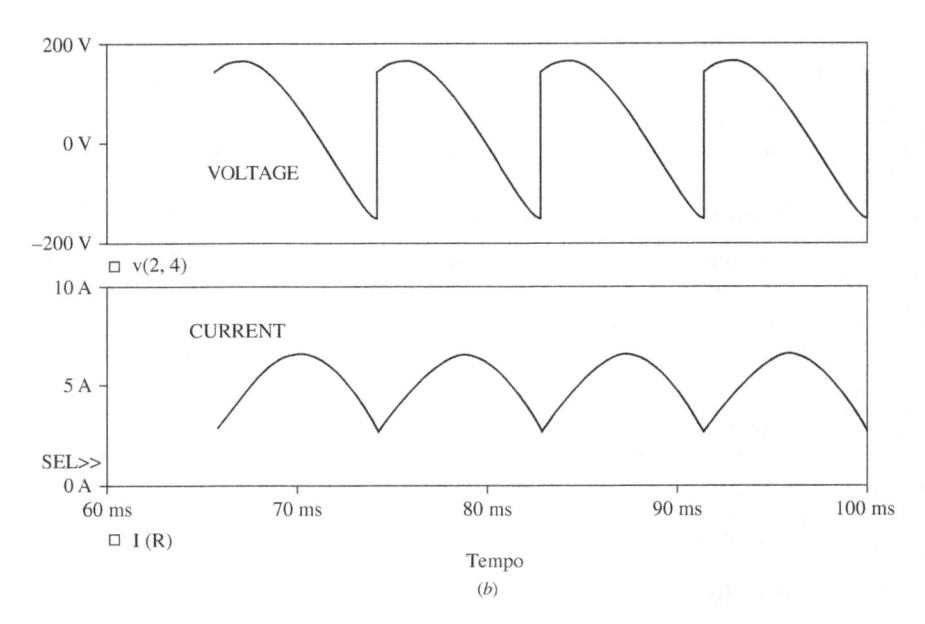

Figura 4-13 (*continuação*)

Retificador controlado com fonte como carga *RL*

O retificador controlado com carga que tem uma resistência em série com uma indutância e uma tensão CC (Fig. 4-14) é analisado como o retificador não controlado da Fig. 4-5a, estudado anteriormente neste capítulo. Para o retificador controlado, os SCRs podem ser ligados a qualquer instante desde que estejam polarizados diretamente, cujo ângulo é

$$\alpha \geq \operatorname{sen}^{-1}\left(\frac{V_{cc}}{V_m}\right) \tag{4-34}$$

Para o caso de modo de condução contínua, a tensão na saída da ponte é a mesma da Fig. 4-11c. A tensão média na saída da ponte é

$$V_o = \frac{2V_m}{\pi} \cos \alpha \tag{4-35}$$

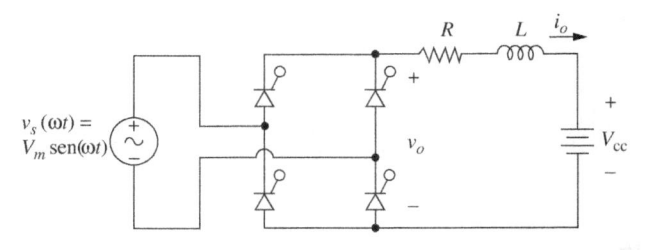

Figura 4-14 Retificador controlado com fonte como carga *RL*.

A corrente média na carga é

$$I_o = \frac{V_o - V_{cc}}{R} \quad (4\text{-}36)$$

Os termos CA da tensão não mudam no retificador controlado com Carga *RL* na Fig. 4-11a e são descritos pelas Eqs. (4-29) até (4-32). Os termos CA da corrente são determinados pelo circuito da Fig. 4-14c. A potência absorvida pela fonte de tensão CC é

$$P_{cc} = I_o V_{cc} \quad (4\text{-}37)$$

A potência absorvida pelo resistor na carga é $I_{rms}^2 R$. Se a indutância for alta e a corrente na carga apresentar uma baixa ondulação, a potência absorvida pelo resistor é aproximadamente de $I_o^2 R$.

Exemplo 4-10

Retificador controlado com fonte como carga *RL*

O retificador controlado da Fig. 4-14 tem uma fonte CA de 240 V em 60 Hz, $V_{cc} = 100$ V, $R = 5\,\Omega$ e um indutor de valor alto o suficiente para fazer com que o modo seja em condução contínua. (a) Determine o ângulo de atraso α de modo que potência da fonte CC seja de 1.000 W. (b) Determine o valor da indutância que limitará a corrente de pico a pico na carga com uma variação de 2 A.

■ Solução

(a) Para a potência na fonte CC de 100 V ser de 1.000 W, a corrente nela deve ser de 10 A. A tensão requerida na saída é determinada pela Eq. (4-36) como

$$V_o = V_{cc} + I_o R = 100 + (10)(5) = 150 \text{ V}$$

O ângulo de atraso que produzirá uma tensão de 150 V na saída do retificador é determinado pela Eq. (4-35).

$$\alpha = \cos^{-1}\left(\frac{V_o \pi}{2V_m}\right) = \cos^{-1}\left[\frac{(150)(\pi)}{2\sqrt{2}(240)}\right] = 46°$$

(b) A variação na corrente da carga é devida aos termos CA nas séries de Fourier. A amplitude da corrente na carga para cada termo CA é

$$I_n = \frac{V_n}{Z_n}$$

onde V_n é descrita pelas Eqs. (4-31) e (4-32) ou pode ser determinada pelo gráfico da Fig. 4-12. A impedância para os termos CA é

$$Z_n = |R + jn\omega_0 L|$$

Como a diminuição da amplitude dos termos da tensão e o aumento da magnitude da impedância contribuem para diminuir as correntes CA à medida que *n* aumenta, a variação de pico a pico da corrente será estimada pelo primeiro termo CA. Para $n = 2$, V_n/V_m é estimado pela Fig. 4-12 como 0,68 para $\alpha = 46°$, fazendo $V_2 = 0{,}68 V_m = 0{,}68(240\sqrt{2}) = 230$ V. A variação de pico a pico de 2 A corresponde a 1 A, que é a amplitude de zero ao valor de pico. A impedância da carga necessária para $n = 2$ é então

$$Z_2 = \frac{V_2}{I_2} = \frac{230 \text{ V}}{1 \text{ A}} = 230 \text{ }\Omega$$

O valor de 5 Ω do resistor é insignificante quando comparado com os 230 Ω requerido pela impedância, logo $Z_n \approx n\omega L$. Resolvendo para L,

$$L \approx \frac{Z_2}{2\omega} = \frac{230}{2(377)} = 0{,}31 \text{ H}$$

Uma indutância ligeiramente maior deve ser escolhida para permitir o efeito de termos CA de ordem superior.

Conversor monofásico controlado funcionando com inversor

O estudo anterior concentrou-se no funcionamento dos circuitos retificadores, que significa que o fluxo de potência é da fonte para a carga. É possível também que o fluxo seja da carga para a fonte, o que classifica o circuito como um inversor.

Para inverter o funcionamento do conversor na Fig. 4-14, a potência é fornecida pela fonte CC e a potência absorvida pela ponte é transferida para o sistema CA. A corrente na carga deve ser no sentido mostrado por causa dos SCRs na ponte. Para a potência ser fornecida pela fonte CC, V_{cc} deve ser negativa. Para a potência ser absorvida pela ponte e transferida para o sistema CA, a tensão na saída da ponte V_o deve ser também negativa. A Eq. (4-35) se aplica; então, um ângulo de atraso maior que 90° resultará numa tensão de saída negativa.

$$\begin{aligned} 0 < \alpha < 90° &\rightarrow V_o > 0 \quad \text{funcionamento como retificador} \\ 90° < \alpha < 180° &\rightarrow V_o < 0 \quad \text{funcionamento como inversor} \end{aligned} \quad (4\text{-}38)$$

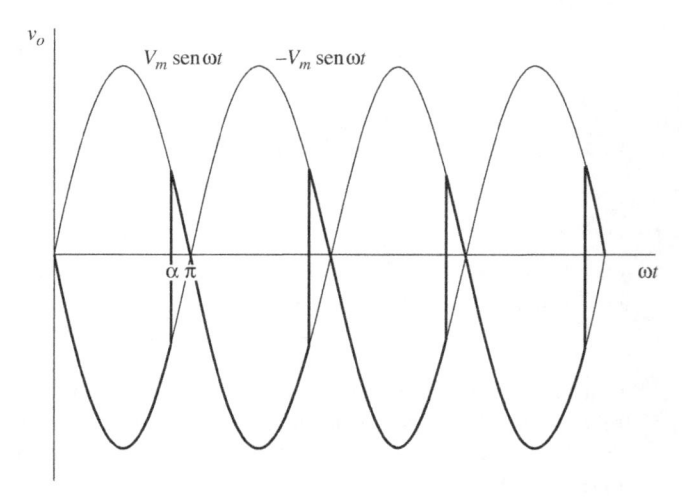

Figura 4-15 Tensão na saída para o conversor monofásico controlado da Fig. 4-14 funcionando como um inversor, $\alpha = 150°$ e $V_{cc} < 0$.

A forma de onda da tensão para $\alpha = 150°$ e a corrente contínua no indutor é mostrada na Fig. 4-15. As Equações (4-36) até (4-38) pode ser aplicadas. Se o valor do indutor for alto suficiente para eliminar de forma eficaz os termos CA da corrente e a ponte não apresentar perdas, a potência absorvida pela ponte e transferida para o sistema CA é

$$P_{\text{ponte}} = P_{cc} = -I_o V_o \qquad (4\text{-}39)$$

Exemplo 4-11

Ponte monofásica funcionando como inversor

A tensão CC na Fig. 4-14 representa a tensão gerada por uma matriz de células solar e tem um valor de 110 V, conectada de modo que $V_{cc} = -110$ V. As células solares são capazes de produzir até 1.000 W. A fonte CA é de 120 V rms, $R = 0{,}5\ \Omega$ e o valor de L é alto o suficiente para fazer com que a corrente seja essencialmente CC. Determine o ângulo de atraso α de modo que os 1.000 W sejam fornecidos pela matriz de células solar. Determine a potência transferida para o sistema CA e as perdas na resistência. Considere os SCRs como ideais.

■ Solução

Para a matriz de células solares fornecer 1.000 W, a corrente média deve ser

$$I_o = \frac{P_{cc}}{V_{cc}} = \frac{1.000}{110} = 9{,}09\ \text{A}$$

A tensão média na saída da ponte é determinada pela Eq. (4-36).

$$V_o = I_o R + V_{cc} = (9{,}09)(0{,}5) + (-110) = -105{,}5\ \text{V}$$

O ângulo de atraso necessário é determinado pela Eq. (4-35).

$$\alpha = \cos^{-1}\left(\frac{V_o \pi}{2 V_m}\right) = \cos^{-1}\left[\frac{-105{,}5\pi}{2\sqrt{2}(120)}\right] = 165{,}5°$$

A potência absorvida pela ponte e transferida para o sistema CA é determinada pela Eq. (4-39).

$$P_{ca} = -V_o I_o = (-9{,}09)(-105{,}5) = 959\ \text{W}$$

A potência absorvida pelo resistor é

$$P_R = I_{\text{rms}}^2 R \approx I_o^2 R = (9{,}09)^2 (0{,}5) = 41\ \text{W}$$

Observe que a corrente e a potência na carga serão sensíveis ao ângulo de atraso e a queda de tensão nos SCRs, já que a tensão na saída da ponte é próxima da tensão CC da fonte. Por exemplo, suponha que a tensão num SCR em condução seja de 1 V. Dois SCRs conduzem ao mesmo tempo, logo a tensão média na saída da ponte fica reduzida a

$$V_o = -105{,}5 - 2 = -107{,}5\ \text{V}$$

A corrente média na carga é então

$$I_o = \frac{-107{,}5 - (-110)}{0{,}5} = 5{,}0\ \text{A}$$

A potência fornecida para a ponte fica então reduzida a

$$P_{ponte} = (107,5)(5,0) = 537,5 \text{ W}$$

A corrente média em cada SCR é a metade da corrente média na carga. A potência absorvida por cada SCR é aproximadamente

$$P_{SCR} = I_{SCR}V_{SCR} = \frac{1}{2}I_oV_{SCR} = \frac{1}{2}(5)(1) = 2,5 \text{ W}$$

A potência total perdida na ponte é 4(2,5) = 10 W e a potência fornecida para a fonte CA é 535,5 − 10 = 527,5 W.

4.4 RETIFICADORES TRIFÁSICOS

Retificadores trifásicos em geral são utilizador na indústria para produzir tensão e corrente CC para cargas de valores elevados. A ponte retificadora trifásica é mostrada na Fig. 4-16a. A fonte de tensão trifásica é balanceada e tem a sequência de fases a-b-c. Numa análise inicial do circuito, a fonte e os diodos são supostos como ideais.

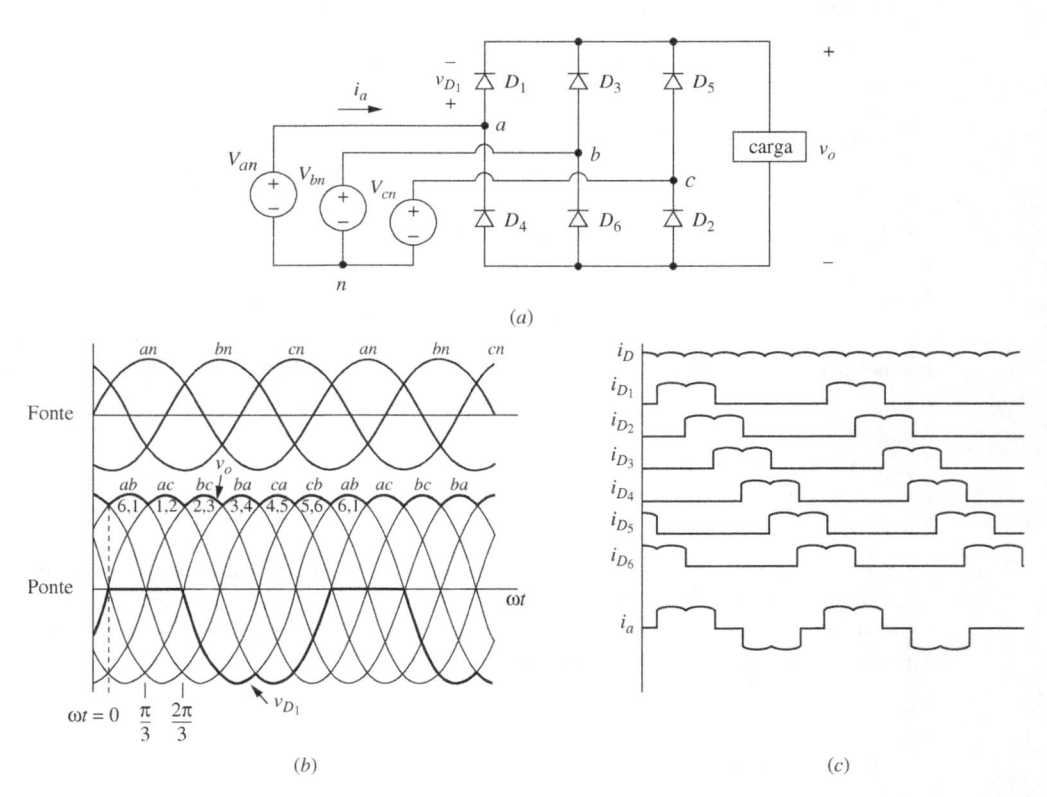

Figura 4-16 (a) Ponte retificadora trifásica; (b) tensão na fonte e na saída; (c) correntes para uma carga resistiva.

Algumas observações básicas a respeito do circuito:

1. A lei da tensão de Kirchhoff em torno de uma malha qualquer mostra que na metade superior da ponte apenas um diodo pode conduzir ao mesmo tempo (D_1, D_3 ou D_5). O diodo que estiver conduzindo será aquele que tiver seu anodo conectado a uma fase com maior valor de tensão naquele instante.
2. A lei da tensão de Kirchhoff mostra também que apenas um dos diodos na metade inferior da ponte pode conduzir de cada vez (D_2, D_4 ou D_6). O diodo que estiver conduzindo será aquele que tiver seu catodo conectado a uma fase com menor valor de tensão naquele momento.
3. Como consequência dos itens 1 e 2 acima, D_1 e D_4, D_3 e D_6, D_5 e D_2 não podem conduzir simultaneamente, assim como D_3, D_6, D_5 e D_2.
4. A tensão de saída na carga é uma das tensões de linha a linha da fonte. Por exemplo, quando D_1 e D_2 estiverem conduzindo, a tensão na saída será v_{ac}. Além disto, os diodos que estão conduzindo são determinados pelas tensões cujos valores de linha são maiores naquele instante. Por exemplo, quando v_{ac} tiver o maior valor de tensão de linha, a saída será v_{ac}.
5. Existem seis combinações de tensões de linha (das três fases, tome duas de cada vez). Considerando um período da fonte como sendo de 360°, uma transição de maior valor de tensão de linha deve acontecer a cada 360°/6. Por causa das seis transições que ocorrem para cada período da tensão da fonte, o circuito é chamado de *retificador de seis pulsos*.
6. A frequência fundamental da tensão de saída é 6ω, onde ω é a frequência da fonte trifásica.

A Fig. 4-16b mostra as tensões das fases e as combinações resultantes das tensões de linha de uma fonte trifásica balanceada. A corrente em cada diodo da ponte para uma carga resistiva é mostrada na Fig. 4-16c. Os diodos conduzem aos pares (6,1), (1,2), (2,3), (3,4), (4,5), (5,6), (6,1),.... e na sequência 1, 2, 3, 4, 5, 6, 1,....

A corrente num diodo em condução é a mesma corrente da carga. Para determinar a corrente em cada fase da fonte, é aplicada a lei da corrente de Kirchhoff nos nós a, b e c,

$$i_a = i_{D_1} - i_{D_4}$$
$$i_b = i_{D_3} - i_{D_6} \quad (4\text{-}40)$$
$$i_c = i_{D_5} - i_{D_2}$$

Desde que cada diodo conduza um terço do tempo, o resultado é

$$\boxed{\begin{aligned} I_{D,\text{med}} &= \frac{1}{3} I_{o,\text{med}} \\ I_{D,\text{rms}} &= \frac{1}{\sqrt{3}} I_{o,\text{rms}} \\ I_{s,\text{rms}} &= \sqrt{\frac{2}{3}} I_{o,\text{rms}} \end{aligned}} \quad (4\text{-}41)$$

A potência aparente da fonte trifásica é

$$S = \sqrt{3}\, V_{L-L,\text{rms}}\, I_{S,\text{rms}} \tag{4-42}$$

A tensão reversa máxima num diodo é a tensão de pico de linha. A forma de onda no diodo D_1 é mostrada na Fig. 4-16b. Quando D_1 conduz, a tensão nele é zero. Quando D_1 está em corte, a tensão na saída é v_{ab} quando D_3 está conduzindo e é v_{ac} quando D_5 está em condução.

A tensão periódica na saída é definida como $v_o(\omega t) = V_{m,L-L}\,\text{sen}(\omega t)$, para $\pi/3 \leq \omega t \leq 2\pi/3$ com o período $\pi/3$ para fins de determinação dos coeficientes das séries de Fourier. Os coeficientes para os termos do seno são zero a partir da simetria, permitindo que as séries de Fourier para a tensão de saída seja expressa como

$$v_o(t) = V_o + \sum_{n=6,12,18\ldots}^{\infty} V_n \cos(n\omega_0 t + \pi) \tag{4-43}$$

A média ou valor CC da tensão na saída é

$$\boxed{V_0 = \frac{1}{\pi/3} \int_{\pi/3}^{2\pi/3} V_{m,L-L}\,\text{sen}(\omega t)\, d(\omega t) = \frac{3 V_{m,L-L}}{\pi} = 0{,}955\, V_{m,L-L}} \tag{4-44}$$

onde $V_{m,L-L}$ é a tensão de pico de linha da fonte trifásica, que é $\sqrt{2}\, V_{m,L-L}$. As amplitudes do termos CA da tensão são

$$V_n = \frac{6 V_{m,L-L}}{\pi(n^2 - 1)} \qquad n = 6, 12, 18, \ldots \tag{4-45}$$

Como a tensão de saída é periódica com período de um sexto da tensão CA aplicada, as harmônicas na saída são da ordem $6k\omega$, $k = 1, 2, 3\ldots$ Uma vantagem do retificador trifásico sobre o retificador monofásico é que a saída é propriamente uma tensão CC e as harmônicas de alta frequência e baixa amplitude permitem que os filtros sejam eficazes.

Em muitas aplicações, uma carga com uma indutância em série resulta em uma corrente na carga que é essencialmente CC. Para uma corrente CC na carga, as correntes no diodo e na linha CA são mostradas na Fig. 4-17. As séries de Fourier das correntes na fase e da linha CA é

$$i_a(t) = \frac{2\sqrt{3}}{\pi} I_o \left(\cos \omega_0 t - \frac{1}{5}\cos 5\omega_0 t + \frac{1}{7}\cos 7\omega_0 t - \frac{1}{11}\cos 11\omega_0 t + \frac{1}{13}\cos 13\omega_0 t - \cdots \right) \tag{4-46}$$

as quais consistem de termos na frequência fundamental do sistema CA e harmônicas da ordem $6k \pm 1$, $k = 1, 2, 3,\ldots$.

Pelo fato destas correntes harmônicas poderem apresentar problemas no sistema CA, necessita-se frequentemente de filtros para evitar estas harmônicas na entrada dos sistemas CA. Um esquema típico de filtragem é mostrado na Fig. 4-18. São usados filtros ressonantes para fornecer um caminho para o terra para as harmônicas de quinta e sétima ordens, as quais são as duas com amplitudes mais altas. Harmônicas de ordem superior são reduzidas com o filtro passa-altas. Estes filtros evitam que correntes harmônicas se propaguem pelo sistema de potência CA. Os componentes

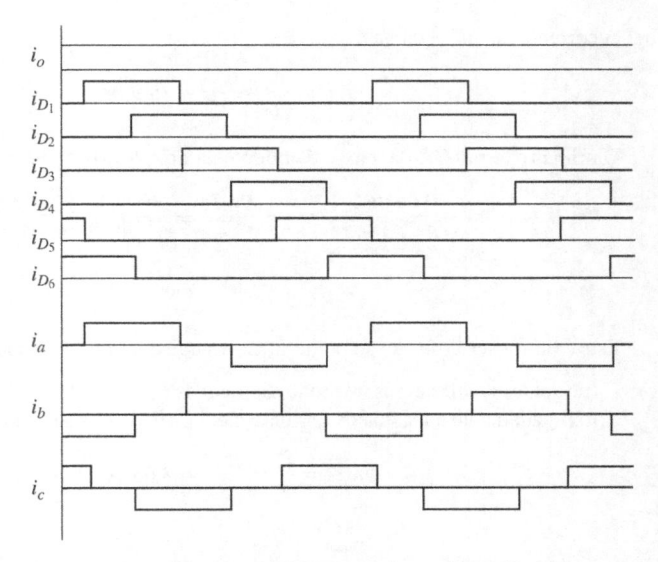

Figura 4-17 Correntes no retificador trifásico quando a saída é filtrada.

dos filtros são escolhidos de modo que a impedância, para a frequência do sistema de potência, seja alta.

Exemplo 4-12

Retificador trifásico

O retificador trifásico da Fig. 4-16a tem uma fonte trifásica de 480 V rms de linha e a carga é uma resistência de 25 Ω em série com uma indutância de 50 mH. Determine (a) O nível CC da tensão de saída, (b) O valor CC e os termos CA da corrente na carga, (c) As correntes média e rms nos diodos, (d) A corrente rms na fonte e (e) A potência aparente para fonte.

■ Solução

(a) A tensão CC na saída da ponte é obtida pela Eq. (4-44).

$$V_o = \frac{3V_{m,L-L}}{\pi} = \frac{3\sqrt{2}\,(480)}{\pi} = 648 \text{ V}$$

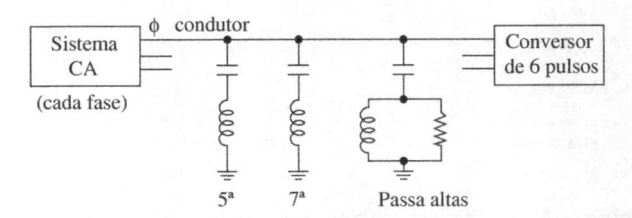

Figura 4-18 Filtros para as harmônicas da linha CA.

(b) A corrente média na carga é

$$I_o = \frac{V_o}{R} = \frac{648}{25} = 25{,}9 \text{ A}$$

O primeiro termo CA da tensão é obtido pela Eq. (4-45) com $n = 6$ e a corrente é

$$I_6 = \frac{V_6}{Z_6} = \frac{0{,}0546 V_m}{\sqrt{R^2 + (6\omega L)^2}} = \frac{0{,}0546\sqrt{2}(480)}{\sqrt{25^2 + [6(377)(0{,}05)]^2}} = \frac{37{,}0 \text{ V}}{115{,}8 \text{ }\Omega} = 0{,}32 \text{ A}$$

$$I_{6,\text{rms}} = \frac{0{,}32}{\sqrt{2}} = 0{,}23 \text{ A}$$

Este e outros termos CA são muito menores que o termo CC e podem ser desprezados.

(c) As correntes médias e rms no diodo são obtidas pela Eq. (4-41). A corrente rms na carga é aproximadamente a mesma da corrente média, visto que os termos CA são baixos.

$$I_{D,\text{med}} = \frac{I_o}{3} = \frac{25{,}9}{3} = 8{,}63 \text{ A}$$

$$I_{D,\text{rms}} = \frac{I_{o,\text{rms}}}{\sqrt{3}} \approx \frac{25{,}9}{\sqrt{3}} = 15{,}0 \text{ A}$$

(d) A corrente rms na fonte é obtida também pela Eq. (4-41).

$$I_{s,\text{rms}} = \left(\sqrt{\frac{2}{3}}\right) I_{o,\text{rms}} \approx \left(\sqrt{\frac{2}{3}}\right) 25{,}9 = 21{,}2 \text{ A}$$

(e) A potência aparente da fonte é determinada pela Eq. (4-42).

$$S = \sqrt{3}(V_{L-L,\text{rms}})(I_{s,\text{rms}}) = \sqrt{3}\,(480)(21{,}2) = 17{,}6 \text{ kVA}$$

Solução com o PSpice

Um circuito para este exemplo é mostrado na Fig. 4-19a. Para cada uma das fontes é usado VSIN. Para uma aproximação com o diodo ideal é usado Dbreak, com o modelo mudado para $n = 0{,}01$. Uma análise de transiente começando em 16,67 ms e terminando em 50 ms representa o estado estável das correntes.

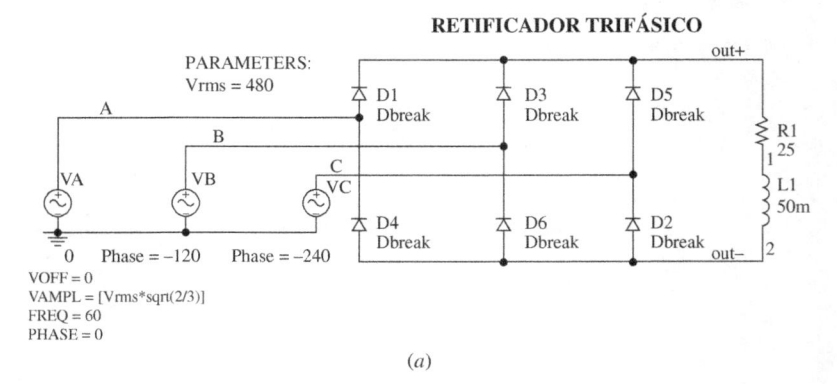

Figura 4-19 (a) Circuito do PSpice para o retificador trifásico; (b) saída do Probe mostrando a forma de onda da corrente na análise das séries de Fourier em uma fase da fonte.

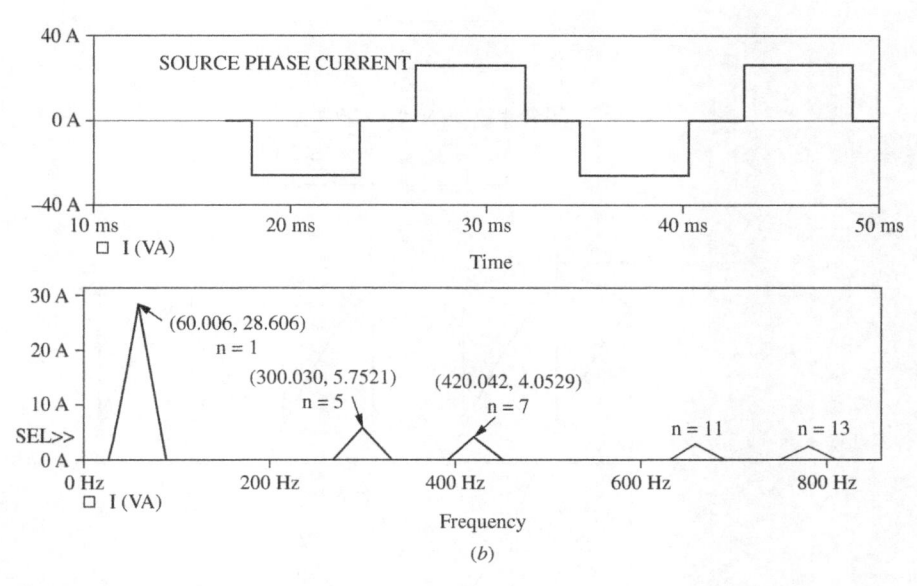

Figura 4-19 (*continuação*)

Todas as correntes do circuito calculadas acima podem ser verificadas. A saída do Probe na Fig. 4-19b mostra a corrente e as componentes de Fourier (FFT) em uma das fontes. Observe que as harmônicas correspondem as da Eq. (4-46).

4.5 RETIFICADORES TRIFÁSICOS CONTROLADOS

A saída do retificador trifásico pode ser controlada pela substituição dos diodos por SCRs. A Fig. 4-20a mostra um retificador trifásico de seis pulsos controlado. Com SCRs, a condução não inicia até que um sinal seja aplicado no gatilho, quando o SCR estiver polarizado diretamente. Portanto, a transição da tensão de saída para a tensão de linha instantânea máxima pode ser atrasada. O ângulo de atraso α é referenciado a partir do instante que o SCR começaria a conduzir se ele fosse um diodo. O ângulo de atraso é o intervalo entre o instante que o SCR fica polarizado diretamente e o momento que o sinal é aplicado no gatilho. A Fig. 4-20b exibe a saída do retificador controlado para um ângulo de atraso de 45°.

A tensão na saída é

$$V_o = \frac{1}{\pi/3} \int_{\pi/3+\alpha}^{2\pi/3+\alpha} V_{m,L-L} \operatorname{sen}(\omega t)\, d(\omega t) = \frac{3V_{m,L-L}}{\pi} \cos \alpha \qquad (4\text{-}47)$$

A Eq. (4-47) mostra que a tensão média na saída é reduzida à medida que o ângulo de atraso α aumenta.

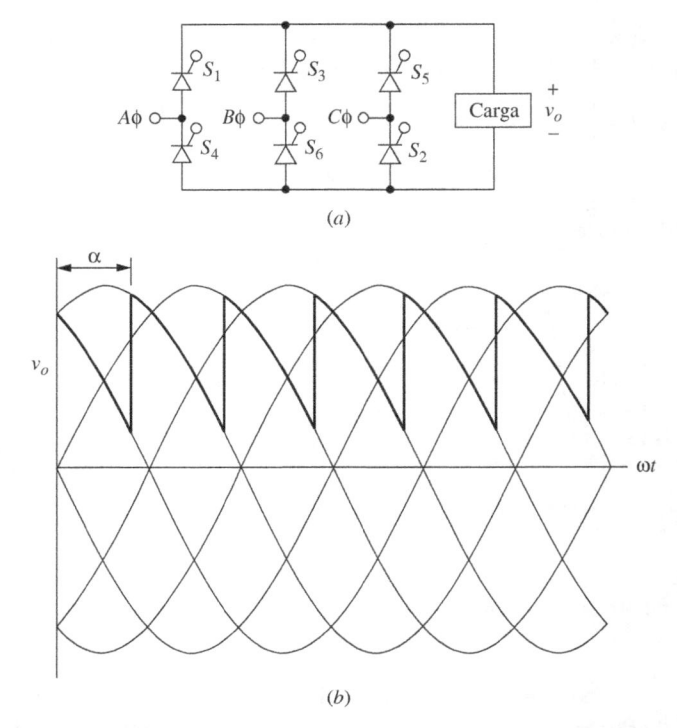

Figura 4-20 (a) Um retificador trifásico controlado; (b) tensão de saída para $\alpha = 45°$.

As harmônicas para a tensão de saída permanecem da ordem de $6k$, mas as amplitudes são funções de α. A Fig. 4-21 mostra as amplitudes das três primeiras harmônicas normalizadas.

Exemplo 4-13

Retificador trifásico controlado

Um retificador trifásico controlado tem uma tensão de entrada de 480 V em 60 Hz. A carga é modelada como uma resistência em série com uma indutância com $R = 10\,\Omega$ e $L = 50$ mH. (a) Determine o ângulo de atraso necessário para produzir uma corrente média de 50 A na carga. (b) Determine a amplitude das harmônicas $n = 6$ e $n = 12$.

■ Solução

(a) A componente CC requerida na tensão de saída da ponte é

$$V_o = I_o R = (50)(10) = 500 \text{ V}$$

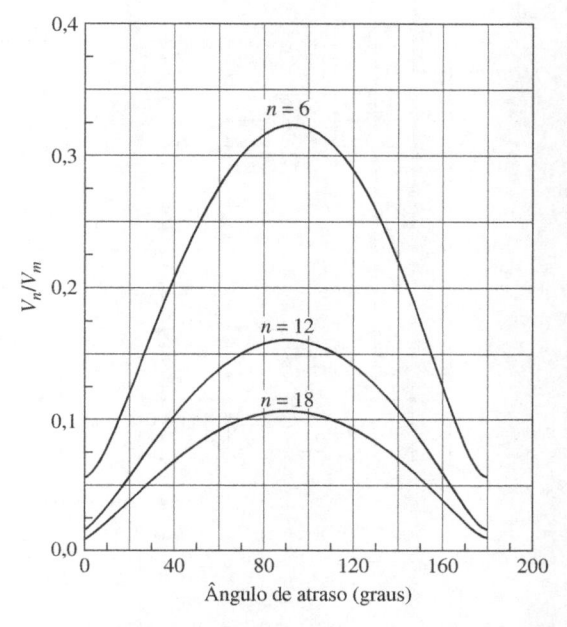

Figura 4-21 Harmônicas da tensão de saída normalizadas como função do ângulo de atraso para um retificador trifásico.

A Eq. (4-47) é utilizada para determinar o ângulo de atraso requerido:

$$\alpha = \cos^{-1}\left(\frac{V_o \pi}{3V_{m,L-L}}\right) = \cos^{-1}\left(\frac{500\pi}{3\sqrt{2}(480)}\right) = 39,5°$$

(b) As amplitudes das tensões harmônicas são estimadas pelo gráfico da Fig. 4-21. Para $\alpha = 39,5°$, as tensões harmônicas normalizadas são $V_6/V_m \approx 0,21$ e $V_{12}/V_m \approx 0,10$. Usando $V_m = \sqrt{2}(480)$, $V_6 = 143$ V e $V_{12} = 68$ V, as correntes harmônicas são então

$$I_6 = \frac{V_6}{Z_6} = \frac{143}{\sqrt{10^2 + [6(377)(0,05)]^2}} = 1,26 \text{ A}$$

$$I_{12} = \frac{V_{12}}{Z_{12}} = \frac{68}{\sqrt{10^2 + [12(377)(0,05)]^2}} = 0,30 \text{ A}$$

Retificadores de doze pulsos

O retificador trifásico em ponte com seis pulsos demonstra uma melhora acentuada na qualidade da saída CC sobre a saída do retificador monofásico. As harmônicas da tensão de saída são pequenas e em frequências que são múltiplas de seis vezes a frequência da fonte. Pode-se conseguir mais redução nas harmônicas pelo uso de duas

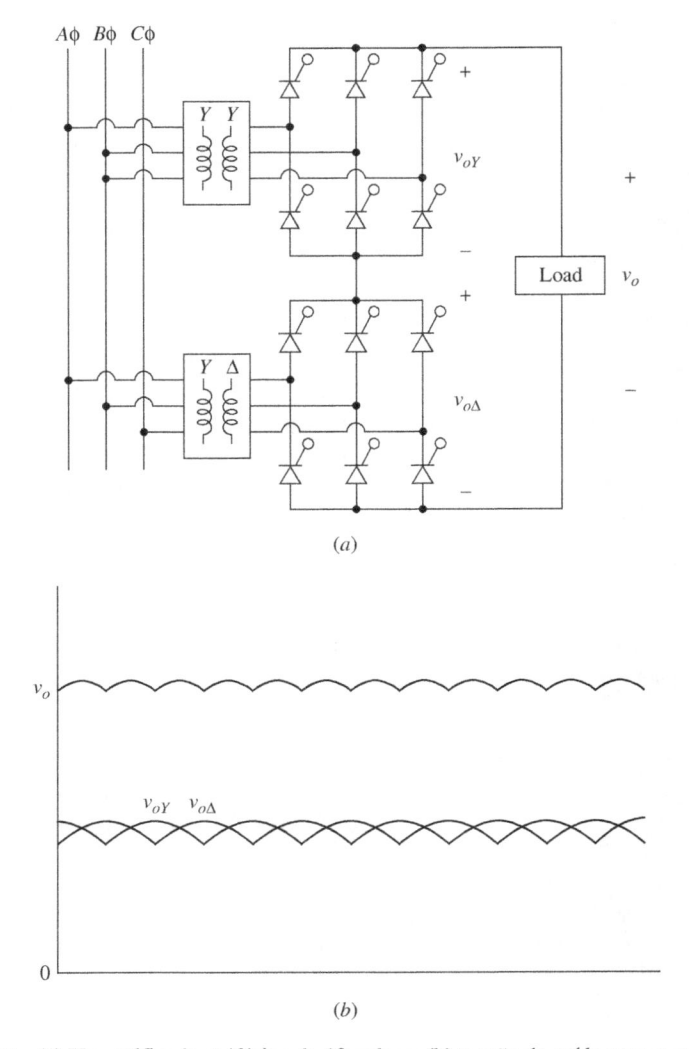

Figura 4-22 (a) Um retificador trifásico de 12 pulsos; (b) tensão de saída para $\alpha = 0$.

pontes de seis pulsos como mostrado na Fig. 4-22a. Esta configuração é chamada de conversor de 12 pulsos.

Uma das pontes é alimentada por um transformador conectado em Y-Y e o outro é alimentado por um transformador em Y-Δ ou (Δ-Y) como mostrado. A finalidade da conexão do transformador em Y-Δ é a de introduzir um deslocamento de fase de 30° entre a fonte e a ponte. Isto resulta em entradas para as duas pontes que são separadas por 30°. As saídas das duas pontes são similares, mas também deslocadas de 30°. A tensão de saída total é a soma das duas saídas das pontes. Os ângulos de atraso para as pontes são tipicamente os mesmos. A saída CC é a soma da saídas CC de cada ponte.

$$V_o = V_{o,Y} + V_{o,\Delta} = \frac{3V_{m,L-L}}{\pi}\cos\alpha + \frac{3V_{m,L-L}}{\pi}\cos\alpha = \frac{6V_{m,L-L}}{\pi}\cos\alpha \quad (4\text{-}48)$$

O pico na saída do conversor de 12 pulsos ocorre no meio entre os picos alternados dos conversores de seis pulsos. Somando as tensões nos pontos para $\alpha = 0$ obtemos

$$V_{o,\text{pico}} = 2V_{m,L-L}\cos(15°) = 1{,}932\, V_{m,L-L} \quad (4\text{-}49)$$

A Fig. 4-22b mostra as tensões para $\alpha = 0$.

Visto que uma transição entre os tiristores em condução ocorre a cada $30°$, existe um total de 12 destas transições para cada período da fonte CA. A saída tem frequências harmônicas que são múltiplas de 12 vezes a frequência da fonte ($12k$, $k = 1, 2, 3,...$). Filtrar para produzir uma saída CC relativamente pura custa menos que necessitaria para um retificador de seis pulsos.

Outra vantagem de usar um conversor de 12 pulsos em vez de um conversor de seis pulsos é a redução das harmônicas que ocorre no sistema CA. A corrente nas linhas CA que alimenta o transformador Y-Y é representada pelas séries de Fourier

$$\begin{aligned}i_Y(t) = \frac{2\sqrt{3}}{\pi}I_o\Big(&\cos\omega_0 t - \frac{1}{5}\cos 5\omega_0 t + \frac{1}{7}\cos 7\omega_0 t \\ &- \frac{1}{11}\cos 11\omega_0 t + \frac{1}{13}\cos 13\omega_0 t - \cdots\Big)\end{aligned} \quad (4\text{-}50)$$

A corrente nas linhas CA que alimenta o transformador Y-Δ é representada pelas séries de Fourier

$$\begin{aligned}i_\Delta(t) = \frac{2\sqrt{3}}{\pi}I_o\Big(&\cos\omega_0 t + \frac{1}{5}\cos 5\omega_0 t - \frac{1}{7}\cos 7\omega_0 t \\ &- \frac{1}{11}\cos 11\omega_0 t + \frac{1}{13}\cos 13\omega_0 t + \cdots\Big)\end{aligned} \quad (4\text{-}51)$$

As séries de Fourier para as duas correntes são similares, mas alguns termos têm sinais algébricos opostos. A corrente no sistema CA, que é a soma das correntes nos transformadores, tem as séries de Fourier

$$\begin{aligned}i_{\text{CA}}(t) &= i_Y(t) + i_\Delta(t) \\ &= \frac{4\sqrt{3}}{\pi}I_o\Big(\cos\omega_0 t - \frac{1}{11}\cos 11\omega_0 t + \frac{1}{13}\cos 13\omega_0 t \cdots\Big)\end{aligned} \quad (4\text{-}52)$$

Portanto, algumas das harmônicas no lado CA são canceladas usando o esquema de 12 pulsos em vez de um esquema de seis pulsos. As harmônicas que restam no sistema CA são da ordem $12k \pm 1$. O cancelando das harmônicas $6(2n - 1) \pm 1$ resultou deste transformador e configuração do conversor.

Este princípio pode ser expandido para arranjos com mais números de pulsos incorporando-se um maior número de conversores de seis pulsos com transformadores com deslocamento de fase apropriado. A característica das harmônicas CA de um conversor de p-pulsos será $pk \pm 1$, $k = 1, 2, 3,....$ Sistemas de conversores de potência têm limitações práticas de 12 pulsos devido ao custo elevado na produção de transformadores de alta tensão com o deslocamento de fase apropriado. Contudo, sistemas industriais de baixa tensão têm, geralmente, conversores com até 48 pulsos.

O conversor trifásico funcionado como inversor

O estudo anterior focalizou no funcionamento de circuitos como retificadores, o que significa que o fluxo de potência é do lado CA do conversor para o lado CC. É possível também que uma ponte trifásica funcione como inversor, tendo um fluxo de potência do lado CC para o lado CA. Um circuito que permite o funcionamento de um conversor como inversor é mostrado na Fig. 4-23a. A potência é fornecida pela fonte CC e é absorvida pelo conversor e transferida para o sistema CA. A análise do inversor trifásico é similar ao do caso monofásico.

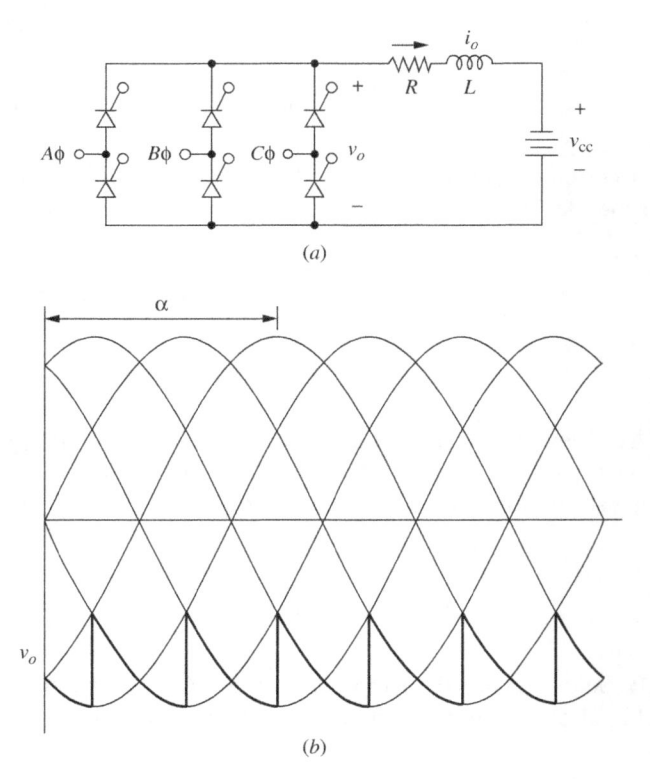

Figura 4-23 (a) Conversor trifásico de seis pulsos funcionando como um inversor; (b) tensão na saída da ponte para $\alpha = 150°$.

A corrente CC deve ser no sentido mostrado, devido ao SCR na ponte. Para que a potência seja absorvida pela ponte e transferida para o sistema CA, a tensão na ponte deve ser negativa. A Eq. (4-47) pode ser aplicada, logo um ângulo de atraso maior que 90° resulta numa tensão negativa na ponte.

$$\begin{aligned} 0 < \alpha < 90° \quad & V_o > 0 \quad \rightarrow \quad \text{funcionamento do retificador} \\ 90° < \alpha < 180° \quad & V_o < 0 \quad \rightarrow \quad \text{funcionamento do inversor} \end{aligned} \quad (4\text{-}53)$$

As formas de onda da tensão na saída para $\alpha = 150°$ e da corrente contínua na carga são mostradas na Fig. 4-23b.

Exemplo 4-14

Ponte trifásica funcionando como inversor

O conversor de seis pulsos da Fig. 4-23a tem um ângulo de atraso de $\alpha = 120°$. O sistema trifásico é de 4.160 V rms de linha. A fonte CC é 3.000 V, $R = 2\,\Omega$ e o valor de L é alto suficiente para considerar que a corrente seja puramente CC. (a) Determine a potência transferida da fonte CC para a fonte CA. (b) Determine o valor de L de modo que a variação de pico a pico na corrente da carga seja de 10% da corrente média na carga.

■ Solução

(a) A tensão CC na saída da ponte é calculada pela Eq. (4-47) como

$$V_o = \frac{3V_{m,L-L}}{\pi}\cos\alpha = \frac{3\sqrt{2}(4.160)}{\pi}\cos(120°) = -2809\text{ V}$$

A corrente média na saída é

$$I_o = \frac{V_o + V_{cc}}{R} = \frac{-2.809 + 3.000}{2} = 95{,}5\text{ A}$$

A potência absorvida pela ponte e transferida de volta para o sistema CA é

$$P_{AC} = -I_o V_o = (-95{,}5)(-2.809) = 268{,}3\text{ kW}$$

A potência fornecida pela fonte CC é

$$P_{cc} = I_o V_{cc} = (95{,}5)(3.000) = 286{,}5\text{ kW}$$

A potência absorvida pela resistência é

$$P_R = I_{rms}^2 R \approx I_o^2 R = (95{,}5)^2(2) = 18{,}2\text{ kW}$$

(b) A variação na corrente da carga é devida aos termos CA nas séries de Fourier. A amplitude da corrente na carga para cada um dos termos CA é

$$I_n = \frac{V_n}{Z_n}$$

em que V_n pode ser estimado pelo gráfico da Fig. 4-21 e

$$Z_n = |R + jn\omega_0 L|$$

Como a amplitude dos termos da tensão diminui e a magnitude da impedância aumenta, então ambos contribuem para diminuir as correntes CA, visto que n se torna maior, a variação de pico a pico da corrente será estimada pelo primeiro termo CA. Para $n = 6$, V_n/V_m é estimada pela Fig. 4-21 como sendo de 0,28, fazendo $V_6 = 0,28(4.160\sqrt{2}) = 1.650$ V. A variação de pico a pico de 10% corresponde a amplitude de zero até valor de pico de (0,05) (95,5) = 4,8 A. A impedância da carga necessária para $n = 6$ é então

$$Z_6 = \frac{V_6}{I_6} = \frac{1.650 \text{ V}}{4,8 \text{ A}} = 343 \text{ }\Omega$$

O resistor de 2 Ω é insignificante comparado com o valor total de 343 Ω da impedância necessária, logo $Z_6 \approx 6\omega_0 L$, resolvendo para L,

$$L \approx \frac{Z_6}{6\omega_0} = \frac{343}{6(377)} = 0,15 \text{ H}$$

4.6 TRANSMISSÃO DE POTÊNCIA CC

O conversor controlado de 12 pulsos da Fig. 4-22a é o elemento básico para a transmissão de potência CC. As linhas de transmissão CC em geral são usadas na transmissão de potência elétrica para distâncias muito longas. Podemos citar como exemplo as linhas de transmissão de Itaipu. As linhas modernas usam SCRs nos conversores, enquanto os conversores antigos usavam retificadores a arco de mercúrio.

As vantagens da linha de transmissão CC incluem o seguinte:

1. A indutância da linha de transmissão tem impedância zero para CC, enquanto que impedância indutiva para linhas no sistema CA é relativamente alta.
2. A capacitância que existe entre os condutores é um circuito aberto para CC. Para as linhas de transmissão CA, a reatância capacitiva fornece um caminho para a corrente, resultando em perdas adicionais I^2R na linha. Em aplicações onde os condutores estão muito próximos, a reatância capacitiva pode ser um problema significativo para as linhas de transmissão, enquanto que para a linha CC ela não tem efeito.
3. Existem dois condutores necessários para a transmissão CC em vez de três para a transmissão trifásica convencional. (Provavelmente haverá um condutor de terra nos dois sistemas.)
4. As torres de transmissão são mais simples e menores em CC do que em CA, pois são necessários apenas dois condutores e as exigências para instalação são simplificadas.
5. O fluxo de potência numa linha de transmissão CC é controlável pelo ajuste dos ângulos de atraso nos terminais. Num sistema CA, o fluxo de potência sobre uma determinada linha de transmissão não é controlável, sendo uma função do sistema de geração e da carga.

6. O fluxo de potência pode ser modulado durante os distúrbios em um dos sistemas CA, resultando num aumento da estabilidade do sistema.
7. Os dois sistemas CA, que estão conectados pela linha CC, não precisam estar em sincronismo. Além disso, os dois sistemas CA não precisam ser da mesma frequência. Um sistema de 50m Hz pode ser conectado a um sistema de 60 Hz via um elo CC.

As desvantagens da transmissão de potência CC é o alto custo do conversor CA-CC, necessidade de filtros e sistema de controle em cada terminal da linha para servir de interface com o sistema CA.

A Fig. 4-24a mostra um esquema simplificado para uma transmissão de potência CC usando um conversor de seis pulsos em cada terminal. Cada um dos dois sistemas CA tem seu gerador próprio e a finalidade da linha CC é permitir a troca de potência entre os sistemas CA. A polarização na conexão dos SCRs é de tal forma que a corrente i_o será positiva, como mostrado na linha na figura.

Neste esquema, um dos conversores funciona como retificador (fluxo de potência de CA para CC), e o outro terminal funciona como inversor (fluxo de potência de CC para ca). Os dois terminais podem funcionar como retificador ou como inversor, com o ângulo de atraso determinando o modo de funcionamento. Pelo ajuste do ângulo de atraso em cada terminal, o fluxo de potência é controlado entre os dois sistemas CA via um elo CC.

A indutância na linha CC é a indutância de linha mais uma série extra de indutores para filtrar as harmônicas das correntes. A resistência é a dos condutores da linha CC. Para fins de análise, a corrente na linha CC pode ser considerada como sendo livre de ondulação.

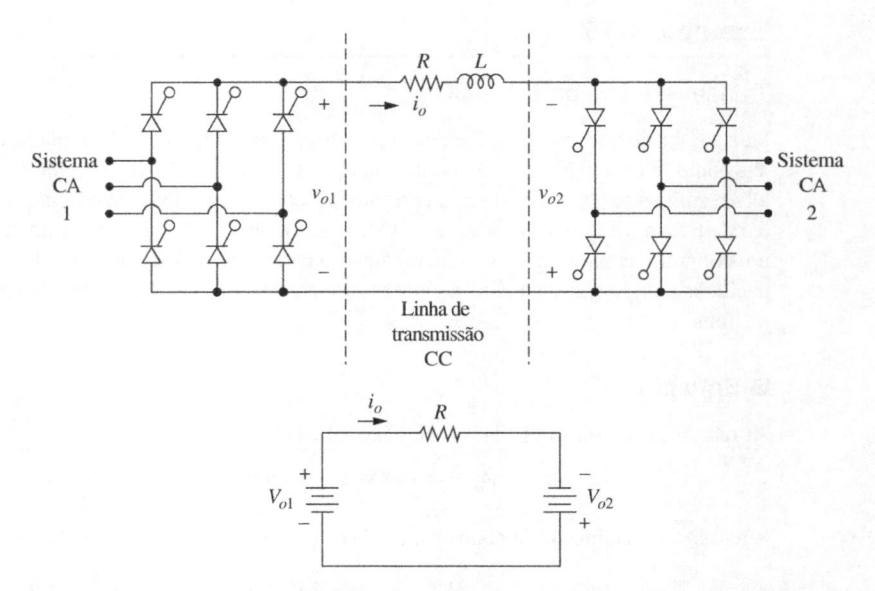

Figura 4-24 (a) Um sistema elementar de linha de transmissão CC; (b) circuito equivalente.

As tensões nos terminais dos conversores V_{o1} e V_{o2} são positivas, como mostrado para α entre 0 e 90°. O conversor que fornece potência funcionará com uma tensão positiva enquanto que o conversor que absorve potência terá uma tensão negativa.

Com o conversor 1, na Fig. 4-24a, funcionando como retificador, e o conversor 2, funcionando como inversor, o circuito equivalente para o cálculo de potência está mostrado na Fig. 4-24b. Supõe-se que a corrente seja livre de ondulação, permitindo apenas que a componente CC das séries de Fourier sejam relevantes. A corrente CC é

$$I_o = \frac{V_{o1} + V_{o2}}{R} \qquad (4\text{-}54)$$

onde

$$V_{o1} = \frac{3V_{m1,L-L}}{\pi} \cos \alpha_1$$
$$V_{o2} = \frac{3V_{m2,L-L}}{\pi} \cos \alpha_2 \qquad (4\text{-}55)$$

A potência fornecida pelo conversor no terminal 1 é

$$P_1 = V_{o1} I_o \qquad (4\text{-}56)$$

A potência fornecida pelo conversor no terminal 2 é

$$P_2 = V_{o2} I_o \qquad (4\text{-}57)$$

Exemplo 4-15

Transmissão de potência CC

Para a linha de transmissão CC elementar da Fig. 4-24a, a tensão CC de linha para cada uma das pontes é de 230 kV rms. A resistência total da linha é de 10 Ω e o valor da indutância é alto o suficiente para considerar a corrente CC como sendo livre de ondulação. O objetivo é o de transmitir 100 MW do sistema CA 1 para o sistema CA 2 sobre a linha CC. Projete um conjunto de parâmetros de funcionamento para alcançar este objetivo. Determine a capacidade de transporte da corrente necessária para a linha CC e calcule a potência perdida na linha.

■ Solução

As relações necessárias são dadas pelas Eqs. (4-54) E (4-57), em que

$$P_2 = I_o V_{o2} = -100 \text{ MW} \qquad (100 \text{ MW absorvida})$$

A tensão CC máxima que é obtida para cada conversor é, para $\alpha = 0$ na Eq. (4-47),

$$V_{o,\max} = \frac{3V_{m,L-L}}{\pi} = \frac{3\sqrt{2}\,(230 \text{ kV})}{\pi} = 310,6 \text{ kV}$$

A tensão CC na saída dos conversores deve ter valores abaixo de 310,6 kV, de modo que uma tensão de -200 kV é escolhida arbitrariamente para o conversor 2. Esta tensão deve ser negativa, porque a potência deve se absorvida no conversor 2. O ângulo de atraso no conversor 2 porque é calculado pela Eq. (4-47).

$$V_{o2} = \frac{3V_{m,L-L}}{\pi} \cos \alpha_2 = (310,6 \text{ kV}) \cos \alpha_2 = -200 \text{ kV}$$

Resolvendo para α_2,

$$\alpha_2 = \cos^{-1}\left(\frac{-200 \text{ kV}}{310,6 \text{ kV}}\right) = 130°$$

A corrente CC necessária para fornecer 100 MW para o conversor 2 então é

$$I_o = \frac{100 \text{ MW}}{200 \text{ kV}} = 500 \text{ A}$$

que é a capacidade de transporte da corrente da linha.

A tensão CC necessária na saída do conversor é calculada como

$$V_{o1} = -V_{o2} + I_o R = 200 \text{ kV} + (500)(10) = 205 \text{ kV}$$

O ângulo de atraso necessário no conversor 1 é calculado pela Eq. (4-47).

$$\alpha_1 = \cos^{-1} \frac{205 \text{ kV}}{310,6 \text{ kV}} = 48,7°$$

A potência perdida na linha é $I_{rms}^2 R$, onde $I_{rms} \approx I_o$, porque os componentes CA da corrente da linha são filtrados pelo indutor. A perda na linha é

$$P_{perdida} = I_{rms}^2 R \approx (500)^2 (10) = 2,5 \text{ MW}$$

Observe que a potência fornecida pelo conversor 1 é

$$P_1 = V_{cc1} I_o = (205 \text{ kV})(500 \text{ A}) = 102,5 \text{ MW}$$

que é a potência total absorvida pelo outro conversor e pela resistência da linha.

Certamente outras combinações de tensões e correntes conseguirão atingir os objetivos do projeto enquanto as tensões CC forem menores que a tensão de saída máxima possível e a linha e o equipamento conversor forem capazes de transportar corrente. Um projeto melhor pode ter altas tensões e baixas correntes para reduzir a perda de potência na linha. Esta é uma das razões para o uso de conversores de 12 pulsos e funcionamento bipolar, como será estudado a seguir.

Uma linha de transmissão CC comum tem conversor de 12 pulsos em cada terminal. Isto suprime algumas das harmônicas e reduz a necessidade de filtragem. Além disto, um par de conversores de 12 pulsos em cada terminal possibilita o funcionamento bipolar. Uma das linhas é energizada em $+V_{cc}$ e a outra em $-V_{cc}$. Em situações de emergência, um polo da linha pode funcionar sem o outro polo, com a corrente retornando pelo condutor de terra. A Fig. 4-25 mostra um esquema bipolar para a transmissão de potência CC.

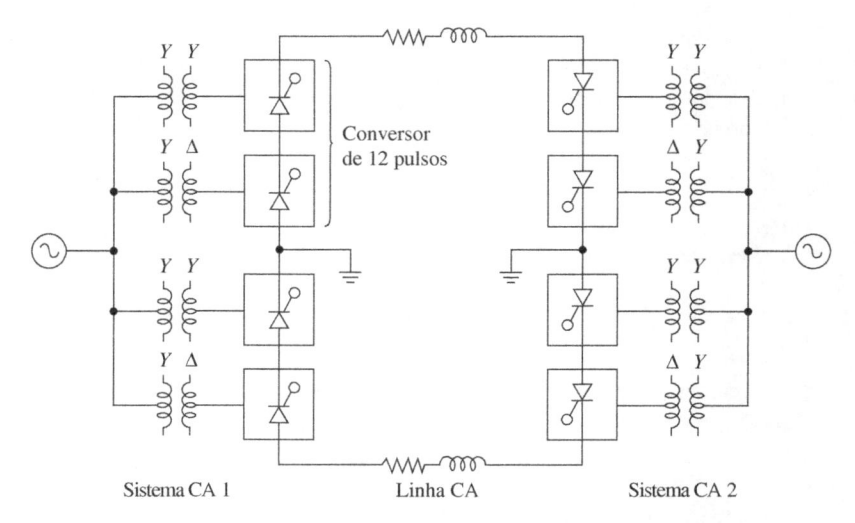

Figura 4-25 Sistema de transmissão CC com dois conversores de 12 pulsos em cada terminal.

4.7 COMUTAÇÃO: O EFEITO DA INDUTÂNCIA DA FONTE

Retificador em ponte monofásico

Uma ponte retificadora monofásica não controlada com uma indutância da fonte de L_s e uma carga indutiva é mostrada na Fig. 4-26a. Quando a fonte muda de polaridade, a corrente da fonte não pode mudar instantaneamente e a corrente deve ser transferida gradualmente de um par de diodo para o outro em um intervalo de comutação u, como mostrado na Fig. 4-26b. Lembre-se de que no Capítulo 3 a comutação é um processo de transferência da corrente da carga de um diodo para o outro ou, neste caso, de um par de diodos para o outro. (Veja a seção 3-11.) Durante a comutação, todos os quatro diodos estão conduzindo e a tensão em L_s é a tensão da fonte $V_m \text{sen}(\omega t)$.

Suponha que a corrente na carga I_o seja constante. A corrente em L_s e na fonte durante a comutação de D_1-D_2 para D_3-D_4 começa em $+I_o$ vai para $-I_o$. Este intervalo de comutação começa quando a polaridade muda em $\omega t = \pi$ como é expresso em

$$i_s(\omega t) = \frac{1}{\omega L_s} \int_{\pi}^{\omega t} V_m \text{sen}(\omega t)\, d(\omega t) + I_o$$

Avaliando,

$$i_s(\omega t) = -\frac{V_m}{\omega L_s}(1 + \cos \omega t) + I_o \qquad (4\text{-}58)$$

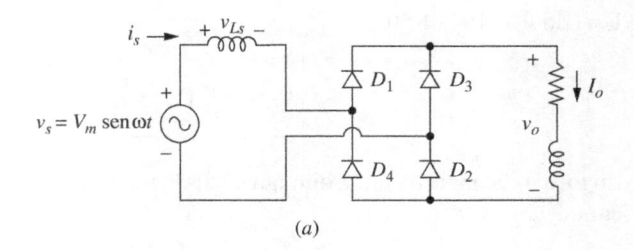

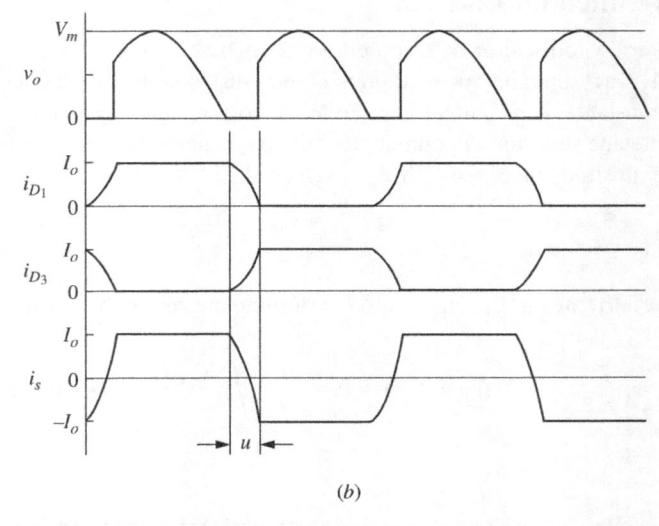

Figura 4-26 Comutação para um retificador monofásico (a) circuito com indutância da fonte L_s; (b) formas de onda da tensão e da corrente.

Quando a comutação se completa em $\omega t = \pi + u$,

$$i(\pi + u) = -I_o = -\frac{V_m}{\omega L_S}[1 + \cos(\pi + u)] + I_o \qquad (4\text{-}59)$$

Resolvendo para o ângulo de comutação u,

$$u = \cos^{-1}\left(1 - \frac{2I_o \omega L_S}{V_m}\right) = \cos^{-1}\left(1 - \frac{2I_o X_S}{V_m}\right) \qquad (4\text{-}60)$$

onde $X_s = \omega L_s$ é a reatância da fonte. A Fig. 4-26b mostra o efeito da reatância da fonte sobre a corrente e a tensão da carga.

A corrente média na carga é

$$V_o = \frac{1}{\pi}\int_u^{\pi} V_m \operatorname{sen}(\omega t)\, d(\omega t) = \frac{V_m}{\pi}(1 + \cos u)$$

Usando u da Eq. (4-60),

$$V_o = \frac{2V_m}{\pi}\left(1 - \frac{I_o X_s}{V_m}\right)$$ (4-61)

Logo, a indutância da fonte diminui a tensão média na saída dos retificadores de onda completa.

Retificador trifásico

Para o retificador trifásico em ponte não controlado com reatância da fonte (Fig. 4-27a), suponha que os diodos D_1 e D_2 estão conduzindo e a corrente na carga Io é constante. A próxima transição tem a corrente da carga transferida de D_1 para D_3 na metade superior da ponte. O circuito equivalente durante a comutação de D_1 para D_3 é mostrado na Fig. 4-27b. A tensão em L_a é

$$v_{La} = \frac{v_{AB}}{2} = \frac{V_{m,L-L}}{2}\text{sen}(\omega t)$$ (4-62)

A corrente em L_a começa em I_o e diminui até zero no intervalo de comutação,

$$i_{La}(\pi + u) = 0 = \frac{1}{\omega L_a}\int_{\pi}^{\pi+u}\frac{V_{m,L-L}}{2}\text{sen}(\omega t)\,d(\omega t) + I_o$$ (4-63)

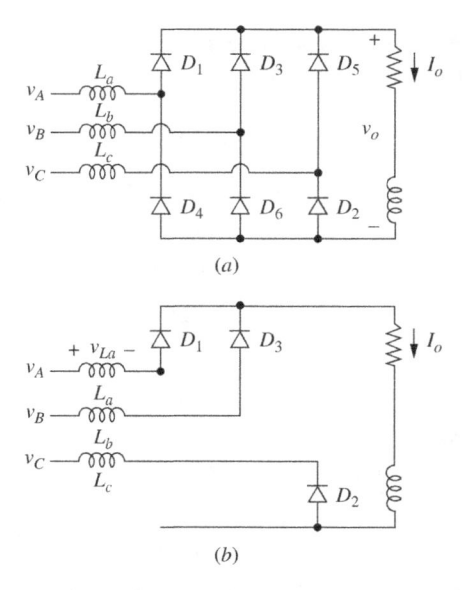

Figura 4-27 Comutação para o retificador trifásico. (a) Circuito; (b) circuito durante a comutação de D_1 para D_3; (c) tensões na saída e correntes nos diodos.

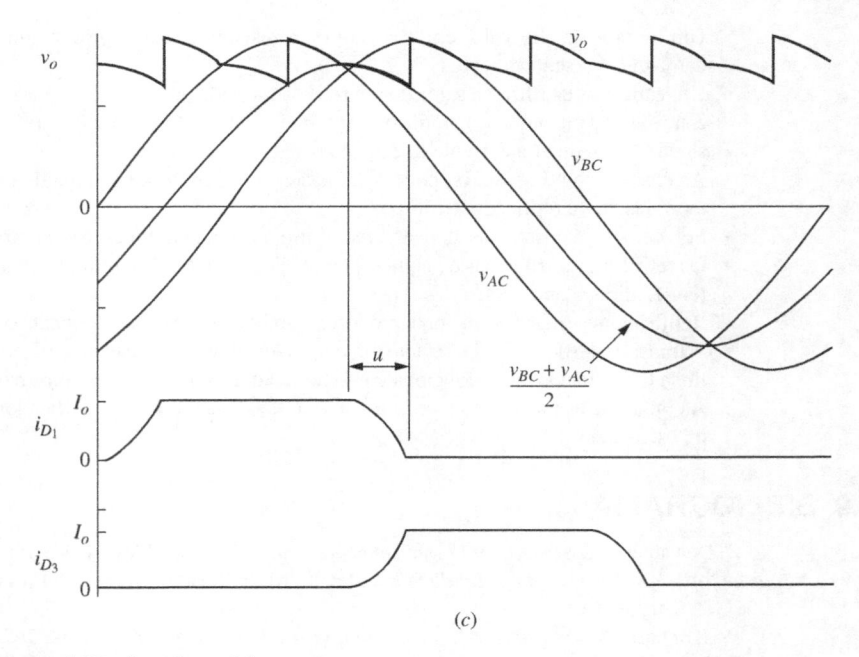

Figura 4-27 (*continuação*)

Resolvendo para u,

$$u = \cos^{-1}\left(1 - \frac{2\omega L_a I_o}{V_{m,L-L}}\right) = \cos^{-1}\left(1 - \frac{2X_s I_o}{V_{m,L-L}}\right) \quad (4\text{-}64)$$

Durante o intervalo de comutação de D_1 para D_3, a tensão na saída do conversor é

$$v_o = \frac{v_{bc} + v_{AC}}{2} \quad (4\text{-}65)$$

As tensões na saída e as correntes nos diodos são mostradas na Fig. 4-27c. A tensão média na saída para o conversor trifásico com uma fonte não ideal é

$$\boxed{V_o = \frac{3V_{m,L-L}}{\pi}\left(1 - \frac{X_s I_o}{V_{m,L-L}}\right)} \quad (4\text{-}66)$$

Portanto, *a indutância da fonte diminui a tensão média na saída do retificador trifásico.*

4.8 RESUMO

- Retificador de onda completa monofásico pode ser do tipo em ponte ou com transformador com tomada central.
- A corrente média na fonte para os retificadores de onda completa monofásico é zero.
- O método das séries de Fourier pode ser usado para analisar as correntes na carga.

- Um indutor de alto valor em série com um resistor de carga produz uma corrente na carga que é essencialmente CC.
- Um capacitor de filtro na saída de um retificador pode produzir uma tensão na saída que é aproximadamente CC. Um filtro LC na saída pode melhorar ainda mais a qualidade da saída CC e reduzir a corrente de pico nos diodos.
- As chaves, como os SCRs, podem ser usadas para controlar a saída de um retificador monofásico ou retificador trifásico.
- Sob certas circunstâncias, conversores controlados podem funcionar como inversores.
- Os retificadores trifásicos de 6 pulsos têm 6 diodos ou SCRs e retificadores de 12 pulsos têm 12 diodos ou SCRs.
- Retificadores trifásicos em ponte produzem uma saída que é inerentemente como uma CC.
- A transmissão de potência CC tem um conversor trifásico em cada ponto terminal de uma linha CC. Um conversor funciona como retificador e o outro como conversor-inversor.
- As indutâncias nas fontes reduzem a tensão de saída CC de um retificador monofásico ou trifásico.

4.9 BIBLIOGRAFIA

S. B. Dewan and A. Straughen, *Power Semiconductor Circuits*, Wiley, New York, 1975.

J. Dixon, *Power Electronics Handbook*, edited by M. H. Rashid, Academic Press, San Diego, 2001, Chapter 12.

E. W. Kimbark, *Direct Current Transmission*, Wiley-Interscience, New York, 1971.

P. T. Krein, *Elements of Power Electronics*, Oxford University Press, 1998.

Y.-S. Lee and M. H. L. Chow, *Power Electronics Handbook*, edited by M. H. Rashid, Academic Press, San Diego, 2001, Chapter 10.

N. Mohan, T. M. Undeland, and W. P. Robbins, *Power Electronics: Converters, Applications, and Design*, 3d ed., Wiley, New York, 2003.

M. H. Rashid, *Power Electronics: Circuits, Devices, and Systems*, 3d ed., Prentice-Hall, Upper Saddle River, N.J., 2004.

B. Wu, *High-Power Converters and AC Drives*, Wiley, New York, 2006.

Problemas

Retificador monofásico não controlados

4-1 Um retificador de onda completa em ponte monofásico tem uma carga resistiva de 18 Ω e uma fonte CA de 120 V rms. Determine as correntes médias, de pico e rms na carga e em cada diodo.

4-2 Um retificador monofásico tem uma carga resistiva de 25 Ω. Determine a corrente média e a tensão reversa em cada diodo para (a) um retificador em ponte com uma fonte CA de 120 V rms e 60 Hz e (b) um retificador com transformador com tomada central com 120 V rms em cada metade do bobinado secundário.

4-3 Um retificador monofásico em ponte tem uma carga RL com $R = 15\ \Omega$ e $L = 60$ mH. A fonte CA é $v_s = 100\mathrm{sen}(377t)$ V. Determine as correntes média e rms na carga e em cada diodo.

4-4 Um retificador monofásico em ponte tem uma carga RL com $R = 10\ \Omega$ e $L = 25$ mH. A fonte CA é $v_s = 170\mathrm{sen}(377t)$ V. Determine as correntes média e rms na carga e em cada diodo.

4-5 Um retificador monofásico em ponte tem uma carga RL com $R = 15\,\Omega$ e $L = 30$ mH. A fonte CA é 120 V rms e 60 Hz. Determine (a) a corrente média na carga, (b) a potência absorvida pela carga e (c) o fator de potência.

4-6 Um retificador monofásico em ponte tem uma carga RL com $R = 12\,\Omega$ e $L = 20$ mH. A fonte CA é 120 V rms e 60 Hz. Determine (a) a corrente média na carga, (b) a potência absorvida pela carga e (c) o fator de potência.

4-7 Um retificador monofásico com transformador com tomada central tem uma fonte CA de 240 V rms e 60 Hz. A relação de espiras total é de 3:1 (80 V entre os terminais extremos do secundário e 40 V em cada tomada central). A resistência é de 4 Ω. Determine (a) a corrente média na carga, (b) a corrente rms na carga, (c) a corrente média na fonte e (d) a corrente rms na fonte. Esboce as formas de onda da corrente na carga e na fonte.

4-8 Projete um retificador com transformador com tomada central para produzir uma corrente média de 10,0 A em uma carga resistiva de 15 Ω. As duas fontes de tensão estão disponíveis 120 e 240 V rms 60 Hz. Especifique qual fonte deve ser usada e especifique a relação de espiras do transformador.

4-9 Projete um retificador com transformador com tomada central para produzir uma corrente média de 5,0 A em uma carga RL com $R = 10\,\Omega$ e $L = 50$ mH. As duas fontes de tensão estão disponíveis 120 e 240 V rms 60 Hz. Especifique qual fonte deve ser usada e especifique a relação de espiras do transformador.

4-10 Um eletroímã é modelado como uma indutância de 200 mH em série com uma resistência de 4 Ω. A corrente média na indutância deve ser de 10 A para estabelecer um determinado campo magnético. Determine o acréscimo de resistência em série necessário para produzir a corrente média exigida para um retificador em ponte alimentado por uma fonte de tensão monofásica de 120 V, 60 Hz.

4-11 O retificador de onda completa da Fig. 4-3a tem $v_s(\omega t) = 170\,\text{sen}\,\omega t$ V, $R = 3\,\Omega$, $L = 15$ mH, $V_{cc} = 48$ V e $\omega = 2\pi(60)$ rad/s. Determine (a) a potência absorvida pela fonte CC, (b) a potência absorvida pelo resistor e (c) o fator de potência. (d) Estime a variação de pico a pico na corrente da carga considerando apenas o primeiro termo CA nas séries de Fourier para a corrente.

4-12 O retificador de onda completa da Fig. 4-3a tem $v_s(\omega t) = 340\,\text{sen}\,\omega t$ V, $R = 3\,\Omega$, $L = 40$ mH, $V_{cc} = 96$ V e $\omega = 2\pi(60)$ rad/s. Determine (a) a potência absorvida pela fonte CC, (b) a potência absorvida pelo resistor e (c) o fator de potência. (d) Estime a variação de pico a pico na corrente da carga considerando apenas o primeiro termo CA nas séries de Fourier para a corrente.

4-13 A variação de pico a pico na corrente da carga no Exemplo 4-1 baseado em I_2 foi estimada como sendo de 6,79 A. Compare este valor estimado com o obtido na simulação com o PSpice. (a) Use o modelo padrão de diodo Dbreak. (b) Modifique o modelo de diodo para fazer $n = 0,01$ para uma aproximação de diodo ideal.

4-14 (a) No Exemplo 4-3, a impedância foi mudada para 8 mH. Simule o circuito no PSpice e determine se a corrente no indutor é contínua ou descontínua. Determine a potência absorvida pela tensão CC usando o PSpice. (b) Repita o problema em (a), usando $L = 4$ mH.

4-15 O retificador de onda completa em ponte monofásica tem uma carga RL como fonte com $R = 4\,\Omega$, $L = 40$ mH e $V_{cc} = 24$ V. A fonte CA é de 120 V rms em 60 Hz. Determine (a) potência absorvida pela fonte CC, (b) a potência absorvida pelo resistor e (c) o fator de potência.

4-16 O retificador de onda completa em ponte monofásica tem uma carga RL como fonte com $R = 5\ \Omega$, $L = 60$ mH e $V_{cc} = 36$ V. A fonte CA é de 120 V rms em 60 Hz. Determine (a) a potência absorvida pela fonte CC, (b) a potência absorvida pelo resistor e (c) o fator de potência.

4-17 Simule o circuito do Prob. 4-16 usando $L = 40$ mH e novamente com 100 μH. Comente sobre a diferença no comportamento dos circuitos para os dois indutores. Observe as condições de estado estável. Use o modelo de diodo padrão do PSpice.

4-18 O retificador de onda completa da Fig. 4-6 tem uma fonte CA de 120 V rms 60 Hz e uma resistência de carga de 200 Ω. Determine a capacitância do filtro necessária para limitar a tensão de ondulação de pico a pico na saída para 1% da tensão de saída. Determine as correntes de pico e a corrente média nos diodos.

4-19 O retificador de onda completa da Fig. 4-6 uma fonte CA de 60 Hz com $V_m = 100$ V. Ela deve alimentar uma carga que requer uma tem são CC de 100 V e fazer circular uma corrente de 0,5 A. Determine a capacitância do filtro necessária para limitar a tensão de ondulação de pico a pico na saída para 1% da tensão CC de saída. Determine as correntes de pico e a corrente média nos diodos.

4-20 No Exemplo 3-9, o retificador de onda completa da Fig. 3-11a tem uma fonte de 120 V em 60 Hz, $R = 500\ \Omega$. A capacitância necessária para uma tensão de ondulação foi determinada como sendo de 3.333 μF. Determine as correntes de pico para cada diodo do circuito. Comente sobre as vantagens e desvantagens de cada circuito.

4-21 Determine a tensão de saída para o retificador de onda completa com filtro *LC* da Fig. 4-8a se $L = 10$ mH e (a) $R = 7\ \Omega$ (b) $R = 20\ \Omega$. A fonte é de 120 V rms em 60 Hz. Suponha que o valor do capacitor seja suficientemente alto para produzir uma tensão na saída livre de ondulação. (c) Modifique o circuito no PSpice no Exemplo 4-5 para determinar Vo para cada caso. Use o modelo de diodo ideal.

4-22 Para o retificador de onda completa com filtro *LC* no Exemplo 4-5, o indutor tem resistência de 0,5 Ω. Use o PSpice para determinar o efeito sobre a tensão de saída para cada resistência de carga.

Retificadores monofásicos controlados

4-23 O retificador em ponte controlada monofásico na Fig. 4-10a tem uma carga resistiva de 20 Ω e uma fonte CA de 120 V rms, 60 Hz. O ângulo de atraso é de 45°. Determine (a) a corrente média na carga, (b) a corrente rms na carga, (c) a corrente rms na fonte e (d) o fator de potência.

4-24 Mostre que o fator de potência para o retificador de onda completa controlado com carga resistiva é

$$fp = \sqrt{1 - \frac{\alpha}{\pi} + \frac{\text{sen}(2\alpha)}{2\pi}}$$

4-25 O retificador de onda completa em ponte monofásica controlada da Fig. 4-11a tem uma carga *RL* com $R = 25\ \Omega$ e $L = 50$ mH. A fonte CA é de 240 V rms em 60 Hz. Determine a corrente média na carga (a) $\alpha = 15°$ e (b) $\alpha = 75°$.

4-26 O retificador de onda completa em ponte monofásica controlada da Fig. 4-11a tem uma carga *RL* com $R = 30\ \Omega$ e $L = 75$ mH. A fonte CA é de 120 V rms em 60 Hz. Determine a corrente média na carga (a) $\alpha = 20°$ e (b) $\alpha = 80°$.

4-27 Mostre que o fator de potência de um retificador de onda completa com carga RL onde L é de alto valor e a corrente na carga considerada CC é $2\sqrt{2}/\pi$.

4-28 Uma carga resistiva de 20 Ω requer uma corrente que varia de 4,5 a 8,0 A. Um transformador isolador é colocado entre a fonte CA de 120 V rms 60 Hz e um retificador de onda completa monofásico controlado. Projete um circuito que satisfaça as exigências da corrente. Especifique a relação de espiras do transformador e a faixa do ângulo de atraso.

4-29 Um eletroímã é modelado como uma indutância de 100 mH em série com uma resistência de 5 Ω. A corrente média na indutância deve ser de 10 A para estabelecer um determinado campo magnético. Determine o ângulo de atraso necessário para um retificador monofásico controlado produzir uma corrente média a partir de uma de uma fonte de tensão monofásica de 120 V, 60 Hz. Determine se o modo é contínuo ou descontínuo de corrente. Estime a variação de pico a pico na corrente baseando-se no primeiro termo CA nas séries de Fourier.

4-30 O conversor de onda completa usado como inversor na Fig. 4-14 tem uma fonte CA de 240 V rms em 60 Hz, $R = 10$ Ω, $L = 0,8$ H e $V_{cc} = 100$ V. O ângulo de atraso para o conversor é de 105°. Determine a potência fornecida para o sistema CA a partir da fonte CC. Estime a ondulação de pico a pico na corrente da carga com o primeiro termo CA das séries de Fourier.

4-31 Uma matriz de células solares produz 100 V CC. O sistema de potência CA monofásico é de 120 Vrms em 60 Hz. (a) Determine o ângulo de atraso para o conversor controlado no arranjo da Fig. 4-14 ($V_{cc} = -100$ V) de modo que 2.000 W sejam transferidos para o sistema CA. Suponha que L tenha um valor alto o suficiente para produzir uma corrente que é aproximadamente livre de ondulação. A resistência equivalente é de 0,8 Ω. Suponha que o conversor não apresente perdas. (b) Determine a potência fornecida pelas células solares. (c) Estime o valor da indutância para que a variação de pico a pico na corrente das células solares seja menor que 2,5 A.

4-32 Um painel com uma matriz de células solares produz uma tensão CC. A potência produzida pelo painel solar é fornecida para um sistema de potência CA. O método de interface do painel solar com o sistema de potência é por meio de uma ponte de SCR em onda completa como mostrado na Fig. 4-14, exceto que a fonte CC tem a polaridade oposta. Painéis solares individuais produzem uma tensão de 12 V. Portanto, a tensão do painel com a matriz de células solares pode ser estabelecida com qualquer múltiplo de 12 pela conexão de painéis com uma combinação apropriada. A fonte CA é de $\sqrt{2}(120)\text{sen}(377t)$ V. A resistência é de 1 Ω. Determine os valores de V_{cc}, o ângulo de atraso α e a indutância L de modo que a potência fornecida para o sistema seja de 1.000 W e a variação na corrente do painel solar não seja maior que 10% da corrente média. Existem várias soluções para este problema.

4-33 Um conversor em onda completa funcionando como inversor é usado para transferir potência de um gerador eólico para um sistema CA de 240 V rms 60 Hz. O gerador produz uma saída CC de 150 V e é especificado como sendo de 5.000 W. A resistência equivalente no circuito do gerador é de 0,6 Ω. Determine (a) o ângulo de atraso do conversor para que a saída do gerador seja a especificada, (b) a potência absorvida pelo sistema CA e (c) a indutância necessária para limitar a corrente de ondulação de pico a pico em 10% da corrente média.

Retificadores trifásicos não controlados

4-34 Um retificador trifásico é alimentado por uma fonte de 480 V rms de linha em 60 Hz. A carga é um resistor de 50 Ω. Determine (a) a corrente média na carga, (b) a corrente rms na carga, (c) a corrente rms na fonte e (d) o fator de potência da fonte.

4-35 Um retificador trifásico é alimentado por uma fonte de 240 V rms de linha em 60 Hz. A carga é um resistor de 80 Ω. Determine (a) a corrente média na carga, (b) a corrente rms na carga, (c) a corrente rms na fonte e (d) o fator de potência da fonte.

4-36 Um retificador trifásico é alimentado por uma fonte de 480 V rms de linha em 60m Hz. A carga RL é um resistor de 100 Ω em série com um indutor de 15 mH. Determine (a) as correntes média e rms na carga, (b) as correntes média e rms nos diodos, (c) a corrente rms e na fonte e (d) o fator de potência da fonte.

4-37 Use o PSpice para simular o retificador trifásico do Prob. 4-31. Use o modelo padrão de diodo Dbreak. Determine os valores médio e rms da corrente na carga, a corrente nos diodos e a corrente na fonte. Compare seus resultados com a Eq. (4-41). Que valor de potência é absorvida pelos diodos?

4-38 Usando o PSpice no circuito do Exemplo 4-12, determine o conteúdo harmônico da corrente de fase na fonte CA. Compare os resultados com a Eq. (4-46). Determine a distorção harmônica total da corrente na fonte.

Retificadores trifásicos controlados

4-39 O retificador trifásico controlado da Fig. 4-20a é alimentado por uma fonte de 4.160 V rms de linha em 60 Hz. A carga é um resistor de 120 Ω. (a) Determine o ângulo de atraso necessário para produzir uma corrente média na carga de 25 A. (b) Estime as amplitudes das harmônicas V_6, V_{12} e V_{18} da tensão. (c) esboce as correntes na carga, S_1, S_4 e na fase A da fonte CA.

4-40 O retificador trifásico controlado da Fig. 4-20a é alimentado por uma fonte de 480 V rms de linha em 60m Hz. A carga é um resistor de 50 Ω. (a) Determine o ângulo de atraso necessário para produzir uma corrente média na carga de 10 A, (b) estime as amplitudes das harmônicas V_6, V_{12} e V_{18} da tensão e (c) esboce as correntes na carga, S_1, S_4 e na fase A da fonte CA.

4-41 O conversor trifásico controlado de seis pulsos da Fig. 4-20a é alimentado por uma fonte trifásica de 480 V rms de linha em 60m Hz. O ângulo de atraso é de 35° e a carga é uma combinação RL em série com $R = 50$ Ω e $L = 50$ mH. Determine (a) a corrente média na carga, (b) a amplitude das seis harmônicas da corrente e (c) a corrente rms em cada fase da fonte CA.

4-42 O conversor trifásico controlado de seis pulsos da Fig. 4-20a é alimentado por uma fonte trifásica de 480 V rms de linha em 60m Hz. O ângulo de atraso é de 50° e a carga é uma combinação RL em série com $R = 10$ Ω e $L = 10$ mH. Determine (a) a corrente média na carga, (b) a amplitude das seis harmônicas da corrente e (c) a corrente rms em cada fase da fonte CA.

4-43 O conversor trifásico controlado de seis pulsos da Fig. 4-20a é alimentado por uma fonte trifásica de 480 V rms de linha em 60 Hz. A carga é uma combinação RL em série com $R = 20$ Ω. (a) Determine o ângulo de atraso necessário para uma corrente média na carga de 20 A. (b) Determine o valor de L de modo que o primeiro termo CA da corrente ($n = 6$) seja menor que 2% da corrente média na carga. (c) Verifique seus resultados com uma simulação no PSpice.

4-44 Um conversor trifásico está funcionando como inversor e está conectado a uma fonte CC de 300 V como mostrado na Fig. 4-23a. A fonte CA é de 240 V rms de linha em 60 Hz. A resistência é de 0,5 Ω e o valor do indutor é alto o suficiente para se considerar que a corrente na carga é livre de ondulação. (a) Determine o ângulo de atraso α de modo que a tensão de saída no conversor seja $V_o = -280$ V. (b) Determine a potência fornecida ou absorvida por cada componente no circuito. Os SCRs são considerados ideais.

4-45 Um indutor com um bobinado feito com supercondutor é usado para armazenar energia. O conversor trifásico controlado de seis pulsos da Fig. 4-20a é utilizado para recuperar a energia armazenada e transferi-la para um sistema trifásico. Modele o indutor como uma fonte ligada como carga com uma corrente de 1.000 A e determine o ângulo de atraso necessário para que 1,5 MW seja transferida para o sistema CA que tem uma tensão de linha de 4.160 V rms em 60 Hz. Qual é a corrente em cada fase do sistema CA?

4-46 Uma companhia de energia elétrica instalou uma matriz de células solares para ser usada como uma fonte de energia. A matriz produz uma tensão CC de 1.000 V e tem uma resistência equivalente em série de 0,1 Ω. A variação de pico a pico na corrente da célula não deveria exceder a 5% da corrente média. A interface entre a matriz de células solares e o sistema CA é controlada pelo conversor trifásico controlado de seis pulsos da Fig. 4-23a. Um transformador trifásico é colocado entre o conversor e a linha de 12,5 kV rms de linha em 60 Hz. Projete um sistema para transferir 100 kW para o sistema de potência CA da matriz de células solares. (O sistema CA deve absorver 100 kW.) Especifique a relação de espiras do transformador, o ângulo de atraso do conversor e os valores dos outros componentes. Determine a perda de potência na resistência.

Transmissão de potência CC

4-47 Para a linha de transmissão CC elementar representada na Fig. 4-24a, a tensão CA em cada uma das pontes é de 345 kV rms de linha. A resistência total da linha é de 15 Ω e o valor da indutância é alto o suficiente para considerar a corrente CC como sendo livre de ondulações. O sistema CA 1 funciona com $\alpha = 45°$ e o sistema CA 2 tem $\alpha = 134,4°$. (a) Determine a potência absorvida ou fornecida por cada sistema CA. (b) Determine a perda de potência na linha.

4-48 Para a linha de transmissão CC elementar representada na Fig. 4-24a, a tensão CA em cada uma das pontes é de 230 kV rms de linha. A resistência total da linha é de 12 Ω e o valor da indutância é alto o suficiente para considerar a corrente CC como sendo livre de ondulações. O objetivo é o de transmitir 80 MW para o sistema CA 2 a partir do sistema CA 1 sobre a linha CC. Projete um conjunto de parâmetros de funcionamento para alcançar este objetivo. Determine a capacidade de transporte de corrente da linha CC e calcule perda de potência na linha.

4-49 Para a linha de transmissão CC elementar representada na Fig. 4-24a, a tensão CA em cada uma das pontes é de 230 kV rms de linha. A resistência total da linha é de 12 Ω e o valor da indutância é alto o suficiente para considerar a corrente CC como sendo livre de ondulações. O objetivo é o de transmitir 300 MW para o sistema CA 2 a partir do sistema CA 1 sobre a linha CC. Projete um conjunto de parâmetros de funcionamento para alcançar este objetivo. Determine a capacidade de transporte de corrente da linha CC e calcule perda de potência na linha.

Problemas de projetos

4-50 Projete um circuito capaz de produzir uma corrente média que pode variar de 8 a 12 A em um resistor de 8 Ω. As fontes disponíveis são monofásicas CA de 120 e 240 V rms em 60 Hz. A corrente deve ter uma variação que não passe de 2,5 A. Determine as tensões rms e média e máxima para cada elemento do circuito. Simule seu circuito no PSpice para verificar se as especificações foram atendidas. Dê circuitos alternativos que poderiam ser usados para satisfazer as especificações do projeto e as razões para sua escolha.

4-51 Projete um circuito capaz de produzir uma corrente média de 15 A em um resistor de 20 Ω. A variação de pico a pico na corrente da carga não deve ser maior que 10% da corrente CC. As fontes disponíveis são uma monofásica de 480 V rms 60 Hz e uma trifásica de 480 V rms de linha em 60 Hz. Você pode incluir elementos adicionais no circuito. Determine as correntes médias, rms e de pico em cada elemento do circuito. Simule seu circuito no PSpice para verificar se as especificações foram atendidas. Dê circuitos alternativos que poderiam ser usados para satisfazer as especificações do projeto e as razões para sua escolha.

Controladores de Tensão CA

Capítulo 5

Conversores de CA para CA

5.1 INTRODUÇÃO

Um controlador de tensão CA é um conversor que controla a tensão, corrente e potência média entregue para uma carga CA a partir de uma fonte CA. As chaves eletrônicas conectam e desconectam a fonte e a carga em intervalos regulares. Num esquema de chaveamento chamado de controle de fase, o chaveamento ocorre a cada ciclo da fonte, retirando parte da forma de onda antes que ela chegue à carga. Outro tipo de controle é o de ciclo integral, pelo qual a fonte é conectada e desconectada por vários ciclos de uma vez.

O controlador de tensão CA de fase controlada tem várias aplicações práticas, entre elas o circuito de variação de luminosidade (light-dimmer) e o controle de rotação de motor de indução. A tensão na entrada da fonte é CA e a saída é CA (embora não senoidal), de modo que o circuito é classificado como conversor CA-CA.

5.2 CONTROLADOR DE TENSÃO CA MONOFÁSICO

Funcionamento básico

Um controlador de tensão monofásico básico é mostrado na Fig. 5-1a. As chaves eletrônicas são mostradas como tiristores em paralelo (SCRs). Este arranjo de SCR possibilita que haja corrente na carga nos dois sentidos. Esta conexão de SCR é chamada de antiparalelo ou paralelo invertido porque os SCRs transportam corrente em sentidos opostos. Um triac é equivalente aos SCRs em antiparalelo. Outros dispositivos de chaveamento de controle podem ser usados no lugar dos SCRs.

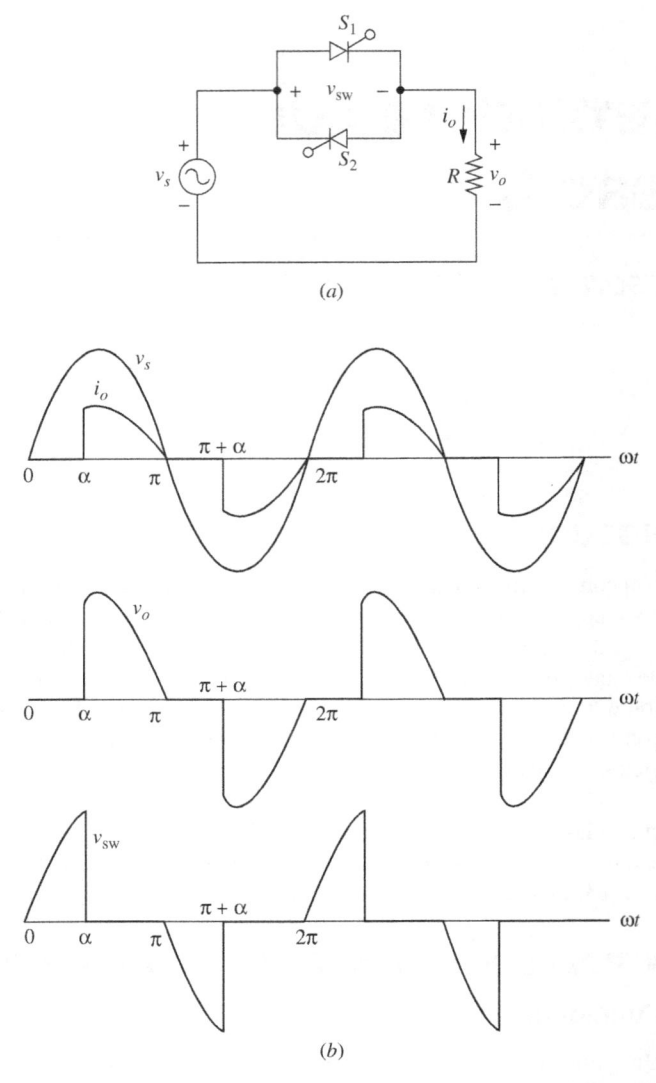

Figura 5-1 (a) Controlador de tensão CA monofásico com uma carga resistiva; (b) formas de onda.

O princípio de funcionamento do controlador de tensão CA monofásico usando um controle de fase é bem semelhante ao retificador de meia onda controlado da Sec. 3-9. Aqui, a corrente contém os dois semiciclos, positivo e negativo. Uma análise idêntica feita para o retificador de meia onda controlado pode ser utilizada para o controlador de tensão em um semiciclo. Depois, por simetria, o resultado pode ser extrapolado para descrever o funcionamento do período completo.

Algumas observações básicas a respeito do circuito da Fig. 5-1a são:

1. Os SCRs não podem conduzir ao mesmo tempo.
2. A tensão na carga é a mesma tensão na fonte quando os dois SCRs estão conduzindo. A tensão na carga é zero quando os dois SCRs estão em corte.
3. A tensão de chaveamento v_{sw} é zero quando os dois SCRs estão conduzindo e é igual à tensão da fonte quando não estão conduzindo.
4. A corrente média na fonte e na carga é zero se os SCRs estão conduzindo por intervalos de tempos iguais. A corrente média em cada SCR não é zero por causa da corrente unidirecional do SCR.
5. A corrente rms em cada SCR é $1/\sqrt{2}$ vezes a corrente rms na carga se os SCRs estiverem conduzindo por intervalos de tempos iguais. (Veja no Capítulo 2.)

Para o circuito da Fig. 5-1a, S_1 conduz se o sinal no gatilho é aplicado durante o semiciclo positivo da fonte. Assim como no caso do SCR no retificador de meia onda controlado, SCR 1 conduz até que a corrente chegue a zero. O momento em que este circuito difere do retificador de meia onda controlado é quando a fonte está no semiciclo negativo. Um sinal é aplicado em S_2 durante o semiciclo negativo da fonte fornecendo um caminho para a corrente negativa na carga. Se o sinal do gatilho para S_2 for meio período após o de S_1, a análise para o semiciclo é idêntica ao da metade positiva, exceto para o sinal algébrico da tensão e da corrente.

Controlador monofásico com carga resistiva

A Fig. 5-1b mostra as formas de onda para um controlador de tensão CA monofásico com controle de fase com uma carga resistiva. Estes são os tipos de formas de onda que existem em um circuito de controle de luminosidade de uma lâmpada incandescente. Sendo a tensão na fonte

$$v_s(\omega t) = V_m \operatorname{sen} \omega t \qquad (5\text{-}1)$$

A tensão na saída é

$$v_o(\omega t) = \begin{cases} V_m \operatorname{sen} \omega t & \text{para } \alpha < \omega t < \pi \quad \text{e} \quad \alpha + \pi < \omega t < 2\pi \\ 0 & \text{outro modo} \end{cases} \qquad (5\text{-}2)$$

A tensão rms na carga é determinada aproveitando a simetria positiva e negativa da forma de onda da tensão, necessitando de avaliação de somente meio período da forma de onda:

$$V_{o,\text{rms}} = \sqrt{\frac{1}{\pi}\int_\alpha^\pi [V_m \operatorname{sen}(\omega t)]^2 d(\omega t)} = \frac{V_m}{\sqrt{2}}\sqrt{1 - \frac{\alpha}{\pi} + \frac{\operatorname{sen}(2\alpha)}{2\pi}} \qquad (5\text{-}3)$$

Observe que para $\alpha = 0$, a tensão na carga é uma senoide que tem o mesmo valor rms da fonte. Uma tensão rms na carga normalizada está plotada como uma função de α na Fig. 5-2.

A corrente rms na carga e na fonte é

$$I_{o,\text{rms}} = \frac{V_{o,\text{rms}}}{R} \qquad (5\text{-}4)$$

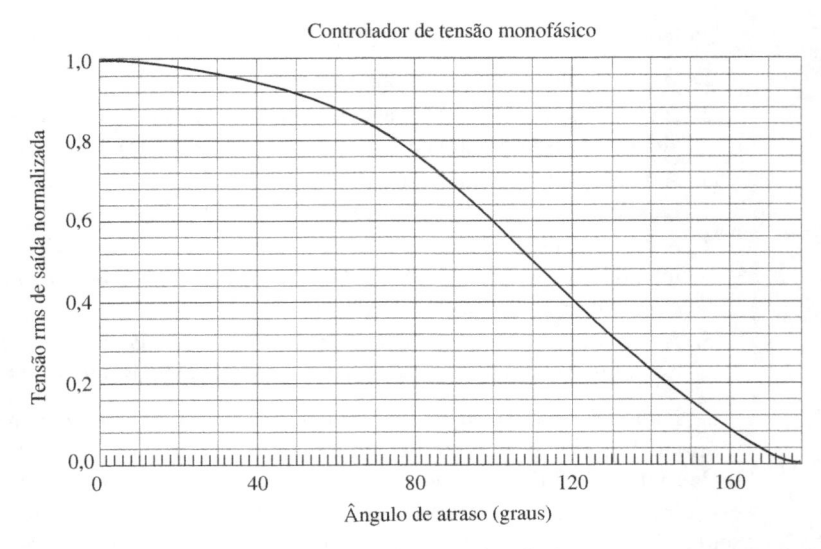

Figura 5-2 Tensão rms na carga normalizada *versus* ângulo de atraso para um controlador de tensão CA monofásico com carga resistiva.

E o fator de potência da carga é

$$fp = \frac{P}{S} = \frac{P}{V_{s,rms} I_{s,rms}} = \frac{V_{o,rms}^2/R}{V_{s,rms}(V_{o,rms}/R)} = \frac{V_{o,rms}}{V_{s,rms}}$$

$$= \frac{\frac{V_m}{\sqrt{2}}\sqrt{1 - \frac{\alpha}{\pi} + \frac{(\operatorname{sen}2\alpha)}{2\pi}}}{V_m/\sqrt{2}}$$

$$\boxed{fp = \sqrt{1 - \frac{\alpha}{\pi} + \frac{\operatorname{sen}(2\alpha)}{2\pi}}} \quad (5\text{-}5)$$

Observe que fp = 1 para $\alpha = 0$, que é o mesmo para uma carga resistiva não controlada, e o fator de potência para $\alpha > 0$ é menor que 1.

A corrente média na fonte é zero por causa da simetria dos semiciclos. A corrente média no SCR é

$$I_{SCR,med} = \frac{1}{2\pi}\int_{\alpha}^{\pi} \frac{V_m \operatorname{sen}(\omega t)}{R} d(\omega t) = \frac{V_m}{2\pi R}(1 + \cos\alpha) \quad (5\text{-}6)$$

Como cada SCR conduz metade da corrente de linha, a corrente rms em cada SCR é

$$I_{SCR,rms} = \frac{I_{o,rms}}{\sqrt{2}} \quad (5\text{-}7)$$

Harmônicas no controlador monofásico

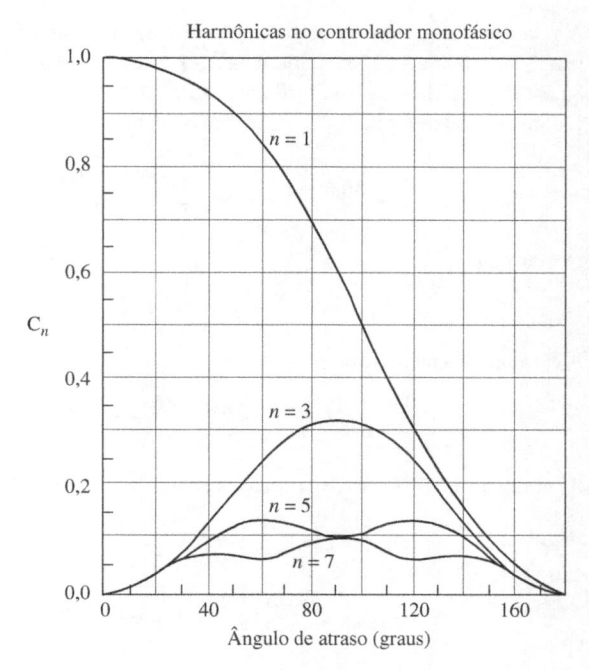

Figura 5-3 Conteúdo da harmônica normalizada versus ângulo de atraso para um controlador de tensão CA monofásico com carga resistiva; C_n é a amplitude normalizada. (Veja Capítulo 2.)

Como a corrente na fonte e na carga não é senoidal, a distorção harmônica é uma consideração quando for projetar e aplicar os controladores de tensão CA. Existem apenas as harmônicas ímpares na corrente de linha porque a forma de onda tem semiciclos simétricos. As correntes harmônicas são derivadas pela definição das equações de Fourier no Capítulo 2. O conteúdo da harmônica normalizada das correntes de linha *versus* α está mostrado na Fig. 5-3. A corrente base é a tensão na fonte dividida pela resistência, que é a corrente para $\alpha = 0$.

Exemplo 5-1

Controlador monofásico com uma carga resistiva

O controlador de tensão CA monofásico da Fig. 5-1a tem uma fonte CA de 120 V rms 60 Hz. A resistência de carga é de 15 Ω. Determine (a) o ângulo de atraso necessário para fornecer 500 W para a carga, (b) a corrente rms na fonte, (c) as correntes rms e média nos SCRs, (d) o fator de potência e (e) a distorção harmônica total (DHT) da corrente da fonte.

■ Solução

(a) A tensão rms necessária para fornecer 500 W para uma carga de 15 Ω é

$$P = \frac{V_{o,\text{rms}}^2}{R}$$

$$V_{o,\text{rms}} = \sqrt{PR} = \sqrt{(500)(15)} = 86{,}6 \text{ V}$$

A relação entre a tensão de saída e o ângulo de atraso é descrita pela Eq. (5-3) e a Fig. 5-2. Pela Fig. 5-2, o ângulo de atraso necessário para obter a saída normalizada de $86{,}6/120 = 0{,}72$ é de aproximadamente $90°$. Uma solução mais exata é obtida pela solução numérica para α na Eq. (5-3), expressa como

$$86{,}6 - 120\sqrt{1 - \frac{\alpha}{\pi} + \frac{\text{sen}(2\alpha)}{2\pi}} = 0$$

Que produz

$$\alpha = 1{,}54 \text{ rad} = 88{,}1°$$

(b) A corrente rms na fonte é

$$I_{o,\text{rms}} = \frac{V_{o,\text{rms}}}{R} = \frac{86{,}6}{15} = 5{,}77 \text{ A}$$

(c) As correntes no SCR são determinadas pelas Eq. (5-6) e (5-7),

$$I_{\text{SCR,rms}} = \frac{I_{\text{rms}}}{\sqrt{2}} = \frac{5{,}77}{\sqrt{2}} = 4{,}08 \text{ A}$$

$$I_{\text{SCR,med}} = \frac{\sqrt{2}(120)}{2\pi(15)}\left[1 + \cos(88{,}1°)\right] = 1{,}86 \text{ A}$$

(d) O fator de potência é

$$\text{fp} = \frac{P}{S} = \frac{500}{(120)(5{,}77)} = 0{,}72$$

que poderia ser calculado também pela Eq. (5-5).

(e) A corrente base rms é

$$I_{\text{base}} = \frac{V_{s,\text{rms}}}{R} = \frac{120}{15} = 8{,}0 \text{ A}$$

O valor rms da corrente na frequência fundamental é determinado por C_1 no gráfico da Fig. 5-3.

$$C_1 \approx 0{,}61 \Rightarrow I_{1,\text{rms}} = C_1 I_{\text{base}} = (0{,}61)(8{,}0) = 4{,}9 \text{ A}$$

A DHT é calculada pela Eq. (2-68),

$$\text{DHT} = \frac{\sqrt{I_{\text{rms}}^2 - I_{1,\text{rms}}^2}}{I_{1,\text{rms}}} = \frac{\sqrt{5{,}77^2 - 4{,}9^2}}{4{,}9} = 0{,}63 = 63\%$$

Controlador monofásico com carga *RL*

A Fig. 5-4a mostra um controlador de tensão CA monofásico com uma carga *RL*. Quando um sinal é aplicado no gatilho de S_1 em $\omega t = \alpha$, a lei da tensão de Kirchhoff para o circuito é expressa como

$$V_m \operatorname{sen}(\omega t) = R i_o(t) + L \frac{d i_o(t)}{dt} \tag{5-8}$$

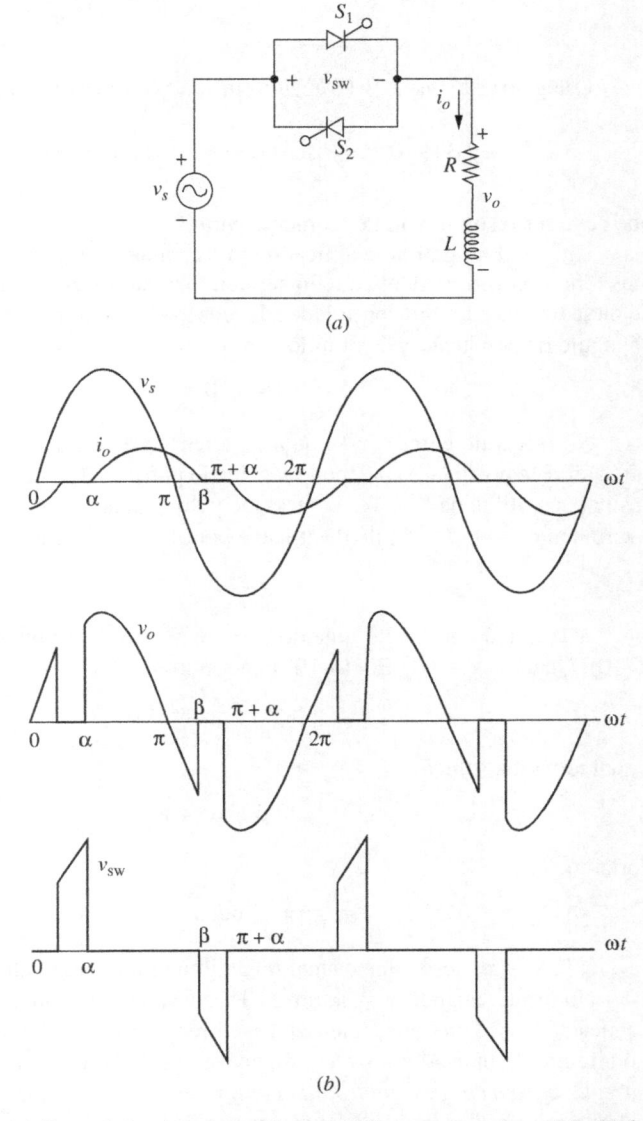

Figura 5-4 (a) Controlador de tensão CA monofásico com uma carga *RL*; (b) formas de onda típicas.

A solução para a corrente nesta equação, mostrada na Sec. 3-9, é

$$i_o(\omega t) = \begin{cases} \dfrac{V_m}{Z}\left[\operatorname{sen}(\omega t - \theta) - \operatorname{sen}(\alpha - \theta)\, e^{(\alpha - \omega t)/\omega\tau}\right] & \text{para } \alpha \leq \omega t \leq \beta \\ 0 & \text{outro modo} \end{cases}$$

onde (5-9)

$$Z = \sqrt{R^2 + (\omega L)^2} \quad \text{e} \quad \theta = \operatorname{tg}^{-1}\left(\dfrac{\omega L}{R}\right)$$

O ângulo de extinção β é o ângulo em que a corrente retorna para zero, onde $\omega t = \beta$,

$$i_o(\beta) = 0 = \dfrac{V_m}{Z}\left[\operatorname{sen}(\beta - \theta) - \operatorname{sen}(\alpha - \theta)\, e^{(\alpha - \beta)/\omega\tau}\right] \quad (5\text{-}10)$$

que deve ser resolvido numericamente para β.

Um sinal no gatilho é aplicado em S_2 em $\omega t = \pi + \alpha$ e a corrente é negativa, mas tem uma forma idêntica a do semiciclo positivo. A Fig. 5-4b mostra as formas de onda típicas para um controlador de tensão CA monofásico com uma carga RL. O ângulo de condução γ é definido como

$$\gamma = \beta - \alpha \quad (5\text{-}11)$$

No intervalo entre π e β, quando a tensão na fonte é negativa e a corrente na carga ainda é positiva, S_2 não pode ser ligado porque não está polarizado diretamente. O sinal no gatilho de S_2 deve ser atrasado pelo menos até que a corrente em S_1 chegue a zero, em $\omega t = \beta$. O ângulo de atraso é portanto pelo menos $\beta - \pi$.

$$\alpha \geq \beta - \pi \quad (5\text{-}12)$$

A condição de limite quando $\beta - \alpha = \pi$ é determinada pelo exame da Eq. (5-10). Quando $\alpha = \theta$, a Eq. (5-10) fica sendo

$$\operatorname{sen}(\beta - \alpha) = 0$$

a qual tem uma solução

$$\beta - \alpha = \pi$$

Portanto,

$$\gamma = \pi \quad \text{quando} \quad \alpha = \theta \quad (5\text{-}13)$$

Se $\alpha < \theta$, $\gamma = \pi$, desde que o sinal no gatilho seja mantido além de $\omega t = \theta$.

No limite, quando $\gamma = \pi$, um SCR está sempre conduzindo e a tensão na carga é a mesma tensão da fonte. A tensão e a corrente na carga são senoidais para este caso e o circuito é analisado por meio da análise de fasor para circuitos CA. *A potência entregue para a carga é controlada continuamente entre os dois extremos correspondentes para a tensão total da fonte e zero.*

Esta combinação de SCRs pode funcionar como um *relé de estado sólido*, ligando ou desligando a carga da fonte CA pelo controle do gatilho dos SCRs. A carga é desconectada da fonte quando não é aplicado um sinal no gatilho e a carga tem a mesma tensão da fonte quando um sinal é aplicado continuamente no gatilho. Na prática, o sinal no gatilho pode ser uma série de pulsos de alta frequência em vez de um sinal CC contínuo.

Uma expressão para a corrente rms na carga é determinada reconhecendo que a forma de onda da corrente ao quadrado repete a cada π rad. Usando a definição de rms,

$$I_{o,\text{rms}} = \sqrt{\frac{1}{\pi} \int_{\alpha}^{\beta} i_o^2(\omega t) \, d(\omega t)} \qquad (5\text{-}14)$$

onde $i_o(\omega t)$ é descrito na Eq. (5-9).

A potência absorvida pela carga é determinada por

$$P = I_{o,\text{rms}}^2 R \qquad (5\text{-}15)$$

A corrente rms em cada SCR é

$$I_{\text{SCR,rms}} = \frac{I_{o,\text{rms}}}{\sqrt{2}} \qquad (5\text{-}16)$$

A corrente média na carga é zero, mas cada SCR transfere metade da forma de onda da corrente, fazendo com que a corrente média no SCR seja

$$I_{\text{SCR,med}} = \frac{1}{2\pi} \int_{\alpha}^{\beta} i_o(\omega t) \, d(\omega t) \qquad (5\text{-}17)$$

Exemplo 5-2

Controlador de tensão monofásico com carga RL

Para o controlador de tensão monofásico da Fig. 5-4a, a fonte é de 120 V rms em 60 Hz e a carga é uma combinação em série de RL com $R = 20 \, \Omega$ e $L = 50$ mH. O ângulo de atraso α é de 90°. Determine (a) uma expressão para a corrente na carga para o primeiro semiperíodo, (b) a corrente rms na carga, (c) a corrente rms no SCR, (d) a corrente média no SCR, (e) a potência entregue para a carga, e (f) o fator de potência.

■ Solução

(a) A corrente é expressa como na Eq. (5-9). Pelos parâmetros dados,

$$Z = \sqrt{R^2 + (\omega L)^2} = \sqrt{(20)^2 + [(377)(0,05)]^2} = 27,5 \, \Omega$$

$$\theta = \text{tg}^{-1}\left(\frac{\omega L}{R}\right) = \text{tg}^{-1} \frac{(377)(0,05)}{20} = 0,756 \text{ rad}$$

$$\omega \tau = \omega \left(\frac{L}{R}\right) = 377 \left(\frac{0,05}{20}\right) = 0,943 \text{ rad}$$

$$\frac{V_m}{Z} = \frac{120\sqrt{2}}{27,5} = 6,18 \text{ A}$$

$$\alpha = 90° = 1,57 \text{ rad}$$

$$\frac{V_m}{Z} \operatorname{sen}(\alpha - \theta) e^{\alpha/\omega\tau} = 23{,}8 \text{ A}$$

A corrente é então expressa na Eq. (5-9) como

$$i_o(\omega t) = 6{,}18 \operatorname{sen}(\omega t - 0{,}756) - 23{,}8 e^{-\omega t/0{,}943} \quad \text{A} \quad \text{para } \alpha \leq \omega t \leq \beta$$

O ângulo de extinção β é determinado pela solução numérica de $i(\beta) = 0$ na equação acima, produzindo

$$\beta = 3{,}83 \text{ rad} = 220°$$

Observe que o ângulo de condução $\gamma = \beta - \alpha = 2{,}26$ rad $= 130°$, que é menor que o limite de 180°.

(b) A corrente rms na carga é determinada pela Eq. (5-14).

$$I_{o,\text{rms}} = \sqrt{\frac{1}{\pi} \int_{1{,}57}^{3{,}83} \left[6{,}18 \operatorname{sen}(\omega t - 0{,}756) - 23{,}8 e^{-\omega t/0{,}943} \right] d(\omega t)} = 2{,}71 \text{ A}$$

(c) A corrente rms em cada SCR é determinada pela Eq. (5-16).

$$I_{\text{SCR,rms}} = \frac{I_{o,\text{rms}}}{\sqrt{2}} = \frac{2{,}71}{\sqrt{2}} = 1{,}92 \text{ A}$$

(d) A corrente média no SCR é obtida pela Eq. (5-17)

$$I_{\text{SCR,med}} = \frac{1}{2\pi} \int_{1{,}57}^{3{,}83} \left[6{,}18 \operatorname{sen}(\omega t - 0{,}756) - 23{,}8 e^{-\omega t/0{,}943} \right] d(\omega t) = 1{,}04 \text{ A}$$

(e) A potência absorvida pela carga é

$$P = I_{o,\text{rms}}^2 R = (2{,}71)^2 (20) = 147 \text{ W}$$

(f) O fator de potência é determinado potência P/S.

$$\text{fp} = \frac{P}{S} = \frac{P}{V_{s,\text{rms}} I_{s,\text{rms}}} = \frac{147}{(120)(2{,}71)} = 0{,}45 = 45\%$$

Simulação com o PSpice para o controlador de tensão CA monofásico

A simulação de controlador de tensão monofásico no PSpice é muito parecida com a do retificador de meia onda controlado. O SCR é modelado com um diodo e uma chave controlada por tensão. Os diodos limitam a corrente para os valores positivos, duplicando assim o comportamento do SCR. As duas chaves são complementares, cada uma fecha por um semiperíodo.

O circuito no Capture Schematic requer a versão completa, enquanto que o texto no arquivo CIR funciona na versão Demo A/D do PSpice.

Exemplo 5-3

Simulação de um controlador de tensão CA monofásico no PSpice

Use o PSpice para simular o circuito do Exemplo 5-2. Determine a corrente rms na carga, as correntes rms e média no SCR, a potência da carga e a distorção harmônica total na corrente da fonte. Use o modelo de diodo ideal padrão no SCR.

■ Solução

O circuito para a simulação é mostrado na Fig. 5-5. É preciso usar a versão completa do Schematic Capture.

O arquivo do circuito no PSpice para a versão Demo A/D é como segue:

```
SINGLE-PHASE VOLTAGE CONTROLLER (voltcont.cir)
*** OUTPUT VOLTAGE IS V(3), OUTPUT CURRENT IS I(R) ***
*************** INPUT PARAMETERS ********************
.PARAM VS = 120              ;source rms voltage
.PARAM ALPHA = 90            ;delay angle in degrees
.PARAM R = 20                ;load resistance
.PARAM L = 50mH              ;load inductance
.PARAM F = 60                ;frequency
.PARAM TALPHA = {ALPHA/(360*F)} PW 5 {0.5/F} ;converts angle to time delay

**************** CIRCUIT DESCRIPTION ********************
VS 1 0 SIN(0 {VS*SQRT(2)} {F})
S1 1 2 11 0 SMOD
D1 2 3 DMOD                  ; FORWARD SCR
S2 3 5 0 11 SMOD
```

CONTROLADOR DE TENSÃO CA

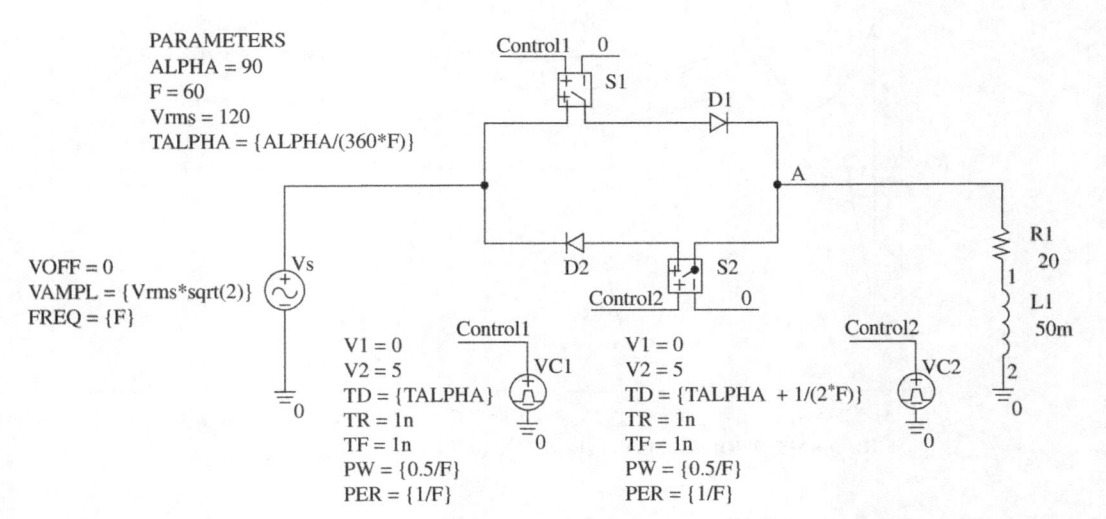

Figura 5-5 O esquema do circuito para um controlador de tensão CA monofásico. É preciso usar a versão completa do Schematic Capture para este circuito.

```
D2 5 1 DMOD                          ; REVERSE SCR
R 3 4 {R}
L 4 0 {L}

*************** MODELS AND COMMANDS ********************
.MODEL DMOD D
.MODEL SMOD VSWITCH (RON=.01)
VCONTROL 11 0 PULSE(-10 10 {TALPHA} 0 0 {PW} {1/F})  ;control for both
switches
.TRAN .1MS 33.33MS 16.67MS .1MS UIC   ;one period of output
.FOUR 60 I(R)                         ;Fourier Analysis to get THD
.PROBE
.END
```

Usando o arquivo A/D no PSpice para a simulação, a saída do Probe da corrente na fonte e os valores relacionados são mostrados na Fig. 5-6. Pelo Probe, são obtidos os seguintes valores:

Quantity	Expression	Result
RMS load current	RMS(I(R))	2,59 A
RMS SCR current	RMS(I(S1))	1,87 A
Average SCR current	AVG(I(S1))	1,01 A
Load power	AVG(W(R))	134 W
Total harmonic distortion	(from the output file)	31,7%

Observe que os SCRs são não ideais (usando o diodo padrão), resultando em valores menores de corrente e potência na carga do que na análise no Exemplo 5-2, o qual supôs os SCRs como ideais. Um modelo particular para o SCR que será usado para implementar o circuito dará uma previsão mais precisa do funcionamento do circuito real.

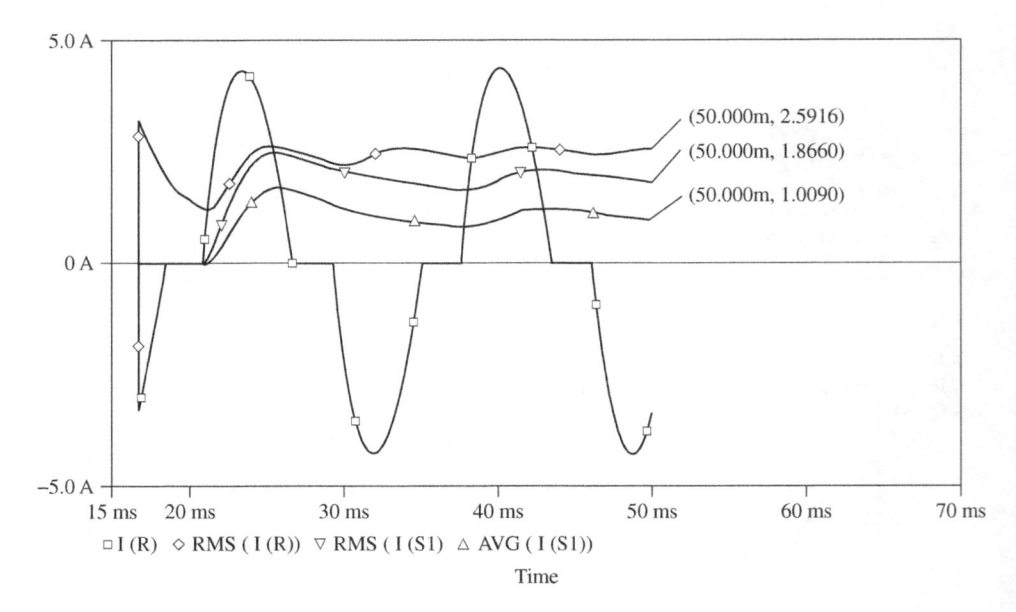

Figura 5-6 Saída do Probe para o Exemplo 5-3.

5.3 CONTROLADORES DE TENSÃO TRIFÁSICOS

Conexão de carga resistiva em Y

Um controlador de tensão trifásico com uma carga resistiva conectada em Y é mostrado na Fig. 5-7a. A potência entregue para a carga é controlada pelo ângulo de atraso α em cada SCR. Os seis SCRs são ligados na sequência 1-2-3-4-5-6, em intervalos de 60°. Os sinais nos gatilhos são mantidos por todo o ângulo de condução possível.

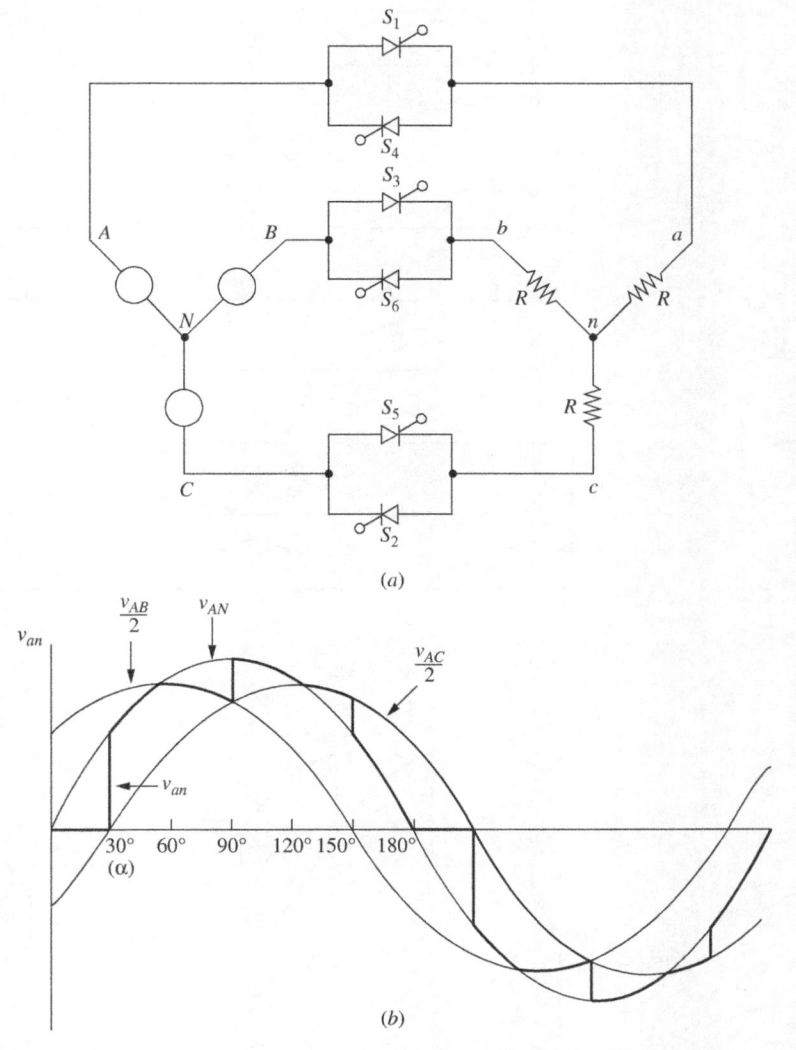

Figura 5-7 (a) Controlador de tensão trifásico CA com carga resistiva conectada em Y; (b) tensão na carga v_{an} para $\alpha = 30°$; (c) tensões e correntes para uma carga trifásica resistiva para $\alpha = 30°$; (d) tensão na carga v_{an} para $\alpha = 75°$; (e) tensão na carga v_{an} para $\alpha = 120°$.

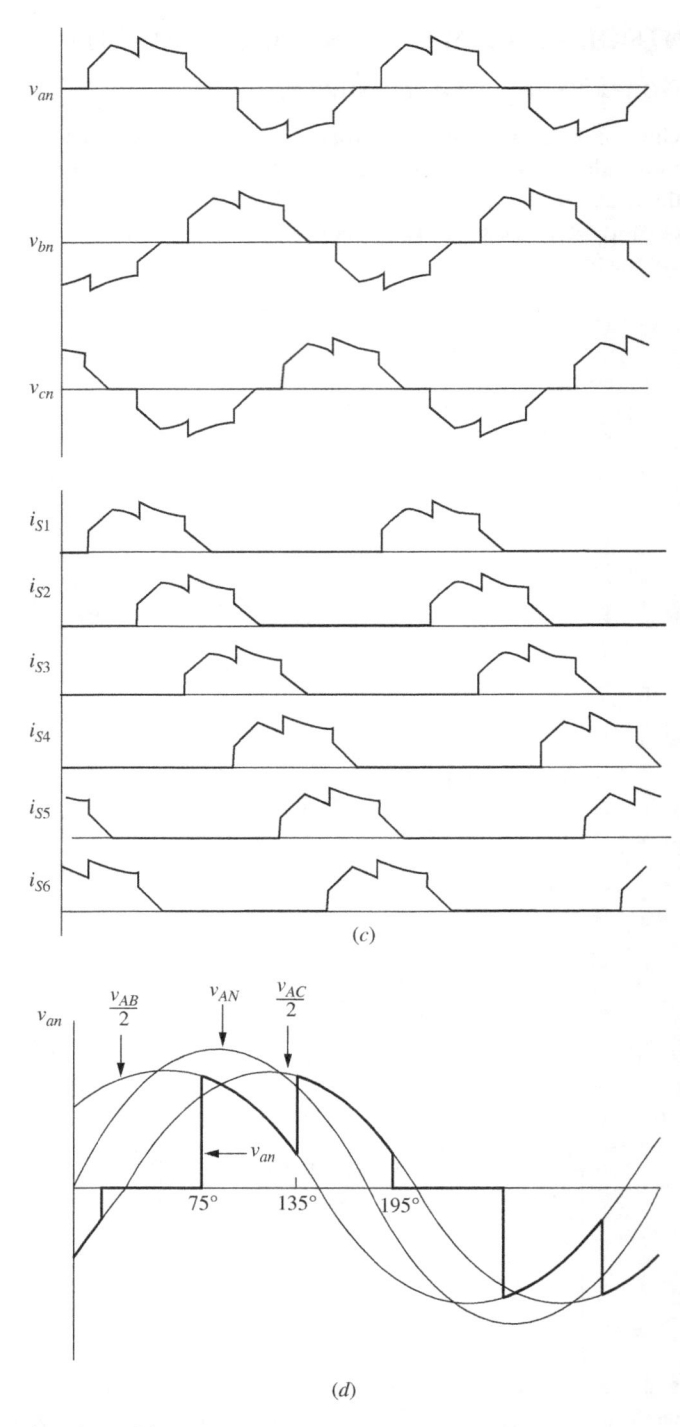

Figura 5-7 (*continuação*)

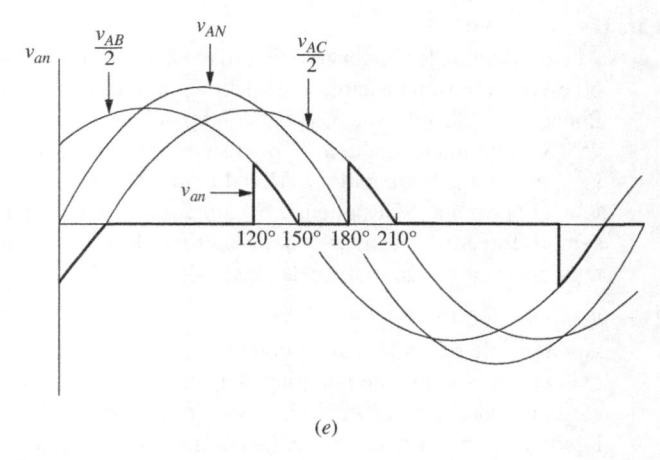

Figura 5-7 (*continuação*)

A tensão instantânea em cada fase na carga é determinada pelos SCRs em condução. Em algum instante, três SCRs, dois SCRs ou nenhum SCR está conduzindo. As tensões instantâneas na carga podem ser: tensão de fase entre o neutro e uma das linhas (três conduzindo), metade da tensão de linha a linha (dois conduzindo) ou zero (nenhum conduzindo).

Quando três SCRs estão conduzindo (um em cada fase), todas as três tensões das fases são conectadas na fonte, correspondendo a uma fonte trifásica balanceada conectada a uma carga trifásica balanceada. A tensão em cada fase da carga é a tensão correspondente entre uma linha e o neutro. Por exemplo, se S_1, S_2 e S_6 estiverem conduzindo, $v_{an} = v_{AN}$, $v_{bn} = v_{BN}$ e $v_{cn} = v_{CN}$. Quando dois SCRs estiverem conduzindo, a tensão de linha daquelas fases é dividida igualmente entre dois resistores da carga que estiverem conectados. Por exemplo, se apenas S_1 e S_2 estiverem conduzindo, $v_{an} = v_{AC}/2$, $v_{cn} = v_{CA}/2$ e $v_{bn} = 0$.

Aqueles SCRs que estão conduzindo dependem do ângulo de atraso α e das tensões da fonte em um determinado instante. As seguintes faixas de α que produzem determinados tipos de tensões na carga têm um exemplo para cada uma:

Para $0 < \alpha < 60°$:

Para esta faixa de α, dois ou três SCRs conduzem de uma vez. A Fig. 5-7b mostra a tensão da linha para o neutro v_{an} na carga para $\alpha = 30°$. Em $\omega t = 0$, S_5 e S_6 estão conduzindo e não há corrente em R_a, fazendo com que $v_{an} = 0$. Em $\omega t = \pi/6(30°)$, S_1 recebe um sinal no gatilho e começa a conduzir; S_5 e S_6 permanecem em condução e $v_{an} = v_{AN}$. A corrente em S_5 chega a zero em 60°, desligando S_5. Com S_1 e S_6 permanecendo em condução, $v_{an} = v_{AB}/2$. Em 90°, S_2 é ligado; os três SCRs S_1, S_2 e S_6 são então ligados; e $v_{an} = v_{AN}$. Em 120°, S_6 desliga levando S_1 e S_2 para a condução, logo $v_{an} = v_{AC}/2$. Como a sequência de disparo para os SCRs continua, o número de SCRs em condução alterna em um determinado instante entre 2 e 3. Todas as três tensões na carga do neutro para a fase e as correntes nas chaves são mostradas na Fig. 5-7c. Para existir intervalos quando três SCRs estão em condução, o ângulo de atraso deve ser menor que 60°.

Para 60° < α < 90°:
Apenas dois SCRs conduzem de uma vez quando o ângulo de atraso está entre 60 e 90°. A tensão na carga = tensão v_{an} para α = 75° é mostrada na Fig. 5-7d. Pouco antes de 75°, S_5 e S_6 estão conduzindo e v_{an} = 0. Quando S_1 é ligado em 75°, S_6 continua a conduzir, S_5 precisa desligar por que v_{CN} é negativa. A tensão v_{an} é então $v_{AB}/2$. Quando S_2 é ligado em 135°, S_6 é forçado a desligar e v_{an} = $v_{AC}/2$. O próximo SCR a ligar é S_3, que força S_1 a desligar e v_{an} = 0. Um SCR é sempre forçado a desligar quando outro SCR é ligado para esta faixa de α. As tensões na carga são metade da tensão de linha a linha ou zero.

Para 90° < α < 150°:
Apenas dois SCRs podem conduzir de uma vez neste modo. Adicionalmente, existem intervalos que nenhum SCR conduz. A Fig. 5-7e mostra a tensão na carga v_{an} para α = 120°. No intervalo pouco antes de 120°, nenhum SCR está ligado e v_{an} = 0. Em α 120°, é dado um sinal no gatilho de S_1 e S_6 ainda tem um sinal aplicado no gatilho. Como v_{AB} é positiva, as duas chaves S_1 e S_6 estão polarizadas diretamente e começam a conduzir e v_{an} = $v_{AB}/2$. As duas chaves S_1 e S_6 desligam quando v_{AB} se torna negativa. Quando é aplicado um sinal no gatilho de S_2, ele conduz e S_1 volta a conduzir.

Para α > 150°, não há intervalo quando um SCR está polarizado diretamente enquanto é aplicado um sinal no gatilho. A tensão na saída é zero para esta condição.

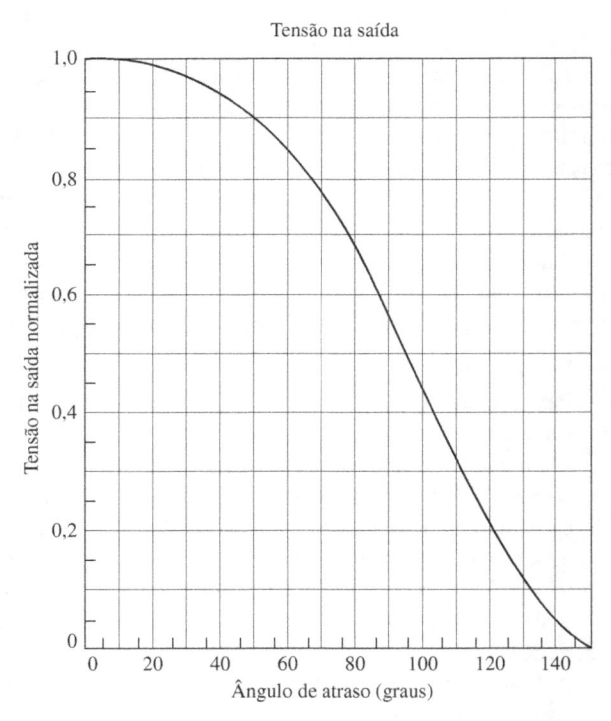

Figura 5-8 Tensão de saída rms normalizada para um controlador de tensão CA trifásico com uma carga resistiva.

A tensão normalizada na saída *versus* o ângulo de atraso é mostrada na Fig. 5-8. Observe que um ângulo de atraso zero corresponde a uma carga sendo conectada diretamente à fonte trifásica.

A faixa da tensão de saída para controlador de tensão trifásico está entre a tensão total da fonte e zero.

As correntes harmônicas na carga e a linha para o controlador de tensão trifásico CA são as harmônicas ímpares da ordem $6n \pm 1$, $n = 1, 2, 3,...$(que é, 5ª, 7ª, 11ª, 13ª).... Pode ser necessário filtro de harmônica em algumas aplicações para evitar a propagação das correntes harmônicas no sistema CA.

Como a análise do controlador de tensão trifásico é demorada, então uma simulação é um meio pratico de se obter as tensões rms de saída e a potência entregue para a carga. A simulação com o PSpice é apresentada no Exemplo 5-4.

Carga *RL* conectada em *Y*

As tensões na carga para um controlador de tensão trifásico com uma carga *RL* são caracterizadas novamente como sendo da linha para o neutro, metade da tensão de linha a linha ou zero. A análise com carga *RL* é muito mais difícil do que com uma carga resistiva e a simulação fornece resultados que seriam extremamente difíceis de se obter analiticamente. O Exemplo 5-4 ilustra o uso do PSpice para um controlador de tensão trifásico CA.

Exemplo 5-4

Simulação do controlador de tensão trifásico com o PSpice

Use o PSpice para obter a potência entregue para uma carga trifásica conectada em *Y*. Cada fase da carga é uma combinação em série de *RL* com $R = 10 \, \Omega$ e $L = 30$ mH. A fonte trifásica é de 480 V rms de linha a linha em 60 Hz e o ângulo de atraso α é de 75°. Determine o valor rms das correntes da linha, a potência absorvida pela carga, a potência absorvida pelos SCRs e a distorção harmônica total (DHT) das correntes da fonte.

■ Solução

Um arquivo de entrada A/D no PSpice para o controlador de tensão trifásico conectado e *Y* com uma carga *RL* são como segue:

```
THREE-PHASE VOLTAGE CONTROLLER-R-L LOAD (3phvc.cir)
*SOURCE AND LOAD ARE Y-CONNECTED (UNGROUNDED)
********************* INPUT PARAMETERS ***************************
.PARAM Vs  = 480              ; rms line-to-line voltage
.PARAM ALPHA = 75             ; delay angle in degrees
.PARAM R = 10                 ; load resistance (y-connected)
.PARAM L = 30mH               ; load inductance
.PARAM F = 60                 ; source frequency


********************* COMPUTED PARAMETERS ************************
.PARAM Vm = {Vs*SQRT(2)/SQRT(3)}   ; convert to peak line-neutral volts
.PARAM DLAY = {1/(6*F)}            ; switching interval is 1/6 period
.PARAM PW = {.5/F} TALPHA={ALPHA/(F*360)}
.PARAM TRF = 10US            ; rise and fall time for pulse switch control
```

```
*********************** THREE-PHASE SOURCE **************************
VAN  1  0  SIN(0  {VM}  60)
VBN  2  0  SIN(0  {VM}  60  0  0  -120)
VCN  3  0  SIN(0  {VM}  60  0  0  -240)

***************************** SWITCHES ******************************
S1  1  8   18  0  SMOD                    ; A-phase
D1  8  4   DMOD
S4  4  9   19  0  SMOD
D4  9  1   DMOD

S3  2  10  20  0  SMOD                    ; B-phase
D3  10 5   DMOD
S6  5  11  21  0  SMOD
D6  11 2   DMOD

S5  3  12  22  0  SMOD                    ; C-phase
D5  12 6   DMOD
S2  6  13  23  0  SMOD
D2  13 3   DMOD

****************************** LOAD *********************************
RA  4  4A  {R}                            ; van = v(4,7)
LA  4A 7   {L}

RB  5  5A  {R}                            ; vbn = v(5,7)
LB  5A 7   {L}

RC  6  6A  {R}                            ; vcn = v(6,7)
LC  6A 7   {L}

************************** SWITCH CONTROL ***************************
V1  18  0  PULSE(-10  10  {TALPHA}           {TRF}  {TRF}  {PW}  {1/F})
V4  19  0  PULSE(-10  10  {TALPHA+3*DLAY}    {TRF}  {TRF}  {PW}  {1/F})
V3  20  0  PULSE(-10  10  {TALPHA+2*DLAY}    {TRF}  {TRF}  {PW}  {1/F})
V6  21  0  PULSE(-10  10  {TALPHA+5*DLAY}    {TRF}  {TRF}  {PW}  {1/F})
V5  22  0  PULSE(-10  10  {TALPHA+4*DLAY}    {TRF}  {TRF}  {PW}  {1/F})
V2  23  0  PULSE(-10  10  {TALPHA+DLAY}      {TRF}  {TRF}  {PW}  {1/F})

*********************** MODELS AND COMMANDS *************************
.MODEL SMOD VSWITCH(RON=0.01)
.MODEL DMOD D
.TRAN .1MS 50MS 16.67ms .05MS UIC
.FOUR 60 I(RA)                          ; Fourier analysis of line current
.PROBE
.OPTIONS NOPAGE ITL5=0
.END
```

A saída do Probe para a corrente em uma das fases no estado estável é mostrada na Fig. 5-9. A corrente rms na linha e a potência absorvida pelos SCRs são obtidas entrando-se com uma expressão adequada no Probe. A DHT na fonte de corrente é determinada pelas análises de Fourier no arquivo de saída. Os resultados estão resumidos na tabela a seguir.

Quantity	Expression	Result
RMS line current	RMS(I(RA))	12,86 A
Load power	3*AVG(V(4,7)*I(RA))	4960 W
Total SCR power absorbed	6*AVG(V(1,4)*I(S1))	35,1 W
THD of source current	(from the output file)	13,1%

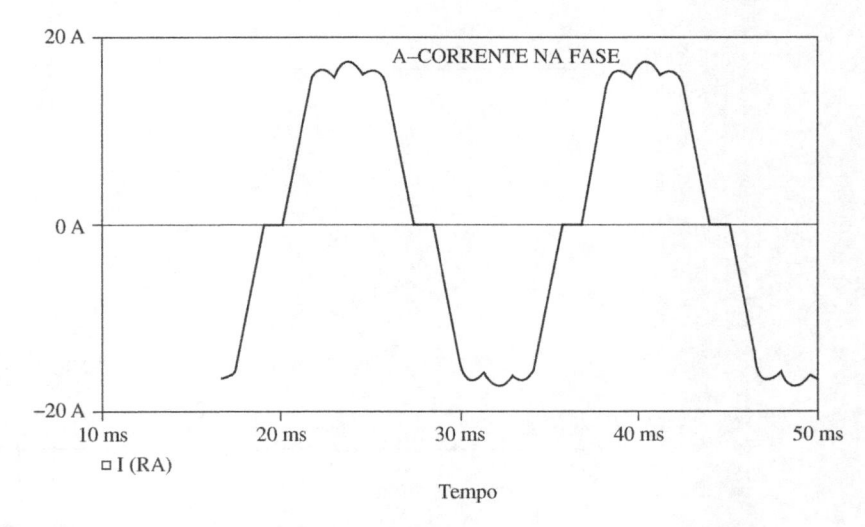

Figura 5-9 Saída do Probe para o Exemplo 5-4.

Carga resistiva conectada em triângulo

Um controlador de tensão trifásico CA com uma carga resistiva conectada em triângulo pode ser observado na Fig. 5-10a. A tensão em um resistor da carga é a tensão correspondente de linha a linha quando um SCR na fase está ligado. A referência do ângulo de atraso é pela passagem do zero na tensão de linha a linha. Os SCRs são ligados na sequência 1-2-3-4-5-6.

A corrente de linha em cada fase é a soma de duas correntes no triângulo:

$$i_a = i_{ab} - i_{ca}$$
$$i_b = i_{bc} - i_{ab} \qquad (5\text{-}18)$$
$$i_c = i_{ca} - i_{bc}$$

A relação entre as correntes rms de linha e na ligação em triângulo depende do ângulo de condução dos SCRs. Para ângulos de condução menores (maior α), as correntes na ligação em triângulo não se sobrepõem Fig. (5-10b) e as correntes rms na linha são

$$I_{L,\text{rms}} = \sqrt{2}\, I_{\Delta,\text{rms}} \qquad (5\text{-}19)$$

Para ângulos de condução maiores (menor α), as correntes no triângulo se sobrepõem (Fig. 5-10c) e a corrente rms na linha é maior que $\sqrt{2} I_\Delta$. No limite quando γ = π (α =0), as correntes no triângulo e nas linhas são senoidais. A corrente rms na linha é determinada pela análise comum em trifásico.

$$I_{L,\text{rms}} = \sqrt{3}\, I_{\Delta,\text{rms}} \qquad (5\text{-}20)$$

Portanto, a faixa de corrente rms na linha é

$$\sqrt{2}\, I_{\Delta,\text{rms}} \le I_{L,\text{rms}} \le \sqrt{3}\, I_{\Delta,\text{rms}} \qquad (5\text{-}21)$$

dependendo de α

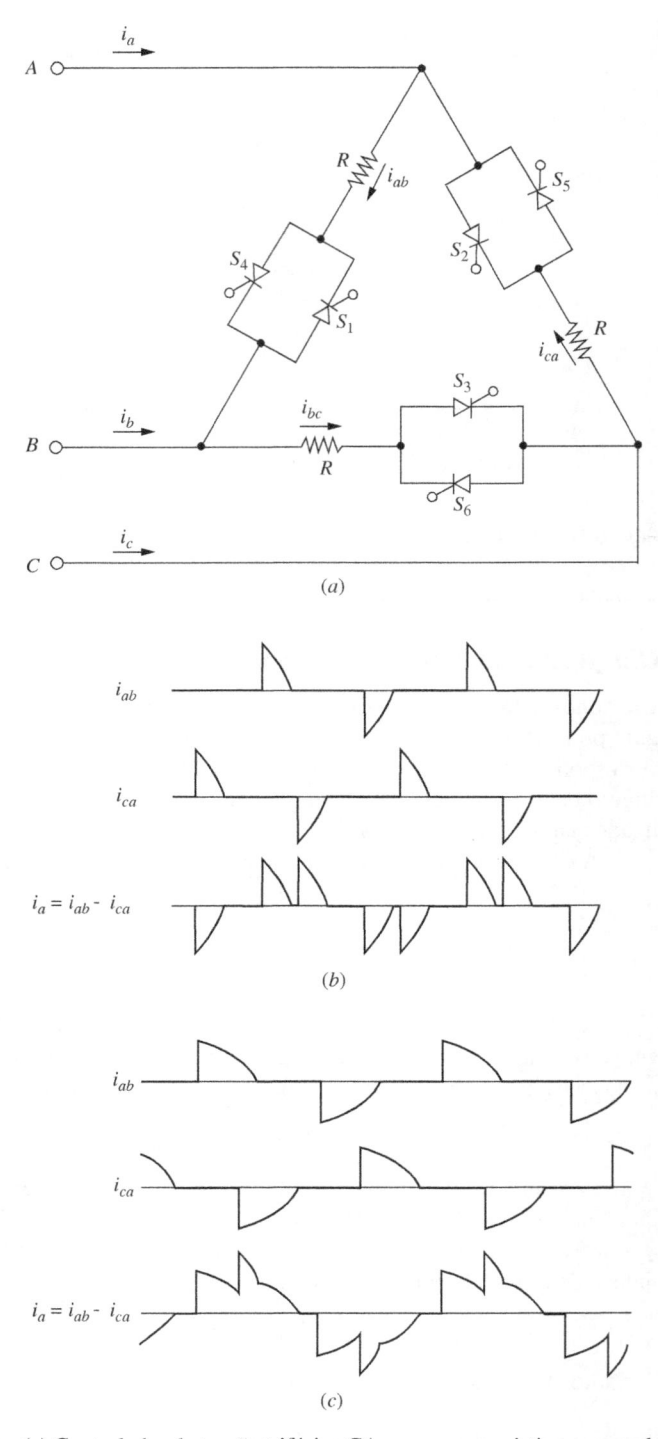

Figura 5-10 (a) Controlador de tensão trifásico CA com carga resistiva conectada em triângulo; (b) formas de onda da corrente para $\alpha = 130°$; (c) formas de onda da corrente para $\alpha = 90°$.

O uso do controlador de tensão trifásico conectado em triângulo requer que a carga seja secionada para permitir a ligação dos tiristores em cada fase, que na prática nem sempre é possível.

5.4 CONTROLE DE ROTAÇÃO DE MOTOR DE INDUÇÃO

A rotação de um motor de indução com rotor em gaiola de esquilo pode ser controlada pela variação da tensão e ou frequência. O controlador de tensão CA é adequado para algumas aplicações de controle de rotação. O torque produzido por um motor de indução é proporcional ao quadrado da tensão aplicada. Curvas típicas de torque-rotação para um motor de indução são mostradas na Fig. 5-11. Se uma carga tiver uma característica como à mostrada na Fig. 5-11, a rotação pode ser controlada pelo ajuste da tensão no motor. A rotação corresponde à interseção das curvas torque-rotação do motor e da carga. Um ventilador ou uma bomba é uma carga adequada para este tipo de controle de rotação, em que a necessidade do torque é aproximadamente proporcional ao quadrado da rotação.

Motores de indução monofásicos são controlados com o circuito da Fig. 5-4a e motores trifásicos com circuitos da Fig. 5-7a. A eficiência da energia é pobre quando é usado este tipo de controle, especialmente em baixas rotações. Um alto escorregamento em baixas rotações resulta em grandes perdas no rotor. Existem aplicações típicas onde as cargas são baixas, como nos motores monofásicos de potências fracionárias ou nas quais o tempo de funcionamento em baixa rotação é curto. Um controle de rotação de motor usando uma fonte de frequência variável de um circuito inversor (Capítulo 8) é um método geralmente preferido.

5.5 CONTROLE ESTÁTICO VAR

Rotineiramente são instalados capacitores em paralelo com cargas indutivas para melhorar o fator de potência. Se uma carga tem uma exigência constante voltampere reativa (VAR), um capacitor de valor fixo pode ser escolhido para corrigir o fator de

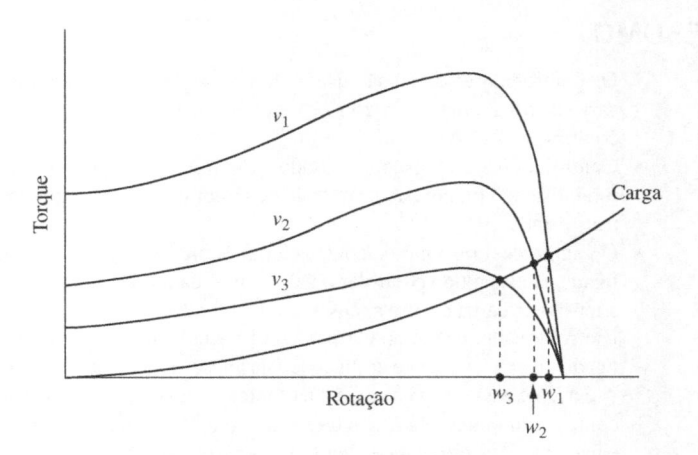

Figura 5-11 Curvas torque-rotação para um motor de indução.

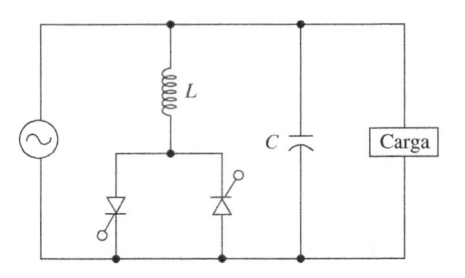

Figura 5-12 Controle estático VAR.

potência até a unidade. Contudo, se uma carga tem uma exigência de VAR variável, o arranjo com capacitor fixo resulta numa mudança do fator de potência.

O circuito da Fig. 5-12 representa uma aplicação para um controlador de tensão CA manter o fator de potência unitário para cargas com exigências VAR variável. A capacitância para a correção do fator de potência fornece uma quantidade fixa de potência reativa, geralmente maior que a exigida pela carga. A indutância em paralelo absorve uma quantidade variável da potência reativa, dependendo do ângulo de atraso dos SCRs. A potência reativa total fornecida pela combinação de indutor-capacitor é controlada para igualar a absorvida pela carga. Como a exigência VAR da carga é alterada, o ângulo de atraso é ajustado para manter o fator de potência unitário. Este tipo de correção do fator de potência é conhecido como *controle estático de VAR*.

Os SCRs são ligados no ramo do indutor em vez de no ramo do capacitor, já que correntes de valores elevados no capacitor poderiam levar a um chaveamento do SCR.

O controle estático VAR tem a vantagem de ser capaz de ajustar rapidamente as mudanças na exigência da carga. A potência reativa é ajustada continuamente com o controle estático VAR, em vez de ter níveis discretos como nos bancos de capacitores que são chaveados, ligados e desligados dos circuitos com disjuntores. O controle estático VAR tem prevalecido cada vez mais em instalações com requerimento de variação rápida da potência reativa, como nos fornos a arco elétrico. Geralmente são necessários filtros para remover as correntes harmônicas geradas pelo chaveamento da indutância.

5.6 RESUMO

- Os controladores de tensão usam chaves eletrônicas para conectar e desconectar uma carga de uma fonte em intervalos regulares. Este tipo de circuito é classificado como um conversor CA-CA.
- Controladores de tensão são usados em aplicações como um circuito de variação de luminosidade monofásico, controle de motor de indução monofásico ou trifásico e controle estático VAR.
- O ângulo de atraso para o controle de tiristores é o intervalo de tempo para a chave ser ligada e deste modo controlar o valor eficaz da tensão na carga. A faixa de controle para a tensão na carga é entre a tensão total da fonte CA e zero.
- Um controlador de tensão CA pode ser projetado para funcionar tanto no modo totalmente ligado quanto totalmente desligado. Esta aplicação é usada como um relé de estado sólido.
- A corrente e a tensão na carga e na fonte em um circuito controlador de tensão CA pode conter harmônicas significantes. Para ângulos de atraso iguais nos semiciclos positivo e negativo, a corrente média na fonte é zero e existem apenas as harmônicas ímpares.

- Controladores de tensão trifásicos podem ter cargas conectadas em Y ou Δ.
- A simulação de controladores de tensão monofásicos ou trifásicos é um eficiente método de análise.

5.7 BIBLIOGRAFIA

B. K. Bose, *Power Electronics and Motor Drives: Advances and Trends*, Academic Press, New York, 2006.

A. K. Chattopadhyay, *Power Electronics Handbook*, edited by M. H. Rashid, Academic Press, New York, 2001, Chapter 16.

M. A. El-Sharkawi, *Fundamentals of Electric Drives*, Brooks/Cole, Pacific Grove, Calif., 2000.

B. M. Han and S. I. Moon, "Static Reactive-Power Compensator Using Soft-Switching Current-Source Inverter," *IEEE Transactions on Power Electronics*, vol. 48, no. 6, December 2001.

N. Mohan, T. M. Undeland, and W. P. Robbins, *Power Electronics: Converters, Applications, and Design*, 3d ed., Wiley, New York, 2003.

M. H. Rashid, *Power Electronics: Circuits, Devices, and Systems*, 3d ed., Prentice-Hall, Upper Saddle River, N. J., 2004.

R. Valentine, *Motor Control Electronics Handbook*, McGraw-Hill, New York, 1996.

B. Wu, *High-Power Converters and AC Drives*, Wiley, New York, 2006.

Problemas

Controladores de tensão monofásicos

5-1 O controlador de tensão CA monofásico da Fig. 5-1a tem uma fonte de 480 V rms em 60 Hz e uma resistência de carga de 50 Ω. O ângulo de atraso é de 60°. Determine (a) a tensão rms na carga, (b) a potência absorvida pela carga, (c) o fator de potência, (d) as correntes média e rms nos SCRs e (e) A DHT da corrente da fonte.

5-2 O controlador de tensão CA monofásico da Fig. 5-1a tem uma fonte de 120 V rms 60 Hz e uma resistência de carga de 20 Ω. O ângulo de atraso é de 45°. Determine (a) a tensão rms na carga, (b) a potência absorvida pela carga, (c) o fator de potência, (d) as correntes média e rms nos SCRs e (e) A DHT da corrente da fonte.

5-3 O controlador de tensão CA monofásico da Fig. 5-1a tem uma fonte de 240 V rms e a resistência de carga de 35 Ω. (a) Determine o ângulo de atraso necessário para fornecer 800 W para a carga, (b) determine corrente rms em cada SCR e (c) determine o fator de potência.

5-4 Uma carga resistiva absorve 200 W quando conectada em uma fonte CA de 120 V rms 60 Hz. Projete um circuito que resultará em 200 W, absorvido pela mesma resistência, quando a fonte é de 240 V rms em 60 hz. Qual é a tensão de pico na carga em cada caso?

5-5 O controlador de tensão CA monofásico da Fig. 5-1a tem uma fonte de 120 V rms em 60 Hz e uma resistência de carga de 40 Ω. Determine a faixa de α de modo que a potência na saída possa ser controlada de 200 a 400 W. Determine a faixa do fator de potência que resultará.

5-6 Projete um circuito para fornecer uma potência na faixa de 750 a 1.500 W para um resistor de 32 Ω com uma fonte de 240 V rms 60 hz. Determine as correntes máximas, rms e média nos dispositivos de chaveamentos e determine a tensão máxima nos dispositivos.

5-7 Projete um circuito para fornecer uma potência constante de 1.200 W para uma carga que tem uma resistência que varia de 20 a 40 Ω. A fonte CA é de 240 V rms, 60 Hz. Determine as correntes máximas, rms e média nos dispositivos e determine a tensão máxima nos dispositivos.

5-8 Projete um controlador de luminosidade para uma lâmpada incandescente de 120 V, 100 W. A fonte é de 120 V rms, 60 Hz. Especifique o ângulo de atraso para o triac produzir uma potência de saída de (a) 75 W, (b) 25 W. Suponha que a lâmpada é uma carga é uma resistência constante.

5-9 Um controlador de tensão ca monofásico similar ao da Fig. 5-1a com a exceção que S_2 foi substituída por um diodo. S_1 funciona em um ângulo de atraso α. Determine (a) uma expressão para a tensão rms na carga como uma função de α e v_m e (b) a faixa de tensão rms numa carga resistiva para este circuito.

5-10 O controlador de tensão CA monofásico da Fig. 5-1a funciona com atrasos desiguais nos dois SCRs ($\alpha_1 \neq \alpha_2$). Derive expressões para a tensão rms na carga e a tensão média na carga em termos de V_m, α_1 e α_2.

5-11 O controlador de tensão CA monofásico da Fig. 5-4a tem uma fonte de 120 V rms 60 Hz. A carga RL em série tem $R = 18 \ \Omega$ e $L = 30$ mH. O ângulo de atraso $\alpha = 60°$. Determine (a) uma expressão para a corrente, (b) a corrente rms na carga, (c) a corrente rms em cada um dos SCRs e (d) a potência absorvida pela carga, (e) esboce as formas de onda da tensão na saída e a tensão nos SCRs.

5-12 O controlador de tensão CA monofásico da Fig. 5-4a tem uma fonte de 120 V rms 60 Hz. A carga RL em série tem $R = 22\Omega$ e $L = 40$ mH. O ângulo de atraso $\alpha = 50°$. Determine (a) Uma expressão para a corrente, (b) a corrente rms na carga, (c) a corrente rms em cada um dos SCRs e (d) a potência absorvida pela carga. (e) Esboce as formas de onda da tensão na saída e a tensão nos SCRs.

5-13 O controlador de tensão CA monofásico da Fig. 5-4a tem uma fonte de 120 V rms 60 Hz. A carga RL tem $R = 12 \ \Omega$ e $L = 24$ mH. O ângulo de atraso α é de 115°. Determine a corrente rms na carga.

5-14 O controlador de tensão CA monofásico da Fig. 5-4a tem uma fonte de 120 V rms 60 Hz. A carga RL tem $R = 12 \ \Omega$ e $L = 20$ mH. O ângulo de atraso α é de 70°. (a) Determine a potência absorvida pela carga para SCRs ideais, (b) Determine a potência na carga com uma simulação no PSpice. Use o diodo padrão e $R_{lig.} = 0,1 \ \Omega$ no modelo do SCR. (c) Determine a DHT da corrente na fonte com uma saída do PSpice.

5-15 Use o PSpice para determinar o ângulo de atraso num controlador de tensão da Fig. 5-4a necessário para fornecer (a) 400 W e (b) 700 W para uma carga RL com $R = 15 \ \Omega$ e $L = 15$ mH a partir de uma fonte de tensão de 120 V rms 60 Hz.

5-16 Use o PSpice para determinar o ângulo de atraso num controlador de tensão da Fig. 5-4a necessário para fornecer (a) 600 W e (b) 1.000 W para uma carga RL com $R = 25 \ \Omega$ e $L = 60$ mH a partir de uma fonte de tensão de 240 V rms 60 Hz.

5-17 Projete um circuito para fornecer 250 W para uma carga RL em série com a carga, onde $R = 24 \ \Omega$ e $L = 35$ mH. A fonte é de 120 V rms em 60 Hz. Especifique as correntes rms e média nos dispositivos. Especifique a tensão máxima nos dispositivos.

Controlador de tensão trifásico

5-18 O controlador de tensão trifásico da Fig. 5-7a tem uma fonte de 480 V rms de linha a linha e uma carga resistiva com 35 Ω em cada fase. Simule o circuito no PSpice para determinar a potência absorvida pela carga se o ângulo de atraso α é (a) 20°, (b) 80° e (c) 115°.

5-19 O controlador de tensão trifásico conectado em Y tem uma fonte com tensão de linha a linha de 240 V rms, 60 Hz. A carga em cada fase é uma combinação RL em série com $R = 16\ \Omega$ e $L = 50$ mH. O ângulo de atraso α é de 90°. Simule o circuito no PSpice para determinar a potência absorvida pela carga. Em um gráfico de um período da corrente na fase A, indique os intervalos em que cada SCR conduz. Faça sua análise para o estado estável da corrente.

5-20 Para a carga resistiva conectada em triângulo no controlador de tensão trifásico da Fig. 5-10, determine o menor ângulo de atraso de modo que a corrente rms de linha seja descrita por $I_{\text{linha rms}} = \sqrt{2} I_{\Delta\text{rms}}$.

5-21 Modifique o circuito no arquivo do PSpice para o controlador de tensão trifásico para uma análise de uma carga conectada em triângulo. Determine os valores rms das correntes no triângulo e as correntes para uma fonte de 480 V rms, uma carga resistiva de $R = 25\ \Omega$ em cada fase e um ângulo de atraso de 45°. Inclua uma saída no probe para mostrar i_{ab} e i_a.

5-22 Um controlador de tensão trifásico CA tem uma fonte de 480 V rms, 60 Hz. A carga está conectada em Y e cada fase tem uma combinação RLC em série com $R = 14\ \Omega$, $L = 10$ mH e $C = 1\ \mu$F. O ângulo de atraso é de 70°. Use o PSpice para determinar (a) A corrente rms na carga, (b) A potência absorvida pela carga e (c) A DHT da corrente de linha. Inclua também um gráfico de um período da corrente na fase A, indicando quais SCRs estão conduzindo de cada vez. Faça sua análise para o estado estável da corrente.

5-23 Para um controlador de tensão CA trifásico com uma carga conectada em Y, a tensão no par de SCR S_1-S_4 é zero quando os dois estão ligados. Em termos de fonte de tensão trifásica, qual é a tensão no par S_1-S_4 quando ambos estão desligados?

Capítulo 6

Conversores CC-CC

Os conversores CC-CC são circuitos eletrônicos que convertem uma tensão CC para diferentes níveis de tensão CC fornecendo sempre uma saída regulada. Os circuitos descritos neste capítulo serão classificados como conversores CC-CC de modo chaveado, também chamados de fontes chaveadas ou chaveadores. Este capítulo descreve alguns conversores CC-CC básicos. O Capítulo 7 descreve algumas variações comuns destes circuitos que são usados em muitos projetos de fonte de alimentação CC.

6.1 REGULADORES DE TENSÃO LINEARES

Antes de estudar os conversores no modo chaveado, é útil rever a razão de buscar uma alternativa para os conversores lineares CC-CC que foram introduzidos no Capítulo 1. Um método para converter uma tensão CC para uma tensão CC menor é um circuito simples como mostrado na Fig. 6-1. A tensão na saída é

$$V_o = I_L R_L$$

onde a corrente na carga é controlada pelo transistor. Pelo ajuste da corrente na base do transistor, a tensão na saída pode ser controlada sobre uma faixa de 0 até aproximadamente V_s. A corrente na base pode ser ajustada para compensar as variações na tensão de alimentação ou na carga, regulando então a saída. Este tipo de circuito é chamado de conversor CC-CC linear ou regulador linear por que o transistor funciona na região linear, evitando as regiões de saturação ou corte. O transistor funciona na realidade como uma resistência variável.

Embora isto possa ser um modo simples de converter uma tensão CC de alimentação para uma tensão CC menor e regular a saída, a baixa eficiência deste circuito é

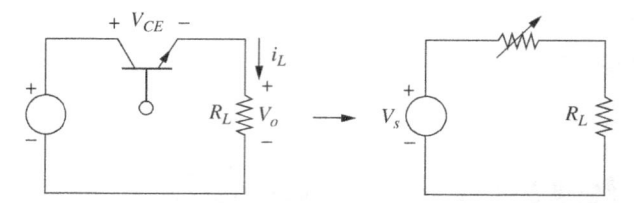

Figura 6-1 Um regulador linear básico.

uma séria desvantagem em aplicações de potência. A potência absorvida pela carga é $V_o I_L$ e a potência absorvida pelo transistor é $V_{CE} I_L$, supondo uma baixa corrente na base. A perda de potência no transistor torna este circuito ineficiente. Por exemplo, se a tensão na saída for um quarto da tensão de entrada, o resistor da carga absorve um quarto da potência da fonte, que é uma eficiência de 25%. O transistor absorve os outros 75% da potência fornecida pela fonte. Baixas tensões de saída resultam na mesma baixa eficiência. Portanto, o regulador de tensão linear é adequado apenas para aplicações de baixa potência.

6.2 UM CONVERSOR CHAVEADO BÁSICO

Uma alternativa eficiente para o regulador linear é o conversor chaveado ou comutado. Num circuito conversor chaveado, o transistor funciona como uma chave eletrônica sendo completamente ligado ou completamente desligado (saturação ou corte para um TJB ou triodo e regiões de corte para um MOSFET). Este circuito é conhecido também como um recortador CC (chopper) CC. Supondo a chave na Fig. 6-2 ideal, a saída é a mesma da entrada quando a chave é fechada e a saída é zero quando a chave

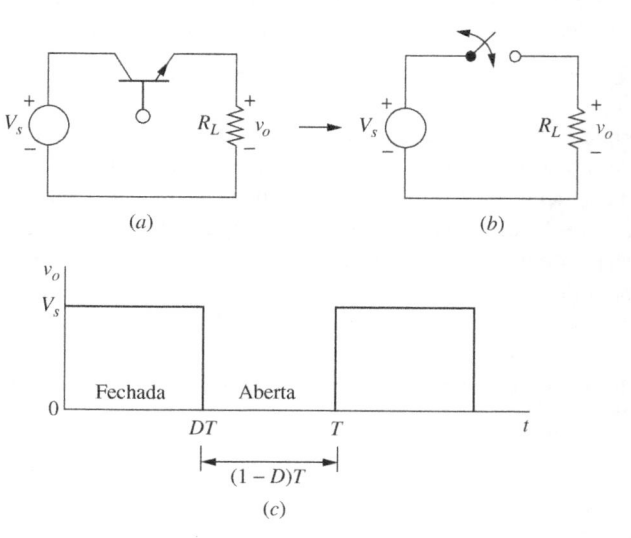

Figura 6-2 (a) Um conversor CC-CC chaveado básico; (b) chaveamento equivalente; (c) tensão na saída.

é aberta. O fechamento e abertura (ou comutação) periódicos da chave resulta nos pulsos mostrados na Fig. 6-2c. A componente média ou CC da tensão na saída é

$$V_o = \frac{1}{T}\int_0^T v_o(t)\,dt = \frac{1}{T}\int_0^{DT} V_s\,dt = V_s D \qquad (6\text{-}1)$$

A componente CC da tensão na saída é controlada pelo ajuste da taxa de trabalho D, que é a fração do período de chaveamento que a chave é fechada

$$D \equiv \frac{t_{\text{ligado}}}{t_{\text{ligado}} + t_{\text{desligado}}} = \frac{t_{\text{ligado}}}{T} = t_{\text{ligado}} f \qquad (6\text{-}2)$$

onde f é a frequência de chaveamento ou frequência de comutação. A componente CC da tensão na saída será menor que ou igual à tensão na entrada para este circuito.

A potência absorvida pela chave ideal é zero. Quando a chave é aberta, não há corrente, quando a chave é fechada, não há queda de tensão. Portanto, toda potência é absorvida pela carga e a eficiência é de 100%. Ocorrem perdas quando a chave é real por que a queda de tensão quando ela está conduzindo não é zero e a chave deve passar pela região de saturação quando fizer a transição de um estado para o outro.

6.3 O CONVERSOR BUCK (ABAIXADOR)

Controlando a componente CC com uma tensão pulsada na saída (do tipo mostrado na Fig. 6-2c), pode ser suficiente para algumas aplicações como o controle da rotação de um motor CC, mas o objetivo sempre é o de produzir uma saída que é puramente CC. Um modo de obter uma saída CC do circuito da Fig. 6-2a é inserindo um filtro passa baixas depois da chave. A Fig. 6-3a mostra um filtro passa baixas LC adicionado ao conversor básico. O diodo proporciona um caminho para a corrente no indutor quando a chave é aberta e é polarizada reversamente quando a chave é fechada. Este circuito é chamado de *conversor buck* ou *conversor abaixador* por que a tensão na saída é menor que a da entrada.

Relações de tensão e corrente

Se o filtro passa baixas é ideal, a tensão na saída é a média da tensão de entrada para filtro. A entrada para o filtro, v_x na Fig. 6-3a, é V_s quando a chave é fechada e é zero quando está aberta, desde que a corrente no indutor permaneça positiva, mantendo o diodo ligado. Se a chave é fechada periodicamente numa taxa de trabalho D, a tensão média na entrada do filtro é $V_s D$, como na Eq. (6-1).

Esta análise supõe que o diodo permanece polarizado diretamente por todo o tempo que a chave está aberta, implicando que a corrente no indutor permaneça positiva. Uma corrente no indutor que permanece positiva por todo o período de chaveamento é conhecida como *modo de condução contínua*. Reciprocamente, o modo de condução descontínuo de corrente é caracterizado pela corrente no indutor retornando a zero durante cada período.

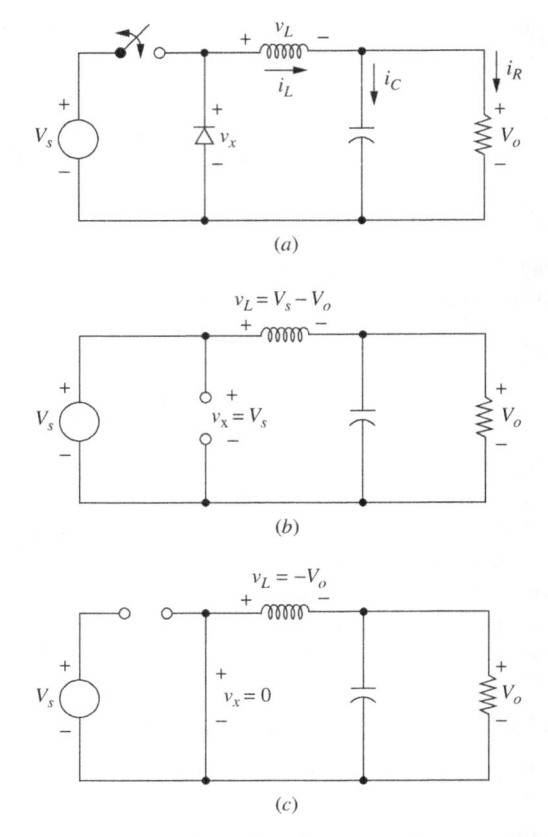

Figura 6-3 (a) Conversor buck CC-CC; (b) circuito equivalente para a chave fechada; (c) circuito equivalente para a chave aberta.

Outro modo de analisar o funcionamento do conversor buck da Fig. 6-3a é examinar a tensão e a corrente no indutor. Este método de analise será útil para o projeto do filtro e para a análise de circuitos que serão apresentados mais tarde neste capítulo.

Os conversores buck e conversores CC-CC em geral têm as seguintes propriedades quando funcionando no estado estável:

1. A corrente no indutor é periódica.

$$i_L(t + T) = i_L(t) \tag{6-3}$$

2. A corrente média no indutor é zero (veja a Sec. 2.3).

$$V_L = \frac{1}{T} \int_{t}^{t+T} v_L(\lambda)d\lambda = 0 \tag{6-4}$$

3. A corrente média no capacitor é zero (veja a Sec. 2.3).

$$I_C = \frac{1}{T} \int_t^{t+T} i_C(\lambda)d\lambda = 0 \tag{6-5}$$

4. A potência fornecida pela fonte é a mesma potência fornecida para a carga. Para componentes não ideais, a fonte alimenta também as perdas.

$$\begin{aligned} P_s &= P_o & \text{ideal} \\ P_s &= P_o + \text{perdas} & \text{não ideal} \end{aligned} \tag{6-6}$$

A análise do conversor buck da Fig. 6-3a começa a partir dos seguintes suposições:

1. O funcionamento do circuito é no estado estável.
2. A corrente no indutor é no modo contínuo (sempre positiva).
3. O valor do capacitor é bem alto e a tensão na saída é mantida constante em V_o. Esta restrição será atenuada mais tarde para mostrar os efeitos da capacitância finita.
4. O período de chaveamento é T; a chave é fechada pelo tempo DT e aberta pelo tempo $(1-D)T$.
5. Os componentes são ideais.

Uma sugestão de análise para a determinação da tensão V_o é examinar a corrente e a tensão no indutor primeiro com a chave fechada e depois com a chave aberta. A mudança final resultante na corrente do indutor sobre um período deve ser zero para o funcionamento no estado estável. A tensão média no indutor á zero.

Análise com a chave fechada Quando a chave é fechada no circuito do conversor buck da Fig. 6-3a, o diodo é polarizado reversamente e a Fig. 6-3b é um circuito equivalente. A tensão no indutor é

$$v_L = V_s - V_o = L\frac{di_L}{dt}$$

Rearranjando,

$$\frac{di_L}{dt} = \frac{V_s - V_o}{L} \quad \text{chave fechada}$$

Como a derivada da corrente é uma constante positiva, a corrente aumenta linearmente como mostra a Fig. 6-4b. A mudança na corrente enquanto a chave é fechada, sendo calculada pela modificação da equação anterior.

$$\frac{di_L}{dt} = \frac{\Delta i_L}{\Delta t} = \frac{\Delta i_L}{DT} = \frac{V_s - V_o}{L}$$

$$(\Delta i_L)_{\text{fechada}} = \left(\frac{V_s - V_o}{L}\right)DT \tag{6-7}$$

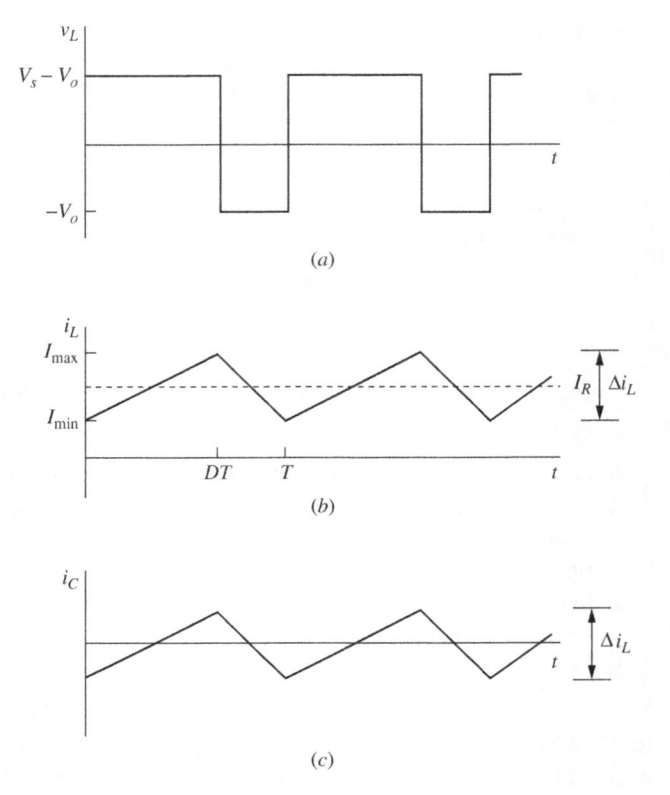

Figura 6-4 Forma de onda no conversor buck; (a) tensão no indutor; (b) corrente no indutor; (c) corrente no capacitor.

Análise para a chave aberta   Quando a chave é aberta, o diodo fica polarizado diretamente para conduzir a corrente no indutor e o circuito equivalente é o da Fig. 6-3c. A tensão no indutor quando a chave é aberta é

$$v_L = -V_o = L\frac{di_L}{dt}$$

Rearranjando,

$$\frac{di_L}{dt} = \frac{-V_o}{L} \quad \text{chave aberta}$$

A derivada da corrente no indutor é uma constante negativa, e a corrente diminui linearmente como mostra a Fig. 6-4b. A mudança na corrente do indutor quando a chave é aberta é

$$\frac{\Delta i_L}{\Delta t} = \frac{\Delta i_L}{(1-D)T} = -\frac{V_o}{L}$$

$$(\Delta i_L)_{\text{aberta}} = -\left(\frac{V_o}{L}\right)(1-D)T$$

(6-8)

O funcionamento no estado estável exige que a corrente no indutor no final do ciclo de chaveamento seja a mesma do inicio, o que significa que a troca líquida de corrente no indutor sobre um período é zero. Isto exige que

$$(\Delta i_L)_{\text{fechada}} + (\Delta i_L)_{\text{aberta}} = 0$$

Usando as Eqs. (6-7) e (6-8),

$$\left(\frac{V_s - V_o}{L}\right)(DT) - \left(\frac{V_o}{L}\right)(1 - D)T = 0$$

Resolvendo para V_o,

$$\boxed{V_o = V_s D} \tag{6-9}$$

que é o mesmo resultado da Eq. (6-1). *O conversor buck produz uma tensão na saída que é menor que ou igual a da entrada.*

Uma derivação alternativa da tensão na saída é baseada na tensão do indutor, como mostra a Fig. 6-4a. Visto que a tensão média no indutor é zero no período de funcionamento,

$$V_L = (V_s - V_o)DT + (-V_o)(1 - D)T = 0$$

Resolvendo a equação anterior para V_o manter o mesmo resultado como na Eq. (6-9), $V_o = V_s D$.

Observe que a tensão na saída depende apenas da entrada e da taxa de trabalho D. Se a tensão na entrada flutuar, a tensão na saída pode ser regulada pelo ajuste adequado da taxa de trabalho. A malha de realimentação é necessária para amostrar a tensão de saída, compare-a com uma referência e ajuste a taxa de trabalho da chave adequadamente. As técnicas de regulação serão estudadas no Capítulo 7.

A corrente média no indutor deve ser a mesma corrente média no resistor de carga, visto que a corrente média no capacitor deve ser zero para o funcionamento no estado estável:

$$I_L = I_R = \frac{V_o}{R} \tag{6-10}$$

Como a variação na corrente do indutor é conhecida pelas Eqs. (6-7) e (6-8), os valores máximos e mínimos da corrente no indutor são calculados como

$$I_{\max} = I_L + \frac{\Delta i_L}{2}$$

$$= \frac{V_o}{R} + \frac{1}{2}\left[\frac{V_o}{L}(1-D)T\right] = V_o\left(\frac{1}{R} + \frac{1-D}{2Lf}\right) \tag{6-11}$$

$$I_{\min} = I_L - \frac{\Delta i_L}{2}$$

$$= \frac{V_o}{R} - \frac{1}{2}\left[\frac{V_o}{L}(1-D)T\right] = V_o\left(\frac{1}{R} - \frac{1-D}{2Lf}\right) \tag{6-12}$$

onde $f = 1/T$ é a frequência de chaveamento.

Para que a análise anterior seja válida, o modo de condução contínua no indutor deve ser comprovado. Um modo fácil de verificar se o modo é contínuo é calculando a corrente mínima no indutor pela Eq. (6-12). Como o valor da corrente mínima no indutor deve ser positivo para o modo contínuo, um mínimo negativo calculado pela Eq. (6-12) não será admitido por causa do diodo e indica que o modo é descontínuo. O circuito funcionará para corrente descontínua no indutor, mas a análise anterior não é válida. O funcionando no modo descontínuo de corrente será estudado depois neste capítulo.

A Eq. (6-12) pode ser usada para determinar a combinação de L e f que resultará no modo de condução descontínua. Como $I_{min} = 0$ é o limite entre os modos contínuo e descontínuo de corrente,

$$I_{min} = 0 = V_o\left(\frac{1}{R} - \frac{1-D}{2Lf}\right)$$

$$(Lf)_{min} = \frac{(1-D)R}{2} \quad (6\text{-}13)$$

Se a frequência de chaveamento desejada for estabelecida,

$$\boxed{L_{min} = \frac{(1-D)R}{2f} \quad \text{para o modo contínuo}} \quad (6\text{-}14)$$

onde L_{min} é a indutância mínima necessária para o modo de condução contínua. Na prática, um valor de indutância maior que L_{min} é desejável para garantir o modo de condução contínua.

No projeto de um conversor buck, a variação de pico a pico na corrente do indutor é sempre usada como um critério de projeto. A Eq. (6-7) pode ser combinada com a Eq. (6-9) para determinar o valor da indutância para uma corrente de pico a pico no indutor para o funcionamento no modo de condução contínua:

$$\Delta i_L = \left(\frac{V_s - V_o}{L}\right)DT = \left(\frac{V_s - V_o}{Lf}\right)D = \frac{V_o(1-D)}{Lf} \quad (6\text{-}15)$$

Ou

$$\boxed{L = \left(\frac{V_s - V_o}{\Delta i_L f}\right)D = \frac{V_o(1-D)}{\Delta i_L f}} \quad (6\text{-}16)$$

Como os componentes do conversor são assumidos como ideais, a potência fornecida pela fonte deve ser a mesma potência absorvida pelo resistor de carga.

$$P_s = P_o$$
$$V_s I_s = V_o I_o \quad (6\text{-}17)$$

ou
$$\frac{V_o}{V_s} = \frac{I_s}{I_o}$$

Observe que a relação anterior é similar à relação tensão-corrente para um transformador numa aplicação CA. Portanto, o circuito do conversor buck é equivalente a um transformador CC.

Tensão de ondulação na saída

Na análise anterior, o capacitor foi suposto como tendo um valor muito alto para manter a tensão na saída constante. Na prática, a tensão na saída não pode se manter perfeitamente constante com uma capacitância finita. A variação na tensão de saída, ou ondulação, é calculada pela relação tensão-corrente no capacitor. A corrente no capacitor é

$$i_C = i_L - i_R$$

mostrada na Fig. 6-5a.

Enquanto a corrente no capacitor for positiva, ele estará carregando. Pela definição de capacitância,

$$Q = CV_o$$
$$\Delta Q = C\Delta V_o$$
$$\Delta V_o = \frac{\Delta Q}{C}$$

A variação na carga ΔQ é a área do triângulo acima do eixo do tempo

$$\Delta Q = \frac{1}{2}\left(\frac{T}{2}\right)\left(\frac{\Delta i_L}{2}\right) = \frac{T\Delta i_L}{8}$$

resultando em

$$\Delta V_o = \frac{T\Delta i_L}{8C}$$

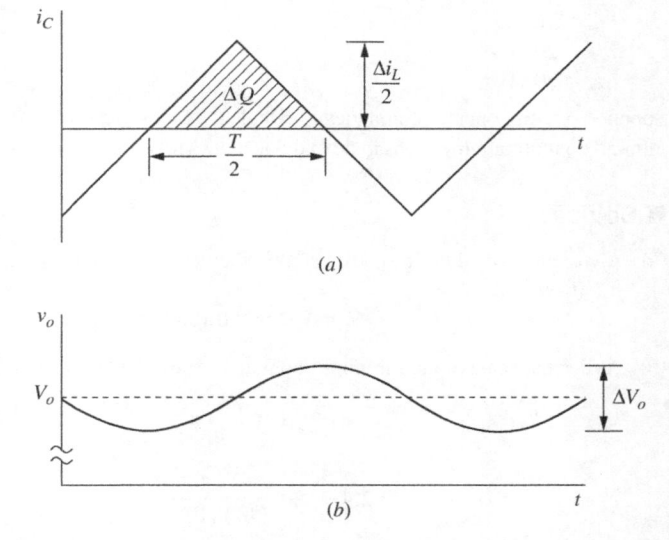

Figura 6-5 Formas de onda no conversor buck. (a) Corrente no capacitor; (b) tensão de ondulação no capacitor.

Usando a Eq. (6-8) para Δi_L,

$$\Delta V_o = \frac{TV_o}{8CL}(1-D)T = \frac{V_o(1-D)}{8LCf^2} \qquad (6\text{-}18)$$

Nesta equação, ΔV_o é a tensão de ondulação de pico a pico na saída, como mostrado na Fig. 6-5b. É vantajoso também expressar a ondulação como uma fração da tensão de saída,

$$\boxed{\frac{\Delta V_o}{V_o} = \frac{1-D}{8LCf^2}} \qquad (6\text{-}19)$$

No projeto, é proveitoso também rearranjar a equação anterior para expressar a capacitância necessária em termos da tensão de ondulação especificada:

$$\boxed{C = \frac{1-D}{8L(\Delta V_o/V_o)f^2}} \qquad (6\text{-}20)$$

Se a ondulação não for elevada, a suposição de que a tensão na saída é constante é razoável e a análise anterior será essencialmente válida.

Exemplo 6-1

Conversor Buck

O conversor CC buck da Fig. 6-3a tem os seguintes parâmetros:

$V_s = 50$ V
$D = 0,4$
$L = 400$ μH
$C = 100$ μF
$f = 20$ kHz
$R = 20$ Ω

Supondo os componentes como ideais, calcule (a) a tensão na saída, (b) as correntes máxima e mínima no indutor e (c) a tensão de ondulação na saída.

■ Solução

(a) A corrente no indutor é suposta como sendo contínua e a tensão na saída é calculada pela Eq. (6-9).

$$V_o = V_s D = (50)(0,4) = 20 \text{ V}$$

(b) As correntes máximas e mínimas no indutor são calculadas pelas Eqs. (6-11) e (6-12).

$$I_{max} = V_o\left(\frac{1}{R} + \frac{1-D}{2Lf}\right)$$

$$= 20\left[\frac{1}{20} + \frac{1-0,4}{2(400)(10)^{-6}(20)(10)^3}\right]$$

$$= 1 + \frac{1,5}{2} = 1,75 \text{ A}$$

$$I_{\min} = V_o \left(\frac{1}{R} - \frac{1-D}{2Lf} \right)$$

$$= 1 - \frac{1,5}{2} = 0,25 \text{ A}$$

A corrente média no indutor é 1 A e $\Delta i_L = 1,5$ A. Observe que a corrente mínima é positiva, comprovando que a suposição do modo de condução contínua era válida.

(c) A tensão de ondulação na saída é calculada pela Eq. (6-19).

$$\frac{\Delta V_o}{V_o} = \frac{1-D}{8LCf^2} = \frac{1-0,4}{8(400)(10)^{-6}(100)(10)^{-6}(20.000)^2}$$
$$= 0,00469 = 0,469\%$$

Como a tensão de ondulação é suficientemente baixa, a suposição de que a tensão na saída é constante era razoável.

Resistência do capacitor – o efeito da ondulação na tensão

A tensão de ondulação na saída nas Eqs. (6-18) e (6-19) é baseada em um capacitor ideal. Um capacitor real pode ser modelado como uma capacitância com uma resistência equivalente em série (RES) e uma indutância equivalente em série (LES). A RES pode ter efeito significativo na tensão de ondulação na saída, produzindo sempre uma tensão de ondulação maior que a da capacitância ideal. A indutância no capacitor geralmente não é um fator significativo nas frequências de chaveamentos típicos. A Fig. 6-6 mostra um modelo de capacitor que é adequado para a maioria das aplicações.

A ondulação devida à RES pode ser aproximada determinando-se primeiro a corrente no capacitor, supondo que o capacitor seja ideal. Para o conversor buck no modo de condução contínua, a corrente no capacitor é a forma de onda triangular na Fig. 6-4c. A variação da tensão no capacitor com resistência é

$$\Delta V_{o,\text{RES}} = \Delta i_C r_C = \Delta i_L r_C \tag{6-21}$$

Para estimar a condição de pior caso, pode-se supor que a tensão de ondulação de pico a pico devido a RES é somada algebricamente à ondulação devida à capacitância. Contudo, os picos no capacitor e a tensão de ondulação na RES não coincidirão logo,

$$\Delta V_o < \Delta V_{o,C} + \Delta V_{o,\text{RES}} \tag{6-22}$$

onde $\Delta V_{o,C}$ é ΔV_o na Eq. (6-18). A tensão de ondulação devida à RES pode ser muito maior que a ondulação devida à capacitância pura. Neste caso, o capacitor de saída é escolhido com base na resistência equivalente em série em vez da capacitância apenas.

$$\Delta V_o \approx \Delta V_{o,\text{RES}} = \Delta i_C r_C \tag{6-23}$$

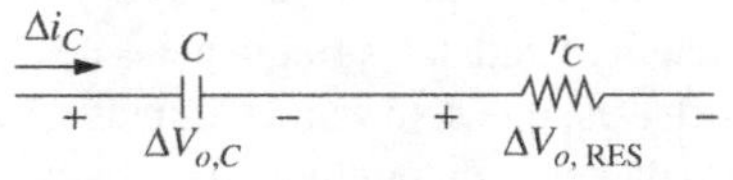

Figura 6-6 Um modelo para o capacitor incluindo a resistência equivalente em série (RES).

A RES do capacitor é inversamente proporcional ao valor da capacitância – uma capacitância maior resulta em uma RES menor. Os fabricantes fornecem o que são conhecidos como *capacitores de baixos valores* para aplicações em fontes de alimentação.

No Exemplo 6-1, o capacitor de 100 μF pode ter uma RES de $r_c = 0,1\ \Omega$. A tensão de ondulação devida a este valor da RES é calculada como

$$\Delta V_{o,\text{RES}} = \Delta i_C r_C = \Delta i_L r_C = (1,5\,\text{A})(0,1\,\Omega) = 0,15\,\text{V}$$

Expresso em porcentagem, $\Delta V_o/V_o$ é $0,15/20 = 0,75\%$. A ondulação total pode ser então de 0,75% aproximadamente.

Retificação síncrona para o conversor buck

Muitos conversores buck usam um segundo MOSFET no lugar do diodo. Quando S_2 está ligada e S_1 desligada, a corrente circula para cima saindo do dreno de S_2. A vantagem desta configuração é que a queda de tensão no segundo MOSFET é muito menor comparado com o diodo, resultando numa alta eficiência do circuito. Isto é especialmente importante em aplicações de baixa tensão e alta corrente. Um diodo Shottky tem uma tensão entre seus terminais de 0,3 a 0,4 V quando está conduzindo, enquanto que um MOSFET tem uma queda de tensão extremamente baixa de $R_{DS\text{lig.}}$ na casa de miliohm. O esquema deste circuito de controle é conhecido como *chaveamento síncrono* ou *comutação síncrona* ou *retificação síncrona*. O segundo MOSFET é conhecido como *retificador síncrono*. Os dois MOSFETs não devem ser ligados ao mesmo tempo para evitar um curto-circuito na fonte, logo um "tempo morto" é incluído no controle do chaveamento – um MOSFET é desligado antes do outro ser ligado. Um diodo é conectado em paralelo com o segundo MOSFET para fornecer um caminho para a corrente do indutor durante o tempo morto quando os dois MOSFETs estão desligados. Este diodo pode ser o diodo do corpo do MOSFET, ou então ser um diodo extra, provavelmente um diodo Shottky, para melhorar o chaveamento. O conversor buck síncrono pode funcionar no modo de condução contínua por que o MOSFET permitiria que a corrente no indutor circulasse no sentido negativo.

As outras topologias apresentadas neste capítulo e no Capítulo 7 podem utilizar MOSFETs em vez de diodos

6.4 CONSIDERAÇÕES SOBRE PROJETOS

A maioria dos conversores buck é projetada para funcionar no modo de condução contínua. A escolha da frequência de chaveamento e da indutância que determina o funcionamento no modo de condução contínua é dada pela Eq. (6-13) e a tensão de ondulação na saída é descrita pelas Eqs. (6-16) e (6-21). Observe que como a frequência de chaveamento aumenta, os valores mínimos do indutor para produzir o modo de condução contínua e os valores mínimos do capacitor para limitar a ondulação na saída diminuem. Portanto, frequências altas de chaveamento são desejáveis para reduzir os valores dos dois indutor e capacitor.

O custo benefício para altas frequências de chaveamento é um aumento nas perdas de potência das chaves, que será estudado mais tarde neste capítulo e no Capítulo 10.

O aumento da perda de potência nas chaves significa que é produzido calor. Isto diminui a eficiência do conversor e pode necessitar de um dissipador de calor maior,

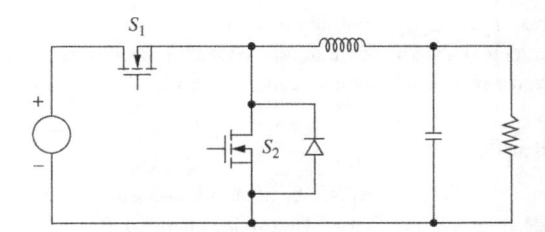

Figura 6-7 Um conversor buck síncrono. O MOSFET S_2 conduz a corrente do indutor quando S_1 está desligado para fornecer uma queda de tensão menor que num diodo.

compensando a redução nos valores do indutor e capacitor. Frequências típicas de chaveamento são abaixo de 20 kHz para evitar ruídos de áudio e elas se estendem até centésimos de KHz indo até a faixa de megahertz. Alguns projetistas consideram cerca de 500 kHz como o melhor compromisso entre as valores menores dos componentes e a eficiência. Outros projetistas preferem usar baixas frequências para o chaveamento com cerca de 50 kHz para manter as perdas de chaveamento baixas, enquanto outros ainda preferem frequências acima de 1 Mz. Como os dispositivos de chaveamento melhoram, as frequências de chaveamento aumentam.

Para aplicações em baixa tensão e alta corrente, o esquema de retificação síncrona da Fig. 6-7 é preferido sobre o que usa diodo para a segunda chave. A tensão no MOSFET em condução será muito menor que num diodo, resultando em perdas menores.

O valor do indutor deveria ser maior que L_{min} na Eq. (6-14) para garantir um funcionamento no modo de condução contínua. Alguns projetistas escolhem um valor de 25% maior que L_{min}. Outros projetistas usam um critério diferente, determinando uma variação da corrente no indutor, Δi_L na Eq. (6-15), para um valor desejado, por exemplo, 40% da corrente média do indutor. Um valor menor da Δi_L resulta em correntes de pico e rms no indutor menores e menor corrente rms no capacitor mas requer um indutor maior.

O fio do indutor deve ter uma bitola nominal de acordo com a corrente rms e o núcleo não deveria saturar com a corrente de pico do indutor. O capacitor pode ser escolhido para limitar a ondulação de saída dentro das especificações do projeto, para suportar a tensão na saída e para conduzir a corrente rms requerida.

A chave (geralmente um MOSFET com um valor baixo de $R_{DS_{lig.}}$) e um diodo (ou um segundo MOSFET para retificação síncrona) deve suportar o estresse da tensão máxima quando desligada e a corrente máxima quando ligada. As taxas de temperatura não podem ser excedidas, necessitando sempre de um dissipador.

No projeto inicial geralmente é razoável supor as chaves como sendo ideais e um indutor ideal. Contudo, a RES do capacitor deveria ser incluída por que ela geralmente provoca uma tensão de ondulação na saída mais significativa que com dispositivo ideal e influencia muito na escolha dos valores do capacitor.

Exemplo 6-2

Projeto 1 para o conversor buck

Projete um conversor buck para produzir uma tensão de saída de 18 V num resistor de 10 Ω. A tensão de ondulação na saída não deve exceder a 0,5%. A fonte CC é de 48 V. Projete para um modo de condução contínua no indutor. Especifique a relação de espiras, a frequência de chaveamento, os valores do indutor e capacitor, o valor da tensão de pico para cada dispositivo e a corrente rms no indutor e no capacitor. Suponha os componentes ideais.

■ Solução

Usando o circuito do conversor buck na Fig. 6-3a, a taxa de trabalho para o funcionamento no modo de condução contínua é determinada pela Eq. (6-9):

$$D = \frac{V_o}{V_s} = \frac{18}{48} = 0,375$$

A frequência de chaveamento e os valores do indutor devem ser escolhidos para o modo de condução contínua. Faça a frequência de chaveamento arbitrariamente igual a 40 kHz, que está bem acima da faixa de áudio e baixa o suficiente para manter as perdas do chaveamento baixas. Os valores mínimos do indutor são determinados pela Eq. (6-14).

$$L_{min} = \frac{(1-D)(R)}{2f} = \frac{(1-0,375)(10)}{2(40.000)} = 78\,\mu\text{H}$$

Considere o valor do indutor com 25% a mais que valor o mínimo para garantir o modo de condução contínua no indutor.

$$L = 1,25 L_{min} = (1,25)(78\,\mu\text{H}) = 97,5\,\mu\text{H}$$

A corrente média no indutor e a variação na corrente são determinadas pelas Eqs. (6-10) e (6-17).

$$I_L = \frac{V_o}{R} = \frac{18}{10} = 1,8\text{ A}$$

$$\Delta i_L = \left(\frac{V_s - V_o}{L}\right)DT = \frac{48-18}{97,5(10)^{-6}}(0,375)\left(\frac{1}{40.000}\right) = 2,88\text{ A}$$

As correntes máxima e mínima do indutor são determinadas pela Eqs. (6-11) e (6-12).

$$I_{max} = I_L + \frac{\Delta i_L}{2} = 1,8 + 1,44 = 3,24\text{ A}$$

$$I_{min} = I_L - \frac{\Delta i_L}{2} = 1,8 - 1,44 = 0,36\text{ A}$$

O indutor deve ter um valor nominal de corrente rms, que é calculado como no Capítulo 2 (veja o Exemplo 2-8). Para o deslocamento da onda triangular,

$$I_{L,rms} = \sqrt{I_L^2 + \left(\frac{\Delta i_L/2}{\sqrt{3}}\right)^2} = \sqrt{(1,8)^2 + \left(\frac{1,44}{\sqrt{3}}\right)^2} = 1,98\text{ A}$$

O capacitor é escolhido usando a Eq. (6-29).

$$C = \frac{1-D}{8L(\Delta V_o/V_o)f^2} = \frac{1-0,375}{8(97,5)(10)^{-6}(0,005)(40.000)^2} = 100\,\mu\text{F}$$

A corrente de pico no capacitor é $\Delta i_L/2 = 1,44$ A e a corrente rms no capacitor para a forma de onda triangular é $1,44/\sqrt{3} = 0,83$ A. A tensão máxima na chave e no diodo é V_s, ou 48 V. A tensão no indutor quando a chave está fechada é $V_s - V_o = 48 - 18 = 30$ V. A tensão no indutor quando a chave está aberta é $V_o = 18$ V. Portanto, o indutor deve suportar 30 V. O capacitor deve ter um valor de tensão nominal no valor dos 18 V da saída.

Exemplo 6-3

Projeto 2 para o conversor buck

As fontes de alimentação para as aplicações na telecomunicação podem necessitar de altas correntes em baixas tensões. Projete um conversor buck que tenha uma tensão de entrada 3,3 V e uma tensão de saída de 1,2 V. A corrente na saída varia entre 4 e 6 A. A tensão de ondulação na saída não deve exceder a 2%. Especifique o valor do indutor de modo que a variação de pico a pico na corrente do indutor não exceda a 40% do valor médio. Determine a resistência equivalente em série do capacitor.

■ Solução

Por causa do valor baixo da tensão e alta corrente de saída nesta aplicação, o conversor buck com retificação síncrona da Fig. 6-7 será usado. A taxa de trabalho é determinada pela Eq. (6-9).

$$D = \frac{V_o}{V_s} = \frac{1,2}{3,3} = 0,364$$

A frequência de chaveamento e os valores do indutor devem ser escolhidos para um funcionamento no modo de condução contínua. Considere uma frequência de chaveamento de 500 kHz arbitrariamente para obter um custo benefício entre os baixos valores dos componentes e as baixas perdas no chaveamento.

A corrente média no indutor é a mesma corrente de saída. Analisando o circuito para uma corrente de saída de 4 A,

$$I_L = I_o = 4 \text{ A}$$

$$\Delta i_L = (40\%)(4) = 1,6 \text{ A}$$

Usando a Eq. (6-16),

$$L = \left(\frac{V_s - V_o}{\Delta i_L f}\right)D = \frac{3,3 - 1,2}{(1,6)(500.000)}(0,364) = 0,955 \ \mu\text{H}$$

Analisando o circuito para uma corrente de saída de 6 A,

$$I_L = I_o = 6 \text{ A}$$

$$\Delta i_L = (40\%)(6) = 2,4 \text{ A}$$

Resultando em

$$L = \left(\frac{V_s - V_o}{\Delta i_L f}\right)D = \frac{3,3 - 1,2}{(2,4)(500.000)}(0,364) = 0,636 \ \mu\text{H}$$

Como 0,636 μH seria um valor muito baixo para uma saída de 4 A, use $L = 0,955$ μH, que seria um valor em torno de 1 μH.

A corrente rms no indutor é determinada por

$$I_{L,\text{rms}} = \sqrt{I_L^2 + \left(\frac{\Delta i_L/2}{\sqrt{3}}\right)^2}$$

(veja o Capítulo 2). Pela Eq. (6-15), a variação na corrente do indutor é de 1,6 A para cada corrente de saída. Usando a corrente de saída de 6 A, o indutor deve ter um valor nominal para uma corrente rms de

$$I_{L,\text{rms}} = \sqrt{6^2 + \left(\frac{0,8}{\sqrt{3}}\right)^2} = 6,02 \text{ A}$$

Observe que a corrente média no indutor seria uma boa aproximação para a corrente rms, desde que a variação seja relativamente baixa.

Usando $L = 1$ μH na Eq. (6-20), a capacitância mínima é determinada como

$$C = \frac{1-D}{8L(\Delta V_o/V_o)f^2} = \frac{1-0,364}{8(1)(10)^{-6}(0,02)(500.000)^2} = 0,16 \text{ μF}$$

A tensão de ondulação admissível de 2% na saída é $(0,02)(1,2) = 24$ mV. A RES máxima é calculada pela Eq. (6-23).

$$\Delta V_o \approx r_C \Delta i_C = r_C \Delta i_L$$

ou
$$r_C = \frac{\Delta V_o}{\Delta i_C} = \frac{24 \text{ mV}}{1,6 \text{ A}} = 15 \text{ m}\Omega$$

Neste ponto o projetista poderia procurar as especificações do fabricante para um capacitor com um valor de RES de 15 mΩ. O valor do capacitor pode ser muito maior que o calculado de 0,16 μF para ser adequado às exigências. A corrente de pico no capacitor é $\Delta i_L/2 = 0,8$ A e a corrente rms no capacitor para a forma de onda triangular é $0,8/\sqrt{3} = 0,46$ A.

6.5 O CONVERSOR BOOST (OU ELEVADOR)

O conversor boost é mostrado na Fig. 6-8. Este é outro conversor chaveado que funciona pelo fechamento e abertura ou comutação periódica de uma chave eletrônica. Ele é chamado de conversor boost ou elevador, porque a tensão na saída é maior que a da entrada.

Relações de tensão e corrente

A análise supõe o seguinte:

1. Existem condições de estado estável.
2. O período de chaveamento é T e a chave é fechada pelo tempo DT e aberta por $(1-D)T$.
3. O indutor funciona no modo de condução contínua (sempre positiva).
4. O valor do capacitor é muito alto e a tensão na saída é mantida constante em V_o.
5. Os componentes são ideais.

A análise é feita pelo exame da corrente e tensão no indutor para a chave fechada e depois para a chave aberta.

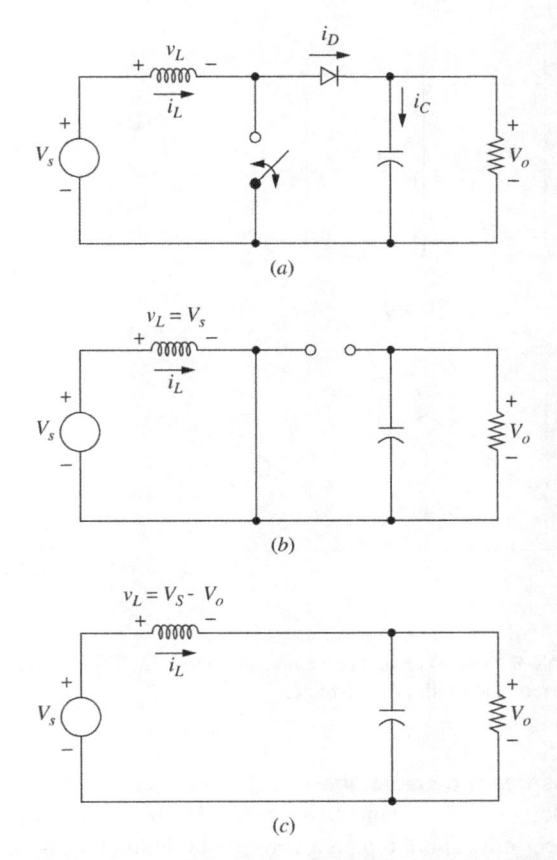

Figura 6-8 O conversor boost. (a) Circuito; (b) circuito equivalente para a chave fechada; (c) circuito equivalente para a chave aberta.

Análise para a chave fechada Quando a chave é fechada, o diodo fica polarizado reversamente. A lei da tensão de Kirchhoff em torno da malha contendo fonte, indutor e a chave fechada é

$$v_L = V_s = L\frac{di_L}{dt} \quad \text{ou} \quad \frac{di_L}{dt} = \frac{V_s}{L} \quad (6\text{-}24)$$

A taxa de variação da corrente é uma constante, logo a corrente aumenta linearmente enquanto a chave ficar fechada, como mostrado na Fig. 6-9b. A variação na corrente do indutor é calculada por

$$\frac{\Delta i_L}{\Delta t} = \frac{\Delta i_L}{DT} = \frac{V_s}{L}$$

Resolvendo para Δi_L com a chave fechada,

$$(\Delta i_L)_{\text{fechada}} = \frac{V_s DT}{L} \quad (6\text{-}25)$$

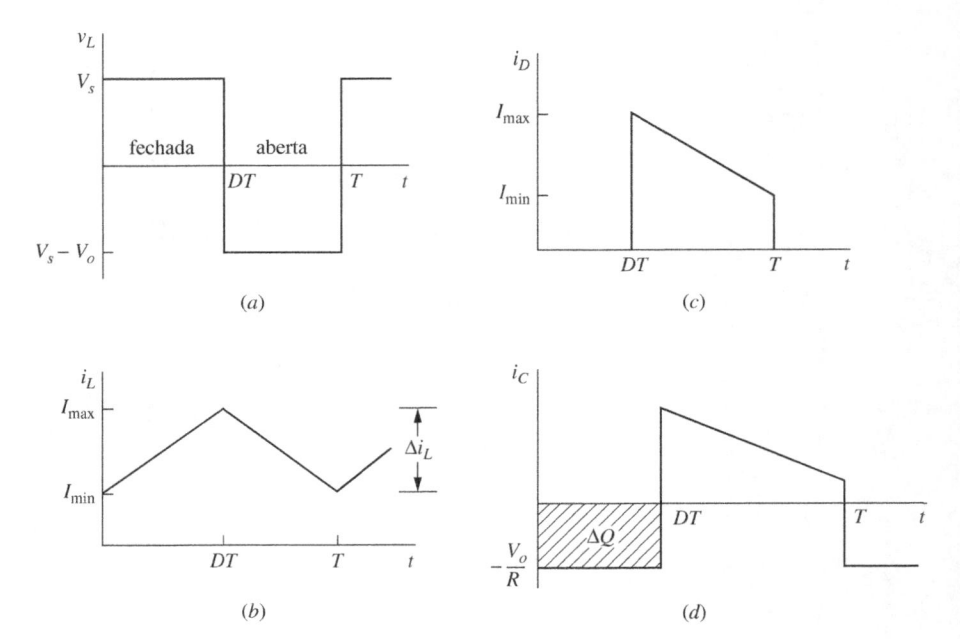

Figura 6-9 Forma de onda do conversor boost. (a) Tensão no indutor; (b) corrente no indutor; (c) corrente no diodo; (d) corrente.

Análise para a chave aberta Quando a chave está aberta, a corrente no indutor não pode mudar instantaneamente, então o diodo fica polarizado diretamente para fornecer um caminho para a corrente no indutor. Supondo que a tensão na saída V_o seja constante, a tensão no indutor é

$$v_L = V_s - V_o = L\frac{di_L}{dt}$$

$$\frac{di_L}{dt} = \frac{V_s - V_o}{L}$$

A taxa de variação na corrente do indutor é uma constante, logo a corrente muda linearmente enquanto a chave está aberta. A variação na corrente do indutor enquanto a chave está aberta é

$$\frac{\Delta i_L}{\Delta t} = \frac{\Delta i_L}{(1-D)T} = \frac{V_s - V_o}{L}$$

Resolvendo para Δi_L,

$$(\Delta i_L)_{\text{aberta}} = \frac{(V_s - V_o)(1-D)T}{L} \qquad (6\text{-}26)$$

Para o funcionamento no estado estável, a variação líquida na corrente do indutor é zero. Usando as Eqs. (6-25) e (6-26),

$$(\Delta i_L)_{\text{fechada}} + (\Delta i_L)_{\text{aberta}} = 0$$

$$\frac{V_s DT}{L} + \frac{(V_s - V_o)(1 - D)T}{L} = 0$$

Resolvendo para V_o,

$$V_s(D + 1 - D) - V_o(1 - D) = 0$$

$$\boxed{V_o = \frac{V_s}{1 - D}} \qquad (6\text{-}27)$$

Além disto, a tensão média no indutor deve ser zero para um funcionamento periódico. Expressando a tensão média no indutor sobre um período de chaveamento,

$$V_L = V_s D + (V_s - V_o)(1 - D) = 0$$

Resolvendo para V_o obtemos o mesmo resultado da Eq. (6-27).

A Eq. (6-27) mostra que se a chave ficar sempre aberta e D for zero, a tensão na saída será a mesma da entrada. Como a taxa de trabalho aumenta, o denominador da Eq. (6-27) torna-se menor, resultando numa tensão na saída maior. *O conversor boost produz uma tensão na saída que é maior ou igual à tensão na entrada.* Contudo, a tensão na saída não pode ser menor que a tensão na entrada, como era no caso do conversor buck.

Como a taxa de trabalho da chave aproxima-se de 1, a tensão na saída vai para infinito conforme a Eq. (6-27). Contudo, a Eq. (6-27) é baseada em componentes ideais. Componentes reais com perdas previnem tais ocorrências, como será mostrado mais tarde nesta seção. A Fig. 6-9 mostra as formas de onda da tensão e da corrente para o conversor boost.

A corrente média no indutor é determinada sabendo-se que a potência média fornecida pela fonte deve ser a mesma potência média absorvida pelo resistor de carga. A potência na saída é

$$P_o = \frac{V_o^2}{R} = V_o I_o$$

e a potência na entrada é $V_s I_s = V_s I_L$. Equacionando as potências de entrada e de saída e usando a Eq.(6-27),

$$V_s I_L = \frac{V_o^2}{R} = \frac{[V_s/(1-D)]^2}{R} = \frac{V_s^2}{(1-D)^2 R}$$

Pela solução da corrente média no indutor e fazendo varias substituições, I_L pode ser expressa como

$$\boxed{I_L = \frac{V_s}{(1-D)^2 R} = \frac{V_o^2}{V_s R} = \frac{V_o I_o}{V_s}} \qquad (6\text{-}28)$$

As correntes máxima e mínima no indutor são determinadas pelo uso do valor médio e da variação na corrente pela Eq (6-25).

$$I_{\max} = I_L + \frac{\Delta i_L}{2} = \frac{V_s}{(1-D)^2 R} + \frac{V_s DT}{2L} \qquad (6\text{-}29)$$

$$I_{\min} = I_L - \frac{\Delta i_L}{2} = \frac{V_s}{(1-D)^2 R} - \frac{V_s DT}{2L} \qquad (6\text{-}30)$$

A Eq. (6-27) foi desenvolvida com a suposição de que o modo é de condução contínua no indutor, significando que ela é sempre positiva. A condição necessária para um modo de condução contínua no indutor é que $I_{\min}$ seja positiva. Logo, o limite entre os modos contínuo e descontínuo no indutor é determinado por

$$I_{\min} = 0 = \frac{V_s}{(1-D)^2 R} - \frac{V_s DT}{2L}$$

ou
$$\frac{V_s}{(1-D)^2 R} = \frac{V_s DT}{2L} = \frac{V_s D}{2Lf}$$

A combinação mínima da indutância e da frequência de chaveamento para o modo de condução contínua num conversor boost é portanto

$$(Lf)_{\min} = \frac{D(1-D)^2 R}{2} \qquad (6\text{-}31)$$

ou
$$\boxed{L_{\min} = \frac{D(1-D)^2 R}{2f}} \qquad (6\text{-}32)$$

Um conversor boost projetado para funcionar no modo de condução contínua terá um indutor com valor maior que $L_{\min}$.

Como uma perspectiva de projeto, é útil expressar L em termos de um Δi_L desejado,

$$L = \frac{V_s DT}{\Delta i_L} = \frac{V_s D}{\Delta i_L f} \qquad (6\text{-}33)$$

Tensão de ondulação na saída

As equações anteriores foram desenvolvidas com a suposição de que a tensão na saída era constante, implicando numa capacitância infinita. Na prática, uma capacitância finita resultará numa flutuação na tensão de saída ou ondulação.

A tensão de ondulação de pico a pico na saída pode ser calculada pela forma de onda da corrente no capacitor, mostrado na Fig. 6-9d. A carga do capacitor pode ser calculada por

$$|\Delta Q| = \left(\frac{V_o}{R}\right)DT = C\Delta V_o$$

Uma expressão para a tensão de ondulação é então

$$\Delta V_o = \frac{V_o DT}{RC} = \frac{V_o D}{RCf}$$

ou

$$\boxed{\frac{\Delta V_o}{V_o} = \frac{D}{RCf}} \quad (6\text{-}34)$$

onde f é a frequência de chaveamento. Alternativamente, expressando a capacitância em termos da tensão de ondulação na saída produz

$$C = \frac{D}{R(\Delta V_o/V_o)f} \quad (6\text{-}35)$$

Como no caso do conversor buck, a resistência equivalente em série do capacitor pode contribuir de forma significativa para a tensão de ondulação na saída. A variação de pico a pico na corrente do indutor (Fig. 6-9) é a mesma corrente máxima no indutor. A tensão de ondulação devida à RES é

$$\Delta V_{o,\text{RES}} = \Delta i_C r_C = I_{L,\max} r_C \quad (6\text{-}36)$$

Exemplo 6-4

Projeto do conversor boost 1

Projete um conversor boost que tenha uma saída de 30 V a partir de uma fonte de 12 V. Projete para o modo de condução contínua no indutor e uma tensão de ondulação na saída que seja menor que 1%. A carga é uma resistência de 50 Ω. Suponha que os componentes sejam ideais neste projeto.

■ Solução

Primeiro, determine a taxa de trabalho pela Eq. (6-27),

$$D = 1 - \frac{V_s}{V_o} = 1 - \frac{12}{30} = 0,6$$

Se a frequência de chaveamento for escolhida com 25 kHz para ser maior que a faixa de áudio, então a indutância mínima para um modo de condução contínua é determinada pela Eq. 6-32).

$$L_{\min} = \frac{D(1-D)^2(R)}{2f} = \frac{0,6(1-0,6)^2(50)}{2(25.000)} = 96 \ \mu H$$

Para prover uma margem que garanta o modo de condução contínua, faça $L = 120 \ \mu H$. Observe que L e f são escolhidas até certo ponto arbitrariamente e que outras combinações também resultam no modo de condução contínua.

Usando as Eqs. (6-28) e (6-25),

$$I_L = \frac{V_s}{(1-D)^2(R)} = \frac{12}{(1-0,6)^2(50)} = 1,5 \text{ A}$$

$$\frac{\Delta i_L}{2} = \frac{V_s DT}{2L} = \frac{(12)(0,6)}{(2)(120)(10)^{-6}(25.000)} = 1,2 \text{ A}$$

$$I_{max} = 1,5 + 1,2 = 2,7 \text{ A}$$

$$I_{min} = 1,5 - 1,2 = 0,3 \text{ A}$$

A capacitância mínima necessária para limitar a tensão de ondulação na saída em 1% é determinada pela Eq. (6-35).

$$C \geq \frac{D}{R(\Delta V_o/V_o)f} = \frac{0,6}{(50)(0,01)(25.000)} = 48 \text{ }\mu\text{F}$$

Exemplo 6-5

Projeto de conversor Boost 2

Necessita-se de um conversor boost que tenha uma tensão de saída de 8 V e que alimente uma carga com corrente de 1 A. A tensão de entrada varia de 2,7 a 4,2 V. Um circuito de controle ajusta a taxa de trabalho para manter a tensão na saída constante. Escolha uma frequência de chaveamento. Determine um valor para o indutor de modo que a variação na corrente do mesmo não seja mais que 40% da corrente média para todas as condições de funcionamento. Determine o valor de um capacitor ideal de modo que a tensão de ondulação na saída não seja mais que 2%. Determine a resistência equivalente em série máxima do capacitor para uma ondulação de 2%.

■ Solução

De um modo arbitrário, escolha uma frequência de chaveamento de 200 kHz. O circuito deve ser analisado para os dois extremos da tensão de entrada para determinar a condição de pior caso. Para $V_s = 2,7$ V, a taxa de trabalho é determinada pela Eq. (6-27).

$$D = 1 - \frac{V_s}{V_o} = 1 - \frac{2,7}{8} = 0,663$$

A corrente média no indutor é determinada pela Eq. (6-28).

$$I_L = \frac{V_o I_o}{V_s} = \frac{8(1)}{2,7} = 2,96 \text{ A}$$

A variação na corrente do indutor que atende ao valor especificado de 40% é $\Delta i_L = 0,4(2,96)$ = 1,19 A. A indutância então é determinada pela Eq.(6-33).

$$L = \frac{V_s D}{\Delta i_L f} = \frac{2,7(0,663)}{1,19(200.000)} = 7,5 \text{ }\mu\text{H}$$

Repetindo os cálculos para $V_s = 4,2$ V,

$$D = 1 - \frac{V_s}{V_o} = 1 - \frac{4,2}{8} = 0,475$$

$$I_L = \frac{V_o I_o}{V_s} = \frac{8(1)}{4,2} = 1,90 \text{ A}$$

A variação na corrente do indutor para este caso é $\Delta i_L = 0,4(1,90) = 0,762$ A e

$$L = \frac{V_s D}{\Delta i_L f} = \frac{4{,}2(0{,}475)}{0{,}762(200.000)} = 13{,}1 \ \mu H$$

O indutor deve ser de 13,1 μH para satisfazer as especificações para a faixa total de tensões de entrada.

Com a Eq. (6-35), usando o valor máximo de D, obtém-se uma capacitância mínima como

$$C = \frac{D}{R(\Delta V_o/V_o)f} = \frac{D}{(V_o/I_o)(\Delta V_o/V_o)f} = \frac{0{,}663}{(8/1)(0{,}02)(200.000)} = 20{,}7 \ \mu F$$

O valor máximo da RES (resistência equivalente em série) é determinado pela Eq. (6-36), usando a variação máxima de pico a pico na corrente do indutor. A variação máxima de pico a pico da corrente no capacitor é a mesma da corrente máxima no indutor. A corrente média no indutor varia de 2,96 A com $V_s = 2{,}7$ V para 1,90 A com $V_s = 4{,}2$ V. A variação na corrente do indutor é de 0,762 A para $V_s = 4{,}2$ V, mas isto precisa ser recalculado para $V_s = 2{,}7$ V usando o valor escolhido de 13,1 μH, obtém-se

$$\Delta i_L = \frac{V_s D}{L f} = \frac{2{,}7(0{,}663)}{13{,}1(10)^{-6}(200.000)} = 0{,}683 \ A$$

A corrente máxima no indutor para cada caso é calculada como

$$I_{L,\max,2{,}7V} = I_L + \frac{\Delta i_L}{2} = 2{,}96 + \frac{0{,}683}{2} = 3{,}30 \ A$$

$$I_{L,\max,4{,}2V} = I_L + \frac{\Delta i_L}{2} = 1{,}90 + \frac{0{,}762}{2} = 2{,}28 \ A$$

Isto mostra que a maior variação de corrente de pico a pico no capacitor será de 3,30 A. A tensão de ondulação na saída devida à RES do capacitor não deve ser maior que $(0{,}02)(8) = 0{,}16$ V. Usando a Eq. (6-36),

$$\Delta V_{o,\text{RES}} = \Delta i_C r_C = I_{L,\max} r_C = 3{,}3 r_C = 0{,}16 \ V$$

que resulta em

$$r_C = \frac{0{,}16 \ V}{3{,}3 \ A} = 48 \ m\Omega$$

Na prática, um capacitor que tem uma RES de 48 mΩ ou menos pode ter um valor calculado de capacitância muito maior que 20,7 μF.

Resistência do indutor

Os indutores devem ser projetados para terem baixos valores de resistência para minimizar as perdas e maximizar a eficiência. A existência de uma baixa resistência no indutor não muda substancialmente a análise do conversor buck como já apresentado neste capítulo. Contudo, a resistência do indutor afeta o funcionamento do conversor boost, em especial com altas taxas de trabalho.

Para o conversor boost, lembre-se de que a tensão de saída para o caso ideal é

$$V_o = \frac{V_s}{1-D} \qquad (6\text{-}37)$$

Para investigar o efeito da resistência do indutor na tensão de saída, suponha que a corrente no indutor seja aproximadamente constante. A corrente da fonte é a mesma do indutor e a corrente média no diodo é a mesma corrente média na carga. A potência fornecida pela fonte deve ser a mesma potência absorvida pela carga e a resistência do indutor, desprezando outras perdas.

$$\begin{aligned}P_s &= P_o + P_{r_L} \\ V_s I_L &= V_o I_D + I_L^2 r_L\end{aligned} \qquad (6\text{-}38)$$

onde r_L é a resistência em série do indutor. A corrente no diodo é igual à corrente no indutor quando a chave está desligada e é zero quando a chave está ligada. Portanto, a corrente média no diodo é

$$I_D = I_L(1-D) \qquad (6\text{-}39)$$

Substituindo para I_D na Eq. (6-38),

$$V_s I_L = V_o I_L (1-D) + I_L^2 r_L$$

que fica sendo

$$V_s = V_o(1-D) + I_L r_L \qquad (6\text{-}40)$$

Em termos de V_o pela Eq. (6-39), I_L é

$$I_L = \frac{I_D}{1-D} = \frac{V_o/R}{1-D} \qquad (6\text{-}41)$$

Substituindo para I_L na Eq. (6-40),

$$V_s = \frac{V_o r_L}{R(1-D)} + V_o(1-D)$$

Resolvendo para V_o,

$$\boxed{V_o = \left(\frac{V_s}{1-D}\right)\left(\frac{1}{1 + r_L/[R(1-D)^2]}\right)} \qquad (6\text{-}42)$$

A equação anterior é similar àquela do conversor ideal, mas inclui um fator de corrente para considerar a resistência do indutor. A Fig. 6-10a mostra a tensão de saída do conversor boost com e sem a resistência do indutor.

A resistência do indutor também afeta a eficiência da potência do conversor. A eficiência é a razão da potência de saída pela potência de entrada mais as perdas. Para o conversor boost

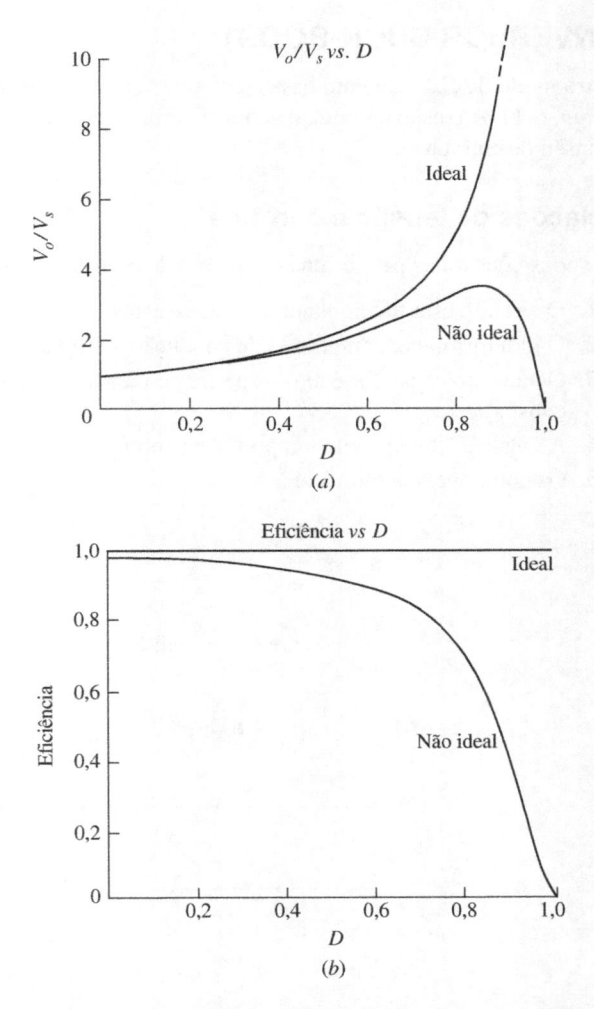

Figura 6-10 Conversor boost para um indutor não ideal. (a) Tensão na saída; (b) eficiência do conversor boost.

$$\eta = \frac{P_o}{P_o + P_{\text{perda}}} = \frac{V_o^2/R}{V_o^2/R + I_L^2 r_L} \qquad (6\text{-}43)$$

Usando a Eq. (6-41) para I_L,

$$\eta = \frac{V_o^2/R}{V_o^2/R + (V_o/R)^2/(1-D)r_L} = \frac{1}{1 + r_L[R(1-D)^2]} \qquad (6\text{-}44)$$

Com o aumento da taxa de trabalho, a eficiência do conversor boost diminui, conforme indicado na Fig. 6-10b.

6.6 O CONVERSOR BUCK-BOOST

Outro modo de chaveamento básico de conversor é o conversor buck-boost mostrado na Fig. 6-11. A tensão na saída do conversor buck-boost pode ser maior ou menor que a tensão de entrada.

Relações de tensão e corrente

As suposições feitas para o funcionamento do conversor são as seguintes:

1. O circuito está funcionando no estado estável.
2. O indutor funciona no modo de condução contínua.
3. O valor do capacitor é alto o suficiente para supor que a tensão na saída é uma constante.
4. A chave é fechada pelo tempo DT e aberta por $(1-D)T$.
5. Os componentes são ideais.

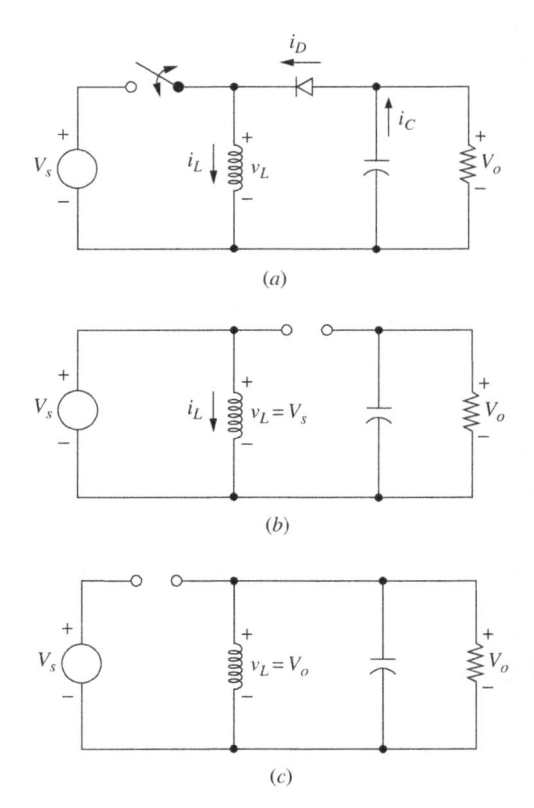

Figura 6-11 O conversor buck-boost. (a) Circuito; (b) circuito equivalente com a chave fechada; (c) circuito equivalente com a chave aberta.

Análise com a chave fechada Quando a chave é fechada, a tensão no indutor é

$$v_L = V_s = L\frac{di_L}{dt}$$

$$\frac{di_L}{dt} = \frac{V_s}{L}$$

A taxa de variação na corrente do indutor é uma constante, indicando um aumento linear na corrente do indutor. A equação anterior pode ser expressa como

$$\frac{\Delta i_L}{\Delta t} = \frac{\Delta i_L}{DT} = \frac{V_s}{L}$$

Resolvendo para Δi_L quando a chave for fechada obtém-se

$$(\Delta i_L)_{\text{fechada}} = \frac{V_s DT}{L} \tag{6-45}$$

Análise com a chave aberta Quando a chave é aberta, a corrente no indutor não pode mudar instantaneamente, resultando numa polarização direta do diodo e da corrente no resistor e capacitor. Nesta condição, a tensão no indutor é

$$v_L = V_o = L\frac{di_L}{dt}$$

$$\frac{di_L}{dt} = \frac{V_o}{L}$$

Novamente, a taxa de variação da corrente no indutor é constante e a variação na corrente é

$$\frac{\Delta i_L}{\Delta t} = \frac{\Delta i_L}{(1-D)T} = \frac{V_o}{L}$$

Resolvendo para Δi_L,

$$(\Delta i_L)_{\text{aberta}} = \frac{V_o(1-D)T}{L} \tag{6-46}$$

Para o funcionamento no estado estável, a variação líquida na corrente do indutor deve ser zero sobre um período. Usando as Eqs. (6-45) e (6-46),

$$(\Delta i_L)_{\text{fechada}} + (\Delta i_L)_{\text{aberta}} = 0$$

$$\frac{V_s DT}{L} + \frac{V_o(1-D)T}{L} = 0$$

Resolvendo para V_o,

$$\boxed{V_o = -V_s\left(\frac{D}{1-D}\right)} \tag{6-47}$$

A taxa de trabalho necessária para as tensões de entrada e de saída especificadas pode ser expressa como

$$D = \frac{|V_o|}{V_s + |V_o|} \quad (6\text{-}48)$$

A tensão média no indutor é zero para o funcionamento periódico, resultando em

$$V_L = V_s D + V_o(1 - D) = 0$$

Resolvendo para V_o produz o mesmo resultado da Eq. (6-47).

A Eq. (6-47) mostra que a tensão na saída tem polaridade invertida da fonte de tensão. *A magnitude da tensão na saída do conversor buck-boost pode ser menor ou maior que a da fonte, dependendo da taxa de trabalho da chave.* Se $D > 0{,}5$, a tensão na saída é maior que a entrada; se $D < 0{,}5$, a saída é menor que a entrada. Portanto, este circuito combina as possibilidades do conversor buck e do conversor boost. No entanto, a polaridade inversa da tensão na saída pode ser uma desvantagem em algumas aplicações. As formas de onda da tensão e da corrente são mostradas na Fig. 6-12.

Observe que fonte nunca fica conectada diretamente com a carga no conversor buck-boost. A energia é armazenada no indutor quando a chave é fechada e transferida para a carga quando a chave é aberta. Por isto, o conversor buck-boost também é chamado de conversor *indireto*.

A potência absorvida pela carga deve ser a mesma fornecida pela fonte, onde

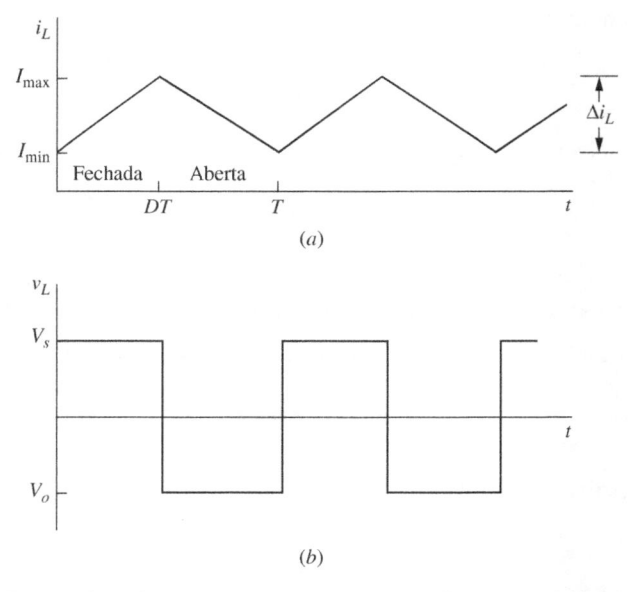

Figura 6-12 Formas de onda no conversor buck-boost. (a) Corrente no indutor; (b) tensão no indutor; (c) corrente no diodo; (d) corrente no capacitor.

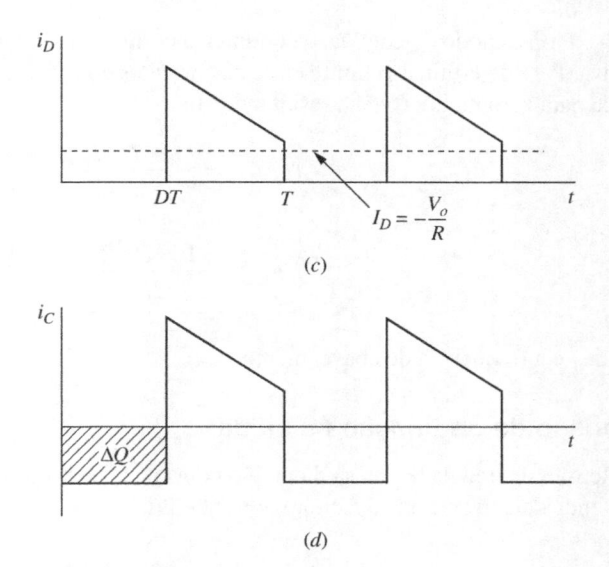

Figura 6-12 (*continuação*)

$$P_o = \frac{V_o^2}{R}$$

$$P_s = V_s I_s$$

$$\frac{V_o^2}{R} = V_s I_s$$

A corrente média na fonte é relacionada com a corrente média no indutor por

$$I_s = I_L D$$

resultando em

$$\frac{V_o^2}{R} = V_s I_L D$$

Substituindo para V_o usando a Eq. (6-47) e resolvendo para i_L, encontramos

$$I_L = \frac{V_o^2}{V_s R D} = \frac{P_o}{V_s D} = \frac{V_s D}{R(1-D)^2} \qquad (6\text{-}49)$$

As correntes máxima e mínima no indutor são determinadas usando as Eqs. (6-45) e (6-49).

$$I_{\max} = I_L + \frac{\Delta i_L}{2} = \frac{V_s D}{R(1-D)^2} + \frac{V_s D T}{2L} \qquad (6\text{-}50)$$

$$I_{\min} = I_L - \frac{\Delta i_L}{2} = \frac{V_s D}{R(1-D)^2} - \frac{V_s D T}{2L} \qquad (6\text{-}51)$$

Para o modo de condução contínua, a corrente no indutor deve permanecer positiva. Para determinar o limite entre as correntes contínua e descontínua, I_{min} é ajustada para zero na Eq. (6-51), resultando em

$$(Lf)_{min} = \frac{(1-D)^2 R}{2} \qquad (6-52)$$

ou

$$\boxed{L_{min} = \frac{(1-D)^2 R}{2f}} \qquad (6-53)$$

onde f é a frequência de chaveamento.

Tensão de ondulação na saída

A tensão de ondulação na saída para o conversor buck-boost é calculada pela forma de onda da corrente no capacitor na Fig. 6-12d.

$$|\Delta Q| = \left(\frac{V_o}{R}\right) DT = C \Delta V_o$$

Resolvendo para ΔV_o,

$$\Delta V_o = \frac{V_o DT}{RC} = \frac{V_o D}{RCf}$$

ou

$$\boxed{\frac{\Delta V_o}{V_o} = \frac{D}{RCf}} \qquad (6-54)$$

Como é o caso com outros conversores, a resistência equivalente em série do capacitor pode contribuir de forma significativa para a tensão de ondulação na saída. A variação de pico a pico na corrente do capacitor é a mesma variação da corrente máxima no indutor. Usando o modelo de capacitor mostrado na Fig. 6-6, onde I_{Lmax} é determinada pela Eq. (6-50),

$$\Delta V_{o,\text{RES}} = \Delta i_C r_C = I_{L,\max} r_C \qquad (6-55)$$

Exemplo 6-6

Conversor buck-boost

O circuito conversor buck-boost da Fig. 6-11 tem os seguintes parâmetros:

$V_s = 24$ V
$D = 0{,}4$
$R = 5\ \Omega$
$L = 20\ \mu\text{H}$
$C = 80\ \mu\text{F}$
$f = 100$ kHz

Determine a tensão na saída, a corrente média no indutor, os valores máximo e mínimo e a tensão de ondulação na saída.

■ **Solução**

A tensão na saída é determinada pela Eq. (6-47).

$$V_o = -V_s\left(\frac{D}{1-D}\right) = -24\left(\frac{0,4}{1-0,4}\right) = -16 \text{ V}$$

A corrente no indutor é descrita pelas Eqs. (6-49) e (6-51).

$$I_L = \frac{V_s D}{R(1-D)^2} = \frac{24(0,4)}{5(1-0,4)^2} = 5,33 \text{ A}$$

$$\Delta i_L = \frac{V_s DT}{L} = \frac{24(0,4)}{20(10)^{-6}(100.000)} = 4,8 \text{ A}$$

$$I_{L,\max} = I_L + \frac{\Delta i_L}{2} = 5,33 + \frac{4,8}{2} = 7,33 \text{ A}$$

$$I_{L,\min} = I_L - \frac{\Delta i_L}{2} = 5,33 - \frac{4,8}{2} = 2,93 \text{ A}$$

O modo de condução contínua é verificado por $I_{\min} > 0$
A tensão de ondulação na saída é determinada pela Eq. (6-54).

$$\frac{\Delta V_o}{V_o} = \frac{D}{RCf} = \frac{0,4}{(5)(80)(10)^{-6}(100.000)} = 0,01 = 1\%$$

6.7 O CONVERSOR CUK

A topologia de chaveamento Cuk é mostrada na Fig. 6-13a. A magnitude da tensão na saída pode ser ambas, maior ou menor que a da entrada, e há uma inversão de polaridade na saída.

O indutor da entrada age como um filtro para a alimentação CC evitando um conteúdo harmônico alto. Diferente da topologia do conversor anterior, em que a transferência de energia é associada com o indutor, a transferência de energia do conversor Cuk depende do capacitor C_1.

A análise começa com estas suposições:

1. Os valores dos dois indutores são altos e suas correntes são constantes.
2. Os valores dos dois capacitores são altos e suas tensões são constantes.
3. O circuito funciona no estado estável, o que significa que as formas de onda da tensão e da corrente são periódicas.
4. Para uma taxa de trabalho D, a chave fica fechada por um tempo DT e aberta por $(1-D)T$.
5. A chave e o diodo são ideais.

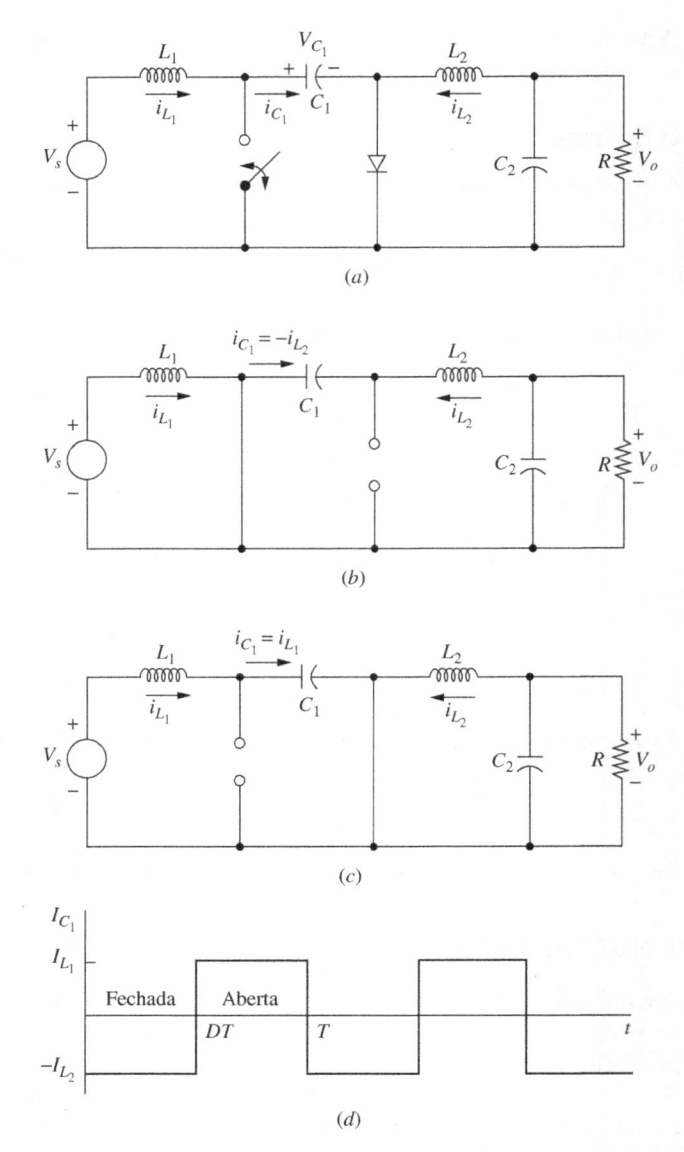

Figura 6-13 O conversor Cuk. (a) Circuito; (b) circuito equivalente com a chave fechada; (c) circuito equivalente com a chave aberta; (d) corrente em I_L para uma indutância alta.

A tensão média em C_1 é calculada pela lei da tensão de Kirchhoff em torno da malha mais externa. A tensão média nos indutores é zero para o funcionamento no estado estável, resultando em

$$V_{C_1} = V_s - V_o$$

com a chave fechada, o diodo está desligado e a corrente no capacitor é

$$(i_{C_1})_{\text{fechada}} = -I_{L_2} \qquad (6\text{-}56)$$

com a chave aberta, a corrente em L_1 e L_2 força o diodo à condução. A corrente no capacitor C_1 é

$$(i_{C_1})_{\text{aberta}} = I_{L_1} \qquad (6\text{-}57)$$

A potência absorvida pela carga é igual à potência fornecida pela fonte;

$$-V_o I_{L_2} = V_s I_{L_1} \qquad (6\text{-}58)$$

Para um funcionamento periódico, a corrente média no capacitor é zero. Com a chave ligada por um tempo D e desligada por $(1 - D)T$,

$$[(i_{C_1})_{\text{fechada}}]DT + [(i_{C_1})_{\text{aberta}}](1 - D)T = 0$$

Substituindo e usando as Eqs. (6-56) e (6-57),

$$-I_{L_2}DT + I_{L_1}(1 - D)T = 0$$

ou
$$\frac{I_{L_1}}{I_{L_2}} = \frac{D}{1 - D} \qquad (6\text{-}59)$$

A seguir, a potência média fornecida pela fonte deve ser a mesma potência média absorvida pela carga,

$$P_s = P_o$$
$$V_s I_{L_1} = -V_o I_{L_2}$$
$$\frac{I_{L_1}}{I_{L_2}} = -\frac{V_o}{V_s} \qquad (6\text{-}60)$$

Combinando as Eqs. (6-59) e (6-60), a relação entre as tensões de saída e de entrada é

$$\boxed{V_o = -V_s \left(\frac{D}{1 - D} \right)} \qquad (6\text{-}61)$$

O sinal negativo indica que a polaridade é invertida entre a saída e a entrada.

Observe que os componentes na saída (L_2, C_2 e R) estão na mesma configuração do conversor buck e que a corrente no indutor tem a mesma forma do conversor buck. Logo, a ondulação ou a variação na tensão de saída é a mesma do conversor buck:

$$\boxed{\frac{\Delta V_o}{V_o} = \frac{1 - D}{8 L_2 C_2 f^2}} \qquad (6\text{-}62)$$

A tensão de ondulação na saída será afetada pela resistência equivalente em série do capacitor, como foi visto nos conversores citados.

A ondulação em C_1 é estimada pelo cálculo da variação em v_{C1} no intervalo quando a chave está aberta e as correntes i_{L1} e i_{C1} são as mesmas. Supondo que a corrente em L_1 seja constante num nível I_{L1} e usando as Eqs. (6-60) e (6-61), temos

$$\Delta v_{C_1} \approx \frac{1}{C_1} \int_{DT}^{T} I_{L1} d(t) = \frac{I_{L1}}{C_1}(1-D)T = \frac{V_s}{RC_1 f}\left(\frac{D^2}{1-D}\right)$$

ou
$$\boxed{\Delta v_{C_1} \approx \frac{V_o D}{RC_1 f}} \qquad (6\text{-}63)$$

As flutuações nas correntes do indutor podem ser calculadas examinando-se as tensões no indutor enquanto a chave está fechada. A tensão em L_1 com a chave fechada é

$$v_{L1} = V_s = L_1 \frac{di_{L1}}{dt} \qquad (6\text{-}64)$$

No intervalo de tempo DT quando a chave está fechada, a variação na corrente do indutor é

$$\frac{\Delta i_{L1}}{DT} = \frac{V_s}{L_1}$$

ou
$$\boxed{\Delta i_{L1} = \frac{V_s DT}{L_1} = \frac{V_s D}{L_1 f}} \qquad (6\text{-}65)$$

Para o indutor L_2, a tensão nele quando a chave está fechada é

$$v_{L2} = V_o + (V_s - V_o) = V_s = L_2 \frac{di_{L2}}{dt} \qquad (6\text{-}66)$$

A variação em L_2 é então

$$\boxed{\Delta i_{L2} = \frac{V_s DT}{L_2} = \frac{V_s D}{L_2 f}} \qquad (6\text{-}67)$$

Para um modo de condução contínua nos indutores, a corrente média deve ser maior que metade da variação na corrente. Os valores mínimos do indutor para um modo de condução contínua são

$$\boxed{\begin{aligned} L_{1,\min} &= \frac{(1-D)^2 R}{2Df} \\ L_{2,\min} &= \frac{(1-D)R}{2f} \end{aligned}} \qquad (6\text{-}68)$$

Exemplo 6-7

Projeto do conversor Cuk

Um conversor Cuk tem uma entrada de 12 V e precisa ter uma saída de −18 V alimentando uma carga de 40 W. Escolha a taxa de trabalho, a frequência de chaveamento, os valores do indutor de modo que a variação nas correntes do indutor não seja maior que 10% da corrente média no indutor, a tensão de ondulação na saída não seja maior que 1% e a tensão de ondulação em C_1 não seja maior que 5%.

■ Solução

A taxa de trabalho é obtida pela Eq. (6-61),

$$\frac{V_o}{V_s} = -\frac{D}{1-D} = \frac{-18}{12} = -1,5$$

ou
$$D = 0,6$$

A seguir, a frequência de chaveamento precisa ser escolhida. Frequências altas de chaveamento resultam em menores variações de corrente no indutor. Faça $f = 50$ kHz. As correntes médias no indutor são determinadas pela potência e especificações da tensão.

$$I_{L2} = \frac{P_o}{-V_o} = \frac{40\,\text{W}}{18\,\text{V}} = 2,22\,\text{A}$$

$$I_{L1} = \frac{P_s}{V_s} = \frac{40\,\text{W}}{12\,\text{V}} = 3,33\,\text{A}$$

As variações nas correntes do indutor são calculadas pela Eqs. (6-65) e (6-67).

$$\Delta i_L = \frac{V_s D}{Lf}$$

O limite de 10% nas variações das correntes do indutor requer

$$L_2 \geq \frac{V_s D}{f \Delta i_{L2}} = \frac{(12)(0,6)}{(50.000)(0,222)} = 649\,\mu\text{H}$$

$$L_1 \geq \frac{V_s D}{f \Delta i_{L1}} = \frac{(12)(0,6)}{(50.000)(0,333)} = 432\,\mu\text{H}$$

Pela Eq. (6-62), a especificação na ondulação de saída requer

$$C_2 \geq \frac{1-D}{(\Delta V_o/V_o)8 L_2 f^2} = \frac{1-0,6}{(0,01)(8)(649)(10)^{-6}(50.000)^2} = 3,08\,\mu\text{F}$$

A tensão média em C_1 é $V_s - V_o = 12 - (-18) = 30$ V, de modo que a variação mínima em v_{C_1} é $(30)(0,05) = 1,5$ V.

A resistência equivalente da carga é

$$R = \frac{V_o^2}{P} = \frac{(18)^2}{40} = 8,1\,\Omega$$

Agora C_1 é calculada pela especificação da ondulação na Eq. (6-63).

$$C_1 \geq \frac{V_o D}{R f \Delta v_{C_1}} = \frac{(18)(0,6)}{(8,1)(50.000)(1,5)} = 17,8\,\mu\text{F}$$

6.8 CONVERSOR COM INDUTÂNCIA SIMPLES NO PRIMÁRIO (SEPIC)

Um conversor idêntico ao do Cuk é o conversor com indutância simples no primário (SEPIC), como mostrado na Fig. 6-14. O SEPIC produz uma tensão de saída maior ou menor que a tensão de entrada, mas sem inversão da polaridade.

Para derivar as relações entre as tensões de entrada e de saída, serão feitas as seguintes suposições:

1. Os valores dos dois indutores são muito altos e suas correntes são constantes.
2. Os valores dos dois capacitores são muito altos e suas tensões são constantes.
3. O circuito está funcionando no estado estável, significando que as formas de onda da tensão e da corrente são periódicas.
4. Para uma taxa de trabalho D, a chave fica fechada por um tempo DT e aberta por $(1-D)T$.
5. A chave e o diodo são ideais.

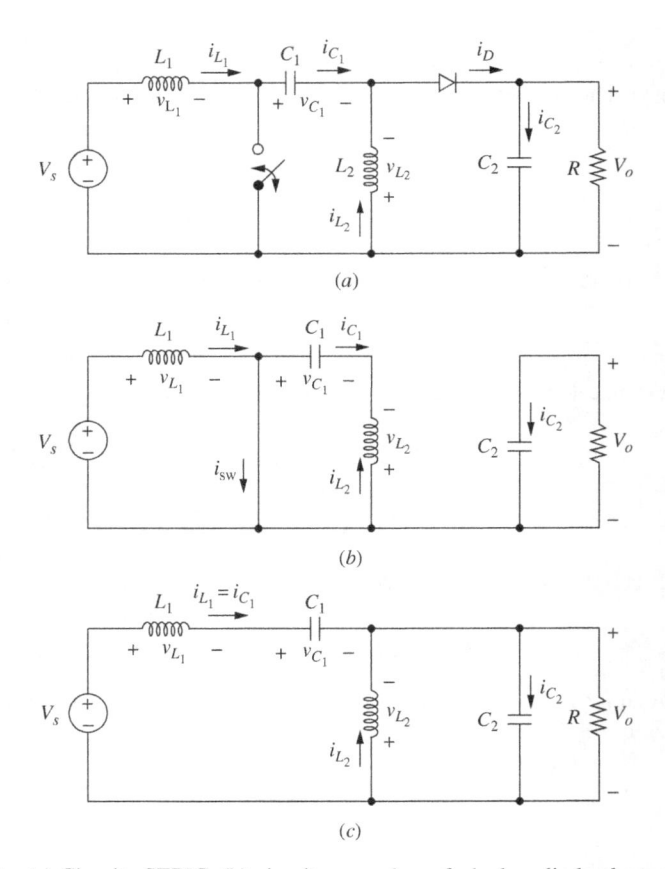

Figura 6-14 (a) Circuito SEPIC; (b) circuito com chave fechada e diodo aberto; (c) circuito com chave aberta e diodo fechado.

As restrições quanto a corrente no indutor e a tensão no capacitor serão retiradas mais tarde para o estudo das flutuações nas correntes e nas tensões. As correntes no indutor são supostas no modo contínuo nesta análise. Outras observações são que as tensões médias no indutor e as correntes médias no capacitor serão zero para o funcionamento no estado estável.

A lei da tensão de Kirchhoff em torno da malha contendo V_s, L_1, C_1 e L_2 fornece

$$-V_s + v_{L1} + v_{C1} - v_{L2} = 0$$

Usando a média destas tensões,

$$-V_s + 0 + V_{C1} - 0 = 0$$

mostrando que a tensão média no capacitor C_1 é

$$V_{C1} = V_s \qquad (6\text{-}69)$$

Quando a chave está fechada, o diodo está desligado e o circuito é o mostrado na Fig. 6-14b. A tensão em L_1 para o intervalo DT é

$$v_{L1} = V_s \qquad (6\text{-}70)$$

Quando a chave está aberta, o diodo está ligado e o circuito é o mostrado na Fig. 6-14c. A lei da tensão de Kirchhoff em torno da malha mais externa fornece

$$-V_s + v_{L1} + v_{C1} + V_o = 0 \qquad (6\text{-}71)$$

Supondo que a tensão em C_1 permanece constante e seu valor médio de V_s [Eq. (6-69)],

$$-V_s + v_{L1} + V_s + V_o = 0 \qquad (6\text{-}72)$$

ou $\qquad v_{L1} = -V_o \qquad (6\text{-}73)$

Para o intervalo $(1-D)T$. Como a tensão média num indutor é zero para o funcionamento periódico, as Eqs. (6-70) e (6-73) são combinadas para fornecer

$$(v_{L1,\text{ sw fechada}})(DT) + (v_{L1,\text{ sw aberta}})(1-D)T = 0$$

$$V_s(DT) - V_o(1-D)T = 0$$

onde D é a taxa de trabalho da chave. O resultado é

$$\boxed{V_o = V_s\left(\frac{D}{1-D}\right)} \qquad (6\text{-}74)$$

Que pode ser expressa como

$$\boxed{D = \frac{V_o}{V_o + V_s}} \qquad (6\text{-}75)$$

Este resultado é idêntico aos das equações dos conversores buck-boost e Cuk, com a diferença importante de que não há inversão de polaridade entre as tensões de entrada e de saída. A possibilidade de se ter uma tensão na saída maior ou menor que a da entrada sem inversão de polaridade faz este conversor adequado para muitas aplicações.

Supondo que não haja perdas no conversor, a potência fornecida pela fonte é a mesma potência absorvida pela carga.

$$P_s = P_o$$

A potência fornecida pela fonte CC é a tensão vezes a corrente média e a corrente da fonte é a mesma corrente em L_1.

$$P_s = V_s I_s = V_s I_{L_1}$$

A potência na saída pode ser expressa como

$$P_o = V_o I_o$$

resultando em

$$V_s I_{L_1} = V_o I_o$$

Resolvendo para a corrente média no indutor, que é também a corrente média na fonte,

$$I_{L_1} = I_s = \frac{V_o I_o}{V_s} = \frac{V_o^2}{V_s R} \tag{6-76}$$

A variação em iL_1 quando a chave está fechada é encontrada por

$$v_{L_1} = V_s = L_1\left(\frac{di_{L_1}}{dt}\right) = L_1\left(\frac{\Delta i_{L_1}}{\Delta t}\right) = L_1\left(\frac{\Delta i_{L_1}}{DT}\right) \tag{6-77}$$

Resolvendo para Δi_{L_1},

$$\Delta i_{L_1} = \frac{V_s DT}{L_1} = \frac{V_s D}{L_1 f} \tag{6-78}$$

Para L_2, a corrente média é determinada pela lei da corrente de Kirchhoff no nó onde C_{10}, L_2 e o diodo estão conectados.

$$i_{L_2} = i_D - i_{C_1}$$

A corrente é

$$i_D = i_{C_2} + I_o$$

que faz

$$i_{L_2} = i_{C_2} + I_o - i_{C_1}$$

A corrente média em cada capacitor é zero, logo a corrente média em L_2 é

$$I_{L_2} = I_o \tag{6-79}$$

A variação em iL_2 é determinada pelo circuito quando a chave está fechada. Usando lei da tensão de Kirchhoff em torno da malha com a chave fechada, C_1 e L_2 com a tensão em C_1, supondo V_s como constante, temos

$$v_{L2} = v_{C1} = V_s = L_2\left(\frac{di_{L2}}{dt}\right) = L_2\left(\frac{\Delta i_{L2}}{\Delta t}\right) = L_2\left(\frac{\Delta i_{L2}}{DT}\right)$$

Resolvendo para ΔiL_2

$$\Delta i_{L2} = \frac{V_s DT}{L_2} = \frac{V_s D}{L_2 f} \tag{6-80}$$

Aplicações da lei da corrente de Kirchhoff mostram que as correntes no diodo e na chave são

$$i_D = \begin{cases} 0 & \text{quando a chave é fechada} \\ i_{L1} + i_{L2} & \text{quando a chave é aberta} \end{cases}$$

$$i_{sw} = \begin{cases} i_{L1} + i_{L2} & \text{quando a chave é fechada} \\ 0 & \text{quando a chave é aberta} \end{cases} \tag{6-81}$$

As formas de onda da corrente são mostradas na Fig. 6-15.

A lei da tensão de Kirchhoff aplicada ao circuito da Fig. 6-14c, supondo que não haja tensão de ondulação nos capacitores, mostra que a tensão na chave quando aberta é $V_s + V_o$. Pela Fig. 6-14b, a tensão de polarização reversa máxima no diodo quando ele está desligado é também $V_s + V_o$.

O estágio de saída consiste do diodo, C_2 e o resistor de carga é o mesmo do conversor boost, de modo que a tensão de ondulação na saída é

$$\boxed{\Delta V_o = \Delta V_{C2} = \frac{V_o D}{RC_2 f}} \tag{6-82}$$

Resolvendo para C_2,

$$\boxed{C_2 = \frac{D}{R(\Delta V_o/V_o)f}} \tag{6-83}$$

A variação da tensão em C_1 é determinada pelo circuito com a chave fechada (Fig. 6-14b). A corrente no capacitor C_1 é a oposta de i_{L2}, que foi anteriormente determinada para ter um valor médio de I_o. Pela definição da capacitância e considerando a magnitude da carga,

$$\Delta V_{C1} = \frac{\Delta Q_{C1}}{C} = \frac{I_o \Delta t}{C} = \frac{I_o DT}{C}$$

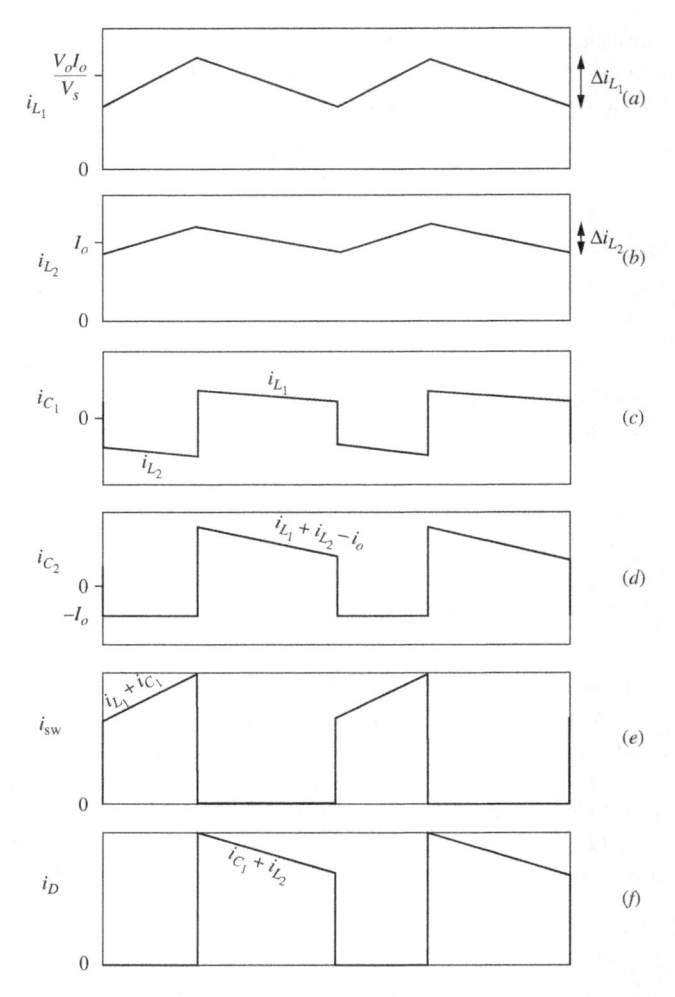

Figura 6-15 Correntes no conversor SEPIC. (a) L_1; (b) L_2; (c) C_1; (d) C_2; (e) chave; (f) diodo.

Substituindo I_o por V_o/R,

$$\Delta V_{C1} = \frac{V_o D}{R C_1 f} \tag{6-84}$$

Resolvendo para C_1,

$$C_1 = \frac{D}{R(\Delta V_{C1}/V_o)f} \tag{6-85}$$

O efeito da resistência equivalente em série dos capacitores sobre a variação na tensão é em geral significativo e o tratamento é o mesmo dos conversores estudados anteriormente.

Exemplo 6-8

Circuito SEPIC

O circuito SEPIC da Fig. 6-14a tem os seguintes parâmetros:

$V_s = 9$ V
$D = 0,4$
$f = 100$ kHz
$L_1 = L_2 = 90$ μH
$C_1 = C_2 = 80$ μF
$I_o = 2$ A

Determine a tensão de saída; as correntes média, máxima e mínima e a variação na tensão em cada capacitor.

■ Solução

A tensão na saída é determinada pela Eq. (6-74).

$$V_o = V_s \left(\frac{D}{1-D} \right) = 9 \left(\frac{0,4}{1-0,4} \right) = 6 \text{ V}$$

A corrente média em L_1 é determinada pela Eq. (6-76).

$$I_{L_1} = \frac{V_o I_o}{V_s} = \frac{6(2)}{9} = 1,33 \text{ A}$$

Pela Eq. (6-78)

$$\Delta i_{L_1} = \frac{V_s D}{L_1 f} = \frac{9(0,4)}{90(10)^{-6}(100.000)} = 0,4 \text{ A}$$

As correntes máxima e mínima em L_1 então são

$$I_{L_1,\max} = I_{L_1} + \frac{\Delta i_{L_1}}{2} = 1,33 + \frac{0,4}{2} = 1,53 \text{ A}$$

$$I_{L_1,\min} = I_{L_1} - \frac{\Delta i_{L_1}}{2} = 1,33 - \frac{0,4}{2} = 1,13 \text{ A}$$

Para a corrente em L_2, a corrente média é a mesma corrente na saída $I_o = 2$ A. A variação em I_{L_2} é determinada pela Eq. (6-80)

$$\Delta i_{L_2} = \frac{V_s D}{L_2 f} = \frac{9(0,4)}{90(10)^{-6}(100.000)} = 0,4 \text{ A}$$

resultando nos valores máximo e mínimo de

$$I_{L_2,\max} = 2 + \frac{0,4}{2} = 2,2 \text{ A}$$

$$I_{L_2,\min} = 2 - \frac{0,4}{2} = 1,8 \text{ A}$$

Usando uma resistência equivalente de 6 V/2 A = 3 Ω, as tensões de ondulação nos capacitores são determinadas pelas Eqs. (6-82) e (6-84).

$$\Delta V_o = \Delta V_{C_2} = \frac{V_o D}{RC_2 f} = \frac{6(0{,}4)}{(3)80(10)^{-6}(100.000)} = 0{,}1 \text{ V}$$

$$\Delta V_{C_1} = \frac{V_o D}{RC_1 f} = \frac{6(0{,}4)}{(3)80(10)^{-6}(100.000)} = 0{,}1 \text{ V}$$

No Exemplo 6-8 os valores de L_1 e L_2 são iguais, o que não é uma exigência. Contudo, quando eles são iguais, as taxas de variações nas correntes do indutor são idênticas [Eqs. (6-78) e (6-80)]. Os dois indutores podem ter seus bobinados com o mesmo núcleo, fazendo um transformador de 1:1. A Fig. 6-16 mostra uma representação alternativa para o conversor SEPIC.

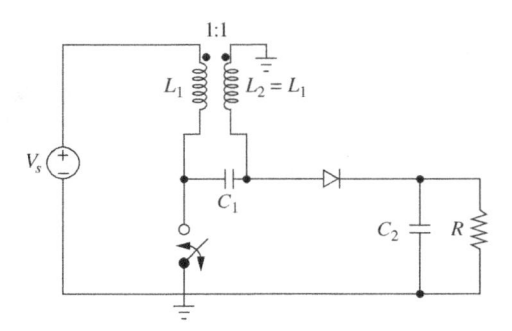

Figura 6-16 Um circuito SEPIC usando um acoplamento mútuo de indutores.

6.9 CONVERSORES INTERCALADOS

Conversor intercalado, conhecido também por *conversor multifase*, é uma técnica utilizada para reduzir os valores dos componentes do filtro. Um conversor buck intercalado é mostrado na Fig. 6-17a. Isto é equivalente a uma combinação em paralelo de duas configurações de chaves, diodos e indutores conectados com um capacitor de filtro e uma carga comum. As chaves funcionam defasadas de 180°, produzindo correntes também defasadas de 180°. A corrente que entra no capacitor e na resistência de carga é a soma das correntes nos indutores, que têm menores variações de pico a pico e o dobro da frequência quanto maior as correntes individuais. Isto resulta em uma variação de pico a pico menor na corrente do capacitor do que seria obtida com um conversor buck simples, requerendo uma menor capacitância para a mesma tensão de ondulação na saída. A variação na corrente vinda da fonte também é reduzida. A Fig. 6-17b mostra as formas de onda da corrente.

A tensão na saída é obtida tomando a lei da tensão de Kirchhoff em torno da malha contendo a fonte, uma chave, um indutor e a tensão de saída. A tensão no

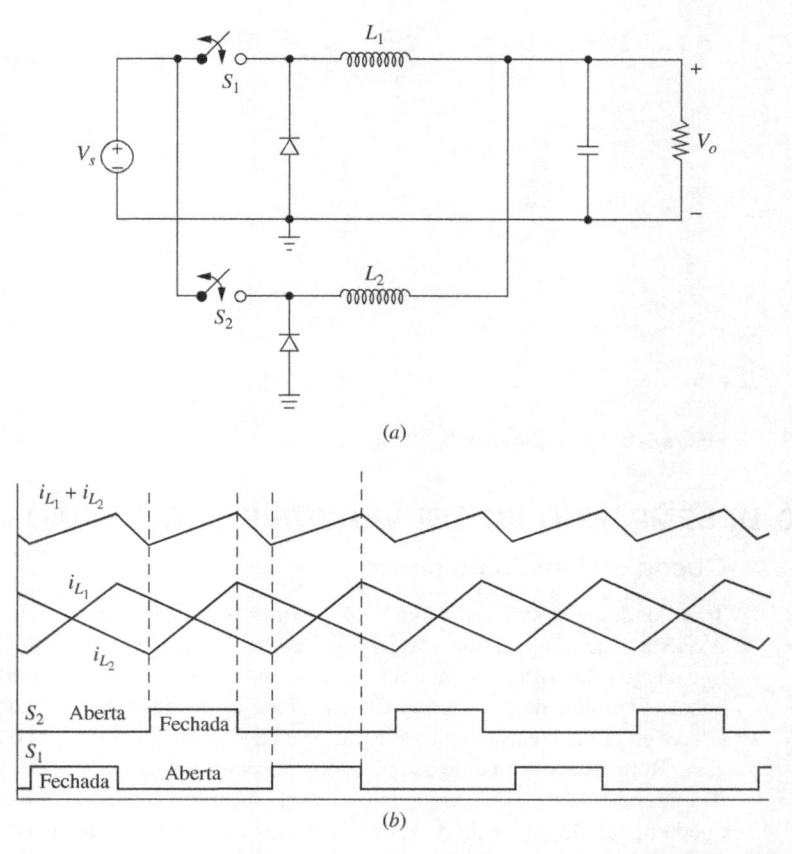

Figura 6-17 (a) Conversor buck intercalado; (b) esquema de chaveamento e formas de ondas das correntes.

indutor é $V_s - V_o$ com a chave fechada e $-V_o$ com a chave aberta. Estes valores são os mesmos do conversor buck da Fig. 6-3a estudado anteriormente, resultando em

$$V_o = V_s D$$

onde D é a taxa de trabalho de cada chave.

Cada indutor fornece metade da corrente da carga e da potência de saída, logo a corrente média no indutor é a metade da que seria para o conversor buck.

Podem ser intercalados mais de dois conversores. O deslocamento de fase entre o fechamento da chave é de 360°/n, onde n é o número de conversores numa configuração em paralelo. A intercalação pode ser feita com os outros conversores deste capítulo e com os conversores descritos no Capítulo 7. A Fig. 6-18 mostra como intercalar o conversor boost.

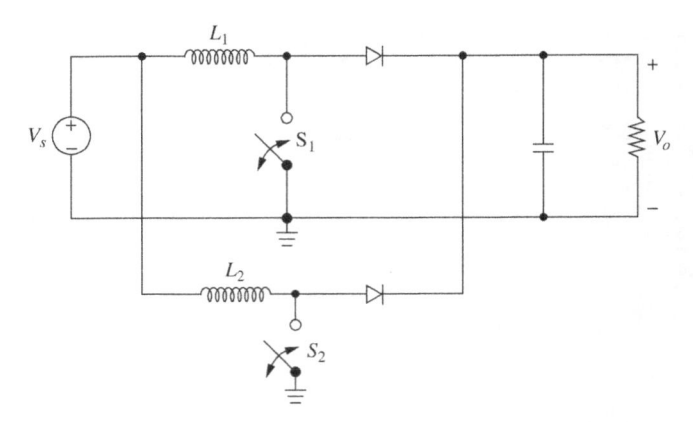

Figura 6-18 Um conversor boost intercalado.

6.10 DESEMPENHO DO CONVERSOR E CHAVES NÃO IDEAIS

Queda de tensão na chave

Todos os cálculos anteriores foram feitos com a suposição de que as chaves eram ideais. A queda de tensão nos transistores e diodos em condução pode ter um efeito significativo na atuação do conversor, em particular quando as tensões de entrada e de saída são baixas. O projeto de conversores CC-CC precisa considerar os componentes não ideais. O conversor buck é usado para ilustrar os efeitos da queda de tensão na chave.

Referindo novamente à análise do conversor buck da Fig. 6-3a, a relação tensão de entrada-saída foi determinada usando a corrente e a tensão no indutor. Com uma queda de tensão diferente de zero nas chaves em condução, a tensão no indutor com a chave fechada torna-se

$$v_L = V_s - V_o - V_Q \tag{6-86}$$

onde V_Q é a queda de tensão na chave em condução. Com a chave aberta, a queda de tensão no diodo é V_D e a tensão no indutor é

$$v_L = -V_o - V_D \tag{6-87}$$

A tensão média no indutor é zero para o período de chaveamneto.

$$V_L = (V_s - V_o - V_Q)D + (-V_o - V_D)(1 - D) = 0$$

Resolvendo para V_o,

$$\boxed{V_o = V_s D - V_Q D - V_D(1 - D)} \tag{6-88}$$

Que é menor que $V_o = V_s D$ para o caso ideal.

Perdas no chaveamento

Além das quedas de tensão para o estado estável e as perdas de potências associadas com a chave, ocorrem outras perdas nas chaves quando elas ligam e desligam. A Fig. 6-19a ilustra as transições de liga-desliga da chave. Para este caso, supõe-se que as variações na tensão e na corrente são lineares e que o sequenciamento é conforme o mostrado. A potência instantânea dissipada na chave é mostrada na Fig. 6-19b. Neste caso, as transições de tensão e corrente não ocorrem de forma simultânea. Isto pode estar mais próximo das situações de chaveamento real e a perda de potência no chaveamento é maior para este caso. (Veja o Capítulo 10 para mais informações.)

A perda de energia numa transição do chaveamento é a área sob a curva da potência. Como a potência média é a energia dividida pelo período, uma frequência de chaveamento maior resulta em perdas maiores de chaveamento. Um modo de reduzir as perdas com chaveamento é modificando o circuito para fazer com que o ele ocorra quando a tensão é zero e/ou a corrente é zero. Isto é próximo do conversor ressonante, estudado no Capítulo 9.

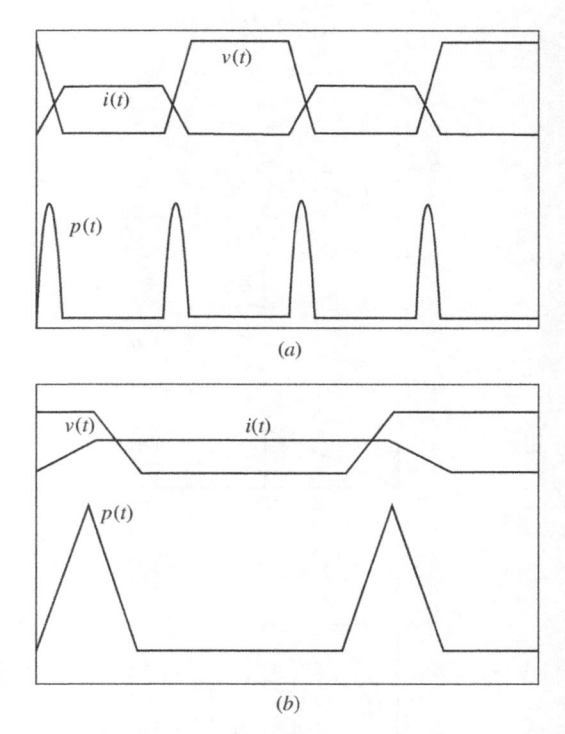

Figura 6-19 Tensão e corrente na chave e potência instantânea. (a) Transição simultânea de tensão e corrente; (b) transição no pior caso.

6.11 FUNCIONAMENTO NO MODO DE CONDUÇÃO DESCONTÍNUA

O modo de condução contínua no indutor era uma suposição importante nas análises anteriores para os conversores CC-CC. Lembre-se que o modo de condução contínua significa que a corrente no indutor permanece positiva por todo o período de chaveamento. Este modo não é uma condição necessária para o funcionamento de um conversor, mas é preciso uma análise diferente para o caso do modo de condução descontínua.

Conversor buck com modo de condução descontínua

A Fig. 6-20 mostra as correntes no indutor e na fonte para o funcionamento no modo de condução descontínua para o conversor buck da Fig. 6-3a. A relação entre as tensões de saída e de entrada é determinada primeiro pelo reconhecimento de que a tensão média no indutor é zero em um funcionamento periódico. Pela tensão no indutor mostrada na Fig. 6-20c,

$$(V_s - V_o)DT - V_o D_1 T = 0$$

que é rearranjada para se obter

$$(V_s - V_o)D = V_o D_1 \qquad (6\text{-}89)$$

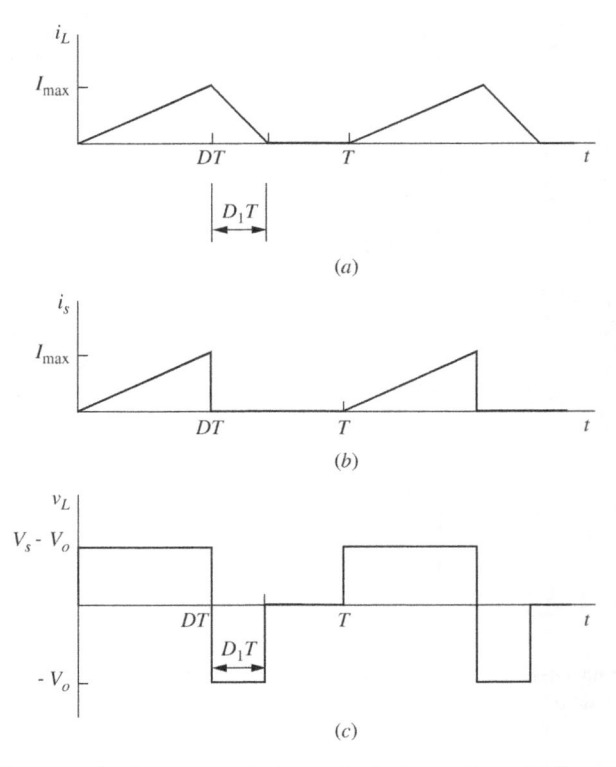

Figura 6-20 Conversor buck com o modo de condução descontínua. (a) Corrente no indutor; (b) corrente na fonte; (c) tensão no indutor.

$$\frac{V_o}{V_s} = \left(\frac{D}{D + D_1}\right) \qquad (6\text{-}90)$$

A seguir, a corrente média no indutor é igual à corrente média no resistor e a corrente média no capacitor é zero. Supondo-se que na tensão na saída seja constante,

$$I_L = I_R = \frac{V_o}{R}$$

Calculando a corrente média no indutor pela Fig. 6-20a,

$$I_L = \frac{1}{T}\left(\frac{1}{2}I_{max}DT + \frac{1}{2}I_{max}D_1T\right) = \frac{1}{2}I_{max}(D + D_1)$$

que resulta em

$$\frac{1}{2}I_{max}(D + D_1) = \frac{V_o}{R} \qquad (6\text{-}91)$$

Como a corrente começa em zero, a corrente máxima é a mesma corrente que varia enquanto a chave está fechada. Com a chave fechada, a tensão no indutor é

$$v_L = V_s - V_o$$

que resulta em

$$\frac{di_L}{dt} = \frac{V_s - V_o}{L} = \frac{\Delta i_L}{\Delta t} = \frac{\Delta i_L}{DT} = \frac{I_{max}}{DT} \qquad (6\text{-}92)$$

Resolvendo para I_{max} e usando a Eq. (6-89) para $(V_s - V_o)D$,

$$I_{max} = \Delta i_L = \left(\frac{V_s - V_o}{L}\right)DT = \frac{V_o D_1 T}{L} \qquad (6\text{-}93)$$

Substituindo para I_{max} na Eq. (6-91),

$$\frac{1}{2}I_{max}(D + D_1) = \frac{1}{2}\left(\frac{V_o D_1 T}{L}\right)(D + D_1) = \frac{V_o}{R} \qquad (6\text{-}94)$$

que fornece

$$D_1^2 + DD_1 - \frac{2L}{RT} = 0$$

Resolvendo para D_1,

$$D_1 = \frac{-D + \sqrt{D^2 + 8L/RT}}{2} \qquad (6\text{-}95)$$

Substituindo para D_1 na Eq. (6-90),

$$V_o = V_s\left(\frac{D}{D + D_1}\right) = V_s\left[\frac{2D}{D + \sqrt{D^2 + 8L/RT}}\right] \quad (6\text{-}96)$$

O limite entre o modo contínuo e o descontínuo de corrente ocorre quando $D_1 = 1 - D$. Lembre-se que a outra condição que ocorre no limite entre o modo contínuo e descontínuo de corrente é $I_{min} = 0$ na Eq. (6-12).

Exemplo 6-9

Conversor Buck no modo de condução descontínua

Para o conversor buck da Fig. 6-3a,

$V_s = 24$ V
$L = 200$ μH
$R = 20$ Ω
$C = 1000$ μF
$f = 10$ kHz   frequência de chaveamento
$D = 0,4$

(a) Mostre que a corrente no indutor é descontínua, (b) Determine a tensão na saída V_o.

■ Solução

(a) Para o modo de condução descontínua, $D_1 < 1 - D$ e D_1 são calculados pela Eq. (6-95).

$$D_1 = \frac{-D + \sqrt{D^2 + 8L/RT}}{2}$$

$$= \frac{1}{2}\left(-0,4 + \sqrt{0,4^2 + \frac{8(200)(10)^{-6}(10.000)}{20}}\right) = 0,29$$

A comparação de D_1 com $1 - D$, $0,29 < (1 - 0,4)$ mostra que a corrente no indutor é descontínua. Alternativamente, a corrente mínima no indutor calculada pela Eq. (6-12) é $I_{min} = -0,96$ A. Como não é possível uma corrente negativa no indutor, a corrente no indutor deve ser descontínua.

(b) Desde que D_1 é calculado e o modo de condução descontínua é verificado, a tensão na saída pode ser calculada pela Eq. (6-96).

$$V_o = V_s\left(\frac{D}{D + D_1}\right) = 20\left(\frac{0,4}{0,4 + 0,29}\right) = 13,9 \text{ V}$$

A Fig. 6-21 mostra a relação entre a tensão na saída e a taxa de trabalho para o conversor buck do Exemplo 6-9. Todos os parâmetros exceto D são os do Exemplo 6-9. Observe a relação linear entre a entrada e a saída para o modo de condução contínua e a relação não linear para o modo de condução descontínua. Para uma dada taxa de trabalho, a tensão na saída é maior para um funcionamento no modo de condução descontínua do que seria no modo de condução contínua.

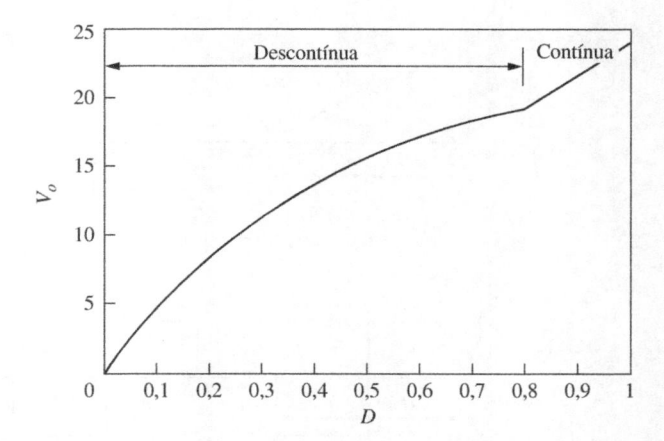

Figura 6-21 V_o *versus* taxa de trabalho para o conversor buck do Exemplo 6-9.

Conversor boost com modo de condução descontínua

O conversor boost também poderá funcionar no modo de condução descontínua. Em alguns casos, o modo de condução descontínua é desejável por razões de controle no caso de uma saída regulável. A relação entre as tensões de saída e de entrada é determinada por duas relações:

1. A tensão média no indutor é zero.
2. A corrente média no diodo é a mesma corrente da carga.

As correntes no indutor e no diodo para o modo de condução descontínua têm as formas de onda básicas como mostradas nas Figs. 6-22a e c. Quando a chave é ligada, a tensão no indutor é V_s. Quando a chave está desligada e a corrente no indutor é positiva, a tensão no indutor é $V_s - V_o$. A corrente no indutor diminui até chegar a zero, sendo impedida de se tornar negativa pelo diodo. Com a chave aberta e o diodo desligado, a corrente no indutor é zero. A tensão média no indutor é

$$V_s DT + (V_s - V_o)D_1 T = 0$$

que resulta em

$$V_o = V_s \left(\frac{D + D_1}{D_1} \right) \tag{6-97}$$

A corrente média no diodo (Fig. 6-22c) é

$$I_D = \frac{1}{T}\left(\frac{1}{2} I_{\max} D_1 T \right) = \frac{1}{2} I_{\max} D_1 \tag{6-98}$$

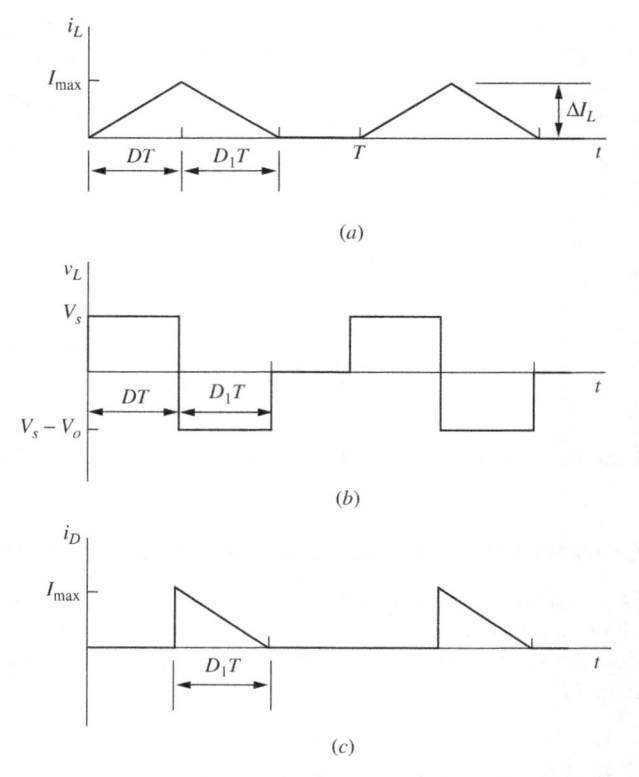

Figura 6-22 Modo de condução descontínua no conversor boost. (a) Corrente no indutor; (b) tensão no indutor; (c) corrente no diodo.

A corrente I_{max} é a mesma variação de corrente no indutor quando a chave está fechada.

$$I_{max} = \Delta i_L = \frac{V_s DT}{L} \tag{6-99}$$

Substituindo para I_{max} na Eq. (6-98) e igualando-a com a corrente na carga,

$$I_D = \frac{1}{2}\left(\frac{V_s DT}{L}\right)D_1 = \frac{V_o}{R} \tag{6-100}$$

Resolvendo para D_1,

$$D_1 = \left(\frac{V_o}{V_s}\right)\left(\frac{2L}{RDT}\right) \tag{6-101}$$

Substituindo a expressão anterior para D_1 na Eq. (6-97) resulta na equação quadrática

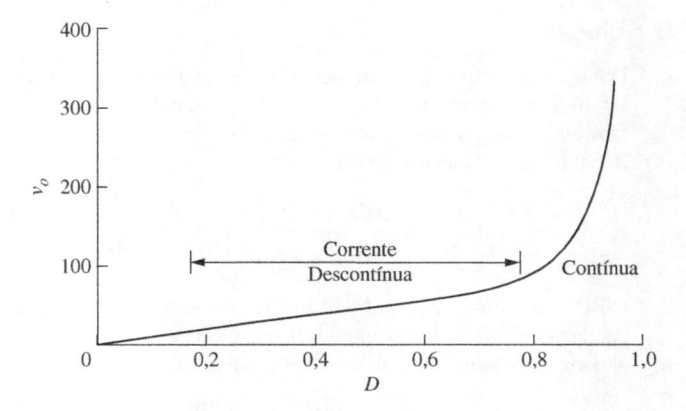

Figura 6-23 Tensão na saída do conversor boost.

$$\left(\frac{V_o}{V_s}\right)^2 - \frac{V_o}{V_s} - \frac{D^2RT}{2L} = 0$$

Resolvendo para V_o/V_s,

$$\frac{V_o}{V_s} = \frac{1}{2}\left(1 + \sqrt{1 + \frac{2D^2RT}{L}}\right) \qquad (6\text{-}102)$$

O limite entre os modos contínuo e descontínuo de corrente ocorre quando $D_1 = 1 - D$. Outra condição no limite é quando I_{min} na Eq. (6-30) é zero.

Para que o conversor boost funcione no modo contínuo ou descontínuo de corrente depende da combinação dos parâmetros do circuito, inclusive da taxa de trabalho. Como a taxa de trabalho para um dado conversor boost varia, o conversor pode entrar e sair do modo de condução descontínua. A Fig. 6-23 mostra a tensão de saída para um conversor boost com uma taxa de trabalho variável.

Exemplo 6-10

Conversor boost com modo de condução descontínua

O conversor boost da Fig. 6-8a tem os seguintes parâmetros

$V_s = 20$ V
$D = 0,6$
$L = 100$ μH
$R = 50$ Ω
$C = 100$ μF
$f = 15$ kHz

(a) Verifique se a corrente no indutor é descontínua, (b) determine a tensão na saída e (c) determine a corrente máxima no indutor.

■ **Solução**

(a) Primeiro suponha que a corrente no indutor é contínua e calcule seu valor mínimo pela Eq. (6-30), resultando em $I_{min} = -1{,}5$ A. Não é possível uma corrente negativa no indutor, indicando que a corrente é descontínua.

(b) A Eq. (6-102) fornece a tensão na saída.

$$V_o = \frac{V_s}{2}\left(1 + \sqrt{1 + \frac{2D^2R}{Lf}}\right) = \frac{20}{2}\left[1 + \sqrt{1 + \frac{2(0{,}6)^2(50)}{100(10)^{-6}(15.000)}}\right] = 60 \text{ V}$$

Observe que um conversor boost funcionando com a mesma taxa de trabalho no modo de condução contínua deveria ter uma saída de 50 V.

(c) A corrente máxima no indutor é determinada pela Eq. (6-99).

$$I_{max} = \frac{V_s D}{Lf} = \frac{(20)(0{,}6)}{100(10)^{-6}(15.000)} = 8 \text{ A}$$

6.12 CONVERSORES COM CAPACITOR CHAVEADO

Nos conversores com capacitores chaveados, os capacitores são carregados numa configuração de circuito e depois reconectados, numa configuração diferente, produzindo uma tensão de saída diferente da entrada. Conversores com capacitores chaveados não necessitam de indutor e são conhecidos também como *conversores sem indutor* ou *repositores de carga*. Os conversores com capacitores chaveados são úteis em aplicações que requerem baixas correntes, geralmente menor que 100 mA. Entre as aplicações podemos citar os sinais de dados RS-232 que precisam das tensões positiva e negativa para os níveis lógicos; circuitos de memória flash, onde se necessita de tensões maiores para apagar uma informação armazenada e nos acionadores (*drivers*) para LEDs e mostradores (*display*) de LCD.

Os tipos básicos de conversores com capacitores chaveados são os circuitos reforçadores (boost), o inversor e o abaixador (buck). O estudo a seguir introduz o conceito dos conversores com capacitores chaveados.

Conversores com capacitor chaveado elevador

Uma aplicação comum para um conversor com capacitor chaveado é o conversor reforçador (boost). O princípio básico é mostrado na Fig. 6-24a. Um capacitor é conectado primeiro em paralelo com a fonte para carregar com V_s. O capacitor carregado é então conectado em série com a fonte, produzindo uma tensão na saída de $2 V_s$.

Um esquema de chaveamento para realizar isto pode ser visto na Fig. 6-24b. Um par de chaves numerada com 1 é fechada e aberta numa sequência de fase oposta à do par de chaves 2. O par de chaves 1 fecha para carregar o capacitor e depois abre. O par de chaves 2 fecha para produzir uma saída de $2 V_s$.

As chaves podem ser implementadas com transistores, ou elas podem ser implementadas com transistores e diodos, como mostrado na Fig. 6-24c. O transistor

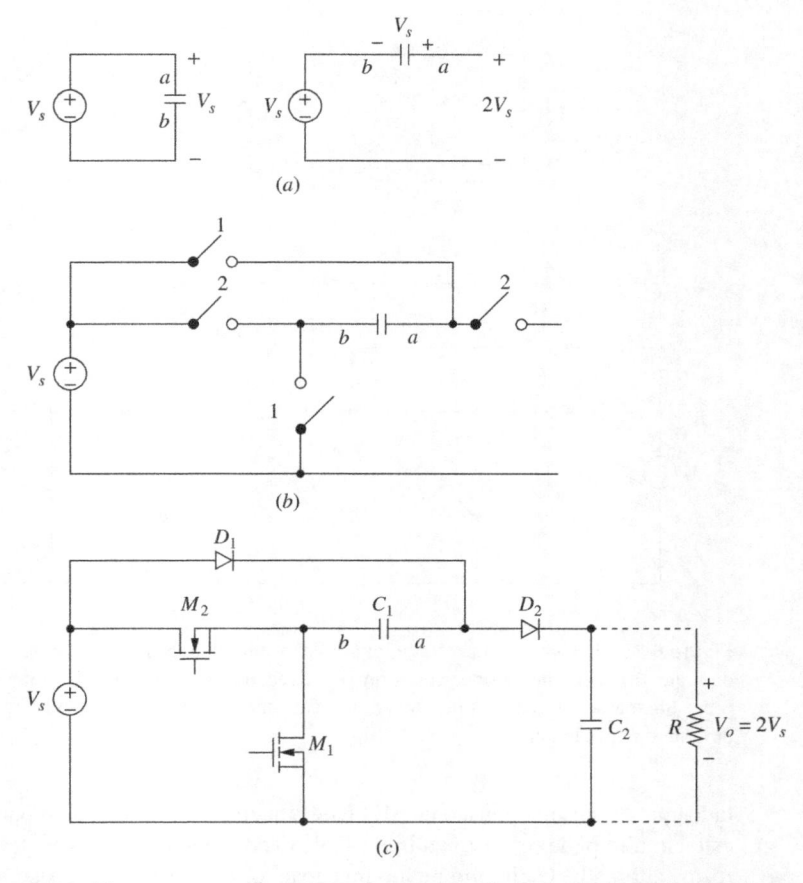

Figura 6-24 Um conversor reforçador com capacitor chaveado. (a) Um capacitor é carregado e depois reconectado para produzir uma tensão que é o dobro da tensão da fonte; (b) um esquema de chaves; (c) uma implementação usando transistores e diodos, mostrando um segundo capacitor C_2 para sustentar a tensão de saída durante o chaveamento.

M_1 é ligado e C_1 carrrega com V_s por D_1. A seguir, M_1 é desligada e M_2 é ligada. A lei da tensão de Kirchhoff em torno da malha da fonte, o capacitor carregado C_1 e V_o mostra que $V_o = 2\,V_s$. É preciso do capacitor C_2 na saída para sustentar a tensão de saída e para fornecer a corrente da carga quando C_1 é desconectado da mesma. Com a inclusão de C_2 serão necessários vários ciclos de chaveamento para carregá-lo e obter a tensão final na saída. Com o resistor conectado, a corrente irá circular dos capacitores, mas a tensão na saída será pouco afetada se a frequência de chaveamento for suficientemente alta para repor as cargas dos capacitores num curto intervalo de tempo. A saída será menor que $2\,V_s$ para os dispositivos reais por causa da queda de tensão no circuito.

Os conversores podem ser projetados para elevar a tensão de entrada para valores acima de $2V_s$. Na Fig. 6-25a, dois capacitores são carregados e depois reconec-

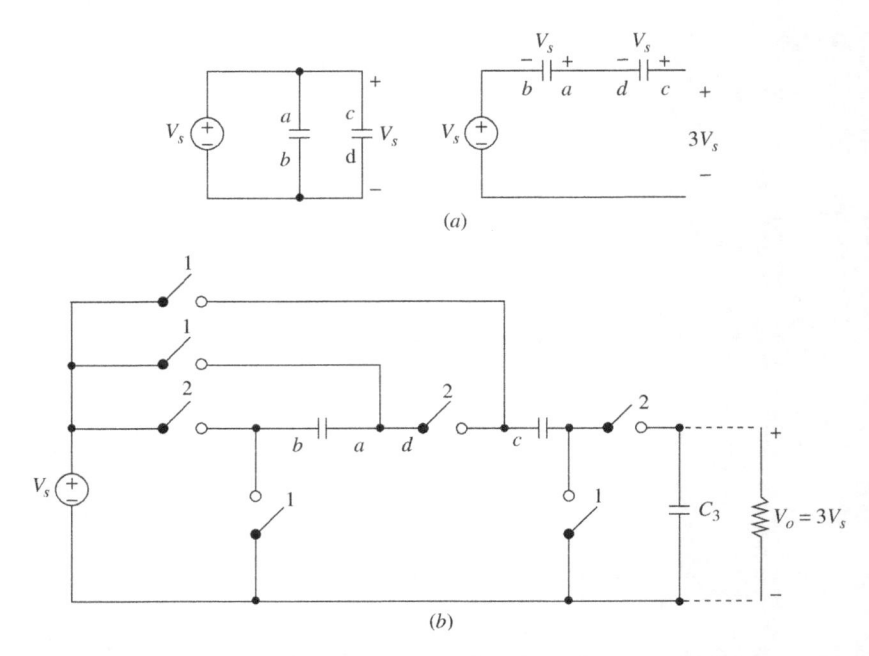

Figura 6-25 Um conversor reforçador com capacitor chaveado para produzir 3 vezes a tensão da fonte. (a) Cada capacitor carrega com V_s e é reconectado para produzir uma saída de e V_s; (b) um esquema de chaves mostra também um capacitor na saída para sustentar a tensão na saída durante o chaveamento.

tados para criar uma tensão de $3V_s$. Um esquema de chaveamento para implementar este circuito pode ser visto na Fig. 6-25b. O conjunto de chaves 1 e 2 abre e fecha de forma alternada. O circuito inclui um capacitor C_3 na saída para sustentar a tensão na carga durante o ciclo de chaveamento.

Conversor com capacitor chaveado com inversão

O conversor com capacitor chaveado invertido é usado para produzir uma tensão negativa a partir de uma fonte de tensão simples. Por exemplo, pode se obter -5 V a partir de uma fonte de 5 V, criando assim uma alimentação de $+/-$ 5 V. O conceito básico é mostrado na Fig. 6-26a. Um capacitor é carregado com a tensão da fonte e depois é conectado na saída com a polaridade oposta.

Um esquema de chaveamento para realizar isto pode ser visto na Fig. 6-26b. Um par de chaves 1 e 2 abre e fecha numa sequência de fases opostas. O par de chaves 1 fecha para carregar o capacitor e depois abre. O par de chaves 2 fecha para produzir uma saída de $-V_s$.

Uma configuração com chaves para implementar o circuito de inversão é mostrada na Fig. 6-26c. É incluído um capacitor C_2 na saída para sustentá-la e fornecer corrente para a carga durante o ciclo de chaveamento. O transistor M_1 é ligado, car-

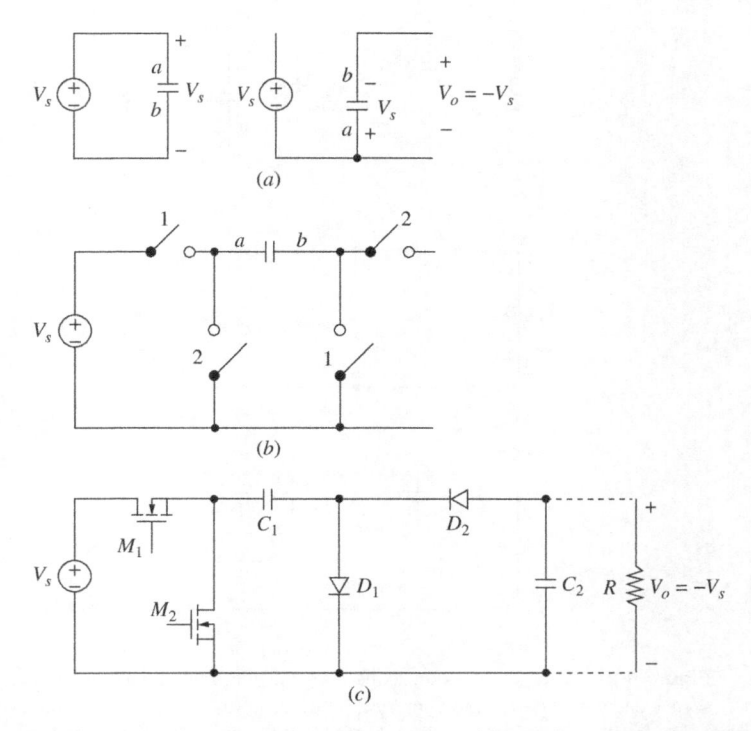

Figura 6-26 O conversor com capacitor chaveado invertido. (a) O capacitor é carregado com V_s e depois é reconectado para produzir uma saída de $-V_s$; (b) um arranjo com chaves; (c) uma implementação usando transistores e diodos e mostrando um segundo capacitor para sustentar a tensão de saída durante o chaveamento.

regando C_1 com V_s por D_1. O transistor M_1 é desligado e M_2 é ligado, carregando C_2 com uma polaridade que é positiva em baixo. Após vários ciclos de chaveamento, a tensão na saída é $-V_s$.

Conversores com capacitor chaveado abaixador

Um conversor com capacitor chaveado abaixador (buck) é mostrado na Fig. 6-27. Na Fig. 6-27a, dois capacitores de valores iguais são conectados em série, resultando numa tensão de $V_s/2$ em cada um. Os capacitores são então reconectados em paralelo, obtendo-se uma tensão na saída de $V_s/2$. Um esquema de chaveamento para realizar isto é mostrado na Fig. 6-27b. Um par de chaves 1 e 2 abre e fecha numa sequência de fases opostas. Com o resistor conectado, a corrente circulará dos capacitores, mas a tensão de saída não será afetada se a frequência de chaveamento for suficientemente alta e as cargas dos capacitores forem repostas num curto intervalo de tempo.

Uma configuração de chaves para implementar o circuito de inversão é mostrada na Fig. 6-27c. O transistor M_1 é ligado e os dois capacitores carregados por D_1.

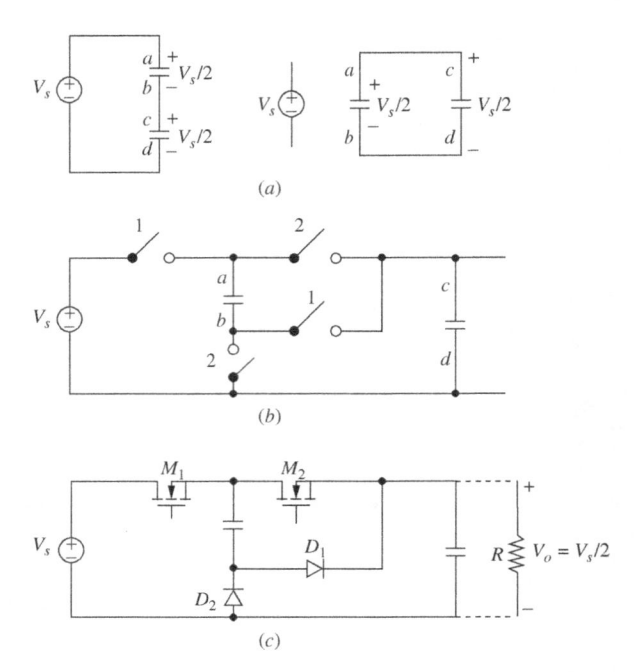

Figura 6-27 O conversor com capacitor chaveado abaixador. (a) Os capacitores estão em série e cada um é carregado com $V_s/2$, seguidos pelos capacitores em paralelo, com a tensão de saída de $V_s/2$; (b) um arranjo com chaves; (c) uma implementação usando transistores e diodos.

O transistor M_1 é desligado e M_2 é ligado, conectando os capacitores em paralelo apesar de D_2. O diodo D_2 é polarizado diretamente enquanto os capacitores descarregam pelo resistor de carga.

6.13 SIMULAÇÃO DE CONVERSORES CC-CC COM O PSPICE

O modelo de circuito a ser usado para a simulação no PSpice para os conversores CC-CC estudados neste capítulo depende do objetivo final da simulação. Para prever o comportamento de um circuito, com o objetivo de produzir formas de ondas da tensão e corrente periódicas, o modelo de circuito requer uma chave. Uma chave controlada por tensão é conveniente para esta aplicação. Se o circuito inclui um diodo ideal, indutores e capacitores sem perdas, os resultados da simulação do comportamento do circuito serão aproximações de primeira ordem, da mesma forma que o trabalho analítico desenvolvido anteriormente neste capítulo. Pela inclusão de elementos parasitas e usando dispositivos de chaveamento não ideais no modelo do circuito, a simulação será útil para investigar como um circuito verdadeiro poderá afastar-se do ideal.

Outro objetivo da simulação pode ser para prever o comportamento dinâmico de um conversor CC-CC para mudanças na tensão na fonte ou corrente da carga. Uma desvantagem de usar um modelo chaveado de ciclo a ciclo é que pode ser pedido o tempo de transiente total do circuito com um valor maior que o período do chaveamento, fazendo, portanto, o tempo de execução do programa muito maior. Pode ser preferido um modelo de circuito que não inclui os detalhes em ciclo a ciclo, mas que simula o comportamento dinâmico em grande escala pelo uso de técnicas. Simulações com o PSpice para os dois ciclo a ciclo e comportamento dinâmico em grande escala serão estudados nesta seção.

Um modelo chaveado para o PSpice

Uma chave controlada por tensão é uma maneira simples de modelar um transistor como chave que poderia ser usada num conversor físico real. A chave controlada por tensão tem uma resistência no estado ligado que poderia ser escolhida para combinar com o transistor ou a resistência no estado ligado poderia ser escolhida como insignificantemente pequena para simular uma chave ideal. Uma fonte de tensão pulsante age como um controle para uma chave.

Quando o fechamento e a abertura periódica da chave num conversor CC-CC inicia, uma resposta a transiente precede as tensões e correntes no estado estável descrito anteriormente neste capítulo. O exemplo a seguir ilustra uma simulação com o PSpice para um conversor buck usando modelos idealizados para os componentes do circuito.

Exemplo 6-11

Simulação do conversor buck usando componentes idealizados

Use o PSpice para comprovar o projeto do conversor buck na Fig. 6-3. O conversor buck tem os seguintes parâmetros:

$V_s = 3.3$ V
$L = 1$ μH
$C = 667$ μF   com uma RES de 15 mΩ
$R = 0.3$ Ω   para uma corrente de carga de 4 A
$D = 0.364$ para uma saída de 1,2 V
Frequência de chaveamento = 500 kHz

■ Solução

Um modelo para o PSpice é mostrado na Fig. 6-28. Uma chave controlada por tensão (Sbreak) é utilizada para o chaveamento do transistor, com uma resistência no estado ligado $R_{lig.}$ ajustada para 1 mΩ aproximando-se de uma chave ideal. Um diodo ideal é simulado fazendo o parâmetro n do diodo (o coeficiente de emissão na equação do diodo) como sendo de 0,001. A chave é controlada pela fonte de tensão pulsante. As declarações no arquivo do parâmetro facilitam a modificação no arquivo do circuito para outros conversores buck. As condições iniciais para a corrente no indutor e a tensão no capacitor são supostas como sendo zero, para demonstrar o comportamento do circuito ao transiente.

A Fig. 6-29a mostra a saída do Probe para a corrente no indutor e a tensão no capacitor. Observe que há uma resposta do circuito ao transiente antes que seja atingida a condição de estado estável no período. Pela porção do estado estável na saída do Probe, mostrado na Fig. 6-29b, os valores máximo e mínimo da tensão na saída são 1,213 e 1,1911, respectivamente, para uma variação de pico a pico de cerca de 22 mV, concordando com os 24 mV do projeto proposto. As correntes máxima e mínima no indutor são em torno de 4,77 e 3,24 A. Concordando bem com 4,8 e 3,2 A do projeto proposto.

CONVERSOR BUCK
Ideal switch and diode

```
Input                vx        L1  1u       Output
                                1 ───────── 2
         S1
    +|   Sbreak                          667u ─┤├─ C1   RL
 Vs  ─                                                  0,3
 3,3 ─                  ─┤◁├─ D1
                            Dbreak         15m ⩘ Resr
```

V1 = 0   Vcontrol   PARAMETERS:
V2 = 5   Duty = 0,364
TD = 0   Freq = 500k
TR = 1n
TF = 1n
PW = {Duty/Freq}   .model Dbreak D n=0,001
PER = {1/Freq}   .model Sbreak VSWITCH Roff =1 e 6 Ron=0,001 Voff=0,0 Von=1,0

Figura 6-28 Circuito do conversor buck para o PSpice.

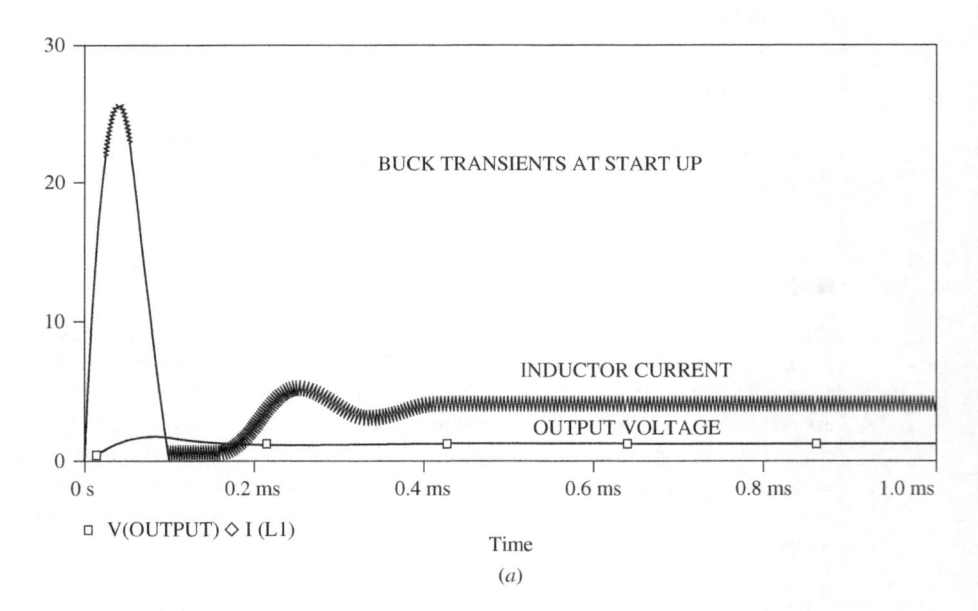

BUCK TRANSIENTS AT START UP

INDUCTOR CURRENT

OUTPUT VOLTAGE

0 s   0.2 ms   0.4 ms   0.6 ms   0.8 ms   1.0 ms
□ V(OUTPUT) ◇ I (L1)
Time
(*a*)

Figura 6-29 Saída do Probe para o Exemplo 6-11 (a) Mostrando o transiente no início do funcionamento e (b) No estado estável.

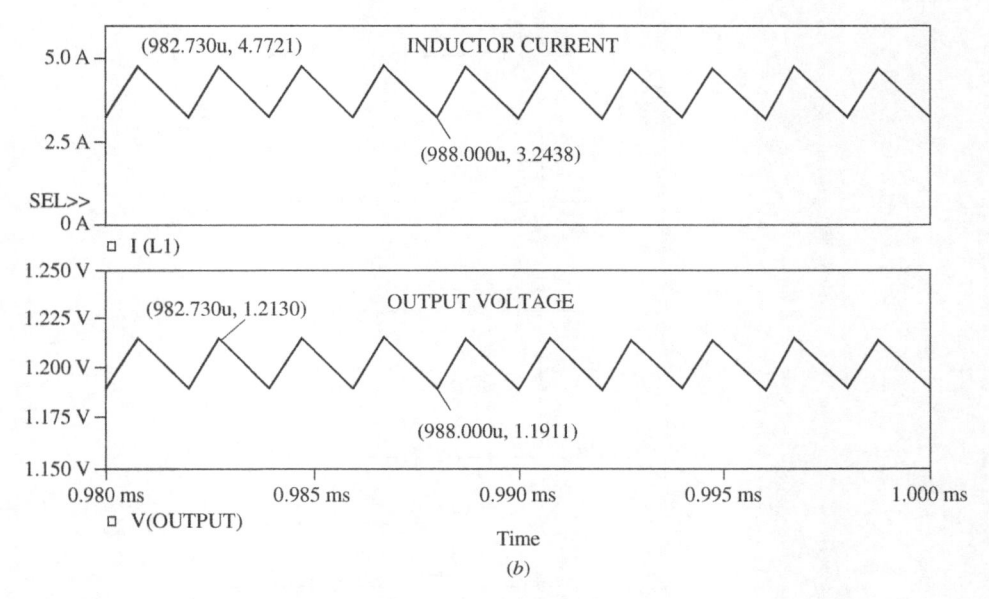

```
5.0 A ─┤ (982.730u, 4.7721)      INDUCTOR CURRENT
       │
2.5 A ─┤          (988.000u, 3.2438)
SEL>>  │
 0 A ──┘
       □ I(L1)
1.250 V ┐
1.225 V ┤ (982.730u, 1.2130)      OUTPUT VOLTAGE
1.200 V ┤
1.175 V ┤          (988.000u, 1.1911)
1.150 V ┴────────┬────────┬────────┬────────┬
      0.980 ms  0.985 ms  0.990 ms  0.995 ms  1.000 ms
       □ V(OUTPUT)
                         Time
                          (b)
```

Figura 6-29 (*continuação*)

Modelo de circuito de valores médios

A simulação do conversor buck CC-CC no Exemplo 6-11 inclui as formas de ondas da tensão e da corrente para o funcionamento com transiente em larga escala e ciclo a ciclo. Se o objetivo de uma simulação for a determinação do funcionamento com transiente em larga escala, a resposta de ciclo a ciclo apenas acrescenta o tempo de execução do programa. Uma forma mais eficiente de simular o comportamento ao transiente dos conversores CC-CC é por meio de um modelo de circuito que produza apenas os valores *médios* de corrente e tensão, em vez de incluir as variações detalhadas em torno dos valores médios. Em geral, o comportamento ao transiente dos conversores CC-CC podem ser previstos pela análise linear das malhas, com a resposta igual ao valor médio das formas de ondas do chaveamento. O estudo a seguir é focalizado no funcionamento do conversor buck no modo de condução contínua.

O comportamento ao transiente da tensão média na saída pode ser descrito por meio da análise linear do circuito. A entrada V_x para o circuito *RLC* do conversor buck da Fig. 6-3a tem um valor médio de $V_x = V_s D$. A resposta do circuito *RLC* a uma tensão de entrada em degrau de $V_x(t) = (V_s D)u(t)$ representa a média das formas de ondas da tensão e corrente de saída quando o conversor está ligado. Isto representa o mesmo transiente em larga escala que estava presente na simulação com o PSpice mostrado na Fig. 6-29a.

Para uma simulação completa do comportamento em larga escala de um conversor CC-CC é desejável incluir as relações adequadas de tensão e de corrente entre a fonte e a carga. Tomando o conversor buck como um exemplo, a relação entre a tensão e corrente média na entrada e na saída para a corrente contínua é dada por

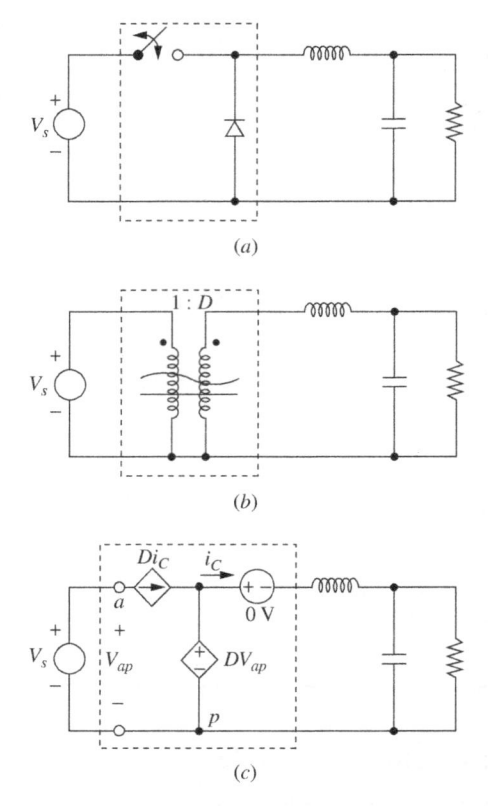

Figura 6-30 (a) Conversor buck com chave; (b) modelo de circuito para o conversor buck de valores médios; (c) circuito para o PSpice.

$$\frac{V_o}{V_s} = \frac{I_s}{I_o} = D \qquad (6\text{-}103)$$

Como $V_o = V_s/D$ e $I_o = I_s/D$, a chave em um modelo para o cálculo da tensão e da corrente média é a mesma do "transformador", que tem uma razão de 1:D. Os modelos de circuito para um conversor buck usando um transformador com1:D e um circuito no PSpice para a implementação do modelo de valores médios são mostrados na Fig. 6-30. O símbolo do circuito para o transformador indica que o modelo é válido para os sinais CA e CC.

O exemplo a seguir ilustra o uso do modelo do PSpice para simular a resposta da tensão e corrente média para um conversor buck.

Exemplo 6-12

O conversor buck de valores médios

Use o circuito de valores médios da Fig. 6-30c para simular o conversor buck tendo os seguintes paramêtros

$V_s = 10$ V
$D = 0,2$
$L = 400$ μH
$C = 400$ μF
$R = 2$ Ω
$f = 5$ kHz

Use as condições iniciais de zero para a corrente no indutor e na tensão do capacitor.

■ Solução

A implementação do modelo de valores médios no PSpice é mostrada na Fig. 6-31a. A simulação resulta do modelo chaveado e do modelo de valores médios conforme verificado na Fig. 6-31b. Note que o modelo chaveado mostra a variação ciclo a ciclo, enquanto que este modelo exibe apenas os valores médios.

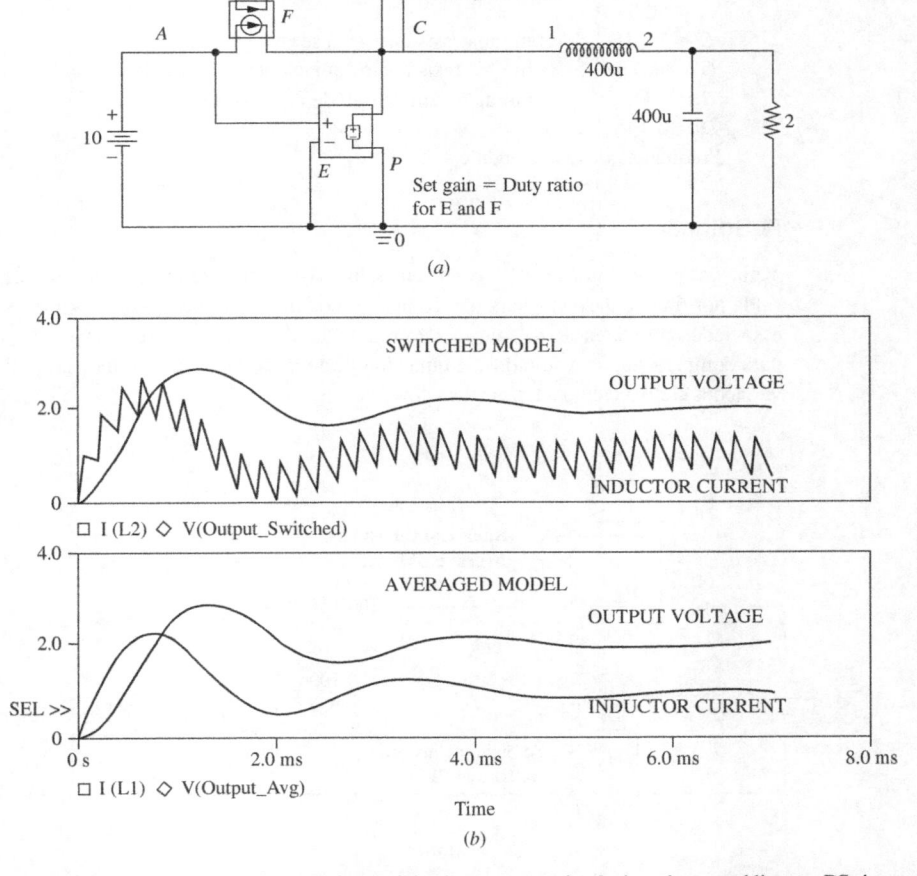

Figura 6-31 (a) Implementação do modelo do conversor buck de valores médios no PSpice; (b) saída do Probe para o modelo chaveado e modelo de valores médios.

O modelo de valores médios pode ser muito útil na investigação do comportamento dinâmico do conversor quando ele está sujeito a mudanças nos parâmetros de funcionamento. Assim, uma análise é essencial quando a saída é regulada por meio de uma malha de realimentação que é projetada para manter a saída em um determinado nível pelo ajuste da taxa de trabalho da chave para acomodar as variações na fonte e na carga. A resposta em malha fechada é estudada no Capítulo 7 em fontes de alimentação CC.

O exemplo a seguir ilustra o uso do modelo de circuito de valores médios para simular uma variação em degrau na resistência de carga.

Exemplo 6-13

Variação em degrau na carga

Use o modelo de conversor buck médio para determinar a resposta dinâmica quando a resistência de carga mudar. Os parâmetros do circuito são

$V_s = 50$ V
$L = 1$ mH   com uma resistência em série de 0,4 Ω
$C = 100$ μF com uma resistência equivalente em série de 0,5 Ω
$R = 4$ Ω,   diminuição em degrau de 2 Ω e volta para 4 Ω
$D = 0,4$
Frequência de chaveamento = 5 kHz

■ Solução

Variações em degrau na carga acontecem pelo chaveamento de um segundo resistor de 4 Ω na saída por 6 ms e desconectada por 16 ms. O modelo de valores médios expõe os transientes associados com a tensão de saída e a corrente no indutor (Fig. 6-32b). Estão listados também, para comparação, os resultados de uma simulação diferente usando uma chave, mostrando as variações ciclo a ciclo na tensão e na corrente.

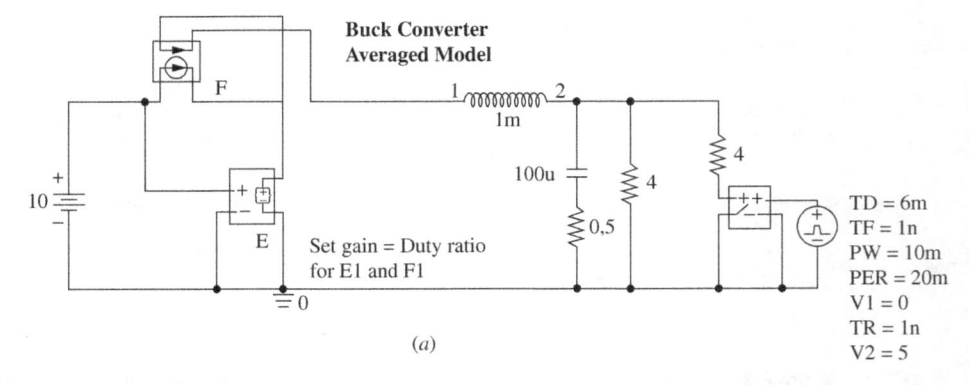

Figura 6-32 (a) Implementação do modelo de valores médios no PSpice com uma carga chaveada; (b) resultados do Probe para o modelo chaveado e o modelo de valores médios.

(b)

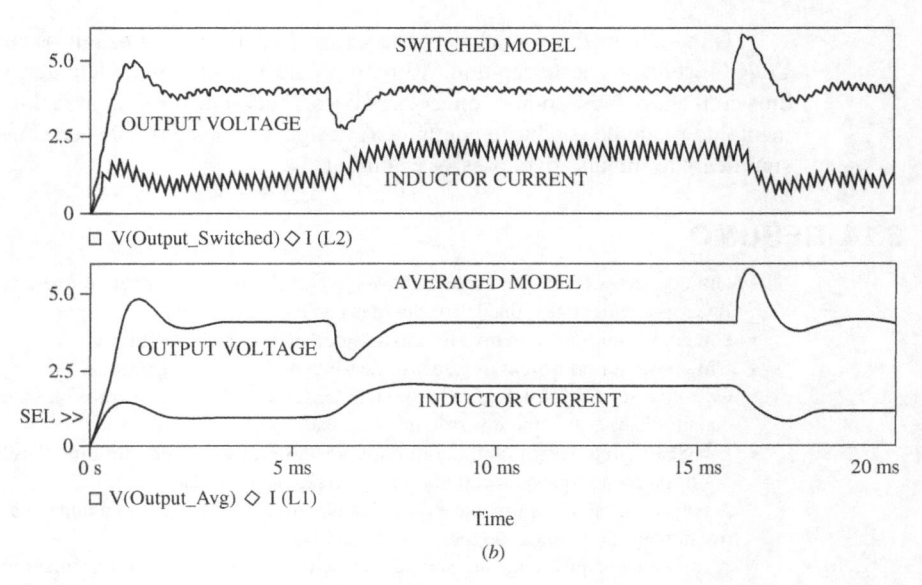

Figura 6-32 (*continuação*)

(a)

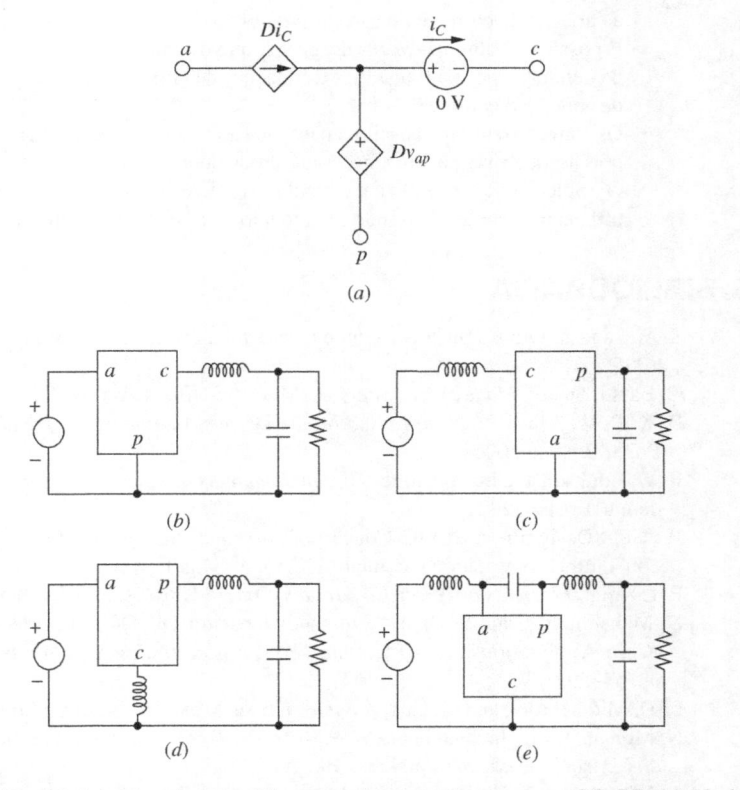

(b)   (c)

(d)   (e)

Figura 6-33 Modelo de valores médios com chave nos conversores CC-CC. (a) Modelo de valores médios no PSpice para uma chave e um diodo; (b) equivalente boost; (c) equivalente buck-boost; (e) equivalente Cuk.

O modelo médio com chave pode ser usado para simular os outros conversores CC-CC estudados neste capítulo. A Fig. 6-33 mostra como o modelo de valores médios com chave é usado nos conversores boost, buck-boost e Cuk para um funcionamento no modo de condução contínua. A designação dos terminais da chave *a, p* e *c* significam terminais ativo, passivo e comum.

6.14 RESUMO

- Um conversor CC-CC no modo chaveado é muito mais eficiente do que um conversor linear por causa das reduções das perdas na chave eletrônica.
- Um conversor buck tem uma tensão de saída menor que a da entrada.
- Um conversor boost tem uma tensão de saída maior que a da entrada.
- Os conversores buck-boost e Cuk podem ter tensões de saída maiores ou menores que a da entrada, mas há uma inversão na polaridade.
- Um SEPIC (conversor com indutor simples no primário) pode ter uma tensão de saída maior ou menor que a da entrada sem inversão na polaridade.
- A tensão na saída geralmente é reduzida do valor teórico quando a queda na chave e as resistências no indutor são incluídas na análise.
- A resistência equivalente em série do capacitor (RES) pode produzir uma ondulação na tensão de saída muito maior que a da capacitância sozinha.
- Os conversores intercalados têm caminhos por chave/indutores em paralelo para reduzir a variação na corrente no capacitor de saída.
- É possível, e algumas vezes desejável, que os conversores CC-CC funcionem no modo de condução descontínua, mas as relações de entrada-saída são diferentes das do modo de condução contínua.
- Os conversores com capacitor chaveado carregam os capacitores numa configuração e depois usam chaves para reconectá-los, produzindo uma tensão de saída diferente da entrada.
- O PSpice pode ser usado para simular os conversores CC-CC utilizando uma chave controlada por tensão ou usando um modelo de circuito de valores médios.

6.15 BIBLIOGRAFIA

S. Ang and A. Oliva, *Power-Switching Converters*, 2d ed., Taylor & Francis, Boca Raton, Fla., 2005.

C. Basso, *Switch-Mode Power Supplies,* McGraw-Hill, New York, 2008.

B. K. Bose, *Power Electronics and Motor Drives: Advances and Trends*, Elsevier/Academic Press, Boston, 2006.

R. W. Erickson and D. Maksimovi´c, *Fundamentals of Power Electronics*, 2d ed., Kluwer Academic, Boston, 2001.

W. Gu, "Designing a SEPIC Converter," National Semiconductor Application Note 1484, 2007, http://www.national.com/an/AN/AN-1484.pdf.

P. T. Krein, *Elements of Power Electronics*, Oxford University Press, New York, 1998.

D. Maksimovi´c, and S. Dhar, "Switched-Capacitor DC-DC Converters for Low-Power On--Chip Applications," *IEEE Annual Power Electronics Specialists Conference*, vol. 1, pp. 54–59, 1999.

R. D. Middlebrook and, S. Cuk, *Advances in Switched-Mode Power Conversion*, vol. I

N. Mohan, T. M. Undeland, and W. P. Robbins, *Power Electronics: Converters, Applications, and Design,* 3d ed., Wiley, New York, 2003.

A. I. Pressman, K. Billings, and T. Morey, *Switching Power Supply Design*, McGraw-Hill, New York, 2009.

M. H. Rashid, *Power Electronics: Circuits, Devices, and Systems*, 3d ed., Prentice-Hall, Upper Saddle River, N.J., 2004.

"SEPIC Equations and Component Ratings," MAXIM Application Note 1051, 2002, http://www.maxim-ic.com/an1051.

V. Vorperian, "Simplified Analysis of PWM Converters Using Model of PWM Switch", *IEEE Transactions on Aerospace and Electronic Systems*, May 1990.

Problemas

Conversores lineares

6-1 Qual é a relação entre V_o/V_s e a eficiência para o conversor descrito na Sec. 6.1?

6-2 Uma fonte de alimentação CC precisa abaixar uma tensão de 100 V para 30 V. A potência na saída é de 100 W. (a) Determine a eficiência do conversor linear da Fig. 6-1 quando for usado nesta aplicação. (b) Que quantidade de energia é perdida no transistor durante 1 ano? (c) Usando a taxa de consumo elétrico de sua cidade, qual é o custo da energia perdida por 1 ano?

Conversor chaveado básico

6-3 O conversor CC-CC básico da Fig. 6-2(a) tem uma fonte de 100 V e uma resistência de carga de 10 Ω. A taxa de trabalho da chave é $D = 0,6$ e a frequência de chaveamento é de 1 kHz. Determine (a) a tensão média na carga, (b) a tensão rms na carga e (c) a potência média absorvida pela carga. (d) O que aconteceria se a frequência de chaveamento fosse aumentada para 2 kHz?

Conversor buck

6-4 O conversor buck da Fig. 6-3a tem os seguintes parâmetros: $V_s = 24$ V, $D = 0,65$, $L = 25$ μH, $C = 15$ μF e $R = 10$ Ω. A frequência de chaveamento é de 100 kHz. Determine (a) A tensão na saída, (b) As correntes máxima e mínima no indutor e (c) A tensão de ondulação na saída.

6-5 O conversor buck da Fig. 6-3a tem os seguintes parâmetros: $V_s = 15$ V, $D = 0,6$, $L = 10$ μH, $C = 50$ μF e $R = 5$ Ω. A frequência de chaveamento é de 150 kHz. Determine (a) a tensão na saída, (b) as correntes máxima e mínima no indutor e (c) a tensão de ondulação na saída.

6-6 O conversor buck da Fig. 6-3a tem uma entrada de 50 V e uma saída de 25 V. A frequência de chaveamento é de 100 kHz e a potência de saída para um resistor de carga é de 125 W. (a) Determine a taxa de trabalho, (b) determine o valor da indutância para limitar a corrente de pico no indutor em 6,25 A. (c) Determine o valor da capacitância para limitar a tensão de ondulação na saída em 0,5%.

6-7 Um conversor buck tem uma entrada de 6 V e uma saída de 1,5 V. O resistor de carga é de 3 Ω, a frequência de chaveamento é de 400 kHz, $L = 5$ μH e $C = 10$ μF. (a) Determine a taxa de trabalho. (b) Determine as correntes média, de pico e rms no indutor. (c) Determine a corrente média na fonte e (d) determine a corrente de pico e a corrente média no diodo.

6-8 O conversor buck da Fig. 6-3a tem $V_s = 30$ V, $V_o = 20$ V e a frequência de chaveamento é de 40 kHz. A potência de saída é de 25 W. Determine os valores do indutor de tal forma que sua corrente mínima seja de 25% da sua corrente média no indutor.

6-9 Um conversor buck tem uma tensão que varia entre 50 e 60 V e uma carga que oscila entre 75 e 125 W. A tensão na saída é de 20 V. Para uma frequência de chaveamento de 100 kHz, determine a indutância mínima para fornecer uma corrente no modo de condução contínua para toda possibilidade de funcionamento.

6-10 Um conversor buck tem uma tensão que varia entre 10 e 15 V e uma corrente na carga que varia entre 0,5 e 1,0 A. A tensão na saída é de 5 V. Para uma frequência de chaveamento de 200 kHz, determine a indutância mínima para fornecer uma corrente no modo de condução contínua para toda possibilidade de funcionamento.

6-11 Projete um conversor buck de tal modo que a tensão na saída seja de 15 V quando a entrada é de 48 V. A carga é de 8 Ω. Projete para o modo de condução contínua no indutor. A tensão de ondulação na saída não deve ser maior que 0,5%. Especifique a frequência de chaveamento e o valor de cada componente. Suponha componentes ideais.

6-12 Especifique os valores nominais de corrente e tensão para cada componente no projeto do Prob. 6-11.

6-13 Projete um conversor buck para produzir uma tensão na saída de 15 V a partir de uma fonte de 24 V. A carga é de 2 A. Projete para o modo de condução contínua no indutor. Especifique a frequência de chaveamento e os valores de cada componente. Suponha componentes ideais.

6-14 Projete um conversor buck que tenha uma saída de 12 V a partir de uma entrada de 18 V. A potência na saída é de 10 W. A tensão de ondulação na saída não deve ser maior que 100 mV p-p. Especifique a taxa trabalho, a frequência de chaveamento e os valores do indutor e do capacitor. Projete para o modo de condução contínua no indutor. Suponha os componentes ideais.

6-15 A tensão V_x na Fig. 6-3a para o conversor buck com modo de condução contínua no indutor é a forma de onda pulsada da Fig. 6-2c. As séries de Fourier para esta forma de onda tem um termo CC de V_sD. Os termos CA têm uma frequência fundamental igual a frequência de chaveamento e a amplitude dada por

$$V_n = \frac{\sqrt{2}V_s}{n\pi}\sqrt{1 - \cos(2\pi nD)} \qquad n = 1, 2, 3, \ldots$$

Usando uma análise de circuito CA, determine a amplitude do primeiro termo CA das séries de Fourier para a tensão na carga para o conversor buck no Exemplo 6-1. Compare seu resultado com a tensão de ondulação de pico a pico determinada no exemplo. Comente sobre seus resultados.

6-16 (a) Se a resistência equivalente em série do capacitor no conversor buck do Exemplo 6-2 for de 0,5 Ω, recalcule a tensão de ondulação na saída. (b) Calcule novamente a capacitância necessária para limitar a tensão de ondulação na saída em 0,5% se a RES do capacitor for dada como $r_c = 50(10)^{-6}/C$, na qual C está em Farad.

Conversor boost

6-17 O conversor boost da Fig. 6-8 tem os parâmetros $V_s = 20$ V, $D = 0,6$, $R = 12,5$ Ω, $L = 10$ μH, $C = 40$ μF e a frequência de chaveamento é de 200 kHz. (a) Determine a tensão de saída. (b) Determine as correntes média, máxima e mínima no indutor. (c) Determine a tensão de ondulação na saída. (d) Determine a corrente média no diodo. Suponha os componentes como ideais.

6-18 Para o conversor boost no Prob. 6-17, esboce as correntes no indutor e no capacitor. Determine os valores rms destas correntes.

6-19 Um conversor boost tem uma entrada de Fig. 5 V e uma saída de 25 W em 15 V. A corrente mínima no indutor não deve ser menor que 50% do valor médio. A tensão de ondulação na saída deve ser menor que 1%. A frequência de chaveamento é de 300 kHz. Determine a taxa de trabalho, o valor mínimo do indutor e o valor mínimo do capacitor.

6-20 Projete um conversor boost para fornecer uma saída de 18 V a partir de uma fonte de 12 V. A carga é de 20 W. A tensão de ondulação na saída não deve ser menor que 0,5%. Especifique a taxa de trabalho, a frequência de chaveamento, os valores do indutor e a corrente rms nominal. Projete para o modo de condução contínua. Suponha os componentes como ideais.

6-21 A tensão de ondulação na saída do conversor boost foi determinada supondo que a corrente no capacitor é constante quando o diodo está desligado. Na realidade, a corrente é uma exponencial descendente com uma constante de tempo RC. Usando os valores da capacitância e da resistência no Exemplo 6-4, determine a variação e a tensão de saída enquanto a chave estiver fechada pela avaliação do decaimento da tensão no circuito RC. Compare-a com a determinada pela Eq. (6-34).

6-22 Para o conversor boost com um indutor ideal, produzir uma família de curvas de V_o/V_s similar às da Fig. 6-10a para $r_L/R = 0,1; 0,3; 0,5$ e $0,7$.

Conversor buck-boost

6-23 O conversor buck-boost da Fig. 6-11 tem os parâmetros $V_s = 12$ V, $D = 0,6$, $R = 10\ \Omega$, $L = 10\ \mu$H, $C = 20\ \mu$F e a frequência de chaveamento é de 200 kHz. Determine (a) a tensão na saída, (b) as correntes média, máxima e mínima no indutor, (c) a tensão de ondulação na saída.

6-24 Esboce as correntes no indutor, no capacitor para o conversor buck-boost no Prob. 6-23. Determine os valores rms destas correntes.

6-25 O conversor buck-boost da Fig. 6-11 tem $V_s = 24$ V, $V_o = -36$ V e a resistência de carga de 10 Ω. Se a frequência de chaveamento é de 100 kHz, (a) determine a indutância de modo que a corrente mínima seja de 40% da média e (b) determine a capacitância necessária para limitar a tensão de ondulação na saída em 0,5%.

6-26 Projete um conversor buck-boost para alimentar uma carga de 75 W em 50 V a partir de uma fonte de 40 V. A ondulação na saída não deve ser maior que 1%. Especifique a taxa de trabalho, a frequência de chaveamento, a medida do indutor e a medida do capacitor.

6-27 Projete um conversor buck-boost para produzir -15 V na saída a partir de uma fonte que varia de 12 a 18 V. A carga é um resistor de 15 Ω.

6-28 Projete um conversor buck-boost que tem uma fonte que varia de 10 a 14 V. A saída é regulada em -12 V. A carga varia de 10 a 15 W. A tensão de ondulação deve ser menor que 1% para qualquer condição de funcionamento. Determine a faixa da taxa de trabalho para a chave. Especifique os valores do indutor e do capacitor e explique como você fez para tomar as decisões do projeto.

Conversor Cuk

6-29 O conversor Cuk da Fig. 6-13a tem os parâmetros $V_s = 12$ V, $D = 0,6$, $L_1 = 200\ \mu$H, $L_2 = 100\ \mu$H, $C_1 = C_2 = 2\ \mu$F e $R = 12\ \Omega$ e a frequência de chaveamento é de 250 kHz. Determine (a) a tensão na saída, (b) as variações nas correntes médias e de pico a pico em L_1 e L_2 e (c) a variação de pico a pico nas tensões do capacitor.

6-30 O conversor Cuk da Fig. 6-13a tem uma entrada de 20 V e fornece uma saída de 1,0 A em 10 V. A a frequência de chaveamento é de 100 khZ. Determine os valores de L_1 e L_2

de modo que a variação de pico a pico nas correntes do indutor seja menor que 10% da média.

6-31 Projete um conversor Cuk que tenha uma entrada de 25 V e uma saída de -30 V. A carga é de 60 W. Especifique a taxa de trabalho, a frequência de chaveamento, os valores do indutor e os valores do capacitor. A variação máxima nas correntes do indutor deve ser de 20% das correntes médias. A tensão de ondulação em C_1 deve ser menor que 5% e a tensão de ondulação na saída deve ser menor que 1%.

Circuito SEPIC

6-32 O circuito SEPIC da Fig. 6-14a tem $V_s = 5$ V, $V_o = 12$ V, $C_1 = C_2 = 50$ μF, $L_1 = 10$ μH e $L_2 = 20$ μH. O resistor de carga é de 4 Ω. Esboce as correntes em L_1 e L_2, indicando os valores médio, máximo e mínimo. A frequência de chaveamento é de 100 kHz.

6-33 O circuito SEPIC da Fig. 6-14a tem $V_s = 3,3$ V, $D = 0,7$, $L_1 = 4$ μH e $L_2 = 10$ μH. O resistor de carga é de 5 Ω. A frequência de chaveamento é de 300 kHz. (a) Determine os valores máximo e mínimo das correntes em L_1 e L_2. (b) Determine a variação na tensão em cada capacitor.

6-34 A relação entre a tensão na entrada e na saída para o circuito SEPIC da Fig. 6-14a expressa na Eq. (6-74) foi desenvolvida usando a tensão média em L_1. Derive uma relação usando a tensão média em L_2.

6-35 Um circuito SEPIC tem uma tensão de entrada de 15 V e é para ter uma saída de 6 V. A resistência de carga é de 2 Ω e a a frequência de chaveamento é de 250 kHz. Determine os valores de L_1 e L_2 de modo que a variação na corrente do indutor seja de 40% do valor médio. Determine os valores de C_1 e C_2 de modo que a variação na corrente do capacitor seja de 2%.

6-36 Um circuito SEPIC tem uma tensão de entrada de 9 V e é para ter uma saída de 2,7 V. A corrente na saída é de 1 A e a frequência de chaveamento é de 300 kHz. Determine os valores de L_1 e L_2 de modo que a variação na corrente do indutor seja de 40% do valor médio. Determine os valores de C_1 e C_2 de modo que a variação na corrente do capacitor seja de 2%.

Efeitos não ideais

6-37 O conversor boost do Exemplo 6-4 tem um capacitor com uma resistência equivalente em série de 0,6 Ω. Todos os outros parâmetros permanecem inalterados. Determine a tensão de ondulação na saída.

6-38 A Eq. (6-88) expressa a tensão na saída de um conversor buck em termos da entrada, da taxa de trabalho e da queda de tensão na chave e no diodo não ideais. Derive uma expressão para a tensão na saída de um conversor buck-boost para a chave e o diodo não ideais.

Modo de condução descontínua

6-39 O conversor buck do Exemplo 6-2 foi projetado para uma carga de 10 Ω. (a) Qual é a limitação da resistência de carga para um funcionamento no modo de condução contínua? (b) Qual deve ser a faixa da tensão na saída para uma resistência de carga na faixa de 5 a 20 Ω? (c) Reprojete o conversor para que a corrente no indutor permaneça no modo de condução contínua para uma resistência de carga de 5 a 20 Ω.

6-40 O conversor boost do Exemplo 6-4 foi projetado para uma carga de 50 Ω. (a) Qual é a limitação da resistência de carga para um funcionamento no modo de condução contínua? (b) Qual deve ser a faixa da tensão na saída para uma resistência de carga na faixa de 25 a 100 Ω? (c) Reprojete o conversor para que a corrente no indutor permaneça no modo de condução contínua para uma resistência de carga de 5 a 20 Ω.

6-41 A Seção 3-11 descreve os conversores buck e boost para um funcionamento no modo de condução descontínua. Derive uma expressão para a tensão na saída de um conversor buck-boost quando funcionando no modo de condução descontínua.

Conversor com capacitores chaveados

6-42 Os valores dos capacitores C_1 e C_2 na Fig. P6-42 são iguais. Na primeira parte do ciclo de chaveamento, as chaves denominadas como 1 são fechadas e as chaves 2 são abertas. Na segunda parte do ciclo, as chaves 1 são abertas e as chaves 2 são fechadas. Determine a tensão na saída V_o no final do ciclo de chaveamento. *Observação*: Deve ser colocado um terceiro capacitor de V_o para o terra para sustentar a tensão na saída durante os ciclos de chaveamento subsequentes.

PSpice

6-43 Simule o conversor buck do Exemplo 6-11, mas use o MOSFET IRF150 da biblioteca do PSpice para a chave. Use um circuito de acionamento do gatilho não idealizado de uma fonte de tensão pulsada e uma resistência de baixo valor. Use o modelo padrão para o diodo. Use o Probe para traçar o gráfico $p(t)$ *versus t* para a chave nas condições de estado estável. Determine a perda de potência média na chave.

6-44 Simule o conversor buck do Exemplo 6-1 usando o PSpice.(a) Use uma chave e um diodo ideais. Determine a tensão de ondulação na saída. Compare os resultados do PSpice com os resultados analíticos no Exemplo 6-1. (b) Determine a tensão na saída no estado estável e a tensão de ondulação usando uma chave com uma resistência ligada de 2 Ω e o modelo padrão de diodo.

6-45 Mostre que os circuitos equivalentes para os modelos médios do PSpice na Fig. 6-33 satisfazem à tensão média e as relações da corrente de entrada e de saída para cada conversor.

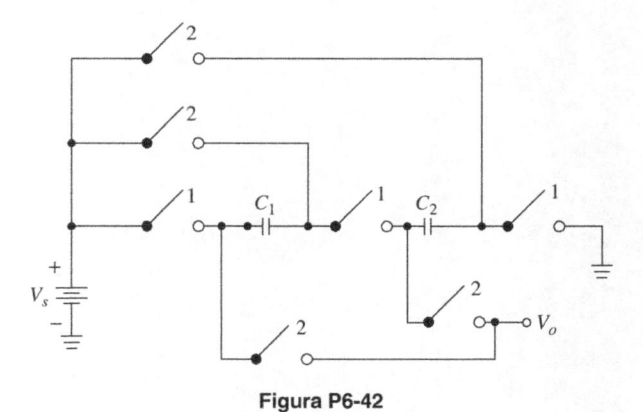

Figura P6-42

Fontes de Alimentação CC

Capítulo 7

7.1 INTRODUÇÃO

Uma desvantagem básica dos conversores estudados no Capítulo 6 é a conexão elétrica entre a entrada e a saída. Se a alimentação de entrada for ligada a um ponto "aterrado", este mesmo ponto de terra deve estar presente na saída. Um modo de isolar eletricamente a saída da entrada é com um transformador. Se o conversor CC-CC tiver um primeiro estágio que retifica uma potência CA para CC, um transformador poderia ser usado do lado CA. Contudo, nem toda aplicação de conversão de CA para CC tem um primeiro estágio. Além do mais, um transformador funcionando em baixa frequência (50 ou 60 Hz) requer um núcleo magnético maior, pesado e caro.

Um método mais eficiente para se conseguir o isolamento elétrico entre a entrada e a saída de um conversor CC-CC é usar um transformador num esquema de chaveamento. A frequência de chaveamento é muito maior do que a frequência da fonte de alimentação CA, permitindo que o transformador seja menor. Além disto, a relação de espiras do transformador proporciona uma maior flexibilidade do projeto na relação entre a entrada e saída do conversor. Com o uso de bobinados múltiplos no transformador, os conversores chaveados podem ser projetados para fornecer tensões múltiplas na saída.

7.2 MODELOS DE TRANSFORMADOR

Os transformadores têm duas funções básicas: proporcionar isolamento elétrico e aumentar ou diminuir o tempo de variação nas tensões e correntes. Um transformador com duas bobinas é mostrado na Fig. 7-1a. Um modelo idealizado para o transformador, conforme mostrado na Fig. 7-1b, tem as relações de entrada-saída

$$\frac{v_1}{v_2} = \frac{N_1}{N_2}$$
$$\frac{i_1}{i_2} = \frac{N_2}{N_1}$$
(7-1)

O ponto convencionado é usado para indicar a polaridade relativa entre as duas bobinas. Quando a tensão no terminal com o ponto de uma das bobinas é positiva, a tensão no outro terminal com ponto é também positiva. Quando uma corrente entra pelo terminal de uma bobina, outra corrente sai pelo terminal com ponto na outra bobina.

Um modelo, mais completo, de transformador é mostrado na Fig. 7-1c. Os resistores r_1 e r_2 representam as resistências dos condutores, L_1 e L_2 representam as indutâncias das bobinas, L_m representa a indutância de magnetização e r_m representa a perda no núcleo. O transformador ideal está incorporado neste modelo para representar a transformação da tensão e corrente entre o primário e secundário.

Em algumas aplicações neste capítulo, a representação do transformador ideal é suficiente para um estudo preliminar de um circuito. O modelo ideal supõe que as resistências em série e as indutâncias são zero e que os elementos em paralelo são infinitos. Uma aproximação um pouco melhor para as aplicações de fonte de alimentação inclui a indutância de magnetização L_m, conforme mostrado na Fig. 7-1d. O valor de L_m é um parâmetro importante do projeto para o conversor flyback.

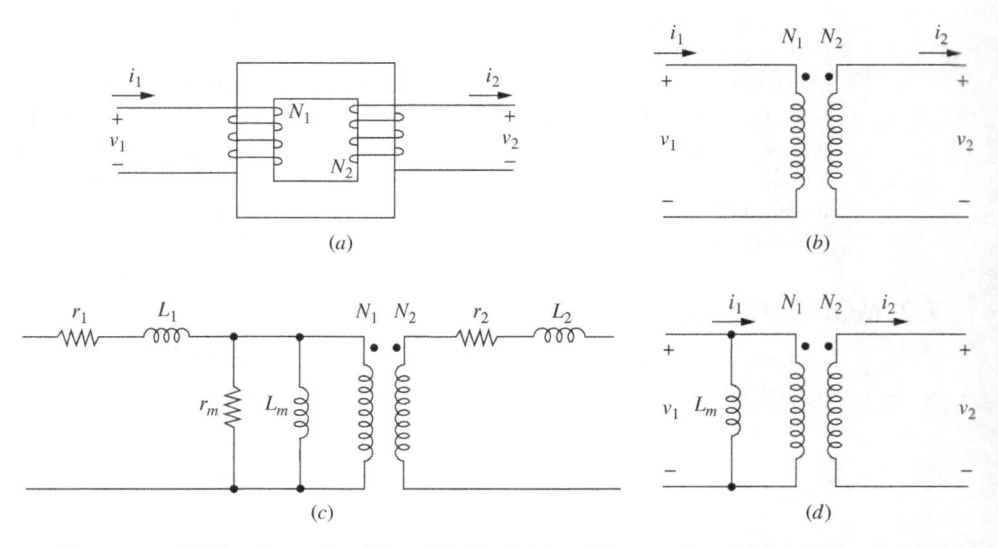

Figura 7-1 (a) Transformador; (b) modelo ideal; (c) modelo completo; (d) modelo usado para maioria dos circuitos eletrônicos de potência.

As indutâncias de fuga L_1 e L_2 não são usualmente essenciais para o funcionamento geral dos circuitos eletrônicos de potência descritos neste capítulo, mas elas são importantes quando considerarmos os transientes do chaveamento. Observe que nas aplicações do sistema de potência CA, a indutância de fuga é normalmente um parâmetro importante na análise e no projeto.

Para o funcionamento periódico da tensão e corrente para um circuito com transformador, o fluxo magnético no núcleo deve voltar ao seu valor inicial e final a cada período de chaveamento. Caso contrário, o fluxo aumentará no núcleo e causará eventualmente a saturação. Um núcleo saturado não pode manter uma tensão num bobinado do transformador, isto levará à correntes no dispositivo além dos limites do projeto do circuito.

7.3 CONVERSOR FLYBACK

Modo de condução contínua

Um conversor CC-CC com isolamento entre a entrada e a saída é o circuito flyback da Fig. 7-2a. Numa primeira análise, a Fig. 7-2b usa o modelo de transformador que inclui a indutância de magnetização L_m, como na Fig. 7-1d. Os efeitos das perdas e indutâncias de fuga são importantes quando se considera a proteção e o funciona-

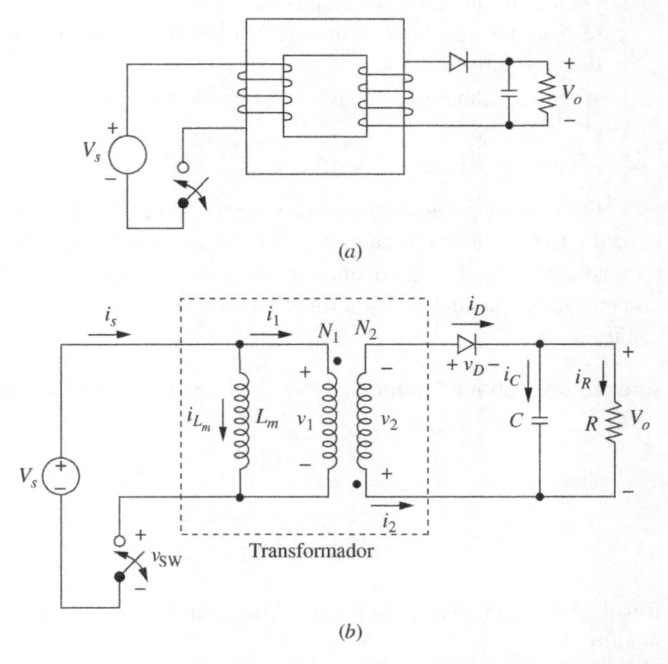

Figura 7-2 (a) Conversor flyback; (b) circuito equivalente usando um modelo de transformador que inclui a indutância de magnetização; (c) circuito com a chave ligada; (d) circuito com a chave ligada.

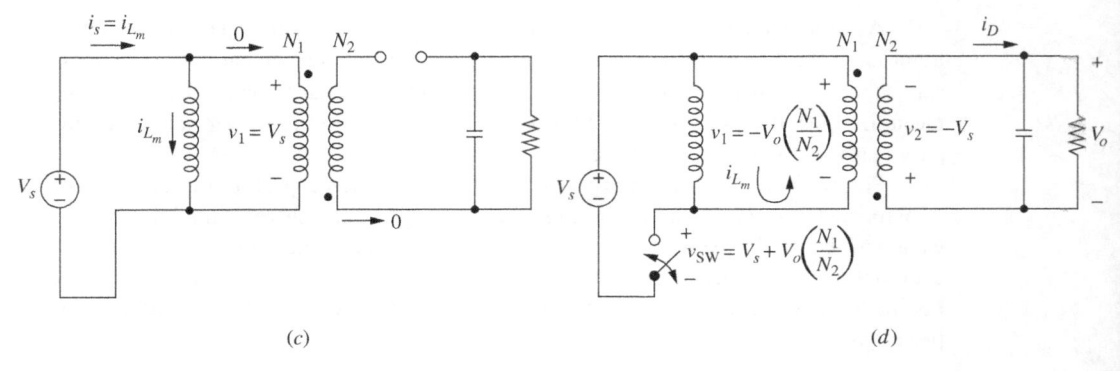

Figura 7-2 (*continuação*)

mento da chave, mas o funcionamento global do circuito é melhor entendido com este modelo simplificado do transformador. Observe a polaridade dos bobinados do transformador na Fig. 7-2.

Podemos fazer as seguintes suposições adicionais:

1. O valor do capacitor de saída é muito alto, resultando numa tensão de saída V_o constante.
2. O circuito funciona no estado estável, implicando que todas as tensões e correntes são periódicas, iniciando e terminando no mesmo ponto sobre um período de chaveamento.
3. A taxa de trabalho da chave é D, ficando fechada por um tempo DT e aberta por $(1-D)T$.
4. A chave e o diodo são ideais.

O funcionamento básico do conversor flyback é similar ao do conversor boost descrito no Capítulo 6. A energia é armazenada em L_m quando a chave está fechada e é transferida para a carga quando a chave está aberta. O circuito é analisado para as duas posições da chave com a finalidade de determinar a relação entre a entrada e a saída.

Análise com chave fechada Do lado do transformador da fonte (Fig. 7-2c),

$$v_1 = V_s = L_m \frac{di_{L_m}}{dt}$$

$$\frac{di_{L_m}}{dt} = \frac{\Delta i_{L_m}}{\Delta t} = \frac{\Delta i_{L_m}}{DT} = \frac{V_s}{L_m}$$

Resolvendo para a variação da corrente na indutância de magnetização do transformador

$$(\Delta i_{L_m})_{\text{fechada}} = \frac{V_s DT}{L_m} \qquad (7\text{-}2)$$

No transformador do lado da carga,

$$v_2 = v_1\left(\frac{N_2}{N_1}\right) = V_s\left(\frac{N_2}{N_1}\right)$$

$$v_D = -V_o - V_s\left(\frac{N_2}{N_1}\right) < 0$$

$$i_2 = 0$$

$$i_1 = 0$$

Como o diodo está desligado, $i_2 = 0$ que significa que $i_1 = 0$. Logo, enquanto a chave está fechada, a corrente aumenta de maneira linear na indutância de magnetização e não há corrente nas bobinas do transformador no modelo ideal. Lembre-se que no transformador real isto significa que uma corrente está aumentando linearmente no bobinado primário e que não existe corrente física no bobinado secundário.

Análise com a chave aberta Quando a chave abre (Fig. 7-2d), a corrente não pode mudar instantaneamente na indutância L_m, logo o caminho de condução deve ser pelas espiras da bobina do primário do transformador ideal. A corrente i_{L_m} entra pelo terminal do primário sem o ponto e deve sair pelo terminal do secundário da mesma maneira que entrou. Isto é admissível visto que a corrente no diodo é positiva. Supondo que a tensão na saída permanece constante em V_o, a tensão no secundário do transformador v_2 torna-se $-V_o$. A tensão no secundário transforma de volta para o primário, estabelecendo a tensão em L_m em

$$v_1 = -V_o\left(\frac{N_1}{N_2}\right)$$

As tensões e correntes para a chave aberta são

$$v_2 = -V_o$$

$$v_1 = v_2\left(\frac{N_1}{N_2}\right) = -V_o\left(\frac{N_1}{N_2}\right)$$

$$L_m \frac{di_{L_m}}{dt} = v_1 = -V_o\left(\frac{N_1}{N_2}\right)$$

$$\frac{di_{L_m}}{dt} = \frac{\Delta i_{L_m}}{\Delta t} = \frac{\Delta i_{L_m}}{(1-D)T} = \frac{-V_o}{L_m}\left(\frac{N_1}{N_2}\right)$$

Resolvendo para a variação na indutância de magnetização do transformador com a chave aberta,

$$(\Delta i_{L_m})_{\text{aberta}} = \frac{-V_o(1-D)T}{L_m}\left(\frac{N_1}{N_2}\right) \qquad (7\text{-}3)$$

Como a variação líquida na corrente do indutor deve ser zero sobre um período para o estado estável de funcionamento, as Eqs. (7-2) e (7-3) mostram

$$(\Delta i_{L_m})_{\text{fechada}} + (\Delta i_{L_m})_{\text{aberta}} = 0$$

$$\frac{V_s DT}{L_m} - \frac{V_o(1-D)T}{L_m}\left(\frac{N_1}{N_2}\right) = 0$$

Resolvendo para V_o,

$$\boxed{V_o = V_s\left(\frac{D}{1-D}\right)\left(\frac{N_2}{N_1}\right)} \qquad (7\text{-}4)$$

Observe que a relação entre a entrada e a saída para o conversor flyback é similar à do conversor buck-boost que inclui o termo adicional para a relação de transformação.

As outras correntes e tensões de interesse enquanto a chave está aberta são

$$\begin{aligned}
i_D &= -i_1\left(\frac{N_1}{N_2}\right) = i_{L_m}\left(\frac{N_1}{N_2}\right) \\
v_{\text{sw}} &= V_s - v_1 = V_s + V_o\left(\frac{N_1}{N_2}\right) \\
i_R &= \frac{V_o}{R} \\
i_C &= i_D - i_R = i_{L_m}\left(\frac{N_1}{N_2}\right) - \frac{V_o}{R}
\end{aligned} \qquad (7\text{-}5)$$

Observe que v_{sw}, a tensão na chave aberta, é maior que a tensão da fonte. Se a tensão na saída é a mesma da entrada e a relação de espiras é 1, por exemplo, a tensão na chave será o dobro da tensão na fonte. As correntes no circuito são mostradas na Fig. 7-3.

A potência absorvida pelo resistor de carga deve ser a mesma que a fornecida pela fonte para o caso ideal, resultando em

$$P_s = P_o$$

ou

$$V_s I_s = \frac{V_o^2}{R} \qquad (7\text{-}6)$$

A corrente média na fonte, I_s, é relacionada com a corrente média da indutância de magnetização I_{L_m} por

$$I_s = \frac{(I_{L_m})DT}{T} = I_{L_m}D \qquad (7\text{-}7)$$

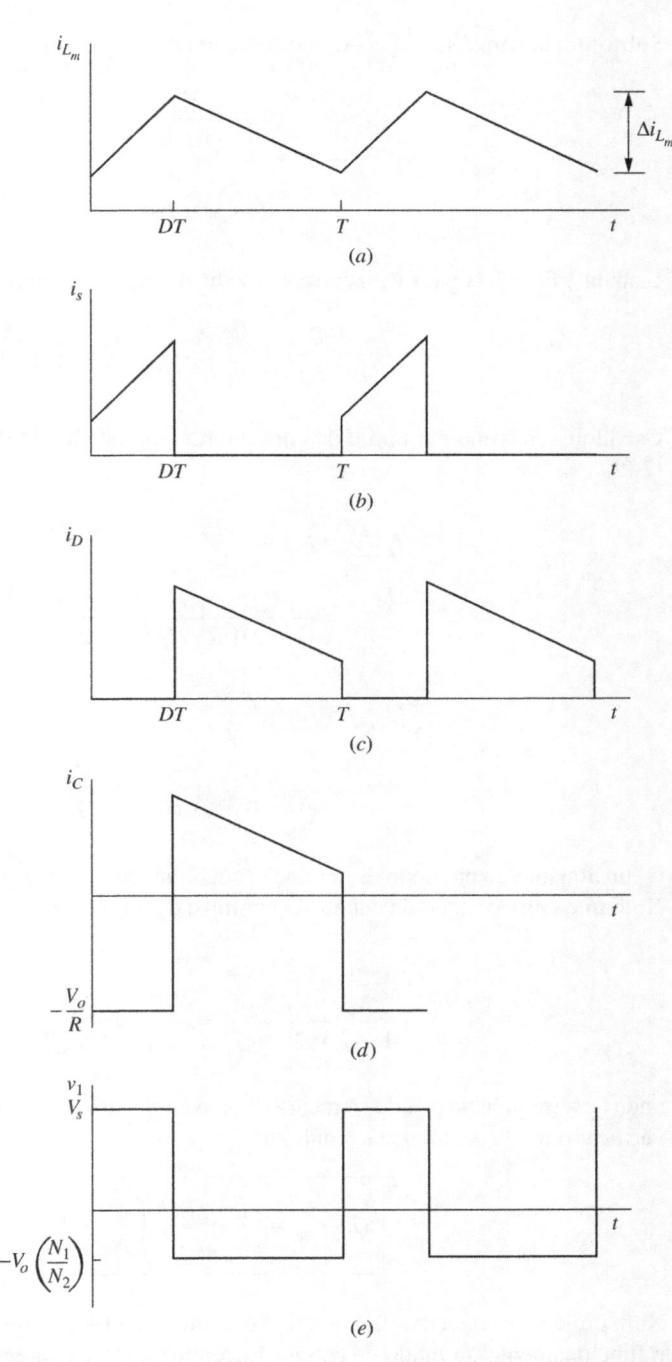

Figura 7-3 Formas de onda da corrente e tensão no conversor flyback. (a) Corrente na indutância de magnetização; (b) corrente na fonte; (c) corrente no diodo; (d) corrente no capacitor; (e) tensão no primário do transformador.

Substituindo para I_s na Eq. (7-6) e resolvendo para I_{L_m},

$$V_s I_{L_m} D = \frac{V_o^2}{R}$$

$$I_{L_m} = \frac{V_o^2}{V_s D R} \qquad (7\text{-}8)$$

Usando a Eq. (7-4) para V_s, a corrente média no indutor é expressa também como

$$I_{L_m} = \frac{V_s D}{(1-D)^2 R}\left(\frac{N_2}{N_1}\right)^2 = \frac{V_o}{(1-D)R}\left(\frac{N_2}{N_1}\right) \qquad (7\text{-}9)$$

Os valores máximo e mínimo da corrente no indutor são obtidos pelas Eqs. (7-9) e (7-2).

$$\begin{aligned} I_{L_m,\max} &= I_{L_m} + \frac{\Delta i_{L_m}}{2} \\ &= \frac{V_s D}{(1-D)^2 R}\left(\frac{N_2}{N_1}\right)^2 + \frac{V_s D T}{2 L_m} \end{aligned} \qquad (7\text{-}10)$$

$$\begin{aligned} I_{L_m,\min} &= I_{L_m} - \frac{\Delta i_{L_m}}{2} \\ &= \frac{V_s D}{(1-D)^2 R}\left(\frac{N_2}{N_1}\right)^2 - \frac{V_s D T}{2 L_m} \end{aligned} \qquad (7\text{-}11)$$

O funcionamento no modo de condução contínua requer que $I_{L_m,\min} > 0$ na Eq. (7-11). No limite entre o modo de condução contínua e o modo de condução descontínua,

$$I_{L_m,\min} = 0$$

$$\frac{V_s D}{(1-D)^2 R}\left(\frac{N_2}{N_1}\right)^2 = \frac{V_s D T}{2 L_m} = \frac{V_s D}{2 L_m f}$$

onde f é a frequência de chaveamento. Resolvendo para o valor mínimo de I_{L_m} que irá verificar o modo de condução contínua,

$$\boxed{(L_m)_{\min} = \frac{(1-D)^2 R}{2f}\left(\frac{N_1}{N_2}\right)^2} \qquad (7\text{-}12)$$

Num projeto de conversor flyback L_m é escolhido para ser maior que $L_{m,\min}$ garantindo o funcionamento no modo de condução contínua. Uma expressão conveniente relacionando a indutância e a variação na corrente é encontrada pela Eq. (7-2).

$$L_m = \frac{V_s D T}{\Delta i_{L_m}} = \frac{V_s D}{\Delta i_{L_m} f} \qquad (7\text{-}13)$$

A configuração na saída para o conversor flyback é a mesma para o conversor buck-boost, de modo que as tensões de ondulação na saída para os dois conversores também são as mesmas.

$$\boxed{\frac{\Delta V_o}{V_o} = \frac{D}{RCf}}$$

(7-14)

Como nos conversores descritos no Capítulo 6, a resistência equivalente em série do capacitor pode contribuir de forma significativa para a tensão de ondulação na saída. A variação de pico a pico na corrente do indutor é a mesma corrente máxima no diodo e no secundário do transformador. Usando a Eq. (7-5), a tensão de ondulação devida à RES é

$$\Delta V_{o,\text{RES}} = \Delta i_C r_C = I_{L_m,\max}\left(\frac{N_1}{N_2}\right) r_C$$

(7-15)

Exemplo 7-1

O conversor Flyback

Um conversor flyback na Fig. 7-2 tem os seguintes parâmetros:

$V_s = 24$ V
$N_1/N_2 = 3{,}0$
$L_m = 500$ μH
$R = 5\ \Omega$
$C = 200$ μF
$f = 40$ kHz
$V_o = 5$ V

Determine (a) a taxa de trabalho D necessária; (b) os valores médio, máximo e mínimo para a corrente em L_m; e (c) a tensão de ondulação na saída. Suponha que todos os componentes são ideais.

■ Solução

(a) Rearranjando a Eq. (7-4) temos

$$V_o = V_s\left(\frac{D}{1-D}\right)\left(\frac{N_2}{N_1}\right)$$

$$D = \frac{1}{(V_s/V_o)(N_2/N_1) + 1} = \frac{1}{(24/5)(1/3) + 1} = 0{,}385$$

(b) A corrente média em L_m é determinada pela Eq. (7-8).

$$I_{L_m} = \frac{V_o^2}{V_s D R} = \frac{5^2}{(24)(0{,}385)(5)} = 540 \text{ mA}$$

A variação em iL_m pode ser calculada pela Eq. (7-2).

$$\Delta i_{L_m} = \frac{V_s D}{L_m f} = \frac{(24)(0{,}385)}{500(10)^{-6}(40.000)} = 460 \text{ mA}$$

As correntes máxima e mínima no indutor podem ser calculadas por

$$I_{L_m,max} = I_{L_m} + \frac{\Delta i_{L_m}}{2} = 540 + \frac{460}{2} = 770 \text{ mA}$$

$$I_{L_m,min} = I_{L_m} - \frac{\Delta i_{L_m}}{2} = 540 - \frac{460}{2} = 310 \text{ mA}$$

As Equações (7-10) e (7-11), que são derivadas do cálculo acima, poderiam ser usadas diretamente para obter as correntes máxima e mínima. Observe que uma $I_{Lm,min}$ confirma o modo de condução contínua em L_m.

(c) A tensão de ondulação na saída é calculada pela Eq. (7-14).

$$\frac{\Delta V_o}{V_o} = \frac{D}{RCf} = \frac{0,385}{(5)[200(10)^{-6}](40.000)} = 0,0096 = 0,96\%$$

Exemplo 7-2

Projeto do conversor flyback no modo de condução contínua

Projete um conversor para produzir uma tensão na saída de 36 V a partir de uma fonte de 3,3 V. A corrente na saída é de 0,1 A. Projete para uma tensão de ondulação na saída de 2%. Inclua a RES quando escolher um capacitor. Suponha para este problema que a RES seja relacionada com o valor do capacitor por $r_c = 10^{-5}/C$.

■ Solução

Considerando um conversor boost para esta aplicação e calculando a taxa de trabalho pela Eq. (6-27),

$$D = 1 - \frac{V_s}{V_o} = 1 - \frac{3,3}{36} = 0,908$$

O resultado de uma taxa de trabalho alta deve ser provavelmente por que o conversor não funciona como desejado por causa das perdas no circuito (Fig. 6-10). Portanto, um conversor boost não será uma boa escolha. Um conversor flyback será muito mais adequado para está aplicação.

Com uma decisão mais ou menos arbitrária, comece admitindo que a taxa de trabalho seja de 0,4. Pela Eq. (7-4), a relação de espiras do transformador é calculada por

$$\left(\frac{N_2}{N_1}\right) = \frac{V_o}{V_s}\left(\frac{1-D}{D}\right) = \frac{36}{3,3}\left(\frac{1-0,4}{0,4}\right) = 16,36$$

Arredondando, faça $N_2/N_1 = 16$. Recalculando a taxa de trabalho usando a relação de espiras de 16 obtém-se $D = 0,405$.

Para determinar L_m, primeiro calcule a corrente média em L_m pela Eq. (7-9), usando $I_o = V_o/R$.

$$I_{L_m} = \frac{V_o}{(1-D)R}\left(\frac{N_2}{N_1}\right) = \frac{I_o}{1-D}\left(\frac{N_2}{N_1}\right) = \left(\frac{0,1}{1-0,405}\right)16 = 2,69 \text{ A}$$

Admita que a variação na corrente seja de 40% da corrente média: $\Delta i_{Lm} = 0{,}42(2{,}69) = 1{,}08$ A. Com uma outra escolha um tanto quanto arbitrária, admita uma frequência de chaveamento de 100 kHz. Usando a Eq. (7-13),

$$L_m = \frac{V_s D}{\Delta i_{L_m} f} = \frac{3{,}3(0{,}405)}{1{,}08(100.000)} = 12{,}4\ \mu H$$

As correntes máxima e mínima em L_m são encontradas pelas Eqs. (7-10) e (7-11) como 3,23 e 2,15, respectivamente.

A tensão de ondulação na saída deve ser limitada em 2%, que é $0{,}02(36) = 0{,}72$ V. Suponha que a principal causa da tensão de ondulação seja a queda de tensão na resistência equivalente em série $\Delta i_c r_c$. A variação de pico a pico na corrente do capacitor é a mesma no diodo e no secundário do transformador e está relacionada à corrente em L_m por

$$\Delta i_C = I_{L_{m,\text{max}}}\left(\frac{N_1}{N_2}\right) = (3{,}23\ A)\left(\frac{1}{16}\right) = 0{,}202\ A$$

Usando a Eq. (7-15),

$$r_C = \frac{\Delta V_{o,\text{RES}}}{\Delta i_C} = \frac{0{,}72\ V}{0{,}202\ A} = 3{,}56\ \Omega$$

Usando a relação entre RES e a capacitância dada neste problema,

$$C = \frac{10^{-5}}{r_C} = \frac{10^{-5}}{3{,}56} = 2{,}8\ \mu F$$

A tensão de ondulação devida apenas à capacitância é obtida pela Eq. (7-14) como

$$\frac{\Delta V_o}{V_o} = \frac{D}{RCf} = \frac{0{,}405}{(36\ V/0{,}1\ A)[2{,}8(10)^{-6}](100.000)} = 0{,}004 = 0{,}04\%$$

mostrando que a suposição de que a tensão de ondulação é devida principalmente à RES estava correta. Um valor padrão de 3,3 μF seria uma boa escolha. Observe que o projetista deve consultar as especificações dos fabricantes para a RES quando escolher um capacitor.

A relação de espiras do transformador, a variação na corrente e a frequência de chaveamento foram escolhidas um tanto quanto arbitrariamente e muitas outras combinações são adequadas.

Modo de condução descontínua no conversor flyback

Para o modo de condução descontínua para o conversor flyback, a corrente no transformador aumenta linearmente quando a chave é fechada, assim como ocorre no modo de condução contínua. No entanto, quando a chave é aberta, a corrente na indutância de magnetização do transformador diminui até zero antes do início do próximo ciclo de chaveamento, conforme mostrado na Fig. 7-4. Como a corrente começa em zero, o valor máximo também é determinado pela Eq. (7-2).

$$I_{L_{m,\text{max}}} = \frac{V_s DT}{L_m} \qquad (7\text{-}16)$$

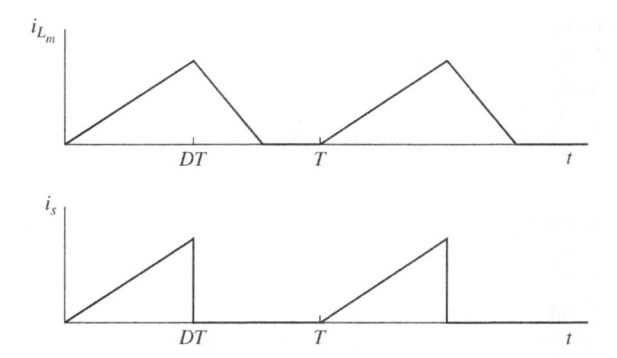

Figura 7-4 Modo de condução descontínua para o conversor flyback.

A tensão na saída para um funcionamento no modo de condução descontínua pode ser determinada pela análise da relação da potência no circuito. Se os componentes são ideais, a potência fornecida pela fonte CC é a mesma da potência absorvida pelo resistor de carga. A potência fornecida pela fonte é tensão CC vezes a corrente média na fonte e a potência é V_o^2/R:

$$P_s = P_o$$
$$V_s I_s = \frac{V_o^2}{R} \tag{7-17}$$

A corrente média na fonte é a área sob a forma de onda triangular da Fig. 7-4b dividida pelo período, resultando em

$$I_s = \left(\frac{1}{2}\right)\left(\frac{V_s DT}{L_m}\right)(DT)\left(\frac{1}{T}\right) = \frac{V_s D^2 T}{2L_m} \tag{7-18}$$

Equacionando a potência na fonte e a potência na carga [Eq. (7-17)],

$$\frac{V_s^2 D^2 T}{2L_m} = \frac{V_o^2}{R} \tag{7-19}$$

Resolvendo para V_o para um funcionamento no modo de condução descontínua no conversor flyback,

$$\boxed{V_o = V_s D \sqrt{\frac{TR}{2L_m}} = V_s D \sqrt{\frac{R}{2L_m f}}} \tag{7-20}$$

Exemplo 7-3

Conversor flyback no modo de condução descontínua

Para o conversor flyback no Exemplo 7-1, a resistência de carga é aumentada de 5 para 20 Ω com todos os parâmetros permanecendo inalterados. Mostre que a corrente na indutância de magnetização é descontínua e determine a tensão na saída.

■ **Solução**

Usando $L_m = 500$ μH, $f = 40$ kHz, $N_1/N_2 = 3$, $D = 0,385$ e $R = 20$ Ω, a corrente mínima no indutor pela Eq. (7-11) é calculada como

$$I_{L_{m,min}} = \frac{V_s D}{(1-D)^2 R}\left(\frac{N_2}{N_1}\right)^2 - \frac{V_s DT}{2L_m}$$

$$= \frac{(24)(0,385)}{(1-0,385)^2(20)}\left(\frac{1}{3}\right)^2 - \frac{(24)(0,385)}{2(500)(10)^{-6}(40.000)} = -95 \text{ mA}$$

Visto que não é possível uma corrente negativa em L_m, I_{L_m} deve ser descontínua. De maneira equivalente, a indutância mínima para um modo de condução descontínua pode ser calculada pela Eq. (7-12).

$$(L_m)_{min} = \frac{(1-D)^2 R}{2f}\left(\frac{N_1}{N_2}\right)^2 = \frac{(1-0,385)^2 20}{2(40.000)}(3)^2 = 850 \text{ μH}$$

que é maior que 500 μH especificado, indicando também que a corrente é descontínua. Usando a Eq. (7-20),

$$V_o = V_s D\sqrt{\frac{R}{2L_m f}} = (24)(0,385)\sqrt{\frac{20}{2(500)(10)^{-6}(40.000)}} = 6,53 \text{ V}$$

Para a corrente em L_m no modo de condução descontínua, a tensão na saída não é mais 5 V, mas aumenta para 6,53 V. Observe que para qualquer carga que cause uma corrente contínua, a saída permaneceria em 5 V.

Resumo do funcionamento do conversor flyback

Quando a chave está fechada no conversor flyback da Fig. 7-2a, a tensão na fonte é a da indutância de magnetização do transformador L_m e faz com que I_{L_m} aumente de forma linear. Além disto, enquanto a chave está fechada, o diodo na saída é polarizado reversamente e a corrente na carga é fornecida pelo capacitor de saída. Quando a chave está aberta, a energia armazenada na indutância de magnetização é transferida do transformador para a saída, polarizando diretamente o diodo e fornecendo a corrente para a carga e para o capacitor de saída. A relação da tensão entrada-saída para o funcionamento no modo de condução contínua é como a do conversor CC-CC buck-boost, mas inclui um fator para a relação de espiras.

7.4 O CONVERSOR DIRETO

O conversor direto, mostrado na Fig. 7-5a, é outro conversor CC-CC acoplado magneticamente. O período de chaveamento é T, a chave é fechada pelo tempo DT e aberta para $(1-D)T$. Considere o estado estável para a análise do circuito e a corrente na indutância L_s é suposta como sendo contínua.

O transformador tem três bobinas: as bobinas 1 e 2 transferem energia da fonte para a carga quando a chave está fechada: a bobina 3 é usada para fornecer um caminho para a corrente de magnetização quando a chave está aberta e para reduzir a

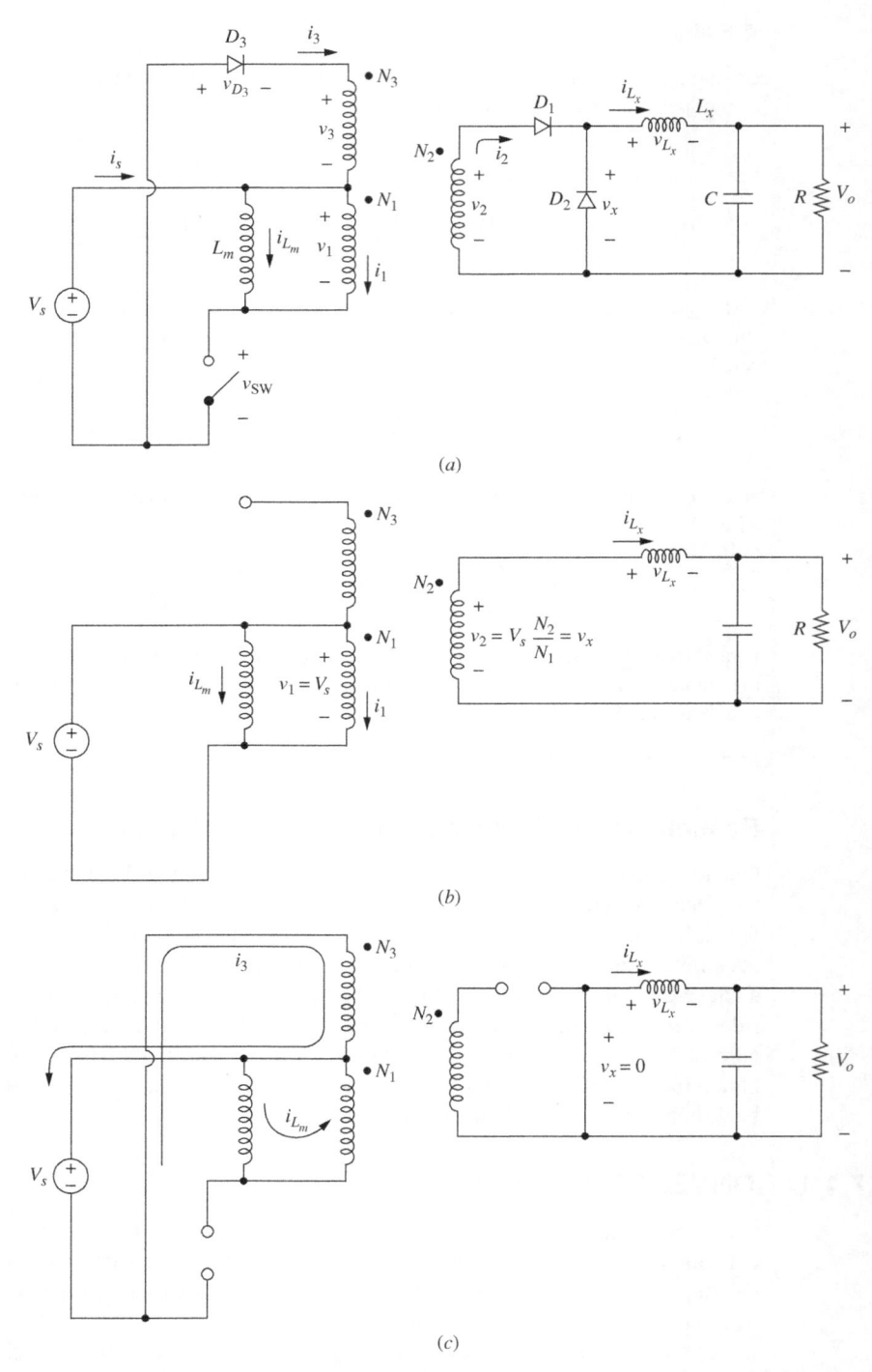

Figura 7-5 (a) Conversor CC-CC direto; (b) corrente na chave fechada; (c) circuito para a chave aberta.

corrente de magnetização a zero antes do início de cada período de chaveamento. O transformador é modelado com três bobinas ideais com uma indutância de magnetização L_m, que é colocada em paralelo com a bobina 1. A indutância de fuga e as perdas não estão incluídas neste modelo simplificado do transformador.

Para o conversor direto, a energia é transferida da fonte para a carga enquanto a chave está fechada. Lembre-se que para o conversor flyback, a energia era armazenada em L_m quando a chave estava fechada e a transferência para a carga quando a chave estava aberta. Num conversor direto, L_m não é um parâmetro que é incluído na relação de entrada-saída e é geralmente de valor muito alto.

Análise com a chave fechada O circuito equivalente para o conversor direto com a chave fechada é mostrado na Fig. 7-5b. Fechando a chave, a tensão é aplicada na bobina 1 do transformador, resultando em

$$v_1 = V_s$$
$$v_2 = v_1\left(\frac{N_2}{N_1}\right) = V_s\left(\frac{N_2}{N_1}\right) \qquad (7\text{-}21)$$
$$v_3 = v_1\left(\frac{N_3}{N_1}\right) = V_s\left(\frac{N_3}{N_1}\right)$$

A tensão em D_3 é $\qquad V_{D_3} = -V_s - v_3 < 0$

mostrando que D_3 está desligado. Uma tensão v_2 positiva polariza diretamente D_1 e D_2 fica polarizado reversamente.

A relação entre as tensões de entrada e de saída pode ser determinada examinando-se a corrente no indutor L_x. Supondo que a saída se mantém constante em V_o,

$$v_{L_x} = v_2 - V_o = V_s\left(\frac{N_2}{N_1}\right) - V_o = L_x \frac{di_{L_x}}{dt}$$

$$\frac{di_{L_x}}{dt} = \frac{V_s(N_2/N_1) - V_o}{L_x} = \frac{\Delta i_{L_x}}{\Delta t} = \frac{\Delta i_{L_x}}{DT}$$

$$(\Delta i_{L_x})_{\text{fechada}} = \left[V_s\left(\frac{N_2}{N_1}\right) - V_o\right]\frac{DT}{L_x} \qquad (7\text{-}22)$$

A tensão na indutância de magnetização L_m é também V_s, resultando em

$$\Delta i_{L_m} = \frac{V_s DT}{L_m} \qquad (7\text{-}23)$$

As Equações (7-22) e (7-23) mostram que a corrente está aumentando de forma linear em L_x e L_m enquanto a chave está fechada. A corrente na chave e no primário do transformador físico é

$$i_{\text{sw}} = i_1 + i_{L_m} \qquad (7\text{-}24)$$

Análise com a chave aberta A Fig. 7-5c mostra o circuito com a chave aberta. As correntes em L_x e L_m não mudam instantaneamente quando a chave é aberta. A continuidade de i_{L_m} estabelece que $i_1 = -i_{L_m}$. Olhando na transformação da bobina 1 para a 2, a corrente que sai do terminal com ponto 1 poderia estabelecer a corrente no terminal com ponto 2, mas o diodo D_1 impede que haja corrente naquele sentido.

Para a transformação da bobina 1 para a 3, a corrente sai do terminal com o ponto da bobina 1 e força a corrente para o terminal com o ponto da bobina 3. O diodo D_3 é então polarizado diretamente para fornecer um caminho para a corrente no bobinado 3, que deve voltar para a fonte.

Quando o diodo D_3 conduzir, a tensão na bobina 3 é estabelecida em

$$v_3 = -V_s$$

Estabelecida v_3, v_1 e v_2 ficam sendo

$$v_1 = v_3\left(\frac{N_1}{N_3}\right) = -V_s\left(\frac{N_1}{N_3}\right)$$
$$v_2 = v_3\left(\frac{N_2}{N_3}\right) = -V_s\left(\frac{N_2}{N_3}\right)$$
(7-25)

Com D_1 em corte e uma corrente positiva em L_x, D_2 deve conduzir. Com D_2 conduzindo, a tensão em L_x é

$$v_{L_x} = -V_o = L_x \frac{di_{L_x}}{dt}$$

resultando em

$$\frac{di_{L_x}}{dt} = \frac{-V_o}{L} = \frac{\Delta i_{L_x}}{\Delta t} = \frac{\Delta i_{L_x}}{(1-D)T}$$
$$(\Delta i_{L_x})_{\text{aberta}} = \frac{-V_o(1-D)T}{L_x}$$
(7-26)

Portanto, a corrente no indutor diminui linearmente quando a chave é aberta.

Para o funcionamento no estado estável, a variação líquida na corrente do indutor sobre um período deve ser zero. Pelas Eqs. (7-22) e (7-26),

$$(\Delta i_{L_x})_{\text{fechada}} + (\Delta i_{L_x})_{\text{aberta}} = 0$$

$$\left[V_s\left(\frac{N_2}{N_1}\right) - V_o\right]\frac{DT}{L_x} - \frac{V_o(1-D)T}{L_x} = 0$$

Resolvendo para V_o,

$$\boxed{V_o = V_s D\left(\frac{N_2}{N_1}\right)}$$
(7-27)

Observe que a relação entre a tensão de entrada e a saída é similar à do conversor CC-CC buck, com exceção da adição do termo da relação de espiras. A corrente em L_x deve ser contínua para que a Eq. (7-27) seja válida.

Entretanto, a tensão em L_m é v_1, que é negativa, resultando em

$$v_{L_m} = v_1 = -V_s\left(\frac{N_1}{N_3}\right) = L_m\frac{di_{L_m}}{dt}$$

$$\frac{di_{L_m}}{dt} = -\frac{V_s}{L_m}\left(\frac{N_1}{N_3}\right) \tag{7-28}$$

A corrente em L_m deve retornar a zero antes do início do próximo período para restabelecer o núcleo do transformador (retornar o fluxo magnético a zero). Quando a chave abre, a Eq. (7-28) mostra que i_{L_m} diminui linearmente. Como D_3 evitará que a corrente i_{L_m} fique negativa, a Eq. (7-28) é válida enquanto i_{L_m} for positiva. Pela Eq. (7-28),

$$\frac{\Delta i_{Lm}}{\Delta t} = -\frac{V_s}{L_m}\left(\frac{N_1}{N_3}\right) \tag{7-29}$$

Para i_{L_m} retornar a zero após a chave ser aberta, a diminuição na corrente deve ser igual ao aumento na corrente dada pela Eq. (7-22). Fazendo com que ΔT_x seja o tempo para i_{L_m} diminuir do valor de pico até zero,

$$\frac{\Delta i_{Lm}}{\Delta T_x} = -\frac{V_s DT}{L_m} = -\frac{V_s}{L_m}\left(\frac{N_1}{N_3}\right) \tag{7-30}$$

Resolvendo para ΔT_x,

$$\Delta T_x = DT\left(\frac{N_3}{N_1}\right) \tag{7-31}$$

O tempo que a corrente i_{L_m} leva para chegar a zero é

$$t_0 = DT + \Delta T_x = DT + DT\left(\frac{N_3}{N_1}\right) = DT\left(1 + \frac{N_3}{N_1}\right) \tag{7-32}$$

Pelo fato de que a corrente deve chegar a zero antes do início do próximo período,

$$t_0 < T$$
$$sDT\left(1 + \frac{N_3}{N_1}\right) < T \tag{7-33}$$
$$D\left(1 + \frac{N_3}{N_1}\right) < 1$$

Por exemplo, se a relação de espiras $N_3/N_1 = 1$ (o que é uma prática comum), então a taxa de trabalho D deve ser menor que 0,5. A tensão na chave aberta é $V_s - v_1$, resulta em

$$v_{\text{sw}} = \begin{cases} V_s - v_1 = V_s - \left(-V_s\frac{N_1}{N_3}\right) = V_s\left(1 + \frac{N_1}{N_3}\right) & \text{para } DT < t < t_0 \\ V_s & \text{para } t_0 < t < T \end{cases} \tag{7-34}$$

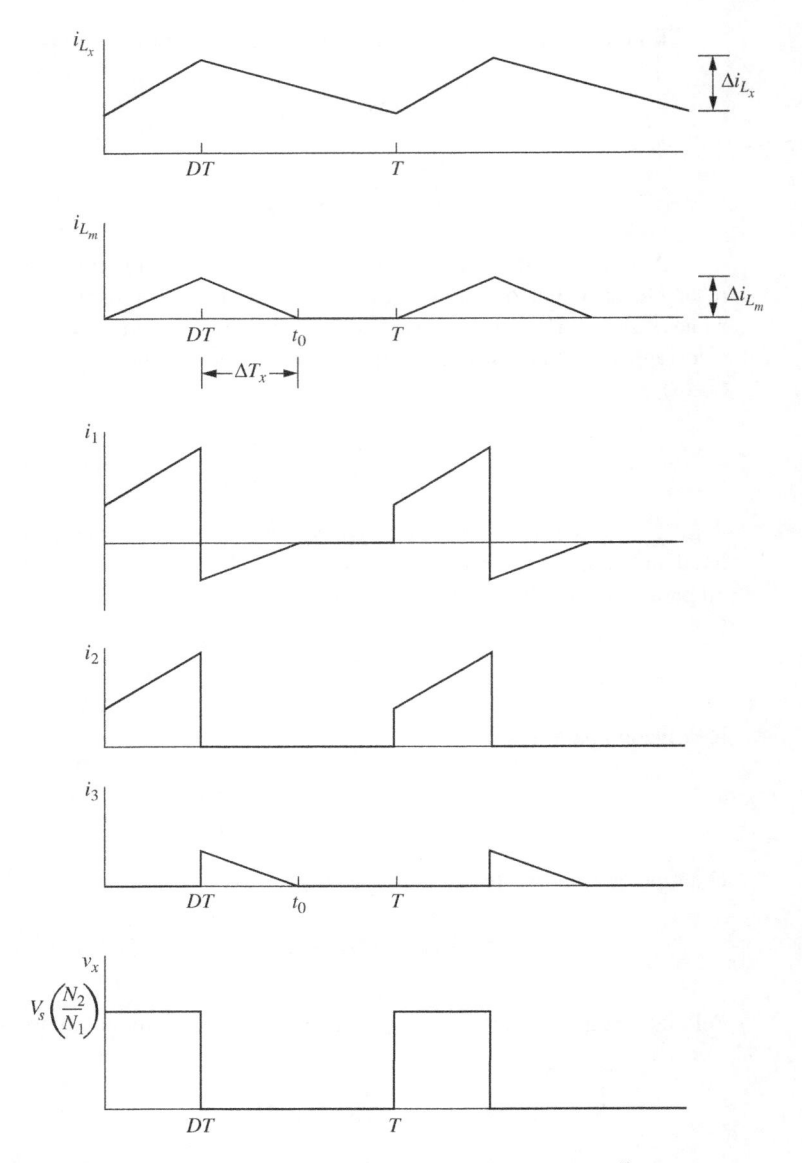

Figura 7-6 Formas de onda da corrente e da tensão para o conversor direto.

As formas de onda da corrente e da tensão podem ser vistas na Fig. (7-6).

A configuração do circuito em relação à saída do conversor direto é a mesma do conversor buck, de modo que a tensão de ondulação baseada numa capacitância ideal também é a mesma.

$$\boxed{\frac{\Delta V_o}{V_o} = \frac{1-D}{8L_x C f^2}} \qquad (7\text{-}35)$$

A resistência equivalente em série do capacitor muitas vezes predomina sobre a tensão de ondulação. A variação de pico a pico na tensão devida à RES é

$$\Delta V_{o,\text{RES}} = \Delta i_C r_C = \Delta i_{L_x} r_C = \left[\frac{V_o(1-D)}{L_x f}\right] r_C \qquad (7\text{-}36)$$

onde a Eq. (7-26) é usada para Δi_{L_x}.

Resumo do funcionamento do conversor direto

Quando a chave é fechada, a energia é transferida da fonte para a carga pelo transformador. A tensão no secundário do transformador tem uma forma de onda pulsante e a saída é analisada como no caso do conversor CC-CC buck. A energia armazenada na indutância de magnetização enquanto a chave é fechada pode retornar para a fonte de entrada pelo terceiro bobinado do transformador enquanto a chave estiver aberta.

Exemplo 7-4

Conversor direto

O conversor direto da Fig. 7-5a tem os seguintes parâmetros:

$V_s = 48$ V
$R = 10\ \Omega$
$L_x = 0{,}4$ mH, $\quad L_m = 5$ mH
$C = 100\ \mu$F
$f = 35$ kHz
$N_1/N_2 = 1{,}5\ ,\ N_1/N_3 = 1$
$D = 0{,}4$

(a) Determine a tensão de saída, as correntes máxima e mínima em L_x e tensão de ondulação na saída. (b) Determine a corrente de pico na bobina do primário do transformador. Confirme que a corrente de magnetização é restabelecida a zero durante cada período de chaveamento. Suponha que todos os componentes são ideais.

■ Solução

(a) A tensão na saída é determinada pela Eq. (7-27).

$$V_o = V_s D \left(\frac{N_2}{N_1}\right) = 48(0{,}4)\left(\frac{1}{1{,}5}\right) = 12{,}8\ \text{V}$$

A corrente média em L_x é a mesma da carga.

$$I_{L_x} = \frac{V_o}{R} = \frac{12{,}8}{10} = 1{,}28\ \text{A}$$

A variação em i_{L_x} é determinada pela Eq. (7-22) ou (7-26). Usando a Eq. (7-26),

$$\Delta i_{L_x} = \frac{V_o(1-D)}{L_x f} = \frac{12,8(1-0,4)}{0,4(10)^{-3}(35.000)} = 0,55 \text{ A}$$

As correntes máxima e mínima em L_x são então

$$I_{L_x,\max} = I_{L_x} + \frac{\Delta i_{L_x}}{2} = 1,28 + \frac{0,55}{2} = 1,56 \text{ A}$$

$$I_{L_x,\min} = I_{L_x} - \frac{\Delta i_{L_x}}{2} = 1,28 - \frac{0,55}{2} = 1,01 \text{ A}$$

(b) A corrente na bobina do primário do transformador é a soma da corrente refletida do secundário e as correntes de magnetização. A corrente de pico no secundário é a mesma $I_{L_x,\max}$. A corrente de magnetização de pico é obtida pela Eq. (7-23).

$$I_{L_m,\max} = \Delta i_{L_m} = \frac{V_s DT}{L_m} = \frac{48(0,4)}{5(10)^{-3}(35.000)} = 0,11 \text{ A}$$

A corrente de pico no primário do transformador é, portanto,

$$I_{\max} = I_{L_x,\max}\left(\frac{N_2}{N_1}\right) + I_{L_m,\max} = 1,56\left(\frac{1}{1,5}\right) + 0,11 = 1,15 \text{ A}$$

O tempo para a corrente de magnetização retornar a zero após a chave ser aberta é determinada pela Eq. (7-31).

$$\Delta T_x = DT\left(\frac{N_3}{N_1}\right) = \frac{0,4(1)}{35.000} = 11,4 \text{ μs}$$

Como a chave é fechada por $DT = 11,4$ μs, o tempo para que corrente de magnetização chegue a zero é de 22,8 μs [(Eq. 7-32)], que é menor que o período de chaveamento.

Exemplo 7-5

Projeto do conversor direto

Projete um conversor direto de modo que a saída seja de 5 V para uma entrada de 170 V. A corrente na saída é de 5 A. A tensão de ondulação não deve exceder a 1%. Escolha a relação de transformação, a taxa de trabalho e a frequência de chaveamento. Escolha L_x para um funcionamento no modo de condução contínua. Inclua a RES quando for escolher o capacitor. Para este problema, use $r_c = 10^{-5}/C$.

■ Solução

Faça a relação de espiras $N_1/N_3 = 1$. Isto resulta numa taxa de trabalho máxima para a chave de 0,5. Dê uma margem de tolerância, faça $D = 0,35$. Pela Eq. (7-27),

$$\frac{N_1}{N_2} = \frac{V_s D}{V_o} = \frac{170(0,35)}{5} = 11,9$$

Arredondando, faça $N_1/N_2 = 1$. Recalculando D para $N_1/N_2 = 12$ resulta

$$D = \frac{V_o}{V_s}\left(\frac{N_1}{N_2}\right) = \left(\frac{5}{170}\right)(12) = 0,353$$

O indutor L_x e o capacitor são escolhidos usando o mesmo critério de projeto conforme estudado para o conversor buck no Capítulo 6. Para este projeto faça $f = 300$ kHz. A corrente média em L_x é de 5 A, a mesma corrente média na carga, visto que a corrente média no capacitor é zero. Admita uma variação na corrente do indutor de 2 A, que é 40% do valor médio. Pela Eq. (7-26),

$$L_x = \frac{V_o(1-D)T}{\Delta i_{L_x}} = \frac{V_o(1-D)}{0{,}4I_{L_x}f} = \frac{5(1-0{,}353)}{0{,}4(5)(300.000)} = 5{,}39 \ \mu H$$

Um valor padronizado de 5,6 μH é apropriado para este projeto e resultaria num Δi_{L_x} ligeiramente menor.

Para uma tensão de ondulação na saída de 1%,

$$\Delta v_o \leq (0{,}01)(5) = 0{,}05 \ V$$

O valor do capacitor é determinado pela suposição de que a tensão de ondulação seja produzida primeiramente pela resistência equivalente em série, ou

$$\Delta V_o \approx \Delta V_{o,\text{RES}} = \Delta i_C r_C = (2\,A)(r_C) = 0{,}05 \ V$$

$$r_C = \frac{0{,}05 \ V}{2 \ A} = 0{,}025 \ \Omega = 25 \ m\Omega$$

O projetista poderia agora procurar por um capacitor com uma resistência equivalente em série de 25 mΩ, ou uma RES menor. Usando $r_c = 10^{-5}$/C dado neste problema,

$$C = \frac{10^{-5}}{0{,}025} = 400 \ \mu F$$

Um valor padronizado de 470 μF é aceitável.

7.5 O CONVERSOR DIRETO COM CHAVE DUPLA

O conversor direto estudado na Sec. 7-4 tem um transistor simples como chave e é referido como um conversor direto simples. O conversor direto com chave dupla mostrado na Fig. 7-7 é uma variação do conversor direto. Neste circuito, os transistores de chaveamento são ligados e desligados simultaneamente. Quando as chaves são ligadas, a tensão no primário do transformador é V_s. A tensão no secundário é positiva e a energia é transferida para a carga, como no caso do conversor direto estudado na Sec. 7-4. Além disto, quando as chaves estão fechadas, a corrente na indutância de magnetização aumenta. Quando as chaves são desligadas, o diodo D_1 evita a circulação da corrente i_{Lm} no secundário (e consequentemente no primário) do transformador e força a corrente de magnetização a circular pelos diodos D_3 e D_4 e voltar para a fonte. Isto estabelece uma tensão no primário de $-V_s$, causando uma diminuição linear na corrente de magnetização. Se a taxa de trabalho da chave for menor que 0,5, o núcleo do transformador restabelece (retorna o fluxo magnético a zero) durante cada ciclo.

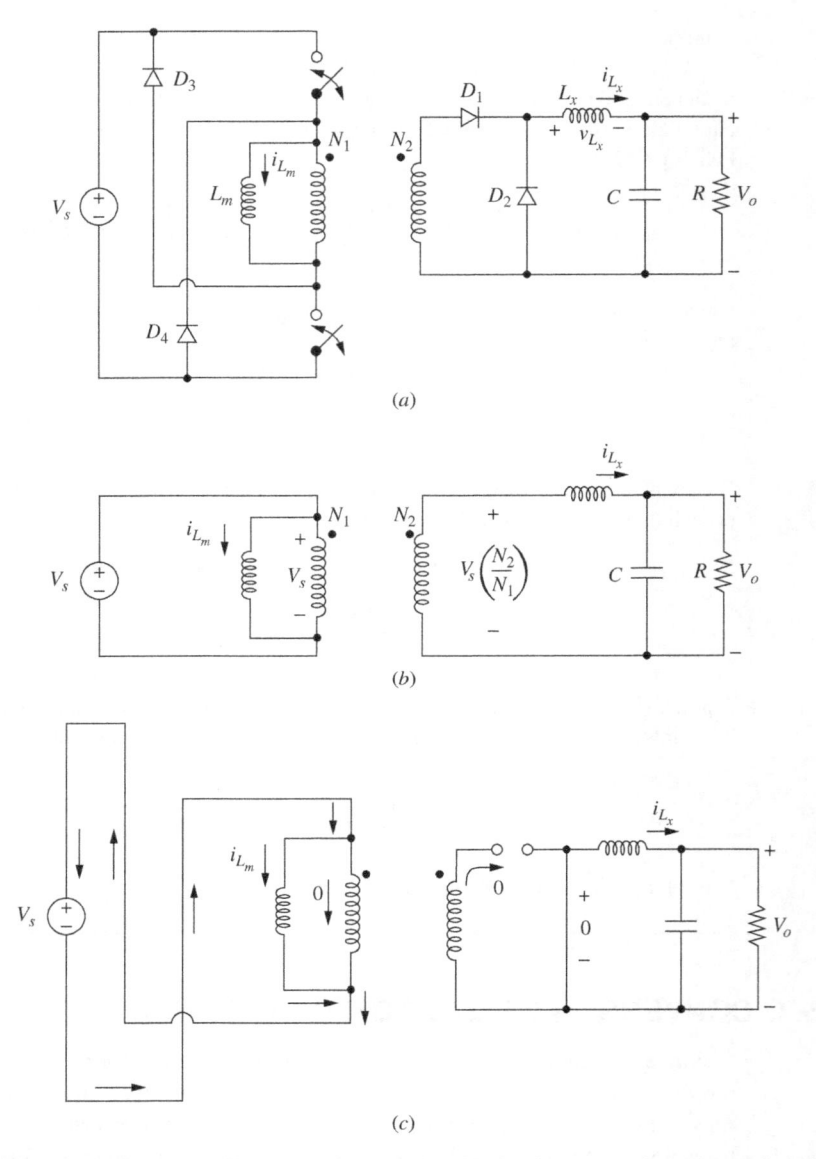

Figura 7-7 (a) Conversor direto com chave dupla; (b) circuito para as duas chaves fechadas; (c) circuito para as duas chaves abertas.

A tensão na saída é a mesma do conversor direto simples [Eq. (7-27)]. Uma vantagem do conversor direto com chave dupla é que a tensão no transistor desligado é V_s em vez de $V_s(1 + N_1/N_3)$, como é no caso do conversor direto simples. Esta característica é importante para as aplicações em alta tensão.

7.6 O CONVERSOR PUSH-PULL

Outro tipo de conversor CC-CC que tem um transformador de isolação é o conversor push-pull mostrado na Fig. 7-8a. Como no conversor direto, a indutância de magnetização do transformador não é um parâmetro do projeto. O transformador é suposto como ideal para esta análise simples. As chaves Sw_1 e Sw_2 são ligadas e desligadas na

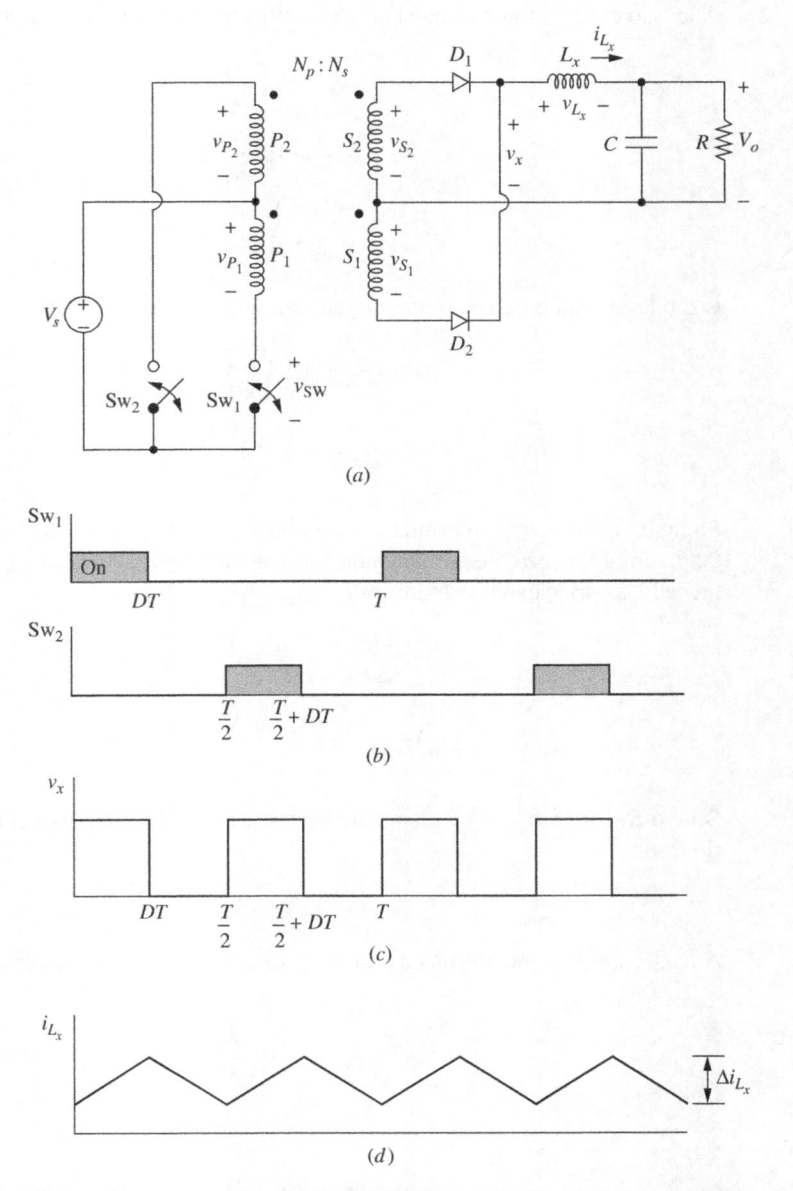

Figura 7-8 (a) Conversor push-pull; (b) sequência de chaveamento; (c) tensão v_x; (d) corrente em L_x.

sequência de chaveamento mostrada na Fig. 7-8b. A análise é feita vendo o circuito com as duas chaves fechadas e depois com as duas chaves abertas.

Chave Sw_1 fechada O fechamento de Sw_1 estabelece uma tensão no bobinado primário do transformador P_1 de

$$v_{P_1} = V_s \qquad (7\text{-}37)$$

A tensão em P_1 é transformada para os outros três bobinados, resultando em

$$\begin{aligned} v_{S_1} &= V_s\left(\frac{N_S}{N_P}\right) \\ v_{S_2} &= V_s\left(\frac{N_S}{N_P}\right) \\ v_{P_2} &= V_s \\ v_{Sw_2} &= 2V_s \end{aligned} \qquad (7\text{-}38)$$

O diodo D_1 está polarizado diretamente e D_2 reversamente, então

$$\begin{aligned} v_x &= v_{S_2} = V_s\left(\frac{N_S}{N_P}\right) \\ v_{L_x} &= v_x - V_o = V_s\left(\frac{N_S}{N_P}\right) - V_o \end{aligned} \qquad (7\text{-}39)$$

Supondo que a tensão na saída V_o seja constante, a tensão em L_x é constante, resultando em uma corrente aumentando linearmente em L_x. No intervalo quando Sw_1 é fechada, a variação na corrente em L_x é

$$\frac{\Delta i_{L_x}}{\Delta t} = \frac{\Delta i_{L_x}}{DT} = \frac{V_s(N_S/N_P) - V_o}{L_x}$$

$$(\Delta i_{L_x})_{\text{fechada}} = \left[\frac{V_s(N_S/N_P) - V_o}{L_x}\right]DT \qquad (7\text{-}40)$$

Chave Sw_2 fechada O fechamento de Sw_2 estabelece a tensão na bobina do primário P_2 de

$$v_{P_2} = -V_s \qquad (7\text{-}41)$$

A tensão em P_2 é transformada para os outros três bobinados, resultando em

$$\begin{aligned} v_{P_1} &= -V_s \\ v_{S_1} &= -V_s\left(\frac{N_S}{N_P}\right) \\ v_{S_2} &= -V_s\left(\frac{N_S}{N_P}\right) \\ v_{S_1} &= 2V_s \end{aligned} \qquad (7\text{-}42)$$

O diodo D_2 está polarizado diretamente, D_1 está polarizado reversamente e

$$v_x = -v_{S_2} = V_s\left(\frac{N_S}{N_P}\right)$$

$$v_{L_x} = v_x - V_o = V_s\left(\frac{N_S}{N_P}\right) - V_o \tag{7-43}$$

é um pulso positivo. A corrente em L_x aumenta linearmente enquanto a chave Sw_2 está fechada e a Eq. (7-40) se aplica.

As duas chaves abertas Com as duas chaves abertas, a corrente em cada um dos bobinados do primário é zero. A corrente no filtro indutivo L_x deve manter a continuidade, resultando na polarização direta dos dois diodos D_1 e D_2. A corrente no indutor se divide de modo equilibrado entre os bobinados do secundário. A tensão em cada bobinado do secundário é zero e

$$v_x = 0$$
$$v_{L_x} = v_x - V_o = -V_o \tag{7-44}$$

a tensão em L_x é $-V_o$, resultando numa corrente diminuindo linearmente em L_x. A variação na corrente enquanto as chaves estão abertas é

$$\frac{\Delta i_{L_x}}{\Delta t} = \frac{\Delta i_{L_x}}{T/2 - DT} = -\frac{V_o}{L_x}$$

Resolvendo para Δi_{L_x},

$$(\Delta i_{L_x})_{\text{aberta}} = -\left(\frac{V_o}{L_x}\right)\left(\frac{1}{2} - D\right)T \tag{7-45}$$

Como a variação líquida na corrente do indutor sobre um período deve ser zero para o estado estável de funcionamento,

$$(\Delta i_{L_x})_{\text{fechada}} + (\Delta i_{L_x})_{\text{aberta}} = 0$$

$$\left[\frac{V_s(N_S/N_P) - V_o}{L_x}\right]DT + \left(\frac{V_o}{L_x}\right)\left(\frac{1}{2} - D\right)T = 0 \tag{7-46}$$

Resolvendo para V_o,

$$\boxed{V_o = 2V_s\left(\frac{N_S}{N_P}\right)D} \tag{7-47}$$

onde D é a taxa de trabalho de *cada chave*. A análise anterior supõe um modo de condução contínua no indutor. Observe que o resultado é similar ao do conversor buck, estudado no Capítulo 6. A tensão de ondulação na saída é derivada de modo similar à do conversor buck. A ondulação na saída para o conversor push-pull é

$$\boxed{\frac{\Delta V_o}{V_o} = \frac{1 - 2D}{32L_xCf^2}} \tag{7-48}$$

Como nos outros conversores analisados anteriormente, a resistência equivalente em série do capacitor é, em geral, a responsável pela maior parte da tensão de ondulação na saída. Reconhecendo que $\Delta i_c = \Delta i_{L_x}$ e usando a Eq. (7-45),

$$\Delta V_{o,\text{RES}} = \Delta i_C r_C = \Delta i_{L_x} r_C = \left[\frac{V_o(\frac{1}{2} - D)}{L_x f}\right] r_C \qquad (7\text{-}49)$$

Na análise anterior, a indutância de magnetização do transformador foi desprezada. Se L_m fosse incluída no circuito equivalente, i_{L_m} aumentaria linearmente quando Sw_1 fosse fechada, circulando enquanto Sw_1 e Sw_2 estivessem abertas e diminuiria linearmente quando Sw_2 fosse fechada. Pelo fato de Sw_1 e Sw_2 serem fechadas por intervalos iguais, a variação líquida em i_{L_m} é zero e o núcleo do transformador é restabelecido durante cada período no caso ideal. Nas aplicações atuais do conversor push-pull, as técnicas de controle são usadas para garantir que o núcleo seja restabelecido.

Resumo do funcionamento do conversor Push-Pull

São produzidos pulsos de polaridades opostas nas bobinas do primário e secundário do transformador pelo chaveamento de S_1 e Sw_2 (Fig. 7-8). Os diodos no secundário retificam a forma de onda do pulso e produzem uma forma de onda v_x em cada um dos filtros passa baixa de entrada, como mostrado na Fig. 7-8c. A saída é analisada como a do conversor buck estudado no Capítulo 6.

Exemplo 7-6

Conversor Push-Pull

Um conversor push-pull tem os seguintes parâmetros:

$V_s = 30$ V
$N_P/N_S = 2$
$D = 0,3$
$L_x = 0,5$ mH
$R = 6\ \Omega$
$C = 50\ \mu\text{F}$
$f = 10$ kHz

Determine V_o, os valores máximo e mínimo de i_{L_x} e a tensão de ondulação na saída. Suponha todos os componentes ideais.

■ **Solução**

Usando a Eq. (7-47), a tensão na saída é

$$V_o = 2V_s\left(\frac{N_S}{N_P}\right)D = (2)(30)\left(\frac{1}{2}\right)(0,3) = 9,0 \text{ V}$$

A corrente média no indutor é a mesma corrente média na carga,

$$I_{L_x} = \frac{V_o}{R} = \frac{9}{6} = 1,5 \text{ A}$$

A variação em i_{L_x} é determinada pela Eq. (7-45).

$$\Delta i_{L_x} = \frac{V_o(\frac{1}{2} - D)T}{L_x} = \frac{9(0,5 - 0,3)}{0,5(10)^{-3}(10.000)} = 0,36 \text{ A}$$

resultando nas correntes máxima e mínima de

$$I_{L_x,\text{max}} = I_{L_x} + \frac{\Delta i_{L_x}}{2} = 1,68 \text{ A}$$

$$I_{L_x,\text{min}} = I_{L_x} - \frac{\Delta i_{L_x}}{2} = 1,32 \text{ A}$$

A tensão de ondulação na saída é determinada pela Eq. (7-48).

$$\frac{\Delta V_o}{V_o} = \frac{1 - 2D}{32f^2 L_x C} = \frac{1 - 2(0,3)}{32(10.000)^2(0,5)(10)^{-3}(50)(10)^{-6}}$$
$$= 0,005 = 0,5\%$$

7.7 CONVERSORES CC-CC EM MEIA PONTE E EM PONTE COMPLETA

Os conversores em ponte completa e em meia ponte mostrados nas Figs. 7-9 e 7-10 têm funcionamentos similares aos do conversor push-pull. Supondo que o transformador seja ideal, o conversor em ponte completa da Fig. 7-9a tem pares de chaves (Sw_1 e Sw_2) e (Sw_3 e Sw_4) com fechamentos alternados. Quando Sw_1 e Sw_2 estão fechadas, a tensão no primário do transformador é V_s. Quando Sw_3 e Sw_4 estão fechadas, a tensão no primário do transformador é $- V_s$. Para um transformador ideal, tendo todas as chaves abertas fazem com que $v_p = 0$. Com uma sequência de chaveamento adequada, a tensão v_p no primário do transformador tem a forma de onda de pulsos alternados como mostrado na Fig. 7-9c. Os diodos D_1 e D_2 no secundário do transformador retificam esta forma de onda para produzir a tensão v_x conforme ilustrado na Fig. 7-9d. Esta v_x é idêntica à v_x exposta na Fig. 7-8c para o conversor push-pull, resultando em

$$\boxed{V_o = 2V_s\left(\frac{N_S}{V_P}\right)D} \qquad (7\text{-}50)$$

onde D é a taxa de trabalho de cada chave.

Observe que a tensão máxima em cada uma das chaves abertas para o conversor em ponte completa é V_s, em vez de $2V_s$ como no caso dos conversores push-pull e conversores diretos simples. Uma tensão de estresse reduzida numa chave aberta é importante quando a tensão de entrada for alta, sendo uma vantagem para o conversor em ponte completa.

O conversor em meia ponte da Fig. 7-10a tem os capacitores C_1 e C_2 com valores iguais e elevados. A tensão de entrada é dividida igualmente entre os capacitores. As chaves Sw_1 e Sw_2 fecham na sequência mostrada, produzindo uma tensão alternada pulsante v_p no primário do transformador. A tensão retificada no secundário v_x tem

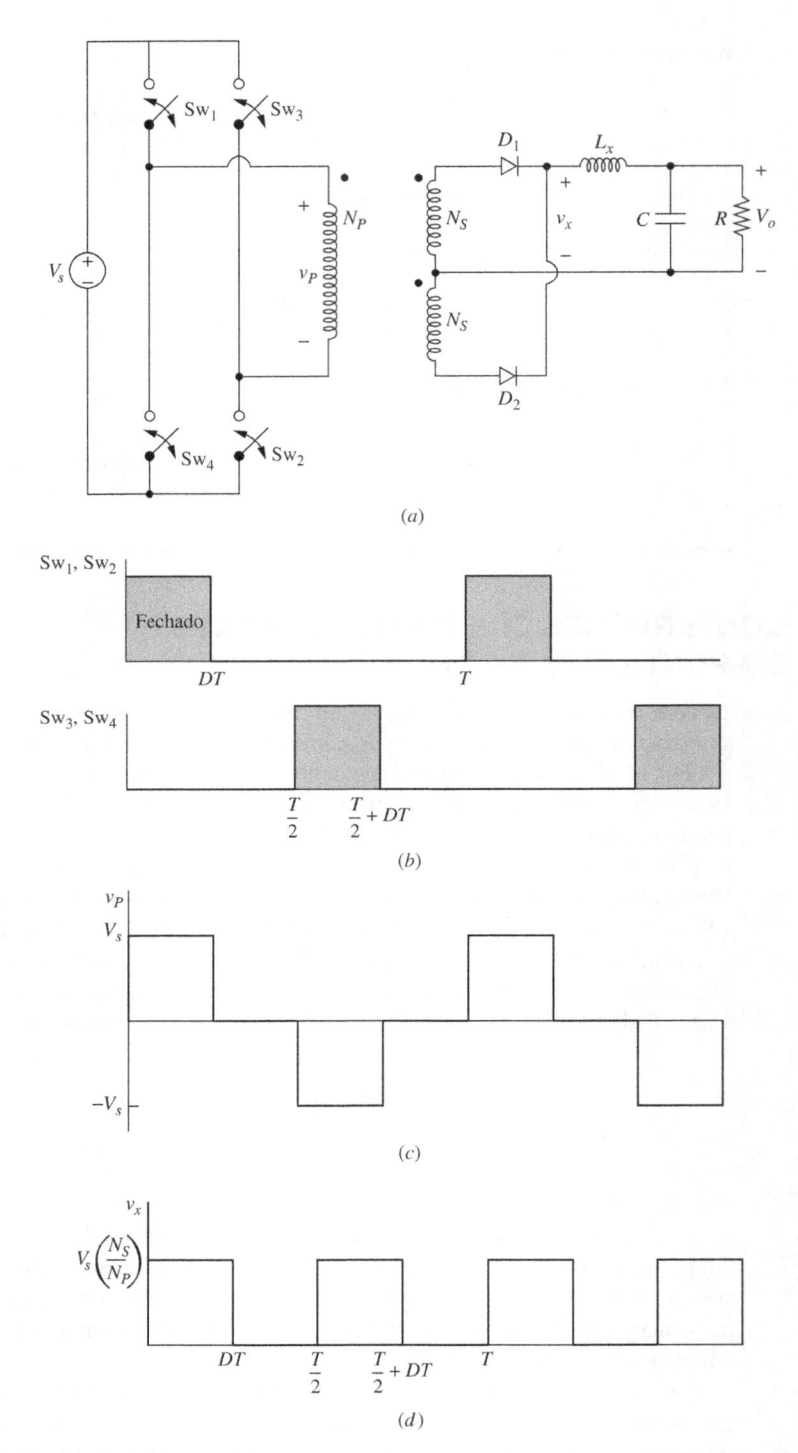

Figura 7-9 (a) Conversor em ponte completa; (b) sequência de chaveamento; (c) tensão no primário do transformador; (d) tensão v_x.

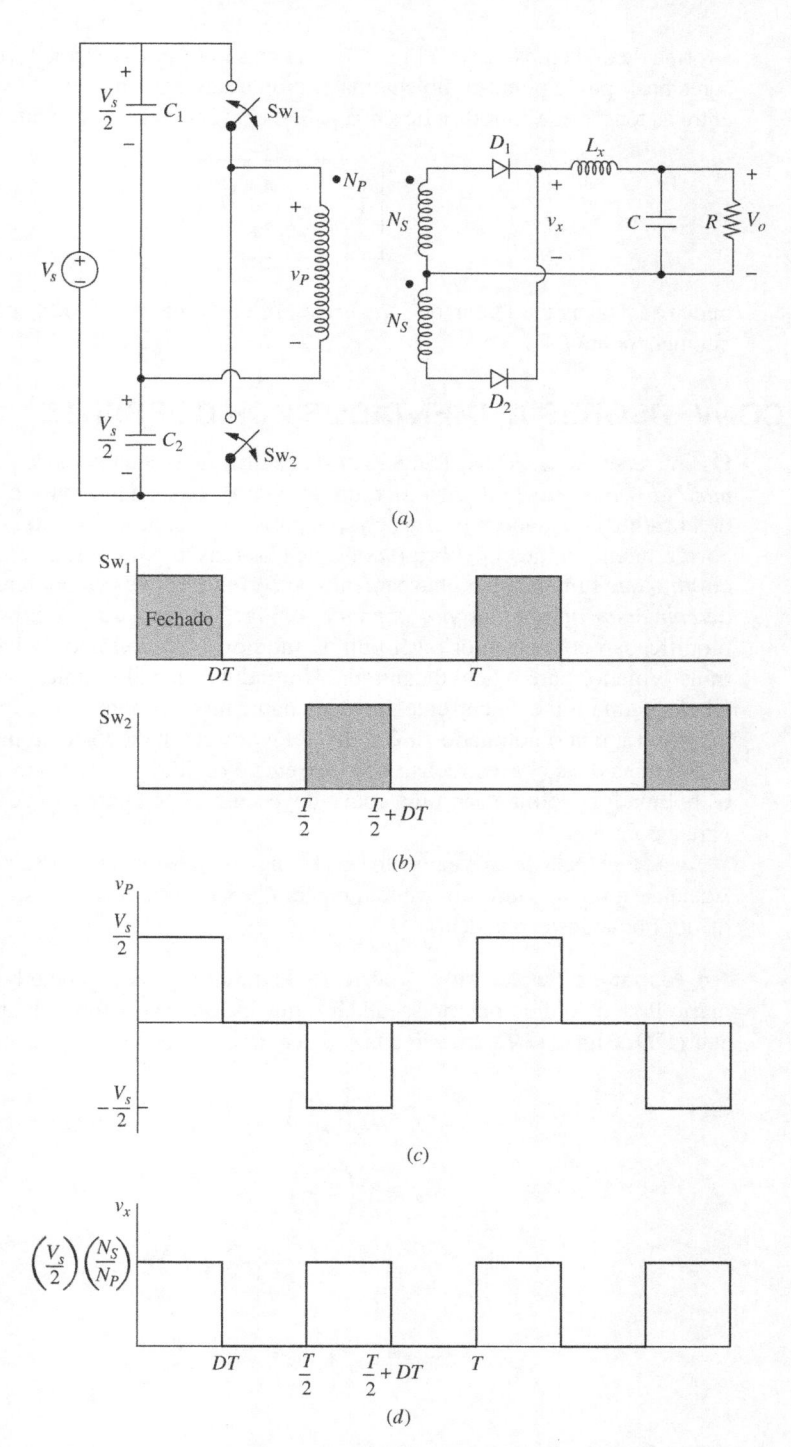

Figura 7-10 (a) Conversor em meia ponte; (b) sequência de chaveamento; (c) tensão no primário do transformador; (d) tensão v_x.

a forma de onda mostrada na Fig. 7-10d. A tensão v_x tem a mesma forma dos conversores push-pull e ponte completa, mas a amplitude tem a metade do valor. A relação entre as tensões de entrada e de saída para o conversor em meia ponte é

$$V_o = V_s \left(\frac{N_S}{N_P}\right) D \qquad (7\text{-}51)$$

onde D é a taxa de trabalho de *cada chave*. A tensão na chave aberta para o conversor em meia ponte é V_s.

7.8 CONVERSORES ALIMENTADOS POR CORRENTE

Os conversores descritos até agora neste capítulo são chamados de *conversores alimentados por tensão*. Outro método de controle da saída é para obter uma fonte de corrente constante e usar as chaves para direcionar a corrente. O controle por corrente tem vantagem sobre o controle por tensão para alguns conversores. Um circuito que funciona por chaveamento de corrente em vez de por tensão é chamado de *conversor alimentado por corrente*. A Fig. 7-11 mostra um circuito que é uma modificação do conversor push-pull. O indutor L_x foi retirado do lado da saída do transformador para o lado da entrada. Um indutor de valor maior nesta posição estabelece uma fonte de corrente aproximadamente constante. A chave Sw_1 direciona a corrente para o bobinado P_1 e a chave Sw_2 direciona a corrente para o bobinado P_2. Com as duas chaves fechadas, a corrente é dividida de maneira uniforme entre os bobinados. Pelo menos uma chave deve ser fechada para fornecer um caminho para a corrente.

A sequência de chaveamento e as formas de onda podem ser vistas na Fig. 7-11. A análise a seguir supõe um valor alto para L_x e sua corrente i_{L_x} constante. O transformador por suposição é ideal.

Sw_1 fechada e Sw_2 aberta A corrente no indutor i_{L_x} circula pelo bobinado do primário P1 e pelo diodo D_1 no secundário quando a chave 1 for fechada e a chave 2 é aberta. D_1 é ligada e D_2 é desligada e as seguintes equações se aplicam:

$$\begin{aligned} i_{D_1} &= I_{L_x}\left(\frac{N_P}{N_S}\right) \\ v_{P_1} &= V_o\left(\frac{N_P}{N_S}\right) \\ v_{L_x} &= V_s - v_{P_1} = V_s - V_o\left(\frac{N_P}{N_S}\right) \\ v_{Sw_2} &= v_{P_1} + v_{P_2} = 2V_o\left(\frac{N_P}{N_S}\right) \end{aligned} \qquad (7\text{-}52)$$

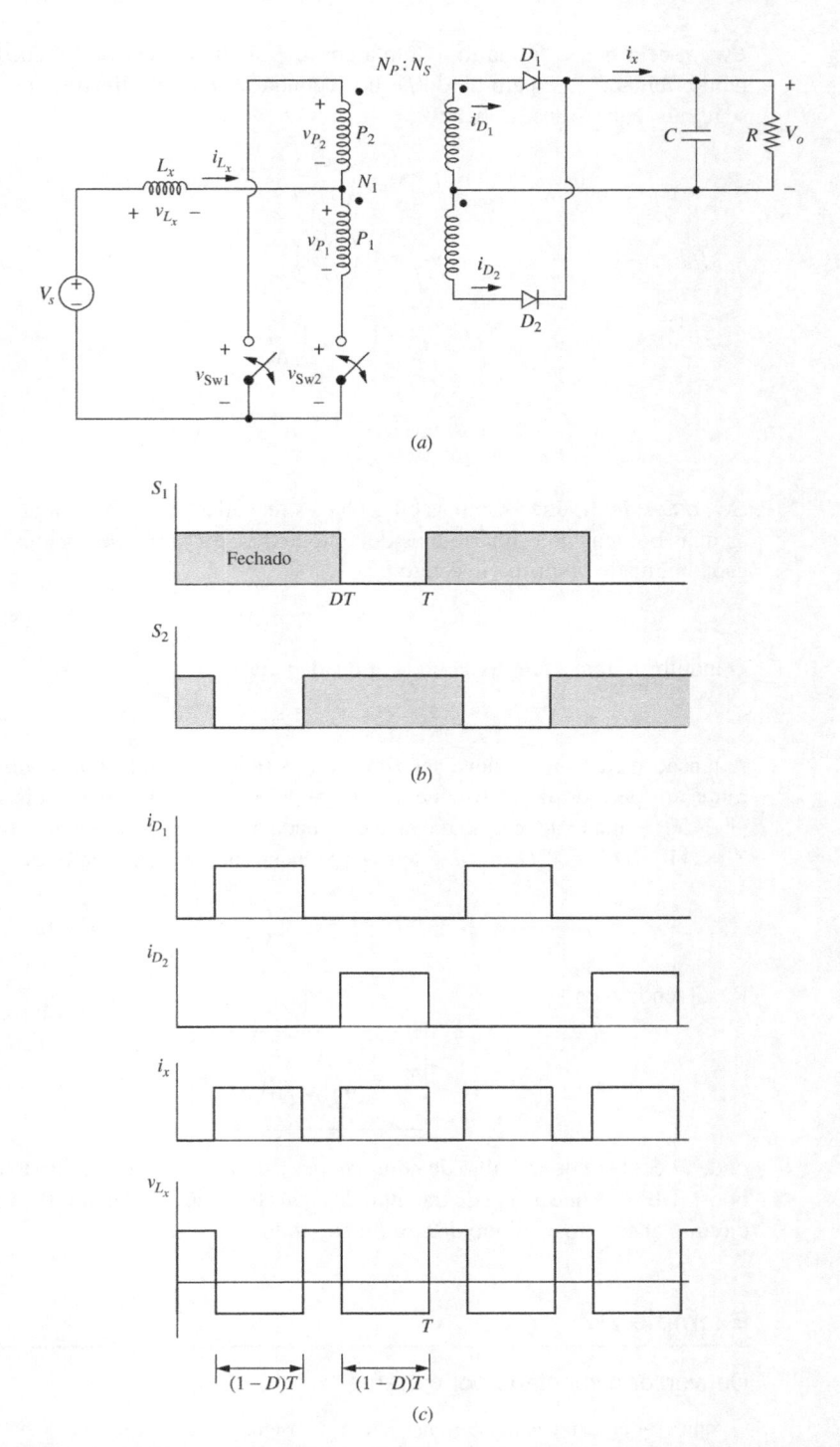

Figura 7-11 (a) Um conversor alimentado por corrente; (b) sequência de chaveamento; (c) formas de onda da corrente e da tensão.

Sw₁ aberta e Sw₂ fechada Com a chave 1 aberta e a chave 2 fechada, i_{L_x} circula pelo bobinado P_2 e pelo diodo D_2 no secundário. D_1 é desligado e D_2 é ligado e as seguintes equações se aplicam:

$$i_{D_2} = I_{L_x}\left(\frac{N_P}{N_S}\right)$$

$$v_{P_2} = V_o\left(\frac{N_P}{N_S}\right)$$

$$v_{L_x} = V_s - V_o\left(\frac{N_P}{N_S}\right) \quad (7\text{-}53)$$

$$v_{Sw_1} = v_{P_1} + v_{P_2} = 2V_o\left(\frac{N_P}{N_S}\right)$$

Sw₁ e Sw₂ fechadas Com as duas chaves fechadas, I_{L_x} é dividida igualmente entre as duas bobinas do primário e os dois diodos, D_1 e D_2, são desligados. A tensão em cada bobinado do primário é zero:

$$v_{P_1} = v_{P_2} = 0$$

O indutor L_x tem a tensão da fonte aplicada nele:

$$v_{L_x} = V_s \quad (7\text{-}54)$$

A tensão média em L_x deve ser zero para o funcionamento no estado estável. Durante um período de chaveamento, $v_{L_x} = V_s - V_o\,(N_p/N_s)$, para dois intervalos de $(1-D)T$ quando apenas uma chave é fechada e $v_{L_x} = V_s$ para o tempo restante, que é $T - 2(1-D)T = (2D-1)T$. A tensão média no indutor é, portanto, expressa como

$$V_{L_x} = V_s(2D-1)T + \left[V_s - V_o\left(\frac{N_P}{N_S}\right)\right]2(1-D)T = 0 \quad (7\text{-}55)$$

Resolvendo para V_o,

$$\boxed{V_o = \frac{V_s}{2(1-D)}\left(\frac{N_S}{N_P}\right)} \quad (7\text{-}56)$$

onde D é a taxa de trabalho de *cada chave*. Este resultado é similar ao do conversor boost. Observe que a taxa de trabalho de cada chave deve ser maior 0,5 para evitar um circuito aberto no caminho da corrente do indutor.

Exemplo 7-7

Conversor alimentado por corrente

O conversor alimentado por corrente da Fig. 7-11 tem um indutor L_x na entrada com valor alto suficiente para supor que a corrente na fonte seja essencialmente constante. A tensão na fonte é de 30 V e o resistor de carga é de 6 Ω. A taxa de trabalho de cada chave é de 0,7 e o transformador tem uma relação de espiras de $N_p/N_s = 2$. Determine (a) a tensão na saída, (b) a corrente em L_x e (c) a tensão máxima em cada chave.

■ Solução

(a) A tensão na saída é determinada pelo uso da Eq. (7-56).

$$V_o = \frac{V_s}{2(1-D)}\left(\frac{N_S}{N_P}\right) = \frac{30}{2(1-0,7)}\left(\frac{1}{2}\right) = 25 \text{ V}$$

(b) Para determinar I_{L_x}, reconheça que a potência entregue para a carga deve ser a mesma que foi aplicada pela fonte no caso ideal:

$$P_s = P_o$$

que pode ser expressa como

$$I_{L_x}V_s = \frac{V_o^2}{R}$$

Resolvendo para I_{L_x},

$$I_{L_x} = \frac{V_o^2}{V_s R} = \frac{25^2}{30(6)} = 3,47 \text{ A}$$

(c) A tensão máxima em cada uma das chaves é determinada pelas Eqs. (7-52) e (7-53).

$$V_{sw,max} = 2V_o\left(\frac{N_P}{N_S}\right) = 2(25)(2) = 100 \text{ V}$$

7.9 SAÍDAS MÚLTIPLAS

Os circuitos de fontes de alimentação CC estudados até agora neste capítulo possuem apenas uma tensão na saída. Com bobinados adicionais no transformador, é possível obter saídas múltiplas na saída. Os conversores flyback e direto com duas saídas são mostrados na Fig. 7-12.

Saídas múltiplas são usadas quando são necessárias tensões diferentes na saída. A taxa de trabalho da chave e a relação de espiras do primário para o bobinado específico do secundário determinam a relação de tensão saída/entrada. Um exemplo é um conversor simples com três bobinas na saída produzindo as tensões 12, 5 e −5 V em relação ao ponto comum no lado da saída. Saídas múltiplas são possíveis para todas as topologias de fonte de alimentação CC estudas neste capítulo. Observe, porém, que apenas uma das saídas pode ser regulada com uma malha de controle realimentada. Outras saídas seguirão conforme a taxa de trabalho e a carga.

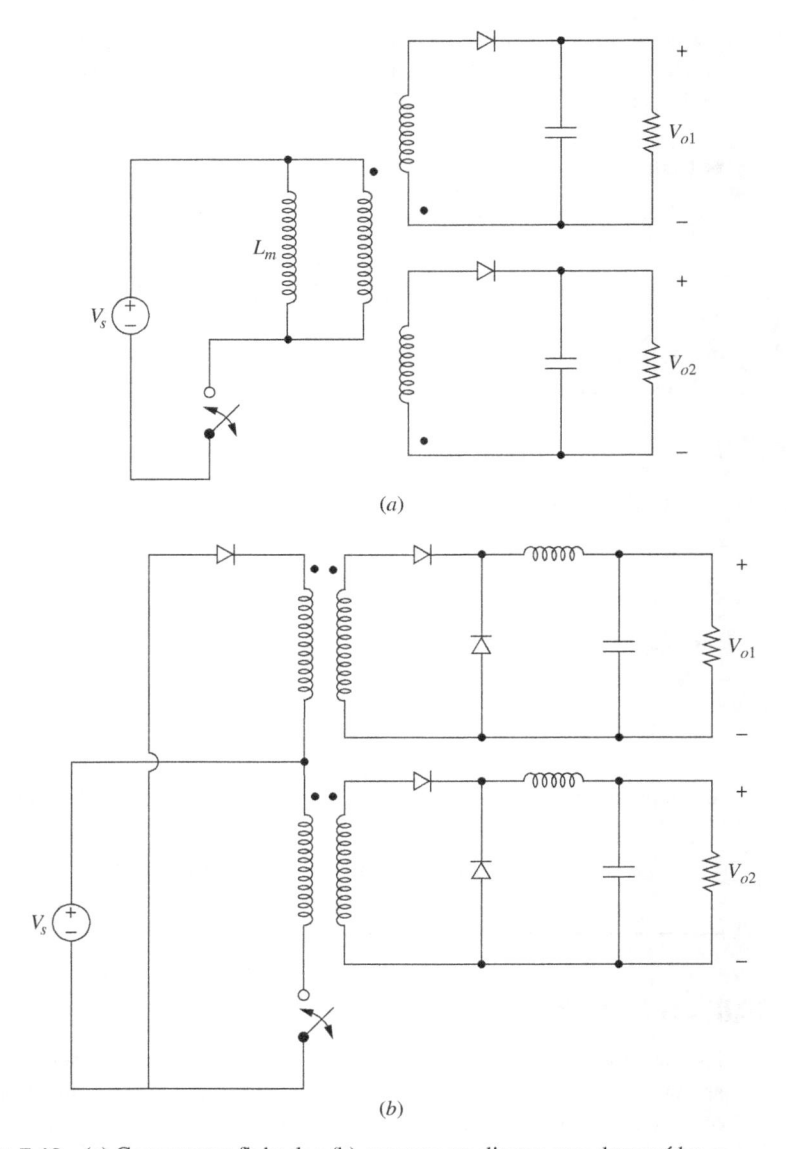

Figura 7-12 (a) Conversores flyback e (b) conversores diretos com duas saídas.

7.10 ESCOLHA DO CONVERSOR

Na teoria, um circuito de fonte de alimentação pode ser projetado para qualquer aplicação, dependendo de quanto o projetista está disposto a gastar com os componentes e com o circuito de controle. Na prática, alguns circuitos são muito mais adequados para uma determinada aplicação do que outros.

O conversor flyback, tendo poucas peças, é um circuito simples para se implementar e é muito popular para aplicações de baixa potência. As principais desvantagens são: o núcleo do transformador precisa ser maior com o aumento da potência necessária e a tensão nominal máxima na chave é alta ($2V_s$). Aplicações típicas podem chegar até cerca de 150 W, mas o conversor flyback é usado quase sempre para uma potência de 10 W ou menos.

O conversor direto é um circuito popular para níveis de potência baixa ou média, até cerca de 500 W. Ele tem um transistor como no flyback, mas requer um núcleo menor para o transformador. As desvantagens são tensões nominais altas para o transistor e um custo extra para o indutor de filtro. O conversor direto com chave dupla pode ser usado para reduzir a tensão máxima na chave, mas o circuito de acionamento para um dos transistores deve flutuar com relação ao ponto comum.

O conversor push-pull é usado onde se requer média e alta potência. Tipicamente de até 1.000 W. Entre as vantagens inclui os circuitos de acionamento que têm um ponto comum e um transformador com núcleo relativamente menor por que ele é excitado nos dois sentidos. Entre as desvantagens incluem valores altos de tensão nominal para os transistores e uma potencial saturação do núcleo, problemas causados por um desequilíbrio nos circuitos CC não ideais.

O conversor em meia ponte é usado para a necessidade de potência média, de até 500 W, e algumas das mesmas desvantagens como no caso do push-pull. A tensão máxima nas chaves é limitada a V_s.

O conversor em ponte completa é, muitas vezes, o circuito de escolha para aplicações de alta potência que alcançam até 2.000 W. A tensão nominal dos transistores é limitada a V_s. Um transistor extra e a flutuação dos circuitos de acionamento são as desvantagens.

Um método de redução das perdas com o chaveamento é o uso de uma topologia de conversor ressonante. Os conversores ressonantes são chaveados na tensão e na corrente zero, reduzindo as perdas de potência na chave, permitindo frequências altas de chaveamentos e tamanho reduzido de componentes. Conversores ressonantes serão estudados no Capítulo 9.

7.11 CORREÇÃO DO FATOR DE POTÊNCIA

Fontes de alimentação sempre têm uma fonte CA de entrada e o primeiro estagio é um retificador de onda completa que converte a entrada CA em uma tensão CC. A Fig. 7-13 é, conforme estudado no Capítulo 4, um destes arranjos. Os diodos conduzem por pouco tempo durante cada ciclo, resultando em correntes que não são senoi-

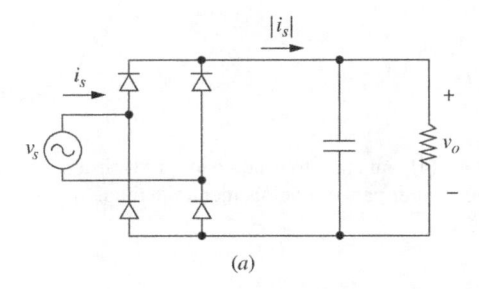

Figura 7-13 (a) Retificador de onda completa e (b) formas de onda da tensão e da corrente. A fonte de corrente não é senoidal por que os diodos conduzem por um pequeno intervalo de tempo.

(b)

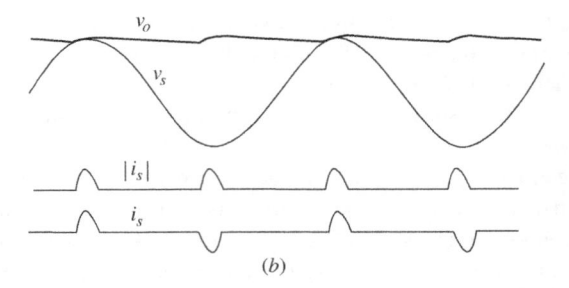

Figura 7-13 (*continuação*)

(a)

(b)

(c)

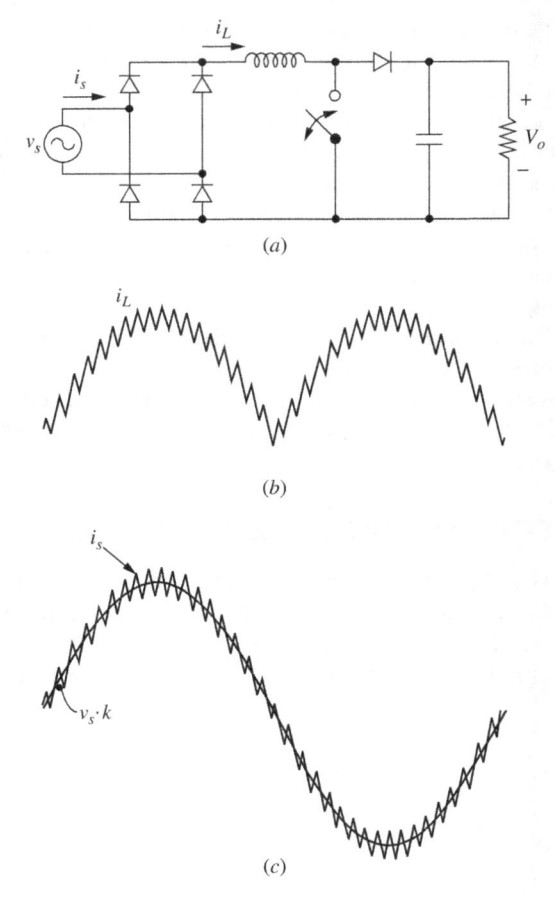

Figura 7-14 (a) Um circuito usado para produzir um alto fator de potência e baixa DHT; (b) corrente no indutor para o funcionamento no modo de condução contínua (MCC); (c) corrente da fonte CC.

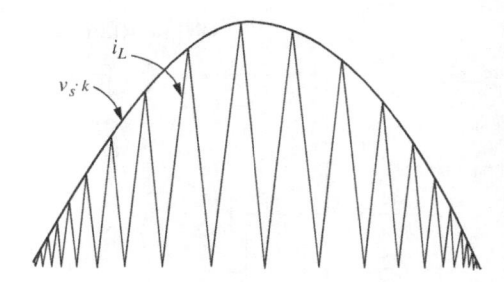

Figura 7-15 Correção do fator de potência no modo de condução descontínua (MCD).

dais. O resultado é uma alta distorção harmônica total (DHT) de corrente vinda da fonte CA. Uma alta DHT corresponde a um baixo fator de potência (veja Capítulo 2). O resistor representa qualquer carga na saída, podendo ser um conversor CC-CC.

Um modo de melhorar o fator de potência (e reduzir a DHT) é com um circuito de correção do fator de potência, conforme mostrado na Fig. 14a. Um conversor boost é usado para fazer a corrente no indutor próxima de uma senoide. Quando a chave é fechada, a corrente no indutor aumenta. Quando a chave é aberta, a corrente no indutor diminui. Pelo uso de intervalos de chaveamentos apropriados, a corrente no indutor pode ser feita para seguir a forma da tensão de entrada retificada em onda completa.

A tensão na saída da ponte de diodos é uma senoide retificada em onda completa. A corrente no indutor é da forma geral mostrada na Fig. 7-14b e a corrente resultante da fonte CA é mostrada na Fig. 14c. Esta corrente é predominantemente da mesma frequência e ângulo de fase da tensão, tornando o fator de potência muito alto e a DHT muito baixa. Este tipo de esquema de chaveamento é chamado de correção do fator de potência (CFP) no modo de condução contínua (MCC). Numa implementação real, a frequência de chaveamento deveria ser muito maior que a mostrada na figura.

Outro tipo de esquema de chaveamento produz uma corrente como a mostrada na Fig. 7-15. Neste esquema, a corrente no indutor varia entre zero e o valor de pico que segue uma forma senoidal. Este tipo de esquema de chaveamento é chamado de correção do fator de potência no modo de condução descontínua (MCD). O MCD é usado em circuitos de baixas potências, enquanto que o MCC é mais adequado em aplicações de alta potência.

Nos dois esquemas, MCC e MCD, a saída do estágio de correção do fator de potência (CFP) é uma tensão CC de valor alto, geralmente da ordem de 400 V. A saída do estágio (CFP) irá para um conversor CC-CC. Por exemplo, um conversor direto pode ser usado para reduzir os 400 V da saída do (CFP) para 5 V.

Outras topologias de conversores além do conversor boost podem ser usadas para a correção do fator de potência. Os conversores CEPIC e Cuk são bem adequados para este propósito.

7.12 SIMULAÇÃO DE FONTES DE ALIMENTAÇÃO CC COM O PSPICE

As simulações de conversores CC-CC acoplados magneticamente estudados neste capítulo são similares aos conversores CC-CC do Capítulo 6. Para um estudo inicial, as chaves podem ser implementadas com tensão controlada no lugar de transistores,

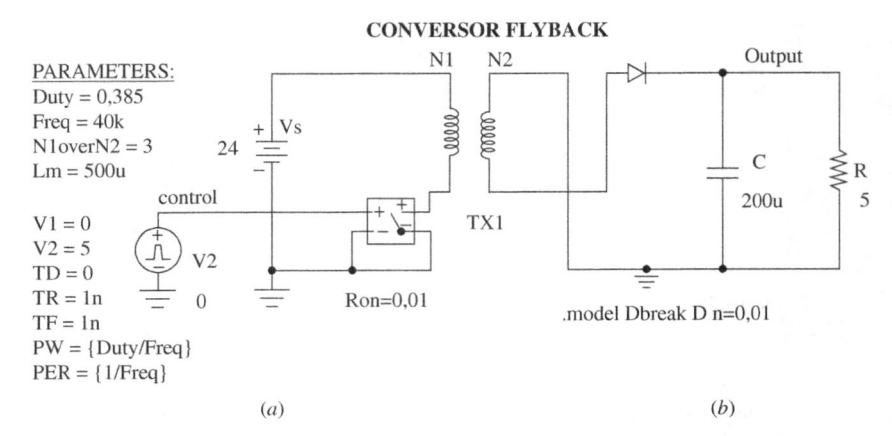

Figura 7-16 (a) Circuito do conversor flyback para simulação; (b) saída do Probe mostrando o transiente e a tensão de saída no estado estável.

simplificando o chaveamento e permitindo um exame global do comportamento do circuito.

Os transformadores podem ser modelados no PSpice como duas indutâncias ou mais com acoplamento ideal. Como a indutância é proporcional ao quadrado do número de espiras da bobina, a relação de espiras do transformador é

$$\frac{N_1}{N_2} = \sqrt{\frac{L_1}{L_2}} \qquad (7\text{-}57)$$

Para o conversor flyback, faça $L_1 = L_m$ e determine L_2 pela Eq. (7-57). Para outros conversores onde L_m não é um parâmetro de projeto, faça com que L_1 tenha um valor alto qualquer e determine L_2 adequadamente. Para os transformadores de duas bobinas, a parte XFRM_ LINEAR pode servir como um gabarito.

As Figs. 7-16 e 7-17 mostram os circuitos para as topologias dos conversores flyback e direto. A simulação do flyback usa a parte XFRM_LINEAR e a simulação direta usa indutores acoplados mutuamente. As chaves e os diodos são idealizados pelo ajuste de $R_{lig.} = 0,01\ \Omega$ para as chaves e $n = 0,01$ para os diodos. Assim como nos conversores CC-CC no Capítulo 6, as tensões e correntes transitórias antecedem as formas de onda no estado estável que foram apresentadas no estudo anterior dos conversores neste capítulo.

7.13 CONTROLE DE FONTES DE ALIMENTAÇÃO

No chaveamento dos conversores CC-CC, a tensão na saída é uma função da tensão de entrada e da taxa de trabalho. Nos circuitos reais com componentes não ideais, a saída também é uma função da corrente na carga por causa das resistências dos componentes. A saída de uma fonte de alimentação é regulada pela modulação da taxa de trabalho para compensar as variações na entrada ou na carga. Um sistema de controle com realimentação para um ajuste da fonte de alimentação compara uma tensão na saída com uma referência e converte o erro para uma taxa de trabalho.

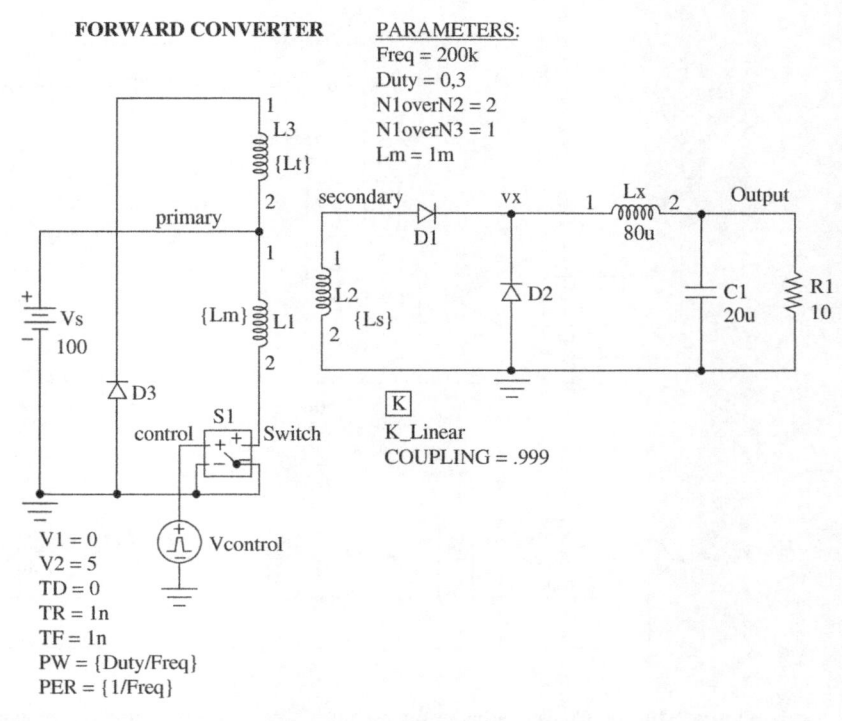

Figura 7-17 Circuito do conversor direto para uma simulação.

O conversor buck funcionando no modo de condução contínua é usado para ilustrar os conceitos básicos do controle da fonte de alimentação. A Fig. 7-18a mostra o conversor e a malha de realimentação contendo

1. Chave, incluindo o diodo e o circuito de acionamento
2. Filtro de saída
3. Um amplificador de erro compensado
4. Um circuito de modulação da largura de pulso que converte a saída do amplificador de erro compensado para a taxa de trabalho para acionar a chave

Estabilidade da malha de controle

A atuação e a estabilidade da malha de controle para a regulação da tensão na saída para um conversor podem ser determinadas pelas características de malha aberta.

1. O ganho em baixas frequências deve ser alto de modo que o erro no estado estável entre o sinal de saída e a referência seja baixo.
2. O ganho na frequência de chaveamento do conversor deve ser baixo.

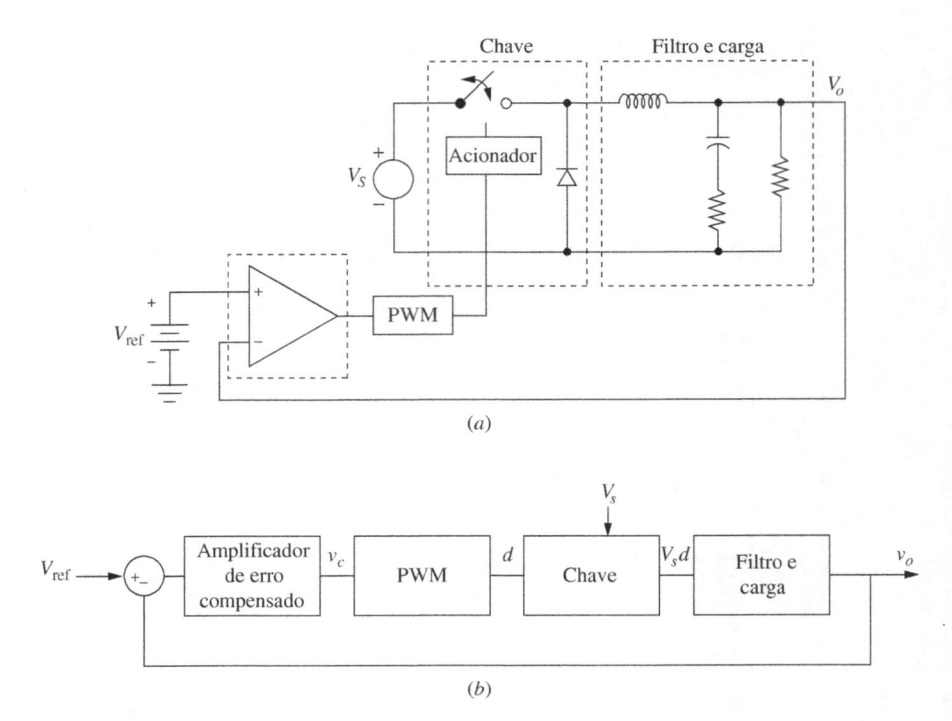

Figura 7-18 (a) Conversor buck com realimentação; (b) representação do controle.

3. O deslocamento de fase em malha aberta na frequência de cruzamento ou frequência de crossover (frequência onde o ganho em malha aberta é unitário) deve ser atrasada por menos de 180°. Se o atraso da fase fosse de 180° (ou −180°), a realimentação negativa forneceria outro deslocamento de 180°, resultando num total de 360° (ou zero). Um ganho de valor 1 e uma fase de 360° em torno de uma malha faz com que a malha fique instável. O deslocamento de fase em malha aberta menor que −180° no cruzamento é chamado de *margem de fase*. Uma margem de fase de pelo menos 45° é um critério normalmente usado para a estabilidade. A Fig. 7-19 ilustra o conceito de margem de fase. Note que a margem de fase é o ângulo entre o deslocamento de fase e o zero quando é incluído um amplificador operacional inversor com ângulo de fase de 180°, que é conveniente para o uso no PSpice.

A função de transferência de cada bloco do sistema na Fig. 7-18b deve ser desenvolvida para descrever as propriedades do controle.

Análise em pequeno sinal

A análise de uma malha de controle é baseada nos valores dinâmicos das tensões, correntes e chaveamento, ao contrário da análise no estado estável onde as quantidades médias do circuito são constantes. O funcionamento dinâmico pode ser descrito

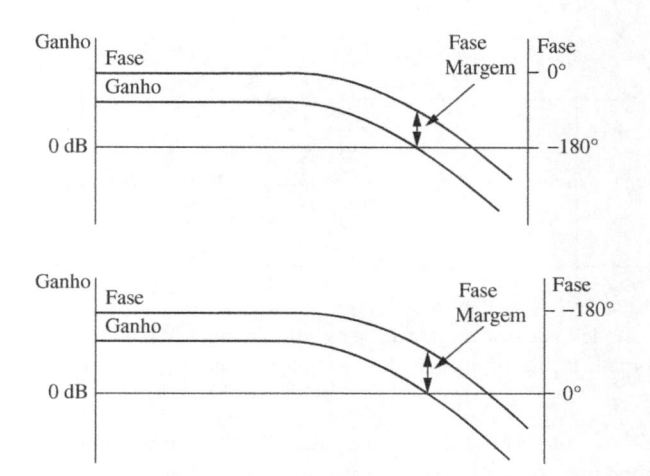

Figura 7-19 Margem de fase. (a) Na teoria clássica de controle, a margem de fase é a diferença de ângulo entre $-180°$ e o ângulo da fase em malha aberta, na frequência de cruzamento, onde a magnitude do ganho em malha aberta é 0 dB; (b) a margem de fase está entre o zero e o ângulo de fase, quando o ângulo de fase de 180° do amplificador operacional inversor é incluído, que é conveniente para a simulação no PSpice.

em termos das variações em baixo sinal em torno de um ponto no funcionamento no estado estável. A tensão na saída, a taxa de trabalho, a corrente no indutor, a tensão na fonte e outras grandezas são apresentadas como

$$v_o = V_o + \tilde{v}_o$$
$$d = D + \tilde{d}$$
$$i_L = I_L + \tilde{i}_L \quad (7\text{-}58)$$
$$v_s = V_s + \tilde{v}_s$$

Nestas equações, o estado estável ou o termo CC é representado pelas letras maiúsculas, uma quantidade com o ~ (til) representa o termo CA ou perturbações em pequeno sinal e a soma é a quantidade total, representada pela letras minúsculas.

Função de transferência da chave

Para fins de controle, os valores médios das tensões e correntes são mais importantes do que os valores instantâneos que ocorrem durante o período de chaveamento. As representações equivalentes da chave num conversor buck são mostradas na Fig. 7-20. A relação entre a entrada e a saída para uma taxa de trabalho da chave variando no tempo é representada pela transformação ideal de 1: d, verificada na Fig. 7-20b. Aqui, d representa uma taxa de trabalho variando no tempo consistindo de uma componente CC (constante) D mais uma componente $\tilde{d}$.

$$d = D + \tilde{d} \quad (7\text{-}59)$$

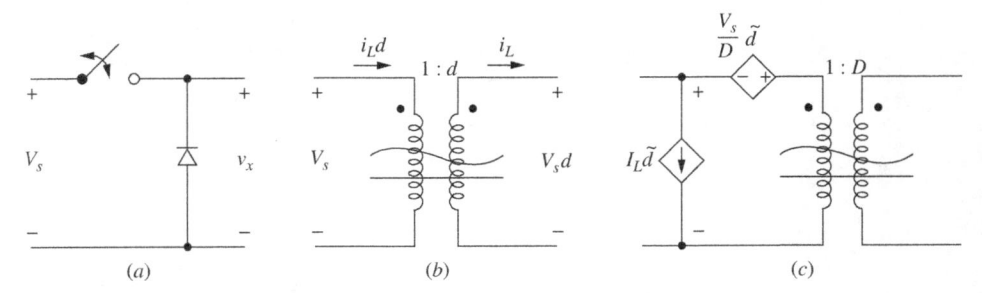

Figura 7-20 Modelos de chaves. (a) Chave e diodo; (b) modelo representando a transformação da tensão média e da corrente média; (c) modelo dos componentes que separa o estado estável e pequeno sinal.

Uma representação alternativa da chave mostrada na Fig. 7-20c separa os componentes no estado estável e pequeno sinal. A tensão v_x no secundário do transformador está relacionada com a fonte de tensão por

$$v_x = v_s d = (V_s + \tilde{v}_s)(D + \tilde{d}) = V_s D + \tilde{v}_s D + V_s \tilde{d} + \tilde{v}_s \tilde{d} \quad (7\text{-}60)$$

Desprezando o produto dos termos em pequeno sinal,

$$v_x \doteq V_s D + \tilde{v}_s D + V_s \tilde{d} = v_s D + V_s \tilde{d} \quad (7\text{-}61)$$

De modo similar, a corrente da fonte do lado do transformador está relacionada com a corrente do secundário por

$$i_s = i_L d = (I_L + \tilde{i}_L)(D + \tilde{d}) \doteq i_L D + I_L \tilde{d} \quad (7\text{-}62)$$

O circuito da Fig. 7-20c, com a relação do transformador fixada em D e os termos em pequeno sinal incluídos com as fontes dependentes, satisfazem a tensão e a corrente necessárias da chave expressa nas Eqs. (7-61) e (7-62).

Função de transferência do filtro

A entrada para o filtro do conversor buck é a saída da chave, que é $v_x = V_s d$ num circuito médio básico no modo de condução contínua. O filtro RLC do conversor buck tem uma função de transferência desenvolvida a partir de uma aplicação direta da análise de circuito no domínio s. Na Fig. 7-21a, a função de transferência do filtro com um resistor de carga é

$$\frac{v_o(s)}{v_x(s)} = \frac{v_o(s)}{V_s d(s)} = \frac{1}{LC[s^2 + s(1/RC) + 1/LC]} \quad (7\text{-}63)$$

ou

$$\frac{v_o(s)}{d(s)} = \frac{V_s}{LC[s^2 + s(1/RC) + 1/LC]} \quad (7\text{-}64)$$

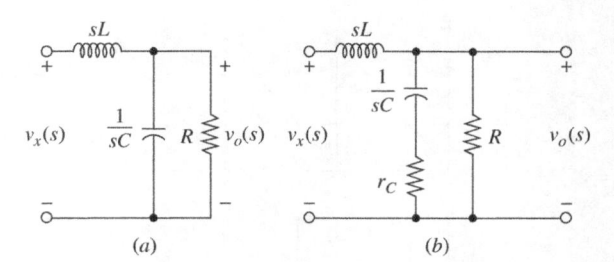

Figura 7-21 Circuitos para derivar a função de transferência do filtro (a) com um capacitor ideal e (b) com a RES do capacitor.

A função de transferência acima é baseada nos componentes ideais do filtro. Uma resistência equivalente em série (RES) da r_c para um capacitor não ideal na Fig. 7-21b resulta numa função de transferência do filtro de

$$\frac{v_o(s)}{d(s)} = \frac{V_s}{LC}\left[\frac{1 + sr_CR}{s^2(1 + r_C/R) + s(1/RC + r_C/L) + 1/LC}\right] \quad (7\text{-}65)$$

Como $r_c \ll R$ num circuito prático, a função de transferência se torna aproximadamente

$$\boxed{\frac{v_o(s)}{d(s)} \approx \frac{V_s}{LC}\left[\frac{1 + sr_CR}{s^2 + s(1/RC + r_C/L) + 1/LC}\right]} \quad (7\text{-}66)$$

O numerador da Eq. (7-66) mostra que a RES do capacitor produz um zero na função de transferência, que pode ser importante na determinação da estabilidade do sistema.

Para estabelecer a função de transferência da chave e do filtro é usada a técnica modelo de variáveis de estados (state-space). Um desenvolvimento deste método pode ser visto no Ap. B.

Função de transferência da modulação por largura de pulso

O circuito com modulação por largura de pulso (PWM) converte a saída do amplificador de erro compensado em uma taxa de trabalho. A tensão de saída do amplificador de erro v_c é comparada com uma forma de onda tipo dente de serra com amplitude V_p, conforme mostrado na Fig. 7-22. A saída do circuito PWM é alta enquanto v_c for maior que o valor da tensão do dente de serra e é zero quando v_c for menor que a tensão do dente de serra. Se a tensão na saída diminui abaixo da referência, o erro entre a saída do conversor e o sinal de referência aumenta, fazendo com que v_c e a taxa de trabalho aumentem. Reciprocamente, um aumento na tensão na saída reduz a taxa de trabalho. A função de transferência para o processo de PWM é obtido a partir da relação linear.

$$d = \frac{v_c}{V_p} \quad (7\text{-}67)$$

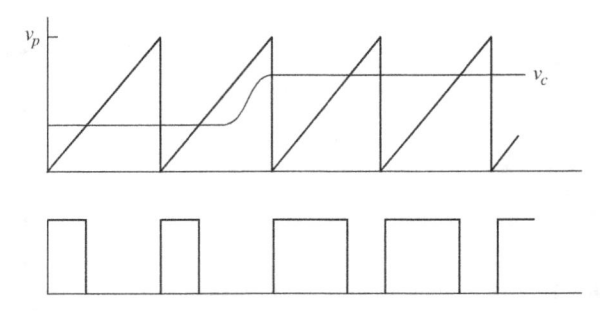

Figura 7-22 O processo de PWM. A saída é alta quando v_c do amplificador de erro compensado for mais alta que a forma de onda do dente de serra.

A função de transferência do circuito PWM portanto é

$$\boxed{\frac{d(s)}{v_c(s)} = \frac{1}{V_p}} \qquad (7\text{-}68)$$

Amplificador de erro tipo 2 com compensação

O amplificador de erro compara a tensão na saída do conversor com uma tensão de referência para produzir um sinal de erro que é usado para ajustar a taxa de trabalho da chave. A compensação associada com o amplificador determina o comportamento da malha fechada e dá estabilidade para o sistema de controle.

A função de transferência do amplificador de erro compensado deveria dar uma característica total à malha, consistente com o critério de estabilidade descrito anteriormente. Isto é, o amplificador deveria ter um alto ganho em baixas frequências, um baixo ganho em altas frequências e um deslocamento de fase apropriado na frequência de cruzamento.

Um amplificador que atende a este propósito para muitas aplicações é mostrado na Fig. 7-23a. Ele é chamado geralmente de amplificador de erro compensado tipo 2. (Um amplificador tipo 1 é um integrador simples com um resistor na entrada e um capacitor como realimentação.) O amplificador é analisado para a função de transferência em pequeno sinal, de modo que a tensão CC de referência V_{ref} não tem efeito sobre a parte da análise para pequeno sinal. Além disso, um resistor pode ser ligado entre o terminal da entrada inversora e o ponto comum para funcionar como um divisor de tensão, para ajustar a tensão na saída do conversor, e este resistor não terá efeito na análise de pequeno sinal e, portanto, no terminal inversor teremos zero.

A função de transferência para pequeno sinal (com os termos CC sendo determinados como zero) do amplificador é expresso em termos da entrada e das impedâncias Z_i e Z_f, onde

$$Z_f = \left(R_2 + \frac{1}{sC_1}\right) \| \frac{1}{sC_2} = \frac{(R_2 + 1/sC_1)(1/sC_2)}{R_2 + 1/sC_1 + 1/sC_2}$$
$$Z_i = R_1 \qquad (7\text{-}69)$$

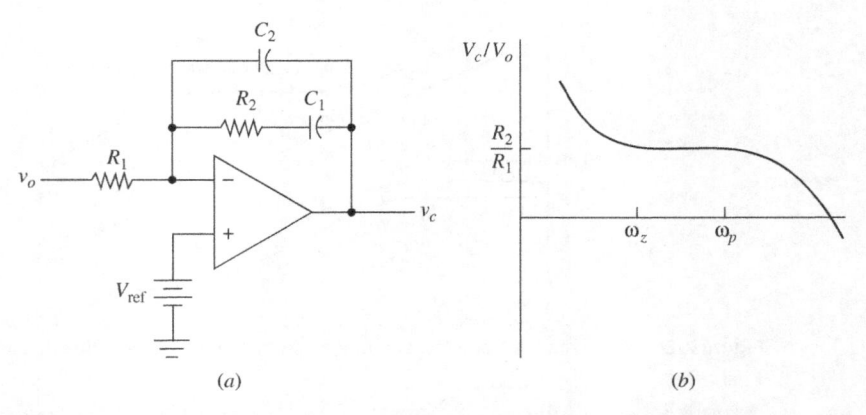

Figura 7-23 (a) Amplificador de erro compensado tipo 2; (b) resposta em frequência.

A função ganho $G(s)$ é expressa como a razão da saída do amplificador de erro compensado v_c para pequeno sinal pela entrada, que é a saída do conversor V_o.

$$G(s) = \frac{\tilde{v}_c(s)}{\tilde{v}_o(s)} = -\frac{Z_f}{Z_i} = -\frac{(R_2 + 1/sC_1)(1/sC_2)}{R_1(R_2 + 1/sC_1 + 1/sC_2)} \quad (7\text{-}70)$$

Rearranjando os termos e supondo $C_2 \ll C_1$,

$$G(s) = \frac{\tilde{v}_c(s)}{\tilde{v}_o(s)} = -\frac{s + 1/R_2C_2}{R_1C_2s[s + (C_1 + C_2)/R_2C_1C_2]} \approx -\frac{s + 1/R_2C_1}{R_1C_2s(s + 1/R_2C_2)} \quad (7\text{-}71)$$

A função de transferência acima tem um polo na origem e um zero e um polo em

$$\omega_z = \frac{1}{R_2C_1} \quad (7\text{-}72)$$

$$\omega_p = \frac{C_1 + C_2}{R_2C_1C_2} \approx \frac{1}{R_2C_2} \quad (7\text{-}73)$$

A resposta em frequência deste amplificador tem a forma mostrada na Fig. 7-23b. Os valores de R_1, R_2, C_1 e C_2 são escolhidos para fazer com que o sistema de controle total tenha a característica desejada.

A resposta em frequência, combinada das funções de transferências do circuito PWM, da chave e do filtro de entrada de um conversor, é mostrada na Fig. 7-24. A RES do capacitor de filtro põe um zero em $\omega = 1/r_cC$. Um programa de simulação como o PSpice é utilizado para determinar a resposta em frequência. Caso contrário, a função de transferência pode ser avaliada com $s = j\omega$.

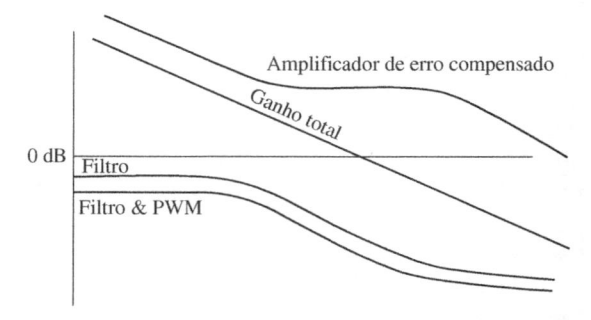

Figura 7-24 Resposta em frequência da função de transferência da malha de controle.

Exemplo 7-8

Malha de controle com amplificador tipo 2 para um conversor buck

A fonte de tensão para um conversor buck é $V_S = 6$ V e a tensão na saída deve ser regulada em 3,3 V. A resistência de carga é de 2 Ω, $L = 100$ µH com resistência interna desprezível e $C = 75$ µF com RES de 0, 4 Ω. O circuito PWM tem uma tensão de dente de serra com valor de pico $V_p = 1,5$ V. Um amplificador de erro compensado tipo 2 com $R_1 = 1$ kΩ, $R_2 = 2,54$ kΩ, $C_1 = 48,2$ nF e $C_2 = 1,66$ nF. A frequência de chaveamento é de 50 kHz. Use o PSpice para determinar a frequência de cruzamento e a margem de fase.

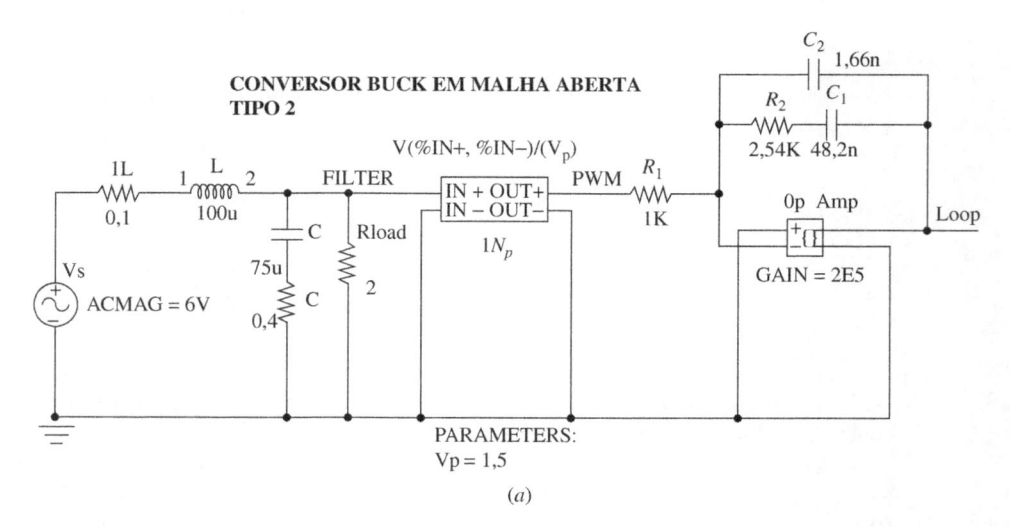

Figura 7-25 (a) Circuito do PSpice para simulação da resposta em malha aberta de um conversor buck; (b) saída do Probe para o Exemplo 7-8 mostrando a frequência de cruzamento de 6,83 kHz e uma margem de fase de 45° aproximadamente.

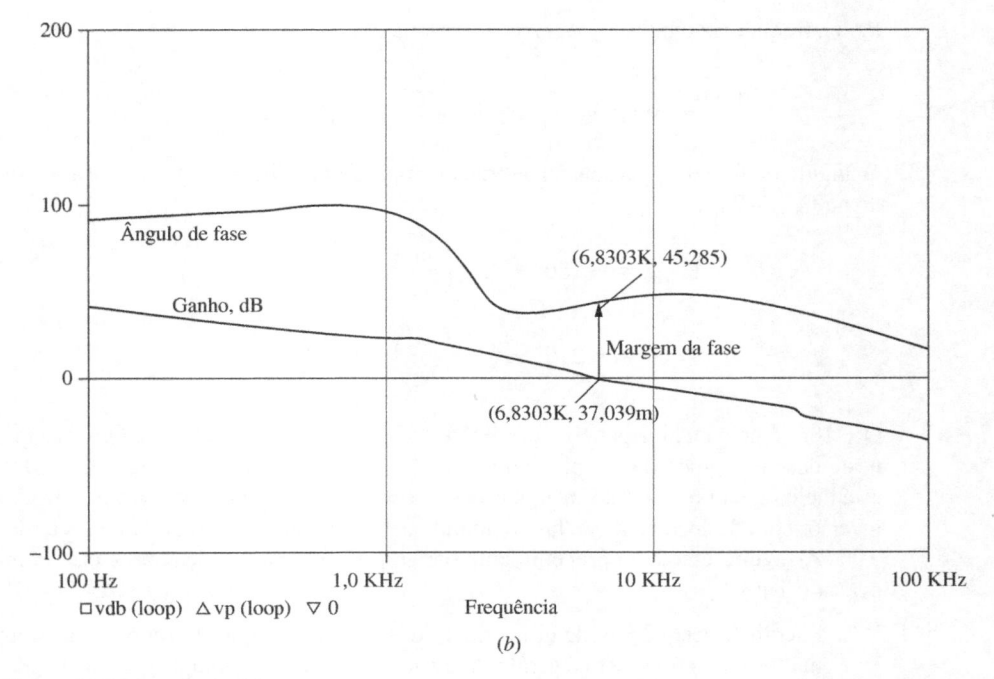

Figura 7-25 (*continuação*)

■ Solução

Um circuito do PSpice para o filtro, amplificador de erro e conversor PWM é mostrado na Fig. 7-25a. A entrada da fonte de tensão é a fonte CA V_{CA}, a função do PWM de $1/V_p$ /e implementado com a fonte dependente EVALUE e o amp-op. É implementado com uma fonte de tensão com tensão controlada de alto ganho.

A saída do Probe mostrada na Fig. 7-25b revela que a frequência de cruzamento é de 6,83 kHz. A margem de fase é o ângulo maior que zero (ou 360°) já que o amplificador operacional contém uma inversão de (180°) pela realimentação negativa (Fig. 7-19a). A saída do Probe mostra uma margem de fase ligeiramente maior que 45°. O ganho é baixo, −23,8 dB, para uma frequência de chaveamento de 50 kHz. Portanto, o circuito satisfaz o critério para um controle estável.

Projeto de um amplificador de erro tipo 2 com compensação

O ganho na frequência média e a localização do polo e do zero da função de transferência do amplificador de erro compensado podem ser escolhidos para fornecer a frequência de cruzamento em malha aberta total e a margem de fase necessária para a estabilidade.

A função de transferência do amplificador de erro compensado na Eq. (7-71) pode ser expressa para $s = j\omega$ como

$$G(j\omega) = \frac{\tilde{v}_c(j\omega)}{\tilde{v}_o(j\omega)} = -\frac{j\omega + \omega_z}{R_1 C_2 j\omega(j\omega + \omega_p)} \quad (7\text{-}74)$$

Para a frequência média, $\omega_z \ll \omega \ll \omega_p$ resulta em

$$G(j\omega) = \frac{\tilde{v}_c(j\omega)}{\tilde{v}_o(j\omega)} \approx -\frac{j\omega}{R_1 C_2 j\omega\omega_p} = -\frac{1}{R_1 C_2 (1/R_2 C_2)} = -\frac{R_2}{R_1} \quad (7\text{-}75)$$

O ângulo de fase θ_{comp} da função de transferência do amplificador de erro compensado na Eq. (7-74) é

$$\theta_{comp} = -180° + \text{tg}^{-1}\left(\frac{\omega}{\omega_z}\right) - 90° - \text{tg}^{-1}\left(\frac{\omega}{\omega_p}\right)$$
$$= -270° + \text{tg}^{-1}\left(\frac{\omega}{\omega_z}\right) - \text{tg}^{-1}\left(\frac{\omega}{\omega_p}\right) \quad (7\text{-}76)$$

O $-180°$ é pelo sinal negativo e o $-90°$ diz respeito ao polo na origem. Observe que neste desenvolvimento o amplificador inversor com deslocamento de fase de $-180°$ está incluído na Eq. (7-76). Em alguns desenvolvimentos deste método, o amplificador inversor com deslocamento de fase é omitido neste ponto para ser incluído mais tarde.

A seguir, temos um procedimento para o projeto de amplificador de erro compensado Tipo 2.

1. Escolha a frequência de cruzamento desejada da função de transferência em malha aberta total. Isto é geralmente em torno de uma ordem de grandeza a menos que a frequência de chaveamento do conversor. Alguns projetistas vão além de 25% da frequência de chaveamento.
2. Determine a função de transferência e a resposta em frequência de todos os elementos do circuito de controle, exceto para o amplificador de erro compensado.
3. Determine o ganho na frequência média do amplificador de erro compensado necessário para obter a frequência de cruzamento total desejada. Isto estabelece a razão R_2/R_1 como na Eq. (7-75).
4. Escolha a margem de fase necessária para garantir a estabilidade, tipicamente maior que 45°. Uma vez estabelecidas R_1 e R_2 para o ganho na frequência média, o polo e o zero, ω_p e ω_z são determinados por C_1 e C_2. O ângulo de fase θ_{comp} do amplificador de erro compensado na frequência de cruzamento ω_{co} é

$$\theta_{comp} = -270° + \text{tg}^{-1}\left(\frac{\omega_{co}}{\omega_z}\right) - \text{tg}^{-1}\left(\frac{\omega_{co}}{\omega_p}\right) \quad (7\text{-}77)$$

Um procedimento para a escolha das frequências de polo e de zero é o método do fator K [veja Venable (1983) e Basso (2008) na Bibliografia]. Usando o método do fator K, o valor de K é determinado como segue:
Faça o zero e o polo da função de transferência ser em

$$\omega_z = \frac{\omega_{co}}{K} \quad (7\text{-}78)$$

e

$$\omega_p = K\omega_{co} \quad (7\text{-}79)$$

Depois

$$K = \frac{\omega_{co}}{\omega_z} = \frac{\omega_p}{\omega_{co}} \qquad (7\text{-}80)$$

O ângulo de fase do amplificador de erro compensado no cruzamento na Eq. (7-77) é então

$$\theta_{comp} = -270° + \text{tg}^{-1}K - \text{tg}^{-1}\left(\frac{1}{K}\right) \qquad (7\text{-}81)$$

Usando a identidade trigonomométrica

$$\text{tg}^{-1}(x) + \text{tg}^{-1}\left(\frac{1}{x}\right) = 90° \qquad (7\text{-}82)$$

obtemos

$$\text{tg}^{-1}\left(\frac{1}{K}\right) = 90° - \text{tg}^{-1}(K) \qquad (7\text{-}83)$$

A Eq. (7-81) fica sendo

$$\theta_{comp} = -270° + \text{tg}^{-1}(K) - \text{tg}^{-1}\left(\frac{1}{K}\right) = 2\text{tg}^{-1}(K) - 360° = 2\text{tg}^{-1}(K) \qquad (7\text{-}84)$$

Resolvendo para K,

$$\boxed{K = \text{tg}\left(\frac{\theta_{comp}}{2}\right)} \qquad (7\text{-}85)$$

O ângulo θ_{comp} é o ângulo de fase desejado do amplificador de erro compensado na frequência de cruzamento. Pela Eq. (7-84), o ângulo de fase do amplificador de erro compensado pode ter uma faixa de 0 a 180° para $0 < K < \infty$.

O ângulo de fase exigido para o amplificador de erro compensado obter a margem de fase necessária é determinado estabelecendo o valor de K. Se a frequência de cruzamento desejada ω_{co} é conhecida, então ω_z e ω_p são obtidas pelas Eqs (7-78) e (7-79). Depois C_1 e C_2 são determinados pelas Eqs. (7-71) e (7-72).

$$\omega_z = \frac{1}{R_2 C_1} = \frac{\omega_{co}}{K}$$
$$C_1 = \frac{K}{\omega_{co} R_2} = \frac{K}{2\pi f_{co} R_2} \qquad (7\text{-}86)$$

$$\omega_p = \frac{1}{R_2 C_2} = K\omega_{co}$$
$$C_2 = \frac{1}{K\omega_{co} R_2} = \frac{1}{K 2\pi f_{co} R_2} \qquad (7\text{-}87)$$

Exemplo 7-9

Projeto de um amplificador de erro compensado tipo 2

Para um conversor buck mostrado na Fig. 7-26a.

$V_s = 10$ V com uma saída de 5 V
$f = 100$ kHz
$L = 100$ μH com uma resistência em série de 0,1 Ω
$C = 100$ μF com uma resistência equivalente em série de 0,5 Ω
$R = 5$ Ω
$V_p = 3$ V no circuito PWM

Projete um amplificador de erro compensado tipo 2 que resulte num sistema de controle estável.

■ Solução

1. A frequência de cruzamento da função de transferência em malha aberta total (frequência onde o ganho é 1, ou 0 dB) deveria ser bem abaixo da frequência de chaveamento. Faça $f_{co} = 10$ kHz.
2. Uma simulação com o PSpice da resposta em frequência do filtro com resistor de carga (Fig. 7-26) mostra que o ganho do conversor (V_s e o filtro) com ganho de 10 kHz é $-2,24$ dB e o ângulo de fase é $-101°$. O conversor PWM tem um ganho de $1/V_p = 1/3 = -9,5$ dB. O ganho combinado do filtro e conversor PWM é então $-2,24$ dB $- 9,5$ dB $= -11,78$ dB.
3. O amplificador de erro compensado, deveria, portanto, ter um ganho de $+11,78$ dB em 10 kHz para fazer com que o ganho da malha seja de 0 dB. Convertendo o ganho em decibéis pela razão V_o/v_i

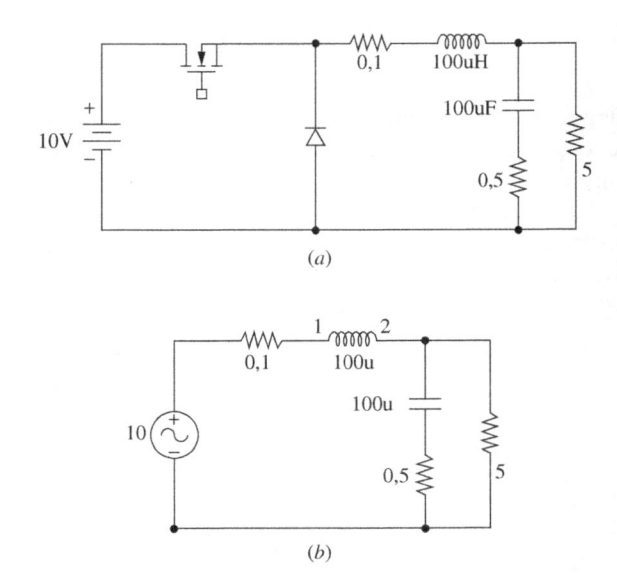

Figura 7-26 (a) Circuito do conversor buck; (b) o circuito CA para determinar a resposta em frequência do conversor.

$$11{,}78 \text{ dB} = 20\log\left(\frac{\tilde{v}_c}{\tilde{v}_o}\right)$$

$$\frac{\tilde{v}_c}{\tilde{v}_o} = 10^{11{,}78/20} = 3{,}88$$

Usando a Eq. (7-75), o valor do ganho na frequência média é

$$\frac{R_2}{R_1} = 3{,}88$$

Admitindo $R_1 = 1$ kΩ, R_2 é então 3,88 kΩ.

4. O ângulo de fase do amplificador de erro compensado no cruzamento deve ser adequado para dar uma margem de fase de pelo menos 45°. O ângulo de fase requerido para o amplificador é

$$\theta_{comp} = \theta_{\text{margem de fase}} - \theta_{conversor} = 45° - (-101°) = 146°$$

Um fator K de 3,27 é obtido pela Eq. (7-85).

$$K = \text{tg}\left(\frac{\theta_{comp}}{2}\right) = \text{tg}\left(\frac{146°}{2}\right) = \text{tg}(73°) = 3{,}27$$

Usando a Eq. (7-86) para obter C_1,

$$C_1 = \frac{K}{2\pi f_{co} R_2} = \frac{3{,}27}{2\pi(10{,}000)(3880)} = 13{,}4 \text{ nF}$$

Usando a Eq. (7-87) para obter C_2,

$$C_2 = \frac{1}{K 2\pi f_{co} R_2} = \frac{1}{3{,}27(2\pi)(10{,}000)(3880)} = 1{,}25 \text{ nF}$$

Uma simulação com PSpice da malha de controle fornece uma frequência de cruzamento de 9,41 kHz e uma margem de fase de 46°, confirmando o projeto.

Simulação de um controle realimentado no PSpice

A simulação é uma ferramenta valiosa no projeto e verificação do sistema de controle em malha fechada para fontes de alimentação CC. A Fig. 7-27a mostra uma implementação para o PSpice usando chaves idealizadas e fontes ETABLE para o amp-op e para o comparador na função PWM. A entrada é 6 V e a saída é para ser regulada em 3,3 V. A margem de fase deste circuito é de 45° quando a carga é de 2 Ω e ligeiramente maior que 45° quando a carga muda para 2 ‖ 4 Ω. A frequência de chaveamento é de 100 kHz. Uma variação em degrau na carga ocorre em $t = 1{,}5$ ms. Se a corrente estivesse desregulada, a tensão na saída deveria mudar como a corrente na carga mudou por causa da resistência do indutor. O circuito de controle ajusta a taxa de trabalho para compensar as variações nas condições de funcionamento.

CONVERSOR BUCK COM COMPENSAÇÃO TIPO 2

Circuit elements:
- input, Vs = 6V
- S1 Sbreak (Ideal Switches), Control = 0
- rL = 0.1, L1 = 100u
- D1 Dbreak
- Co = 100u, rC = 0.5
- output
- Rload = 2, TCLOSE = 1.5ms, Rload2 = 2
- R1 = 1k
- R2 = 3.88k, C1 = 13.4n, C2 = 1.5n
- OP AMP — ETABLE V(%IN+, %IN−), error output
- Vref = 3.3V
- Step change in load at t = 1.5ms

PWN Comparator
Ecomp — ETABLE V(%IN+, %IN−)
Vramp:
- TD = 0
- TF = 1n
- PW = 1n
- PER = {1/(Freq)}
- V1 = 0
- TR = (1/Freq−2n)
- V2 = {Vp}

PARÂMETROS:
Freq = 100k
Vp = 1.5

(a)

Eixo vertical: 0 a 5,0; marcação em 2,5
- Tensão de saída
- Corrente no indutor
- Variação em degrau na carga

Tempo: 1,0 ms — 1,5 ms — 2,0 ms — 2,5 ms — 3,0 ms
□ V(OUTPUT)   △ I(L1)

(b)

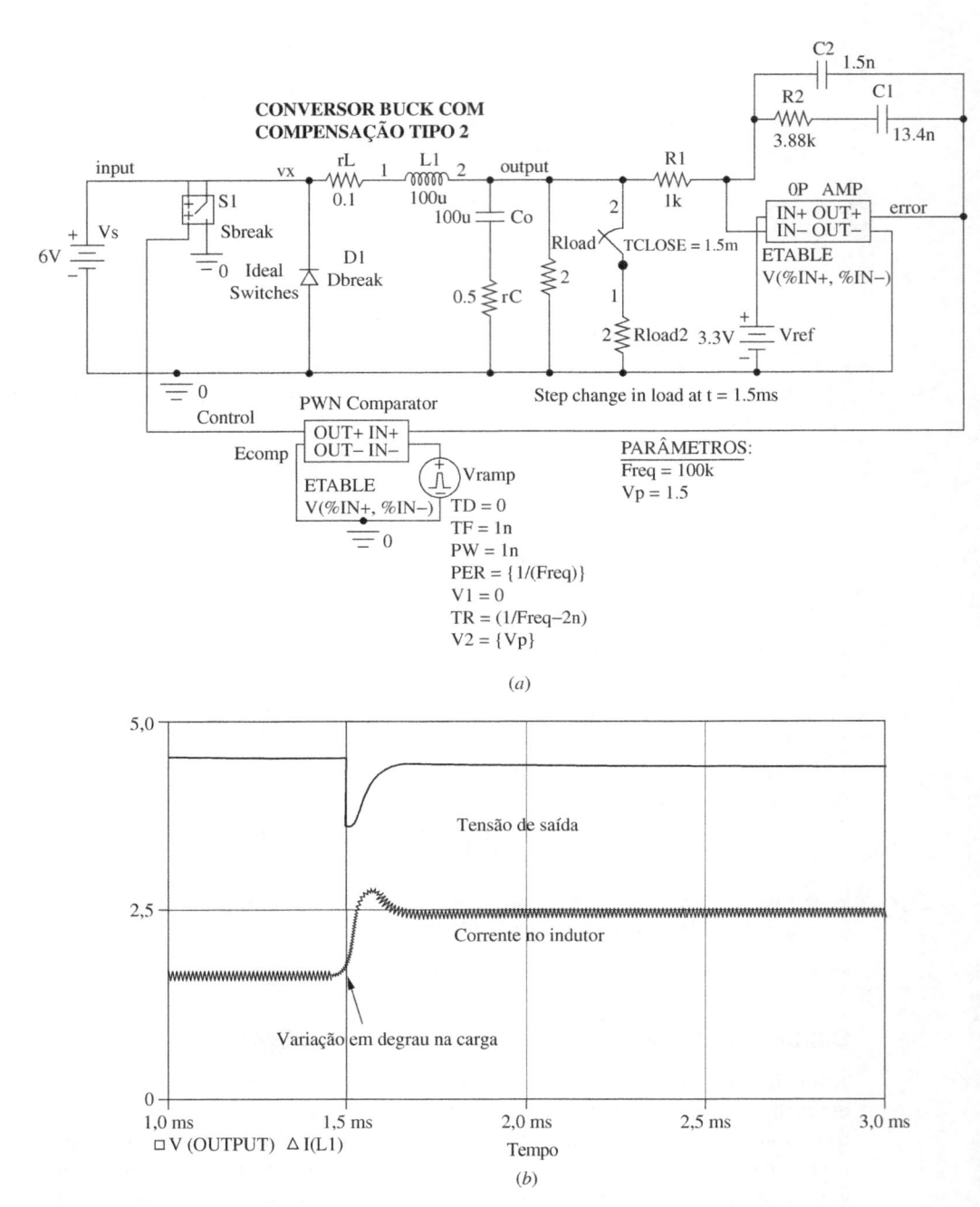

Figura 7-27 (a) Circuito do PSpice para um conversor buck regulado; (b) tensão na saída e corrente no indutor para uma variação em degrau na carga.

A Fig. 7-27b mostra a tensão na saída e a corrente no indutor, verificando que o circuito de controle é estável.

Amplificador de erro tipo 3 com compensação

O circuito de compensação tipo 2 descrito anteriormente não é capaz, ás vezes, de fornecer o ângulo de fase com diferença suficiente para efetuar o critério de uma margem de fase de 45°. Outro circuito de compensação, conhecido como amplificador tipo 3, é mostrado na Fig. 7-28a. O amplificador tipo 3 fornece um reforço (boost) adicional no ângulo de fase quando comparado com o circuito tipo 2 e é usado quando uma margem de fase adequada não pode ser obtida usando o amplificador tipo 2.

A função de transferência em pequeno sinal é expressa em termos da entrada e das impedâncias de realimentação Z_i e Z_f,

$$G(s) = \frac{\tilde{v}_c(s)}{\tilde{v}_o(s)} = -\frac{Z_f}{Z_i} = -\frac{(R_2 + 1/sC_1)\|1/sC_2}{R_1\|(R_3 + 1/sC_3)} \tag{7-88}$$

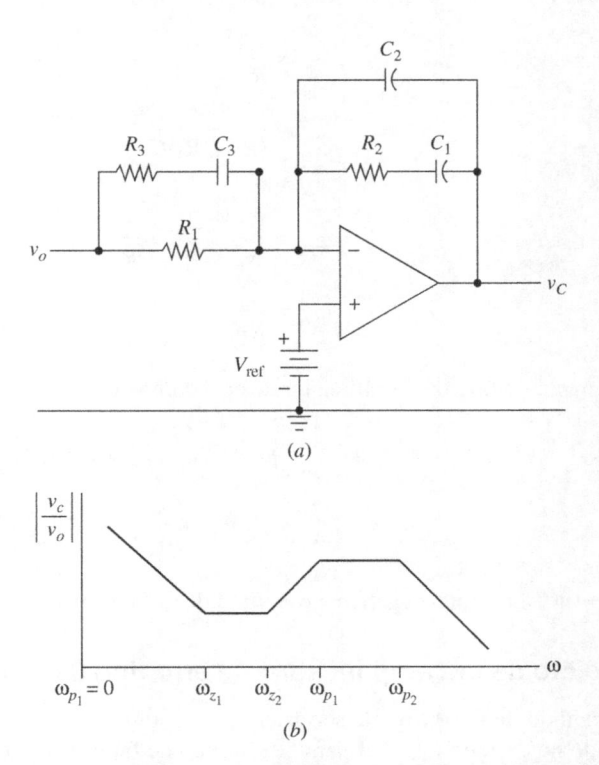

Figura 7-28 (a) Amplificador de erro compensado tipo 3; (b) traçado de Bode.

resultando em

$$G(s) = -\frac{R_1 + R_3}{R_1 R_3 C_3} \frac{\left(s + \frac{1}{R_2 C_1}\right)\left(s + \frac{1}{(R_1 + R_3)C_3}\right)}{s\left(s + \frac{C_1 + C_2}{R_2 C_1 C_2}\right)\left(s + \frac{1}{R_3 C_3}\right)} \quad (7\text{-}89)$$

A tensão de referência V_{ref} é puramente CC e não tem efeito sobre a função de transferência em pequeno sinal. Supondo $C_2 \ll C_1$ e $R_3 \ll R_1$,

$$G(s) \approx -\frac{1}{R_3 C_2} \frac{(s + 1/R_2 C_1)(s + 1/R_1 C_3)}{s(s + 1/R_2 C_2)(s + 1/R_3 C_3)} \quad (7\text{-}90)$$

Uma inspeção na função de transferência da Eq. (7-90) mostra que existem dois zeros e três polos, incluindo o polo na origem. Uma localização particular dos polos e zeros produz um traçado de Bode da função de transferência mostrada na Fig. 7-28b.

$$G(j\omega) = -\frac{1}{R_3 C_2} \frac{(j\omega + \omega_{z_1})(j\omega + \omega_{z_2})}{j\omega(j\omega + \omega_{p_2})(j\omega + \omega_{p_3})} \quad (7\text{-}91)$$

Os zeros e os polos da função de transferência são

$$\begin{aligned}
\omega_{z_1} &= \frac{1}{R_2 C_2} \\
\omega_{z_2} &= \frac{1}{(R_1 + R_3)C_3} \approx \frac{1}{R_1 C_3} \\
\omega_{p_1} &= 0 \\
\omega_{p_2} &= \frac{C_1 + C_2}{R_2 C_1 C_2} \approx \frac{1}{R_2 C_2} \\
\omega_{p_3} &= \frac{1}{R_3 C_3}
\end{aligned} \quad (7\text{-}92)$$

O ângulo de fase do amplificador de erro compensado é

$$\begin{aligned}
\theta_{comp} &= -180° + \mathrm{tg}^{-1}\!\left(\frac{\omega}{\omega_{z_1}}\right) + \mathrm{tg}^{-1}\!\left(\frac{\omega}{\omega_{z_2}}\right) - 90° - \mathrm{tg}^{-1}\!\left(\frac{\omega}{\omega_{p_2}}\right) - \mathrm{tg}^{-1}\!\left(\frac{\omega}{\omega_{p_3}}\right) \\
&= -270° + \mathrm{tg}^{-1}\!\left(\frac{\omega}{\omega_{z_1}}\right) + \mathrm{tg}^{-1}\!\left(\frac{\omega}{\omega_{z_2}}\right) - \mathrm{tg}^{-1}\!\left(\frac{\omega}{\omega_{p_2}}\right) - \mathrm{tg}^{-1}\!\left(\frac{\omega}{\omega_{p_3}}\right)
\end{aligned} \quad (7\text{-}93)$$

O $-180°$ é do sinal negativo e o $-90°$ é do polo na origem.

Projeto de um amplificador de erro tipo 3 com compensação

O método de fator K pode ser usado para o amplificador tipo 3 de modo similar ao usado no circuito tipo 2. Usando o método de fator K, os zeros são posicionados na mesma frequência para formar um zero duplo e o segundo e terceiro polos são posicionados na mesma frequência para formar um polo duplo:

$$\begin{aligned}
\omega_z &= \omega_{z_1} = \omega_{z_2} \\
\omega_p &= \omega_{p_2} = \omega_{p_3}
\end{aligned} \quad (7\text{-}94)$$

O primeiro polo permanece na origem.

Os zeros duplos e os polos são posicionados nas frequências

$$\omega_z = \frac{\omega_{co}}{\sqrt{K}}$$
$$\omega_p = \omega_{co}\sqrt{K} \qquad (7\text{-}95)$$

A função de transferência da Eq. (7-91) pode então ser escrita como

$$G(j\omega) = -\frac{1}{R_3 C_2} \frac{(j\omega + \omega_z)^2}{j\omega(j\omega + \omega_p)^2} \qquad (7\text{-}96)$$

Na frequência de cruzamento ω_{co}, o ganho é

$$G(j\omega_{co}) = -\frac{1}{R_3 C_2} \frac{(j\omega_{co} + \omega_z)^2}{j\omega_{co}(j\omega_{co} + \omega_p)^2} \qquad (7\text{-}97)$$

O ângulo de fase do amplificador na frequência de cruzamento é, então,

$$\theta_{comp} = -270° + 2\,\text{tg}^{-1}\!\left(\frac{\omega_{co}}{\omega_z}\right) - 2\,\text{tg}^{-1}\!\left(\frac{\omega_{co}}{\omega_p}\right) \qquad (7\text{-}98)$$

Usando a Eq. (7-95) para ω_z e ω_p,

$$\theta_{comp} = -270° + 2\,\text{tg}^{-1}\!\left(\frac{\omega_{co}}{\omega_{co}/\sqrt{K}}\right) - 2\,\text{tg}^{-1}\!\left(\frac{\omega_{co}}{\omega_{co}\sqrt{K}}\right) \qquad (7\text{-}99)$$

Resultando em

$$\theta_{comp} = -270° + 2\,\text{tg}^{-1}\sqrt{K} - 2\,\text{tg}^{-1}\!\left(\frac{1}{\sqrt{K}}\right)$$
$$= -270° + 2\!\left[\text{tg}^{-1}\sqrt{K} - \text{tg}^{-1}\!\left(\frac{1}{\sqrt{K}}\right)\right] \qquad (7\text{-}100)$$

Pelo uso da identidade

$$\text{tg}^{-1}(x) + \text{tg}^{-1}\!\left(\frac{1}{x}\right) = 90° \qquad (7\text{-}101)$$

fazendo

$$\text{tg}^{-1}\!\left(\frac{1}{\sqrt{K}}\right) = 90° - \text{tg}^{-1}\!\left(\sqrt{K}\right) \qquad (7\text{-}102)$$

A Eq. (7-100) fica sendo

$$\theta_{comp} = -270° + 2[\text{tg}^{-1}\sqrt{K} + (-90° - \text{tg}^{-1}\sqrt{K})]$$
$$\theta_{comp} = -450° + 4\,\text{tg}^{-1}\sqrt{K} = -90° + 4\,\text{tg}^{-1}\sqrt{K} \qquad (7\text{-}103)$$

Resolvendo para K,

$$K = \left[\operatorname{tg}\left(\frac{\theta_{comp} + 90°}{4}\right)\right]^2 \quad (7\text{-}104)$$

Pela Eq. (7-103), o ângulo máximo para o amplificador de erro compensado é de 270°. Lembre-se que o ângulo de fase máximo do amplificador tipo 2 é de 180°.
O ângulo de fase do amplificador de erro compensado é

$$\theta_{comp} = \theta_{\text{margem de fase}} - \theta_{\text{conversor}} \quad (7\text{-}105)$$

A margem de fase mínima é geralmente de 45° e o ângulo de fase do conversor na frequência de cruzamento pode ser determinado por uma simulação no PSpice.

Na frequência de cruzamento ω_{co},

$$\begin{aligned} G(j\omega_{co}) &= -\frac{1}{R_3 C_2} \frac{(j\omega_{co} + \omega_z)^2}{j\omega_{co}(j\omega_{co} + \omega_p)^2} \\ &\approx -\frac{1}{R_3 C_2} \frac{(j\omega_{co})^2}{j\omega_{co}(\omega_p)^2} = -\frac{1}{R_3 C_2} \frac{j\omega_{co}}{(\omega_p)^2} \end{aligned} \quad (7\text{-}106)$$

Usando as Eqs. (7-95) e (7-92),

$$\omega_{co} = \sqrt{K}\omega_z = \frac{\sqrt{K}}{R_1 C_3} \quad (7\text{-}107)$$

$$\omega_p = \frac{1}{R_2 C_2} = \frac{1}{R_3 C_3} \quad \Rightarrow \quad \omega_p^2 = \frac{1}{R_2 C_2 R_3 C_3} \quad (7\text{-}108)$$

A Eq. (7-106) fica sendo

$$G(j\omega_{co}) = -\frac{1}{R_3 C_2} \frac{j\omega_{co}}{(\omega_p)^2} = -\frac{1}{R_3 C_2} \frac{j\sqrt{K}/R_1 C_3}{1/R_2 C_2 R_3 C_3} = -\frac{j\sqrt{K} R_2}{R_1} \quad (7\text{-}109)$$

No projeto de um amplificador de erro compensado tipo 3, escolha primeiro R_1 e depois calcule R_2 pela Eq. (7-109). Outros valores de componentes podem ser determinados por

$$\omega_z = \frac{\omega_{co}}{\sqrt{K}} = \frac{1}{R_2 C_1} = \frac{1}{R_1 C_3} \quad (7\text{-}110)$$

e

$$\omega_p = \omega_{co}\sqrt{K} = \frac{1}{R_2 C_2} = \frac{1}{R_3 C_3} \quad (7\text{-}111)$$

As equações resultantes são

$$\boxed{\begin{aligned}
R_2 &= \frac{|G(j\omega_{co})|R_1}{\sqrt{K}} \\
C_1 &= \frac{\sqrt{K}}{\omega_{co}R_2} = \frac{\sqrt{K}}{2\pi f_{co}R_2} \\
C_2 &= \frac{1}{\omega_{co}R_2\sqrt{K}} = \frac{1}{2\pi f_{co}R_2\sqrt{K}} \\
C_3 &= \frac{\sqrt{K}}{\omega_{co}R_1} = \frac{\sqrt{K}}{2\pi f_{co}R_1} \\
R_3 &= \frac{1}{\omega_{co}\sqrt{K}C_3} = \frac{1}{2\pi f_{co}\sqrt{K}C_3}
\end{aligned}} \qquad (7\text{-}112)$$

Exemplo 7-10

Projeto de um amplificador de erro compensado tipo 3

Para o conversor buck mostrado na Fig. 7-29a,

$V_s = 10$ V com uma saída de 5 V
$f = 100$ kHz
$L = 100$ μH com uma resistência em série de 0,1 Ω
$C = 100$ μF com uma resistência equivalente em série de 0,1 Ω
$R = 5$ Ω
$V_p = 3$ V no circuito PWM

Projete um amplificador de erro compensado tipo 3 que resulta num sistema de controle estável. Projete para uma frequência de cruzamento de 10 kHz e uma margem de fase de 45°. Note que todos os parâmetros são os mesmos do Exemplo 7-8, exceto que a RES do capacitor é muito menor.

■ Solução

Uma varredura na frequência CA do PSpice mostra que a tensão do ganho na saída é de −10,5 dB em 10 kHz e o ângulo de fase é de −144°. O circuito PWM produz um ganho adicional de −9,5 dB. Portanto, o amplificador de erro compensado deve ter um ganho de 10,5 + 9,5 = 20 dB em 10 kHz. Um ganho de 20 dB corresponde a um ganho de 10.

O ângulo de fase requerido do amplificador é determinado pela Eq. (7-105),

$$\theta_{comp} = \theta_{\text{margem de fase}} - \theta_{conversor} = 45° - (-144°) = 189°$$

Resolvendo para K na Eq. (7-104) produz

$$K = \left[\operatorname{tg}\left(\frac{189° + 90°}{4}\right)\right]^2 = [\operatorname{tg}(69{,}75°)]^2 = 7{,}35$$

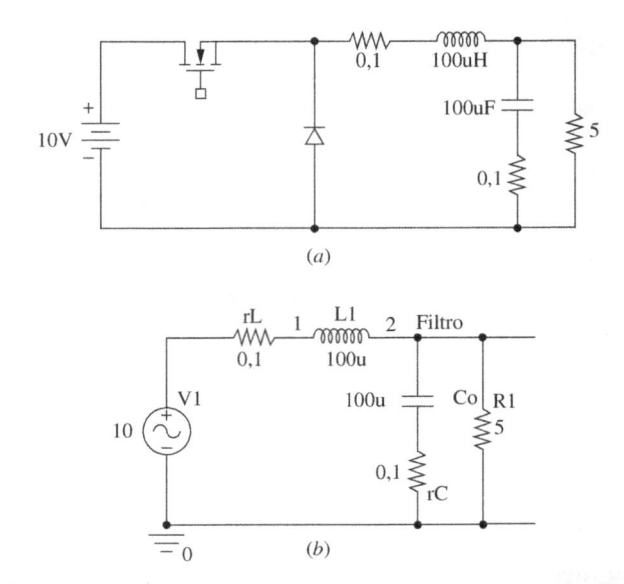

Figura 7-29 (a) Circuito do conversor buck; (b) circuito CA usado para determinar a resposta em frequência.

Admitindo $R_1 = 1\ k\Omega$, os outros valores dos componentes são calculados pelas Eq. (7-112).

$$R_2 = \frac{|G(j\omega_{co})|R_1}{\sqrt{K}} = \frac{10(1000)}{\sqrt{7{,}35}} = 3{,}7\ k\Omega$$

$$C_1 = \frac{\sqrt{K}}{2\pi f_{co} R_2} = \frac{\sqrt{7{,}35}}{2\pi(10.000)(3700)} = 11{,}6\ nF$$

$$C_2 = \frac{1}{2\pi f_{co} R_2 \sqrt{K}} = \frac{1}{2\pi(10.000)(3700)\sqrt{7{,}35}} = 1{,}58\ nF$$

$$C_3 = \frac{\sqrt{K}}{2\pi f_{co} R_1} = \frac{\sqrt{7{,}35}}{2\pi(10.000)(1000)} = 43{,}1\ nF$$

$$R_3 = \frac{1}{2\pi f_{co} \sqrt{K} C_3} = \frac{1}{2\pi(10.000)\sqrt{7{,}35}(43{,}1)(10)^{-9}} = 136\ \Omega$$

Uma simulação do conversor, amplificador de erro compensado e PWM no PSpice fornece uma frequência de cruzamento de 10 kHz com margem de fase de 49°.

Note que a tentativa de usar o amplificador de erro compensado tipo 2 para este circuito não foi bem-sucedida por que o ângulo de fase requerido na frequência de cruzamento é maior que 180°. Comparando este conversor com o do Exemplo 7-8, a RES do capacitor aqui é menor. Valores baixos de RES do capacitor sempre exigem o uso de circuitos do tipo 3 em vez do tipo 2.

Tabela 7-1 Amplificador de erro compensado, zeros e polos e localização de frequência

Zero ou polo	Expressão	Localização
Primeiro zero		50% para 100% de ω_{LC}
Segundo zero		em ω_{LC}
Primeiro polo		—
Segundo polo		RES no zero = $1/r_c C$
Terceiro polo		Na metade da frequência de chaveamento $2\pi\, f_{sw}/2$

Localização manual de polos e zeros no amplificador tipo 3

Como uma alternativa para o método do fator K descrito anteriormente, alguns projetistas posicionam os polos e zeros do amplificador tipo 3 em frequências especificadas. Na localização dos polos e zeros, a frequência de interesse particular é a frequência de ressonância do filtro LC no conversor. Desprezando qualquer resistência no indutor e no capacitor,

$$\omega_{LC} = \frac{1}{\sqrt{LC}} \qquad f_{LC} = \frac{1}{2\pi\sqrt{LC}} \qquad (7\text{-}113)$$

O primeiro zero é comumente posicionado de 50 a 100% de f_{LC}, o segundo zero está localizado em f_{LC}, o segundo polo fica em zero RES na função de transferência ($1/r_c C$) e o terceiro polo se encontra na metade da frequência de chaveamento. A Tabela 7-1 indica a localização dos polos e zeros do amplificador de erro tipo 3.

7.14 CIRCUITOS DE CONTROLE PWM

Os elementos principais de controle da realimentação das fontes de alimentação estão disponíveis em um único circuito integrado (CI). O LM2743 da National Semiconductor é um exemplo de um circuito integrado para o controle de fontes de alimentação. O CI contém um amp-op amplificador de erro, o circuito PWM e os circuitos de acionamento para os MOSFETs num conversor CC-CC usando retificação síncrona. O diagrama de blocos do CI é mostrado na Fig. 7-30a e uma aplicação típica é exposta na Fig. 7-30b.

7.15 O FILTRO DE LINHA CA

Em muitas aplicações de fontes de alimentação CC, a fonte de potência é o sistema de potência CA. A tensão e a corrente do sistema CA são sempre contaminadas pelo ruído elétrico em alta frequência. Um filtro de linha CA evita que interferências de rádio frequência condutivas (RFI), ruídos, entrem ou saem da fonte de alimentação.

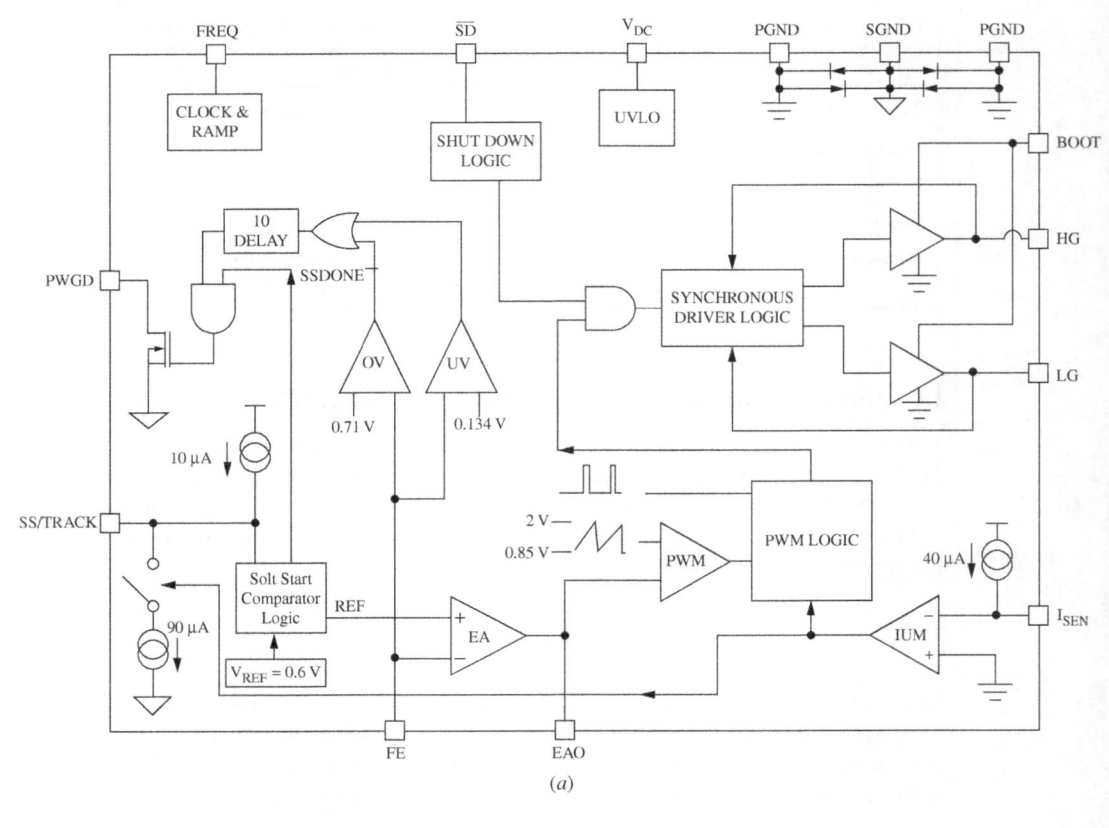

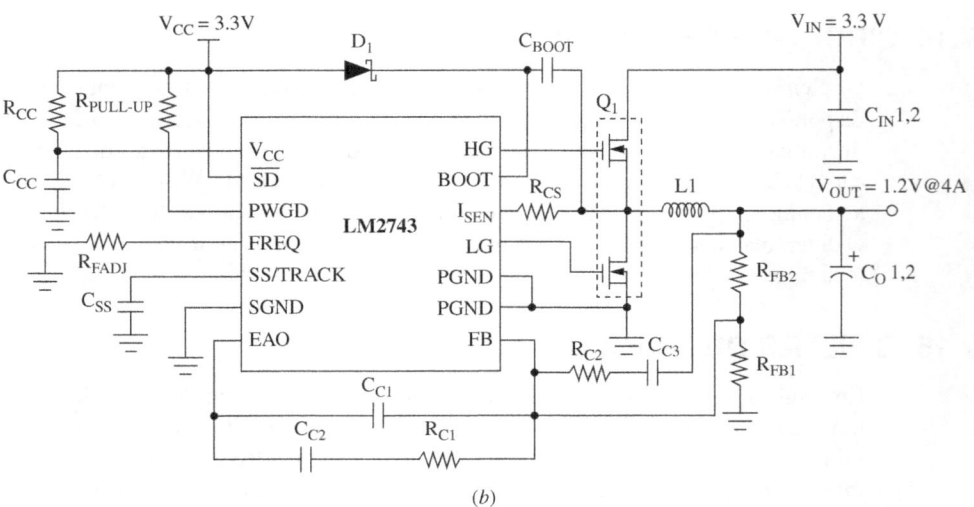

Figura 7-30 (a) Diagrama de blocos do LM2743 da National Semiconductor; (b) uma aplicação num circuito conversor buck (com permissão da National Semiconductor Corporation[1]).

---

[1] Direitos reservados.

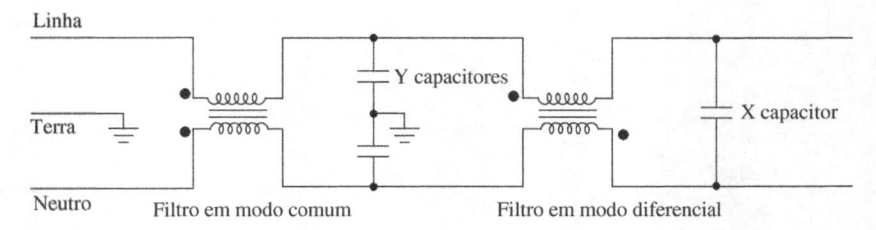

Figura 7-31 Um filtro de linha CA típico.

Uma entrada monofásica CA para uma fonte de alimentação tem um condutor de linha (ou fase), outro neutro e um condutor de terra. Um ruído em modo comum consiste de correntes nos condutores de linha e do neutro que estão em fase e retornam pelo condutor de terra. Um ruído no modo diferencial consiste de correntes de alta frequência que estão defasados de 180° nos condutores de linha e neutro, o que significa que as correntes entram pela linha e retornam pelo neutro.

Um circuito de filtro de linha CA típico é mostrado na Fig. 7-31. O primeiro estágio é um filtro no modo comum, consistindo de um transformador com marcas de polaridades adjacentes e um capacitor conectado em cada linha para o terra. Os capacitores neste estágio são chamados de *capacitores Y*. O segundo estágio do filtro consiste de um transformador com marcas de polaridades opostas e um capacitor simples conectado em paralelo com as linhas CA, retirando o ruído no modo diferencial do sinal CA. O capacitor neste estágio é chamado de *capacitor X*.

7.16 A FONTE DE ALIMENTAÇÃO CC COMPLETA

Uma fonte de alimentação completa consiste de um filtro de linha CA na entrada, um estágio para correção do fator de potência e um conversor CC-CC, conforme ilustrado no diagrama de bloco da Fig. 7-32. O estágio de correção do fator de potência foi estudado na Sec. 7-11 e o conversor CC-CC pode ser qualquer um dos conversores estudados no Capítulo 6.

Em aplicações de baixa potência, como o carregadores de bateria de celulares, podem ser implementados com a topologia conforme mostrado na Fig. 7-33. Um retificador de onda completa com filtro capacitivo (Capítulo 4) produz uma tensão CC a partir da fonte da linha CA e um conversor CC-CC flyback reduz a tensão CC para um nível apropriado para a aplicação. Uma malha de realimentação com acoplamento ótico preserva o isolamento elétrico entre a fonte e a carga, o circuito de controle ajusta a taxa de trabalho da chave para uma saída regulada. O circuito integrado encapsulado inclui o controle e o transistor de chaveamento. Alguns destes circuitos integrados podem ser alimentados diretamente da saída de alta tensão do retificador

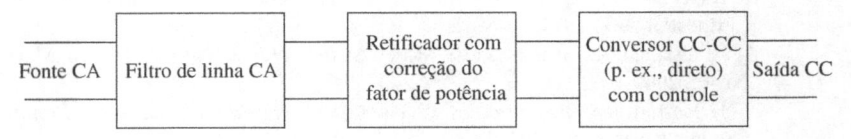

Figura 7-32 Uma fonte de alimentação completa quando a fonte é um sistema de potência CA.

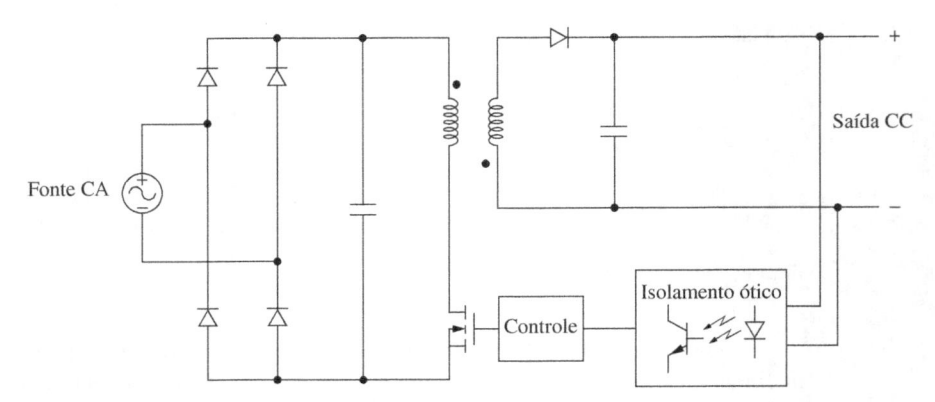

Figura 7-33 Uma fonte de alimentação fora de linha para aplicações em baixa potência.

e outros necessitam de alguns bobinados do conversor flyback para produzir a tensão de alimentação do CI. Este tipo de fonte de alimentação é sempre chamado de conversor fora de linha.

7.17 BIBLIOGRAFIA

S. Ang and A. Oliva, *Power-Switching Converters*, 2d ed., Taylor & Francis, Boca Raton, Fla., 2005.

C. Basso, *Switch-Mode Power Supplies*, McGraw-Hill, New York, 2008.

B. K. Bose, *Power Electronics and Motor Drives: Advances and Trends*, Elsevier/Academic Press, Boston, 2006.

M. Day, "Optimizing Low-Power DC/DC Designs—External versus Internal Compensation," Texas Instruments, Incorporated, 2004.

R. W. Erickson and D. Maksimovic, *Fundamentals of Power Electronics*, 2d ed., Kluwer Academic, 2001.

A. J. Forsyth and S. V. Mollov, "Modeling and Control of DC-DC converters," *Power Engineering Journal*, vol. 12, no. 5, 1998, pp. 229–236.

Y. M. Lai, *Power Electronics Handbook*, edited by M. H. Rashid, Academic Press, Calif., San Diego, 2001, Chapter 20.

LM2743 Low Voltage N-Channel MOSFET Synchronous Buck Regulator Controller, National Semiconductor, 2005.

D. Mattingly, "Designing Stable Compensation Networks for Single Phase Voltage Mode Buck Regulators," Intersil Technical Brief TB417.1, Milpitas, Calif., 2003.

N. Mohan, T. M. Undeland, and W. P. Robbins, *Power Electronics: Converters, Applications, and Design*, 3d ed., Wiley, New York, 2003.

G. Moschopoulos and P. Jain, "Single-Phase Single-Stage Power-Factor-Corrected Converter Topologies," *IEEE Transactions on Industrial Electronics*, vol. 52, no. 1, February 2005, pp. 23–35.

M. Nave, *Power Line Filter Design for Switched-Mode Power Supplies*, Van Nostrand Reinhold, Princeton, N.J., 1991.

A. I. Pressman, K. Billings, and T. Morey, *Switching Power Supply Design*, McGraw-Hill, New York, 2009.

M. H. Rashid, *Power Electronics: Circuits, Devices, and Systems,* 3d ed., Prentice-Hall, Upper Saddle River, N.J., 2004.

M. Qiao, P. Parto, and R. Amirani, "Stabilize the Buck Converter with Transconductance Amplifier," International Rectifier Application Note AN-1043, 2002.

D. Venable, "The K Factor: A New Mathematical Tool for Stability Analysis and Synthesis," *Proceedings Powercon 10*, 1983.

V. Vorperian, "Simplified Analysis of PWM Converters Using Model of PWM Switch," *IEEE Transactions on Aerospace and Electronic Systems*, May 1990.

"8-Pin Synchronous PWM Controller," International Rectifier Data Sheet No. PD94173 revD, 2005.

Problemas

Conversor flyback

7-1 O conversor flyback da Fig. 7-2 tem os parâmetros $V_s = 36$ V, $D = 0,4$, $N_1/N_2 = 2$, $R = 20$ Ω, $L_m = 100$ μH e $C = 50$ μF e a frequência de chaveamento é de 100 kHz. Determine (a) a tensão na saída, (b) as correntes média, máxima e mínima no indutor e (c) a tensão de ondulação na saída.

7-2 O conversor flyback da Fig. 7-2 tem os parâmetros $V_s = 4,5$ V, $D = 0,6$, $N_1/N_2 = 0,4$, $R = 15$ Ω, $L_m = 10$ μH e $C = 10$ μF e a frequência de chaveamento é de 250 kHz. Determine (a) a tensão na saída, (b) as correntes média, máxima e mínima no indutor e (c) a tensão de ondulação na saída.

7-3 O conversor flyback da Fig. 7-2 tem uma entrada de 44 V, uma saída de 3 V e uma taxa de trabalho de 0,32 e uma frequência de chaveamento de 300 kHz. O resistor de carga é de 1 Ω. (a) Determine a relação de espiras do transformador. (b) Determine a indutância de magnetização do transformador L_m de modo que a corrente mínima no indutor seja de 40% da corrente média.

7-4 Projete um conversor flyback para uma entrada de 24 V e uma saída de 40 W em 40 V. Especifique a relação de espiras do transformador e a indutância de magnetização, a frequência de chaveamento e o capacitor para limitar a ondulação em menos de 0,5%.

7-5 (a) Qual é o valor da resistência de carga que separa a corrente da indutância de magnetização nos modo de condução contínua e modo de condução descontínua no conversor flyback do Exemplo 7-1? (b) Trace o gráfico V_o/V_s para uma mudança na carga de 5 para 20 Ω.

7-6 Para o conversor flyback funcionando no modo de condução descontínua, derive uma expressão para o tempo em que a corrente de magnetização i_{L_m} retorne a zero.

Conversor direto

7-7 O conversor direto da Fig. 7-5a tem os parâmetros $V_s = 100$ V, $N_1/N_2 = N_1/N_3 = 1$, $L_m = 1$ mH e $L_x = 70$ μH, $R = 20$ Ω, $C = 33$ μF e $D = 0,35$ e a frequência de chaveamento é de 150 kHz. Determine (a) a tensão na saída e a tensão de ondulação na saída. (b) Determine os valores das correntes média, máxima e mínima em L_x, (c) a corrente de pico em L_m no modelo do transformador e (d) a corrente de pico na chave e no primário do transformador.

7-8 O conversor direto da Fig. 7-5a tem os parâmetros $V_s = 170$ V, $N_1/N_2 = 10$, $N_1/N_3 = 1$, $L_m = 340$ μH, $L_x = 20$ μH, $R = 10$ Ω, $C = 10$ μF, $D = 0,3$ e a frequência de chaveamento é de 500 kHz. Determine (a) a tensão na saída e a tensão de ondulação na saída; (b) Faça um esboço das correntes em L_x e L_s, em cada um dos bobinados do transformador e V_s. (c) Determine a potência que retorna para a fonte pelo terceiro bobinado do transformador a partir da energia armazenada recuperada em L_m.

7-9 Um conversor direto, uma fonte 80 V e uma carga de 250 W em 50 V. O filtro de saída tem $L_x = 100$ μH e $C = 150$ μF. A frequência de chaveamento é de 100 kHz. (a) Escolha uma taxa de trabalho e uma relação de espiras do transformador N_1/N_2 e N_1/N_3 para fornecer a tensão na saída requerida. Verifique a corrente no modo de condução contínua em L_x. (b) Determine a tensão de ondulação na saída.

7-10 O conversor direto da Fig. 7-5a tem os parâmetros $V_s = 100$ V, $N_1/N_2 = 5$, $N_1/N_3 = 1$, $L_m = 333$ μH, $R = 2{,}5$ Ω, $C = 10$ μF, $D = 0{,}25$ e a frequência de chaveamento é de 375 kHz. (a) Determine a tensão na saída e tensão de ondulação na saída. (b) Faça um esboço das correntes i_{L_x}, i_1, i_2, i_3, i_{L_m} e i_x. Determine a potência que retorna para a fonte pelo terceiro bobinado do transformador a partir da energia armazenada em L_m.

7-11 Um conversor direto tem os parâmetros $V_s = 125$ V, $V_o = 50$ V e $R = 25$ Ω e a frequência de chaveamento é de 250 kHz. Determine (a) a relação de espiras do transformador N_1/N_2 de modo que a taxa de trabalho seja de 0,3, (b) a indutância L_x, de modo que a corrente mínima em L_x seja 40% da corrente média e (c) a capacitância necessária para limitar a tensão de ondulação na saída em 0,5%.

7-12 Projete um conversor direto que apresente estas especificações: $V_s = 170$ V, $V_o = 48$ V, uma potência de saída de 150 W e a tensão de ondulação na saída deve ser menor que 1%. Especifique a relação de espiras do transformador, taxa de trabalho da chave, a frequência de chaveamento, o valor de L_x para proporcionar um modo de condução contínua e a capacitância na saída.

7-13 Projete um conversor direto para produzir uma tensão na saída de 30 V quando a tensão CC de entrada não é regulada e varia de 150 a 170 V. A potência na saída varia de 20 a 50 W. A taxa de trabalho da chave é variada para compensar as flutuações na fonte e para regular a saída em 30 V. Especifique a frequência de chaveamento e a faixa requerida da taxa de trabalho da chave, a relação de espiras do transformador, o valor de L_x e a capacitância necessária para limitar a tensão de ondulação na saída para menos de 0,2%. Seu projeto deve trabalhar para todas as condições de funcionamento.

7-14 As formas de onda da corrente na Fig. 7-6 para o conversor direto mostram as correntes no transformador baseado no modelo de transformador da Fig. 7-1d. Esboce as correntes que existem nos três bobinados dos três bobinados do transformador físico. Suponha que $N_1/N_2 = N_1/N_3 = 1$.

Conversor push-pull

7-15 O conversor push-pull da Fig. 7-8a tem os seguintes parâmetros: $V_s = 50$ V, $N_p/N_s = 2$, $L_x = 60$ μH, $C = 39$ μF, $R = 8$ Ω, $f = 150$ kHz e $D = 0{,}35$. Determine (a) a tensão na saída, (b) as correntes máxima e mínima no indutor e (c) a tensão de ondulação na saída.

7-16 Para o conversor push-pull no Probe 7-12, esboce a corrente em L_x, D_1, D_2, Sw_1, Sw_2 e na fonte.

7-17 O conversor push-pull da Fig. 7-8a tem um transformador com uma indutância de magnetização $L_m = 2$ mH que é ligada em paralelo com o bobinado P_1 no modelo. Esboce a corrente em L_m para os parâmetros do circuito dados no Probe 7-11.

7-18 Para o conversor push-pull da Fig. 7-8a, (a) esboce a forma de onda da tensão v_L e (b) derive a expressão para a tensão na saída [Eq. (7-44)] tomando como base que a tensão média do indutor é zero.

Conversor realimentado por corrente

7-19 O conversor realimentado por corrente da Fig. 7-11a tem uma tensão de entrada de 24 V e uma relação de espiras $N_p/N_s = 2$. A resistência da carga é de 10 Ω e a taxa de trabalho de cada chave é 0,65. Determine a tensão na saída e a corrente na entrada. Suponha que o valor do indutor de entrada seja muito alto. Determine a tensão máxima em cada chave.

7-20 O conversor realimentado por corrente da Fig. 7-11a tem uma tensão de entrada de 30 V e alimenta uma carga de 40 W a 50 V. Especifique uma relação de transformação do transformador e uma taxa de trabalho da chave. Determine a corrente média no indutor.

7-21 A tensão na saída para o conversor realimentado por corrente da Fig. 7-11a foi derivada tomando como base de que a tensão média do indutor é zero. Derive a tensão na saída [Eq. (7-56)] tomando como base de que a potência fornecida pela fonte deve ser igual à potência absorvida pela carga para um conversor ideal.

PSpice

7-22 Faça uma simulação para o conversor flyback no Exemplo 7-2. Use a chave controlada por tensão Sbreak com $R_{lig.} = 0,2$ Ω e o modelo de diodo padrão Dbreak. Mostre a tensão na saída para as condições de estado estável. Compare a tensão na saída e a tensão de ondulação na saída com os resultados do Exemplo 7-2. Mostre a corrente no primário e no secundário do transformador e determine o valor médio de cada. Comente os resultados.

7-23 Faça uma simulação para o conversor flyback no Exemplo 7-4. Use a chave controlada por tensão Sbreak com $R_{lig.} = 0,2$ Ω e o modelo de diodo padrão Dbreak. Admita uma capacitância de 20 μF. Mostre as correntes no estado estável em L_x e em cada bobinado do transformador. Comente os resultados.

Controle

7-24 Projete um amplificador de erro compensado tipo 2 (Fig. 7-23a) que fornecerá um ângulo de fase de cruzamento de $\theta_{co} = -210°$ e um ganho de 20 dB para a frequência de cruzamento de 12 kHz.

7-25 Um conversor buck tem uma função de transferência do filtro com um valor de -15 dB e um ângulo de fase de $-105°$ em 5 kHz. O ganho do circuito de PWM é de $-9,5$ dB. Projete um amplificador de erro compensado tipo 2 (Fig. 7-23a) que resultará numa margem de fase de pelo menos 45° para uma frequência de cruzamento de 5 kHz.

7-26 Um conversor buck tem $L = 50$ μH, $C = 20$ μF, $r_c = 0,5$ Ω e uma resistência de carga $R = 4$ Ω. O conversor PWM tem $V_p = 3$ V. Um amplificador de erro compensado tipo 2 tem $R_1 = 1$ kΩ, $R_2 = 5,3$ kΩ, $C_1 = 11,4$ nF e $C_2 = 1,26$ nF. Use o PSpice para determinar a margem de fase da malha de controle (como no Exemplo 7-8) e comente sobre a estabilidade. Faça uma simulação da malha de controle no PSpice como no Exemplo 7-10.

7-27 Um conversor buck tem $L = 200$ μH com uma resistência em série $r_L = 0,2$ Ω, $C = 100$ μF com $r_c = 0,5$ Ω e uma carga $R = 4$ Ω. O conversor PWM tem $V_p = 3$ V. (a) Use o PSpice para determinar a magnitude e o ângulo de fase do filtro e da carga em 10 kHz. (b) Projete um amplificador de erro compensado tipo 2 (Fig. 7-23a) que resultará numa margem de fase de pelo menos 45° numa frequência de cruzamento de 10 kHz. Verifique seus resultados por meio de uma simulação no PSpice com uma variação em degrau na carga de 4 para 2 Ω como no Exemplo 7-10. Admita que $V_s = 20$ V e $V_{ref} = 8$ V.

7-28 Um conversor buck tem $L = 200$ μH com uma resistência em série $r_L = 0{,}1$ Ω, $C = 200$ μF com $r_c = 0{,}4$ Ω e uma carga $R = 5$ Ω. O conversor PWM tem $V_p = 3$ V. (a) Use o PSpice para determinar a magnitude e o ângulo de fase do filtro e da carga em 8 kHz. (b) Projete uma amplificador de erro compensado tipo 2 (Fig. 7-23a) que resultará numa margem de fase de pelo menos 45° numa frequência de cruzamento de 10 kHz. Verifique seus resultados por meio de uma simulação no PSpice com uma variação em degrau na resistência da carga como no Exemplo 7-27. Admita que $V_s = 20$ V e $V_{ref} = 8$ V.

7-29 Para o amplificador de erro compensado tipo 3 da Fig. 7-28a, determinar o fator K para um ângulo de fase do amplificador de erro de 195°. Para um ganho de 15 dB na frequência de cruzamento de 15 kHz, determine os valores da resistência e capacitância para o amplificador.

7-30 A resposta em frequência de um conversor buck mostra que a tensão na saída é de -8 dB e o ângulo de fase é de $-140°$ em 15 kHz. A função rampa no circuito de controle do PWM tem um valor de pico de 3 V. Use o método do fator K para determinar os valores dos resistores para o amplificador de erro tipo 3 da Fig. 7-28a para uma frequência de cruzamento de 15 kHz.

7-31 O circuito do conversor buck na Fig. 7-29 tem $L = 40$ μH, $r_L = 0{,}1$ Ω, $C_o = 500$ μF, $r_c = 30$ mΩ e $R_L = 3$ Ω. A função rampa no circuito de controle do PWM tem um valor de pico de 3 V. Use o método do fator K para projetar um amplificador de erro compensado tipo 3 para um sistema de controle estável com uma frequência de cruzamento de 10 kHz. Especifique os valores do resistor e do capacitor no amplificador de erro.

Capítulo 8

Inversores

Conversão de CC e CA

8.1 INTRODUÇÃO

Inversores são circuitos que convertem CC em CA. Mais precisamente, os inversores transferem potência de uma fonte CC para uma carga CA. Os conversores em ponte completa controlados do Capítulo 4 podem funcionar em alguns casos como inversores, mas é preciso que haja uma fonte CA para estas ocasiões. Em outras aplicações, o objetivo é o de criar uma tensão CA quando apenas uma fonte CC está disponível. O foco deste capítulo é sobre inversores que produzem uma saída CA a partir de uma entrada CC. Os inversores são usados em aplicações como: acionamentos motores CA com ajuste da rotação, fontes de alimentação sem interrupção (UPS) e funcionamento de aparelhos CA a partir da bateria de automóveis.

8.2 CONVERSOR EM PONTE COMPLETA

O conversor em ponte completa da Fig. 8-1a é o circuito básico usado para converter CC em CA. O conversor em ponte completa foi introduzido como parte de um circuito de fonte de alimentação CC no Capítulo 7. Nesta aplicação, uma saída CA é sintetizada a partir de uma entrada CC pelo fechamento e abertura de chaves numa sequência adequada. A tensão na saída v_o pode ser $+V_{cc}$, $-V_{cc}$, ou zero, dependendo de que chaves estão fechadas. As Figs. 8-1b até 8-1e mostram os circuitos equivalentes para as combinações de chaves.

Chaves fechadas	Tensão na saída v_o
S_1 e S_2	$+V_{cc}$
S_3 e S_4	$-V_{cc}$
S_1 e S_3	0
S_2 e S_4	0

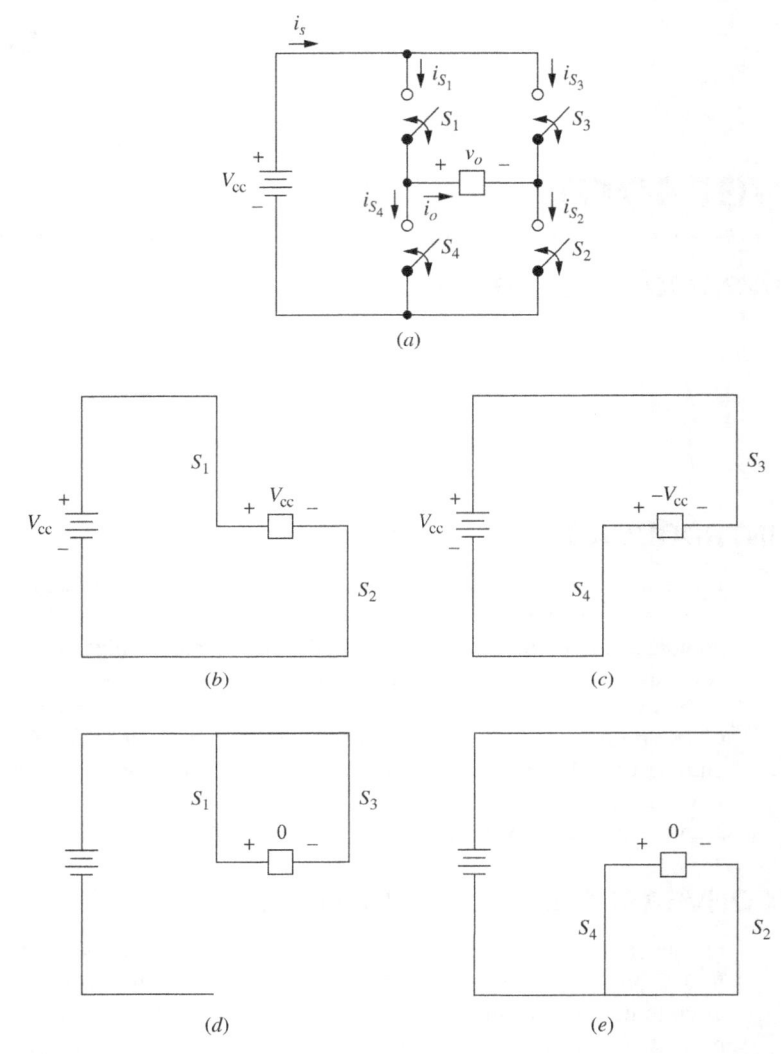

Figura 8-1 (a) Conversor em ponte completa; (b) S_1 e S_2 fechadas; (c) S_3 e S_4 fechadas; (d) S_1 e S_3 fechadas; (e) S_2 e S_4 fechadas.

Observe que S_1 e S_4 não podem ser fechadas ao mesmo tempo, nem S_2 e S_3. Caso contrário existiria um curto-circuito na fonte CC. Chaves reais não ligam ou não desligam instantaneamente, como foi estudado no Capítulo 6. Portanto, os tempos de transição de chaveamento ou comutação precisam ser acomodados no controle das chaves. A sobreposição de chaves no momento de "ligadas" resultarão num curto-circuito, algumas vezes chamado de falha de *disparo-direto*, na fonte de tensão CC. O tempo permitido para o chaveamento é chamado de tempo *branco* (ou tempo morto).

8.3 O INVERSOR COM ONDA QUADRADA

O esquema mais simples de chaveamento para o conversor em ponte completa produz uma tensão na saída com onda quadrada. A chave conecta $+V_{cc}$ à carga quando S_1 e S_2 são fechadas ou $-V_{cc}$ quando S_3 e S_4 são fechadas. O chaveamento periódico da tensão para a carga entre $+V_{cc}$ e $-V_{cc}$ produz uma tensão com onda quadrada na carga. Embora esta saída não seja senoidal, ela pode ser uma forma de onda CA adequada para algumas aplicações.

A forma de onda da corrente na carga depende dos componentes da carga. Para uma carga resistiva, a forma de onda da corrente iguala com a forma da tensão de saída. Uma carga indutiva terá uma corrente com qualidade mais para senoidal do que a tensão por causa da propriedade da filtragem da indutância. Uma carga indutiva apresenta algumas considerações no projeto das chaves no circuito de ponte completa por que as correntes nas chaves devem ser bidirecionais.

Para uma carga RL em série e uma tensão na saída com onda quadrada, suponha que as chaves S_1 e S_2 na Fig. 8-1a fechem no instante $t = 0$. A tensão na carga é $+V_{cc}$ e a corrente começa a aumentar na carga e em S_1 e S_2. A corrente é expressa como a soma das respostas forçada e natural.

$$i_o(t) = i_f(t) + i_n(t)$$
$$= \frac{V_{cc}}{R} + Ae^{-t/\tau} \quad \text{para } 0 \leq t \leq T/2 \tag{8-1}$$

onde A é uma constante avaliada a partir da condição inicial em $\tau = L/R$.

Em $t = T/2$, S_1 e S_2 abrem e S_3 e S_4 fecham. A tensão na carga RL torna-se $-V_{cc}$ e a corrente tem a forma

$$i_o(t) = \frac{-V_{cc}}{R} + Be^{-(t-T/2)/\tau} \quad \text{para } T/2 \leq t \leq T \tag{8-2}$$

Onde a constante B é avaliada a partir da condição inicial.

Quando o circuito é energizado pela primeira vez e a corrente inicial no indutor é zero, ocorre um transiente antes que a corrente na carga atinja uma condição de estado estável. No estado estável, i_o é periódica e simétrica próximo de zero, como ilustrado na Fig. 8-2. Admita que a condição inicial para a corrente descrita na Eq. (8-1) seja I_{min} e que a condição inicial para a corrente descrita na Eq. (8-2) seja I_{max}. Avaliando a Eq. (8-1) em $t = 0$,

$$i_o(0) = \frac{V_{cc}}{R} + Ae^0 = I_{min}$$

ou

$$A = I_{min} - \frac{V_{cc}}{R} \tag{8-3}$$

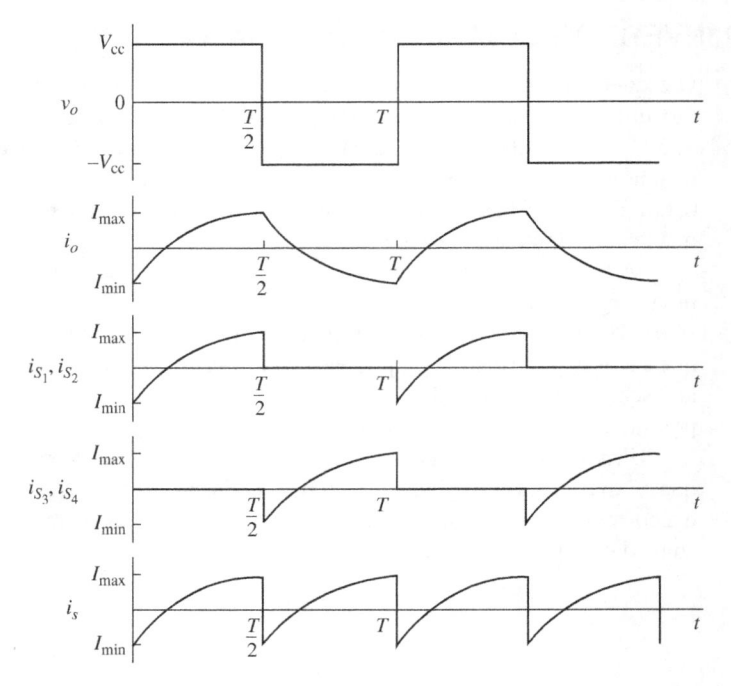

Figura 8-2 Tensão na saída com forma de onda quadrada e forma de onda da corrente no estado estável para uma carga *RL*.

Do mesmo modo, a Eq. (8-2) avaliada em $t = T/2$.

$$i_o(T/2) = \frac{-V_{cc}}{R} + Be^0 = I_{max}$$

ou

$$B = I_{max} + \frac{V_{cc}}{R} \qquad (8\text{-}4)$$

No estado estável, as formas de onda das correntes descritas pelas Eqs. (8-1) e (8-2) se tornam então

$$i_o(t) = \begin{cases} \dfrac{V_{cc}}{R} + \left(I_{min} - \dfrac{V_{cc}}{R}\right)e^{-t/\tau} & \text{para } 0 < t < \dfrac{T}{2} \\[2mm] \dfrac{-V_{cc}}{R} + \left(I_{max} + \dfrac{V_{cc}}{R}\right) - e^{(t-T/2)/\tau} & \text{para } \dfrac{T}{2} < t < T \end{cases} \qquad (8\text{-}5)$$

É obtida uma expressão para I_{max} pela avaliação da primeira parte da Eq. (8-5) em $T/2$

$$i(T/2) = I_{max} = \frac{V_{cc}}{R} + \left(I_{min} - \frac{V_{cc}}{R}\right)e^{-(T/2\tau)} \quad (8\text{-}6)$$

E por simetria,

$$I_{min} = -I_{max} \quad (8\text{-}7)$$

Substituindo $-I_{max}$ para I_{min} na Eq. (8-6) e resolvendo para I_{max},

$$\boxed{I_{max} = -I_{min} = \frac{V_{cc}}{R}\left(\frac{1 - e^{-T/2\tau}}{1 + e^{-T/2\tau}}\right)} \quad (8\text{-}8)$$

Logo, as Eqs. (8-5) e (8-8) descrevem a corrente numa carga RL no estado estável quando é aplicada uma tensão com forma de onda quadrada. A Fig. 8-2 mostra as correntes resultantes na carga, fonte e chaves.

A potência absorvida pela carga pode ser determinada por $I^2{rms}R$, onde a corrente rms na carga é determinada pela equação de definição do Capítulo 2. A integração pode ser simplificada tomando como vantagem a simetria da forma de onda. Como cada quadrado do semiperíodo da corrente é idêntico, precisamos avaliar apenas o primeiro semiperíodo.

$$I_{rms} = \sqrt{\frac{1}{T}\int_0^T i^2(t)\,d(t)} = \sqrt{\frac{2}{T}\int_0^{T/2}\left[\frac{V_{cc}}{R} + \left(I_{min} - \frac{V_{cc}}{R}\right)e^{-t/\tau}\right]^2 dt} \quad (8\text{-}9)$$

Se as chaves forem ideais, a potência fornecida pela fonte deve ser a mesma potência absorvida pela carga. A potência da fonte cc é determinada por

$$P_{cc} = V_{cc}I_s \quad (8\text{-}10)$$

Como foi derivado no Capítulo 2.

Exemplo 8-1

Inversor de onda quadrada com carga RL

O inversor em ponte completa da Fig. 8-1 tem uma sequência de chaveamento que produz uma tensão com onda quadrada numa carga RL em série. A frequência de chaveamento é de 60 Hz, $V_{cc} = 100$ V, $R = 10\ \Omega$ e $L = 25$ mH. Determine (a) uma expressão para a corrente na carga, (b) a potência absorvida pela carga e (c) a corrente média na carga.

■ Solução

(a) Pelos parâmetros dados,

$T = 1/f = 1/60 = 0{,}0167$ s

$\tau = L/R = 0{,}025/10 = 0{,}0025$ s

$T/2\tau = 3{,}33$

A Eq. (8-8) é usada para determinar as corrente máxima e mínima.

$$I_{max} = -I_{min} = \frac{100}{10}\left(\frac{1-e^{-3.33}}{1+e^{-3.33}}\right) = 9,31 \text{ A}$$

A Eq. (8-5) é então avaliada para se obter a corrente na carga.

$$i_o(t) = \frac{100}{10} + \left(-9,31 - \frac{100}{10}\right)e^{-t/0,0025}$$

$$= 10 - 19,31e^{-t/0,0025} \quad 0 \le t \le \frac{1}{120}$$

$$i_o(t) = -\frac{100}{10} + \left(9,31 + \frac{100}{10}\right)e^{-(t-0,0167/2)/0,0025}$$

$$= -10 + 19,31e^{-(t-0,00835)0,0025} \quad \frac{1}{120} \le t \le \frac{1}{60}$$

(b) A potência é calculada por $I^2 \text{rms} R$ onde rms é calculada pela Eq. (8-9).

$$I_{rms} = \sqrt{\frac{1}{120}\int_0^{1/120} [(10-19,31)e^{-t/0,0025}]^2 dt} = 6,64 \text{ A}$$

A potência absorvida pela carga é

$$P = I_{rms}^2 R = (6,64)^2(10) = 441 \text{ W}$$

(c) A corrente média na fonte também pode ser calculada equacionando a potência na fonte e na carga, supondo um conversor sem perdas. Usando a Eq. (8-10),

$$I_s = \frac{P_{cc}}{V_{cc}} = \frac{441}{100} = 4,41 \text{ A}$$

A potência média poderia também ser calculada pela média da expressão da corrente no item (a).

As correntes nas chaves na Fig. 8-2 mostram que as chaves no circuito em ponte completa devem ser capazes de conduzir as correntes positiva e negativa para a carga *RL*. Porém, os dispositivos eletrônicos reais só podem conduzir corrente apenas em um sentido apenas. Este problema é resolvido ligando diodos de realimentação em paralelo (antiparalelo), em cada chave. Durante o intervalo de tempo, quando a corrente na chave deve ser negativa, o diodo de regeneração transporta a corrente. Os diodos ficam polarizados reversamente quando a corrente na chave é positiva. A Fig. 8-3a mostra o inversor em ponte completa com as chaves implementadas com transistores bipolares com porta isolada (IGBTs) e diodos de regeneração. As correntes no transistor e no diodo para uma tensão com onda quadrada e carga *RL* são indicadas na Fig. 8-3b. Os módulos de potência de semicondutores sempre incluem os diodos de regeneração com as chaves.

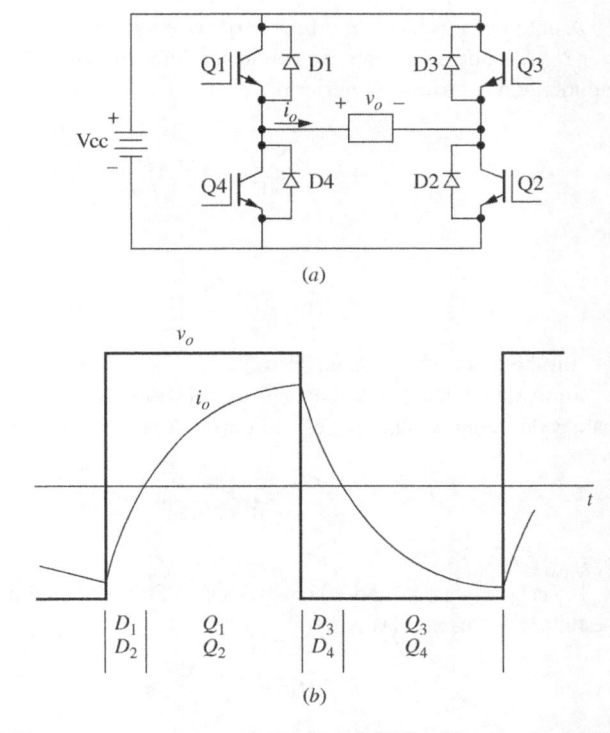

Figura 8-3 (a) Inversor em ponte completa usando IGBTs; (b) corrente no estado estável para uma carga *RL*.

Quando os IGBTs Q_1 e Q_2 são desligados na Fig. 8-3a, a corrente na carga deve ser contínua e eles transferem correntes para os diodo D_3 e D_4, fazendo com que a tensão na saída $- V_{cc}$ ligue efetivamente os caminhos das chaves 3 e 4 antes de Q_3 e Q_4 entrem em condução. Os IGBTs Q_3 e Q_4 devem ser ligados antes da corrente na carga chegar a zero.

8.4 ANÁLISE COM A SÉRIES DE FOURIER

O método das séries de Fourier é sempre o modo mais prático para analisar a corrente na carga e para calcular a potência absorvida numa carga, especialmente quando a carga é mais complexa do que uma carga simples *RL*. Uma aproximação útil para a análise do inversor é expressar a tensão na saída e a corrente na carga em termos das séries de Fourier. Sem componente CC na saída,

$$v_o(t) = \sum_{n=1}^{\infty} V_n \operatorname{sen}(n\omega_0 t + \theta_n) \qquad (8\text{-}11)$$

e

$$i_o(t) = \sum_{n=1}^{\infty} I_n \operatorname{sen}(n\omega_0 t + \phi_n) \qquad (8\text{-}12)$$

A potência absorvida por uma carga com uma resistência em série é determinada por $I_{\text{rms}}^2 R$, onde a corrente rms pode ser determinada pelas correntes rms em cada componente nas séries de Fourier por

$$I_{\text{rms}} = \sqrt{\sum_{n=1}^{\infty} I_{n,\text{rms}}^2} = \sqrt{\sum_{n=1}^{\infty} \left(\frac{I_n}{\sqrt{2}}\right)^2} \qquad (8\text{-}13)$$

onde

$$I_n = \frac{V_n}{Z_n} \qquad (8\text{-}14)$$

e Z_n é a impedância da carga na harmônica n.

Equivalentemente, a potência absorvida no resistor de carga pode ser determinada para cada frequência nas séries de Fourier. A potência total pode ser determinada por

$$P = \sum_{n=1}^{\infty} P_n = \sum_{n=1}^{\infty} I_{n,\text{rms}}^2 R \qquad (8\text{-}15)$$

onde $I_{n,\text{rms}}$ é $I_n/\sqrt{2}$.

No caso de onda quadrada, as séries de Fourier contêm as harmônicas ímpares e podem ser representadas como

$$v_o(t) = \sum_{n \text{ odd}} \frac{4V_{\text{cc}}}{n\pi} \operatorname{sen} n\omega_0 t \qquad (8\text{-}16)$$

Exemplo 8-2

Solução com as séries de Fourier para o inversor com onda quadrada

Para o inversor no Exemplo 8-1 ($V_{\text{cc}} = 100$ V, $R = 10$ Ω, $L = 25$ mH, $f = 60$ Hz), determine as amplitudes dos termos das séries de Fourier para uma tensão na carga com onda quadrada, as amplitudes dos termos das séries de Fourier para a corrente e a potência absorvida pela carga.

■ Solução

A tensão na carga é representada como as séries de Fourier na Eq. (8-16). A amplitude de cada termo da tensão é

$$V_n = \frac{4V_{\text{cc}}}{n\pi} = \frac{4(400)}{n\pi}$$

A amplitude de cada termo da corrente é determinada pela Eq. (8-14).

$$I_n = \frac{V_n}{Z_n} = \frac{V_n}{\sqrt{R^2 + (n\omega_0 L)^2}} = \frac{4(400)/n\pi}{\sqrt{10^2 + [n(2\pi 60)(0{,}025)]^2}}$$

A potência em cada frequência é determinada pela Eq. (8-15)

$$P_n = I_{n,\text{rms}}^2 R = \left(\frac{I_n}{\sqrt{2}}\right)^2 R$$

Tabela 8-1 Valores das séries de Fourier para o Exemplo 8-2

n	f_n(Hz)	V_n(V)	$Z_n(\Omega)$	I_n(A)	P_n(W)
1	60	127,3	13,7	9,27	429,3
3	180	42,4	30,0	1,42	10,0
5	300	25,5	48,2	0,53	1,40
7	420	18,2	66,7	0,27	0,37
9	540	14,1	85,4	0,17	0,14

A tabela 8-1 resume os valores das séries de Fourier para o circuito do Ex. 8-1. À medida que o número de harmônicas n aumenta, a componente da amplitude da tensão de Fourier diminui e a magnitude da impedância correspondente cresce, resultando ambas em baixas correntes para harmônicas de ordens superiores. Portanto, apenas os poucos primeiros termos da série são de interesse prático. Observe como os termos da corrente e da potência tornam-se extremamente baixos para todas, exceto para as poucas primeiras frequências.

A potência absorvida pela carga é calculada pela Eq. (8-15).

$$P = \sum P_n = 429{,}3 + 10{,}0 + 1{,}40 + 0{,}37 + 0{,}14 + \cdots \approx 441 \text{ W}$$

que concorda com o resultado no Exemplo 8-1.

8.5 DISTORÇÃO HARMÔNICA TOTAL

Como o objetivo do inversor é o de usar uma fonte de tensão CC para alimentar uma carga CA, é útil descrever a propriedade CA da tensão ou da corrente de saída. A propriedade de uma onda não senoidal pode ser expressa em termos da distorção harmônica total (DHT), definida no Capítulo 2. Supondo que não tenha um componente CC na saída,

$$\boxed{\text{DHT} = \frac{\sqrt{\sum_{n=2}^{\infty}(V_{n,\text{rms}})^2}}{V_{1,\text{rms}}} = \frac{\sqrt{V_{\text{rms}}^2 - V_{1,\text{rms}}^2}}{V_{1,\text{rms}}}} \qquad (8\text{-}17)$$

a DTH da corrente é determinada pela substituição da corrente pela tensão na equação acima. A DHT da corrente na carga é sempre de maior interesse do que a da tensão de saída. Esta definição de DHT é baseada nas séries de Fourier, de modo que há alguma vantagem no uso das séries de Fourier para a análise quando for preciso determinar a DHT. Outras medidas de distorção, como o fator de distorção, apresentado no Capítulo 2, também pode ser aplicado para descrever a forma de onda da tensão para os inversores.

Exemplo 8-3

A DHT para um inversor de onda quadrada

Determine a distorção harmônica total da tensão na carga e a corrente na carga para a onda quadrada do inversor nos Exemplos 8-1 e 8-2.

◾ Solução

Use as séries de Fourier para a onda quadrada na Eq. (8-16) e a definição de DHT na Eq. (8-17). O valor rms de uma tensão com forma de onda quadrada é o mesmo do valor de pico e o componente da frequência fundamental é o primeiro termo da Eq. (8-16),

$$V_{rms} = V_{cc}$$

$$V_{1,rms} = \frac{V_1}{\sqrt{2}} = \frac{4V_{cc}}{\sqrt{2}\,\pi}$$

Usando a Eq. (8-17) para calcular a distorção harmônica total para a tensão,

$$\text{DHT}_V = \frac{\sqrt{V_{rms}^2 - V_{1,rms}^2}}{V_{1,rms}} = \frac{\sqrt{V_{cc}^2 - (4V_{cc}/\sqrt{2}\pi)^2}}{4V_{cc}/\sqrt{2}\pi} = 0,483 = 48,3\%$$

A DHT da corrente é calculada usando as séries de Fourier cortadas que foram determinadas no Exemplo 8-2.

$$\text{DHT}_I = \frac{\sqrt{\sum_{n=2}^{\infty}(I_{n,rms})^2}}{I_{1,rms}}$$

$$\approx \frac{\sqrt{(1,42/\sqrt{2})^2 + (0,53/\sqrt{2})^2 + (0,27/\sqrt{2})^2 + (0,17/\sqrt{2})^2}}{9,27/\sqrt{2}} = 0,167 = 16,7\%$$

8.6 SIMULAÇÃO DO INVERSOR COM ONDA QUADRADA COM O PSPICE

Uma simulação de circuitos inversores no computador pode incluir vários níveis de detalhes do circuito. Se for desejada apenas a forma de onda da corrente na carga, é suficiente fornecer uma fonte que produzirá a tensão apropriada que se espera na saída do inversor. Por exemplo, um inversor em ponte completa produzindo uma saída com onda quadrada pode ser substituído por uma fonte de tensão de onda quadrada usando a fonte VPULSE. Esta simulação simplificada irá prever o comportamento da corrente na carga, mas não dará informação direta sobre as chaves. Além disto, esta aproximação supõe que a operação de chaveamento produz corretamente a saída desejada.

Exemplo 8-4

Simulação no PSpice para o Exemplo 8-1

Para uma carga (RL) em série num circuito inversor em ponte completa com onda quadrada na saída, a alimentação CC é de 100 V, $R = 10\ \Omega$, $L = 25$ mH e a frequência de chaveamento é

INVERSOR DE ONDA QUADRADA

PARAMETERS:
Vcc = 100
freq = 60

V1 = {Vcc}
V2 = {–Vcc}
TD = 0
TR = 1n
TF = 1n
PW = {1/(2*freq)}
PER = {1/freq}

R = 10
L = 25m

(a)

Inversor com chaves e diodos
Ideal Switches and Diodos

Vcc = 100

PARAMETERS:
freq = 60

V1 = –1
V2 = 1
TD = 0
TR = 1n
TF = 1n
PW = {1/(2*freq)}
PER = {1/freq}

GAIN = –1

(b)

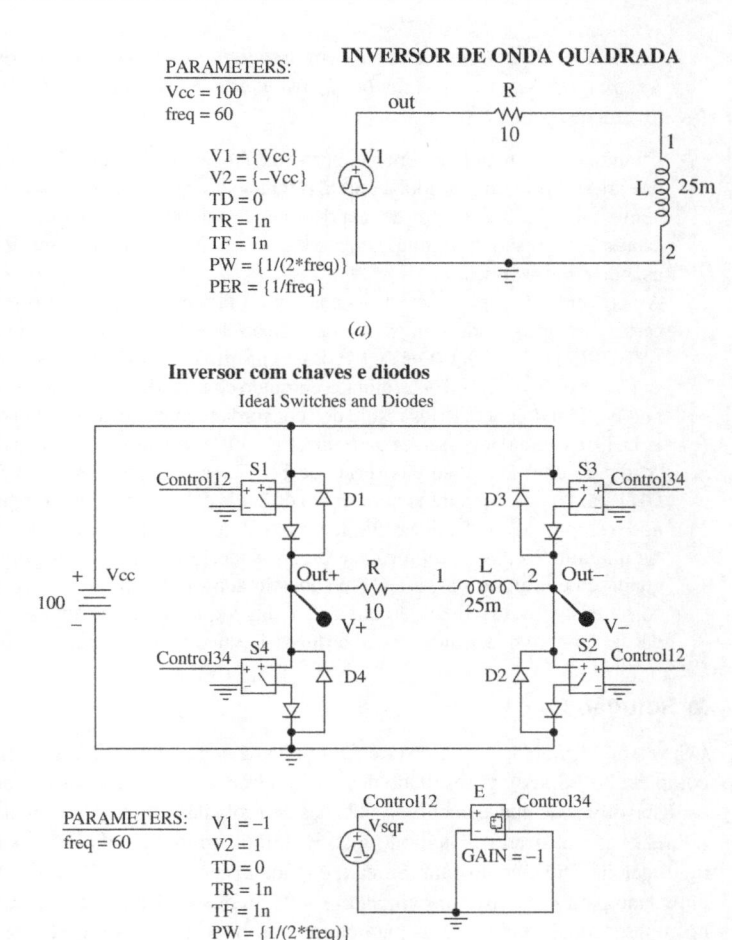

Figura 8-4 (a) Simulação do inversor com onda quadrada no PSpice usando uma fonte ideal; (b) inversor com onda quadrada usando chaves e diodos.

de 60 Hz (Exemplo 8-1). (a) Suponha que as chaves são ideais, use o PSpice para determinar as correntes máxima e mínima da carga no estado estável. (b) Determine a potência absorvida pela carga. (c) Determine a distorção harmônica total da corrente na carga.

■ Solução 1

Como as correntes nas chaves individuais não são de interesse neste problema, uma fonte de tensão com onda quadrada (VPULSE), ligada na carga, como mostrado na Fig. 8-4a, pode simular a saída do conversor.

Ajuste um perfil de simulação para uma análise de transiente com um tempo de funcionamento de 50 ms (três períodos) e comece salvando os dados após 16,67 ms (um período) de modo que a saída represente a corrente no estado estável.

A Análise de Fourier é efetuada em *Simulation Settings, Output File Options, Perform Fourier Analysi, Center Frequency:60 Hz, Number of Harmonics: 15, Output Variables:V(out) I(R)* (instruções para o PSpice)

(a) Quando em Probe, entre com a expressão *I(R)* para obter um valor da corrente no resistor de carga. O primeiro período contém o transiente inicial, mas a corrente no estado estável, como o da Fig. 8-2, é apresentada depois. Os valores das correntes máxima e mínima no estado estável são aproximadamente 9,31 e $-9,31$, que podem ser obtidas com precisão usando o cursor opção.

(b) A potência média pode ser alcançada com o Probe mostrando a corrente na carga, tendo certeza de que o dado representa a condição de estado estável, e entrar com a expressão AVG(W(R)) ou AVG(V(OUT)*I(R)). Isto mostra que o resistor absorve aproximadamente 441 W. A corrente rms é determinada entrando com RMS(I(R)), resultando em 6,64 A, como lido no final do traço. Estes resultados concordam com a análise feita no Exemplo 8-1.

(c) A DHT é obtida pelas séries de Fourier para I(R) no arquivo de saída como 16,7%, concordando com a análise das séries de Fourier nos Exemplos 8-2 e 8-3. Observe que a DHT para a onda quadrada no arquivo de saída é 45%, que é menor que 48,3% calculado no Exemplo 8-3. A DHT no PSpice é baseada nas séries de Fourier cortada de $n = 15$. As magnitudes das harmônicas de ordens superiores não são insignificantes para a onda quadrada e omitindo-as, a DHT é subestimada. As harmônicas de ordens superiores da corrente são baixas, de modo que existe um pequeno erro na análise se elas forem omitidas. O número de harmônicas no arquivo de saída pode ser aumentado se for desejado.

■ Solução 2

O inversor é simulado usando o circuito em ponte completa da Fig. 8-4b. (isto requer a versão completa do PSpice). O resultado desta simulação informa sobre as correntes e tensões para os dispositivos de chaveamento. As chaves controladas por tensão (Sbreak) e o diodo padrão (Dbreak) são utilizados. Os diodos são incluídos no modelo da chave para fazer as chaves unidirecionais. O modelo para (Sbreak) é mudado para $R_{lig.} = 0,01\ \Omega$ e o modelo para Dbreak é mudado para $n = 0,01$, aproximando-se de um diodo ideal. A tensão na saída está entre os nós out+ e out−. Os modelos para chaves e diodos podem ser mudados para determinar o comportamento do circuito.

8.7 CONTROLE DE AMPLITUDE E HARMÔNICA

A amplitude da frequência fundamental para uma saída com onda quadrada de um inversor em ponte completa é determinada pela tensão CC de entrada [Eq. (8-16)]. Uma saída controlada pode ser produzida a partir da modificação do esquema de chaveamento. Uma tensão de saída da forma ilustrada na Fig. 8-5a tem intervalos quando a saída é zero assim como $+V_{cc}$ e $-V_{cc}$. Esta tensão na saída pode ser controlada ajustando o intervalo α em cada lado do pulso onde a saída é zero. O valor rms da forma de onda da tensão na Fig. 8-5a é

$$V_{rms} = \sqrt{\frac{1}{\pi}\int_{\alpha}^{\pi-\alpha} V_{cc}^2\, d(\omega t)} = V_{cc}\sqrt{1 - \frac{2\alpha}{\pi}} \qquad (8\text{-}18)$$

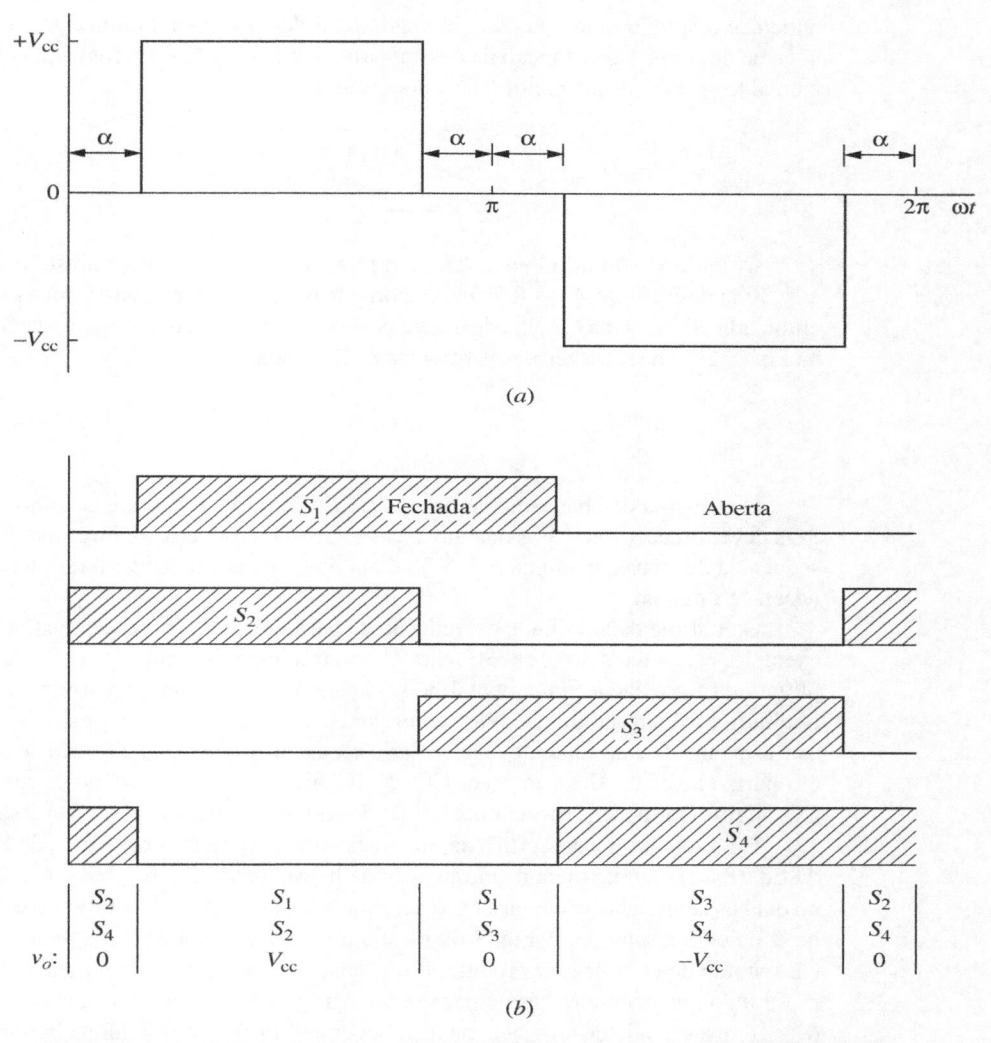

Figura 8-5 (a) Saída do inversor para o controle da amplitude e harmônica; (b) sequência de chaveamento para o inversor em ponte completa da Fig. 8-1a.

As séries de Fourier da forma de onda são expressas como

$$v_o(t) = \sum_{n \text{ odd}} V_n \operatorname{sen}(n\omega_0 t) \qquad (8\text{-}19)$$

Tomando como vantagem a simetria de meia onda, as amplitudes são

$$V_n = \frac{2}{\pi} \int_{\alpha}^{\pi-\alpha} V_{cc} \operatorname{sen}(n\omega_0 t)\, d(\omega_0 t) = \frac{4V_{cc}}{n\pi} \cos(n\alpha) \qquad (8\text{-}20)$$

onde α é o ângulo da tensão zero em cada final de pulso. A amplitude de cada frequência de saída é uma função de α. Em particular, a amplitude da frequência fundamental ($n = 1$) pode ser controlada pelo ajuste de α:

$$V_1 = \left(\frac{4V_{cc}}{\pi}\right)\cos \alpha \qquad (8\text{-}21)$$

O conteúdo da harmônica também pode ser controlado pelo ajuste de α. Se α = 30°, por exemplo, $V_3 = 0$. Isto é importante porque a terceira harmônica pode ser eliminada por meio da escolha de um valor de α que faz com que o termo do cosseno na Eq. (8-20) chegue a zero. A harmônica n eliminada é

$$\alpha = \frac{90°}{n} \qquad (8\text{-}22)$$

O esquema de chaveamento necessário para produzir uma saída como na Fig. 8-5a deve fornecer intervalos quando a tensão na saída for zero, assim como ± V_{cc}. A sequência de chaveamento da Fig. 8-5b é um modo de implementar a forma de onda necessária na saída.

O controle da amplitude e a redução da harmônica devem ser compatíveis. Por exemplo, estabelecendo α em 30° para eliminar a terceira harmônica, fixa-se a amplitude da frequência fundamental de saída em $V_1 = (4V_{cc}/\pi)\cos 30° = 1,1\ V_{cc}$ e diminui-se a controlabilidade. Para controlar as duas, amplitude e harmônica usando este esquema de chaveamento, é necessário ser capaz de controlar a tensão de entrada CC para o inversor. Um conversor CC-CC (Capítulos. 6 e 7) colocado entre a fonte CC e o inversor pode fornecer uma tensão de entrada controlada para o inversor.

Uma representação gráfica da integração nos coeficientes das séries de Fourier da Eq. (8-20) dá uma ideia de eliminação de harmônicas. Lembre-se do Capítulo 2, no qual os coeficientes de Fourier são determinados pela integral do produto da forma de onda e uma senoide. A Fig. 8-6a mostra a forma de onda da saída para α = 30° e a senoide de ω = $3\omega_0$. O produto destas duas formas de onda tem uma área zero, mostrando que a terceira harmônica é zero. A Fig. 8-6b expõe a forma de onda para α = 18° e a senoide de ω = $5\omega_0$, na qual podemos verificar que a quinta harmônica é eliminada para este valor de α.

Outros esquemas de chaveamento podem eliminar as harmônicas múltiplas. Por exemplo, a forma de onda da saída exibida na Fig. 8-6c elimina a terceira e a quinta harmônica, como indicado pelas áreas das duas sendo igual a zero.

Exemplo 8-5

Controle de harmônica para a saída do inversor em ponte completa

Projete um inversor que alimentará uma carga RL em série dos exemplos anteriores ($R = 10\ \Omega$ e $L = 25$ mH) com uma corrente de amplitude de 9,27 A, mas com uma DHT menor que 10%. Está disponível uma fonte CC variável.

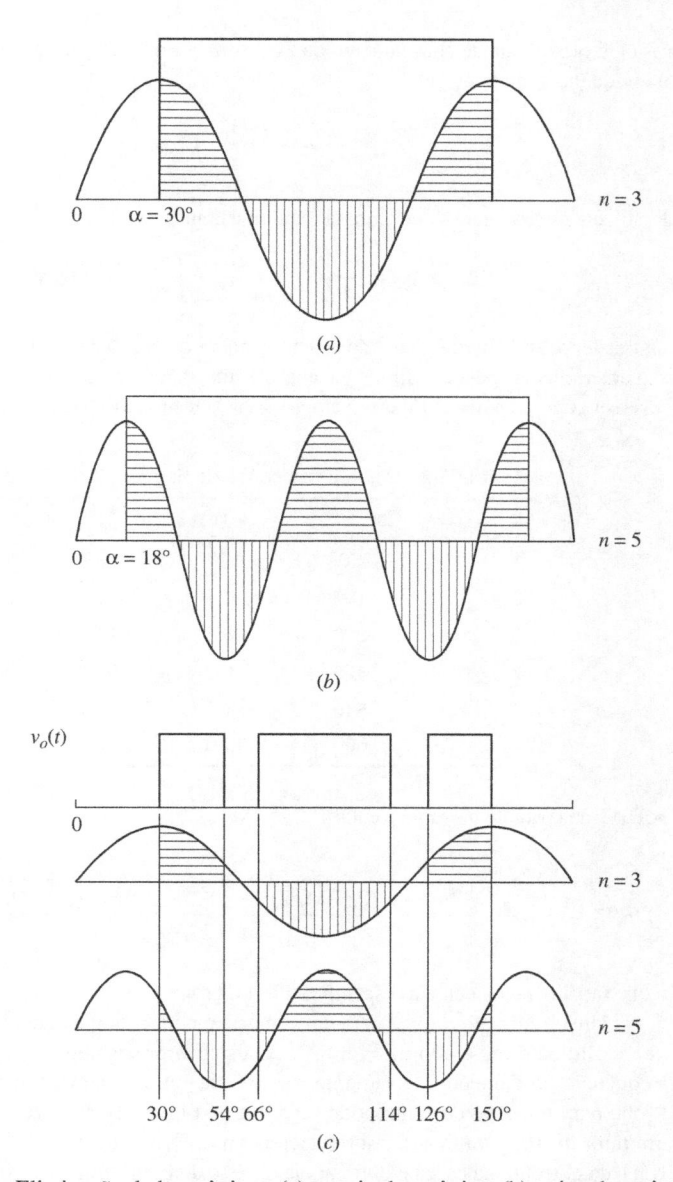

Figura 8-6 Eliminação de harmônicas: (a) terceira harmônica; (b) quinta harmônica; (c) terceira e quinta harmônicas.

■ Solução

Um inversor com onda quadrada produz uma DHT da corrente de 16,7% (Exemplo 8-3), que não está de acordo com a especificação. A harmônica dominante da corrente é para $n = 3$, de modo que um esquema de chaveamento para eliminar a terceira harmônica reduzirá a DHT. A amplitude da tensão necessária para a frequência fundamental é

$$V_1 = I_1 Z_1 = I_1 \sqrt{R^2 + (\omega_0 L)^2} = 9{,}27\sqrt{10^2 + [2\pi 60(0{,}025)]^2} = 127 \text{ V}$$

Usando o esquema de chaveamento da Fig. 8-5b, a Eq. (8-21) descreve a amplitude da tensão na frequência fundamental.

$$V_1 = \left(\frac{4V_{cc}}{\pi}\right)\cos\alpha$$

Resolvendo para a tensão de entrada requerida com $\alpha = 30°$,

$$V_{cc} = \frac{V_1\pi}{4\cos\alpha} = \frac{127\pi}{4\cos 30°} = 116\text{ V}$$

Outras tensões de harmônicas são descritas pela Eq. (8-20) e correntes para estas harmônicas são determinadas pela amplitude da tensão e impedância da carga usando a mesma técnica do inversor com onda quadrada do Exemplo 8-2. Os resultados estão resumidos na Tabela 8-2.

Tabela 8-2 Valores das séries de Fourier para o Exemplo 8-5

n	f_n(Hz)	V_n(V)	$Z_n(\Omega)$	I_n(A)
1	60	127	13,7	9,27
3	180	0	30,0	0
5	300	25,5	48,2	0,53
7	420	18,2	66,7	0,27
9	540	0	85,4	0
11	660	11,6	104	0,11

A DHT da corrente na carga é então

$$\text{DHT}_1 = \frac{\sqrt{\sum_{n=2}^{\infty} I_{n,\text{rms}}^2}}{I_{1,\text{rms}}} \approx \frac{\sqrt{(0,53/\sqrt{2})^2 + (0,27/\sqrt{2})^2 + (0,11/\sqrt{2})^2}}{9,27/\sqrt{2}} = 0,066 = 6,6\%$$

o que satisfaz plenamente as especificações do projeto.

Um circuito no PSpice para o inversor em ponte completa com harmônicas e controle da amplitude é mostrado na Fig. 8-7a. O usuário precisa entrar com os parâmetros alfa, frequência fundamental de saída, tensão CC de entrada para a fonte e a carga. A saída do Probe para tensão e corrente pode ser vista na Fig. 8-7b. A corrente tem uma escala com um fator de 10, para mostrar sua relação com a forma de onda da corrente e da tensão. A DHT da corrente na carga é obtida pela análise de Fourier no arquivo de saída como 6,6%.

8.8 O INVERSOR EM MEIA PONTE

O conversor em meia ponte da Fig. 8-8 pode ser usado como inversor. Este circuito foi introduzido no Capítulo 7, para ser aplicado em circuitos de fonte de alimentação CC. Neste circuito, o número de chaves é reduzido para dois pela divisão da tensão CC da fonte em duas partes com os capacitores. Os capacitores terão os mesmos

INVERSOR COM CONTROLE DE AMPLITUDE E HARMÔNICA

TABLE = (−2,−1)(−1,0)(1,0)(2,1)   {V(%In+, %In−)*Vcc}

```
           IN+ OUT+            IN+ OUT+     Out    R
           IN− OUT−            IN− OUT−           10
Vsqr  Vsqr2  ETABLE              EVALUE      V         L
                                                      25M
```

V1 = −2   V1 = −2   PARAMETERS:
V2 = 2   V2 = 2   alpha = 30
TD = {Talpha}   TD = {1/(2*freq)−Talpha}   freq = 60
TR = 1n   TR = 1n   Vcc = 100
TF = 1n   TF = 1n   Talpha = {alpha/360/freq}
PW = {1/(2*freq−2n)} PW = {1/(2*freq)−2n}
PER = {1/(freq)} PER = {1/(freq)}

(a)

(b)

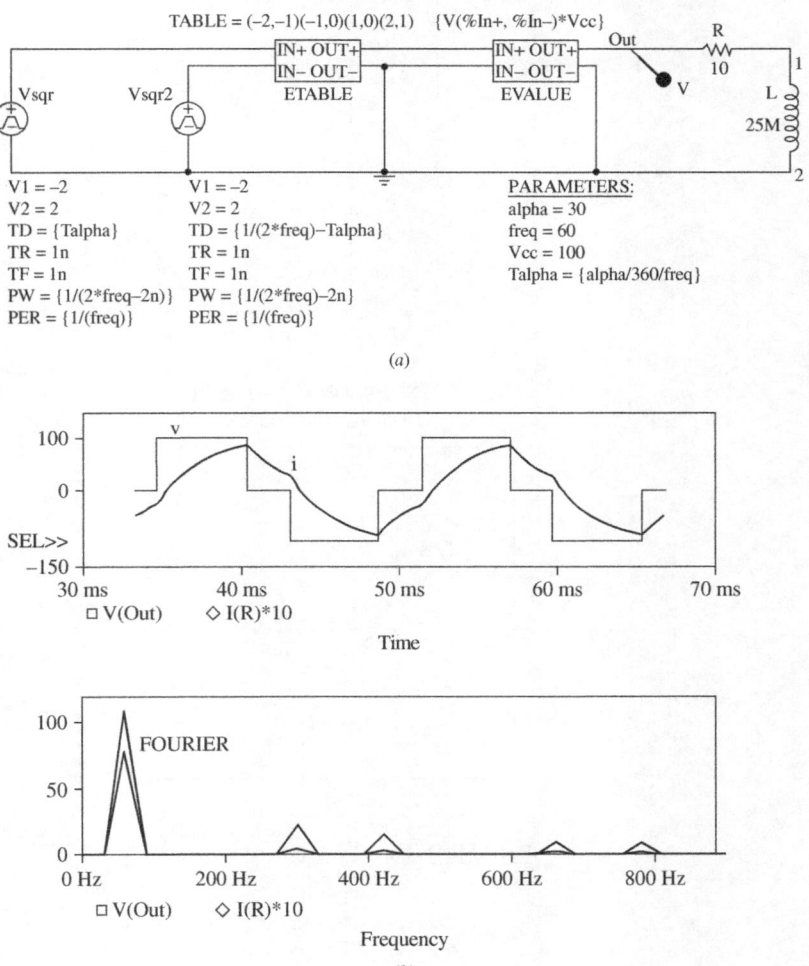

Figura 8-7 (a) Um circuito no PSpice para o Exemplo 8-5 produzir a forma de onda da tensão na Fig. 8-5a; (b) saída do Probe para mostrar a eliminação da harmônica.

valores e tensão de $V_{cc}/2$ em cada um. Quando S_1 é fechada, a tensão na carga é − $V_{cc}/2$. Quando S_2 é fechada, a tensão na carga é + $V_{cc}/2$. Portanto, pode ser produzida uma saída com onda quadrada ou uma saída modulada por largura de pulso bipolar, conforme descrito na Sec. 8-10.

A tensão na chave aberta é duas vezes a tensão na carga, ou V_{cc}. Do mesmo modo que no inversor em ponte completa, é necessário que haja um "tempo morto" para evitar um curto-circuito na fonte e os diodos de regeneração são necessários para possibilitar uma continuidade de corrente nas cargas indutivas.

(a)

INVERSOR EM MEIA PONTE
Diodos e chaves ideais

PARAMETERS:
freq = 60

V1 = −1
V2 = 1
TD = 0
TR = 1n
TF = 1n
PW = {1/(2*freq)}
PER = {1/(freq)}

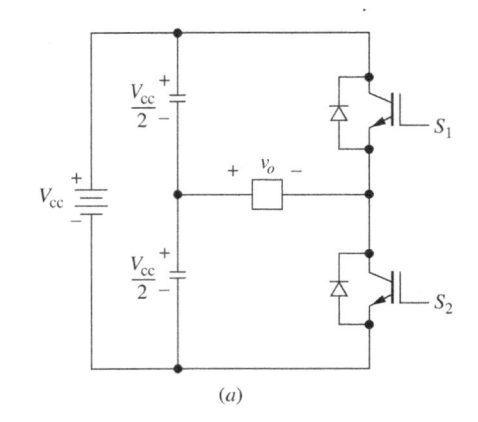

(b)

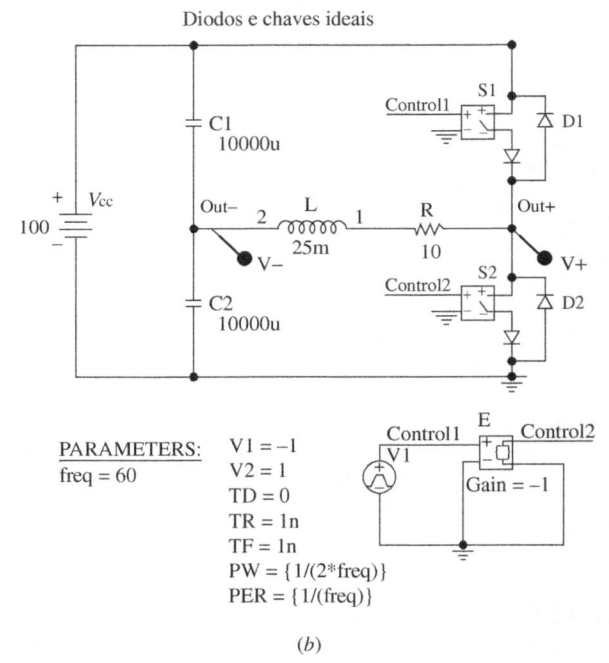

Figura 8-8 (a) Inversor em meia ponte usando IGBTs. A saída é $\pm V_{cc}$; (b) uma implementação no PSpice usando chaves controladas por tensão e diodos.

8.9 INVERSORES MULTINÍVEIS

O inversor em ponte H anteriormente ilustrado nas Figs. 8-1 e 8-3 produz as tensões V_{cc}, 0 e $-V_{cc}$. O conceito básico de chaveamento para ponte H pode ser expandido para outros circuitos que podem produzir níveis de tensões de saídas adicionais.

Estas tensões de saída com multiníveis são mais parecidas com o seno em qualidade e reduzem, portanto o conteúdo harmônico. O inversor multinível é ade-

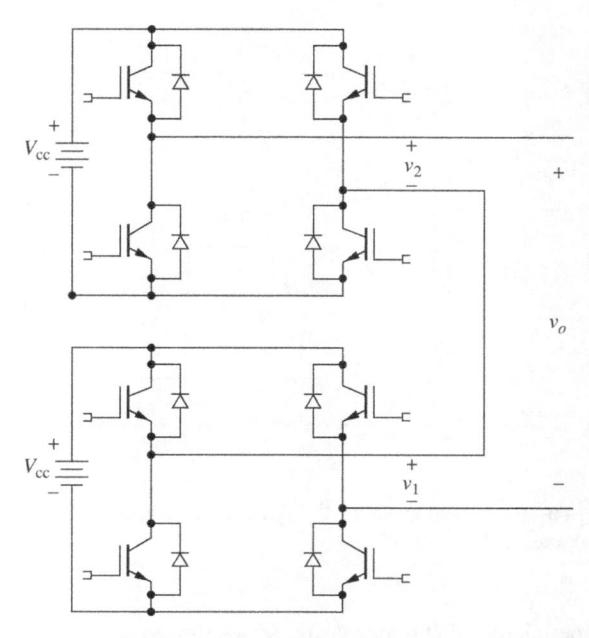

Figura 8-9 Um inversor com duas fontes de tensões, cada uma com ponte H implementada com IGBTs.

quado para aplicações incluindo acionamento de ajuste de rotação de motor e interface de fontes renováveis de energia tais como as fotovoltaicas para as redes de energia elétrica.

Conversores multiníveis com fontes CC independentes

Um método de inversor multinível usa fontes CC independentes, cada uma com uma ponte H. Um circuito com duas fontes de tensão CC é mostrado na Fig. 8-9. A saída de cada uma das pontes H + V_{cc}, − V_{cc} ou 0, conforme ilustrado na Fig. 8-1. A tensão instantânea total v_o na saída do conversor multinível é qualquer combinação de tensões das pontes individuais. Portanto, para um inversor com duas fontes, v_o pode ser qualquer um dos cinco níveis $+2V_{cc}$, V_{cc}, 0, $-V_{cc}$ ou $-2V_{cc}$.

Cada ponte H funciona com um esquema de chaveamento como o da Fig. 8-5, na Sec. 8-7, que foi usada para o controle da amplitude ou da harmônica. Cada ponte funciona com um ângulo de atraso α diferente, resultando na ponte e nas tensões totais de saídas como as ilustradas na Fig. 8-10.

As séries de Fourier para a tensão total na saída v_o para o circuito com duas fontes contêm apenas as harmônicas ímpares numeradas e é

$$v_o(t) = \frac{4V_{cc}}{\pi} \sum_{n=1,3,5,7,\ldots}^{\infty} [\cos(n\alpha_1) + \cos(n\alpha_2)]\frac{\text{sen}(n\omega_0 t)}{n} \qquad (8\text{-}23)$$

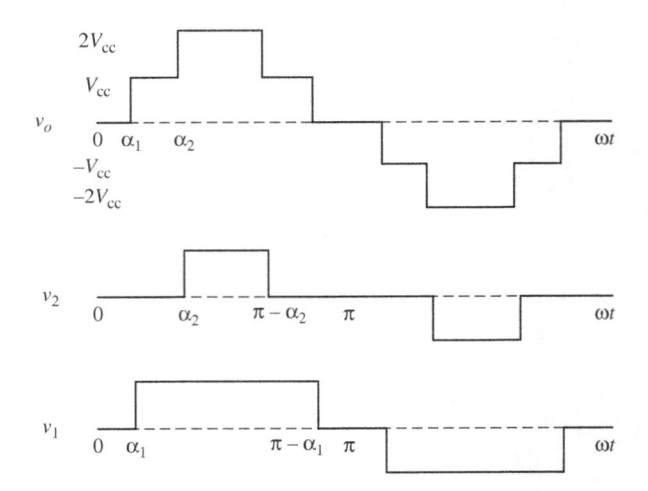

Figura 8-10 Tensão na saída de cada ponte H e a tensão total para o inversor multinível de duas fontes da Fig. 8-9.

Os coeficientes de Fourier destas séries são

$$V_n = \frac{4V_{cc}}{n\pi}[\cos(n\alpha_1) + \cos(n\alpha_2)] \qquad (8\text{-}24)$$

O índice da modulação M_i é a razão da amplitude da componente da frequência fundamental de v_o pela amplitude do componente da frequência fundamental de uma onda quadrada de amplitude $2V_{cc}$, que é $2(4\,V_{cc}/\pi)$.

$$M_i = \frac{V_1}{2(4V_{cc}/\pi)} = \frac{\cos\alpha_1 + \cos\alpha_2}{2} \qquad (8\text{-}25)$$

Algumas harmônicas podem ser eliminadas da forma de onda da tensão na saída com a seleção adequada de α_1 e α_2 na Eq. (8-24). Para o conversor de duas fontes, a harmônica m pode ser eliminada usando ângulos como

$$\cos(m\alpha_1) + \cos(m\alpha_2) = 0 \qquad (8\text{-}26)$$

Para eliminar a harmônica de ordem m e também encontrar um índice de modulação especificada para o inversor de duas fontes requer a solução simultânea para a Eq. (8-26) e a equação adicional derivada da Eq. (8-25),

$$\cos(\alpha_1) + \cos(\alpha_2) = 2M_i \qquad (8\text{-}27)$$

Para resolver as Eqs. (8-26) e (8-27) simultaneamente é necessário um método numérico iterativo como o método de Newton-Raphson.

Exemplo 8-6

Um inversor multinível com duas fontes

Para o inversor multinível com duas fontes da Fig. 8-9 com $V_{cc} = 100$ V: (a) determine os coeficientes de Fourier até $n = 9$ e o índice de modulação para $\alpha_1 = 20°$ e $\alpha_2 = 40°$. (b) Determine α_1 e α_2 de modo que a terceira harmônica ($n = 3$) é eliminada e $M_i = 0,8$.

■ Solução

(a) Usando a Eq. 8-24 para avaliar os coeficientes de Fourier,

$$V_n = \frac{4V_{cc}}{n\pi}[\cos(n\alpha_1) + \cos(n\alpha_2)] = \frac{4(100)}{n\pi}[\cos(n20°) + \cos(n40°)]$$

resultando em $V_1 = 217$, $V_3 = 0$, $V_5 = -28,4$, $V_7 = -10,8$ e $V_9 = 0$. Observe que a terceira e a nona harmônicas são eliminadas. As harmônicas pares não estão presentes.

O índice de modulação M_i é avaliado pela Eq. (8-25).

$$M_i = \frac{\cos\alpha_1 + \cos\alpha_2}{2} = \frac{\cos 20° + \cos 40°}{2} = 0,853$$

A amplitude da frequência fundamental da tensão é, portanto, 85,3% de uma onda quadrada de ± 200 V.

(b) Para obter a eliminação simultânea da terceira harmônica e um índice de modulação de $M_i = 0,8$, requer a solução das equações

$$\cos(3\alpha_1) + \cos(3\alpha_2) = 0$$

e

$$\cos(\alpha_1) + \cos(\alpha_2) = 2M_i = 1,6$$

Usando um método iterativo, $\alpha_1 = 7,6°$ e $\alpha_2 = 52,4°$.

O conceito anterior pode ser estendido para um conversor multinível tendo várias fontes CC. Para k fontes separadas conectadas em cascata, existem $2k + 1$ níveis de tensão possíveis. Quanto mais fontes CC e pontes H são adicionadas, mais degraus de tensão total de saída, produzindo uma forma de onda em escada que mais se aproxima de uma senoide. Para um sistema de cinco fontes conforme mostrado na Fig. 8-11, existem 11 possíveis de níveis de tensão na saída, como ilustrado na Fig. 8-12.

As séries de Fourier para a forma de onda em escada com a da Fig. 8-12 para k fontes CC separadas sendo cada uma igual à V_{cc} é

$$v_o(t) = \frac{4V_{cc}}{\pi} \sum_{n=1,3,5,7,\ldots}^{\infty} [\cos(n\alpha_1) + \cos(n\alpha_2) + \cdots + \cos(n\alpha_k)]\frac{\text{sen}(n\omega_0 t)}{n} \quad (8\text{-}28)$$

As magnitudes dos coeficientes de Fourier são, portanto,

$$V_n = \frac{4V_{cc}}{n\pi}[\cos(n\alpha_1) + \cos(n\alpha_2) + \cdots + \cos(n\alpha_k)]$$

para $n = 1, 3, 5, 7, \ldots$

(8-29)

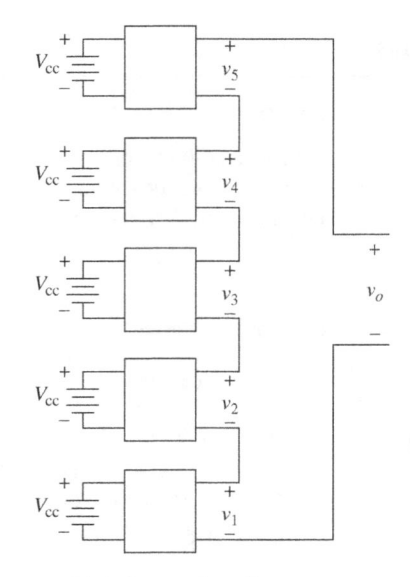

Figura 8-11 Um conversor multinível com cinco fontes em cascata.

O índice de modulação M_i para k fontes CC sendo cada uma igual à V_{cc} é

$$M_i = \frac{V_1}{4kV_{cc}/\pi} = \frac{\cos(\alpha_1) + \cos(\alpha_2) + \cdots + \cos(\alpha_k)}{k} \tag{8-30}$$

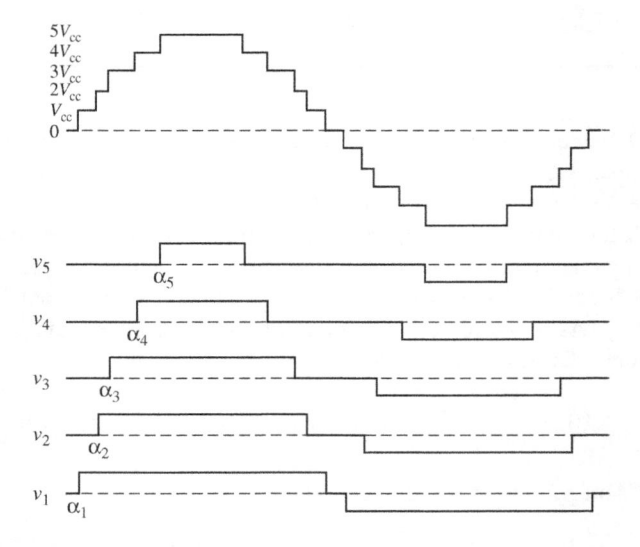

Figura 8-12 Tensão em cada ponte H na Fig. 8-11 e a tensão total na saída.

Algumas harmônicas específicas podem ser eliminadas da tensão de saída. Para eliminar uma harmônica de ordem m, os ângulos de atraso devem satisfazer a equação

$$\cos(m\alpha_1) + \cos(m\alpha_2) + \cdots + \cos(m\alpha_k) = 0 \tag{8-31}$$

Para uma quantidade k de fontes, podemos eliminar uma quantidade $k - 1$ de harmônicas enquanto estabelecemos uma M_i particular.

Exemplo 8-7

Inversor multinível com cinco fontes

Determinar os ângulos de atrasos necessários para um conversor multinível com cinco fontes em cascata que eliminará as harmônicas 5, 7, 11 e 13 e terá um índice de modulação $M_i = 0,8$.

■ Solução

Os ângulos de atrasos devem satisfazer estas equações simultâneas:

$$\cos(5\alpha_1) + \cos(5\alpha_2) + \cos(5\alpha_3) + \cos(5\alpha_4) + \cos(5\alpha_5) = 0$$
$$\cos(7\alpha_1) + \cos(7\alpha_2) + \cos(7\alpha_3) + \cos(7\alpha_4) + \cos(7\alpha_5) = 0$$
$$\cos(11\alpha_1) + \cos(11\alpha_2) + \cos(11\alpha_3) + \cos(11\alpha_4) + \cos(11\alpha_5) = 0$$
$$\cos(13\alpha_1) + \cos(13\alpha_2) + \cos(13\alpha_3) + \cos(13\alpha_4) + \cos(13\alpha_5) = 0$$
$$\cos(\alpha_1) + \cos(\alpha_2) + \cos(\alpha_3) + \cos(\alpha_4) + \cos(\alpha_5) = 5M_i = 5(0,8) = 4$$

Um método iterativo como o de Newton-Raphson deve ser usado para resolver estas equações. O resultado é $\alpha_1 = 6,57°$, $\alpha_2 = 18,94°$, $\alpha_3 = 27,18°$, $\alpha_4 = 45,14°$ e $\alpha_5 = 62,24°$. Veja as referências na Bibliografia para informações sobre esta técnica.

Equalização da fonte de alimentação média com padrão de troca (Pattern Swapping)

No inversor de duas fontes na Fig. 8-9 usando o esquema de chaveamento da Fig. 9-10, a fonte e a ponte H produzindo a tensão v_1 fornece mais potência média (e energia) do que a fonte e a ponte H produzindo v_2, por causa das larguras dos pulsos maiores nos dois semiciclos positivo e negativo. Se as fontes CC são baterias, uma delas descarregará mais rápido do que a outra. A técnica conhecida como padrão de troca ou taxa de permutação equaliza a potência média fornecida por cada uma das fontes CC.

O princípio do padrão de permutação é ter cada fonte CC conduzindo por um mesmo tempo médio. Um esquema de chaveamento alternado para o circuito de duas fontes é mostrado na Fig. 8-13. Neste esquema, a primeira fonte conduz por um tempo maior no primeiro semiciclo enquanto a segunda fonte conduz por mais tempo no segundo semiciclo. Logo, num período completo, as fontes conduzem igualmente e a potência média é a mesma para cada fonte.

Para o conversor de cinco fontes na Fig. 8-11, um esquema de chaveamento para equalizar a potência média é mostrado na Fig. 8-14. Observe que são necessários cinco semiciclos para equalizar a potência.

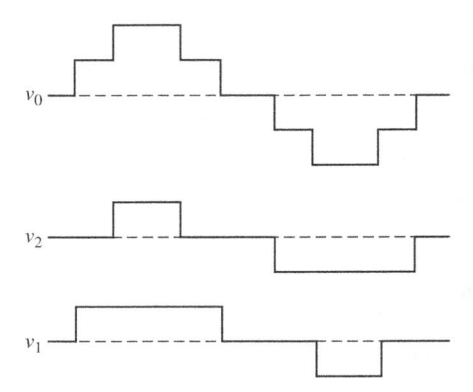

Figura 8-13 Padrão de comutação para equalizar a potência média em cada fonte para o conversor de duas fontes da Fig. 8-9.

Uma variação de inversor multinível com ponte H é usar fontes CC de valores diferentes. A tensão na saída teria uma forma de onda em degraus, mas com incrementos diferentes de tensão. As séries de Fourier da tensão na saída deveriam ter valores de amplitudes das harmônicas diferentes o que pode ser uma vantagem em algumas aplicações.

Pela necessidade de fontes independentes, a implementação de fontes múltiplas dos conversores multiníveis é mais adequada em aplicações onde as fontes são baterias, células de combustível ou fotovoltáicas.

Inversores multiníveis com grampo de diodo

Um circuito conversor multinível que tem a vantagem de usar uma fonte CC simples em vez de fonte múltiplas é o conversor multinível com diodo grampeado mostrado na Fig. 8-15a. Neste circuito, a fonte de tensão CC é conectada a um par de capacitores em série, cada um deles carregado com $V_{cc}/2$. As análises a seguir mostram como a tensão na saída pode ter níveis de V_{cc}, $V_{cc}/2$, 0, $-V_{cc}/2$ ou $-V_{cc}$.

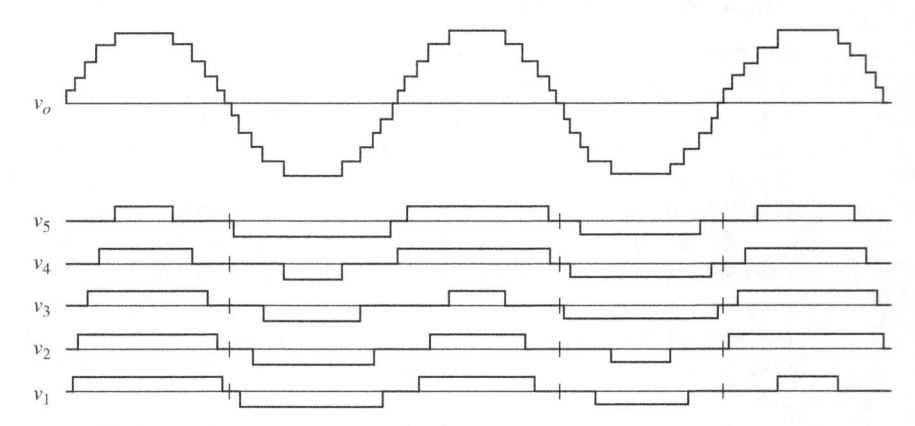

Figura 8-14 Padrão de comutação para equalizar a potência média para o inversor multiníveis com cinco fontes da Fig. 8-11.

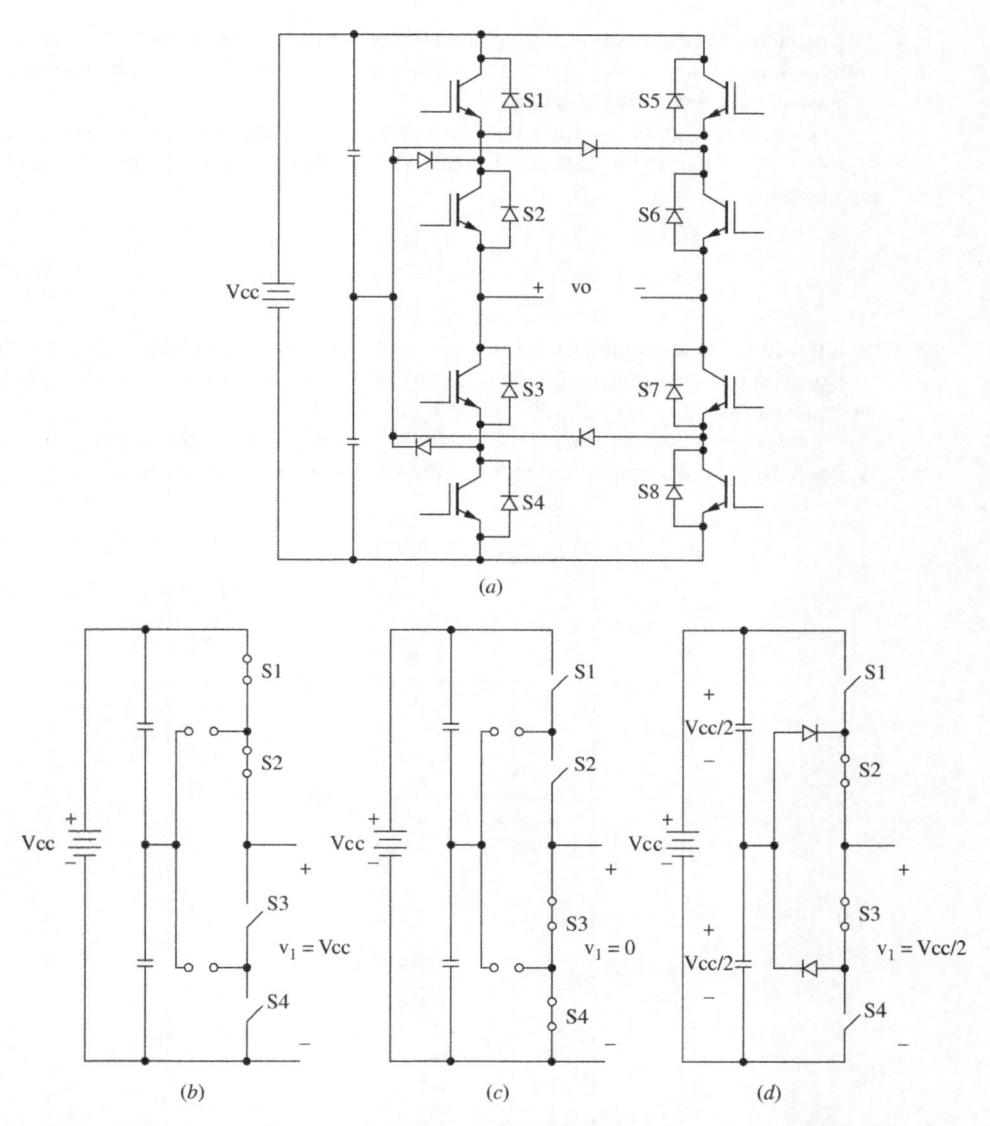

Figura 8-15 (a) Um inversor multinível com diodo grampeado implementado com IGBTs; (b) análise para metade do circuito para $v_1 = V_{cc}$, (c) Para $v_1 = 0$ e $v_1 = \frac{1}{2}V_{cc}$.

Para a análise considere apenas a metade esquerda da ponte, conforme mostrado na Fig. 8-15b, c e d. Com S_1 e S_2 fechadas e S_3 e S_4 abertas, $v_1 = V_{cc}$ (Fig. 8-15b). Os diodos estão em corte nesta condição. Com S_1 e S_2 abertas e S_3 e S_4 fechadas, $v_1 = 0$ (Fig. 8-15c). Os diodos estão em corte para esta condição também. Para produzir uma tensão de $V_{cc}/2$, S_2 e S_3 estão fechadas e S_1 e S_4 estão abertas (Fig. 8-15d). A tensão v_1 é a do capacitor inferior, com tensão $V_{cc}/2$, conectada pelo diodo em antiparalelo no trajeto que pode conduzir a corrente da carga nos dois sentidos. Observe que para cada um destes circuitos, duas chaves estão abertas e a tensão da fonte se divide entre as duas, reduzindo-se, assim, a tensão máxima em cada chave quando comparada com o circuito da ponte H na Fig. 8-1.

Usando uma análise similar, a ponte da direita também pode produzir as tensões V_{cc}, 0 e $V_{cc}/2$. A tensão na saída é a diferença das tensões entre cada ponte, resultando em cinco níveis

$$v_o \in \left\{ V_{cc}, \frac{1}{2}V_{cc}, 0, -\frac{1}{2}V_{cc}, -V_{cc} \right\} \tag{8-32}$$

com múltiplos trajetos para obtê-los. O controle da chave estabelece os ângulos de atrasos α_1 e α_2 para produzir uma tensão na saída como na Fig. 8-10 para a fonte H em cascata, exceto que o valor máximo é V_{cc} em vez de $2V_{cc}$.

Podem ser obtidos mais níveis de tensões adicionando-se capacitores e chaves. A Fig. 8-16 mostra a fonte CC dividida entre três capacitores em série.

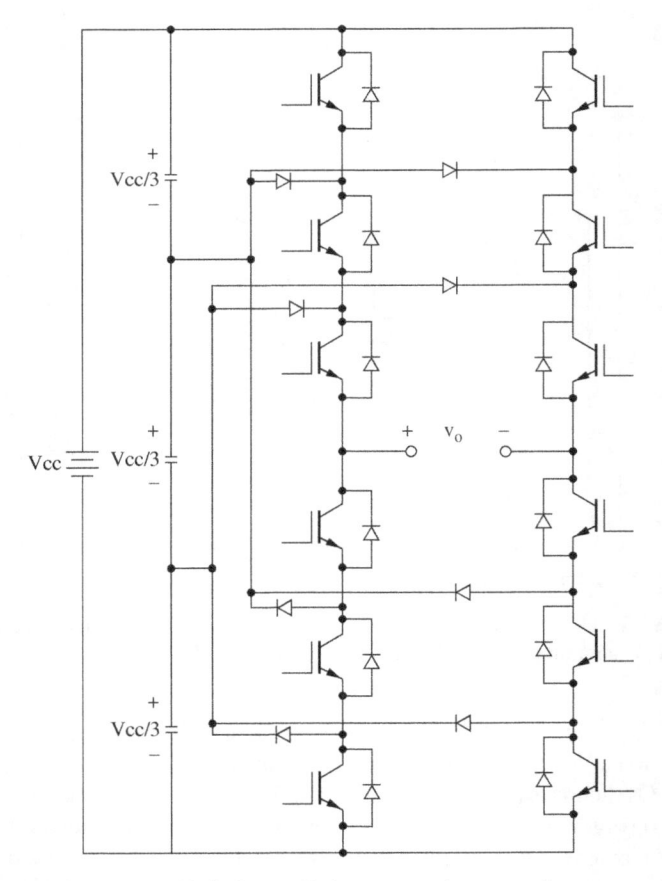

Figura 8-16 Um inversor multinível com diodo grampeado que produz quatro níveis de tensão de cada lado da ponte e sete níveis de tensão na saída.

A tensão em cada capacitor é 1/3 V, produzindo os quatro níveis de tensão em cada lado da ponte de V_{cc}, $2/3V_{cc}$, $1/3V_{cc}$ e 0. A tensão na saída pode ter sete níveis

$$v_o \in \left\{ V_{cc}, \frac{2}{3}V_{cc}, \frac{1}{3}V_{cc}, 0, -\frac{1}{3}V_{cc}, -\frac{2}{3}V_{cc}, -V_{cc} \right\} \quad (8\text{-}33)$$

8.10 SAÍDA MODULADA POR LARGURA DE PULSO

A modulação por largura de pulso (PWM) proporciona um modo de diminuir a distorção harmônica total da corrente na carga. A saída de um inversor PWM, com algumas filtragens, pode geralmente adequar a DHT necessária de maneira mais fácil do que um esquema de chaveamento em onda quadrada. A saída de um PWM sem filtragem terá uma DHT relativamente alta, mas as harmônicas serão em frequências muito mais altas do que para uma onda quadrada, facilitando a filtragem.

Num PWM, a amplitude da tensão na saída pode ser controlada com a modulação das formas de onda. *A redução dos requisitos de filtro para redução de harmônicos e controle da amplitude da tensão de saída são duas vantagens distintas de PWM.* Desvantagens incluem circuitos de controle mais complexos para as chaves e aumento nas perdas devido ao chaveamento mais frequente.

O controle das chaves para a saída de um PWM requer (1) um sinal de referência, algumas vezes chamado de modulação ou sinal de controle, que é uma senoide neste caso e (2) um sinal portador (ou transmissor), que é uma onda triangular que controla a frequência de chaveamento. Esquemas de chaveamento bipolar e unipolar serão estudados a seguir.

Chaveamento bipolar

A Fig. 8-17 ilustra o princípio da modulação por largura de pulso senoidal bipolar. A Fig. 8-17a mostra um sinal de referência senoidal e um sinal portador triangular. Quando o valor instantâneo do seno de referência é maior que a portadora triangular, a saída é $+V_{cc}$ e quando a referência é menor que a portadora, a saída é $-V_{cc}$:

$$\begin{aligned} v_o &= +V_{cc} \quad \text{para } v_{sen} > v_{tri} \\ v_o &= -V_{cc} \quad \text{para } v_{sen} < v_{tri} \end{aligned} \quad (8\text{-}34)$$

Esta versão de PWM é *bipolar* por que a saída alterna entre o mais e o menos da tensão de alimentação CC.

O esquema de chaveamento que implementará o chaveamento bipolar usando o inversor em ponte completa da Fig. 8-1 é determinado pela comparação dos sinais instantâneos da referência e da portadora:

S_1 e S_2 estão ligadas quando $v_{sen} > v_{tri}$ ($v_o = +V_{cc}$)

S_3 e S_4 estão ligadas quando $v_{sen} < v_{tri}$ ($v_o = -V_{cc}$)

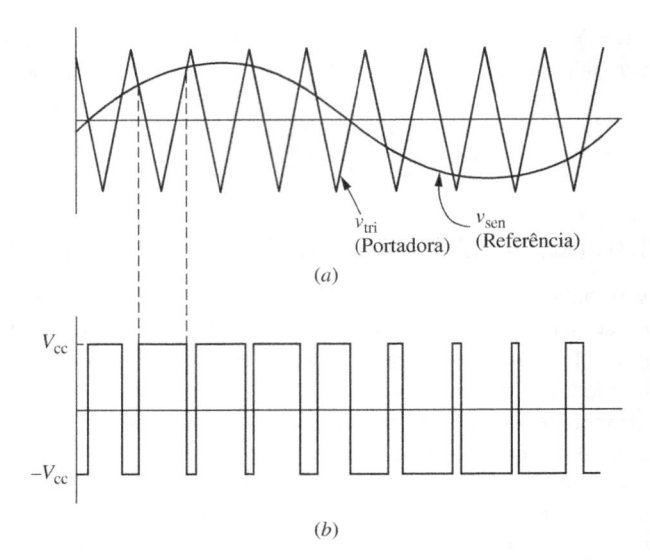

Figura 8-17 Modulação por largura de pulso bipolar. (a) Referência senoidal e portadora triangular; (b) a saída é $+V_{cc}$ quando $v_{sen} > v_{tri}$ e é $-V_{cc}$ quando $v_{sen} < v_{tri}$.

Chaveamento unipolar

Num esquema de chaveamento unipolar para modulação por largura de pulso, a saída é chaveada em ambos de valor alto para zero ou de valor baixo para zero, em vez de ser entre de valor alto para baixo como num chaveamento bipolar. Um esquema de chaveamento unipolar tem o controle de chave na Fig. 8-1 como segue:

S_1 está ligada quando $v_{sen} > v_{tri}$
S_2 está ligada quando $-v_{sen} < v_{tri}$
S_3 está ligada quando $-v_{sen} > v_{tri}$
S_4 está ligada quando $v_{sen} < v_{tri}$

Observe que o par de chaves (S_1, S_4) e (S_2, S_3) são complementares quando uma chave do par está fechada a outra está aberta. As tensões v_a e v_b na Fig. 8-18a alternam entre $+V_{cc}$ e zero. A tensão na saída $v_o = v_{ab} = v_a - v_b$ é mostrada na Fig. 8-18d.
  Um outro esquema de chaveamento unipolar tem apenas um par de chaves funcionando na frequência portadora enquanto o outro par funciona na frequência de referência, tendo assim duas chaves em alta frequência e duas chaves em baixa frequência. Neste esquema de chaveamento,

S_1 está ligada quando $v_{sen} > v_{tri}$ (alta frequência)
S_4 está ligada quando $v_{sen} < v_{tri}$ (alta frequência)

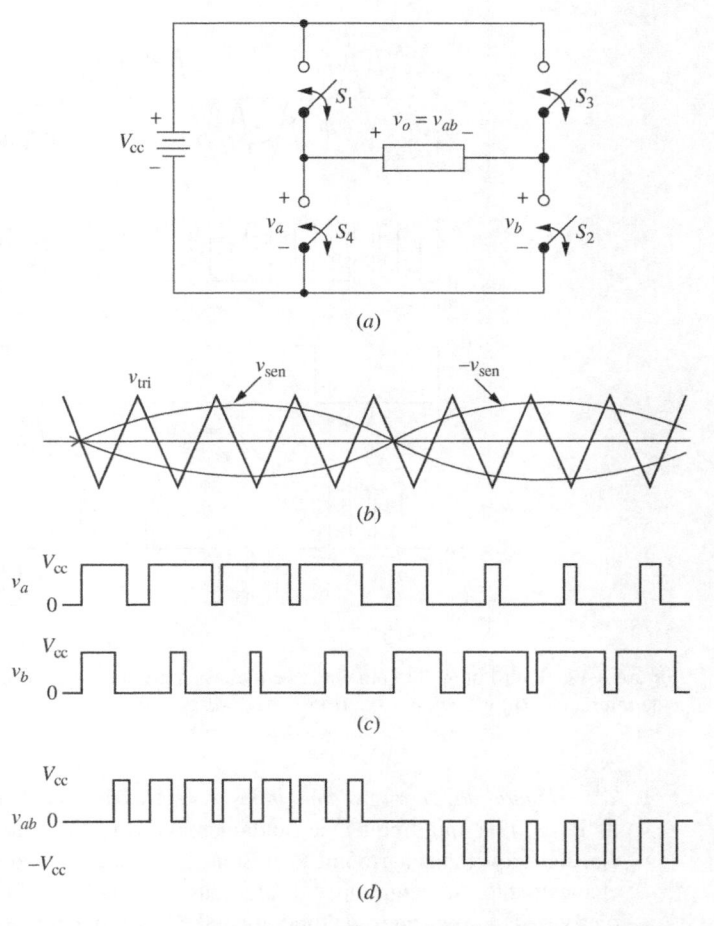

Figura 8-18 (a) Conversor em ponte completa para PWM unipolar; (b) sinais de referência e de portadora; (c) tensões na ponte v_a e v_b; (d) tensão na saída

S_2 está ligada quando $v_{sen} > 0$ (baixa frequência)
S_3 está ligada quando $v_{sen} < 0$ (baixa frequência)

onde as ondas de seno e triangular são as mostradas na Fig. 8-19a. De maneira alternativa, S_2 e S_3 poderiam ser chaves em alta frequência e S_1 e S_4 atuariam como chaves em baixa frequência.

8.11 DEFINIÇÕES DE PWM E CONSIDERAÇÕES

Neste ponto, algumas definições e considerações relevantes devem ser declaradas quando usar PWM.

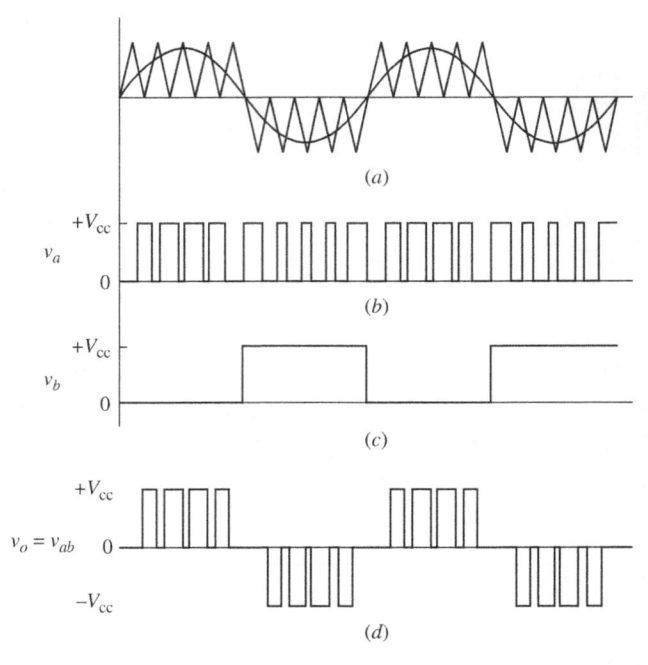

Figura 8-19 PWM unipolar com chaves em altas e baixas frequências. (a) Sinais de controle e de referência; (b) v_a (Fig. 8-18a); (c) v_b; (d) saída $v_a - v_b$.

1. *Taxa de modulação da frequência m_f.* As séries de Fourier para tensão na saída do PWM têm uma frequência fundamental que é a mesma do sinal de referência. As frequências harmônicas existem em torno das frequências múltiplas de chaveamento. As magnitudes de algumas harmônicas são muito maiores, algumas vezes maiores que a da fundamental. Contudo, pelo fato destas harmônicas serem localizadas em altas frequências, um filtro passa baixa simples pode ser bem eficaz para sua remoção. Detalhes das harmônicas num PWM são dados na próxima seção. A *taxa de modulação da frequência mf* é definida como a taxa de frequências dos sinais da portadora e de referência,

$$m_f = \frac{f_{\text{portadora}}}{f_{\text{referência}}} = \frac{f_{\text{tri}}}{f_{\text{sen}}} \quad (8\text{-}35)$$

Aumentando a frequência da portadora (m_f), ampliam-se as frequências onde ocorrem as harmônicas. Uma desvantagem das frequências de chaveamentos altas é uma perda maior nas chaves usadas para implementar o inversor.

2. *Taxa de modulação da amplitude m_a.* A *taxa de modulação da amplitude m_a* é definida como a taxa das amplitudes dos sinais de referência e da portadora:

$$m_a = \frac{V_{m,\text{referência}}}{V_{m,\text{portadora}}} = \frac{V_{m,\text{sen}}}{V_{m,\text{tri}}} \quad (8\text{-}36)$$

Se $m_a \leq 1$, a amplitude da frequência fundamental da tensão na saída V_1 é linearmente proporcional a m_a. Isto é,

$$V_1 = m_a V_{cc} \tag{8-37}$$

A amplitude da frequência fundamental da saída do PWM é então controlada por m_a. Isto é importante no caso de uma tensão de alimentação CC não regulada, pois o valor de m_a pode ser ajustado para compensar as variações na tensão de alimentação CC, produzindo saída com amplitude constante. De maneira alternativa, m_a pode ser variada para mudar a amplitude da saída. Se m_a for maior que 1, a amplitude de saída aumenta com m_a, mas não de modo linear.

3. *Chaves*. As chaves no circuito em ponte completa devem ser capazes de conduzir corrente nos dois sentidos para a modulação por largura de pulso do mesmo modo que foi feito para um funcionamento em onda quadrada. Os diodos de regeneração são necessários nos dispositivos de chaveamento, como foi executado no inversor da Fig. 8-3a. Outra consequência das chaves reais é que elas não ligam e desligam instantaneamente. Portanto, é necessário para permitir os tempos de chaveamentos no controle das chaves exatamente como foi feito para o inversor de onda quadrada.

4. *Tensão de referência*. A tensão senoidal de referência deve ser gerada pelo circuito de controle do inversor ou tirada de uma referência na saída. Isto pode ser visto como se a função da ponte do inversor fosse desnecessária porque uma tensão senoidal deve estar presente antes que a ponte possa funcionar para produzir uma saída senoidal. No entanto, o sinal de referência não tem energia suficiente. A potência entregue para a carga é fornecida pela fonte de energia CC e este é o objetivo do inversor. O sinal de referência não é restrito a uma senoide e outras formas de ondas podem funcionar como sinal de referência.

8.12 HARMÔNICAS COM O PWM

Chaveamento bipolar

As séries de Fourier da saída do PWM bipolar ilustrada na Fig. 8-17 é determinada examinando-se cada pulso. A forma de onda triangular é sincronizada com a referência como mostrado na Fig. 8-17a e m_f é escolhida com um valor ímpar inteiro. A saída do PWM exibe então uma simetria ímpar e as séries de Fourier podem então ser escritas

$$v_o(t) = \sum_{n=1}^{\infty} V_n \operatorname{sen}(n \omega_0 t) \tag{8-38}$$

Para determinado pulso k th, a saída do PWM na Fig. 8-20, o coeficiente de Fourier é

$$V_{nk} = \frac{2}{\pi} \int_0^T v(t) \operatorname{sen}(n\omega_0 t)\, d(\omega_0 t)$$

$$= \frac{2}{\pi} \left[\int_{\alpha_k}^{\alpha_k + \delta_k} V_{cc} \operatorname{sen}(n\omega_0 t)\, d(\omega_0 t) + \int_{\alpha_k + \delta_k}^{\alpha_{k+1}} -(V_{cc}) \operatorname{sen}(n\omega_0 t)(d(\omega_0 t) \right]$$

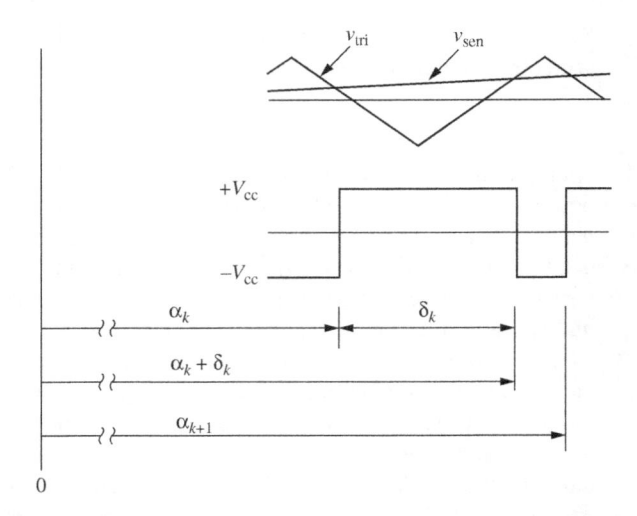

Figura 8-20 Pulso único do PWM para a determinação das séries de Fourier para o PWM bipolar.

Realizando a integração

$$V_{nk} = \frac{2V_{cc}}{n\pi}[\cos n\alpha_k + \cos n\alpha_{k+1} - 2\cos n(\alpha_k + \delta_k)] \quad (8\text{-}39)$$

Cada coeficiente de Fourier V_n para a forma de onda do PWM é a soma de V_{nk} para os p pulsos sobre um período,

$$V_n = \sum_{k=1}^{p} V_{nk} \quad (8\text{-}40)$$

O espectro da frequência normalizada para o chaveamento bipolar para $m = 1$ pode ser visto na Fig. 8-21. As amplitudes das harmônicas são uma função de m_a, pois a largura de cada pulso depende das amplitudes relativas das ondas do

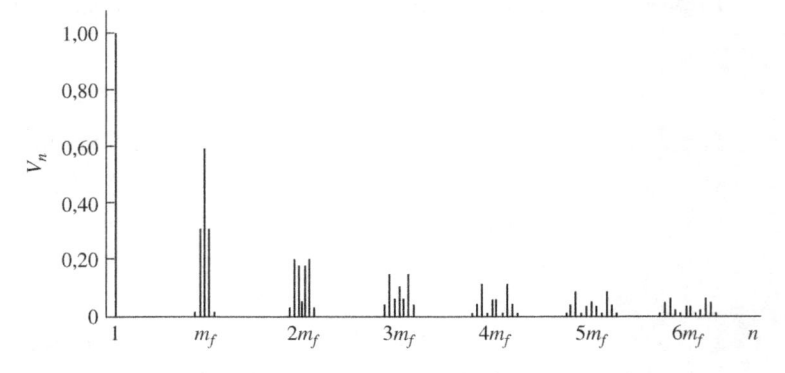

Figura 8-21 Espectro da frequência para um PWM bipolar com $m_a = 1$.

Tabela 8-3 Coeficientes de Fourier normalizados V_n/V_{cc} para o PWM bipolar

	$m_a = 1$	0,9	0,8	0,7	0,6	0,5	0,4	0,3	0,2	0,1
$n=1$	1,00	0,90	0,80	0,70	0,60	0,50	0,40	0,30	0,20	0,10
$n=m_f$	0,60	0,71	0,82	0,92	1,01	1,08	1,15	1,20	1,24	1,27
$n=m_f \pm 2$	0,32	0,27	0,22	0,17	0,13	0,09	0,06	0,03	0,02	0,00

seno e da triangular. As primeiras frequências das harmônicas na saída do espectro são em torno de m_f. A Tabela 8-3 indica as primeiras harmônicas na saída para o PWM bipolar. Os coeficientes de Fourier não são funções de m_f se m_f for maior que (≥ 9).

Exemplo 8-8

Inversor PWM

O inversor em ponte completa é usado para produzir uma tensão em 60 Hz numa carga RL em série usando um PWM bipolar. A entrada CC para a ponte é 100 V, a taxa de modulação da amplitude m_a é 0,8 e a taxa de modulação da frequência m_f é 21 [$f_{tri} = (21)(60) = 1260$ Hz]. A carga tem uma resistência de $R = 10\ \Omega$ e uma indutância em série de $L = 20$ mH. Determine (a) A amplitude da componente da tensão na saída em 60 Hz e a corrente na carga, (b) A potência absorvida pelo resistor de carga e (c) A DHT da corrente na carga.

■ Solução

(a) Usando a Eq. (8-38) e a Tabela 8-3, a amplitude da frequência fundamental em 60 Hz é

$$V_1 = m_a V_{cc} = (0,8)(100) = 80\ \text{V}$$

As amplitudes das correntes são determinadas usando análise fasorial:

$$I_n = \frac{V_n}{Z_n} = \frac{V_n}{\sqrt{R^2 + (n\omega_0 L)^2}} \quad (8\text{-}41)$$

Para a frequência fundamental,

$$I_1 = \frac{80}{\sqrt{10^2 + [(1)(2\pi 60)(0,02)]^2}} = 6,39\ \text{A}$$

(b) Com $m_f = 21$, as primeiras harmônicas são $n = 21$, 19 e 23. Usando a Tabela 8-3,

$$V_{21} = (0,82)(100) = 82\ \text{V}$$
$$V_{19} = V_{23} = (0,22)(100) = 22\ \text{V}$$

A corrente em cada harmônica é determinada pela Eq. (8-41).
A potência em cada frequência é determinada por

$$P_n = (I_{n,\text{rms}})^2 R = \left(\frac{I_n}{\sqrt{2}}\right)^2 R$$

Tabela 8-4 Valores das séries de Fourier para o inversor PWM do Exemplo 8-8

n	$f_{n(Hz)}$	Vn(V)	$Zn(\Omega)$	I_n(A)	$I_{n,rms}$(A)	P_n(W)
1	60	80,0	12,5	6,39	4,52	204,0
19	1140	22,0	143,6	0,15	0,11	0,1
21	1260	81,8	158,7	0,52	0,36	1,3
23	1380	22,0	173,7	0,13	0,09	0,1

Os resultados das amplitudes da tensão, correntes e potências nestas frequências estão resumidos na Tabela 8-4.

A potência absorvida pelo resistor de carga é

$$P = \sum P_n \approx 204,0 + 0,1 + 1,3 + 0,1 = 205,5 \text{ W}$$

Harmônicas de ordens superiores contribuem pouco para a potência e podem ser desprezadas.

(c) A DHT da corrente na carga é determinada a partir da Eq. (8-17) com a corrente rms das harmônicas aproximadas pelos primeiros poucos termos indicados na Tabela 8-4.

$$\text{DHT}_1 = \frac{\sqrt{\sum_{n=2}^{\infty} I_{n,rms}^2}}{I_{1,rms}} \approx \frac{\sqrt{(0,11)^2 + (0,36)^2 + (0,09)^2}}{4,52} = 0,087 = 8,7\%$$

Usando as séries de Fourier cortadas na Tabela 8-4, a DHT será subestimada. Contudo, visto que a impedância da carga torna-se e as amplitudes das harmônicas em geral diminuem com o aumento de n, a aproximação acima poderia ser aceitável (incluindo as correntes que vão até $n = 100$ resulta numa DHT de 9,1%).

Exemplo 8-9

Projeto do Inversor PWM

Projete um inversor PWM para produzir uma saída com 75 V rms 60 Hz a partir de uma fonte de 150 V_{cc}. A carga é uma combinação RL em série com $R = 12\ \Omega$ e $L = 60$ mH. Escolha a frequência de chaveamento de modo que a DHT seja menor que 10%.

■ Solução

A taxa de modulação da amplitude é determinada pela Eq. (8-38).

$$m_a = \frac{V_1}{V_{cc}} = \frac{75\sqrt{2}}{150} = 0,707$$

A amplitude da corrente em 60 Hz é

$$I_1 = \frac{V_1}{Z_1} = \frac{75\sqrt{2}}{\sqrt{12^2 + [(2\pi 60)(0,06)]^2}} = 4,14 \text{ A}$$

O valor rms da corrente da harmônica tem um limite imposto pela DHT requerida,

$$\sqrt{\sum_{n=2}^{\infty}(I_{n,\text{rms}})^2} < 0,1\,I_{1,\text{rms}} = 0,1\left(\frac{4,14}{\sqrt{2}}\right) = 0,293 \text{ A}$$

O termo que irá produzir a harmônica dominante da corrente está na frequência de chaveamento. Como uma aproximação supõe que o conteúdo da harmônica da corrente na carga seja a mesma da harmônica dominante na frequência da portadora:

$$\sqrt{\sum_{n=2}^{\infty}(I_{n,\text{rms}})^2} \approx I_{mf,\text{rms}} = \frac{I_{mf}}{\sqrt{2}}$$

A amplitude da harmônica da corrente na frequência da portadora é então aproximada como

$$I_{mf} < (0,1)(4,14) = 0,414 \text{ A}$$

A Tabela 8-3 indica que a tensão da harmônica normalizada para $n = m_f$ e para $m_a = 0,7$ é 0,92. A amplitude da tensão para $n = m_f$ é então

$$V_{mf} = 0,92\, V_{cc} = (0,92)(150) = 138 \text{ V}$$

A impedância de carga mínima na frequência é, então,

$$Z_{mf} = \frac{V_{mf}}{I_{mf}} = \frac{138}{0,414} = 333 \text{ }\Omega$$

Como a impedância na frequência portadora deve ser muito maior que a resistência da carga de 12 Ω, suponha que a impedância na frequência portadora seja totalmente uma reatância indutiva,

$$Z_{mf} \approx \omega L = m_f \omega_0 L$$

Para a impedância da carga ser maior que 333 Ω,

$$m_f \omega_0 L > 333$$

$$m_f > \frac{333}{(377)(0,06)} = 14,7$$

Escolhendo m_f como sendo de pelo menos 15, atendendo aproximadamente as especificações. No entanto, a estimativa do conteúdo harmônico usado nos cálculos será baixa, então a frequência da portadora é uma escolha mais prudente. Faça $m_f = 17$, que é o próximo impar inteiro. A frequência da portadora é então

$$f_{\text{tri}} = m_f f_{\text{ref}} = (17)(60) = 1020 \text{ Hz}$$

Aumentando ainda mais o valor de m_f reduziria a DHT da corrente, mas à custa de maiores perdas nas chaves. Uma simulação no PSpice, conforme será estudado mais tarde neste capítulo, pode ser usado para verificar que o projeto atende as especificações.

Chaveamento unipolar

Com o esquema de chaveamento unipolar na Fig. 8-18, algumas harmônicas na saída começam em torno de 2 m_f e m_f é escolhida para ser um número par inteiro. A Fig. 8-22 mostra o espectro da frequência para um chaveamento unipolar com $m_a = 1$.

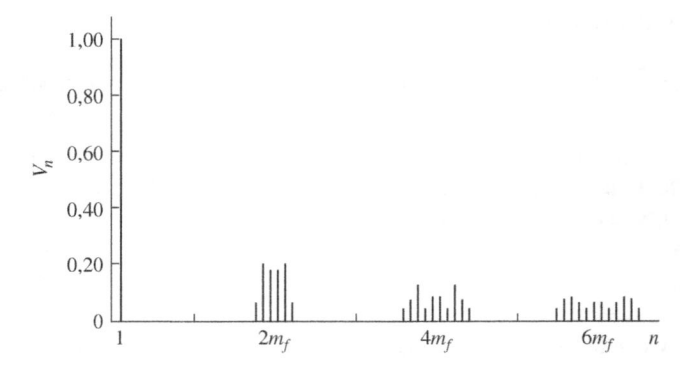

Figura 8-22 Espectro da frequência para um PWM unipolar com $m_a = 1$.

A Tabela 8-5 lista as primeiras harmônicas na saída para o PWM unipolar.

O esquema do PWM unipolar usando frequências altas e baixas nas chaves mostrado na Fig. 8-19 terá resultados similares aos listados anteriormente, mas as harmônicas começarão em torno de m_f em vez de $2\,m_f$.

Tabela 8-5 Coeficientes de Fourier normalizados V_n/V_{cc} para o PWM unipolar na Fig. 8-18

	$m_a=1$	0,9	0,8	0,7	0,6	0,5	0,4	0,3	0,2	0,1
$n=1$	1,00	0,90	0,80	0,70	0,60	0,50	0,40	0,30	0,20	0,10
$n=2m_f=1$	0,18	0,25	0,31	0,35	0,37	0,36	0,33	0,27	0,19	0,10
$n=2m_f\pm3$	0,21	0,18	0,14	0,10	0,07	0,04	0,02	0,01	0,00	0,00

8.13 AMPLIFICADORES DE ÁUDIO CLASSE D

O sinal de referência para o circuito de controle do PWM pode ser um sinal de áudio e o circuito em ponte completa poderia ser usado como um amplificador de áudio PWM, o qual pode ser referido como um *amplificador classe D*. A onda triangular do sinal da portadora para esta aplicação é tipicamente de 250 kHz para fornecer uma amostragem adequada e a forma de onda do PWM é filtrada com um passa-baixa para recuperar o sinal de áudio e fornecer potência para o alto-falante. O espectro do sinal de saída do PWM neste caso é dinâmico.

Os amplificadores classe D são muito mais eficientes que outros tipos de amplificadores de áudio de potência. O amplificador classe AB, o circuito tradicional para aplicações de áudio de potência, tem uma eficiência teórica máxima de 78,5% para onda senoidal com distorção máxima na saída. Na prática, com sinais reais de áudio, a eficiência do classe AB é muito menor, da ordem de 20%. A eficiência teórica do amplificador classe D é de 100% porque os transistores são usados como chaves. Por causa do chaveamento e da filtragem dos transistores serem imperfeitas, os amplificadores D têm, na prática, uma eficiência de 75%.

Os amplificadores de áudio classe D estão prevalecendo nas aplicações de eletrônica de aparelhos de uso doméstico, onde alta eficiência resulta em tamanho reduzido e aumento na vida útil de bateria. Em aplicações de alta potência, como nos amplificadores de som de *show* de rock, são usados amplificadores classe D para reduzir o tamanho do amplificador e o aquecimento do equipamento.

8.14 SIMULAÇÃO DE INVERSORES COM MODULAÇÃO POR LARGURA DE PULSO

PWM bipolar

O PSpice pode ser usado para simular o esquema de chaveamento do inversor PWM apresentado anteriormente neste capítulo. Como nos outros circuitos de eletrônica de potência, o nível de detalhes depende do objetivo da simulação. Se são desejadas apenas as tensões e correntes na carga, pode ser criada uma fonte PWM sem modelar as chaves individuais no circuito da ponte. A Fig. 8-23 mostra dois modos de produzir uma tensão no PWM bipolar. O primeiro usa um bloco ABM2 e o segundo usa uma fonte de tensão controlada por tensão ETABLE. Os dois métodos comparam uma

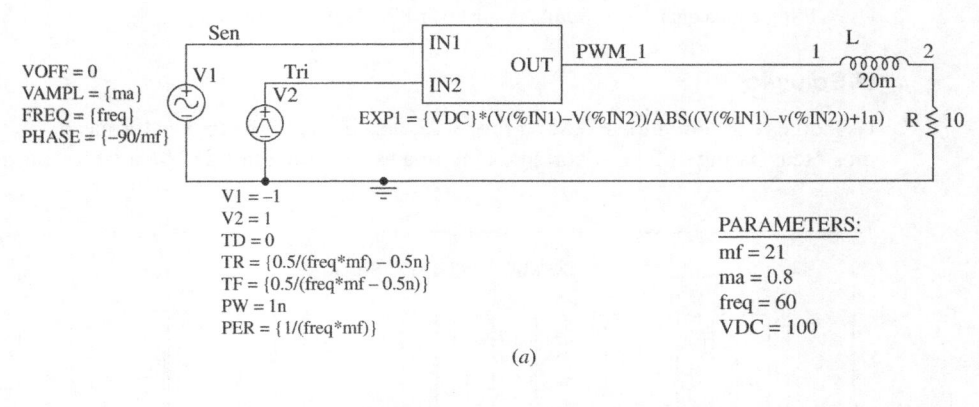

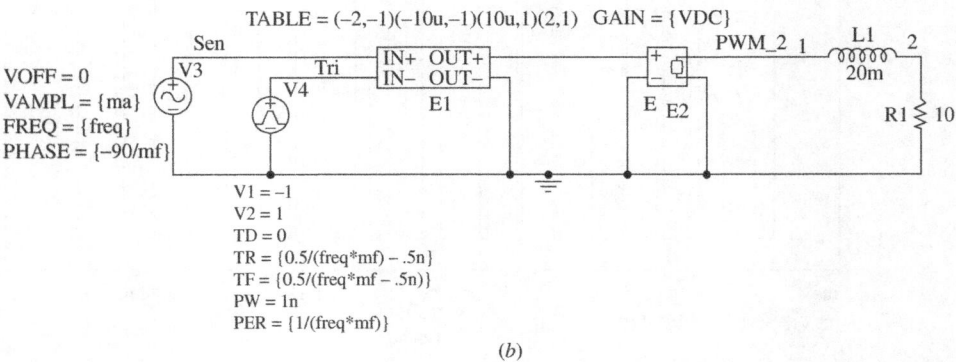

Figura 8-23 Circuitos funcionais do PSpice para produzir uma tensão PWM usando (a) um bloco ABM e (b) uma fonte de tensão ETABLE.

onda senoidal com uma onda triangular. Ambos também permitem que o comportamento de uma carga específica para uma entrada PWM seja averiguado.

Se a carga contém uma indutância e/ou capacitância, haverá um transiente inicial na corrente da carga. Como o estado estável da corrente na carga, em geral, é de interesse, deve-se deixar funcionar um ou mais períodos da corrente na carga para que a uma saída significativa seja obtida. Um modo de se obter isto no PSpice é atrasar a saída no comando de transiente e outra forma é restringir os dados com os resultados do estado estável no Probe. O sinal de referência é sincronizado com o sinal da portadora como na Fig. 8-17a. Quando a tensão da portadora triangular tiver uma inclinação negativa passando pelo zero, a tensão de referência senoidal deve ter uma inclinação positiva passando pelo zero. A forma de onda triangular começa no pico positivo com inclinação negativa. O ângulo de fase da senoide de referência é ajustado para fazer o cruzamento por zero correspondente ao da onda triangular usando um ângulo de fase de $-90°/m_f$. O exemplo a seguir mostra uma simulação de uma aplicação do PWM bipolar.

Exemplo 8-10

Simulação do PWM com o PSpice

Use o PSpice para analisar o circuito do inversor PWM do Exemplo 8-8.

■ **Solução**

Usando os dois circuitos PWM na Fig. 8-23, a saída do Probe terá as formas de onda mostradas na Fig. 8-24a. A corrente tem uma escala com fator de 10 para mostrar de

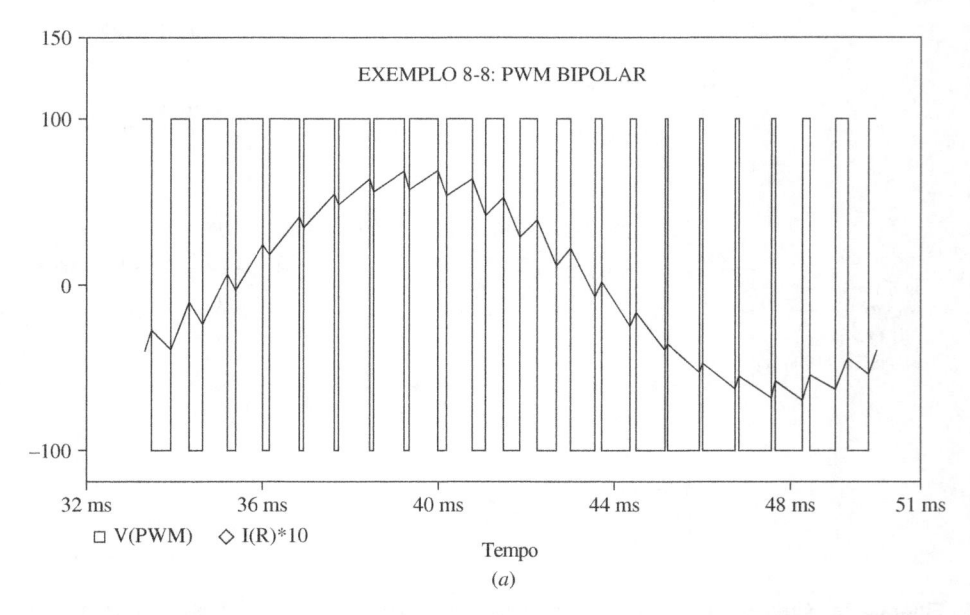

Figura 8-24 (a) Saída do Probe para o Exemplo 8-10 mostrando a tensão no PWM e a corrente na carga (corrente com escala para ilustração); (b) espectro de frequência para a tensão e corrente.

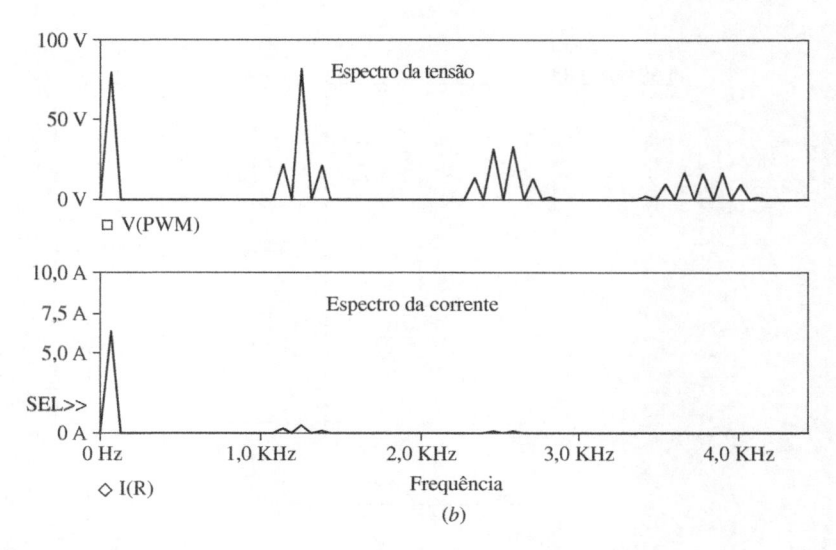

Figura 8-24 (*continuação*)

forma mais clara a sua relação com a tensão na saída. Observe a característica como seno da corrente na saída. Os coeficientes de Fourier da tensão e corrente são determinados usando a opção Fourier sobre o eixo *x* no menu ou escolhendo o ícone FFT. A Fig. 8-24b mostra o espectro de frequência da tensão e da corrente com a faixa no eixo *x* escolhida para apontar as frequência baixas. A opção cursor é utilizada para determinar os coeficientes de Fourier.

A Tabela 8-6 resume os resultados. Observe a estreita correspondência com os resultados do Exemplo 8-8.

Tabela 8-6 Resultados do PSpice para o Exemplo 8-10

n	f_n(Hz)	V_n(V)	I_n(A)
1	60	79,8	6,37
19	1140	21,8	0,15
21	1260	82,0	0,52
23	1380	21,8	0,13

Se as tensões e correntes na fonte e nas chaves são as desejadas, o arquivo de entrada do PSpice deve incluir as chaves. Um circuito pouco idealizado usando chaves controladas por tensão com diodos de regeneração é mostrado na Fig. 8-25. Para simular uma modulação por largura de pulso, o controle para as chaves no inversor é a diferença entre uma tensão da portadora triangular e uma tensão da senoide de referência. Embora ele não represente um modelo para chaves reais, este circuito é útil para simular o PWM bipolar e unipolar. Um modelo de ponte mais real deveria incluir dispositivos como BJTs, MOSFETs ou IGBTs para as chaves. O modelo adequado dependerá com que profundidade o desempenho da chave será estudado.

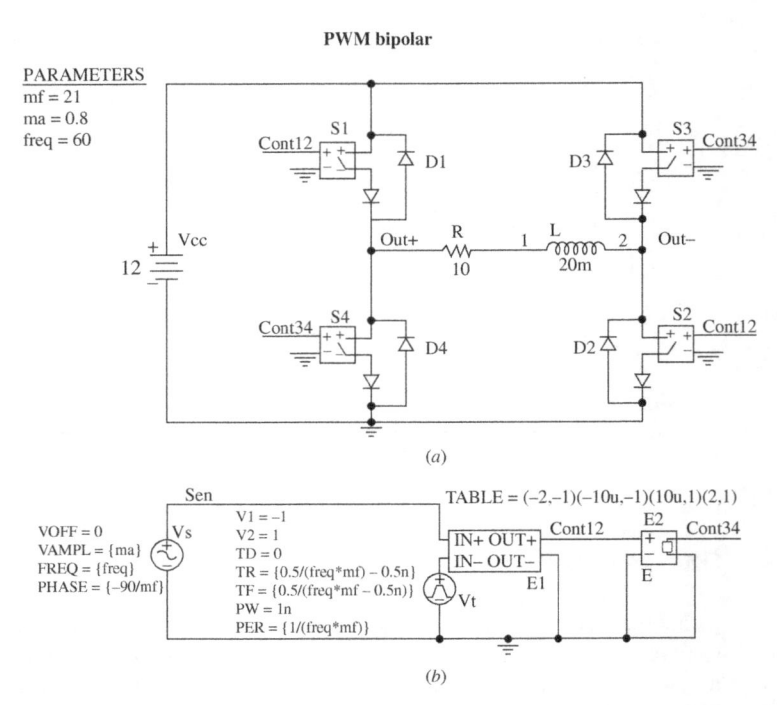

Figura 8-25 Circuitos no PSpice para um inversor PWM (a) usando chaves controladas por tensão e diodos, mas é necessário a versão completa do PSpice e (b) gerando uma função PWM.

PWM unipolar

Novamente, o PWM unipolar pode ser simulado por meio de vários níveis de modelos de chave. O arquivo de entrada exposto na Fig. 8-26 utiliza fontes dependentes para produzir a saída do PWM unipolar.

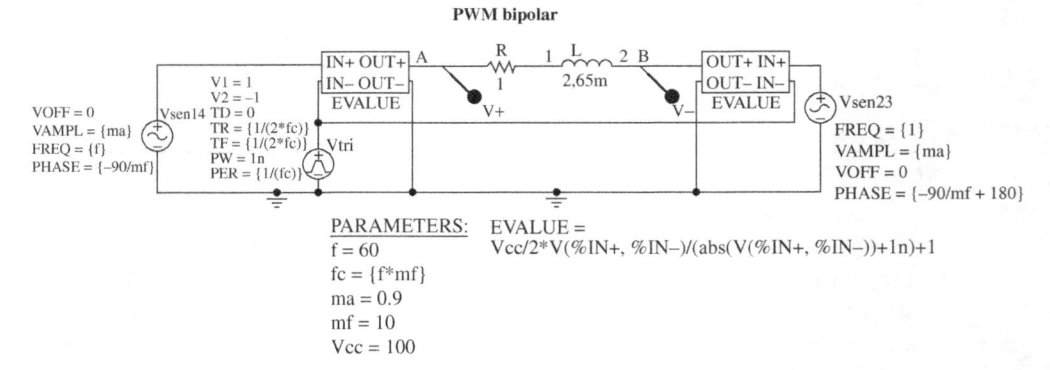

Figura 8-26 Um circuito do PSpice para gerar uma tensão no PWM unipolar. A tensão na saída é entre os nós A e B.

Exemplo 8-11

Simulação da modulação por largura de pulso no PSpice

A modulação por largura de pulso é usada para fornecer uma tensão em 60 Hz para uma carga RL com $R = 1\ \Omega$ e $L = 2{,}65$ mH. A tensão de alimentação CC é de 100 V. A amplitude da tensão em 60 Hz é de 90 V, exigindo uma $m_a = 0{,}9$. Use o PSpice para obter a forma de onda da corrente na carga e a DHT da forma de onda da corrente na carga. Use (a) um PWM bipolar com $m_f = 21$, (b) um PWM bipolar com $m_f = 41$ e (c) um PWM unipolar com $m_f = 10$.

■ Solução

(a) O circuito no PSpice para o PWM bipolar da (Fig. 8-25b) está funcionando com $m_a = 0{,}9$ e $m_f = 21$. A tensão na carga e a corrente no resistor de carga são mostradas na Fig. 8-27a. As correntes para o 60 Hz da fundamental e as harmônicas de ordens inferiores são obtidas para a opção Fourier sobre o eixo x no Probe. As amplitudes das harmônicas correspondem aos picos e a opção cursor determina a expressão Rms(I(R)). A distorção harmônica total baseada nas séries de Fourier cortadas é calculada pela Eq. (8-17). Os resultados estão na tabela neste exemplo.

(b) O circuito no PSpice é modificado para $m_f = 41$. As formas de onda da tensão e da corrente são exibidas na Fig. 8-27b. As correntes harmônicas resultantes são obtidas pela opção de Fourier no Probe.

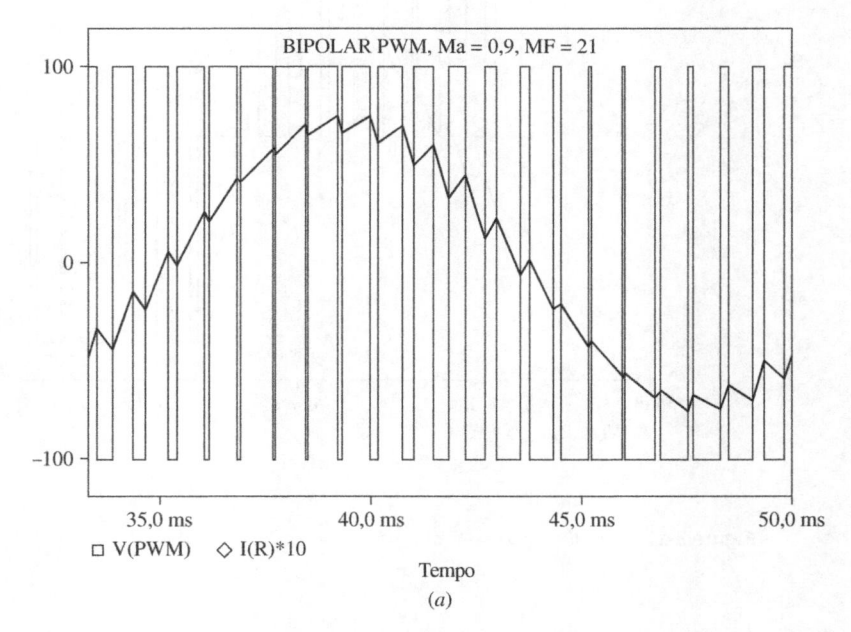

Figura 8-27 Tensão e corrente para o Exemplo 8-11 para (a) PWM bipolar com $m_f = 21$, (b) PWM bipolar com $m_f = 41$, (c) PWM unipolar com $m_f = 10$.

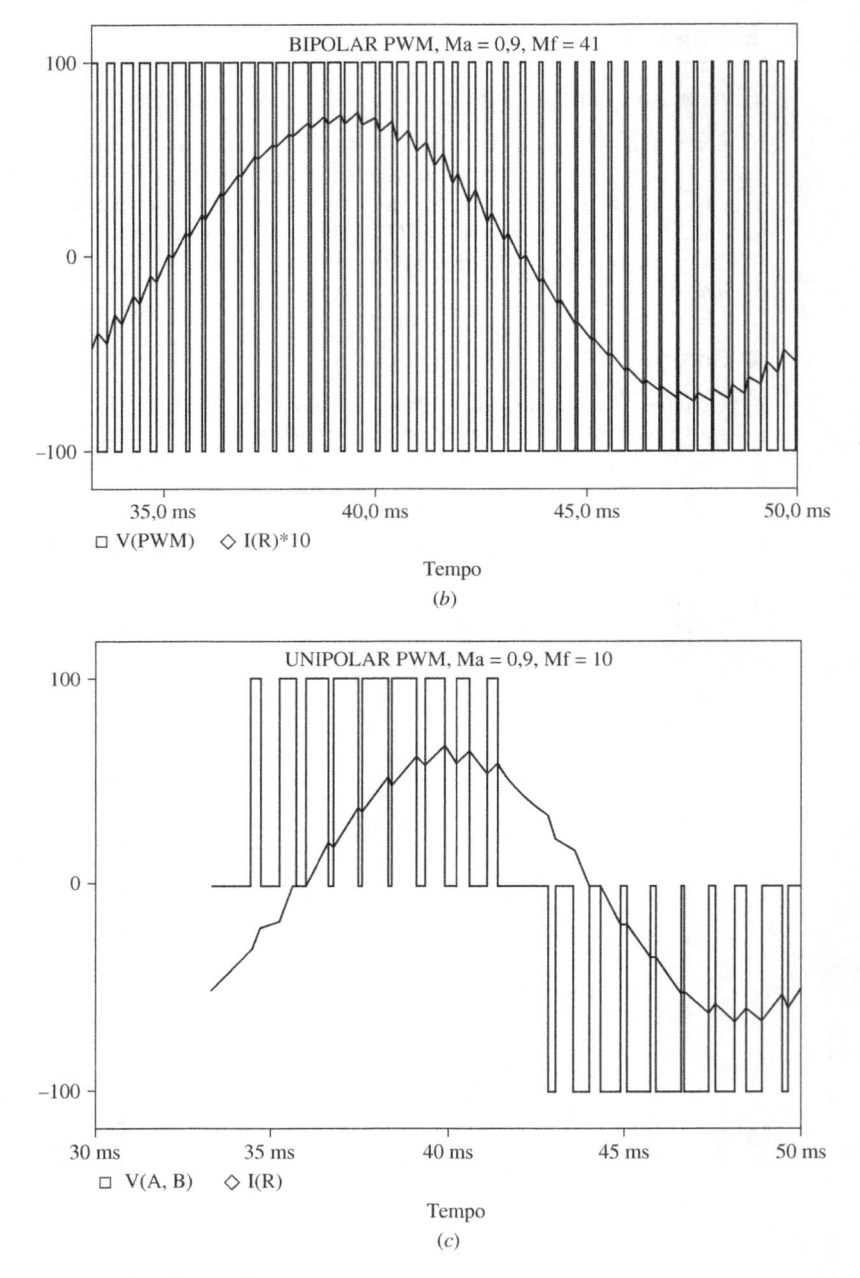

Figura 8-27 (*continuação*)

(c) O arquivo de entrada do PSpice para o chaveamento unipolar na Fig. 8-26 está funcionando com o parâmetro $m_f = 10$. A tensão e a corrente na saída são mostradas na tabela a seguir.

	Bipolar $m_f = 21$		Bipolar $m_f = 41$		Unipolar $m_f = 10$	
	f_n	I_n	f_n	I_n	f_n	I_n
	60	63,6	60	64,0	60	62,9
	1140	1,41	2340	0,69	1020	1,0
	1260	3,39	2460	1,7	1140	1,4
	1380	1,15	2580	0,62	1260	1,24
					1380	0,76
Irms		45,1		45,0		44,5
DHT		6,1%		3,2%		3,6%

Observe que a DHT é relativamente baixa em cada esquema de chaveamento PWM e aumentam a frequência de chaveamento (m_f), diminuindo as correntes das harmônicas neste tipo de carga.

8.15 INVERSORES TRIFÁSICOS

O inversor de seis degraus

A Fig. 8-28a mostra um circuito que produz uma saída trifásica CA a partir de uma fonte CC. A principal aplicação deste circuito é no controle de rotação do motor de indução, no qual a frequência de saída é variada. As chaves são fechadas e abertas na sequência mostrada na Fig. 8-28b.

Cada chave tem uma taxa de trabalho de 50% (não contando o tempo morto), e a ação do chaveamento ocorre a cada intervalo de tempo de T/6, ou intervalos com ângulos de 60°. Observe que as chaves S_1 e S_4 fecham e abrem uma oposta à outra, assim como os pares (S_2, S_5) e (S_3, S_6). Do mesmo modo que no inversor monofásico, estes pares de chaves devem ser coordenados de modo que não sejam fechadas ao mesmo tempo, o que resultaria num curto-circuito na fonte. Com este esquema, as tensões instantâneas v_{AO}, v_{BO} e v_{CO} são $+V_{cc}$ ou zero e a tensão de linha a linha de saída v_{AB} e v_{BC} e v_{CA} são $+V_{cc}$, 0 ou $-V_{cc}$. A sequência de chaveamento na Fig. 8-28b produz a tensão na saída mostrada na Fig. 8-28c.

A conexão de uma carga trifásica nesta tensão de saída pode ser feita em triângulo ou em estrela com neutro não aterrado. Para uma carga conectada em estrela, que é a conexão mais comum de cargas, a tensão em cada fase na carga é a tensão do neutro para a linha, conforme ilustrado na Fig. 8-28d. Por causa dos seis degraus nas formas de onda da saída para a tensão do neutro para a linha, resultante das transições das seis comutações por período, este circuito com o esquema de chaveamento é chamado de *inversor de seis degraus*.

As séries de Fourier para a tensão na saída tem uma frequência fundamental igual a frequência de chaveamento. As frequências das harmônicas são de ordens $6k \pm 1$

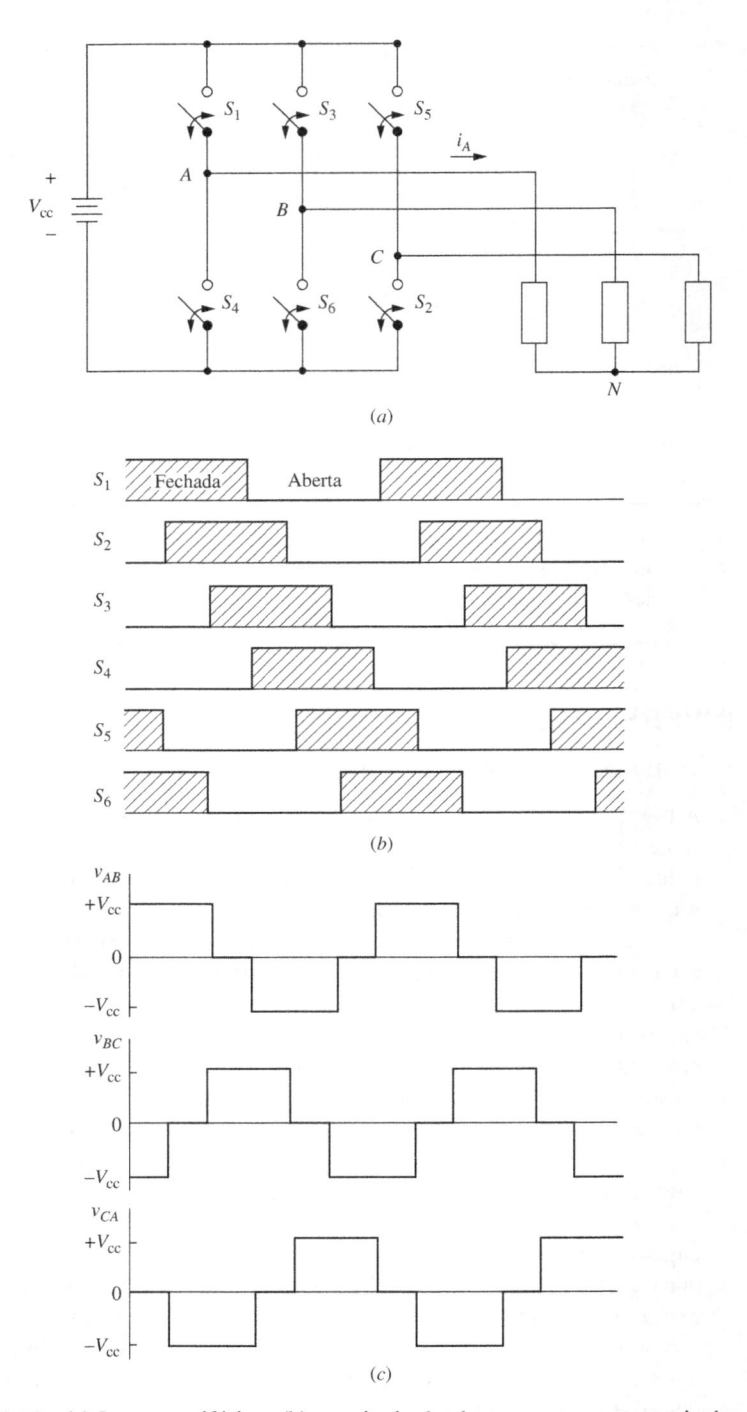

Figura 8-28 (a) Inversor trifásico; (b) sequência de chaveamento para os seis degraus na saída; (c) tensão de linha a linha na saída; (d) tensão linha-neutro para uma carga conectada em estrela não aterrada; (e) corrente na fase A para uma carga RL.

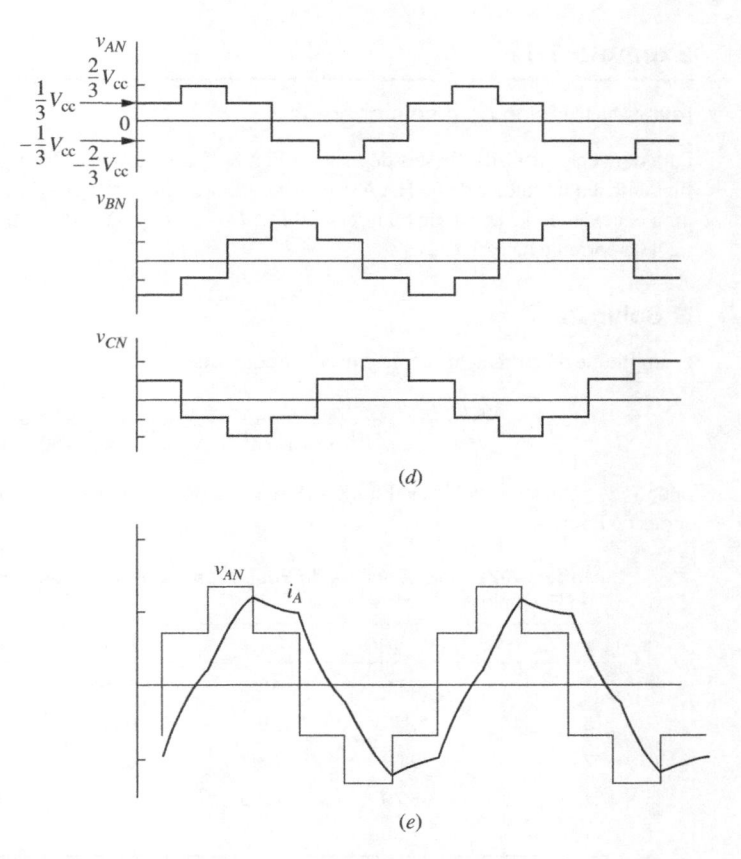

Figura 8-28 (*continuação*)

para $k = 1, 2,...$ ($n = 5, 7, 11, 13...$). A terceira harmônica e as múltiplas da terceira não existem, assim como as harmônicas pares. Para tensão na entrada de V_{cc}, a saída de uma carga conectada em estrela não aterrada tem os seguintes coeficientes de Fourier:

$$V_{n,L-L} = \left| \frac{4V_{cc}}{n\pi} \cos\left(n\frac{\pi}{6}\right) \right|$$

$$V_{n,L-N} = \left| \frac{2V_{cc}}{3n\pi} \left[2 + \cos\left(n\frac{\pi}{3}\right) - \cos\left(n\frac{2\pi}{3}\right) \right] \right| \quad n = 1, 5, 7, 11, 13, \ldots \qquad (8\text{-}42)$$

A DHT das duas tensões linha a linha e linha-neutro pode ser mostrada como sendo de 31% pela Eq. (8-17). A DHT das correntes na carga-dependente para $n = 15$ é menor para uma carga RL. Um exemplo da tensão linha-neutro e da corrente na linha para uma carga RL conectada em estrela é mostrado na Fig. 8-28e.

A frequência de saída pode ser controlada mudando-se a frequência de chaveamento. A magnitude da tensão na saída depende do valor da tensão CC de alimentação. Para o controle da tensão na saída do inversor de seis degraus, é preciso ajustar a tensão CC na entrada.

Exemplo 8-12

Inversor trifásico com seis degraus

Para o inversor trifásico de seis degraus da Fig. 8-28a, a entrada CC é de 100 V e a frequência fundamental na saída é de 60 Hz. A carga é conectada em estrela com cada fase da carga tendo uma conexão de RL em série com $R = 10\ \Omega$ e $L = 20$ mH. Determine a distorção harmônica total da corrente na carga.

■ Solução

A amplitude da corrente na carga em cada frequência é

$$I_n = \frac{V_{n,L-N}}{Z_n} = \frac{V_{n,L-N}}{\sqrt{R^2 + (n\omega_0 L)^2}} = \frac{V_{n,L-N}}{\sqrt{10^2 + [n(2\pi 60)(0{,}02)]^2}}$$

onde $V_{n,L-N}$ é determinada pela Eq. (8-42). A Tabela 8-7 resume os resultados dos cálculos das séries de Fourier.

Tabela 8-7 Componentes de Fourier para o inversor de seis degraus do Exemplo 8-12

n	$V_{n,L-N}$(V)	$Z_n(\Omega)$	I_n(A)	$I_{n,rms}$(A)
1	63,6	12,5	5,08	3,59
5	12,73	39,0	0,33	0,23
7	9,09	53,7	0,17	0,12
11	5,79	83,5	0,07	0,05
13	4,90	98,5	0,05	0,04

A DHT da corrente na carga é calculada pela Eq. (8-17) como

$$\mathrm{DHT}_1 = \frac{\sqrt{\sum_{n=2}^{\infty} I_{n,\mathrm{rms}}^2}}{I_{1,\mathrm{rms}}} \approx \frac{\sqrt{(0{,}23)^2 + (0{,}12)^2 + (0{,}05)^2 + (0{,}04)^2}}{3{,}59} = 0{,}07 = 7\%$$

Inversores trifásicos com PWM

A modulação por largura de pulso pode ser usada para os inversores trifásicos assim como para os inversores monofásicos. As vantagens do chaveamento PWM são as mesmas para o caso do monofásico: filtros reduzidos para a redução das harmônicas e controlabilidade da amplitude da frequência fundamental.

O chaveamento PWM para o inversor trifásico é similar ao do inversor monofásico. Basicamente, cada chave é controlada pela comparação da referência da onda senoidal com a onda triangular da portadora. A frequência fundamental na saída é a mesma da onda de referência e a amplitude de saída é determinada pelas amplitudes relativas das ondas de referência e da portadora.

Como no caso do inversor trifásico de seis degraus, as chaves na Fig. 8-28a são controladas aos pares, (S_1, S_4), (S_2, S_5) e (S_3, S_6). Quando uma chave num par é fechada, a outra é aberta. Cada par de chaves necessita de uma referência com onda senoidal. As três senoides de referências são separadas por 120° para produzir uma saída trifásica balanceada. A Fig. 8-29a mostra uma portadora triangular e as três ondas de referências. O controle das chaves são tais que

S_1 é ligada quando $v_a > v_{tri}$
S_2 é ligada quando $v_c > v_{tri}$
S_3 é ligada quando $v_b > v_{tri}$
S_4 é ligada quando $v_a < v_{tri}$
S_5 é ligada quando $v_c < v_{tri}$
S_6 é ligada quando $v_b < v_{tri}$

As harmônicas serão minimizadas se a frequência da portadora for escolhida tendo frequências de referência com números ímpares múltiplos de 3, isto é 3, 9, 15,... vezes a frequência. A Fig. 8-29b mostra as tensões de linha a linha para um

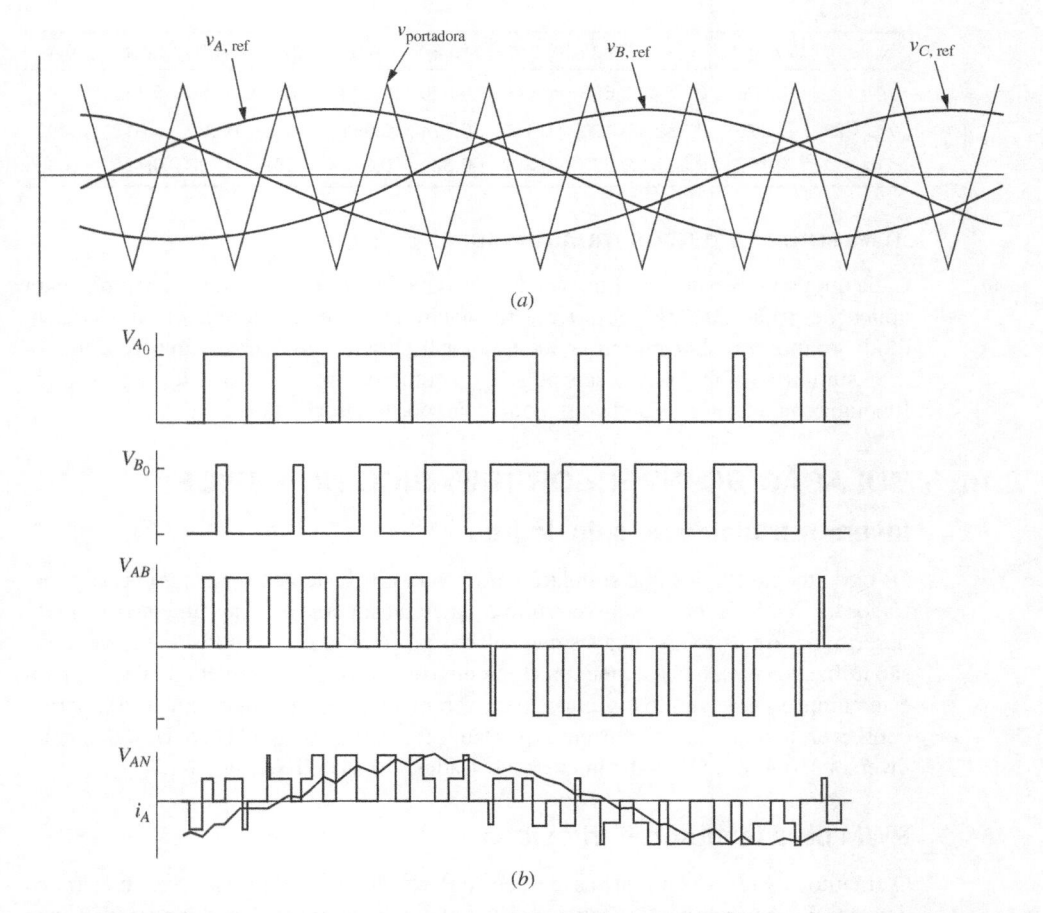

Figura 8-29 (a) Formas de onda da portadora e referência para o funcionamento da PWM com $m_f = 9$ e $m_a = 0{,}7$ para o inversor trifásico da Fig. 8-28a; (b) formas de onda da tensão na saída e forma de onda da corrente para uma carga RL.

PWM do inversor trifásico. Os coeficientes de Fourier para as tensões de linha a linha para o esquema de chaveamento do PWM trifásico são relacionados com os do PWM bipolar do monofásico (V_n na Tabela 8-3) por

$$V_{n3} = \sqrt{A_{n3}^2 + B_{n3}^2} \tag{8-43}$$

onde

$$A_{n3} = V_n \operatorname{sen}\left(\frac{n\pi}{2}\right)\operatorname{sen}\left(\frac{n\pi}{3}\right)$$
$$B_{n3} = V_n \cos\left(\frac{n\pi}{2}\right)\operatorname{sen}\left(\frac{n\pi}{3}\right) \tag{8-44}$$

Os principais coeficientes de Fourier estão listados na Tabela 8-8.

Tabela 8-8 Amplitudes normalizadas V_{n3}/V_{cc} para as ensões de linha a linha do PWM trifásico

	$m_a = 1$	0,9	0,8	0,7	0,6	0,5	0,4	0,3	0,2	0,1
$n = 1$	0,866	0,779	0,693	0,606	0,520	0,433	0,346	0,260	0,173	0,087
$m_f = 2$	0,275	0,232	0,190	0,150	0,114	0,081	0,053	0,030	0,013	0,003
$2m_f = 1$	0,157	0,221	0,272	0,307	0,321	0,313	0,282	0,232	0,165	0,086

Inversores trifásicos multiníveis

Cada um dos inversores multiníveis descritos na Sec. 8-9 podem ser expandidos para aplicações trifásicas. A Fig. 8-30 mostra um circuito inversor multinível trifásico com diodo grampeado. Este circuito pode funcionar para ter uma saída com níveis em degrau similar ao conversor de seis pulsos, ou como ocorre na maioria dos casos, pode funcionar para ter uma saída com modulação por largura de pulso.

8.16 SIMULAÇÃO DO INVERSOR TRIFÁSICO NO PSPICE

Inversor trifásico de seis degraus

Os circuitos no PSpice que simularão um inversor trifásico de seis degraus são mostrados na Fig. 8-31. O primeiro circuito é para um esquema de chaveamento completo descrito na Fig. 8-28. As chaves controladas por tensão com diodos de regeneração são utilizados para o chaveamento. (É preciso usar a versão completa do PSpice para este circuito.) O segundo circuito é para gerar as tensões adequadas na saída para o conversor de modo que as correntes possam ser normalizadas. Os nós da saída para o inversor são A, B e C. Os parâmetros mostrados são os do Exemplo 8-12.

PWM para inversores trifásicos

O circuito na Fig. 8-32 produz as tensões do PWM do inversor trifásico sem mostrar os detalhes do chaveamento. As fontes dependentes comparam as ondas da senoide com a onda da portadora triangular, como no Exemplo 8-8 para o caso do monofásico.

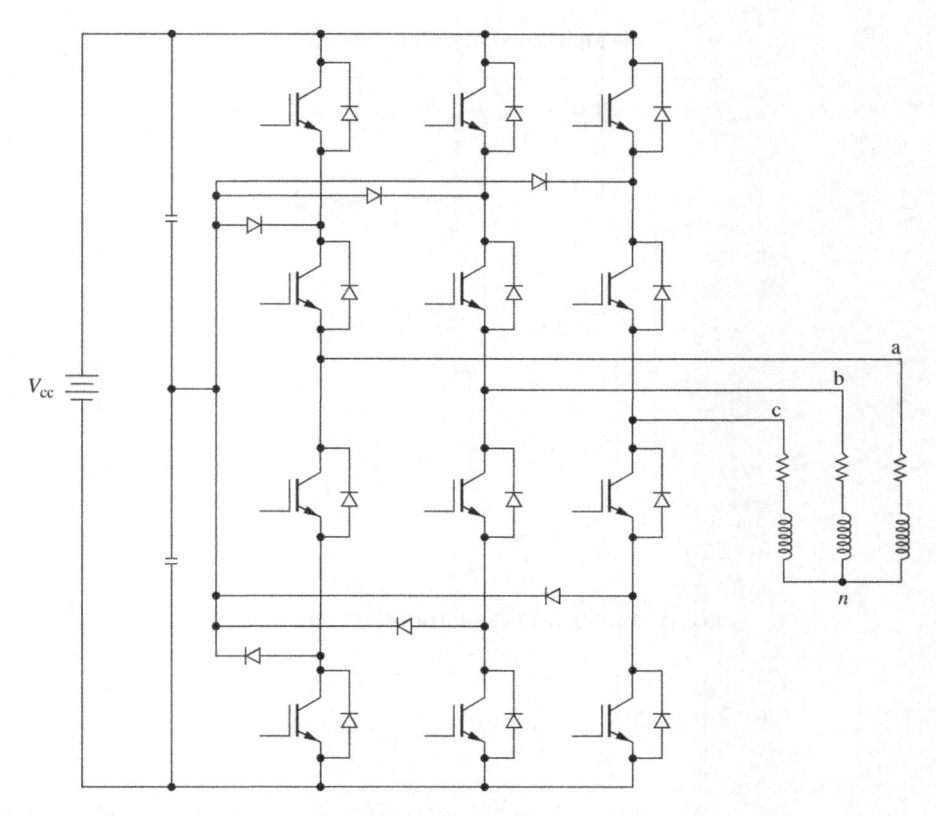

Figura 8-30 Um inversor multinível trifásico com diodo grampeado.

8.17 CONTROLE DE ROTAÇÃO DE MOTOR DE INDUÇÃO

A rotação de um motor de indução pode ser controlada pelo ajuste da frequência da tensão aplicada. A rotação síncrona ω_s de um motor de indução é relacionada com o número de polos p e a frequência elétrica aplicada ω por

$$\omega_s = \frac{2\omega}{p} \tag{8-45}$$

O *escorregamento* s é definido em termos da rotação do motor ω_r,

$$s = \frac{\omega_s - \omega_r}{\omega_s} \tag{8-46}$$

e o torque é proporcional ao escorregamento.

Se a frequência elétrica aplicada mudar, a rotação do motor mudará proporcionalmente. Contudo, se a tensão aplicada for mantida constante quando a frequência diminuir, o fluxo magnético no entreferro aumentará para o ponto de saturação. É desejável manter o fluxo no entreferro constante e igual ao seu valor nominal. Isto é

INVERSOR TRIFÁSICO DE SEIS DEGRAUS

PARAMETERS:
f = 60
R = 10
L = 20m

V1 = -1
V2 = 1
TD = 0
TR = 1n
TF = 1n
PW = {1/(2*f)}
PER = {1/f}

V1 = -1
V2 = 1
TD = {1/(3*f)}
TR = 1n
TF = 1n
PW = {1/(2*f)}
PER = {1/f}

V1 = -1
V2 = 1
TD = {1/(6*f)}
TR = 1n
TF = 1n
PW = {1/(2*f)}
PER = {1/f}

Set ITL4 = 100

(a)

EQUIVALENTE DO INVERSOR DE SEIS DEGRAUS

PARAMETERS:
Vcc = 100
freq = 60
R = 10
L = 20m

V1 = 0
V2 = {Vcc}
TD = 0
TR = 1n
TF = 1n
PW = {1/(2*freq-2n)}
PER = {1/(freq)}

V1 = 0
V2 = {Vcc}
TD = {1/(3*freq)}
TR = 1n
TF = 1n
PW = {1/(2*freq-2n)}
PER = {1/(freq)}

V1 = 0
V2 = {Vcc}
TD = {2/(3*freq)}
TR = 1n
TF = 1n
PW = {1/(2*freq-2n)}
PER = {1/(freq)}

(b)

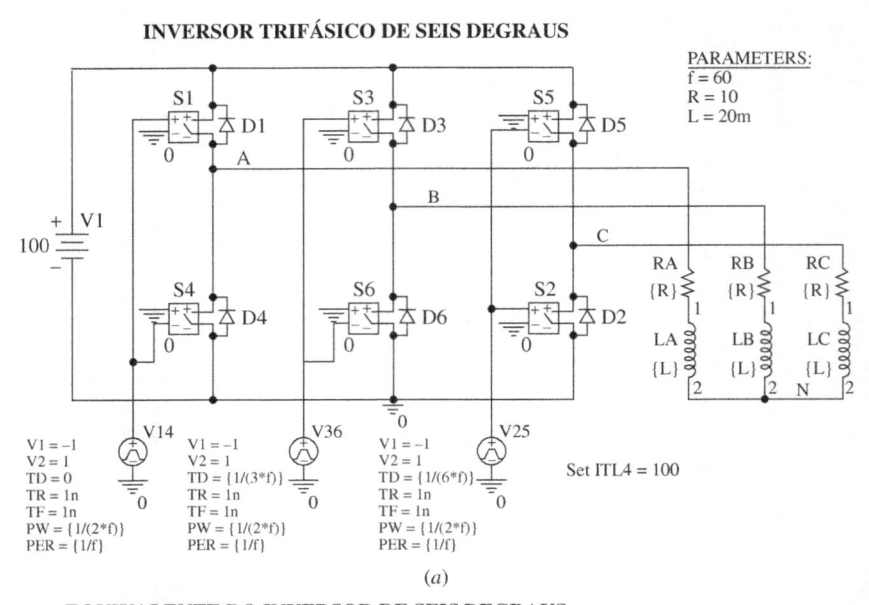

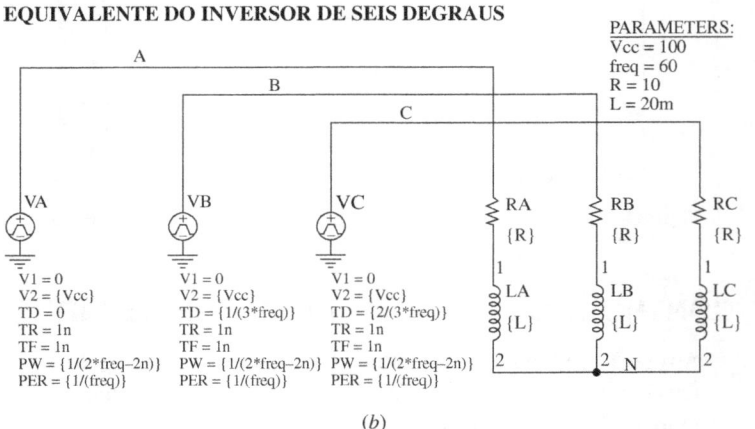

Figura 8-31 (a) Um inversor de seis degraus usando chaves e diodos (é preciso da versão completa do PSpice); (b) um circuito no PSpice para gerar tensões no conversor trifásico de seis pulsos.

efetuado variando a tensão aplicada proporcionalmente com a frequência. A taxa da tensão aplicada para a frequência aplicada deve ser constante.

$$\frac{V}{f} = \text{constante} \qquad (8\text{-}47)$$

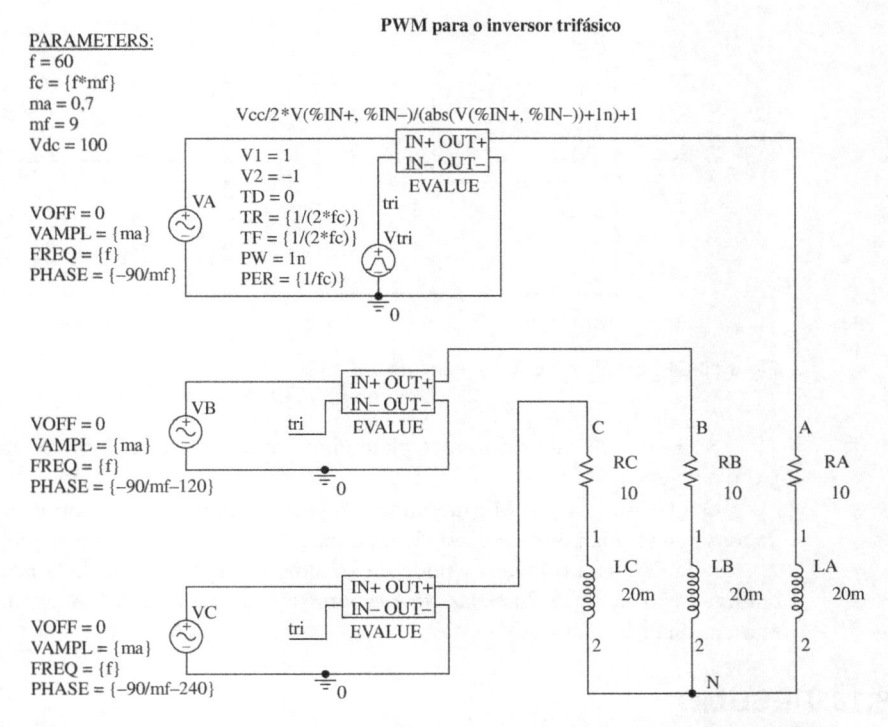

Figura 8-32 Um circuito funcional no PSpice para gerar as tensões trifásicas no PWM.

O termo *controle volts/hertz* é sempre usado nesta situação. As curvas torque-rotação no motor de indução da Fig. 8-33 são para frequências diferentes e volts/hertz constante.

O inversor de seis degraus pode ser usado para esta aplicação se a entrada CC for ajustável. Na configuração da Fig. 8-34, é produzida uma tensão CC ajustável e um inversor produz uma tensão CA na frequência desejada.

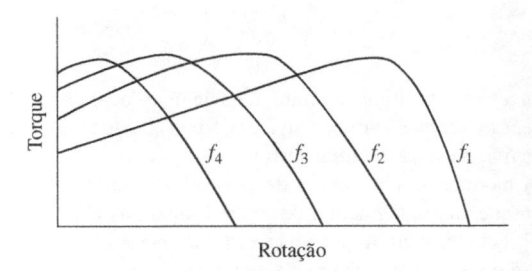

Figura 8-33 Curvas do torque-rotação para o motor de indução para o controle variável de rotação com volts/hertz constante.

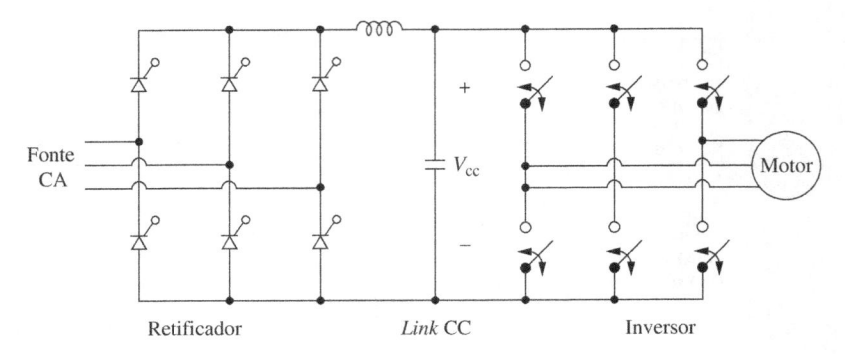

Figura 8-34 Conversor CA-CA com um *link* CC.

Se a fonte CC não é controlável, um inversor CC pode ser inserido entre a fonte CC e o inversor.

O inversor com PWM é útil numa aplicação com volts/hertz porque a amplitude da tensão na saída pode ser ajustada mudando a taxa de modulação da amplitude m_a. A entrada CC para o inversor pode vir de uma fonte não controlada neste caso. A configuração na Fig. 8-34 é classificada como um conversor CA-CA com um *link* CC entre as duas tensões CA.

8.18 RESUMO

- Os conversores com meia ponte ou em ponte completa podem ser usados para sintetizar uma saída CA a partir de uma entrada CC.
- Um esquema de chaveamento simples produz uma tensão na saída com onda quadrada que tem as séries de Fourier contendo as amplitudes das frequências harmônicas ímpares.

$$V_n = \frac{4V_{cc}}{n\pi}$$

- O controle da amplitude e da harmônica pode ser implementado admitindo um intervalo de tensão zero do ângulo α no final de cada pulso, resultando nos coeficientes de Fourier.

$$V_n = \left(\frac{4V_{cc}}{n\pi}\right)\cos(n\alpha)$$

- Inversores multiníveis usam mais de uma fonte de tensão CC ou dividem uma fonte de tensão simples com um divisor de tensão capacitivo para produzir níveis múltiplos de tensão na saída de um inversor.
- A modulação por largura de pulso (PWM) proporciona um controle na amplitude da frequência fundamental de saída. Embora as harmônicas tenham amplitudes maiores, elas ocorrem em frequência mais altas e são filtradas mais facilmente.
- Amplificadores de áudio classe D usam as técnicas de PWM para aumentar a eficiência.
- O inversor de seis degraus é o esquema de chaveamento básico para produzir uma saída trifásica a partir de uma fonte CC.
- Um esquema de chaveamento PWM pode ser utilizado com um inversor trifásico para reduzir a DHT da corrente na carga com uma filtragem simples.
- O controle de rotação de motores de indução é a principal aplicação dos inversores trifásicos.

8.19 BIBLIOGRAFIA

J. Almazan, N. Vazquez, C. Hernandez, J. Alvarez, and J. Arau, "Comparison between the Buck, Boost and Buck-Boost Inverters," *International Power Electronics Congress*, Acapulco, Mexico, October 2000, pp. 341–346.

B. K. Bose, *Power Electronics and Motor Drives: Advances and Trends*, Elsevier/ Academic Press, 2006.

J. N. Chiasson, L. M. Tolbert, K. J. McKenzie, and D. Zhong, "A Unified Approach to Solving the Harmonic Elimination Equations in Multilevel Converters," *IEEE Transactions on Power Electronics*, March 2004, pp. 478–490.

K. A. Corzine, "Topology and Control of Cascaded Multi-Level Converters," Ph.D. dissertation, University of Missouri, Rolla, 1997.

T. Kato, "Precise PWM Waveform Analysis of Inverter for Selected Harmonic Elimination," 1986 IEEE/IAS Annual Meeting, pp. 611–616.

N. Mohan, T. M. Undeland, and W. P. Robbins, *Power Electronics: Converters, Applications, and Design*, 3d ed., Wiley, New York, 2003.

L. G. Franquelo, "Multilevel Converters: Current Developments and Future Trends," *IEEE International Conference on Industrial Technology*, Chengdu, China, 2008.

J. R. Hauser, *Numerical Methods for Nonlinear Engineering Models*, Springer Netherlands, Dordrecht, 2009.

J. Holtz, "Pulsewidth Modulation–A Survey," *IEEE Transactions on Industrial Electronics*, vol. 39, no. 5, Dec. 1992, pp. 410–420.

S. Miaosen, F. Z. Peng, and L. M. Tolbert, "Multi-level DC/DC Power Conversion System with Multiple DC Sources," *IEEE 38th Annual Power Electronics Specialists Conference*, Orlando, Fla., 2007.

L. M. Tolbert, and F. Z. Peng, "Multilevel Converters for Large Electric Drives," *Applied Power Electronics Conference and Exposition*, anaheim, Calif., 1998.

M. H. Rashid, *Power Electronics: Circuits, Devices, and Systems,* 3d ed., Prentice-Hall, Upper Saddle River, N.J., 2004.

L. Salazar and G. Joos, "PSpice Simulation of Three-Phase Inverters by Means of Switching Functions," *IEEE Transactions on Power Electronics*, vol. 9, no. 1, Jan. 1994, pp. 35–42.

B. Wu, *High-Power Converters and AC Drives*, Wiley, New York, 2006.

X. Yuan, and I. Barbi, "Fundamentals of a New Diode Clamping Multilevel Inverter," *IEEE Transactions on Power Electronics*, vol. 15, no. 4, July 2000, pp. 711–718.

Problemas

Inversores de onda quadrada

8-1 O inversor de onda quadrada da Fig. 8-1a tem V_{cc} = 125 V, uma frequência de saída de 60 Hz e uma carga resistiva de 12,5 Ω. Faça um esboço das correntes na carga, em cada chave e na fonte e determine os valores médios e rms de cada uma.

8-2 Um inversor de onda quadrada tem uma fonte de 96 V e uma frequência de saída de 60 Hz. A carga é *RL* em série com R = 5 Ω e L = 100 mH. Quando a carga é energizada pela primeira vez, um transiente antecede a forma de onda do estado estável, descrito pela Eq. (8-5). (a) Determine o valor de pico da corrente no estado estável. (b) Usando a Eq. (8-1) e supondo a corrente inicial no indutor como zero, determine a corrente máxima que ocorre durante o transiente. (c) Simule o circuito com o arquivo de entrada do PSpice da Fig. 8-4a e compare os resultados com os itens (a) e (b). Quantos períodos devem decorrer antes de atingir o estado estável? Quantas constantes de tempo *L/R* devem decorrer antes do estado estável?

8-3 Um inversor de onda quadrada da Fig. 8-3 tem uma entrada CC de 150 V e alimenta uma carga RL em série com $R = 20\ \Omega$ e $L = 40$ mH. (a) Determine uma expressão para a corrente no estado estável. (b) Esboce a corrente na carga e indique os intervalos de tempo quando cada componente ($Q_1, D_1; ... Q_4, D_4$) está conduzindo. (c) Determine a corrente de pico em cada chave. (d) Qual é a tensão máxima em cada chave? Suponha os componentes como ideais.

8-4 Um inversor de onda quadrada tem uma fonte CC de 125 V, uma frequência de saída de 60 Hz e uma carga RL em série com $R = 20\ \Omega$ e $L = 25$ mH. Determine (a) uma expressão para a corrente na carga, (b) a corrente rms na carga, (c) a corrente média na fonte.

8-5 Um inversor de onda quadrada tem uma carga RL em série com $R = 15\ \Omega$ e $L = 10$ mH. A frequência na saída do inversor é de 400 Hz. (a) Determine o valor da fonte CC necessária para estabelecer uma corrente na carga que tenha um componente da frequência fundamental de 8 A rms. (b) Determine a DHT na corrente da carga.

8-6 Um inversor de onda quadrada alimenta uma carga RL em série com $R = 25\ \Omega$ e $L = 25$ mH. A frequência na saída do inversor é de 120 Hz. (a) Especifique a tensão da fonte CC de modo que a corrente na carga na frequência fundamental seja de 2,0 A rms. (b) Verifique seus resultados com o PSpice. Determine a DHT pelo PSpice.

8-7 Um inversor de onda quadrada tem uma entrada CC de 100 V em uma frequência de saída de 60 Hz e uma combinação RLC com $R = 10\ \Omega$, $L = 25$ mH e $C = 100\ \mu$F. Use o circuito inversor de onda quadrada simplificado do PSpice da Fig. 8-4a para determinar os valores rms e de pico da corrente no estado estável. Determine a distorção harmônica total da corrente na carga. Num desenho impresso de um período da corrente, indique os intervalos onde cada componente chave do circuito inversor da Fig. 8-3 está conduzindo para esta carga, se aquele circuito fosse usado para implementar o conversor.

Controle da amplitude e da harmônica

8-8 Para o inversor em ponte, a fonte CC é de 125 V, a carga é uma conexão RL em série com $R = 10\ \Omega$ e $L = 20$ mH e a frequência de chaveamento é de 60 Hz. (a) Use o esquema de chaveamento da Fig. 8-5 e determine o valor de α para produzir uma saída com uma amplitude de 90 V na frequência fundamental. (b) Determine a DHT da corrente na carga.

8-9 Um inversor que produz o tipo de saída da Fig. 8-5a é usado para alimentar uma carga RL em série com $R = 10\ \Omega$ e $L = 35$ mH. A tensão CC de entrada é de 200 V e a frequência de saída de 60 Hz. (a) Determine o valor rms da frequência fundamental na carga quando $\alpha = 0$. (b) Se a frequência fundamental na saída diminuir para 30 Hz, determine o valor de α necessário para manter a corrente rms na frequência fundamental no mesmo valor do item (a).

8-10 Use o circuito do PSpice na Fig. 8-7a para verificar que (a) a forma de onda da Fig. 8-5a com $\alpha = 30°$ sem a terceira frequência da harmônica e (b) a forma de onda da Fig. 8-5a com $\alpha = 18°$ sem a quinta harmônica.

8-11 (a) Determine o valor de α que eliminará a sétima harmônica da saída do inversor da Fig. 8-5a. (b) Verifique sua resposta com uma simulação no PSpice.

8-12 Determine o valor rms da forma de onda recortada da Fig. 8-6 para eliminar a terceira e a quinta harmônica.

8-13 Use o PSpice para verificar que a forma de onda recortada na Fig. 8-6c não contém as terceira ou quinta harmônica. Quais são as magnitudes da frequência fundamental e as quatro primeiras harmônicas diferentes de zero? (Um tipo de interpolação de fonte linear pode ser útil.)

Inversores multiníveis

8-14 Para um inversor multinível tendo três fontes CC separadas de 48 V cada, $\alpha_1 = 15°$, $\alpha_2 = 25°$ e $\alpha_3 = 55°$. (a) Esboce a forma de onda da tensão na saída. (b) Determine os coeficientes de Fourier até $n = 9$. (c) Determine o índice da modulação M_I.

8-15 Para um inversor de multinível com três fontes, escolha os valores de α_1, α_2 e α_3 de modo que a frequência da terceira harmônica ($n = 3$) na forma de onda da tensão na saída seja eliminada. Determine o índice de modulação M_i para sua escolha.

8-16 O inversor multinível com cinco fontes da Fig. 8-11 tem $\alpha_1 = 16,73°$, $\alpha_2 = 26,64°$ e $\alpha_3 = 46,00°$, $\alpha_4 = 60,69°$ e $\alpha_5 = 62,69°$. Determine as harmônicas que serão eliminadas da tensão de saída. Determine a amplitude da frequência fundamental da tensão na saída.

8-17 O conceito de inversores multiníveis de duas fontes das Figs. 8-9 e 8-11 é estendido para ter três fontes independentes e pontes H, além de três ângulos de atraso α_1 α_2 e α_3. Esboce as tensões na saída de cada ponte de um conversor multinível de três fontes de modo que a potência média de cada fonte seja a mesma.

Inversores modulados por largura de pulso

8-18 Uma fonte CC alimentando um inversor com um PWM bipolar tem uma saída de 96 V. A carga é uma combinação RL em série com $R = 32\ \Omega$ e $L = 24$ mH. A saída tem uma frequência fundamental de 60 Hz. (a) Especifique a taxa de modulação da amplitude para fornecer uma frequência fundamental na saída com 54 V rms. (b) Se a taxa de modulação da frequência for 17, determine a distorção harmônica total da corrente na carga.

8-19 Uma fonte CC alimentando um inversor com um PWM bipolar tem uma saída de 250 V. A carga é uma combinação RL em série com $R = 20\ \Omega$ e $L = 50$ mH. A saída tem uma frequência fundamental de 60 Hz. (a) Especifique a taxa de modulação da amplitude para fornecer uma frequência fundamental na saída com 160 V rms. (b) Se a taxa de modulação da frequência for 31, determine a distorção harmônica total da corrente na carga.

8-20 Use o PSpice para verificar que o projeto no Exemplo 8-9 satisfaz as especificações da DHT.

8-21 Projete um inversor que tenha uma saída PWM numa carga RL em série com $R = 10\ \Omega$ e $L = 20$ mH. A frequência fundamental da tensão na saída deve ser de 120 V rms e 60 Hz e a distorção harmônica total da corrente na carga deve ser menor que 8%. Especifique a tensão CC na entrada, a taxa de modulação da amplitude m_a e a frequência de chaveamento (frequência da portadora). Verifique a validade do seu projeto com uma simulação no PSpice.

8-22 Projete um inversor que tenha uma saída PWM numa carga RL em série com $R = 30\ \Omega$ e $L = 25$ mH. A frequência fundamental da tensão na saída deve ser de 100 V rms e 60 Hz e a distorção harmônica total da corrente na carga deve ser menor que 10%. Especifique a tensão CC na entrada, a taxa de modulação da amplitude m_a e a frequência de chaveamento (frequência da portadora). Verifique a validade do seu projeto com uma simulação no PSpice.

8-23 Uma modulação por largura de pulso é usada para fornecer uma tensão com 60 Hz para uma carga RL em série com $R = 12\ \Omega$ e $L = 20$ mH. A fonte de tensão CC é de 150 V. É preciso que a amplitude seja de 120 V em 60 Hz. Use o PSpice para obter a forma de onda na carga e DHT da forma de onda da corrente na carga. Use (a) um PWM bipolar com $m_f = 21$, (b) um PWM bipolar com $m_f = 41$ e (c) um PWM unipolar com $m_f = 10$.

Inversores trifásicos

8-24 Um inversor trifásico de seis degraus tem uma fonte CC de 250 V e uma frequência de saída de 60 Hz. Uma carga balanceada ligada em Y consiste de uma resistência de 25 Ω e uma indutância de 20 mH em série em cada fase. Determine (a) o valor rms do componente de 60 Hz da corrente na carga e (b) a DHT da corrente na carga.

8-25 Um inversor trifásico de seis degraus tem uma fonte CC de 400 V e uma frequência de saída que varia de 25 a 100 Hz. A carga é uma conexão Y em série com resistência de 10 Ω e indutância de 30 mH em em cada fase. (a) Determine a faixa de valores rms do componente da frequência fundamental da corrente na carga conforme a variação da frequência. (b) Qual é o efeito da variação da frequência sobre a DHT da corrente na carga e a DHT da tensão linha-neutro?

8-26 Um inversor trifásico de seis degraus tem uma entrada CC ajustável. A carga é uma conexão Y balanceada com uma combinação em série de RL em cada fase com $R = 5\ \Omega$ e $L = 50$ mH. A frequência na saída pode variar entre 30 e 60 Hz. (a) Determine a faixa de tensão CC na saída necessária para manter ao componente da frequência fundamental da corrente em 10 A rms. (b) Use o PSpice para determinar a DHT da corrente na carga em cada fase. Determine a corrente de pico e a corrente rms na carga para cada fase.

Conversores Ressonantes

Capítulo 9

9.1 INTRODUÇÃO

Um chaveamento ou uma comutação incorreta é um dos principais contribuintes para a perda de potência nos conversores, conforme estudado no Capítulo 6. Dispositivos de chaveamento absorvem potência quando ligam ou desligam ao passarem por uma transição quando a tensão ou a corrente não é zero. Com o aumento da frequência de chaveamento, estas transições ocorrem mais vezes e a potência média perdida no dispositivo aumenta. Por outro lado, altas frequências de chaveamento são desejáveis por que elas reduzem o tamanho dos componentes do filtro e transformadores, que por sua vez diminuem o tamanho e o peso do conversor.

Nos circuitos de chaveamento ressonante, o chaveamento ocorre quando a tensão e/ou a corrente é zero, evitando, assim, as transições simultâneas da tensão e da corrente, portanto, eliminando as perdas por chaveamento. Este tipo de chaveamento é chamado de *soft*, em oposição ao chaveamento *hard* nos circuitos como o conversor buck. Dentre os tipos de conversores ressonantes incluem; conversor com chave ressonante, o com carga ressonante e o com *link* CC ressonante. Este capítulo introduz o conceito básico de conversor ressonante e cita alguns exemplos.

9.2 CONVERSOR COM CHAVE RESSONANTE: CHAVEAMENTO COM CORRENTE-ZERO

Funcionamento básico

Um método para aproveitar a oscilação causada por um circuito LC para a redução das perdas no chaveamento em um conversor CC-CC é mostrado no circuito da Fig. 9-1a. O circuito é similar ao do conversor buck descrito no Capítulo 6. A corrente no indutor de saída L_o não tem ondulação por suposição e é igual à corrente da carga I_o. Quando a chave está aberta, o diodo está polarizado diretamente para conduzir a

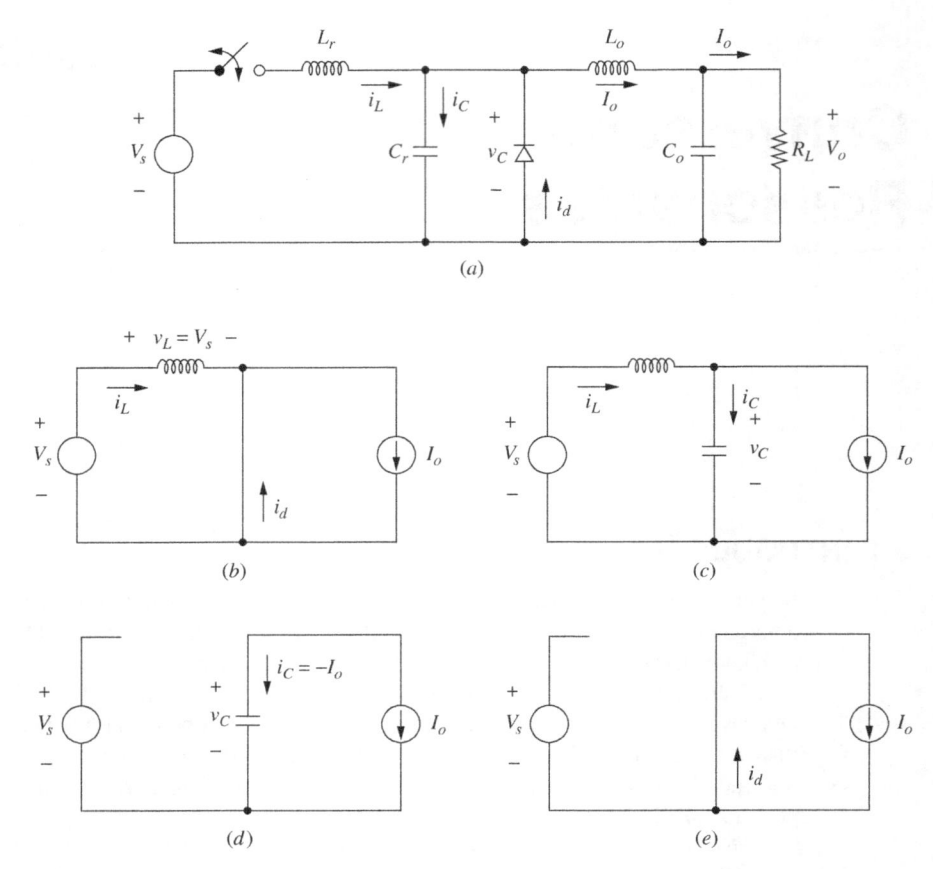

Figura 9-1 (a) Um conversor ressonante com chaveamento em corrente-zero; (b) chave fechada e diodo em condução ($0 < t < t_1$); (c) chave fechada e diodo em corte ($t_1 < t < t_2$); (d) chave aberta e diodo em corte ($t_2 < t < t_3$); (e) chave aberta e diodo em condução ($t_3 < t < T$); (f) formas de onda; (g) saída normalizada *versus* frequência de chaveamento com $r = R_1/Z_o$ como um parâmetro. Reimpresso com autorização. © 1992 IEEE, B.K. Bose. Modern Power Electronics: Evolution, Technology, and Applications. Reimpresso com autorização.

corrente do indutor de saída e a tensão em C_r é zero. Quando a chave fecha, o diodo permanece inicialmente polarizado diretamente para conduzir e a tensão em L_r é a mesma da fonte de tensão (Fig. 9-1b). A corrente em L_r aumenta linearmente e o diodo permanece polarizado diretamente enquanto I_l for menor que I_o. Quando i_L atinge I_o, o diodo desliga e o circuito equivalente é o da Fig. 9-1c. Se for uma constante, a carga aparece como uma fonte de corrente e o circuito LC oscila subamortecido. Por consequência, i_L retorna a zero e permanece, supondo que a chave seja unidirecional. A chave é desligada após a corrente ter atingido o zero, resultando no chaveamento em corrente zero e não há perda de potência.

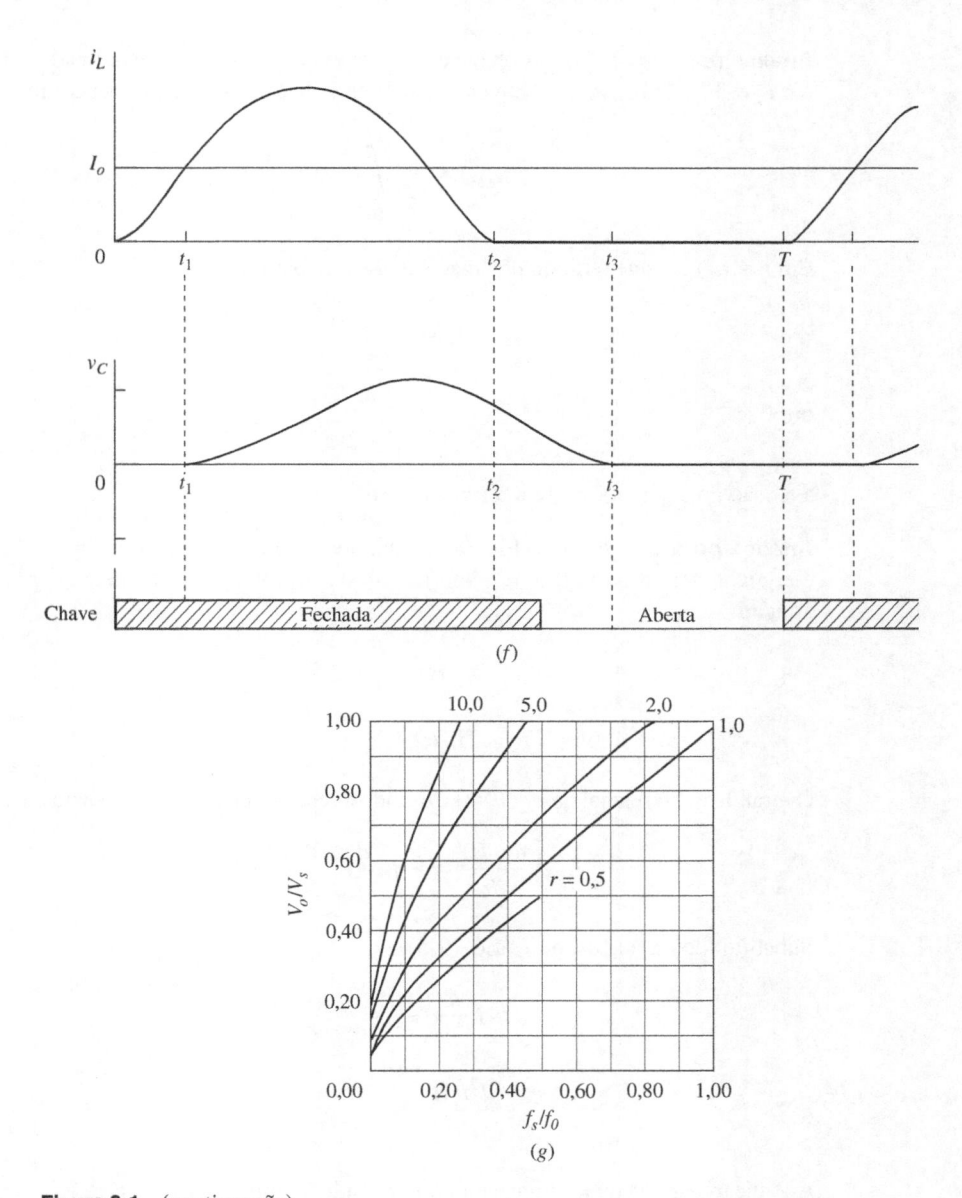

Figura 9-1 (*continuação*)

Após a corrente na chave ter atingido o zero, a tensão positiva no capacitor mantém o diodo polarizado reversamente, logo a corrente na carga circula por C_r com $i_c = -I_o$ (Fig. 9-1d). Se I_o for constante, a tensão no capacitor diminui linearmente. Quando a tensão no capacitor atingir o zero, o diodo fica polarizado diretamente para conduzir I_o (Fig. 9-1e). O circuito, então, volta ao ponto de partida. A análise para cada intervalo é dada a seguir.

Análise para $0 \leq t \leq t_1$ A chave é fechada em $t = 0$, o diodo está ligado e a tensão em L_r e (Fig. 9-1b). A corrente em L_r inicialmente é zero e é expressa como

$$i_L(t) = \frac{1}{L_r} \int_0^t V_s \, d\lambda = \frac{V_s}{L_r} t \qquad (9\text{-}1)$$

Em $t = t_1$, i_L atinge o diodo desliga. Resolvendo para t_1,

$$i_L(t_1) = I_o = \frac{V_s}{L_r} t_1 \qquad (9\text{-}2)$$

ou
$$\boxed{t_1 = \frac{I_o L_r}{V_s}} \qquad (9\text{-}3)$$

a tensão no capacitor neste intervalo é zero.

Análise para $t_1 \leq t \leq t_2$ (Fig. 9-1c) Quando o diodo desliga em $t = t_1$, o circuito é equivalente ao da Fig. 9-1c. No circuito da Fig. 9-1c, estas equações podem ser aplicadas

$$v_C(t) = V_s - L_r \frac{di_L(t)}{dt} \qquad (9\text{-}4)$$

$$i_C(t) = i_L(t) - I_o \qquad (9\text{-}5)$$

Operando a diferencial na Eq. (9-4) e usando a relação tensão-corrente para o capacitor,

$$\frac{dv_C(t)}{dt} = -L_r \frac{d^2 i_L(t)}{dt^2} = \frac{i_C(t)}{C_r} \qquad (9\text{-}6)$$

Substituindo para i_C usando a Eq. (9-5),

$$L_r \frac{d^2 i_L(t)}{dt^2} = \frac{I_o - i_L(t)}{C_r} \qquad (9\text{-}7)$$

ou
$$\frac{d^2 i_L(t)}{dt^2} + \frac{i_L(t)}{L_r C_r} = \frac{I_o}{L_r C_r} \qquad (9\text{-}8)$$

A solução para a equação anterior com a condição inicial $i_L(t_1) = I_o$ é

$$i_L(t) = I_o + \frac{V_s}{Z_o} \operatorname{sen} \omega_0 (t - t_1) \qquad (9\text{-}9)$$

onde Z_O é a característica da impedância

$$Z_0 = \sqrt{\frac{L_r}{C_r}} \qquad (9\text{-}10)$$

e ω_0 é a frequência de oscilação

$$\omega_0 = \frac{1}{\sqrt{L_r C_r}} \qquad (9\text{-}11)$$

A Eq. (9-9) é válida até que i_L chegue a zero em $t = t_2$. Resolvendo para o intervalo de tempo $t_2 - t_1$ quando ocorre a oscilação,

$$t_2 - t_1 = \frac{1}{\omega_0}\operatorname{sen}^{-1}\left(\frac{-I_o Z_0}{V_s}\right) \qquad (9\text{-}12)$$

que pode ser expressa como

$$\boxed{t_2 - t_1 = \frac{1}{\omega_0}\left[\operatorname{sen}^{-1}\left(\frac{I_o Z_0}{V_s}\right) + \pi\right]} \qquad (9\text{-}13)$$

Resolvendo para a tensão no capacitor pela substituição de i_L da Eq. (9-9) na Eq. (9-4) obtemos

$$v_C(t) = V_s\{1 - \cos[\omega_0(t - t_1)]\} \qquad (9\text{-}14)$$

que também é válida até que $t = t_2$. A tensão máxima no capacitor é portanto 2.

Análise para $t_2 \leq t \leq t_3$ Após a corrente no indutor ter atingido o valor zero em t_2, a corrente na chave é zero e ela pode ser aberta sem perda de potência. O circuito equivalente é mostrado na Fig. 9-1d. O diodo está desligado porque $V_C > 0$. A corrente no capacitor é $-I_o$, resultando numa tensão do capacitor diminuindo linearmente expressa como

$$v_C(t) = \frac{1}{C_r}\int_{t_2}^{t} -I_o\, d\lambda + v_C(t_2) = \frac{I_o}{C_r}(t_2 - t) + v_C(t_2) \qquad (9\text{-}15)$$

A Eq. (9-15) é válida até que a tensão no capacitor chegue a zero e o diodo ligue. Deixando o tempo em que a tensão no capacitor atinja o valor zero seja t_3, a Eq. (9-15) fornece uma expressão para o intervalo de tempo $t_3 - t_2$:

$$\boxed{t_3 - t_2 = \frac{C_r v_C(t_2)}{I_o} = \frac{C_r V_s\{1 - \cos[\omega_0(t_2 - t_1)]\}}{I_o}} \qquad (9\text{-}16)$$

onde $v_C(t_2)$ é obtida pela Eq. (9-14).

Análise para $t_3 \leq t \leq t$ Neste intervalo de tempo, i_L é zero, a chave está aberta e o diodo está ligado para conduzir a corrente e $v_C = 0$ (Fig. 9-1e). A duração deste intervalo é a diferença entre o período de chaveamento t e os outros intervalos, que são determinados por outros parâmetros do circuito.

Tensão na saída

A tensão na saída pode ser determinada pelo balanço de energia. A energia fornecida pela fonte é igual à energia absorvida pela carga durante um período de chaveamento. A energia fornecida pela fonte em um período é

$$W_s = \int_0^T p_s(t)\,d(t) = V_s \int_0^T i_L(t)\,dt \qquad (9\text{-}17)$$

A energia absorvida pela carga é

$$W_o = \int_0^T p_o(t)\,dt = V_o I_o T = \frac{V_o I_o}{f_s} \qquad (9\text{-}18)$$

onde f_s é a frequência de chaveamento. Pelas Eqs (9-1) e (9-9),

$$\int_0^T i_L(t)\,dt = \int_0^{t_1} \frac{V_s t}{L_r}\,dt + \int_{t_1}^{t_2} \left\{ I_o + \frac{V_s}{Z_0} \operatorname{sen}[\omega_0(t - t_1)] \right\} dt \qquad (9\text{-}19)$$

Usando $W_s = W_o$ e resolvendo para V_o usando as Eq. (9-17) e (9-19),

$$V_o = V_s f_s \left(\frac{t_1}{2} + (t_2 - t_1) + \frac{V_s C_r}{I_o}\{1 - \cos[\omega_0(t_2 - t_1)]\} \right) \qquad (9\text{-}20)$$

Utilizando a Eq. (9-16), a tensão na saída pode ser expressa em termos dos intervalos de tempo para cada condição do circuito:

$$\boxed{V_o = V_s f_s \left[\frac{t_1}{2} + (t_2 - t_1) + (t_3 - t_2) \right]} \qquad (9\text{-}21)$$

onde os intervalos de tempo são determinados pela Eqs. (9-3), (9-13) e (9-16).

A Eq. (9-21) mostra que a tensão na saída é uma função da frequência de chaveamento. Aumentando f_s aumenta V_o. O período de chaveamento deve ser maior que t_3 e a tensão na saída é menor que a tensão na entrada, como é o caso do conversor buck no Capítulo. 6. Observe que os intervalos de tempo são uma função da corrente de saída I_o, logo a tensão na saída para este circuito é dependente da carga. Quando a carga muda, a frequência de chaveamento deve ser ajustada para manter a tensão na saída constante. A Fig. 9-1g mostra a relação entre a tensão na saída e a frequência de chaveamento. A grandeza $r = R_L/Z_o$ é usada como um parâmetro onde R_L é a resistência da carga e Z_0 é definida na Eq. (9-10).

Um diodo ligado em antiparalelo com a chave na Fig. 9-1a dá origem a um conversor com chave ressonante que inclui uma corrente negativa no indutor. Para este circuito, V_o/V_s é aproximadamente uma função linear da frequência de chaveamento independente da carga (isto é, $V_o/V_s = f_s/f_o$).

O conversor de chave ressonante com corrente zero no chaveamento tem, teoricamente, perda zero no chaveamento. Contudo, a capacitância na junção dos dispositivos de chaveamento armazena energia que, é dissipada no dispositivo, resultando em pequenas perdas.

Observe que a tensão na saída é a média da tensão no capacitor v_c, produzindo um método alternado de derivação Eq. (9-21).

Exemplo 9-1

Conversor CC-CC com chave ressonante: chaveamento com corrente zero

No circuito da Fig. 9-1a,

$$V_s = 12 \text{ V}$$
$$C_r = 0{,}1 \text{ μF}$$
$$L_r = 10 \text{ μH}$$
$$I_o = 1 \text{ A}$$
$$f_s = 100 \text{ kHz}$$

(a) Determine a tensão na saída do conversor. (b) Determine a corrente de pico em L_r e a tensão de pico em C_r. (c) Qual é a frequência de chaveamento necessária para produzir uma tensão na saída de 6 V para mesma corrente na carga? (d) Determine a frequência de chaveamento máxima. (e) Se a resistência da carga mudar para 20 Ω, determine a frequência de chaveamento necessária para produzir uma tensão na saída de 8 V.

■ Solução

(a) Usando os parâmetros dados do circuito,

$$\omega_0 = \frac{1}{\sqrt{L_r C_r}} = \frac{1}{\sqrt{10(10)^{-6}(0{,}1)(10)^{-6}}} = 10^6 \text{ rad/s}$$

$$Z_0 = \sqrt{\frac{L_r}{C_r}} = \sqrt{\frac{10(10)^{-6}}{0{,}1(10)^{-6}}} = 10 \text{ Ω}$$

A tensão na saída é determinada pela Eq. (9-21). O instante t_1 é determinado pela Eq. (9-3):

$$t_1 = \frac{I_o L_r}{V_s} = \frac{(1)(10)(10)^{-6}}{12} = 0{,}833 \text{ μs}$$

Pela Eq. (9-13),

$$t_2 - t_1 = \frac{1}{\omega_0}\left[\text{sen}^{-1}\left(\frac{I_o Z_0}{V_s}\right) + \pi\right] = \frac{1}{10^6}\left[\text{sen}^{-1}\frac{(1)(10)}{12} + \pi\right] = 4{,}13 \text{ μs}$$

Pela Eq. (9-16),

$$t_3 - t_2 = \frac{C_r V_s}{I_o}\{1 - \cos[\omega_0(t_2 - t_1)]\}$$

$$= \frac{(0{,}1)(10)^{-6}(12)}{1}\{1 - \cos[10^6(4{,}13)(10)^{-6}]\} = 1{,}86 \text{ μs}$$

A tensão na saída pela Eq. (9-21) é

$$V_o = V_s f_s \left[\frac{t_1}{2} + (t_2 - t_1) + (t_3 - t_2) \right]$$

$$= (12)(100)(10^5) \left(\frac{0{,}833}{2} + 4{,}13 + 1{,}86 \right)(10^{-6}) = 7{,}69 \text{ V}$$

(b) A corrente de pico em L_r é determinada pela Eq. (9-9).

$$I_{L,\text{pico}} = I_o + \frac{V_s}{Z_0} = 1 + \frac{12}{10} = 2{,}2 \text{ A}$$

A tensão de pico em C_r é determinada pela Eq. (9-14):

$$V_{C,\text{pico}} = 2V_s = 2(12) = 24 \text{ V}$$

(c) Como a tensão na saída é proporcional à frequência [Eq. (9-21)], se I_o permanecer sem mudar, a frequência de chaveamento necessária para que a saída seja de 6 V é

$$f_s = 100 \text{ kHz} \left(\frac{6 \text{ V}}{7{,}69 \text{ V}} \right) = 78 \text{ kHz}$$

(d) A frequência máxima de chaveamento para este circuito ocorre quando o intervalo $T - t_3$ para zero. O instante $t_3 = t_1 + (t_2 - t_1) + (t_3 - t_2) = (0{,}833 + 4{,}13 + 1{,}86) \text{ μs} = 6{,}82 \text{ μs}$, resultando em

$$f_{s,\text{max}} = \frac{1}{T_{\text{min}}} = \frac{1}{t_3} = \frac{1}{(6{,}82)(10^{-6})} = 146 \text{ kHz}$$

(e) O gráfico da Fig. 9-1g pode ser usado para determinar a frequência de chaveamento necessária para obter uma tensão na saída de 8 V com uma carga de 20 Ω. Com $V_o/V_s = 8/12 = 0{,}67$, a curva para o parâmetro $r = R_L/Z_o = 20/10 = 2$ fornece $f_s/f_o \approx 0{,}45$. A frequência de chaveamento é $f_s = 0{,}45 f_o = 0{,}45(\omega_o/2\pi) = 0{,}45(10)^6/2\pi = 71{,}7$ kHz. O método usado na parte (a) deste problema pode ser usado para verificar os resultados. Note que agora é $V_o/R_L = 8/20 = 0{,}4$ A.

9.3 CONVERSOR COM CHAVE RESSONANTE: CHAVEAMENTO COM TENSÃO ZERO

Funcionamento básico

O circuito da Fig. 9-2a mostra um método para usar as oscilações de um circuito LC para o chaveamento com tensão zero. A análise supõe que o filtro de saída produz corrente sem ondulação em L_o. Iniciando com a chave fechada, a corrente na chave e em L_o é I_o, as correntes em D_1 e D_s são zero e a tensão em C_r e na chave é zero.

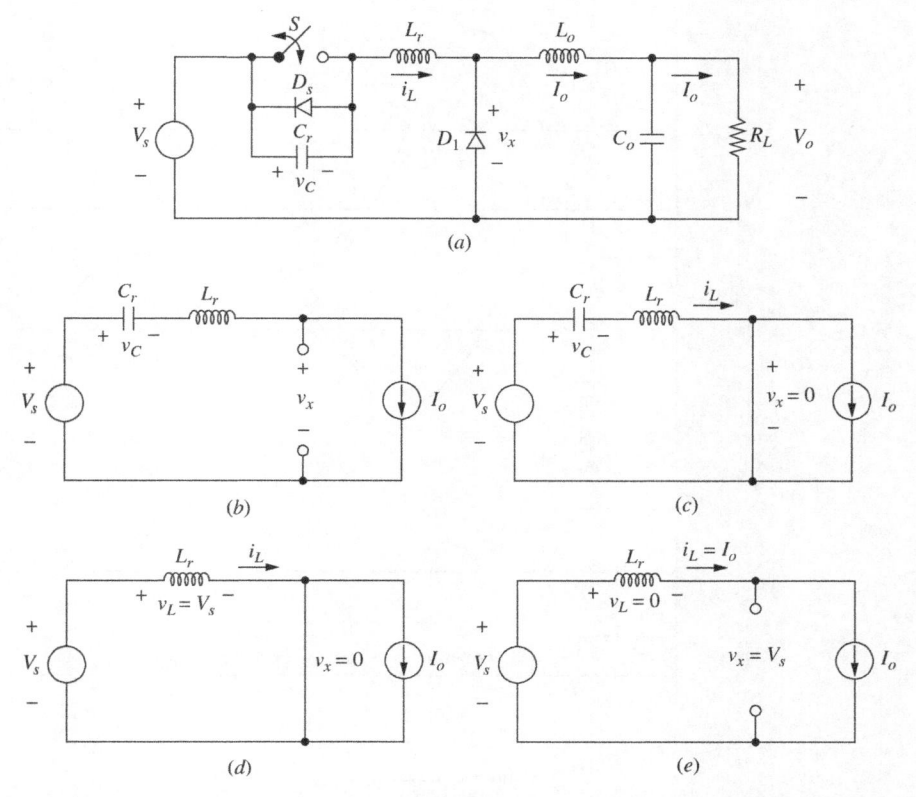

Figura 9-2 (a) Um conversor ressonante com chaveamento em tensão zero; (b) chave aberta e D_1 desligado ($0 < t < t_1$); (c) chave aberta e D_1 ligado ($t_1 < t < t_2$). (d) chave fechada e D_1 ligado ($t_2 < t < t_3$); (e) chave fechada e D_1 desligado ($t_3 < t < T$); (f) formas de onda; (g) saídas normalizadas *versus* frequência de chaveamento com r = R_L/Z_0 como um parâmetro. Reimpresso com licença de © 1992 IEEE, B.K. Bose, Modern Power Electronics: Evolution, Tecnology, and Applications.

A chave é aberta (quando a tensão em seus terminais é zero) e $i_L = I_o$ circula pelo capacitor C_r fazendo com que v_c aumente linearmente (Fig. 9-2b). Quando v_c atinge a tensão da fonte V_s, o diodo D_1 fica polarizado diretamente, formando, de forma efetiva, um circuito série com V_s, C_r e L_r, conforme mostrado na Fig. 9-2c. Neste instante, I_L e v_C neste circuito em série amortecido começa a oscilar.

Quando v_c retorna a zero, o diodo D_1 liga para conduzir a corrente i_L, que é negativa (Fig. 9-2d). A tensão em L_r é V_s, fazendo com que i_L aumente de maneira linear. A chave pode ser fechada tão logo D_s entre em condução para uma tensão zero. Quando iL fica positiva, D_s desliga e i_L é conduzida pela chave. Quando i_L atinge I_o, D_1 desliga e as condições do circuito voltam ao ponto de partida. A análise para cada condição do circuito é dada a seguir.

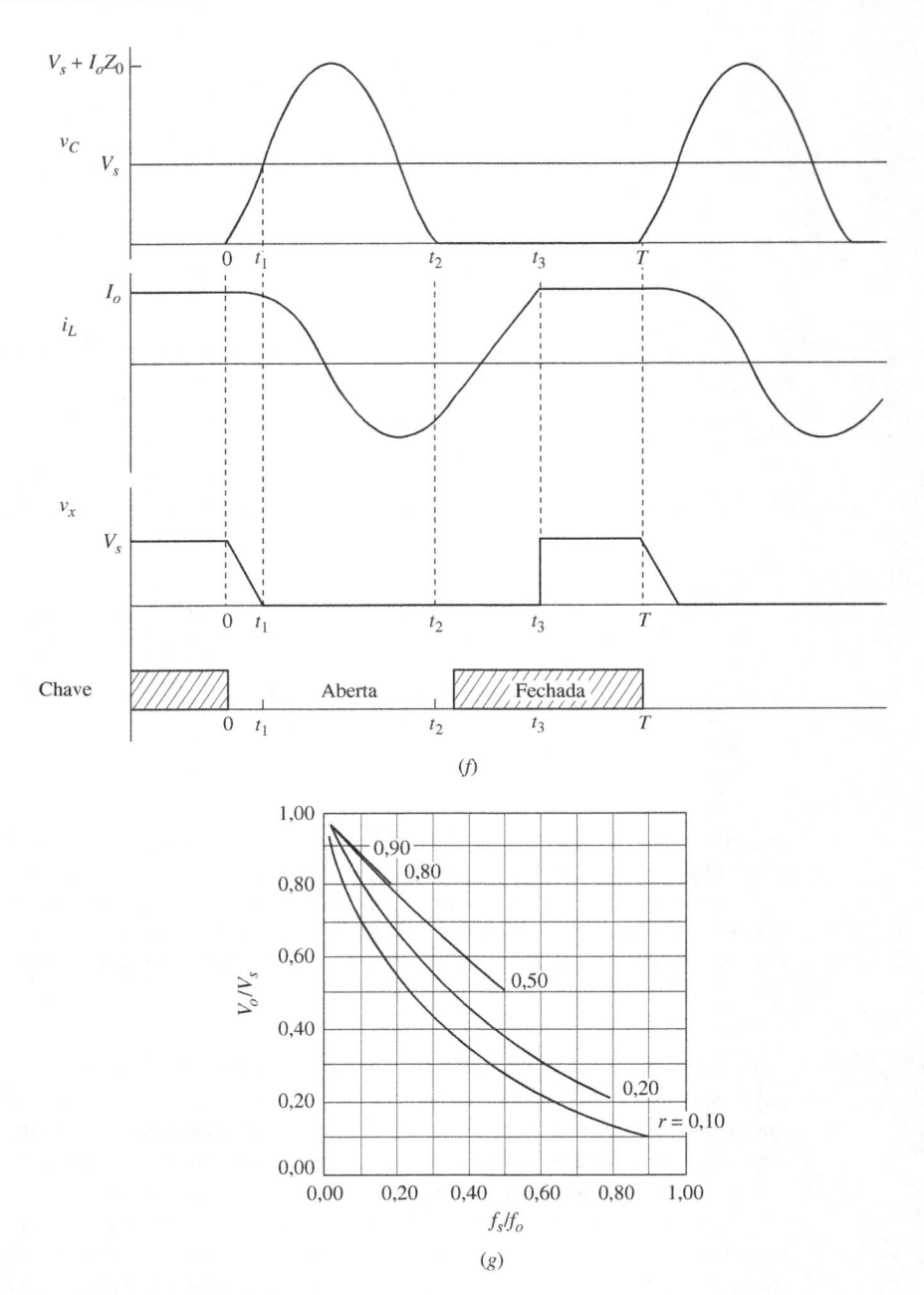

Figura 9-2 (*continuação*)

Análise para $0 \leq t \leq t_1$ A chave é aberta em $t = 0$. A corrente no capacitor é (Fig. (9-2b), fazendo com que a tensão no capacitor, inicialmente zero, aumente linearmente. A tensão em C_r é

$$v_C(t) = \frac{1}{C_r} \int_0^t I_o \, d\lambda = \frac{I_o}{C_r} t \qquad (9\text{-}22)$$

A tensão em L_r é zero porque a corrente no indutor é I_o, que é por suposição constante. A tensão no filtro de entrada v_x é

$$v_x(t) = V_s - v_C(t) = V_s - \frac{I_o}{C_r} t \qquad (9\text{-}23)$$

que é uma função linear decrescente começando em V_s. Em $t = t_1$, $v_x = 0$ e o diodo conduz. Resolvendo a equação anterior para t_1,

$$\boxed{t_1 = \frac{V_s C_r}{I_o}} \qquad (9\text{-}24)$$

A Eq. (9-23) pode, então, ser expressa como

$$v_x(t) = V_s\left(1 - \frac{t}{t_1}\right) \qquad (9\text{-}25)$$

Análise para $t_1 \leq t \leq t_2$ O diodo D_1 está polarizado diretamente e a tensão nele é 0 V e o circuito equivalente é mostrado na Fig. 9-2c. A Lei de Kirchhoff para tensão é expressa como

$$L_r \frac{di_L(t)}{dt} + v_C(t) = V_s \qquad (9\text{-}26)$$

Diferenciando,

$$L_r \frac{d^2 i_L(t)}{dt^2} + \frac{dv_C(t)}{dt} = 0 \qquad (9\text{-}27)$$

A relação da corrente no capacitor com a tensão é dada por

$$\frac{dv_C(t)}{dt} = \frac{i_C(t)}{C_r} \qquad (9\text{-}28)$$

Como as correntes no indutor e no capacitor são as mesmas neste intervalo, a Eq. (9-27) pode ser expressa como

$$\frac{d^2 i_L(t)}{dt^2} + \frac{i_L(t)}{L_r C_r} = 0 \qquad (9\text{-}29)$$

Resolvendo a equação anterior para i_L usando a condição inicial $i_L(t_1) = I_o$,

$$i_L(t) = I_o \cos[\omega_0(t - t_1)] \qquad (9\text{-}30)$$

onde

$$\omega_0 = \frac{1}{\sqrt{L_r C_r}} \qquad (9\text{-}31)$$

A tensão no capacitor é expressa como

$$v_C(t) = \frac{1}{C_r}\int_{t_1}^{t} i_C(\lambda)\, d\lambda + v_C(t_1) = \frac{1}{C_r}\int_{t_1}^{t} I_o \cos[\omega_0(\lambda - t_1)]\, d\lambda + V_s$$

que é simplificada para

$$v_C(t) = V_s + I_o Z_0 \operatorname{sen}[\omega_0(t - t_1)] \qquad (9\text{-}32)$$

onde

$$Z_0 = \sqrt{\frac{L_r}{C_r}} \qquad (9\text{-}33)$$

Observe que a tensão de pico no capacitor é

$$V_{C,\text{pico}} = V_s + I_o Z_0 = V_s + I_o \sqrt{\frac{L_r}{C_r}} \qquad (9\text{-}34)$$

que é também a tensão reversa máxima no diodo D_s e é maior que a tensão da fonte.
Com o diodo D_1 polarizado diretamente

$$v_x = 0 \qquad (9\text{-}35)$$

O diodo Ds em paralelo com C_r evita que v_C fique negativa, logo a Eq. (9-32) é válida para $v_c > 0$. Resolvendo a Eq. (9-32) para o instante $t = t_2$ quando v_c retorna a zero,

$$t_2 = \frac{1}{\omega_0}\left[\operatorname{sen}^{-1}\left(\frac{-V_s}{I_o Z_0}\right)\right] + t_1$$

que pode ser escrita como

$$\boxed{t_2 = \frac{1}{\omega_0}\left[\operatorname{sen}^{-1}\left(\frac{V_s}{I_o Z_0}\right) + \pi\right] + t_1} \qquad (9\text{-}36)$$

Em $t = t_2$, o diodo D_s entra em condução.

Análise para $t_2 \leq t \leq t_3$ (Fig. 9-2d) Após t_2, os dois diodos estão polarizados diretamente (Fig. 9-2d), a tensão em L_r é V_s e i_L aumenta linearmente até atingirem I_o até t_3. A chave volta a fechar logo após t_2, quando $v_C = 0$ (liga com tensão zero), e o diodo está ligado para conduzir uma corrente negativa i_L. A corrente i_L no intervalo de t_2 a t_3 é escrita como

$$i_L(t) = \frac{1}{L_r}\int_{t_2}^{t} V_s \, d\lambda + i_L(t_2) = \frac{V_s}{L_r}(t - t_2) + I_o \cos[\omega_0(t_2 - t_1)] \quad (9\text{-}37)$$

onde $i_L(t_2)$ é da Eq. (9-30). A corrente em t_3 é I_o:

$$i_L(t_3) = I_o = \frac{V_s}{L_r}(t_3 - t_2) + I_o \cos[\omega_0(t_2 - t_1)] \quad (9\text{-}38)$$

resolvendo para t_3,

$$\boxed{t_3 = \left(\frac{L_r I_o}{V_s}\right)\{1 - \cos[\omega_0(t_2 - t_1)]\} + t_2} \quad (9\text{-}39)$$

A tensão v_x é zero neste intervalo

$$v_x = 0 \quad (9\text{-}40)$$

em $t = t_3$, o diodo D_1 liga.

Análise para $t_3 \leq t \leq T$ Neste intervalo, a chave está fechada, os dois diodos estão desligados e a corrente na chave é

$$v_x = V_s \quad (9\text{-}41)$$

O circuito permanece nesta condição até a chave ser reaberta. O intervalo de tempo $T - t_3$ é determinado pela frequência de chaveamento do circuito. Todos os outros intervalos de tempo são determinados pelos outros parâmetros do circuito.

Tensão na saída

A tensão $v_x(t)$ na entrada do filtro de saída é mostrada na Fig. 9-2f. Resumindo nas Eqs. (9-25), (9-35), (9-40) e (9-41),

$$v_x(t) = \begin{cases} V_s\left(1 - \dfrac{t}{t_1}\right) & 0 < t < t_1 \\ 0 & t_1 < t < t_3 \\ V_s & t_3 < t < T \end{cases} \quad (9\text{-}42)$$

A tensão na saída é a média de $v_x(t)$. A tensão na saída é

$$V_o = \frac{1}{T}\int_0^T v_x \, dt = \frac{1}{T}\left[\int_0^{t_1} V_s\left(1 - \frac{t}{t_1}\right) dt + \int_{t_3}^T V_s \, dt\right]$$

$$= \frac{V_s}{T}\left[\frac{t_1}{2} + (T - t_3)\right]$$

(9-43)

Usando $f_s = 1/t$,

$$\boxed{V_o = V_s\left[1 - f_s\left(t_3 - \frac{t_1}{2}\right)\right]}$$

(9-44)

Os instantes t_1 e t_3 na equação anterior são determinados pelos parâmetros do circuito, que descritos pelas Eqs. (9-24), (9-36) e (9-39). *A tensão na saída é controlada pela variação da frequência de chaveamento*. O intervalo de tempo quando a chave é aberta e o intervalo de tempo quando a chave é fechada varia. Os instantes t_1 e t_3 são determinados, em parte, pela corrente na carga I_o, então a tensão na saída é uma função da carga. Aumentando a frequência de chaveamento, diminui o intervalo de tempo $T - t_3$ e a tensão na saída é reduzida. A tensão na saída normalizada *versus* frequência de chaveamento com o parâmetro $r = R_L/Z_o$ é mostrada no gráfico da Fig. 9-2g. A tensão na saída é menor que a tensão na entrada, como no caso do conversor buck no Capítulo 6.

Exemplo 9-2

Conversor com chave ressonante: chaveamento com tensão zero

No circuito da Fig. 9-2a,

$V_s = 20$ V
$L_r = 1$ μH
$C_r = 0,047$ μF
$I_o = 5$ A

(a) Determine a frequência de chaveamento de modo que a tensão na saída seja de 10 V.
(b) Determine a tensão de pico em Ds quando ele está polarizado reversamente.

■ Solução

(a) Pelos parâmetros do circuito,

$$\omega_0 = \frac{1}{\sqrt{(10)^{-6}(0,047)(10)^{-6}}} = 4,61(10^6) \text{ rad/s}$$

$$Z_0 = \sqrt{\frac{L_r}{C_r}} = \sqrt{\frac{10^{-6}}{0,047(10^{-6})}} = 4,61 \text{ } \Omega$$

Usando a Eq. (9-24) para encontrar o valor de t_1,

$$t_1 = \frac{V_s C_r}{I_o} = \frac{(20)(0,047)(10^{-6})}{5} = 0,188 \ \mu s$$

Pela Eq. (9-36),

$$t_2 = \frac{1}{\omega_0}\left[\operatorname{sen}^{-1}\left(\frac{V_s}{I_o\sqrt{L_r/C_r}}\right) + \pi\right] + t_1$$

$$= \frac{1}{4,61(10^6)}\left[\operatorname{sen}^{-1}\frac{20}{(5)(4,61)} + \pi\right] + 0,188 \ \mu s = 1,10 \ \mu s$$

Pela Eq. (9-39),

$$t_3 = \left(\frac{L_r I_o}{V_s}\right)\{1 - \cos[\omega_0(t_2 - t_1)]\} + t_2$$

$$= \left(\frac{10^{-6}(5)}{20}\right)\{1 - \cos[(4,61)(10^6)(1,10 - 0,188)(10^{-6})]\} + 1,10 \ \mu s = 1,47 \ \mu s$$

A Eq. (9-44) é usada para determinar a frequência correta de chaveamento,

$$V_o = V_s\left[1 - f_s\left(t_3 - \frac{t_1}{2}\right)\right]$$

$$10 = 20\left[1 - f_s\left(1,47 - \frac{0,188}{2}\right)(10^{-6})\right]$$

$$f_s = 363 \text{ kHz}$$

(b) A tensão de pico inversa em D_s é a mesma tensão de pico no capacitor. Pela Eq. (9-25),

$$V_{D_s,\text{pico}} = V_{C,\text{pico}} = V_o + I_o\sqrt{\frac{L_r}{C_r}} = 20 + (5)(4,61) = 33 \text{ V}$$

9.4 INVERSOR RESSONANTE SÉRIE

O inversor ressonante em série (conversor CC-CA) da Fig. 9-3a é uma aplicação de conversores ressonantes. No inversor ressonante em série, um indutor e um capacitor são ligados em série com um resistor de carga. As chaves produzem uma tensão em onda quadrada e a combinação indutor-capacitor é escolhida de modo que a frequência ressonante é a mesma frequência de chaveamento.

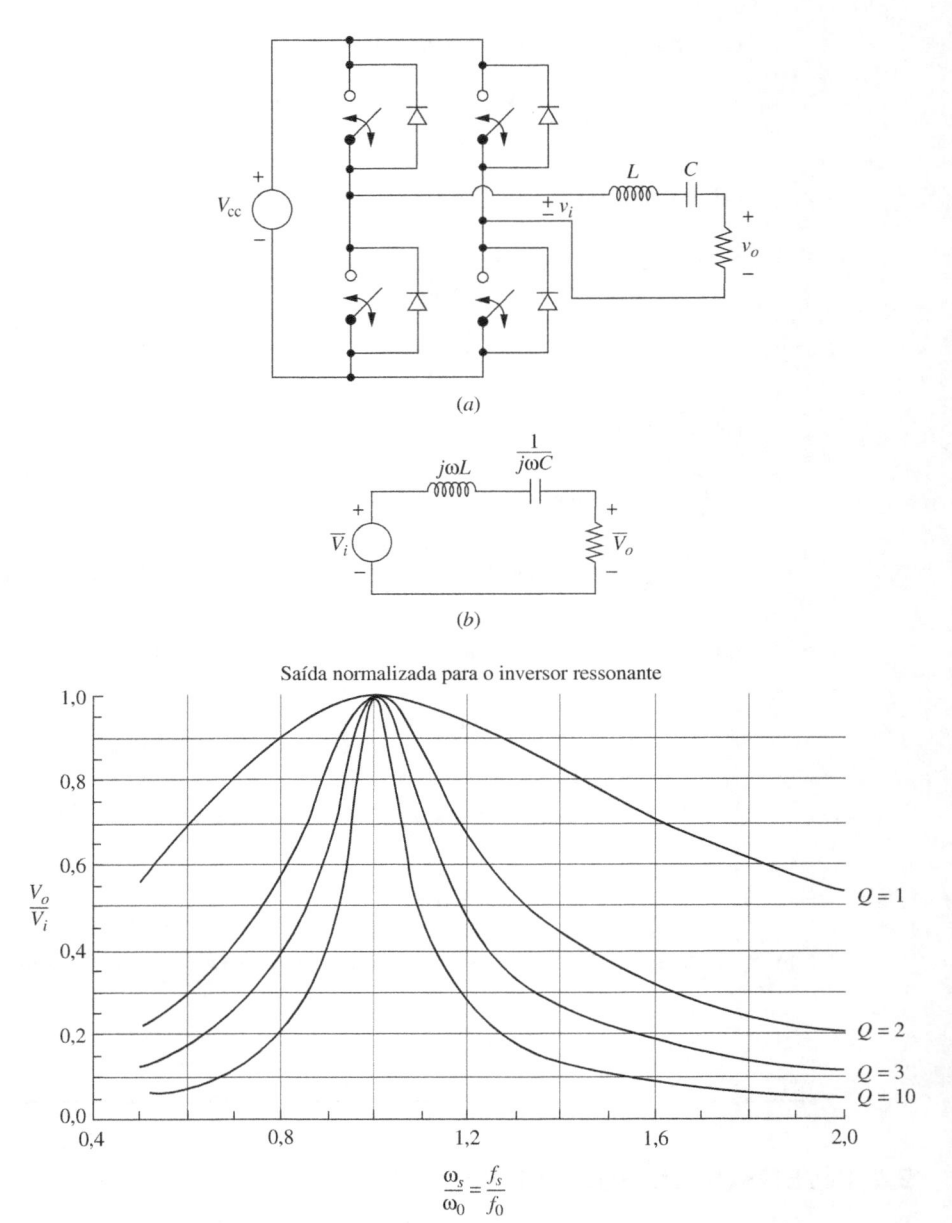

Figura 9-3 (a) Um inversor ressonante em série; (b) fasor equivalente de um circuito RLC em série; (c) resposta em frequência normalizada.

A análise começa levando em consideração a resposta em frequência do circuito *RLC* da Fig. 9-3b. As amplitudes da tensão de entrada e de saída são relacionadas por

$$\frac{V_o}{V_i} = \frac{R}{\sqrt{R^2 + (\omega L - (1/\omega C))^2}} = \frac{1}{\sqrt{1 + ((\omega L/R) - (1/\omega RC))^2}} \quad (9\text{-}45)$$

A ressonância é na frequência

$$\omega_0 = \frac{1}{\sqrt{LC}} \quad (9\text{-}46)$$

ou

$$f_0 = \frac{1}{2\pi\sqrt{LC}} \quad (9\text{-}47)$$

Na ressonância, as impedâncias da indutância e da capacitância se cancelam e a carga aparece como uma resistência. Se a ponte na saída é uma onda quadrada na frequência f_o, a combinação *LC* age como um filtro, deixando passar a frequência fundamental e atenuando as harmônicas. Se a terceira harmônica e as de ordem superiores da onda quadrada da saída da ponte forem removidas efetivamente, a tensão no resistor de carga é essencialmente uma senoide na frequência fundamental da onda quadrada.

A amplitude da frequência fundamental da tensão de uma onda quadrada de $\pm V_{cc}$ é

$$V_1 = \frac{4V_{cc}}{\pi} \quad (9\text{-}48)$$

A resposta em frequência do filtro poderia ser escrita em termos da largura da faixa, que é caracterizada também pelo fator de qualidade *Q*.

$$Q = \frac{\omega_0 L}{R} = \frac{1}{\omega_0 RC} \quad (9\text{-}49)$$

A Eq. (9-45) pode ser expressa em termos de ω_0 e *Q*:

$$\frac{V_o}{V_i} = \frac{1}{\sqrt{1 + Q^2((\omega/\omega_0) - (\omega_0/\omega))^2}} \quad (9\text{-}50)$$

A resposta em frequência normalizada com *Q* como um parâmetro é mostrada na Fig. 9-3c. A distorção harmônica total (DHT, conforme definida no Capítulo 2) da tensão no resistor de carga é reduzida pelo aumento de *Q* do filtro. Aumentando a indutância e reduzindo a capacitância, *Q* torna-se maior.

Perdas no chaveamento

Uma característica importante do inversor de ressonância é que as perdas na chave são reduzidas em relação aos inversores estudados no Capítulo 8. Se o chaveamento é na frequência de ressonância e o fator *Q* do circuito é alto, as chaves funcionam quando a corrente na carga está em ou próximo de zero. Isto é importante porque a potência absorvida pelas chaves é menor que nos inversores não ressonantes.

Controle da amplitude

Se a frequência da tensão na carga não for crítica, a amplitude da frequência fundamental no resistor de carga pode ser controlada pelo deslocamento da frequência de chaveamento fora da ressonância. A potência absorvida pelo resistor de carga é então controlada pela frequência de chaveamento. O aquecimento por indução é uma aplicação.

A frequência de chaveamento deveria ser deslocada acima da ressonância em vez de abaixo quando controlar a saída. Frequências mais altas de chaveamento deslocam as harmônicas de onda quadrada para cima, aumentando a eficiência dos filtros para removê-las. De forma recíproca, deslocando a frequência abaixo da ressonância as harmônicas mudam, em particular a terceira harmônica, mais próximo da ressonância e aumenta suas amplitudes na saída.

Exemplo 9-3

Um inversor ressonante

Uma carga resistiva requer uma tensão senoidal de 50 V rms com 1.000 Hz. A DHT da tensão na carga não deve ser maior que 5%. Dispõe se de uma fonte CC ajustável. (a) Projete um inversor para esta aplicação. (b) Determine a tensão máxima no capacitor. (c) Verifique o projeto com uma simulação no PSpice.

■ Solução

(a) O conversor em ponte completa da Fig. 9-3a com 1.000 Hz com chaveamento em onda quadrada e filtro LC em série ressonante é escolhido para este projeto. A amplitude de uma tensão senoidal de 50 V rms é $\sqrt{2}(50) = 70{,}7$ V. A tensão CC de entrada é determinada pela Eq. (9-48).

$$70{,}7 = \frac{4V_{cc}}{\pi}$$

$$V_{cc} = 55{,}5 \text{ V}$$

A frequência de ressonância do filtro deve ser de 1.000 Hz, estabelecendo o produto LC. O Q do filtro e o limite da DHT são usados para determinar os valores de L e C. A terceira harmônica da onda quadrada é a maior e será a última a ser atenuada pelo filtro. Estimando a DHT da terceira harmônica,

$$\text{DHT} = \frac{\sqrt{\sum_{n \neq 1} V_n^2}}{V_1} \approx \frac{V_3}{V_1} \qquad (9\text{-}51)$$

onde V_1 e V_3 são as amplitudes na carga, das frequências da fundamental e da terceira harmônica, respectivamente. Usando a aproximação precedente, a amplitude da terceira harmônica da tensão na carga deve ser no máximo

$$V_3 < (\text{DHT})(V_1) = (0{,}05)(70{,}7) = 3{,}54 \text{ V}$$

Para a onda quadrada, $V_3 = V_1/3 = 70{,}7/3$. Usando a Eq. (9-50), Q é determinado pela magnitude da terceira harmônica na saída com a terceira harmônica da entrada, $70{,}7/3$, em $\omega = 3\omega_0$.

$$\frac{V_{o,3}}{V_{i,3}} = \frac{3{,}54}{70{,}7/3} = \sqrt{\frac{1}{1 + Q^2((3\omega_0/\omega_0) - (\omega_0/3\omega_0))^2}}$$

Resolvendo a equação anterior para Q, resulta em $Q = 2{,}47$. Usando a Eq. (9-47),

$$L = \frac{QR}{\omega_0} = \frac{(2{,}47)(10)}{2\pi(1000)} = 3{,}93 \text{ mH}$$

$$C = \frac{1}{Q\omega_0 R} = \frac{1}{(2{,}47)(2\pi)(1000)(10)} = 6{,}44 \text{ }\mu\text{F}$$

A potência entregue para o resistor de carga na frequência da fundamental é $V_{\text{rms}}^2/R = 50^2/10 = 250$ W. A potência entregue para a carga na terceira harmônica é $(2{,}5^2)/10 = 0{,}63$ W, mostrando que a potência na frequências harmônicas são desprezíveis.

(b) A tensão no capacitor é estimada pela análise fasorial na frequência da fundamental:

$$V_C = \left|\frac{I}{j\omega_0 C}\right| = \frac{V_1/R}{\omega_0 C} = \frac{70{,}7/10}{(2\pi)(1000)(6{,}44)(10^{-6})} = 175 \text{ V}$$

Na ressonância, o indutor tem o mesmo valor de impedância que o do capacitor, logo sua tensão é de 175 V também. As tensões no indutor e no capacitor podem ser maiores se Q for maior. Observe que estas tensões tem um tamanho maior que as da saída ou da fonte.

(c) Um método de simulação no Pspice é usar uma tensão com onda quadrada como entrada para o circuito *RLC*. Isto supondo que o chaveamento é ideal, mas é um bom ponto de partida para verificar que o projeto satisfaz as especificações. O circuito é mostrado na Fig. 9-4a.

A saída começa a atingir o estado estável após três períodos (3 ms). A saída do Probe exibindo as tensões de saída e de entrada pode ser vista na Fig. 9-4b, e uma análise de Fourier (FFP) pelo Probe pode ser verificada na Fig. 9-4c. As amplitudes da frequência fundamental e da terceira harmônica são as previstas na parte (a). A análise de Fourier para a tensão na saída é como segue:

```
FOURIER COMPONENTS OF TRANSIENT RESPONSE V(OUTPUT)

  DC COMPONENT = -2.770561E-02

HARMONIC   FREQUENCY    FOURIER      NORMALIZED     PHASE       NORMALIZED
   NO        (HZ)      COMPONENT     COMPONENT      (DEG)       PHASE (DEG)

   1       1.000E+03   7.056E+01     1.000E+00     1.079E-01    0.000E+00
   2       2.000E+03   3.404E-02     4.825E-04     3.771E+01    3.749E+01
   3       3.000E+03   3.528E+00     5.000E-02    -8.113E+01   -8.145E+01
   4       4.000E+03   1.134E-02     1.608E-04    -5.983E+00   -6.414E+00
   5       5.000E+03   1.186E+00     1.681E-02    -8.480E+01   -8.533E+01
   6       6.000E+03   8.246E-03     1.169E-04    -2.894E+01   -2.959E+01
   7       7.000E+03   5.943E-01     8.423E-03    -8.609E+01   -8.684E+01
   8       8.000E+03   7.232E-03     1.025E-04    -4.302E+01   -4.388E+01
   9       9.000E+03   3.572E-01     5.062E-03    -8.671E+01   -8.768E+01

TOTAL HARMONIC DISTORTION = 5.365782E+00 PERCENT
```

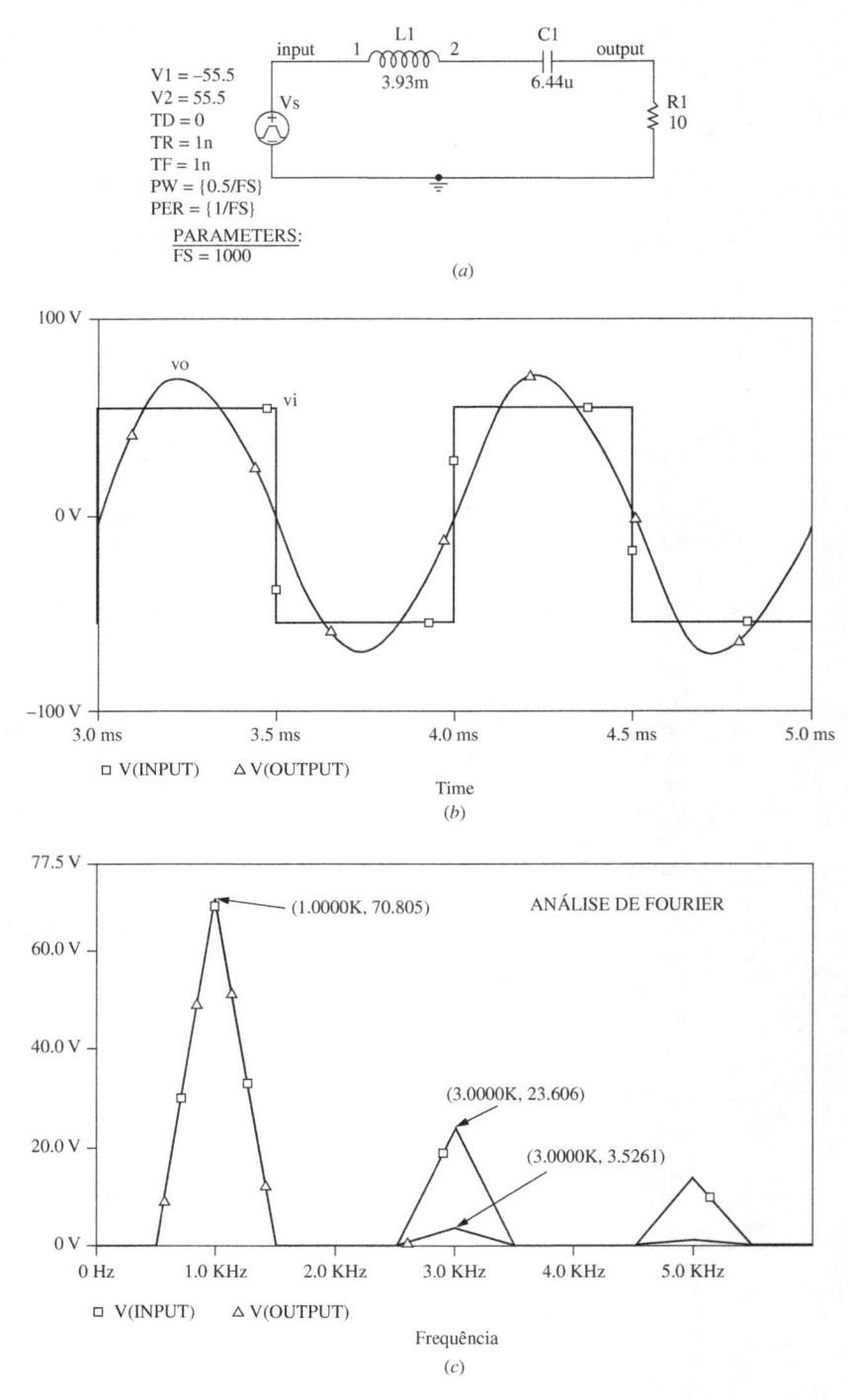

Figura 9-4 (a) Circuito do Pspice para o Exemplo 9-3; (b) tensões na entrada e na saída; (c) análise de Fourier.

O arquivo de saída mostra que a DHT é de 5,37%, ligeiramente maior que 5% especificado. Frequências acima da terceira harmônica foram desprezadas no projeto e apresentam um pequeno efeito sobre a DHT. Um ligeiro aumento em L e uma diminuição correspondente em C poderia aumentar o fator Q do circuito e reduzir a DHT para compensar para uma aproximação. Observe que o chaveamento ocorre quando a corrente é próxima de zero.

9.5 CONVERSOR CC-CC RESSONANTE SÉRIE

Funcionamento básico

O limite superior da frequência de chaveamento dos conversores CC-CC nos Capítulos 6 e 7 é, na maioria das vezes, devido às perdas no chaveamento, que aumentam com a frequência. Um método de uso da ressonância para reduzir as perdas no chaveamento nos conversores CC-CC é iniciar com um inversor ressonante para produzir um sinal CA e depois retificar a saída para obter uma tensão CC. A Fig. 9-5a mostra um inversor em meia ponte com um retificador de onda completa e um filtro capacitivo na saída em paralelo com o resistor de carga t. Os dois capacitores de entrada são de valores elevados e servem para dividir a tensão da fonte. Os capacitores de entrada não fazem parte do circuito ressonante. O funcionamento básico do circuito é usar as chaves para produzir uma tensão com onda quadrada para v_a. A combinação em série de L_r e C_r forma um filtro para a corrente i_L. A corrente i_L oscila e é retificada e filtrada para produzir uma tensão CC na saída. O funcionamento do conversor é dependente da relação entre a frequência de chaveamento e a frequência ressonante do filtro.

Funcionamento para $\omega_s > \omega_o$

Para a primeira análise, suponha que a frequência de chaveamento ω_s seja ligeiramente maior que a frequência ressonante ω_o da combinação LC em série. Se a frequência de chaveamento próxima da frequência ressonante do filtro LC, i_L é aproximadamente senoidal com frequência igual à frequência de chaveamento.

A Fig. 9-5b mostra a tensão de entrada com onda quadrada v_a, a corrente i_L, a corrente na chave i_{S_1} e a entrada para a ponte retificadora v_b. As chaves são ligadas para conduzir a corrente com tensão zero para eliminar as perdas no chaveamento, mas as chaves são desligadas quando a corrente ainda não é zero, logo pode existir perdas no desligamento. Contudo, podem ser ligados capacitores em paralelo com as chaves para funcionarem como amortecedores (snubbers) para evitar as perdas no desligamento (veja o Capítulo 10).

O conversor CC-CC ressonante em série é analisado considerando a frequência fundamental das séries de Fourier para as tensões e correntes. A tensão de entrada para o filtro v_a é uma onda quadrada de $\pm V_s/2$. Se a tensão na saída V_o for por suposição constante, então a tensão na entrada para a ponte v_b é V_o quando i_L for positiva e é $-V_o$ quando i_L for negativa por causa da condição dos diodos retificadores para cada um destes casos. As amplitudes das frequências das fundamentais das ondas quadradas v_a e v_b são

$$V_{a_1} = \frac{4(V_s/2)}{\pi} = \frac{2V_s}{\pi} \qquad (9\text{-}52)$$

$$V_{b_1} = \frac{4V_o}{\pi} \qquad (9\text{-}53)$$

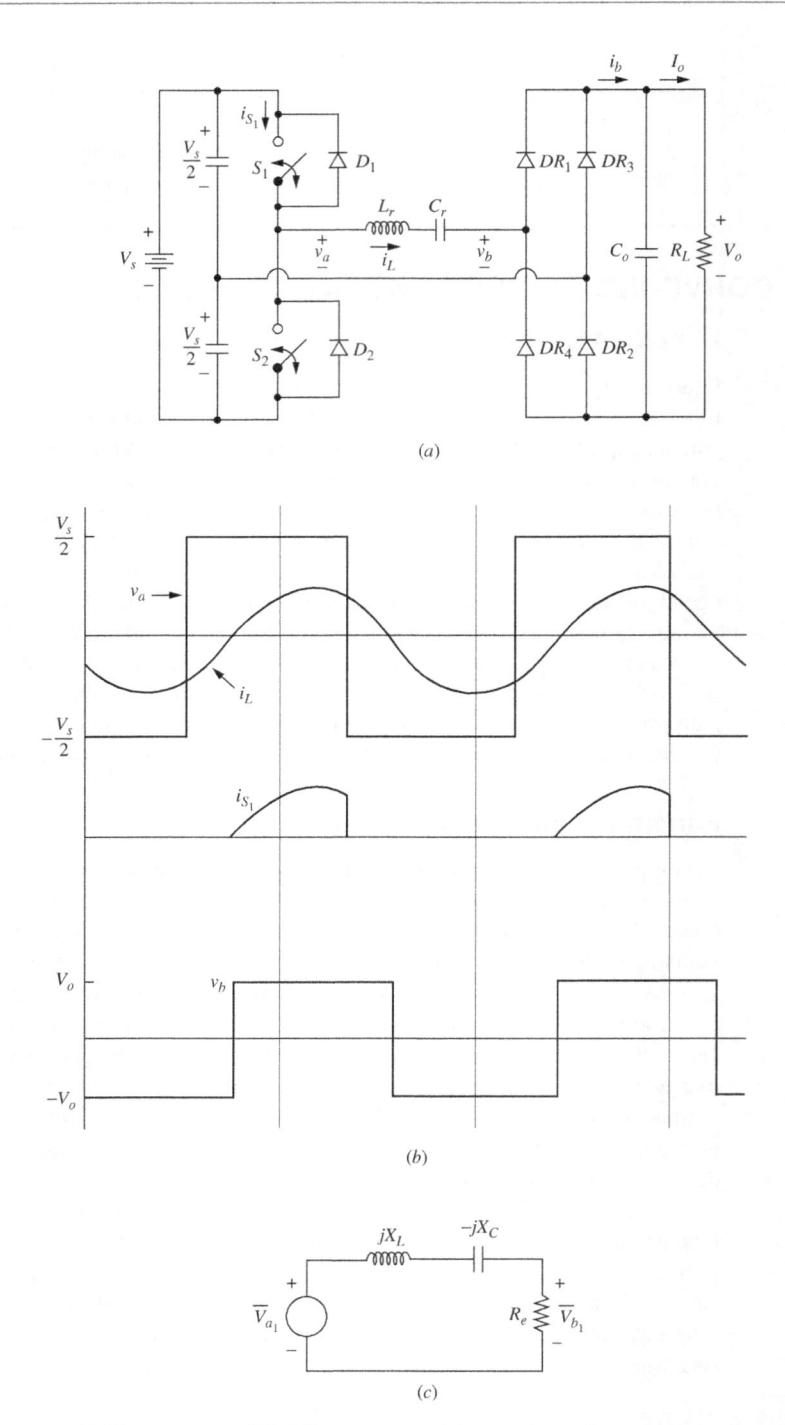

Figura 9-5 (a) Um conversor CC-CC ressonante série usando um inversor de meia onda; (b) formas de onda da tensão e da corrente para $\omega_s < \omega_o$; (c) circuito CA equivalente para o conversor CC-CC ressonante série; (d) resposta em frequência normalizada.

Series Resonant dc–dc Converter

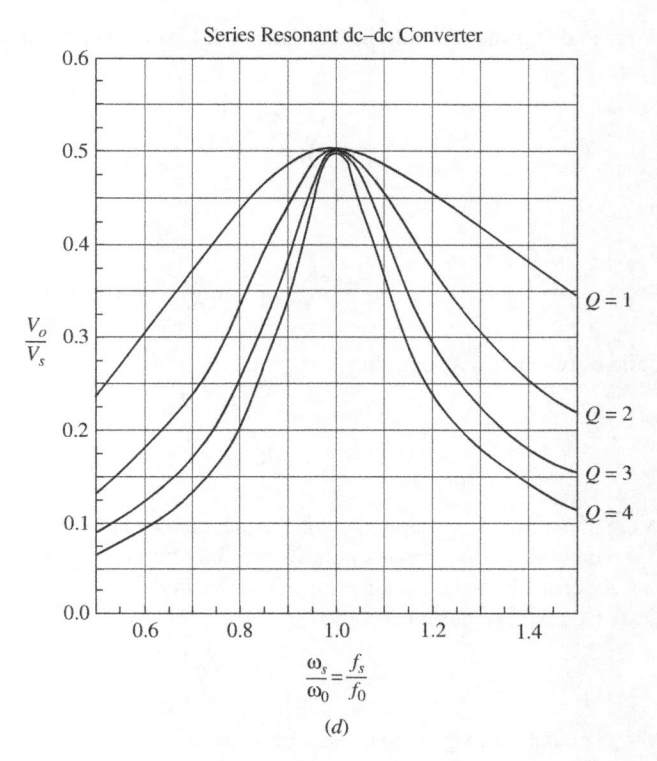

Figura 9-5 (*continuação*)

A corrente na saída da ponte i_b tem a forma retificada em onda completa de i_L. O valor médio de i_b é a corrente de saída I_o. Se a forma de onda de i_L for aproximadamente senoidal de amplitude i_{L_1}, o valor médio de i_b é

$$I_b = I_o = \frac{2I_{L_1}}{\pi} \tag{9-54}$$

A relação entre as tensões de entrada e de saída é aproximada pela análise do circuito CA usando as frequências fundamentais das formas de onda da tensão e da corrente. A Fig. 9-5c mostra o circuito equivalente CA. A tensão na entrada é a da fundamental da onda quadrada de entrada e as impedâncias são CA, as quais utilizam ω_s como da tensão de entrada. O valor da resistência de saída neste circuito equivalente é baseado na razão da tensão pela corrente na saída. Usando as Eqs.(9-53) e (9-54),

$$R_e = \frac{V_{b_1}}{I_{L_1}} = \frac{(4V_o/\pi)}{(\pi I_o/2)} = \left(\frac{8}{\pi^2}\right)\left(\frac{V_o}{I_o}\right) = \left(\frac{8}{\pi^2}\right)(R_L) \tag{9-55}$$

A razão da tensão na saída pela entrada é determinada pela análise de fasores da Fig. 9-5c,

$$\frac{V_{b_1}}{V_{a_1}} = \frac{4V_o/\pi}{2V_s/\pi} = \left|\frac{R_e}{R_e + j(X_L - X_C)}\right| \quad (9\text{-}56)$$

ou

$$\boxed{V_o = \frac{V_s}{2}\left(\frac{1}{\sqrt{1 + [(X_L - X_C)/R_e]^2}}\right)} \quad (9\text{-}57)$$

onde as reatâncias X_L e X_C são

$$X_L = \omega_s L_r \quad (9\text{-}58)$$

$$X_C = \frac{1}{\omega_s C_r} \quad (9\text{-}59)$$

As reatâncias X_L e X_C dependem da frequência de chaveamento ω_s. Portanto, a tensão na saída pode ser controlada pela variação da frequência de chaveamento do conversor. A sensibilidade da saída para a frequência de chaveamento depende dos valores de L_r e C_r. Se Q é definido como

$$Q = \frac{\omega_0 L_r}{R_L} \quad (9\text{-}60)$$

V_o/V_s é plotado com Q como o parâmetro na Fig. 9-5d. As curvas são mais precisas acima da ressonância porque i_L tem mais de uma qualidade (fator Q) para estas frequências. Lembre-se de que as curvas são baseadas na aproximação de que a corrente é senoidal, apesar da excitação da tensão da onda quadrada, e os resultados não serem exatos.

Exemplo 9-4

Conversor CC-CC ressonante série

Para o conversor CC-CC da Fig. 9-5a,

$V_s = 100$ V
$L_r = 30$ μH
$C_r = 0,08$ μF
$R_L = 10$ Ω
$f_s = 120$ kHz

Determine a tensão de entrada do conversor. Verifique o resultado com uma simulação com o PSpice.

■ Solução

A frequência ressonante do filtro é

$$f_0 = \frac{1}{2\pi\sqrt{L_r C_r}} = \frac{1}{2\pi\sqrt{30(10^{-6})(0,08)(10^{-6})}} = 102{,}7 \text{ kHz}$$

A frequência de chaveamento é maior que a de ressonância e o circuito equivalente da Fig. 9-5c é usado para determinar a tensão de entrada. Pela Eq. (9-55), a resistência equivalente é

$$R_e = \frac{8}{\pi^2}(R_L) = \frac{8}{\pi^2}(10) = 8,11 \ \Omega$$

As reatâncias indutivas e capacitivas são

$$X_L = \omega_s L_r = 2\pi(120.000)(30)(10^{-6}) = 22,6 \ \Omega$$

$$X_C = \frac{1}{\omega_s C_r} = \frac{1}{2\pi(120.000)(0,08)(10^{-6})} = 16,6 \ \Omega$$

Usando a Eq. (9-57), a tensão na saída é

$$V_o = \frac{V_s}{2}\left(\frac{1}{\sqrt{1+[(X_L-X_C)/R_e]^2}}\right) = \frac{100}{2}\left(\frac{1}{\sqrt{1+[(22,6-16,6)/8,11]^2}}\right) = 40,1 \ V$$

A saída poderia ser aproximada pelo gráfico da Fig. 9-5d. O valor de Q pela Eq. (9-60) é

$$Q = \frac{\omega_0 L_r}{R_L} = \frac{2\pi(102,7)(10)^3 \, 30(10^{-6})}{10} = 1,94$$

A frequência de chaveamento normalizada é

$$\frac{f_s}{f_0} = \frac{120 \ \text{kHz}}{102,7 \ \text{kHz}} = 1,17$$

A saída normalizada é obtida pela Fig. 9-5d como sendo aproximadamente de 0,4, fazendo com que a tensão de saída seja de (0,4)(100) = 40 V.

A simulação deste circuito poderia incluir vários níveis de detalhes. O mais simples supõe que o chaveamento ocorra corretamente e que exista uma onda quadrada na entrada do filtro conforme mostrado na Fig. 9-6a. A fonte então é modelada como uma onda quadrada de $\pm V_s/2$ sem a inclusão de outros detalhes das chaves, como foi feito no Exemplo 9-3. Os capacitores de valores baixos em paralelo com os diodos ajudam na convergência da análise de transiente.

A Fig. 9-6 mostra a corrente em L_r e a tensão na saída. Observe que a forma de onda da corrente não é uma senoide perfeita, a saída é aproximadamente de 40 V e contém alguma ondulação. A simulação verifica a solução analítica anterior. Note que os resultados da simulação são muito sensíveis aos parâmetros da mesma e incluem, ainda, a medida do passo da análise de transiente. Aqui foi usado um passo de 0,1 μs. Os diodos são considerados ideais adotando-se $n = 0,001$ no modelo de diodo do PSpice.

Exemplo 9-5

Conversor CC-CC ressonante série

Para o conversor CC-CC ressonante série da Fig. 9-5a, a fonte de tensão CC é de 75 V. A tensão desejável na saída é de 25 V e a frequência de chaveamento desejável é de 100 kHz. A resistência de carga R_L é de 10 Ω. Determine L_r e C_r.

Conversor CC-CC Ressonante Série

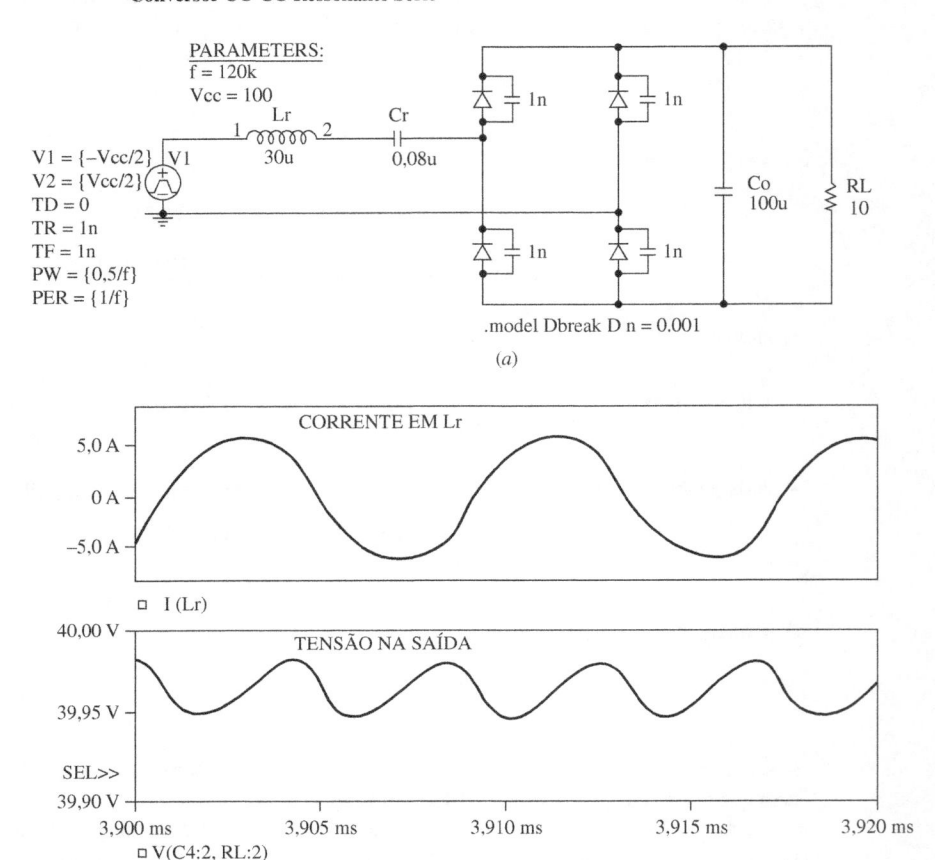

Figura 9-6 (a) Circuito do PSpice para o conversor CC-CC ressonante série com a fonte e chaves substituídas por uma onda quadrada. Os capacitores de baixos valores em paralelo com os diodos ajudam na convergência; (b) saída do Probe.

■ Solução

Escolha a frequência ressonante ω_o para ser ligeiramente menor que a frequência de chaveamento desejada ω_s. Fazendo $\omega_s/\omega_o = 1{,}2$,

$$\omega_0 = \frac{\omega_s}{1{,}2} = \frac{2\pi f_s}{1{,}2} = \frac{2\pi 10^5}{1{,}2} = 524(10^3) \text{ rad/s}$$

Pelo gráfico da Fig. 9-5d com $V_o/V_s = 25/75 = 0{,}33$ e $\omega_s/\omega_o = 1{,}2$, o valor requerido para Q é aproximadamente de 2,5. Pela Eq. (9-60),

$$L_r = \frac{QR_L}{\omega_0} = \frac{(2{,}5)(10)}{524(10^3)} = 47{,}7 \ \mu\text{H}$$

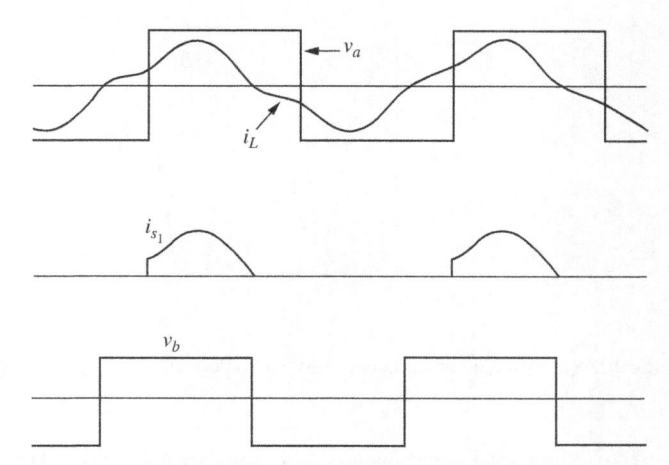

Figura 9-7 formas de onda da tensão e corrente para o conversor CC-CC ressonante série, $\omega_o/2 < \omega_s < \omega_o$.

e

$$\omega_0 = \frac{1}{\sqrt{L_r C_r}} \Rightarrow C_r = \frac{1}{\omega_0^2 L_r} = \frac{1}{(524)(10^3)(47,7)(10^{-6})} = 0,0764 \ \mu F$$

Funcionamento para $\omega_o/2 < \omega_s < \omega_o$

O conversor CC-CC ressonante série que tem uma frequência de chaveamento menor que a ressonância, porém maior que $\omega_o/2$, tem a forma de onda da corrente para i_L, conforme mostrado na Fig. 9-7. As chaves ligam com tensão e corrente positiva, resultando em perdas no chaveamento na ligação. As chaves desligam com corrente zero, o que resulta num desligamento sem perdas. Além disto, pelo motivo das chaves desligarem com corrente zero, podem ser usados tiristores se a frequência de chaveamento for baixa. A análise pode ser feita utilizando a mesma técnica como a usada para $\omega_s > \omega_o$, mas o conteúdo harmônico da forma de onda da corrente agora é maior e a aproximação senoidal não é tão precisa.

Funcionamento para $\omega_s < \omega_o/2$

Com esta frequência de chaveamento, a corrente no circuito série LC é mostrada na Fig. 9-8. Quando S1 na Fig. 9-5a é ligada, i_L torna-se positiva e oscila na frequência ω_o. Quando a corrente atinge o valor zero em t_1 e torna-se negativa, o diodo D_1 conduz a corrente negativa. Quando a corrente atige o zero novamente em t_2 t_2, S_1 é desligada e a corrente permanece em zero até que S_2 liga em $T/2$. A forma de onda da corrente para o segundo semiperíodo é negativa em relação ao primeiro.

As chaves ligam e desligam com corrente zero, resultando em perdas zero no chaveamento. Como as chaves desligam com a corrente zero, podem ser usados tiristores nas aplicações de baixa frequência.

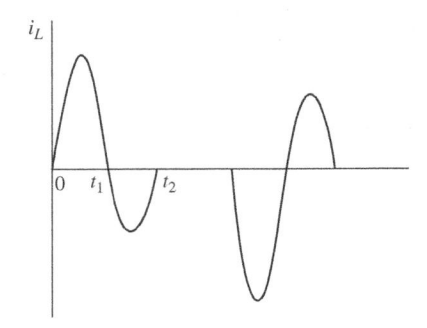

Figura 9-8 Forma de onda da corrente para o conversor CC-CC ressonante série, $\omega_s < \omega_o$.

A corrente na combinação de *LC* em série é descontínua para este modo de funcionamento. Nas duas formas de funcionamentos descritas anteriormente, a corrente é contínua. Visto que a média da corrente retificada no indutor deve ser a mesma da corrente na carga, a corrente no ramo *LC* terá um alto valor de pico.

Uma simulação no PSpice para uma corrente descontínua deve incluir modelos de chaves unidirecionais porque a tensão na entrada do circuito não é uma onda quadrada.

Variação de conversores CC-CC ressonantes série

O conversor CC-CC ressonante série pode ser implementado por meio das variações de topologias básicas na Fig. 9-5a. O capacitor C_r pode ser incorporado nos capacitores do divisor de tensão na meia ponte, cada um sendo $C_r/2$. Pode ser incluído um transformador de isolamento como parte do retificador de onda completa na saída. A Fig. 9-9 mostra uma implementação alternativa do conversor CC-CC ressonante série.

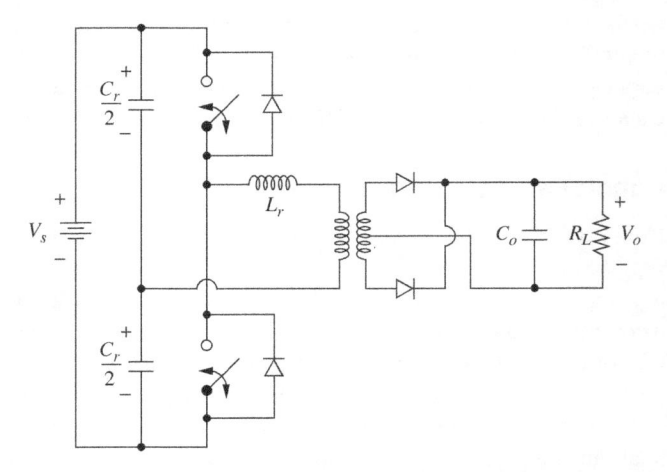

Figura 9-9 Uma implementação alternativa do conversor CC-CC ressonante série.

9.6 O CONVERSOR CC-CC RESSONANTE PARALELO

O conversor na Fig. 9-10a é um conversor CC-CC paralelo. O capacitor C_r é ligado em paralelo com a ponte retificadora em vez de em série. Um filtro indutivo L_o na saída produz uma corrente essencialmente constante da saída da ponte para a carga. A ação de chaveamento faz com que a tensão no capacitor e na entrada da ponte oscile.

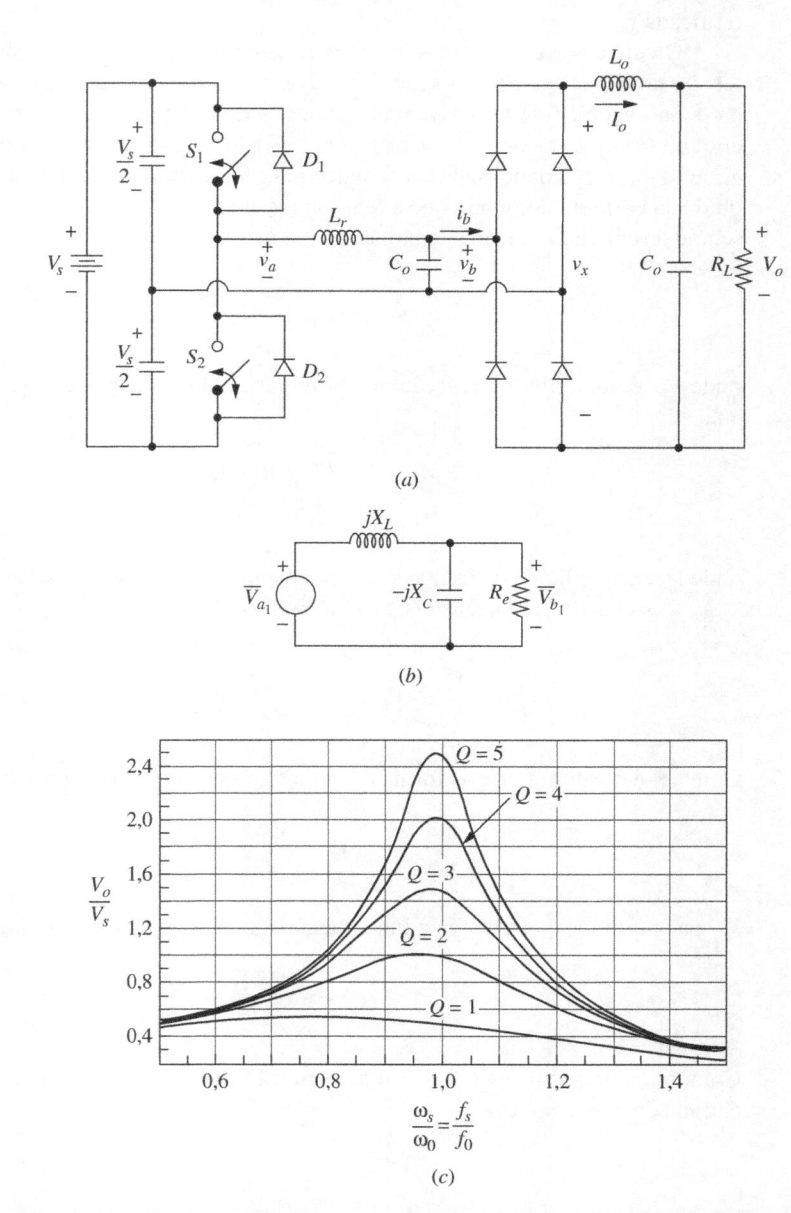

Figura 9-10 (a) Conversor CC-CC ressonante paralelo; (b) circuito CA equivalente para o conversor CC-CC ressonante paralelo; (c) Resposta em frequência normalizada.

Quando a tensão no capacitor é positiva, os diodos retificadores DR_1 e DR_2 ficam polarizados diretamente e conduzem a corrente I_o. Quando a tensão no capacitor é negativa, DR_3 e DR_4 ficam polarizados diretamente e conduzem a corrente I_o. A corrente i_b na entrada da ponte, portanto, tem uma forma de onda quadrada de $\pm I_o$. A tensão na saída da ponte tem uma forma de onda retificada em onda completa de tensão v_b. A tensão média no indutor de saída L_o é zero, logo a tensão na saída é a média da tensão retificada v_b.

O conversor CC-CC ressonante paralelo pode ser analisado supondo-se que a tensão no capacitor C_r seja senoidal, tendo apenas as frequências da fundamental da onda quadrada da tensão de entrada e a onda quadrada da corrente na ponte. O circuito CA equivalente é mostrado na Fig. 9-10b. A resistência equivalente para este circuito é a razão da tensão no capacitor para frequência fundamental da onda quadrada da corrente. Supondo que a tensão no capacitor seja senoidal, a média da onda senoidal retificada na saída da ponte (v_x) é a mesma V_o,

$$V_o = V_x = \frac{2V_{x_1}}{\pi} = \frac{2V_{b_1}}{\pi} \tag{9-61}$$

onde V_{b_1} é a amplitude da frequência fundamental de v_b. A resistência equivalente então é

$$R_e = \frac{V_{b_1}}{I_{b_1}} = \frac{V_o\pi/2}{4I_o/\pi} = \frac{\pi^2}{8}\left(\frac{V_o}{I_o}\right) = \frac{\pi^2}{8}R_L \tag{9-62}$$

onde I_{b1} é a amplitude da frequência fundamental da onda quadrada da corrente i_b.

Resolvendo para a tensão na saída no fasor do circuito da Fig. 9-10b,

$$\frac{V_{b_1}}{V_{a_1}} = \left|\frac{1}{1 - (X_L/X_C) + j(X_L/R_e)}\right| \tag{9-63}$$

Como V_o é o valor médio da forma de onda retificada de onda completa de v_b,

$$V_{b_1} = \frac{V_o\pi}{2} \tag{9-64}$$

V_{a_1} é a amplitude da frequência fundamental da onda quadrada de entrada:

$$V_{a_1} = \frac{4(V_s/2)}{\pi} \tag{9-65}$$

Combinando as Eqs. (9-64) e (9-65) com a Eq. (9-63), a relação entre a saída e a entrada do conversor é

$$\frac{V_o}{V_s} = \frac{4}{\pi^2}\left|\frac{1}{1 - (X_L/X_C) + j(X_L/R_e)}\right| \tag{9-66}$$

ou

$$V_o = \frac{4V_s}{\pi^2 \sqrt{[1 - (X_L/X_C)]^2 + (X_L/R_e)^2}}$$

(9-67)

V_o/V_s é plotada com Q como parâmetro na Fig. 9-10c, onde Q é definido como

$$Q = \frac{R_L}{\omega_0 L_r}$$

(9-68)

e

$$\omega_0 = \frac{1}{\sqrt{L_r C_r}}$$

(9-69)

As curvas são mais precisas para frequências de chaveamento com valores maiores que ω_o por causa da qualidade da forma da senoide da tensão no capacitor para estas frequências. Note que a saída pode ser maior que a entrada para o conversor CC-CC ressonante paralelo, mas a saída é limitada em $V_s/2$ para o conversor CC-CC ressonante série.

Exemplo 9-6

Conversor CC-CC ressonante paralelo

O circuito da Fig. 9-10a tem os seguintes parâmetros:

$$V_s = 100 \text{ V}$$
$$L_r = 8 \text{ }\mu\text{H}$$
$$C_r = 0{,}32 \text{ }\mu\text{F}$$
$$R_L = 10 \text{ }\Omega$$
$$f_s = 120 \text{ kHz}$$

Determine a tensão na saída do conversor. Suponha que os componentes do filtro L_o e C_o produzem uma corrente e tensão sem ondulações.

■ Solução

Pelos parâmetros dados,

$$\omega_0 = \frac{1}{\sqrt{L_r C_r}} = \frac{1}{\sqrt{8(10^{-6})0{,}32(10^{-6})}} = 625 \text{ krad/s}$$

$$Q = \frac{R_L}{\omega_0 L_r} = \frac{10}{625(10^3)8(10^{-6})} = 2{,}0$$

$$\frac{\omega_s}{\omega_0} = \frac{2\pi(120 \text{ }k)}{625 \text{ }k} = 1{,}21$$

A saída normalizada pode ser estimada pelo gráfico na Fig. 9-10c como 0,6, fazendo a saída com 60 V aproximadamente. A tensão na saída também pode ser obtida pela Eq. (9-67). As reatâncias são

$$X_L = \omega_s L_r = 2\pi(120)(10^3)8(10^{-6}) = 6,03\ \Omega$$

$$X_C = \frac{1}{\omega_s C_r} = \frac{1}{2\pi(120)(10^3)0,32(10^{-6})} = 4,14\ \Omega$$

A resistência equivalente é

$$R_e = \frac{\pi^2}{8}R_L = \frac{\pi^2}{8}(10) = 12,3\ \Omega$$

A Eq. (9-67) para a tensão na saída torna-se

$$V_o = \frac{(4)(100)}{\pi^2 \sqrt{[1-(6,03/4,14)]^2 + (6,03/12,3)^2}} = 60,7\ V$$

9.7 CONVERSOR CC-CC SÉRIE-PARALELO

O conversor CC-CC série-paralelo da Fig. 9-11a tem dois capacitores em série e em paralelo. A análise é similar à do conversor paralelo estudado anteriormente. As chaves produzem uma tensão com onda quadrada v_a e a tensão v_b na entrada para o retificador é idealmente uma senoide na frequência fundamental da onda quadrada de entrada. Por suposição, o indutor de saída L_o é produz uma corrente sem ondulações, fazendo com que a corrente de entrada i_b para a ponte retificadora seja uma onda quadrada.

A relação entre as tensões na entrada e na saída é estimada pela análise CA do circuito para a frequência fundamental das ondas quadradas. O circuito CA equivalente é mostrado na Fig. 9-11b. Uma análise de fasor simples da Fig. 9-11b fornece

$$\frac{V_{b_1}}{V_{a_1}} = \left|\frac{1}{1 + (X_{C_s}/X_{C_p}) - (X_L/X_{C_p}) + j(X_L/R_e - X_{C_s}/R_e)}\right| \qquad (9\text{-}70)$$

onde R_e é a mesma do conversor paralelo,

$$R_e = \frac{\pi^2}{8}R_L \qquad (9\text{-}71)$$

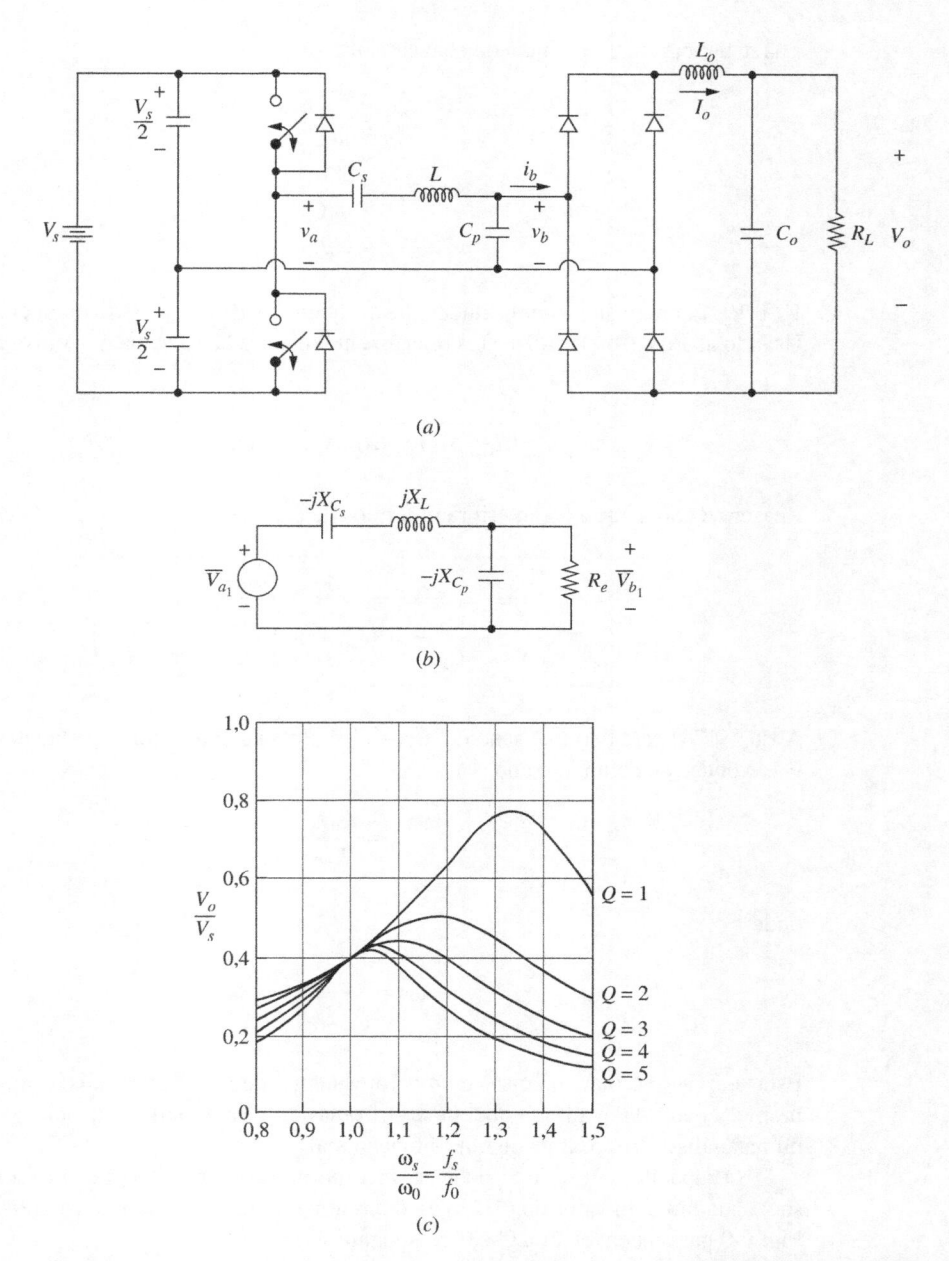

Figura 9-11 (a) Conversor CC-CC ressonante série-paralelo; (b) circuito CA equivalente para o conversor CC-CC ressonante série-paralelo; (c) resposta em frequência normalizada para a tensão na saída.

e as reatâncias na frequência de chaveamento são

$$X_{C_s} = \frac{1}{\omega_s C_s}$$
$$X_{C_p} = \frac{1}{\omega_s C_p} \quad (9\text{-}72)$$
$$X_L = \omega_s L$$

V_{a_1} e V_{b_1} também são as amplitudes das frequências das formas de onda em v_a e v_b. Usando as Eqs. (9-64) e (9-65), a relação entre a entrada e a saída do conversor é

$$\frac{V_o}{V_s} = \frac{4}{\pi^2} \left| \frac{1}{1 + (X_{C_s}/X_{C_p}) - (X_L/X_{C_p}) + j(X_L/R_e - X_{C_s}/R_e)} \right| \quad (9\text{-}73)$$

Reescrevendo a equação anterior em termos de ω_s,

$$\boxed{\frac{V_o}{V_s} = \frac{4}{\pi^2 \sqrt{\left(1 + \frac{C_p}{C_s} - \omega_s^2 L C_p\right)^2 + \left(\frac{\omega_s L}{R_e} - \frac{1}{\omega_s R_e C_s}\right)^2}}} \quad (9\text{-}74)$$

A Eq. (9-74) para corrente senoidal $C_s = C_p$ é plotada com Q como parâmetro na Fig. 9-11c onde Q é definido como

$$Q = \frac{\omega_0 L}{R_L} \quad (9\text{-}75)$$

onde

$$\omega_0 = \frac{1}{\sqrt{LC_s}} \quad (9\text{-}76)$$

Estas curvas são mais precisas com valores acima de ω_o do que abaixo, pois as harmônicas da onda quadrada podem ser filtradas de forma mais adequada, resultando numa análise CA próxima de uma situação real.

O capacitor em série C_s pode ser incorporado aos capacitores do divisor de tensão, cada um com valor de $C_s/2$, para o circuito da meia ponte como foi mostrado na Fig. 9-9 para o conversor CC-CC ressonante série.

Exemplo 9-7

Conversor CC-CC ressonante série-paralelo

O conversor CC-CC ressonante série-paralelo da Fig. 9-11a tem os seguintes parâmetros:

$$V_s = 100 \text{ V}$$
$$C_p = C_s = 0,1 \text{ μF}$$
$$L = 100 \text{ μH}$$
$$R_L = 10 \text{ Ω}$$
$$f_s = 60 \text{ kHz}$$

Os componentes do filtro de saída L_o e C_o são supostamente projetados para produzir uma saída sem ondulações. Determine a tensão na saída do conversor.

■ Solução

A frequência ressonante ω_o é determinada pela Eq. (9-76) como

$$\omega_0 = \frac{1}{\sqrt{LC_s}} = \frac{1}{\sqrt{(100)(10^{-6})(0,1)(10^{-6})}} = 316 \text{ krad/s}$$

$$f_0 = \frac{\omega_0}{2\pi} = 50,3 \text{ kHz}$$

O fator Q do circuito é composto pela Eq. (9-75)

$$Q = \frac{\omega_0 L}{R_L} = \frac{3,16(10^3)(100)(10^{-6})}{10} = 3,16$$

A frequência de chaveamento normalizada é

$$\frac{f_s}{f_0} = \frac{60(10^3)}{50,3(10^3)} = 1,19$$

Pelo gráfico da Fig. 9-11c, a saída normalizada é ligeiramente menor que 0,4, para uma saída estimada de $V_o \approx 100(0,4) = 40$ V. A Eq. (9-74) é avaliada utilizando-se $R_e = \pi^2 R_L/8 = 12,34$ Ω,

$$\frac{V_o}{V_s} = 0,377$$

$$V_o = V_s(0,377) = (100)(0,377) = 37,7 \text{ V}$$

9.8 COMPARAÇÃO DE CONVERSOR RESSONANTE

Uma inconveniência do conversor série descrito anteriormente é que a saída não pode ser regulada para a condição de sem carga. Com R_L tendendo para o infinito, o fator Q na Eq. (9-60) tende a zero. A tensão na saída é independente da frequência. Contudo, o conversor paralelo é capaz de regular a saída sem carga. Na Eq. (9-68), o conversor paralelo Q torna-se maior com o aumento do resistor de carga e a saída permanece dependente da frequência de chaveamento.

Uma inconveniência do conversor paralelo é que a corrente nos componentes ressonantes é relativamente independente da carga. As perdas na condução são fixas e a eficiência do conversor é relativamente pobre para cargas de valores altos.

O conversor série-paralelo combina as vantagens dos conversores em série e paralelo. A saída é controlável sem carga ou com carga leve e a eficiência com carga leve é relativamente alta.

9.9 CONVERSOR RESSONANTE COM LIGAÇÃO CC (*LINK* CC)

O circuito da Fig. 9-12a é a topologia básica para um esquema de chaveamento para um inversor que comuta com tensão zero. A análise é feita como a dos conversores com chave ressonante. Durante o intervalo de chaveamento, a corrente na carga é suposta como sendo essencialmente constante em I_o. A resistência representa as perdas no circuito.

Quando a chave é fechada, a tensão na combinação R_L é V_s. Se a constante de tempo L_r/R for alta quando comparada com o tempo que a chave fica fechada, a corrente aumenta de maneira linear. Quando a chave é aberta, o circuito equivalente é mostrado na Fig. 9-12b. As leis da tensão e da corrente de Kirchhoff fornecem as equações

$$Ri_L(t) + L_r\frac{di_L(t)}{dt} + v_C(t) = V_s \qquad (9\text{-}77)$$

$$i_C(t) = i_L(t) - I_o \qquad (9\text{-}78)$$

Diferenciando a Eq. (9-77),

$$L_r\frac{d^2 i_L(t)}{dt^2} + R\frac{di_L(t)}{dt} + \frac{dv_C(t)}{dt} = 0 \qquad (9\text{-}79)$$

A derivada da tensão no capacitor é relacionada com a corrente no capacitor por

$$\frac{dv_C(t)}{dt} = \frac{i_C(t)}{C_r} = \frac{i_L(t) - I_o}{C_r} \qquad (9\text{-}80)$$

Substituindo na Eq. (9-79) e rearranjando,

$$\frac{d^2 i_L}{dt^2} + \frac{R}{L_r}\frac{di_L(t)}{dt} + \frac{i_L(t)}{L_r C_r} = \frac{I_o}{L_r C_r} \qquad (9\text{-}81)$$

Se as condições iniciais para a corrente no indutor e a tensão no capacitor forem

$$i_L(0) = I_1 \qquad v_C(0) = 0, \qquad (9\text{-}82)$$

A solução para a corrente pode ser mostrada como sendo

$$i_L(t) = I_1 + e^{-\alpha t}\left[(I_1 - I_o)\cos(\omega t) + \frac{2V_s - R(I_1 + I_o)}{2\omega L_r}\operatorname{sen}(\omega t)\right] \qquad (9\text{-}83)$$

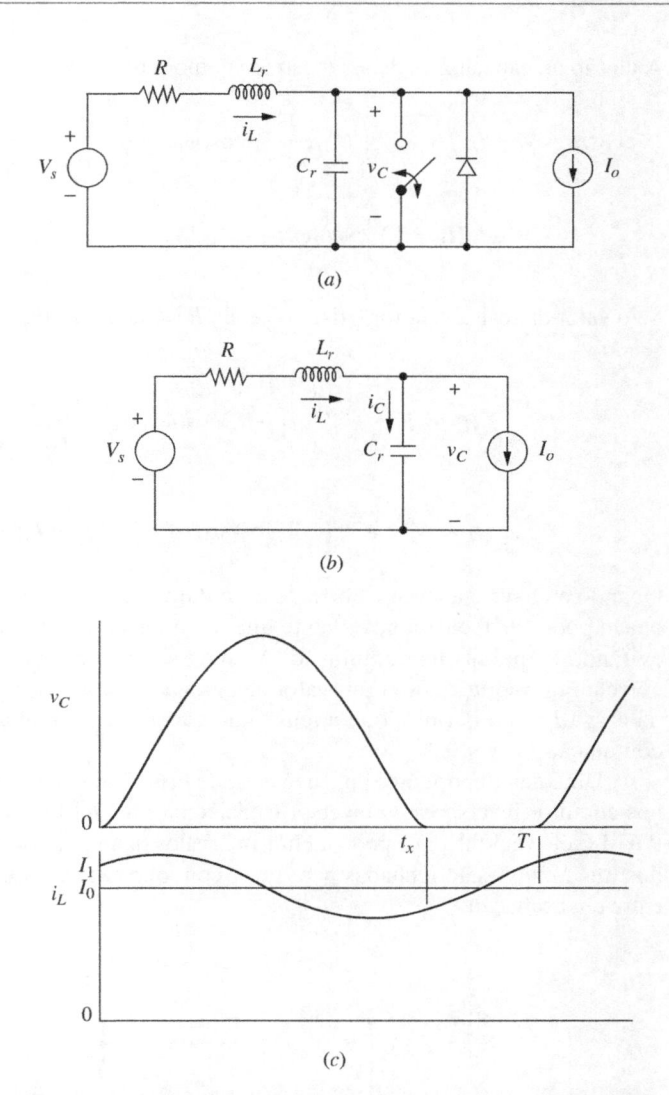

Figura 9-12 (a) Conversor ressonante com ligação (*link*) CC; (b) circuito equivalente com a chave aberta e o diodo desligado; (c) tensão no capacitor e corrente no indutor.

onde

$$\alpha = \frac{R}{2L_r} \qquad (9\text{-}84)$$

$$\omega_0 = \frac{1}{\sqrt{L_r C_r}} \qquad (9\text{-}85)$$

$$\omega = \sqrt{\omega_0^2 - \alpha^2} \qquad (9\text{-}86)$$

A tensão no capacitor pode ser mostrada como sendo

$$v_C(t) = V_s - I_o R + e^{-\alpha t}\left((I_o R - V_s)\cos(\omega t) + \left\{\frac{R}{2\omega L_r}\left[V_s - \frac{R}{2}(I_1 + I_o)\right]\right.\right.$$
$$\left.\left. + \omega L_r(I_1 - I_o)\right\}\operatorname{sen}(\omega t)\right) \quad (9\text{-}87)$$

Se o valor da resistência for baixo, fazendo $R \ll \omega$; L_r, as Eqs. (9-83) e (9-67) ficam sendo

$$i_L(t) \approx I_o + e^{-\alpha t}\left[(I_1 - I_o)\cos(\omega_0 t) + \frac{V_s}{\omega_0 L_r}\operatorname{sen}(\omega_0 t)\right] \quad (9\text{-}88)$$

$$v_C(t) \approx V_s + e^{-\alpha t}[-V_s\cos(\omega_0 t) + \omega_0 L_r(I_1 - I_o)\operatorname{sen}(\omega_0 t)] \quad (9\text{-}89)$$

Quando a chave é aberta, a corrente no indutor e a tensão no capacitor oscilam. A chave pode ser fechada novamente quando a tensão no capacitor retornar a zero, evitando as perdas na comutação. A chave deve permanecer fechada até que a corrente no indutor atinja um valor selecionado para I_1, que é acima da corrente na carga I_o. Isto permite que a tensão no capacitor retorne a zero sem perdas na comutação.

Uma das importantes aplicações deste princípio de chaveamento ressonante é nos circuitos inversores. O inversor trifásico da Fig. 9-13 pode ter um chaveamento PWM (veja Capítulo 8) e pode incluir intervalos quando as duas chaves em cada um dos três ramos estão fechadas para fazer com que a tensão de entrada para a ponte entre em oscilação.

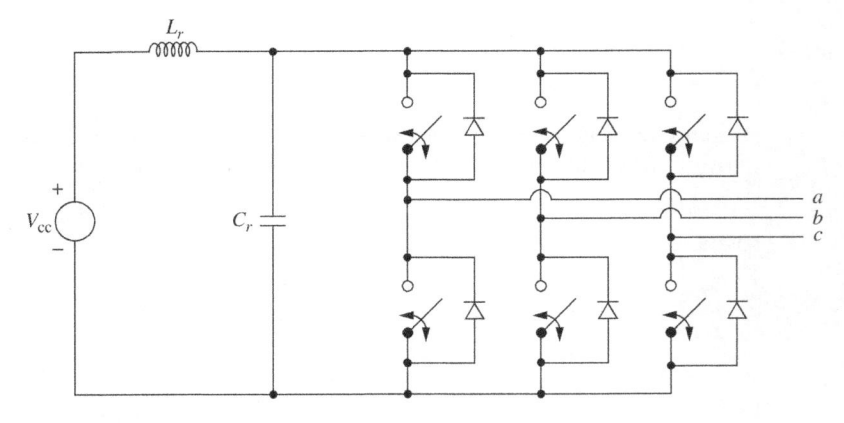

Figura 9-13 Inversor trifásico com uma ligação (*link*) CC.

Exemplo 9-8

Ligação (*link*) CC ressonante

O conversor com ligação (*link*) CC ressonante com chave simples da Fig. 9-12a tem os parâmetros

$$V_s = 75 \text{ V}$$
$$L = 100 \text{ μH}$$
$$C = 0,1 \text{ μF}$$
$$R = 1 \text{ Ω}$$
$$I_o = 10 \text{ A}$$
$$I_1 = 12 \text{ A}$$

Se a chave for aberta em $t = 0$, com $i_L(0) = I_1$ e $v_c(o) = 0$, determine o instante que a chave deve ser fechada de modo que a tensão nela seja zero. Se a chave for fechada imediatamente após a tensão no capacitor tornar-se zero, por quanto tempo a chave deve permanecer fechada de modo que a tensão no capacitor retorne a I_1?

■ Solução

Pelos parâmetros do circuito,

$$\omega_0 = \frac{1}{\sqrt{LC}} = \frac{1}{\sqrt{(10^{-4})(10^{-7})}} = 316 \text{ krad/s}$$

$$\alpha = \frac{R}{2L} = \frac{1}{2(10^{-4})} = 5000$$

$$\omega = \sqrt{\omega_0^2 - \alpha^2} \approx \omega_0$$

$$\omega L_r = 316(10^3)(100)(10^{-6}) = 31,6$$

Visto que $\alpha \ll \omega_o$, $\omega \approx \omega_o$ e as Eqs. (9-88) e (9-89) são boas aproximações

$$v_C(t) \approx 75 + e^{-5.000t}[-75\cos(\omega_0 t) + 31,6(12 - 10)\text{sen}(\omega_0 t)]$$
$$= 75 + e^{-5.000t}[-75\cos(\omega_0 t) + 63,2\text{sen}(\omega_0 t)]$$

$$i_L(t) \approx 10 + e^{-5.000t}\left[(12 - 10)\cos(\omega_0 t) + \frac{75}{31,6}\text{sen}(\omega_0 t)\right]$$
$$= 10 + e^{-5.000t}[2\cos(\omega_0 t) + 2,37\text{sen}(\omega_0 t)]$$

As equações acima estão plotadas na Fig. 9-12c. O tempo em que a tensão no capacitor retorna a zero é determinado admitindo que v_c é igual a zero e resolvendo para t numericamente, resultando em $t_x = 15,5$ μs. A corrente é avaliada em $t = 15,5$ μs usando a Eq. (9-88), resultando em $i_L(t = 15,5$ μs$) = 8,07$ A.

Se a chave é fechada em 15,5 μs, a tensão no indutor é aproximadamente e a corrente aumenta linearmente.

$$\Delta i_L = \frac{V_s}{L}\Delta t \tag{9-90}$$

A chave deve permanecer fechada até que i_L seja de 12 A, levando um tempo de

$$\Delta t = \frac{(\Delta i_L)(L)}{V_s} = \frac{(12 - 8{,}39)(100)(10^{-6})}{75} = 4{,}81 \ \mu s$$

9.10 RESUMO

Os conversores ressonantes são usados para reduzir as perdas na comutação em várias topologias de conversor. Eles reduzem as perdas na comutação tomando como vantagem as oscilações da tensão e da corrente. As chaves são abertas e fechadas quando a tensão ou a corrente é zero ou próxima de zero. As topologias estudadas neste capítulo são inversores com chaves ressonantes e inversores ressonantes série, conversores CC-CC série, paralelo e série-paralelo e conversores ressonantes com *link* CC. Os conversores ressonantes são, atualmente, tópicos de grande interesse em eletrônica de potência por causa do aumento da eficiência e da possibilidade de aumentar as frequências de chaveamento dos componentes associados para o filtro de tamanho reduzido. Conforme foi demonstrado nos exemplos, a tensão máxima nos componentes pode ser bem elevada para os conversores ressonantes. As fontes na bibliografia fornecem mais detalhes sobre conversores ressonantes.

9.11 BIBLIOGRAFIA

S. Ang and A. Oliva, *Power-Switching Converters*, 2d ed., Taylor & Francis, Boca Raton, Fla., 2005.

S. Basson, and G. Moschopoulos, "Zero-Current-Switching Techniques for Buck-Type AC-DC Converters," *International Telecommunications Energy Conference,* Rome, Italy, pp. 506–513, 2007.

W. Chen, Z. Lu, and S. Ye, "A Comparative Study of the Control Type ZVT PWM Dual Switch Forward Converters: Analysis, Summary and Topology Extensions," *IEEE Applied Power Electronics Conference and Exposition (APEC)*, Washington, D.C., pp. 1404–9, 2009.

T. W. Ching. and K. U. Chan, "Review of Soft-Switching Techniques for High-Frequency Switched-Mode Power Converters," *IEEE Vehicle Power and Propulsion Conference, Austina, Tex.,* 2008.

D. M. Divan, "The Resonant DC Link Converter–A New Concept in Static Power Conversion," *IEEE Transactions. on Industry Applications*, vol. 25, no. 2, March/ April 1989, pp. 317–325.

S. Freeland and R. D. Middlebrook, "A Unified Analysis of Converters with Resonant Switches," *IEEE Power Electronics Specialists Conference,* New Orleans, La., 1986, pp. 20–30.

J. Goo, J. A. Sabate, G. Hua, F. and C. Lee, "Zero-Voltage and Zero-Current-Switching Full-Bridge PWM Converter for High-Power Applications," *IEEE Transactions on Industry Applications*, vol. 1, no. 4, July 1996, pp. 622–627.

G. Hua and F. C. Lee, "Soft-Switching Techniques in PWM Converters," *Industrial Electronics Conference Proceedings*, vol. 2, pp. 637–643, 1993.

R. L. Steigerwald, R. W. DeDoncker, and M. H. Kheraluwala, "A Comparison of High-Power Dc-Dc Soft-Switched Converter Topologies," *IEEE Transactions on Industry Applications*, vol. 32, no. 5, September/October 1996, pp. 1139–1145.

T. S. Wu, M. D. Bellar, A. Tchamdjou, J. Mahdavi, and M. Ehsani, "Review of Soft-Switched DC-AC Converters," *IAS IEEE Industry Applications Society Annual Meeting*, vol. 2, pp. 1133–1144, 1996.

Problemas

Conversores com chave ressonante com corrente-zero

9-1 No conversor da Fig. 9-1a, $V_s = 10$ V, $I_o = 5$ A, $L_r = 1$ μH, $C_r = 0,3$ μF e $f_s = 150$ kHz. Determine a tensão na saída do conversor.

9-2 No conversor da Fig. 9-1a, $V_s = 18$ V, $I_o = 3$ A, $L_r = 0,5$ μH, $C_r = 0,7$ μF. Determine a frequência de chaveamento máxima e a tensão na saída correspondente. Determine a frequência de chaveamento de modo que a tensão na saída seja de 5 V.

9-3 No conversor da Fig. 9-1a, $V_s = 36$ V, $I_o = 5$ A, $L_r = 10$ nH, $C_r = 10$ nF e $f_s = 750$ kHz. (a) Determine a tensão na saída do conversor, (b) determine a corrente máxima no indutor e a tensão máxima no capacitor, (c) determine a frequência de chaveamento para uma saída de 12 V.

9-4 Se no conversor da Fig. 9-1a, $V_s = 50$ V, $I_o = 3$ A, $\omega_o = 7(10^7)$ rad/s e $V_o = 36$ V. Determine L_r e C_r de modo que a corrente máxima em L_r seja de 9 A. Determine frequência de chaveamento necessária.

9-5 No conversor da Fig. 9-1a, $V_s = 100$ V, $L_r = 10$ μH, $C_r = 0,01$ μF. A faixa de corrente na carga é de 0,5 a 3 A. Determine a faixa da frequência de chaveamento necessária para regular a saída em 50 V.

9-6 No conversor da Fig. 9-1a, $V_s = 30$ V, $R_L = 5$ Ω e $f_s = 200$ k. Determine os valores de L_r e C_r de modo que Z_o seja de 2,5 Ω e $V_o = 15$ V.

9-7 Determine um arquivo no PSpice para simular o circuito da Fig. 9-1a usando os parâmetros do Probl. 9-1. Modele a corrente da carga como uma fonte de corrente. Use a chave controlada por tensão Sbreak para o dispositivo de chaveamento. Idealize o circuito usando n = 0,001no modelo do diodo Dbreak. (a) Determine a tensão (média) na saída. (b) Determine a tensão de pico em C_r. (c) Determine os valores de pico, médio r rms da corrente em L_r.

Conversor com chave ressonante com tensão-zero

9-8 No Exemplo 9-2, determine a frequência de chaveamento para produzir uma tensão na saída de 15 V. Os parâmetros não foram alterados.

9-9 Na Fig. 9-2a, $V_s = 20$ V, $L_r = 0,1$ μH, $C_r = 1$nF, $I_o = 10$ A e $f_s = 2$ MHz. Determine a tensão na saída, a tensão máxima no capacitor e a corrente máxima no indutor.

9-10 Na Fig. 9-2a, $V_s = 5$ V, $I_o = 3$ A, $L_r = 1$ μH, $C_r = 0,01$ μF. Determine a tensão na saída quando $f_s = 500$ kHz. (b) Determine a a frequência de chaveamento de modo que tensão na saída seja de 2,5 V

9-11 Na Fig. 9-2a, $V_s = 12$ V, $L_r = 0,5$ μH, $C_r = 0,01$ μF, $I_o = 10$ A. (a) Determine a tensão na saída quando fonte senoidal = 500 kHz. (b) Espera-se que a corrente na carga varie entre 8 e 15 A. Determine a faixa da frequência de chaveamento necessária para regular a tensão na saída em 5 V.

9-12 Na Fig. 9-2a, $V_s = 15$ V e $I_o = 4$ A. Determine L_r e C_r de modo que a tensão máxima o capacitor seja de 40 V e a frequência ressonante de 1,6(10^6) rad/s. Determine a frequência de chaveamento para produzir uma tensão na saída de 5 V.

9-13 Na Fig. 9-2a, $V_s = 30$ V, $R_L = 5$ Ω e $f_s = 100$ kHz. Determine os valores para L_r e C_r de modo que Z_o seja de 25 Ω e $V_0 = 15$ V.

9-14 Determine um circuito no PSpice para simular o circuito da Fig. 9-2a usando os parâmetros no Problema 9-9. Modele a corrente na carga como uma fonte de corrente. Use a chave controlada por tensão Sbreak para o dispositivo de chaveamento e torne-o unidirecional pela adição de um diodo em série. Torne o diodo como ideal usando $n = 0,001$ no modelo Dbreak. (a) Determine a tensão (média) na saída. (b) Determine a tensão de pico no capacitor C_r. (c) Determine a transferência de energia da fonte para a carga em cada período de chaveamento.

Inversor ressonante

9-15 O inversor ressonante em ponte completa da Fig. 9-3a tem uma carga resistiva de 12 Ω que requer uma tensão senoidal de 400 Hz e 80 V. A DHT da tensão na carga não deve ser maior que 5%. Determine a entrada CC necessária e valores adequados para L e C. Determine a tensão de pico no capacitor C e a corrente de pico em L.

9-16 O inversor ressonante em ponte completa da Fig. 9-3a tem uma carga resistiva de 8 Ω que requer uma tensão senoidal de 1.200 Hz e 100 V. A DHT da tensão na carga não deve ser maior que 10%. Determine a entrada CC necessária e valores adequados para L e C. Simule o inversor no PSpice e determine a DHT. Ajuste os valores de L e C, se necessário, de modo que 10% da DHT seja estritamente satisfeita. Qual é o valor da corrente quando ocorre o chaveamento?

9-17 O inversor ressonante em ponte completa da Fig. 9-3a é requerido para fornecer 500 W para uma resistência de carga de 15 Ω. A carga requer uma corrente CA com 500 Hz que tem uma distorção harmônica não mais que 10%. (a) Determine a tensão CC de entrada necessária. (b) Determine os valores de L e C. (c) Estime a tensão de pico no capacitor C e a corrente de pico no indutor L usando a frequência fundamental. (d) Simule o circuito no PSpice. Determine a DHT, a tensão de pico no capacitor e a corrente no indutor.

Conversor CC-CC ressonante série

9-18 O conversor CC-CC ressonante série da Fig. 9-5a tem os seguintes parâmetros de funcionamento: $V_s = 10$ V, $L_r = 6$ μH, $C_r = 6$ nF, $f_s = 900$ kHz e $R_L = 10$ Ω. Determine a tensão na saída V_o.

9-19 O conversor CC-CC ressonante série da Fig. 9-5a tem os seguintes parâmetros de funcionamento: $V_s = 24$ V, $L_r = 1,2$ μH, $C_r = 12$ nF, $f_s = 1,5$ MHz e $R_L = 5$ Ω. Defina a tensão na saída V_o.

9-20 O conversor CC-CC ressonante série da Fig. 9-5a tem uma fonte CC de 18 V e deve ter uma saída de 6 V. A resistência de carga é de 5 Ω e a frequência de chaveamento desejada é de 800 kHz. Escolha os valores adequados de L_r e C_r.

9-21 O conversor CC-CC ressonante série da Fig. 9-5a tem uma fonte CC de 50 V e deve ter uma saída de 18 V. A resistência de carga é de 9 Ω e a frequência de chaveamento desejada é de 1 MHz. Escolha os valores adequados de L_r e C_r.

9-22 O conversor CC-CC ressonante série da Fig. 9-5a tem uma fonte CC de 40 V e deve ter uma saída de 15 V. A resistência de carga é de 5 Ω e a frequência de chaveamento desejada é de 800 kHz. Escolha os valores adequados de L_r e C_r. Verifeque seus resultados com uma simulação no PSpice.

9-23 O conversor CC-CC ressonante série da Fig. 9-5a tem uma fonte CC de 150 V e deve ter uma saída de 55 V. A resistência de carga é de 20 Ω. Escolha a frequência de chaveamento e os adequados de L_r e C_r. Verifique seus resultados com uma simulação no PSpice.

Conversor CC-CC ressonante paralelo

9-24 O conversor CC-CC ressonante paralelo da Fig. 9-10a tem os seguintes parâmetros de funcionamento: $V_s = 15$ V, $R_L = 10$ Ω, $L_r = 1{,}3$ μH, $C_r = 0{,}12$ μF e $f_s = 500$ kHz. Determine a tensão na saída do conversor.

9-25 O conversor CC-CC ressonante paralelo da Fig. 9-10a tem os seguintes parâmetros de funcionamento: $V_s = 30$ V, $R_L = 15$ Ω, $L_r = 1{,}2$ μH, $C_r = 26$ nF e $f_s = 1$ MHz. Determine a tensão na saída do conversor.

9-26 conversor CC-CC ressonante paralelo da Fig. 9-10a tem $V_s = 12$ V, $R_L = 15$ Ω e $f_s = 500$ kHz. A tensão na saída desejada é de 20 V. Determine os valores adequados para L_r e C_r.

9-27 O conversor CC-CC ressonante paralelo da Fig. 9-10a tem $V_s = 45$ V, $R_L = 20$ Ω e $f_s = 900$ kHz. A tensão na saída desejada é de 36 V. Determine os valores adequados para L_r e C_r.

9-28 O conversor CC-CC ressonante paralelo da Fig. 9-10a tem uma fonte de 50 V CC e deve ter uma saída de 60 V. A resistência de carga é de 25 Ω. Escolha a frequência de chaveamento e os valores adequados para L_r e C_r.

Conversor CC-CC ressonante série-paralelo

9-29 O conversor CC-CC ressonante série-paralelo da Fig. 9-11a tem os seguintes parâmetros: $V_s = 100$ V, $f_s = 500$ kHz, $R_L = 10$ Ω, $L = 12$ μH e $C_s = C_p = 12$ nF. Determine a tensão na saída.

9-30 O conversor CC-CC ressonante série-paralelo da Fig. 9-11a tem $V_s = 12$ V, $f_s = 800$ kHz e $R_L = 2$ Ω. Determine os valores adequados L, C_s e C_p de modo que a tensão na saída seja de 5 V. Use Cs = C_p.

9-31 O conversor CC-CC ressonante série-paralelo da Fig. 9-11a tem $V_s = 20$ V, $f_s = 750$ kHz. A tensão na saída deve ser de 5 V e fornecer 1 A para uma carga resistiva. Determine os valores adequados de L, C_s e C_p. Use $C_s = C_p$.

9-32 O conversor CC-CC ressonante série-paralelo da Fig. 9-11a tem $V_s = 25$ V. A tensão na saída deve ser de 10 V e fornecer 1 A para uma carga resistiva. (a) Escolha uma a frequência de chaveamento e determine os valores adequados de L, C_s e C_p. (b) Verifique seus resultados com uma simulação no PSpice.

Ressonante com *link* CC

9-33 Edite uma simulação no PSpice para um ressonante com *link* CC do Exemplo 9-8. Use um modelo de diodo ideal. (a) Verifique os resultados do Exemplo 9-8. (b) Determine a energia fornecida pela fonte CC durante um período de chaveamento. (c) Determine a potência média fornecida pela fonte CC. (d) Determine a potência média absorvida pela resistência. (e) Como ficam os resultados se a resistência for zero?

9-34 Para o conversor CC-CC ressonante com *link* CC da Fig. 9-12a, $V_s = 75$ V, $I_o = 5$ A, $R = 1$ Ω, $L = 250$ μH e $C = 0{,}1$ μF. Se a chave for aberta em $t = 0$ com $i_L(0) = I_1 = 7$ A e $v_c(0) = 0$, determine o instante em que a chave deve ser fechada para que a tensão nela seja zero. Se a chave for fechada imediatamente após a tensão no capacitor tornar-se zero, por quanto tempo a chave deve permanecer fechada para que a tensão no indutor retorne a 7 A?

9-35 Para o conversor CC-CC ressonante com *link* CC da Fig. 9-12a, $V_s = 100$ V, $I_o = 10$ A, $R = 0,5$ Ω, $L = 150$ μH e $C = 0,05$ μF. Se a chave for aberta em $t = 0$ com $i_L(0) = I_1 = 12$ A e $v_c(0) = 0$, determine o instante em que a chave deve ser fechada para que a tensão nela seja zero. Se a chave for fechada imediatamente após a tensão no capacitor tornar-se zero, por quanto tempo a chave deve permanecer fechada para que a tensão no indutor retorne a 12 A?

Circuitos de Acionamento, Circuitos Snubber (Amortecedores) e Dissipadores de Calor

Capítulo 10

10.1 INTRODUÇÃO

A redução de perda de potência nas chaves eletrônicas é um objetivo importante dos projetos de circuitos eletrônicos de potência. As perdas de potência no estado ligado ocorrem porque a tensão em uma chave em condução não é zero. As perdas na comutação acontecem porque o dispositivo não faz a transição de um estado para o outro instantaneamente e tais ocorrências, em muitos conversores, são maiores do que as perdas na chave no estado ligado.

Os conversores ressonantes (Capítulo 9) reduzem as perdas na chave tirando vantagem das oscilações naturais da mesma quando a tensão ou a corrente é zero. As chaves nos circuitos, como as dos conversores CC-CC dos Capítulos 6 e 7, fazem a transição quando a tensão e a corrente não são zero. As perdas na chave, nestes tipos de conversores, podem ser minimizadas pelos circuitos de acionamentos projetados para fornecer rápidas transições de chaveamento. Circuitos snubber (amortecedores) são projetados para alterar as formas de onda do chaveamento, reduzindo a perda de potência, e proteger a chave. A perda de potência numa chave eletrônica produz aquecimento, sendo essencial em um projeto para limitar a temperatura de todos os dispositivos dos circuitos conversores.

10.2 CIRCUITOS DE ACIONAMENTO COM MOSFET E IGBT

Acionadores fornecendo corrente (low-side drivers)

O MOSFET é um dispositivo controlado por tensão relativamente simples de ligar e desligar, o que lhe dá uma vantagem sobre o transistor bipolar de junção (TBJ). O estado ligado é obtido quando a tensão porta-fonte excede suficientemente a tensão de limiar (thereshold) (chamada também de tensão ôhmica ou não saturação), forçando o MOSFET no triodo para a região de saturação. Tipicamente, a tensão porta-fonte do MOSFET para o estado ligado nos circuitos de chaveamento é entre 10 e 20 V, embora alguns MOSFETs sejam projetados para tensões de controle de nível lógico. O estado desligado é obtido por uma tensão abaixo do valor de limiar. As correntes na porta, nos estados liga e desliga, são essencialmente zero. Porém, a capacitância parasita na entrada deve ser carregada para ligar o MOSFET e descarregada para desligá-lo. As velocidades de chaveamento são basicamente determinadas pela rapidez com que a carga pode ser transferida para a porta e fora dela. Os transistores bipolares de porta isolada (IGBTs) são similares aos MOSFETs em suas exigências de acionamento e o estudo a seguir também se aplica a eles.

Um circuito de acionamento com MOSFET deve ser capaz de fornecer e drenar correntes do chaveamento em alta velocidade. O circuito de acionamento elementar da Fig. 10-1a controla o transistor, mas o tempo de comutação pode ser alto para algumas aplicações. Além do mais, se o sinal na entrada for de dispositivos lógicos digitais de baixa tensão, a saída lógica pode não ser suficiente para ligar o MOSFET.

Um circuito de acionamento é mostrado na Fig. 10-1b. O seguidor de emissor duplo consiste de um par de transistores bipolares NPN e PNP casados. Quando a tensão de acionamento na entrada for alta, Q_1 conduz e Q_2 corta, ligando o MOSFET. Quando o sinal de acionamento na entrada for baixo, Q_1 corta e Q_2 conduz e retira a carga da porta e desliga o MOSFET. O sinal na entrada pode vir de um TTL com o coletor aberto usado para o controle, com o seguidor de emissor duplo usado como um buffer (reforçador) para a fonte, e drenar as correntes necessárias da porta, conforme mostrado na Fig. 10-1c.

Outros arranjos para circuitos de acionamento com MOSFET podem ser vistos na Fig. 10-2. Eles são funcionalmente equivalentes ao seguidor de emissor duplo TBJ da Fig. 10-1b. Os transistores superior e inferior são acionados como complementares, liga/desliga, com um transistor fornecendo corrente para a porta e o outro drenando corrente da porta do MOSFET para ligar e desligar. A Fig. 10-2a mostra os transistores TBJ NPN, a Fig. 10-2b MOSFETs canal N e a Fig. 10-1c indica o MOSFETs canal P e N complementares.

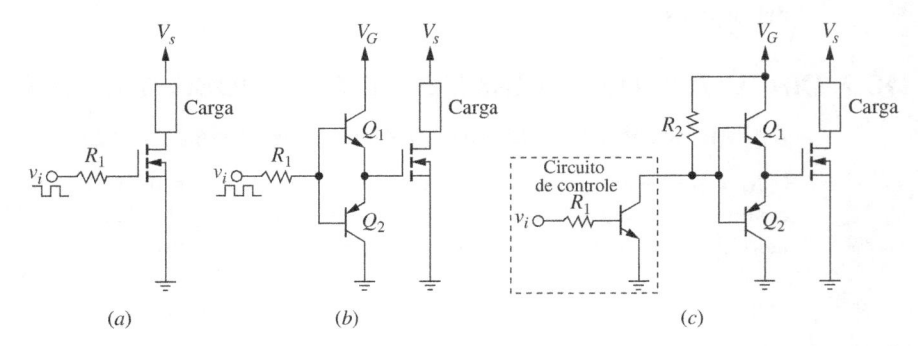

Figura 10-1 (a) Circuito de acionamento com MOSFET complementar; (b) circuito de acionamento com seguidor de emissor duplo; (c) CI de acionamento com reforçador (buffer) seguidor de emissor duplo.

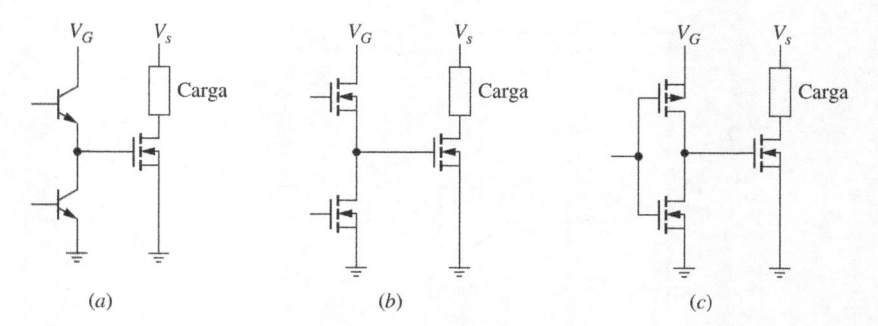

Figura 10-2 Circuitos de acionamento adicionais com MOSFET. (a) Transistores NPN; (b) MOSFETs canal N; (c) MOSFETs canal P e N.

O Exemplo 10-1 ilustra a importância do circuito de acionamento sobre as velocidades de chaveamento do MOSFET e a perda de potência.

Exemplo 10-1

Simulação de um circuito de acionamento com MOSFET

Um modelo do PSpice para o MOSFET de potência IRF150 está disponível na versão de demonstração do PSpice no arquivo EVAL. (a) Use uma simulação com PSpice para determinar os tempos de liga e desliga resultantes e a potência dissipada no MOSFET para o circuito da Fig. 10-1a. Use $V_s = 80$ V e uma resistência de carga de 10 Ω. A tensão de controle da chave v_i é um pulso de 0 a 15 V e $R_1 = 100$ Ω. (b) Repita para o circuito da Fig. 10-1c com $R_1 = R_2 = 1$ kΩ. A frequência de chaveamento para cada caso é de 200 kHz e a taxa de trabalho da tensão de controle da chave é de 50%.

■ Solução

(a) O circuito de acionamento elementar foi editado para a Fig. 10-1a usando VPULSE para a tensão de controle da chave. As formas de onda do chaveamento resultantes pelo Probe são mostradas na Fig. 10-3a. Os tempos de transição do chaveamento são aproximadamente 1,7 e 0,5 μs para desligar e ligar, respectivamente. A potência média absorvida pelo MOSFET é determinada pelo Probe entrando com AVG (W(M1)), que produz um resultado de 38 W aproximadamente.

(b) O circuito de acionamento com seguidor de emissor da Fig. 10-1c foi editado usando os transistores NPN 2N3904 e o PNP 2N3906 da biblioteca de avaliação. As formas de onda de chaveamento resultantes são mostradas na Fig. 10-3b. Os tempos de chaveamento são aproximadamente de 0,4 e 0,2 μs para desligar e ligar respectivamente e a potência absorvida pelo transistor é de 7,8 W. Note que o circuito de acionamento com seguidor de emissor retira a carga da porta mais rapidamente do que o circuito de acionamento elementar na parte (a).

Acionadores drenando corrente (high-side drivers)

Algumas topologias de conversores, como o conversor buck usando um MOSFET canal N, têm chaves que drenam corrente. O terminal fonte do MOSFET de dreno

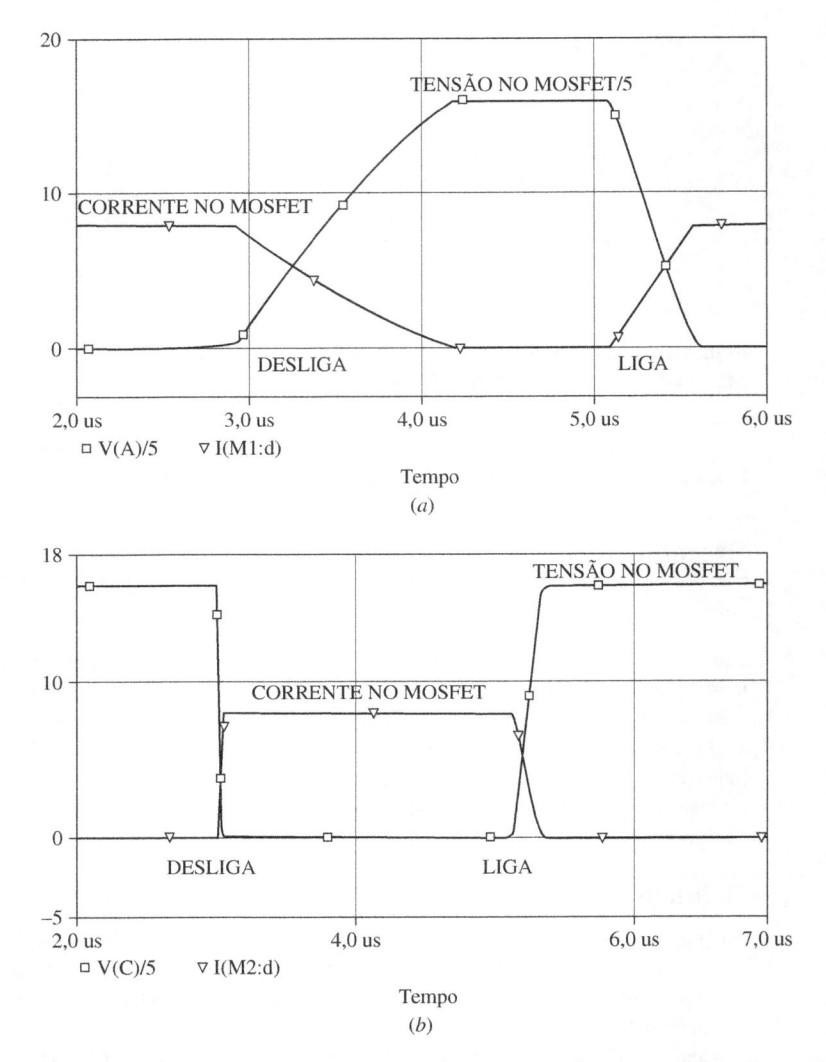

Figura 10-3 Formas de onda do chaveamento para o Exemplo 10-1. (a) Circuito de acionamento com MOSFET elementar da Fig. 10-1a; (b) circuito de acionamento com seguidor emissor da Fig. 10-1b.

não está conectado ao ponto comum (terra) do circuito, como seria em uma chave no conversor que fornece corrente low-side, como em um conversor boost. As chaves de dreno high-side requerem o circuito de acionamento com o MOSFET para flutuar em relação ao ponto comum do circuito. Os circuitos de acionamento para estas aplicações são chamados de acionamento de dreno high-side. Para ligar o MOSFET, a tensão porta-fonte deve ser suficientemente alta. Quando o MOSFET é ligado no conversor buck, por exemplo, a tensão no terminal da fonte do MOSFET é a mesma tensão de alimentação V_s. Logo, a tensão na porta deve ser maior que a tensão de alimentação.

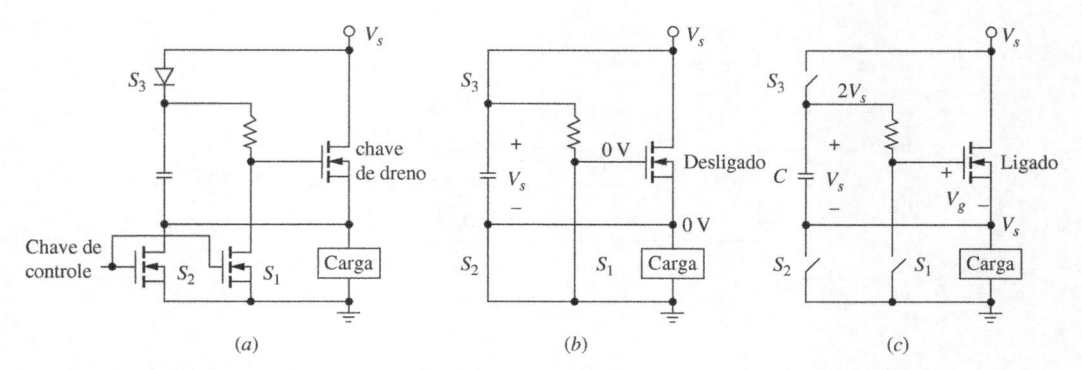

Figura 10-4 (a) Um circuito *bootstrap* para acionar um MOSFET drenando corrente high-side ou IBGT; (b) circuito para as chaves fechadas para o capacitor carregar até V_s; (c) circuito com as chaves abertas mostrando que a tensão porta-fonte é V_s.

Um modo de obter uma tensão maior que a da fonte é "repor" a carga (conversor com capacitor chaveado), como descrito no Capítulo 6. Uma configuração de acionamento com high-side é mostrada na Fig. 10-4a. Os dois MOSFETs do acionamento e o diodo são denominados como chaves S_1, S_2 e S_3. Quando o sinal de controle é alto, S_1 e S_2 ligam e o capacitor carrega até V_s pelo diodo (Fig. 10-4b). Quando o sinal de controle é baixo, S_1 e S_2 desligam e a tensão no capacitor é a tensão do resistor mais a da porta do MOSFET de potência, ligando o MOSFET. A tensão na carga fica sendo a mesma da fonte V_s, fazendo com que a tensão no terminal superior do capacitor seja de $2V_s$. Esse circuito é chamado de bootstrap.

Os acionadores da porta do MOSFET estão disponíveis como circuitos integrados (CI). Um exemplo é o IR2117 da International Rectifier, mostrado na Fig. 10-5a. O CI com um capacitor externo e um diodo compõe o circuito bootstrap para o MOSFET. Outro exemplo é o IR2110 da International Rectifier, o qual foi projetado para acionar as duas chaves, a que drena corrente (high-side) e a que fornece corrente (low-side) (Fig. 10-5b). Os conversores de meia ponte e ponte completa são aplicações que requerem acionadores com dreno de corrente e forneceçam corrente (high-side) e (low-side).

O isolamento elétrico entre o MOSFET e o circuito de controle é sempre desejável por causa dos níveis elevados de tensão do MOSFET, como nos transistores superiores no circuito de ponte completa ou no conversor buck. Circuitos com acoplamento magnético e circuitos com acoplamento ótico normalmente são utilizados para o isolamento elétrico. A Fig. 10-6a mostra um circuito de controle e de potência isolado eletricamente por um transformador. O capacitor do lado do controle evita uma tensão CC de offset no transformador. Uma forma de onda de chaveamento típica é mostrada na Fig. 10-6b. Como o produto volt-segundo deve ser o mesmo sobre o primário e o secundário do transformador, o circuito funciona melhor quando a taxa de trabalho é de cerca de 50%. Um circuito de acionamento com isolamento básico é mostrado na Fig. 10-6c.

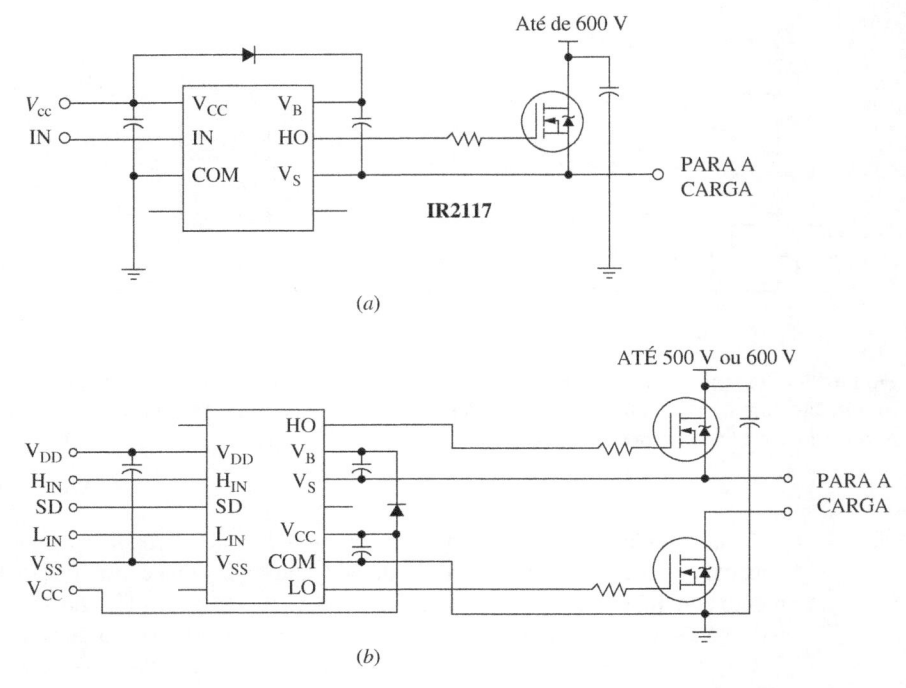

Figura 10-5 (a) Acionador com dreno de corrente (high-side) com o IR2117 da International Rectifier; (b) acionador com dreno de corrente e fornecendo corrente (high-side e low-side) com o IR2110 da International Rectifier (*Cortesia da Internation Rectifier Corporation*).

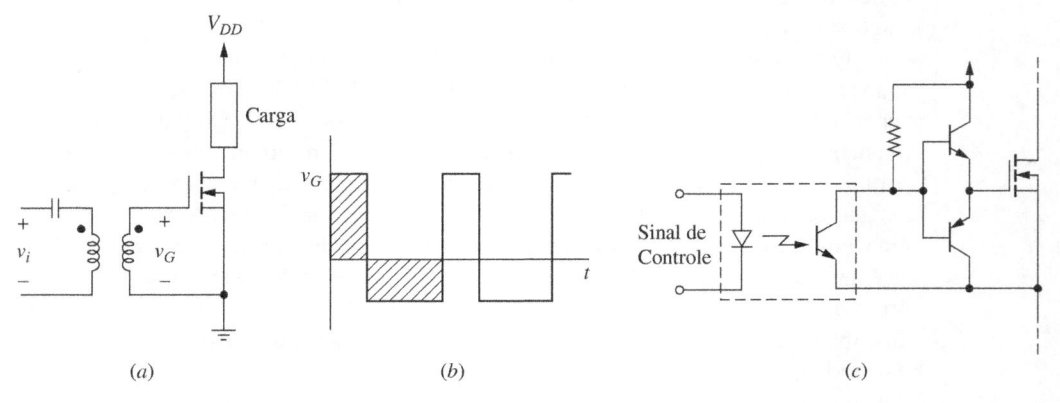

Figura 10-6 (a) Circuito de controle e de potência com isolamento elétrico; (b) tensão no secundário do transformador; (c) circuitos de controle de potência com isolamento ótico.

10.3 CIRCUITOS DE ACIONAMENTO COM TRANSISTOR BIPOLAR

O transistor bipolar de junção (TBJ) tem sido amplamente substituído pelos MOSFETs e IGBTs. Porém, os TBJs podem ser usados em muitas aplicações. O TBJ é um dispositivo controlado por corrente, exigindo uma corrente na base para manter o transistor no estado de condução. A corrente na base durante o estado ligado para uma corrente no coletor I_C deve ser pelo menos I_C/β. O tempo para ligar depende da rapidez com que a carga armazenada requerida pode ser distribuída para a região da base. A velocidade de chaveamento para condução pode ser diminuída aplicando inicialmente um pico agudo e prolongado (spike) de corrente e depois reduzindo a corrente para o valor necessário, mantendo o transistor em condução. De modo similar, é desejável um pico agudo e prolongado de corrente negativa no corte para retirar a carga armazenada, diminuindo o tempo de transição de liga para desliga.

A Fig. 10-7a mostra um arranjo de circuito que é adequado para acionar um TBJ. Quando o sinal de entrada sobe, o sinal é inicialmente desviado de R_2 pelo capacitor descarregado. A corrente inicial na base é

$$I_{B_1} = \frac{V_i - v_{BE}}{R_1} \qquad (10\text{-}1)$$

Como o capacitor carrega, a corrente na base é reduzida e atinge um valor final de

$$I_{B_2} = \frac{V_i - v_{BE}}{R_1 + R_2} \qquad (10\text{-}2)$$

O tempo desejado para a carga do capacitor determina seu valor. Constantes de tempo com o valor de três quintos são necessárias para carga ou descarga do o capacitor. A constante de tempo de carga é

$$\tau = R_E C = \left(\frac{R_1 R_2}{R_1 + R_2}\right) C \qquad (10\text{-}3)$$

O sinal de entrada vai a zero no instante desliga e o capacitor carregado fornece um pico de corrente negativo à medida que a carga é retirada da base. A Fig. 10-7b mostra a forma de onda da corrente na base.

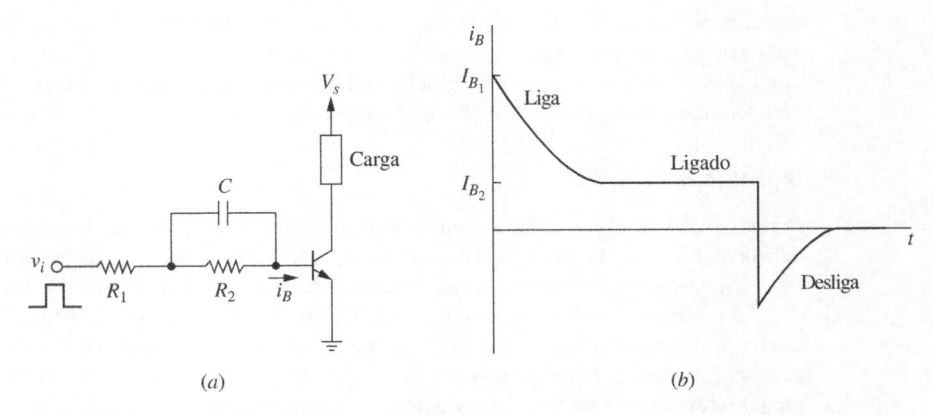

Figura 10-7 (a) Circuito de acionamento para um transistor bipolar; (b) corrente na base do transistor.

Exemplo 10-2

Circuito de acionamento com transistor bipolar

Projete um circuito de acionamento com TBJ baseado na configuração da Fig. 10-7a, que tem um pico de 1 A para ligar e 0,2 A para manter a corrente na base no estado ligado. A tensão v_i é um pulso de 0 a 15 V com uma taxa de 50% e uma frequência de chaveamento de 100 kHz. Suponha que v_{BE} seja de 0,9 V quando o transistor está ligado.

■ Solução

O valor de R_1 é determinado pelo pico de corrente inicial requerido. Resolvendo para R_1 na Eq. (10-1),

$$R_1 = \frac{V_i - v_{BE}}{I_{B_1}} = \frac{15 - 0,9}{1} = 14,1\ \Omega$$

O estado estável da corrente na base no estado de ligado determina R_2. Pela Eq. (10-2),

$$R_2 = \frac{V_i - v_{BE}}{I_{B_2}} - R_1 = \frac{15 - 0,9}{0,2} - 14,1 = 56,4\ \Omega$$

O valor de C é determinado pela constante de tempo requerida. Para uma taxa de trabalho de 50% em 100 kHz, o transistor fica ligado por 5 μs. Admitindo que o tempo de ligado para o transistor seja de cinco constantes de tempo, $\tau = 1$ μs. Pela Eq. (10-3),

$$\tau = R_E C = \left(\frac{R_1 R_2}{R_1 + R_2}\right) C = 11,3\ C = 1\ \mu s$$

$$C = 88,7\ nF$$

Exemplo 10-3

Simulação com PSpice para um circuito de acionamento com TBJ

Use o PSpice para simular o circuito da Fig. 10-7a com $V_s = 80$ V, um resistor de carga de 10 Ω e os componentes de acionamento da base do Exemplo 10-2: (a) Com o capacitor da base omitido e (b) com o capacitor da base incluído. Determine a potência absorvida pelo transistor para cada caso. Use o modelo 2n5686 do PSpice da ON Semiconductor.

■ Solução

O circuito da Fig. 10-8a é editado usando VPULSE para a fonte de tensão de controle. O modelo do transistor é obtido na página eletrônica da ON Semiconductor e o modelo é copiado e transferido para o modelo de transistor QbreakN pela escolha de *Edit, PSpice Model*.

As formas de onda do chaveamento resultantes são mostradas na Fig. 10-8a. Observe a diferença significativa nos tempos de chaveamento com e sem a capacitância de acionamento na base. A potência absorvida pelo transistor é determinada entrando com AVG (W(Q_1)), que produz o resultado de 30 W sem o capacitor da base e 5 W com ele.

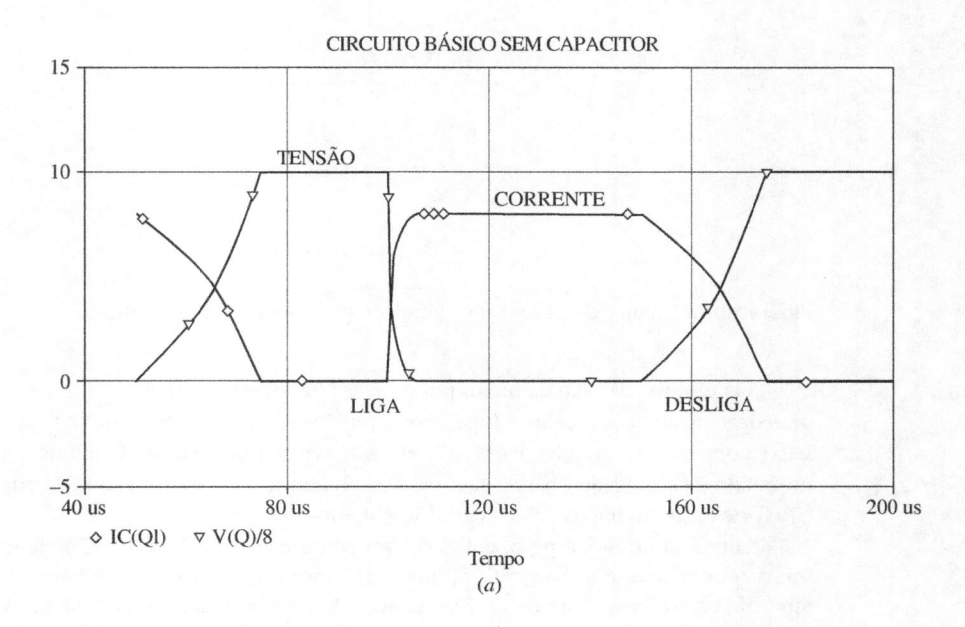

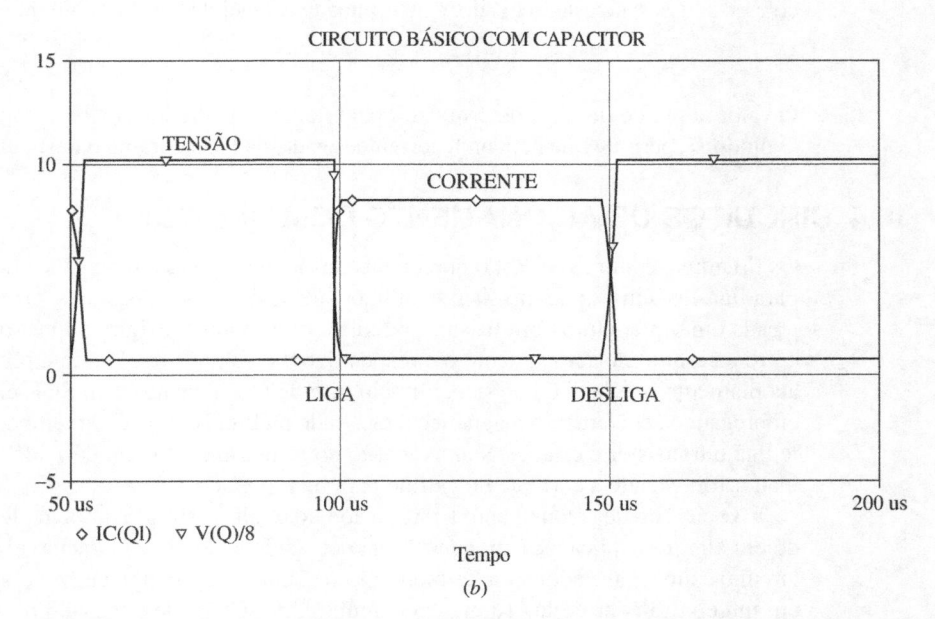

Figura 10-8 Formas de chaveamento para um transistor bipolar de junção (a) sem o capacitor de base e (b) com o capacitor de base. A tensão tem uma escala de 1/8.

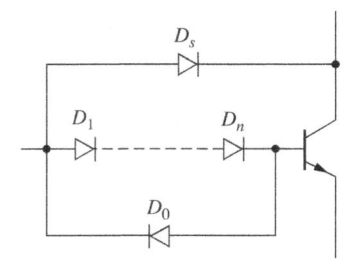

Figura 10-9 Grampo de Baker para controlar o grau de saturação do TBJ.

Os tempos de chaveamento podem ser reduzidos mantendo o transistor na região de semissaturação, que é logo após a região linear, mas sem uma saturação forte. Isto é controlado evitando-se que v_{CE} tenha um valor muito baixo. Contudo, as perdas no estado de condução do TBJ são maiores do que se o transistor estivesse em saturação forte com um baixo valor de tensão coletor-emissor.

Um circuito de grampo, como o grampo de Baker, da Fig. 10-9, pode manter o transistor em uma semissaturação limitando a tensão coletor-emissor. Existem n diodos em série com a base e um diodo D_s é conectado do acionador para o coletor. A tensão coletor-emissor, no estado ligado, é determinada pela lei da tensão de Kirchhoff como

$$v_{CE} = v_{BE} + nv_D - v_{D_s} \qquad (10\text{-}4)$$

O valor desejado de v_{CE} é determinado pelo número de diodos em série com a base. O diodo D_o permite que haja uma corrente reversa na base durante o desligamento.

10.4 CIRCUITOS DE ACIONAMENTO COM TIRISTOR

Os tiristores, como os SCRs, requerem apenas uma corrente momentânea no gatilho para ligá-los, em vez de um sinal contínuo para acionar os transistores. Os níveis de tensão em um circuito com tiristor podem ser muito altos, exigindo um isolamento entre o circuito de acionamento e o dispositivo. O isolamento elétrico é obtido pelo acoplamento magnético ou ótico. Um circuito de acionamento com SCR elementar empregando acoplamento magnético é mostrado na Fig. 10-10a. O circuito de controle liga o transistor e estabelece uma tensão no primário e no secundário do transformador fornecendo a corrente no gatilho para ligar o SCR.

O circuito de acionamento simplificado no gatilho na Fig. 10-10b pode ser usado em algumas aplicações em que não há necessidade de um isolamento elétrico. O circuito é um controlador simples monofásico (Capítulo 5) do tipo que pode ser usado em um controlador de luz (dimmer) comum. Um SCR pode ser usado no lugar do triac T_1 para formar um retificador de meia onda controlada (Capítulo 3). O ângulo de atraso é controlado pelo circuito RC conectado no gatilho pelo diac T_2. O diac é um membro da família de tiristores que funciona como um triac autodisparado. Quando a tensão no diac atinge um valor especificado, ele começa a conduzir e dispara o triac. Como a tensão senoidal da fonte fica positiva, o capacitor começa a carregar. Quando a tensão no capacitor atinge a tensão de disparo do diac, estabelece-se uma corrente no gatilho para ligar um triac.

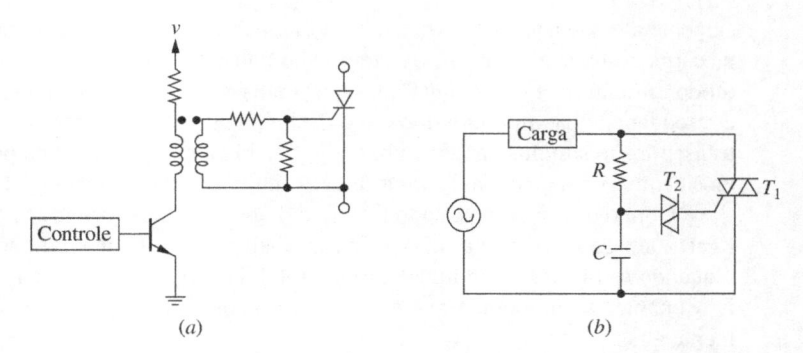

Figura 10-10 (a) Circuito de acionamento com tiristor com acoplamento magnético; (b) circuito de acionamento RC simples.

10.5 CIRCUITOS SNUBBER COM TRANSISTOR

Os circuitos snubber reduzem a perda de potência em um transistor durante o chaveamento (embora não necessariamente as perdas totais de comutação) e protegem o dispositivo em chaveamento de altas tensões e correntes.

Conforme estudado no Capítulo 6, uma grande parte da perda de potência em um transistor ocorre durante a comutação. A Fig. 10-11a mostra um modelo para um conversor tendo uma carga indutiva de valor alto que pode ser considerada como uma fonte de corrente I_L. A análise das transições de chaveamento para esse circuito é baseada na lei da tensão de Kirchhoff: a corrente na carga deve ser dividida entre o transistor e o diodo; e a tensão da fonte deve ser dividida entre o transistor e a carga.

Com o transistor no estado ligado, o diodo está desligado e o transistor conduz a corrente da carga. Quando o transistor desliga, o diodo permanece polarizado rever-

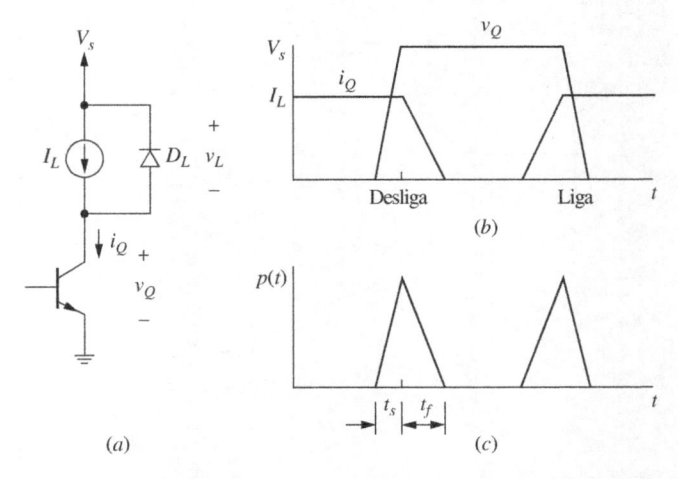

Figura 10-11 (a) Modelo de conversor para chaveamento de cargas indutivas; (b) tensão e corrente durante o chaveamento; (c) potência instantânea no transistor.

samente até que a tensão no transistor v_Q aumente até a tensão da fonte V_s e a tensão na carga diminua até zero. Após a tensão no transistor atingir o valor V_s, a corrente no diodo diminui para I_L enquanto que a corrente no transistor é reduzida para zero. Por consequência, há um ponto durante o desligamento em que a tensão e a corrente no transistor são simultaneamente altas (Fig. 10-11b), resultando numa potência instantânea com forma de onda de um triângulo agudo $P_Q(t)$, como na Fig. 10-11c.

Com o transistor no estado ligado, o diodo conduz a corrente total da carga. Ao ligar, a tensão no transistor não pode cair abaixo de V_s até que o diodo desligue, que é quando o transistor conduz a corrente total da carga e a corrente no diodo é zero. Novamente, há um ponto em que a tensão e a corrente no transistor são simultaneamente altas.

Um circuito snubber altera as formas de onda da tensão e corrente no transistor com vantagem. Um circuito snubber típico pode ser visto na Fig. 10-12a. O snubber proporciona um outro caminho para a corrente na carga durante o desligamento.

Como o transistor está desligado e a tensão nele está aumentando, o diodo snubber D_s torna-se polarizado diretamente e o capacitor começa a descarregar. A

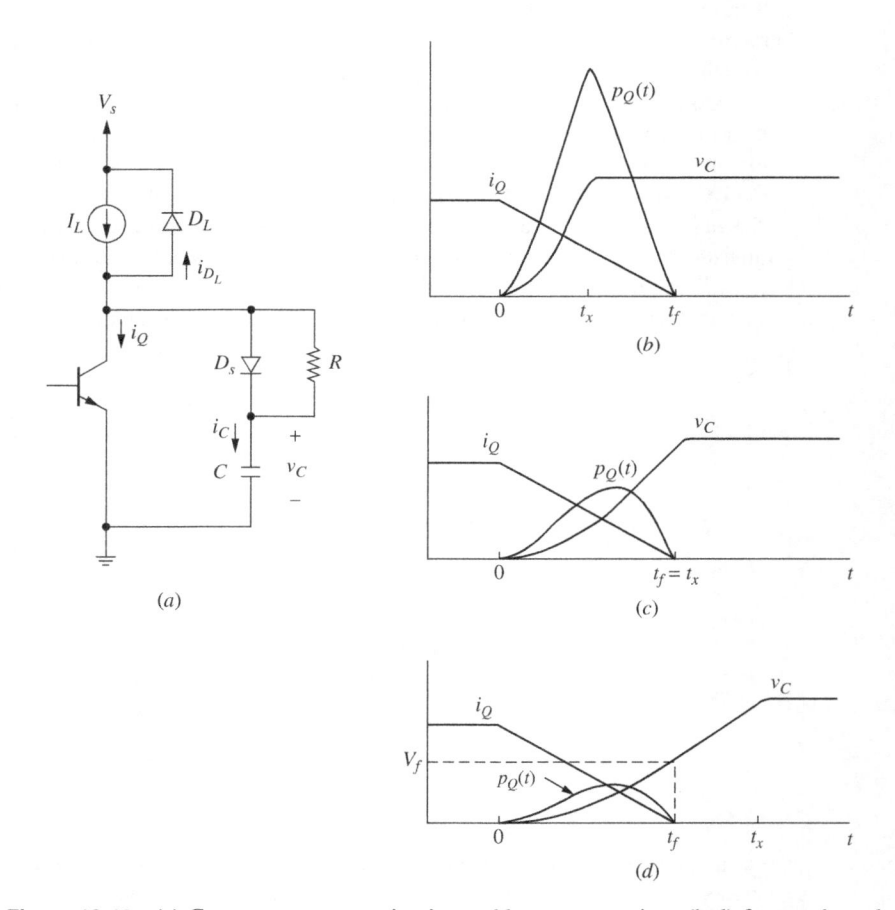

Figura 10-12 (a) Conversor com um circuito snubber com transistor; (b-d) formas de onda para o desligamento com um snubber com valores crescentes de capacitância.

taxa de variação da tensão no transistor é reduzida pelo capacitor, atrasando sua transição de tensão baixa para alta. O capacitor carrega até a tensão final no estado desligado do transistor e permanece carregado enquanto o transistor estiver desligado. Quando o transistor liga, o capacitor descarrega pelo transistor e resistor do snubber.

O valor do capacitor de snubber determina a taxa de aumento da tensão da chave no corte. O transistor conduz a corrente da carga primeiro para o corte e, durante o corte, a corrente no transistor diminui quase que linearmente até atingir o zero. O diodo da carga D_L permanece desligado até que a tensão no capacitor chegue a V_s. O capacitor do snubber conduz o restante da corrente da carga até que o diodo da carga entre em condução. As correntes no transistor e no capacitor do snubber durante o corte são expressas como

$$i_Q(t) = \begin{cases} I_L\left(1 - \dfrac{t}{t_f}\right) & \text{para } 0 \leq t < t_f \\ 0 & t \geq t_f \end{cases} \quad (10\text{-}5)$$

$$i_C(t) = \begin{cases} I_L - i_Q(t) = \dfrac{I_L t}{t_f} & 0 \leq t < t_f \\ I_L & t_f \leq t < t_x \\ 0 & t \geq t_x \end{cases} \quad (10\text{-}6)$$

onde t_x é o tempo em que a tensão no capacitor atinge o valor final, que é determinado pela tensão da fonte do circuito. A tensão no capacitor (e transistor) é mostrada para diferentes valores de C na Fig. 10-12b até d. Um valor baixo para o capacitor do snubber resulta em uma tensão aque atinge o valor V_s antes que a corrente no transistor chegue a zero, enquanto que capacitâncias de valor alto resultam num tempo maior para que a tensão chegue a V_s. Note que a energia absorvida pelo transistor (a área abaixo da curva da potência instantânea) durante o chaveamento diminui à medida que a capacitância do snubber aumenta.

O capacitor é escolhido com base na tensão desejada no instante em que a corrente no transistor chegue a zero. A tensão no capacitor na Fig. 10-12d é expressa como

$$v_c(t) = \begin{cases} \dfrac{1}{C}\displaystyle\int_0^t \dfrac{I_L t}{t_f} dt = \dfrac{I_L t^2}{2 C t_f} & 0 \leq t \leq t_f \\ \dfrac{1}{C}\displaystyle\int_{t_f}^t I_L dt + v_c(t_f) = \dfrac{I_L}{C}(t - t_f) + \dfrac{I_L t_f}{2C} & t_f \leq t \leq t_x \\ V_s & t \geq t_x \end{cases} \quad (10\text{-}7)$$

Se a corrente na chave atingir o zero antes que o capacitor carregue completamente, a tensão no capacitor é determinada pela primeira parte da Eq. (10-7). Fazendo $v_c(t_f) = V_f$,

$$V_f = \frac{I_L(t_f)^2}{2Ct_f} = \frac{I_L t_f}{2C}$$

Resolvendo para C,

$$\boxed{C = \frac{I_L t_f}{2V_f}} \tag{10-8}$$

onde V_f é a tensão desejada no capacitor quando a corrente no transistor atingir o zero ($V_f \leq V_s$). O capacitor é algumas vezes escolhido de modo que a tensão na chave atinja o valor final ao mesmo tempo em que a corrente chega a zero, neste caso,

$$C = \frac{I_L t_f}{2V_s} \tag{10-9}$$

onde V_s é a tensão final na chave enquanto ela estiver aberta. Observe que a tensão final no capacitor pode ser diferente da tensão de alimentação CC em algumas topologias. Os conversores diretos e flyback (Capítulo 7), por exemplo, têm tensões na chave no estado desligado de duas vezes a tensão da entrada CC.

A potência absorvida pelo transistor é reduzida pelo circuito snubber. A potência absorvida pelo transistor antes de ser adicionado o snubber é determinada pela forma de onda da Fig. 10-11c. As perdas de potência no desligamento são determinadas por

$$P_Q = \frac{1}{T} \int_0^T p_Q(t)\, dt \tag{10-10}$$

A integral é calculada pela determinação da área sob o triângulo para o corte, resultando em uma expressão para a perda de potência no corte sem um snubber de

$$P_Q = \frac{1}{2} I_L V_s (t_s + t_f) f \tag{10-11}$$

onde $t_s + t_f$ é o tempo de chaveamento de corte e $f = 1/T$ é a frequência de chaveamento.

A potência absorvida pelo transistor durante o corte após a adição do snubber é determinada pelas Eqs. (10-5), (10-7) e (10-10).

$$P_Q = \frac{1}{T} \int_0^T v_Q i_Q\, dt = f \int_0^{t_f} \left(\frac{I_L t^2}{2Ct_f}\right) I_L \left(1 - \frac{t}{t_f}\right) dt = \frac{I_L^2 t_f^2 f}{24C} \tag{10-12}$$

A equação acima é válida para o caso quando $t_f \leq t_x$, como nas Figs. 10-12c ou d.

O resistor é escolhido de modo que o capacitor descarregue antes do próximo instante do corte do transistor. Um intervalo de tempo de três quintos da constante de tempo é necessária para a descarga do capacitor. Supondo que seja necessário cinco constantes de tempo para a completa descarga, o tempo para o transistor ficar ligado é

$$t_{\text{ligado}} > 5RC$$

ou

$$R < \frac{t_{\text{ligado}}}{5C} \quad (10\text{-}13)$$

O capacitor descarrega pelo resistor e transistor quando o transistor liga. A energia armazenada no capacitor é

$$W = \tfrac{1}{2} CV_s^2 \quad (10\text{-}14)$$

Esta energia é transferida na maior parte para o resistor durante o tempo de condução do transistor. A potência absorvida pelo resistor é a energia divida pelo tempo, com tempo igual ao do período de chaveamento:

$$P_R = \frac{\tfrac{1}{2} CV_s^2}{T} = \frac{1}{2} CV_s^2 f \quad (10\text{-}15)$$

onde f é a frequência de chaveamento. A Eq. (10-15) indica que a dissipação de potência no resistor do snubber é proporcional ao valor do capacitor do snubber. *Um capacitor de valor alto reduz a perda de potência no transistor [Eq. (10-12)], mas à custa da perda de potência no resistor do* snubber. Observe que a potência no resistor do snubbe é independente deste valor. O valor do resistor determina a taxa de descarga do capacitor quando o transistor conduz.

A potência absorvida pelo transistor é menor para valores altos de capacitância, mas a potência absorvida pelo resistor do snubber é maior para este caso. A potência total para o transistor em condução é a soma das potências no transistor e no snubber. A Fig. 10-13 mostra a relação entre as perdas no transistor, no snubber e a total.

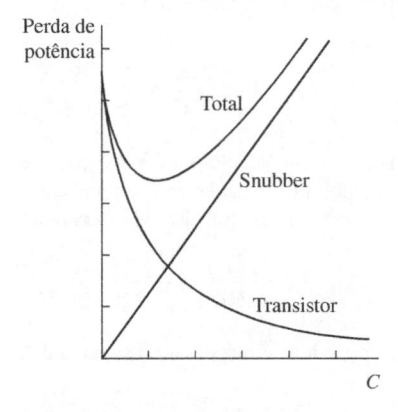

Figura 10-13 Perdas no transistor, snubber e total como função da capacitância do snubber.

O uso do snubber pode reduzir as perdas de chaveamento total, mas talvez mais significativo seja que o snubber reduz a perda de potência no transistor e a necessidade de resfriamento para o dispositivo. O transistor está mais sujeito a falhas e é mais difícil de ser esfriado que o resistor, de modo que o snubber torna o projeto mais confiável.

Exemplo 10-4

Projeto de circuito Snubber com transistor

O conversor e o snubber na Fig. 10-12a tem $V_s = 100$ V e $I_L = 5$ A. A frequência de chaveamento é de 100 kHz com uma taxa de trabalho de 50% e o transistor desliga em 0,5 µs. (a) Determine as perdas no desligamento sem um snubber se a tensão no transistor atinge V_s em 0,1 µs. (b) Projete um snubber usando o critério de que a tensão no transistor atinge seu valor final ao mesmo tempo em que a corrente no transistor atinge o zero. (c) Determine as perdas no desligamento e a potência no resistor com o snubber.

■ Solução

(a) As formas de onda da tensão, corrente no desligamento e potência instantânea sem o snubber são como as da Fig. 10-11. A tensão no transistor atinge 100 V enquanto que a corrente ainda está em 5 A, resultando num pico de potência instantânea de (100 V)(5 A) = 500 W. A base do triângulo da potência é 6 µs, formando uma área de 0,5(500 W)(0,6 µs) = 150 µJ. O período de chaveamento é de $1/f = 1/100.000$ s, logo a perda de potência no desligamento no transistor é W/T = $(150)(10^6)(100.000)$ = 15 W. A Eq. (10-11) produz o mesmo resultado:

$$P_Q = \frac{1}{2}I_L V_s(t_s + t_f)f = \frac{1}{2}(5)(100)(0,1 + 0,5)(10^{-6})(10^5) = 15 \text{ W}$$

(b) O valor da capacitância do snubber é determinado pela Eq. (10-9):

$$C = \frac{I_L t_f}{2V_s} = \frac{(5)(0,5)(10^{-6})}{(2)(100)} = 1,25(10^{-8}) = 0,0125 \text{ µF} = 12,5 \text{ nF}$$

O resistor do snubber é escolhido usando a Eq. (10-13). A frequência de chaveamento é de 100 kHz, correspondendo a um período de chaveamento de 10 µs. O tempo que o transistor fica ligado é aproximadamente metade do período, ou 5 µs. O valor do resistor é, então,

$$R < \frac{t_{\text{ligado}}}{5C} = \frac{5 \text{ µs}}{5(0,0125 \text{ µF})} = 80 \text{ Ω}$$

O valor da resistência não é crítico. Visto que cinco constantes de tempo é um critério de segurança do projeto, a resistência não precisa ser exatamente de 80 Ω.

(c) A potência absorvida pelo transistor é determinada pela Eq. (10-12):

$$P_Q = \frac{I_L^2 t_f^2 f}{24C} = \frac{5^2[(0,5)(10^{-6})]^2(10^5)}{24(1,25)(10^{-8})} = 2,08 \text{ W}$$

A potência absorvida pelo resistor do snubber é determinada pela Eq. (10-15):

$$P_R = \frac{1}{2}CV_s^2 f = \frac{0,0125(10^{-6})(100^2)(100.000)}{2} = 6,25 \text{ W}$$

A potência total devida às perdas no desligamento com o snubber é 2,8 + 6,25 = 8,33 W, menor que os 15 W sem o snubber. As perdas do transistor são significativamente reduzidas pelo snubber e as perdas totais no desligamento também são reduzidas neste caso.

A outra função do circuito snubber é a de reduzir a tensão e a corrente máxima no transistor. A tensão e a corrente em um transistor não devem exceder aos seus valores máximos nominais. Além disto, a temperatura no transistor deve ser mantida dentro dos limites aceitáveis. Corrente alta e tensão alta devem ser evitadas em um transistor bipolar por causa de um fenômeno chamado *segunda ruptura*. A segunda ruptura é o resultado da distribuição não uniforme da corrente na junção coletor-base quando tensão e corrente são altas, resultando em um aquecimento localizado no transistor e em falhas.

A área de operação segura de polarização direta (SOA ou FBSOA) de um TBJ é a área fechada pela tensão, corrente, térmica e limite da segunda ruptura, conforme mostrado na Fig. 10-14a. A FBSOA indica a capacidade do transistor quando a

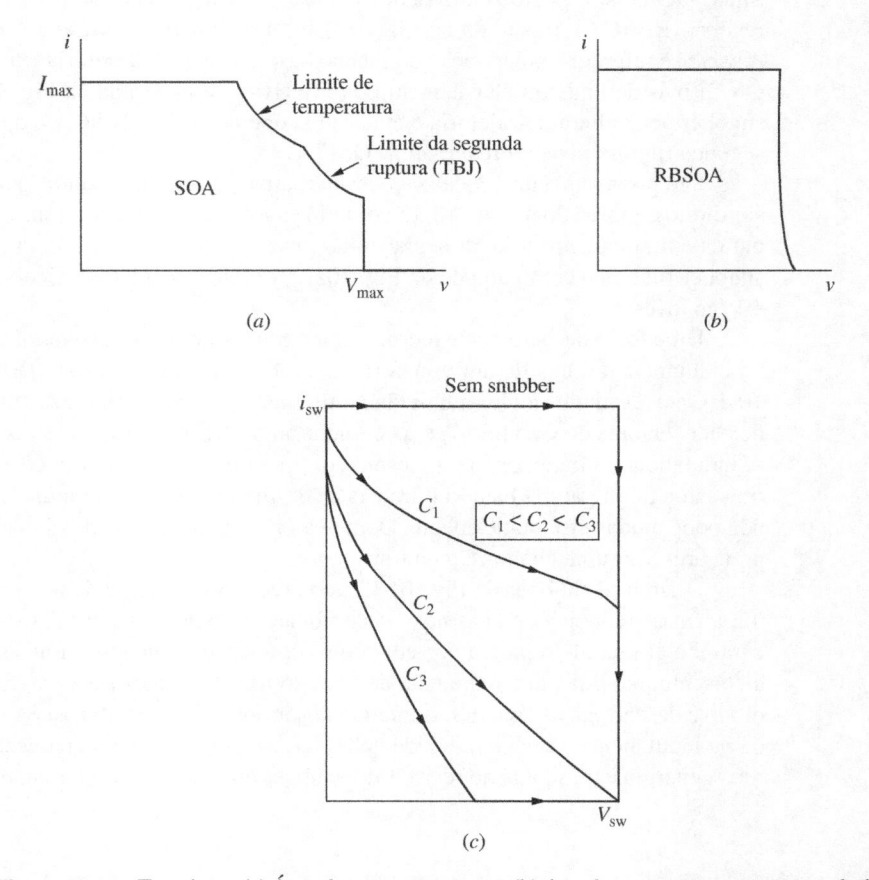

Figura 10-14 Transistor. (a) Área de operação segura; (b) área de operação segura para polarização direta; (c) trajetórias do chaveamento para diferentes valores de capacitância do snubber.

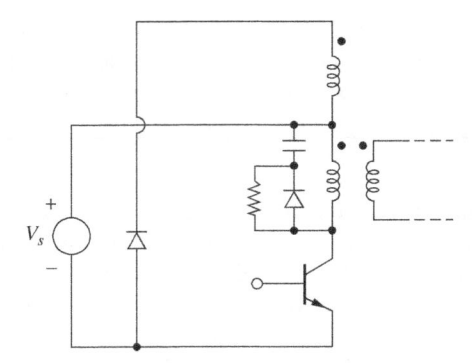

Figura 10-15 Localização alternativa de um snubber para um conversor direto.

junção base-emissor está polarizada diretamente e os limites máximos para o estado estável e para a condução. A SOA pode ser expandida verticalmente para um funcionamento pulsante. Isto é, a corrente pode ser maior se for intermitente em vez de contínua. Além disto, existe uma área de operação segura de operação para a polarização reversa (RBSOA), mostrada na Fig. 10-14b. *A polarização direta e a polarização reversa* se referem à polarização da junção base-emissor. A trajetória tensão-corrente das formas de onda do chaveamento da Fig. 10-12 é mostrada na Fig. 10-14c. Um snubber pode alterar a trajetória e evitar uma operação fora da SOA e da RBSOA. A segunda ruptura não ocorre em um MOSFET.

São possíveis outras localizações alternativas de circuitos snubber. Um conversor direto é mostrado na Fig. 10-15 com um snubber conectado do transistor de volta para a entrada positiva da alimentação ao invés de para o ponto comum ou terra. O snubber funciona como aquele da Fig. 10-12, exceto que a tensão final no capacitor é V_s ao invés de $2V_s$.

Uma fonte de estresse de tensão em um transistor chave é a energia armazenada na indutância de fuga de um transformador. O modelo de conversor *flyback* da Fig. 10-16, por exemplo, inclui a indutância de fuga L_l, que foi desprezada nas análises dos conversores do Capítulo 7, mas é importante para a análise de estresse da chave. A indutância de fuga conduz a mesma corrente do transistor como chave quando o transistor está ligado. Quando o transistor desliga, a corrente na indutância de fuga não pode mudar instantaneamente. O alto valor de *di/dt* pela queda rápida da corrente pode provocar uma alta tensão no transistor.

O circuito snubber da Fig. 10-12 pode reduzir o estresse de tensão no transistor, além de reduzir as perdas nele. A combinação diodo-capacitor-resistor provê um caminho em paralelo para a corrente com o transistor. Quando o transistor desliga, a corrente mantida pela indutância de fuga do transformador polariza diretamente o diodo e descarrega o capacitor. A energia absorvida pelo capacitor, que foi armazenada na indutância de fuga e reduzida pelo pico de tensão, poderia aparecer no transistor. A energia é dissipada no resistor do snubber quando o transistor conduz.

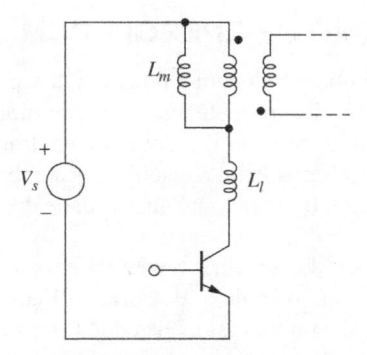

Figura 10-16 Conversor flyback com a indutância de fuga do transformador incluída.

Snubber de condução protegem o dispositivo, de forma simultânea, da tensão e corrente alta durante a condução. Assim como o snubber de corte, a finalidade do snubber de condução é a de modificar as formas de onda da tensão-corrente para reduzir a perda de potência. Um indutor em série com um transistor reduz a taxa de crescimento da corrente e pode reduzir a sobreposição da corrente e tensão altas. Um snubber de condução é mostrado na Fig. 10-17. O diodo do snubber está desligado durante a condução. Durante o corte, a energia armazenada no indutor do snubber é dissipada no resistor.

Se for usado um snubber de corte também, a energia armazenada no indutor do snubber de condução pode ser transferida para o snubber de corte sem a necessidade de diodo e resistor adicionais. A indutância de fuga ou de dispersão que existe inerentemente nos circuitos pode executar a função de um snubber de condução sem a necessidade de um indutor adicional.

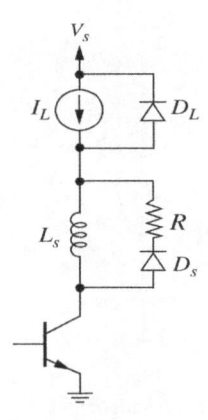

Figura 10-17 Transistor com snubber de condução.

10.6 RECUPERAÇÃO DE ENERGIA COM CIRCUITOS SNUBBER

Os circuitos snubber reduzem a potência dissipada no transistor. Mas o resistor do snubber também dissipa potência que é perdida em calor. A energia armazenada na capacitância do snubber é eventualmente transferida para o resistor do snubber. Se a energia armazenada no capacitor do snubber pode ser transferida para a carga ou de volta para a fonte, não há necessidade do resistor do snubber e as perdas são reduzidas.

Um método de recuperar a energia em um snubber é mostrado na Fig. 10-18. D_s e C_s agem como o snubber de corte na Fig. 10-12a: C_s carrega até V_s e atrasa o aumento da tensão no transistor. Na condução, é formado um trajeto da corrente consistindo de Q, C_s, L, D_1 e C_1, resultando numa corrente oscilante. A carga armazenada primeiro em C_s é transferida para C_1. No próximo corte, C_1 descarrega na carga por D_2 enquanto C_s carrega novamente. Resumindo, a energia armazenada em C_s no corte é transferida primeiro para C_1 e depois para a carga.

10.7 CIRCUITOS SNUBBER PARA TIRISTOR

A finalidade de um circuito snubber para o tiristor é, principalmente, a de proteger o dispositivo da alta taxa de variação da tensão anodo-catodo e da corrente de anodo. Se *dv/dt* para o tiristor for muito alta durante a condução, um aquecimento localizado resultará numa região de alta densidade de corrente no local de conexão do gatilho, visto que a corrente se distribui por toda a junção.

Os circuitos snubber para o tiristor podem ser como os usados para o transistor ou do tipo sem polaridade, como o mostrado na Fig. 10-19. O indutor em série limita a *di/dt* e a conexão *RC* em paralelo limita a *dv/dt*.

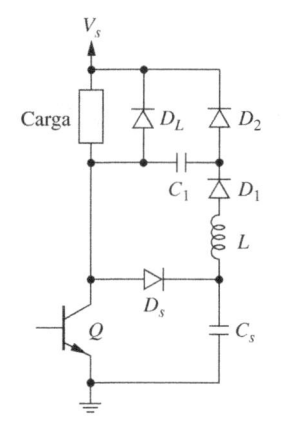

Figura 10-18 Circuito snubber.

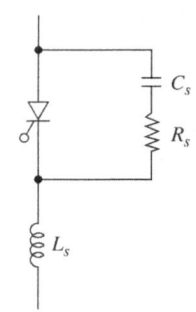

Figura 10-19 Circuito snubber.

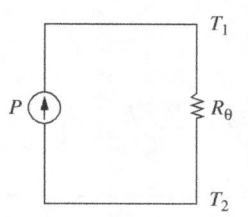

Figura 10-20 Um circuito elétrico equivalente para determinar a diferença de temperatura.

10.8 DISSIPADORES DE CALOR E CONDUÇÃO TÉRMICA

Temperaturas no estado estável

Conforme visto neste livro, as perdas na condução e no chaveamento ocorrem nos dispositivos eletrônicos. Estas perdas representam a energia elétrica convertida em energia térmica e a dissipação da energia térmica é essencial para manter a temperatura interna do dispositivo abaixo de seus valores nominais máximos.

Em geral, a diferença de temperatura entre dois pontos é uma função da potência térmica e da resistência térmica. A *resistência térmica* é definida como

$$R_\theta = \frac{T_1 - T_2}{P} \tag{10-16}$$

onde R_θ = resistência térmica, °C/W (listado também como K/W em algumas folhas de dados)
$T_1 - T_2$ = diferença de temperatura, °C
P = potência térmica, W

Um circuito elétrico análogo útil para os cálculos no estado estável térmico que se adapta na Eq. (10-16) usa P como uma a fonte de corrente, R_θ como resistência elétrica e a diferença de potencial como a diferença de temperatura, conforme ilustrado na Fig. 10-20.

A temperatura interna em um dispositivo eletrônico chaveando é designada como a temperatura da *junção*. Embora dispositivos como os MOSFETs não tenham uma junção por si quando em condução, o termo ainda é usado. Em um dispositivo eletrônico sem dissipador de calor, a temperatura na junção é determinada pela potência térmica e pela resistência térmica junção-ambiente $R_{\theta,JA}$. A temperatura ambiente é a do ar em contato com o encapsulamento. Os fabricantes sempre incluem o valor de $R_{\theta,JA}$ na folha de dados do dispositivo.

Exemplo 10-5

Absorção máxima de potência no MOSFET

A folha de dados de um fabricante de MOSFET lista a temperatura térmica da junção-ambiente $R_{\theta,JA}$ como sendo de 62°C/W. A temperatura máxima da junção é listada com 175°C, mas a intenção do projetista é a de não exceder a 150°C para aumentar a confiabilidade. Se a temperatura ambiente for de 40°C, determine a potência máxima que o MOSFET pode absorver.

■ **Solução**

Pela Eq. (10-16),

$$P = \frac{T_1 - T_2}{R_\theta} = \frac{T_J - T_A}{R_{\theta,JA}} = \frac{150 - 40}{62} = 1{,}77 \text{ W}$$

Em muitos casos, a potência assimilada pelo dispositivo resulta em uma temperatura excessiva na junção e há a necessidade de um dissipador de calor. Um dissipador de calor reduz a temperatura da junção para uma dada dissipação de potência de um dispositivo pela redução da resistência térmica total da junção. O encapsulamento do dispositivo é sempre fixado ao dissipador de calor com uma pasta térmica para preencher alguns vazios entre as imperfeições das superfícies do encapsulamento e do dissipador. Existem dissipadores de calor disponíveis com várias medidas, que podem ser desde pequenos dispositivos com presilhas até perfilados maciços de alumínio extrudado. Alguns dissipadores de calor típicos podem ser vistos na Fig. 10-21.

Para um dispositivo eletrônico com um dissipador de calor, a potência térmica flui da junção para o encapsulamento, do encapsulamento para o dissipador de calor e depois do dissipador de calor para o ambiente. As resistências térmicas correspondentes são $R_{\theta,JC}$, $R_{\theta,CS}$ e $R_{\theta,AS}$, como mostrado na Fig. 10-22.

A temperatura no dissipador de calor próximo do ponto de montagem do dispositivo eletrônico é

$$T_S = PR_{\theta,SA} + T_A \tag{10-17}$$

a temperatura no encapsulamento do dispositivo é

$$T_C = PR_{\theta,CS} + T_S = P(R_{\theta,CS} + R_{\theta,SA}) + T_A \tag{10-18}$$

e a temperatura na junção do dispositivo é

$$T_J = PR_{\theta,JC} + T_C = P(R_{\theta,JC} + R_{\theta,CS} + R_{\theta,SA}) + T_A \tag{10-19}$$

As folhas de dados dos fabricantes de semicondutores listam a resistência térmica da junção para encapsulamento e a resistência térmica do encapsulamento para dissipador de calor supondo uma superfície com pasta. A resistência térmica do dissipador de calor para ambiente é obtida pelo fabricante de dissipador de calor.

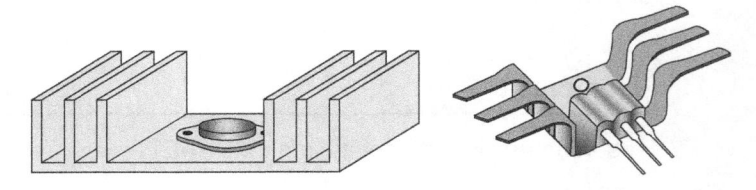

Figura 10-21 Transistores de potência montados nos dissipador de calor.

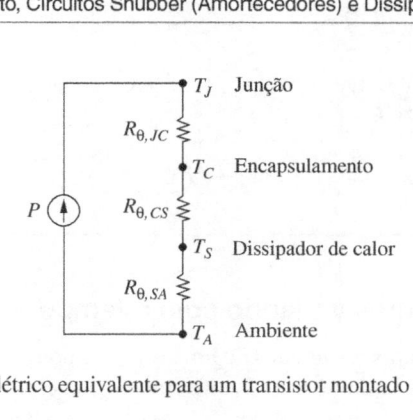

Capítulo 10 Circuitos de Acionamento, Circuitos Snubber (Amortecedores) e Dissipadores de Calor

Figura 10-22 Circuito elétrico equivalente para um transistor montado em um dissipador de calor.

Exemplo 10-6

Temperatura na junção do MOSFET com um dissipador de calor

A folha de dados para o MOSFET no Exemplo 10-5 lista a resistência térmica da junção para o encapsulamento como 1,87°C/W e a resistência térmica do encapsulamento para o dissipador de calor como 0,50°C/W. (a) Se o dispositivo for montado em um dissipador de calor que tem uma resistência térmica de 7,2°C/W, determine a potência máxima que pode ser assimilada sem que se exceda a temperatura da junção de 150°C quando a temperatura ambiente for de 40°C. (b) Determine a temperatura da junção quando a potência assimilada for de 15 W. (c) Determine $R_{\theta,SA}$ de um dissipador de calor capaz de limitar a temperatura da junção em 150°C para uma potência assimilada de 15 W.

■ Solução

(a) Pela Eq. (10-19),

$$P = \frac{T_J - T_A}{R_{\theta,JC} + R_{\theta,CS} + R_{\theta,SA}} = \frac{150 - 40}{1,87 + 0,50 + 7,2} = \frac{110}{9,57} = 11,5 \text{ W}$$

Comparando este resultado com o do Exemplo 10-5, incluindo um dissipador de calor, a resistência térmica junção-ambiente é reduzida de 62 para 9,67°C/W, permitindo que o dispositivo possa absorver mais potência sem exceder o limite de temperatura. Se o MOSFET assimila 1,77 W como no Exemplo 10-5, a temperatura da junção com um dissipador de calor será

$$T_J = P(R_{\theta,JC} + R_{\theta,CS} + R_{\theta,SA}) + T_A$$
$$= 1,77(1,87 + 0,50 + 7,2) + 40 = 56,9°C$$

comparada com 150°C sem o dissipador de calor.

(b) Pela Eq. (10-19) também, a temperatura na junção para 15 W é

$$T_J = P(R_{\theta,JC} + R_{\theta,CS} + R_{\theta,SA}) + T_A = 15(1,87 + 0,50 + 7,2) + 40 = 184°C$$

(c) Resolvendo a Eq. (10-19) $R_{\theta,SA}$, um dissipador de calor que limitaria a temperatura na junção em 150°C,

$$R_{\theta,SA} = \frac{T_J - T_A}{P} - R_{\theta,JC} - R_{\theta,CS} = \frac{150 - 40}{15} - 1,87 - 0,50 = 4,96°C/W$$

Temperaturas variando com o tempo

As temperaturas resultantes de uma fonte de potência térmica que varia com o tempo são analisadas usando um circuito equivalente como o da Fig. 10-23a. Os capacitores representam a energia térmica armazenada, resultando em uma variação exponencial na temperatura para uma variação em degrau na fonte de potência, como mostrado na Fig. 10-23b e c.

Este modelo RC pode representar o sistema completo dispositivo-encapsulamento-aquecimento-dreno com T_1, T_2, T_3 e T_4 representando a junção, encapsulamento, dissipador de calor e temperatura ambiente respectivamente. O modelo poderia representar também apenas um dos componentes que foi subdividido em seções múl-

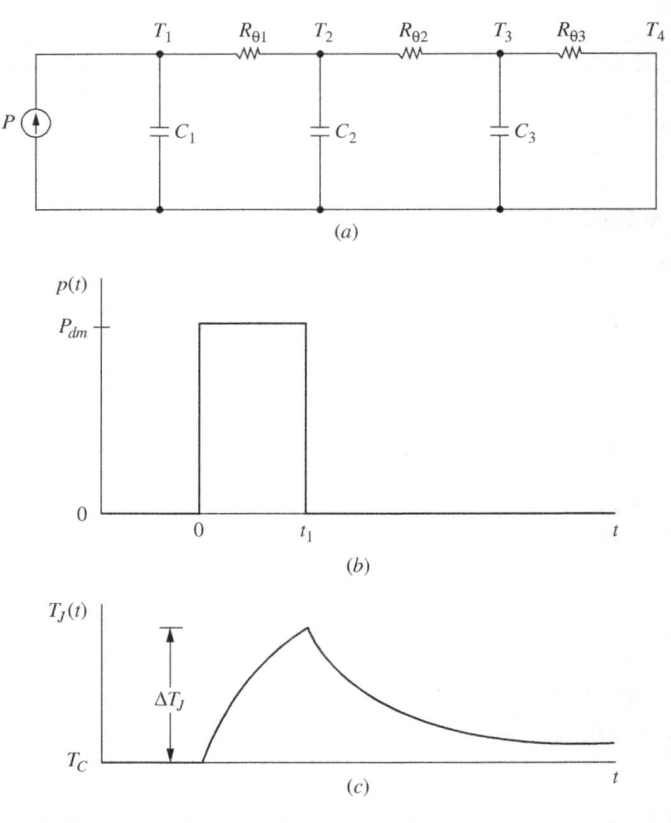

Figura 10-23 (a) Representação de um circuito equivalente para uma fonte de potência térmica que varia com o tempo; (b) um pulso momentâneo de potência; (c) resposta da temperatura devida a um pulso de potência.

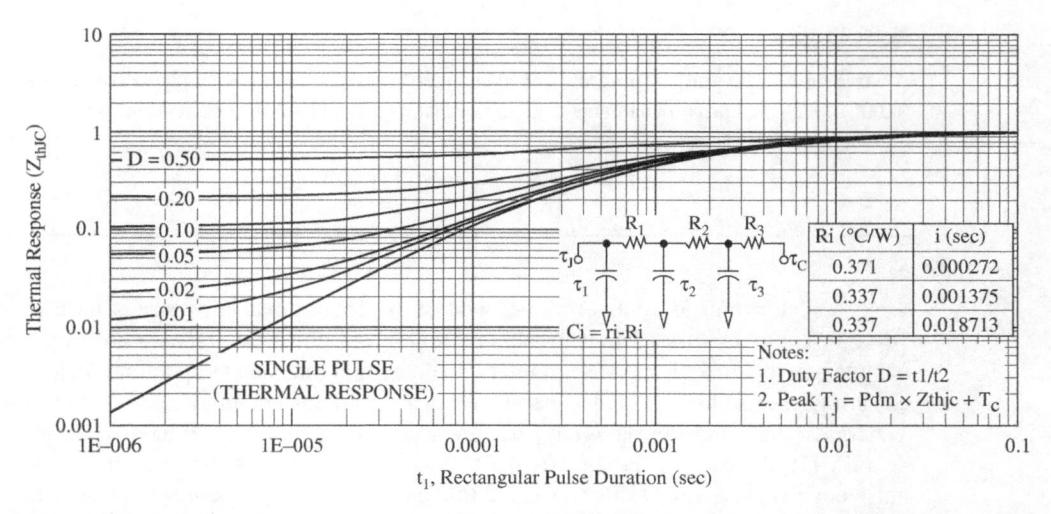

Figura 10-24 Características da impedância térmica do MOSFET IRF4104. (*Cortesia da International Rectifier Corporation*).

tiplas. Por exemplo, ele poderia representar apenas a junção para o encapsulamento do dispositivo dividido em três seções.

O transiente térmico da impedância da junção para o encapsulamento $Z_{\theta,JC}$ é utilizado para determinar a variação na temperatura da junção devido a uma mudança momentânea na potência assimilada. Os fabricantes tipicamente fornecem informações do transiente térmico da impedância nas folhas de dados. A Fig. 10-24 mostra uma representação gráfica de $Z_{\theta,JC}$, assim como a representação do circuito *RC* equivalente da junção para o encapsulamento para o MOSFET IRF4104. O transiente térmico da impedância é representado também como Z_{th}.

Primeiro, considere o aumento da temperatura na junção devida a um pulso simples na potência de amplitude P_{dm} continuando por um tempo t_1, como mostrado na Fig. 10-23b. O modelo térmico da Fig. 10-23a produz uma variação exponencial da temperatura na junção como o da Fig. 10-23c. A variação na temperatura da junção no intervalo de tempo 0 a t_1 é determinada por

$$\Delta T_J = P_{dm} Z_{\theta,JC} \quad (10\text{-}20)$$

onde $Z_{\theta,JC}$ é o transiente térmico da impedância da junção do dispositivo para o encapsulamento. A temperatura máxima na junção é ΔT_J mais a temperatura do encapsulamento.

$$T_{J,\max} = P_{dm} Z_{\theta,JC} + T_C \quad (10\text{-}21)$$

Exemplo 10-7

Transiente térmico da impedância

Um pulso de potência simples de 100 W com uma duração de 100 μs ocorre em um MOSFET que tem a característica de transiente térmico da resistência mostrada na Fig. 10-24. Determine a variação máxima na temperatura na junção.

■ **Solução**

A curva inferior do gráfico fornece a impedância térmica para um pulso simples. Para 100 μs (0,0001 s), $Z_{\theta,JC}$ é aproximadamente 0,11°C/W. Usando a Eq. (10-20), o aumento na temperatura na junção é

$$\Delta T_J = P_{dm} Z_{\theta,JC} = 100(0,11) = 11°C$$

A seguir, considere a forma de onda da potência pulsada mostrada na Fig. 10-25a. A temperatura na junção aumenta durante o pulso de potência e diminui quando a potência é zero. Após um intervalo de partida inicial, a temperatura na junção atinge o equilíbrio no qual a energia térmica assimilada em um período iguala-se à energia térmica transferida. A temperatura na junção máxima $T_{j,máx}$ é calculada usando a Eq. (10-21) e $Z_{\theta,JC}$ pela Fig. 10-24. O eixo horizontal é t_1, o tempo de duração do pulso em cada período. O valor de $Z_{\theta,JC}$ é lido da curva correspondente para a taxa de trabalho t_1/t_2. A temperatura do encapsulamento é suposta constante e pode ser determinada pela Eq. (10-18), por meio da potência média para P.

Se o pulso de potência é em alta frequência, como a frequência de chaveamento de um conversor de potência típico, a flutuação na forma de onda da temperatura da Fig. 10-25b torna-se baixa e as temperaturas podem ser analisadas utilizando-se $R_{\theta,JC}$ na Eq. (10-19) com P igual à potência média.

Exemplo 10-8

Temperatura máxima na junção para um pulso de potência periódico

A potência assimilada pelo MOSFET é a forma de onda da potência pulsada como a da Fig. 10-25a com $P_{dm} = 100$ W, $t_1 = 200$ μs e $t_2 = 2.000$ μs. (a) Determine a diferença de tempe-

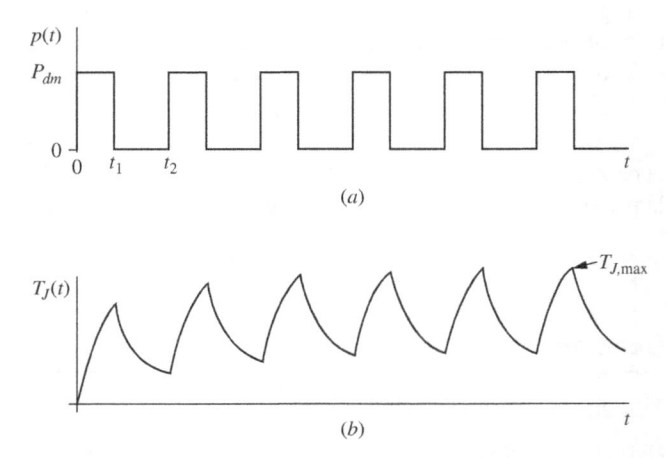

Figura 10-25 (a) Uma forma de onda da potência pulsada; (b) a variação na temperatura na junção.

ratura de pico entre a junção e o encapsulamento, usando o transiente térmico da impedância pela Fig. 10-24. Suponha que a temperatura do encapsulamento seja constante em 80°C. (b) A resistência térmica $R_{\theta,JC}$ para este MOSFET é de 1,05°C/W. Compare o resultado em (a) com um cálculo baseado na potência média do MOSFET e $R_{\theta,JC}$.

■ **Solução**

(a) A taxa de trabalho da forma de onda da potência é

$$D = \frac{t_1}{t_2} = \frac{200 \, \mu s}{2000 \, \mu s} = 0,1$$

Usando o gráfico na Fig. 10-24, o transiente térmico da impedância $Z_{\theta,JC}$ para $t_1 = 200$ μs e $D = 0,1$ é aproximadamente 0,3°C/W. A diferença de temperatura máxima entre a junção e o encapsulamento é determinado pela Eq. (10-20) como

$$\Delta T_J = P_{dm} Z_{\theta,JC} = 100(0,3) = 30°$$

Obtendo a temperatura máxima na junção

$$T_{J,\max} = P_{dm} Z_{\theta,JC} + T_C = 30 + 80 = 110°C$$

(b) Usando apenas a potência média, $\Delta T_J = PR_{\theta,JC} = (P_{dm}D)R_{\theta,JC} = (10 \text{ W})(1,05°C/W) = 10,5°C$. Portanto, um cálculo de temperatura baseado na potência média subestima muito a diferença de temperatura máxima entre a junção e o encapsulamento. Note que um período de 2.000 μs corresponde a uma frequência de apenas 500 hz. Para frequência muito acima (por exemplo, 50 kHz), a diferença de temperatura baseada em $R_{\theta,JC}$ e a potência média é suficientemente precisa.

10.9 RESUMO

A velocidade de chaveamento de um transistor é determinada não apenas pelo dispositivo, mas também pelo circuito de acionamento da porta ou da base. O circuito de acionamento com seguidor de emissor duplo para o MOSFET (ou IGBT) reduz de forma significativa o tempo de chaveamento pelo fornecimento e drenagem das correntes na porta para estabelecer e retirar a carga armazenada no MOSFET rapidamente. Um circuito de acionamento da base que inclui picos extensos de corrente para ligar e desligar um transistor bipolar reduz muito os tempos de chaveamento.

Os circuitos snubber reduzem as perdas de potência no dispositivo durante o chaveamento e protegem o dispositivo dos estresses do chaveamento pelas altas tensões e correntes. Perdas no chaveamento do transistor são reduzidas pelos snubbers, mas as perdas totais nos chaveamentos podem ou não serem reduzidas porque a potência é dissipada no circuito do snubber. Os circuitos snubber com recuperação de energia podem reduzir ainda mais as perdas no chaveamento pela eliminação da necessidade de um resistor no snubber.

Os dissipadores de calor reduzem a temperatura interna de um dispositivo eletrônico pela redução da resistência térmica total entre a junção do dispositivo e o meio ambiente. De forma equivalente, um dissipador de calor permite a um dispositivo absorver mais potência sem exceder a temperatura interna máxima.

10.10 BIBLIOGRAFIA

M. S. J. Asghar, *Power Electronics Handbook*, edited by M. H. Rashid, Academic Press, San Diego, Calif., 2001, Chapter 18.

L. Edmunds, "Heatsink Characteristics," International Rectifier Application Note AN-1057, 2004, http://www.irf.com/technical-info/appnotes/an-1057.pdf. *Fundamentals of Power Semiconductors for Automotive Applications*, 2d ed., Infineon Technologies, Munich, Germany, 2008.

"HV Floating MOS-Gate Driver ICs," Application Note AN-978, International Rectifier, Inc., El Segunda, Calif., July 2001. http://www.irf.com/technical-info/ appnotes/ an-978.pdf.

A. Isurin and A. Cook, "Passive Soft-Switching Snubber Circuit with Energy Recovery," *IEEE Applied Power Electronics Conference*, austin, Tex., 2008.

S. Lee, "How to Select a Heat Sink," Aavid Thermalloy, http://www.aavidthermalloy .com/ technical/papers/pdfs/select.pdf

W. McMurray, "Selection of Snubber and Clamps to Optimize the Design of Transistor Switching Converters," *IEEE Transactions on Industry Applications*, vol. IAI6, no. 4, 1980, pp. 513–523.

N. Mohan, T. M. Undeland, and W. P. Robbins, *Power Electronics: Converters, Applications, and Design*, 3d ed., Wiley, New York, 2003.

M. H. Rashid, *Power Electronics: Circuits, Devices, and Systems*, 3d ed., Prentice-Hall, Upper Saddle River, N.J., 2004.

R. E. Tarter, *Solid-State Power Conversion Handbook*, Wiley, New York, 1993.

Problemas

Circuitos de acionamento com MOSFET

10-1 (a) Faça uma simulação dos circuitos do Exemplo 10-1 com o PSpice e use o Probe para determinar as perdas de potência no corte e na condução separadamente. A opção de restringir os dados será útil. (b) Pelas simulações no PSpice, determine os valores de pico, médio e rms da corrente no MOSFET para cada simulação.

10-2 Repita a simulação no Exemplo 10-1 para o circuito de acionamento com MOSFET da Fig. 10-1a usando $R_1 = 75, 50$ e $25\ \Omega$. Qual é o efeito na redução da resistência de saída do circuito de acionamento?

Circuitos de acionamento com transistor bipolar

10-3 Projete um circuito de acionamento com transistor bipolar como o mostrado na Fig. 10-7 com uma corrente de base inicial de 5 A na ligação e que reduz para 0,5 A para manter a corrente no coletor no estado ligado. A frequência de chaveamento é de 100 kHz e a taxa de trabalho é de 50%.

10-4 Projete um circuito de acionamento com transistor bipolar como o mostrado na Fig. 10-7 com uma corrente de base inicial de 3 A na ligação e que reduz para 0,6 A para manter a corrente no coletor no estado ligado. A frequência de chaveamento é de 120 kHz e a taxa de trabalho é de 30%.

Circuitos snubber

10-5 Para o circuito snubber da Fig. 10-12a, $V_s = 50$, $I_L = 4$ A, $C = 0,05\ \mu F$, $R = 5\ \Omega$ e $t_f = 0,5\ \mu s$. A a frequência de chaveamento é de 120 kHz e a taxa de trabalho é 0,4. (a)

Determine expressões para i_Q, i_c e v_c durante o corte do transistor. (b) Trace o gráfico das formas de onda de i_Q e v_c no corte. (c) Determine as perdas na chave e no snubber.

10-6 Repita o Probl. 10-5, usando $C = 0{,}01$ μF.

10-7 Projete um circuito snubber de corte como o da Fig. 10-12a para $V_s = 150$ V, $I_L = 10$ A e $t_f = 0{,}1$ μs. A frequência de chaveamento é de 100 kHz e a taxa de trabalho é 0,4. Use o critério de que a tensão na chave deve atingir V_s quando a corrente na chave chegar a zero e que são necessárias cinco constantes de tempo para a descarga do capacitor quando a chave é aberta. Determine as perdas no corte para a chave e snubber.

10-8 Repita o Probl. 10-7, usando o critério de que a tensão na chave deve atingir 75 V quando a corrente na chave chegar a zero.

10-9 Projete um circuito snubber de corte como o da Fig. 10-12a para $V_s = 170$ V, $I_L = 7$ A e $t_f = 0{,}5$ μs. A frequência de chaveamento é de 125 kHz e a taxa de trabalho é 0,4. Use o critério de que a tensão na chave deve atingir V_s quando a corrente na chave chegar a zero e que são necessárias cinco constantes de tempo para a descarga do capacitor quando a chave é aberta. Determine as perdas no corte para a chave e snubber.

10-10 Repita o Probl. 10-9 utilizando o critério de que a tensão na chave deve atingir 125 V quando a corrente na chave chegar a zero.

10-11 Uma chave tem um tempo de queda de corrente t_f de 0,5 μs e é usada em um conversor que é modelado como na Fig. 10-11a. A tensão da fonte e a tensão final na chave são de 80 V, a corrente na carga é de 5 A, a frequência de chaveamento é 200 kHz e a taxa de trabalho é 0,35. Projete um circuito snubber para limitar a perda no corte da chave para 1 W. Determine a potência absorvida pelo resistor do snubber.

10-12 Uma chave tem um tempo de queda de corrente $t_f = 1{,}0$ μs e é usada num conversor que é modelado como na Fig. 10-11a. A tensão da fonte e a tensão final na chave são de 120 V, a corrente na carga é de 6 A, a frequência de chaveamento é 100 kHz e a taxa de trabalho é 0,3. Projete um circuito snubber para limitar a perda no corte da chave para 2 W. Determine a potência absorvida pelo resistor do snubber.

Dissipador de calor

10-13 Um MOSFET sem dissipador de calor absorve uma potência térmica de 2,0 W. A resistência térmica da junção para o meio ambiente é de 40°C/W se a temperatura ambiente é de 30°C. (a) Determine a temperatura na junção. (b) Se a temperatura na junção máxima for de 150°C, que valor de potência pode ser absorvido sem a necessidade de dissipador de calor?

10-14 Um MOSFET sem dissipador de calor absorve uma potência térmica de 1,5 W. A resistência térmica da junção para o meio ambiente é de 55°C/W, se a temperatura ambiente é de 25°C. (a) Determine a temperatura na junção. (b) Se a temperatura máxima na junção for de 175°C, que valor de potência pode ser absorvido sem a necessidade de dissipador de calor?

10-15 Um MOSFET montado em dissipador de calor absorve uma potência térmica de 10 W. As resistências térmicas são de 1,1°C/W da junção para o encapsulamento, 0,9°C/W do encapsulamento para o dissipador de calor e 2,5°C/W do dissipador de calor para o meio ambiente. A temperatura ambiente é de 40°C. Determine a temperatura na junção.

10-16 Um MOSFET montado em dissipador de calor absorve uma potência térmica de 5 W. As resistências térmicas são de 1,5°C/W da junção para o encapsulamento, 1,2°C/W do encapsulamento para o dissipador de calor e 3,0°C/W do dissipador de calor para o meio ambiente. A temperatura ambiente é de 25°C. Determine a temperatura na junção.

10-17 Um MOSFET montado em dissipador de calor absorve uma potência térmica de 18 W. As resistências térmicas são de 0,7°C/W da junção para o encapsulamento e 1,0°C/W do encapsulamento para o dissipador de calor. A temperatura ambiente é de 40°C. Determine a resistência térmica máxima do dissipador de calor para o meio ambiente de modo que a temperatura na junção não exceda a 110°C.

10-18 Um pulso de potência térmica de 500 W com duração de 10 μs ocorre em um MOSFET com a característica de transiente térmico da impedância da Fig. 10-24. Determine a variação da temperatura na junção devida a este pulso.

10-19 No Exemplo 10-8 a frequência de chaveamento é de 500 Hz. Se a frequência de chaveamento aumentar para 50 kHz, permanecendo com D em 0,1 e P_{dm} em 100 W, determine a variação da temperatura na junção, (a) usando o transiente térmico da impedância $Z_{\theta,JC}$ da Fig. 10-24 e (b) utilizando $R_{\theta,JC} = 1,05$°C/W e a potência média no transistor.

Séries de Fourier para Algumas Formas de Onda Comuns

Apêndice A

SÉRIES DE FOURIER

As séries de Fourier para uma função periódica $f(t)$ podem ser expressas na forma trigonométrica como

$$f(t) = a_0 + \sum_{n=1}^{\infty} [a_n \cos(n\omega_0 t) + b_n \, \text{sen}(n\omega_0 t)]$$

onde

$$a_0 = \frac{1}{T} \int_{-T/2}^{T/2} f(t) \, dt$$

$$a_n = \frac{2}{T} \int_{-T/2}^{T/2} f(t) \cos(n\omega_0 t) \, dt$$

$$b_n = \frac{2}{T} \int_{-T/2}^{T/2} f(t) \, \text{sen}(n\omega_0 t) \, dt$$

Senos e cossenos de mesma frequência podem ser combinados em uma única senoide, resultando em uma expressão alternativa para as séries de Fourier

$$f(t) = a_0 + \sum_{n=1}^{\infty} C_n \cos(n\omega_0 t + \theta_n)$$

onde $\quad C_n = \sqrt{a_n^2 + b_n^2} \quad$ e $\quad \theta_n = \text{tg}^{-1}\left(\dfrac{-b_n}{a_n}\right)$

ou

$$f(t) = a_0 + \sum_{n=1}^{\infty} C_n \operatorname{sen}(n\omega_0 t + \theta_n)$$

onde $\quad C_n = \sqrt{a_n^2 + b_n^2} \quad$ e $\quad \theta_n = \text{tg}^{-1}\left(\dfrac{a_n}{b_n}\right)$

O valor rms de $f(t)$ pode ser calculado pelas séries de Fourier.

$$F_{\text{rms}} = \sqrt{\sum_{n=0}^{\infty} F_{n,\text{rms}}^2} = \sqrt{a_0^2 + \sum_{n=1}^{\infty}\left(\dfrac{C_n}{\sqrt{2}}\right)^2}$$

SENOIDE RETIFICADA EM MEIA ONDA (FIG. A-1)

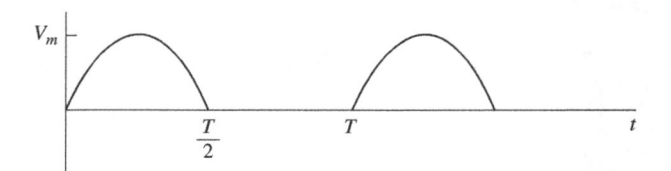

Figura A-1 Onda senoidal retificada em meia onda.

$$v(t) = \dfrac{V_m}{\pi} + \dfrac{V_m}{2}\operatorname{sen}(\omega_0 t) - \sum_{n=2,4,6\ldots}^{\infty} \dfrac{2V_m}{(n^2-1)\pi}\cos(n\omega_0 t)$$

SENOIDE RETIFICADA EM ONDA COMPLETA (FIG. A-2)

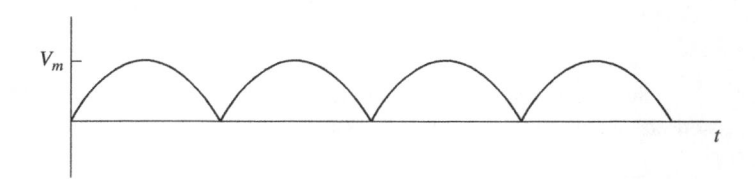

Figura A-2 Onda senoidal retificada em onda completa.

$$v_o(t) = V_o + \sum_{n=2,4,\ldots}^{\infty} V_n \cos(n\omega_0 t + \pi)$$

onde
$$V_o = \frac{2V_m}{\pi}$$

e
$$V_n = \frac{2V_m}{\pi}\left(\frac{1}{n-1} - \frac{1}{n+1}\right)$$

RETIFICADOR TRIFÁSICO EM PONTE COMPLETA (FIG. A-3)

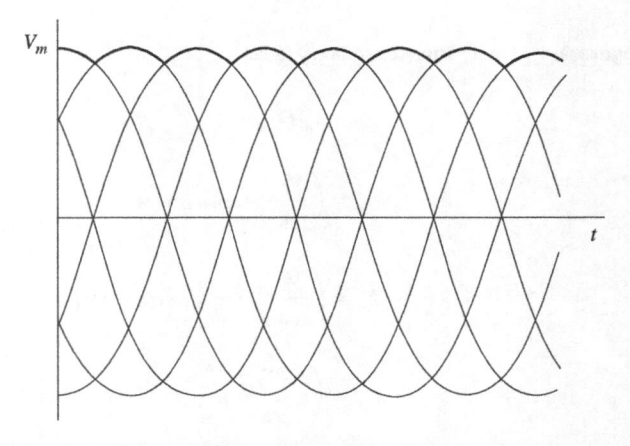

Figura A-3 Saída do retificador trifásico em ponte de seis pulsos.

As séries de Fourier para o conversor de seis pulsos são

$$v_o(t) = V_o + \sum_{n=6,12,18,\ldots}^{\infty} V_n \cos(n\omega_0 t + \pi)$$

$$V_o = \frac{3V_{m,L-L}}{\pi} = 0{,}955\, V_{m,L-L}$$

$$V_n = \frac{6V_{m,L-L}}{\pi(n^2 - 1)} \qquad n = 6, 12, 18, \ldots$$

onde $V_{m,L-L}$ é a tensão de pico de linha a linha da fonte trifásica, que é $\sqrt{2}V_{L-L,\text{rms}}$.

As séries de Fourier da corrente na fase α da linha CA (veja Fig. 4-17) são

$$i_a(t) = \frac{2\sqrt{3}}{\pi}I_o\left(\cos\omega_0 t - \frac{1}{5}\cos 5\omega_0 t + \frac{1}{7}\cos 7\omega_0 t - \frac{1}{11}\cos 11\omega_0 t + \frac{1}{13}\cos 13\omega_0 t - \ldots\right)$$

Que consiste dos termos da frequência fundamental do sistema CA e das harmônicas de ordm $6k \pm 1$, $k = 1, 2, 3,\ldots$

FORMA DE ONDA PULSADA (FIG. A-4)

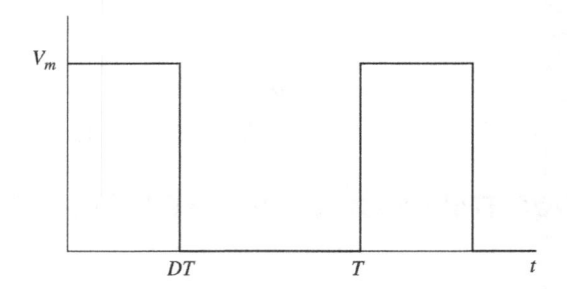

Figura A-4 Uma forma de onda pulsada.

$$a_0 = V_m D$$

$$a_n = \left(\frac{V_m}{n\pi}\right) \text{sen}(n2\pi D)$$

$$b_n = \left(\frac{V_m}{n\pi}\right)[1 - \cos(n2\pi D)]$$

$$C_n = \left(\frac{\sqrt{2}V_m}{n\pi}\right) \sqrt{1 - \cos(n2\pi D)}$$

ONDA QUADRADA (FIG. A-5)

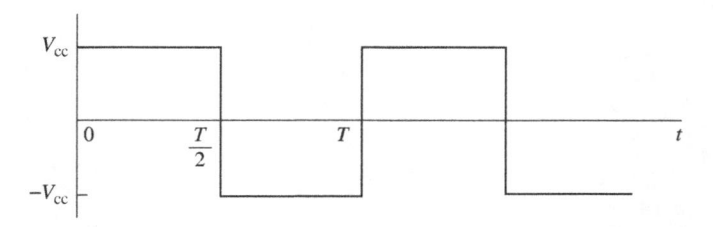

Figura A-5 Onda quadrada.

As séries de Fourier contêm as harmônicas ímpares e podem ser representadas como

$$v_o(t) = \sum_{n \text{ odd}} \left(\frac{4V_{cc}}{n\pi}\right) \text{sen}(n\omega_0 t)$$

ONDA QUADRADA MODIFICADA (FIG. A-6)

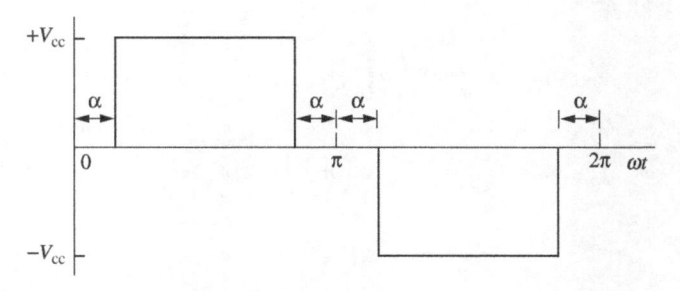

Figura A-6 Uma onda quadrada modificada.

As séries de Fourier da forma de onda são expressas como

$$v_o(t) = \sum_{n \text{ odd}} V_n \operatorname{sen}(n\omega_0 t)$$

Aproveitando a vantagem da simetria da meia onda, as amplitudes são

$$V_n = \left(\frac{4V_{cc}}{n\pi}\right)\cos(n\alpha)$$

onde α é o ângulo da tensão zero em cada final do pulso.

INVERSOR TRIFÁSICO DE SEIS DEGRAUS (FIG. A-7)

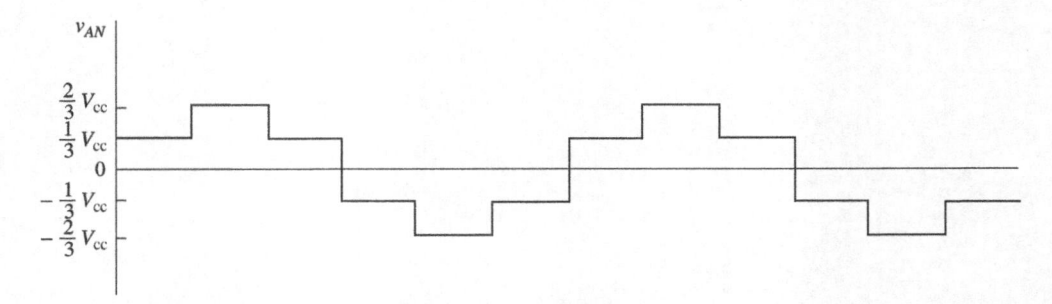

Figura A-7 Saída do inversor trifásico de seis degraus.

As séries de Fourier para a tensão de saída têm uma frequência fundamental igual a frequência de chaveamento. As frequências harmônicas são de ordem $6k \pm 1$ para $k = 1, 2,...$ ($n = 5, 7, 11, 13,...$) A terceira harmônica e as múltiplas da terceira não existem, bem como harmônicas pares. Para uma tensão na entrada de V_{cc}, a saída para conectada em estrela não aterrada (veja Fig. 8-17) tem os seguintes coeficentes de Fourier:

$$V_{n,\text{L}-\text{L}} = \left| \frac{4V_{cc}}{n\pi} \cos\left(n\frac{\pi}{6}\right) \right|$$

$$V_{n,\text{L}-\text{N}} = \left| \frac{2V_{cc}}{3n\pi}\left[2 + \cos\left(n\frac{\pi}{3}\right) - \cos\left(n\frac{2\pi}{3}\right)\right] \right| \qquad n = 1,5,7,11,13,\ldots$$

Modelo de Variáveis de Estado para Circuitos com Chaveamento Múltiplo

Apêndice B

Os resultados dos desenvolvimentos a seguir são usados na Sec. 7-13, no controle das fontes de alimentação CC. Um método geral para descrever um circuito que varia sobre um período de chaveamento é chamado de *modelo de variáveis de estado para circuitos com chaveamento múltiplo*. A técnica requer dois conjuntos de equações de estado que descrevem o circuito: um conjunto para a chave fechada e outro para a chave aberta. Destas equações de estado, então, é calculada a média sobre o período de chaveamento. A descrição da variável-estado de um sistema é da forma

$$\dot{x} = Ac + Bv \tag{B-1}$$

$$v_o = C^T x \tag{B-2}$$

As equações do estado para o circuito chaveado com duas topologias resultantes são como segue:

$$\begin{array}{ll} \text{Chave fechada} & \text{Chave aberta} \\ \dot{x} = A_1 x + B_1 v & \dot{x} = A_2 x + B_2 v \\ v_o = C_1^T x & v_o = C_2^T x \end{array} \tag{B-3}$$

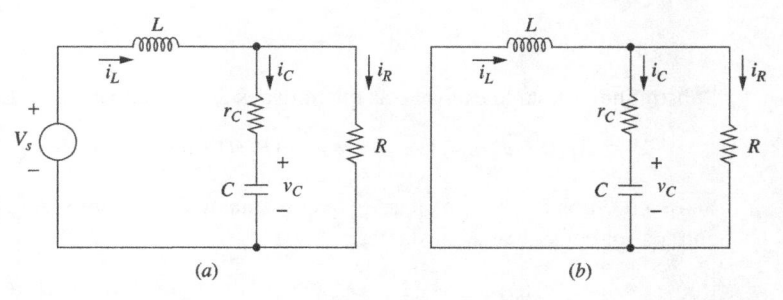

Figura B-1 Circuitos para o desenvolvimento das equações de estado para o circuito do conversor buck (a) para a chave fechada e (b) para a chave aberta.

Para a chave fechada pelo tempo dT e aberta por $(1 - d)T$, as equações abaixo têm uma média ponderada de

$$\dot{x} = [A_1 d + A_2(1 - d)]x + [B_1 d + B_2(1 - d)]v \tag{B-4}$$

$$v_o = \left[C_1^T d + C_2^T (1 - d) \right] x \tag{B-5}$$

Portanto, uma média da descrição do estado-variável do sistema é descrito de uma forma geral das Eqs. (B-1) e (B-2) com

$$\begin{aligned} A &= A_1 d + A_2(1 - d) \\ B &= B_1 d + B_2(1 - d) \\ C^T &= C_1^T d + C_2^T (1 - d) \end{aligned} \tag{B-6}$$

PEQUENOS SINAIS E ESTADO ESTÁVEL

As análises para pequenos sinais e estado estável do sistema são separadas supondo-se que as variáveis são afetadas em torno do ponto de operação no estado estável, a saber,

$$\begin{aligned} x &= X + \tilde{x} \\ d &= D + \tilde{d} \\ v &= V + \tilde{v} \end{aligned} \tag{B-7}$$

onde X, D e V representam os valores no estado estável e $\tilde{x}$, $\tilde{d}$ e $\tilde{v}$ representam os valores de pequeno sinal. Para o estado estável, $\dot{x} = 0$ e os valores de pequenos sinais são zero. A Eq. (B-1) torna-se

ou
$$0 = AX + BV$$

$$X = -A^{-1}BV \tag{B-8}$$

$$V_o = -C^T A^{-1} BV \tag{B-9}$$

onde as matrizes são médias ponderadas da Eq. (B-6).

A análise para pequeno sinal começa pelo reconhecimento de que a derivada da componente no estado estável é zero.

$$\dot{x} = \dot{X} + \dot{\tilde{x}} = 0 + \dot{\tilde{x}} = \dot{\tilde{x}} \tag{B-10}$$

Substituindo o estado estável e as quantidades de pequeno sinal na Eq. (B-4),

$$\dot{\tilde{x}} = \{A_1(D + \tilde{d}) + A_2[1 - (D + \tilde{d})]\} + \{B_1(D + \tilde{d}) + B_2[1 - (D + \tilde{d})]\}(V + \tilde{v}) \tag{B-11}$$

Se os produtos dos termos para pequeno sinal $\tilde{x}\tilde{d}$ puderem ser desprezados e se a entrada for considerada constante, $v = V$ e

$$\dot{\tilde{x}} = [A_1 D + A_2(1 - D)]\tilde{x} + [(A_1 - A_2)X + (B_1 - B_2)V]\tilde{d} \tag{B-12}$$

De modo similar, a saída é obtida pela Eq. (B-5).

$$\tilde{v}_o = \left[C_1^T + C_2^T(1-D)\right]\tilde{x} + \left[\left(C_1^T - C_2^T\right)X\right]\tilde{d} \qquad \text{(B-13)}$$

EQUAÇÕES DOS ESTADOS PARA O CONVERSOR BUCK

O modelo de variáveis de estados é muito útil para o desenvolvimento das funções de transferência para os circuitos chaveados como os conversores CC-CC. O conversor buck é usado como um exemplo. As equações dos estados para a chave fechada são desenvolvidas pela Fig. B-1a, e as equações dos estados para a chave aberta são as da Fig. B-1b.

Chave fechada

Primeiro, as equações dos estados para o conversor buck (também para o conversor direto) são determinadas para a chave fechada. A malha periférica do circuito na Fig. B-1a tem as equações da lei da tensão de Kirchhoff

$$L\frac{di_L}{dt} + i_R R = V_s \qquad \text{(B-14)}$$

A lei da corrente de Kirchhoff fornece

$$i_R = i_L - i_C = i_L - C\frac{dv_C}{dt} \qquad \text{(B-15)}$$

A lei da tensão de Kirchhoff em torno da malha de dentro à esquerda fornece

$$L\frac{di_L}{dt} + i_C r_C + v_C = V_s \qquad \text{(B-16)}$$

que dá a relação

$$i_C = C\frac{dv_C}{dt} = \frac{1}{r_C}\left(V_s - L\frac{di_L}{dt} - v_C\right) \qquad \text{(B-17)}$$

Combinando as Eqs. (B-14) até a (B-17) obtém-se a equação do estado

$$\frac{di_L}{dt} = -\frac{Rr_C}{L(R+r_C)}i_L - \frac{R}{L(R+r_C)}v_C + \frac{1}{L}V_s \qquad \text{(B-18)}$$

A lei da tensão de Kirchhoff em torno da malha da direita fornece

$$-v_C - i_C r_C + i_R R = 0 \qquad \text{(B-19)}$$

Combinando a equação acima com a Eq. (B-15) obtém-se a equação do estado

$$\frac{dv_C}{dt} = \frac{R}{C(R+r_C)}i_L - \frac{1}{C(R+r_C)}v_C \qquad \text{(B-20)}$$

Reiniciando as Eqs. (B-18) e (B-20) na forma de variável-estado temos

$$\dot{x} = A_1 x + B_1 V_s \tag{B-21}$$

onde
$$\dot{x} = \begin{bmatrix} i_L \\ \dot{v}_C \end{bmatrix}$$

$$A_1 = \begin{bmatrix} -\dfrac{Rr_C}{L(R + r_C)} & -\dfrac{R}{L(R + r_C)} \\ \dfrac{R}{C(R + r_C)} & -\dfrac{1}{C(R + r_C)} \end{bmatrix} \tag{B-22}$$

$$B_1 = \begin{bmatrix} \dfrac{1}{L} \\ 0 \end{bmatrix}$$

Se $r_c \ll R$,

$$A_1 \approx \begin{bmatrix} -\dfrac{r_C}{L} & -\dfrac{1}{L} \\ \dfrac{1}{C} & -\dfrac{1}{RC} \end{bmatrix} \tag{B-23}$$

Chave aberta

O filtro é o mesmo tanto para a chave fechada como para a chave aberta. Portanto, a matriz A permanece inalterada durante o período de chaveamento.

$$A_2 = A_1$$

A entrada para o filtro é zero quando a chave está aberta e o diodo está conduzindo. A equação do estado (B-16) é modificada adequadamente, resultando em

$$B_2 = 0$$

Ponderando as variáveis do estado sobre um período de chaveamento obtemos

$$\begin{aligned} \dot{x}d &= A_1 x d + B_1 V_s d \\ \dot{x}(1 - d) &= A_2 x(1 - d) + B_2 V_s (1 - d) \end{aligned} \tag{B-24}$$

Somando as equações acima e usando $A_2 = A_1$,

$$\dot{x} = A_1 x + [B_1 d + B_2 (1 - d)] V_s \tag{B-25}$$

Na forma expandida,

$$\begin{bmatrix} i_L \\ \dot{v}_C \end{bmatrix} = \begin{bmatrix} -\dfrac{r_C}{L} & -\dfrac{1}{L} \\ \dfrac{1}{C} & -\dfrac{1}{RC} \end{bmatrix} \begin{bmatrix} i_L \\ v_C \end{bmatrix} + \begin{bmatrix} \dfrac{d}{L} \\ 0 \end{bmatrix} V_s \tag{B-26}$$

A Eq. (B-26) dá a descrição do modelo de variáveis de estado do filtro de saída e da carga para o conversor direto ou conversor buck.

A tensão na saída v_o é determinada por

$$v_o = Ri_R = R(i_L - i_R) = R\left(i_L - \frac{v_o - v_C}{r_C}\right) \tag{B-27}$$

Rearranjando para resolver para v_o,

$$v_o = \left(\frac{Rr_C}{R + r_C}\right)i_L + \left(\frac{R}{R + r_C}\right)v_C \approx r_C i_L + v_C \tag{B-28}$$

A equação da saída acima é válida para ambas as posições da chave, resultando em $C_1^T = C_2^T = C^T$. Na forma de estado variável

$$v_o = C^T x$$

onde

$$C^T = \left[\frac{Rr_C}{R + r_C} \quad \frac{R}{R + r_C}\right] \approx [r_C \quad 1] \tag{B-29}$$

e

$$x = \begin{bmatrix} i_L \\ v_C \end{bmatrix} \tag{B-30}$$

A saída no estado estável é encontrada pela Eq. (B-9),

$$V_o = -C^T A^{-1} B V_s \tag{B-31}$$

onde $A = A_1 = A_2$, $B = B_1 D$ e $C^T = C_1^T = C_2^T$. O resultado final deste cálculo resulta na saída no estado estável de

$$V_o = V_s D \tag{B-32}$$

A característica de transferência em pequeno sinal é desenvolvida pela Eq. (B-12), que no caso do conversor buck resulta em

$$\dot{\tilde{x}} = A\tilde{x} + BV_s \tilde{d} \tag{B-33}$$

Tomando a transformada de Laplace,

$$s\tilde{x}(s) = A\tilde{x}(s) + BV_s \tilde{d}(s) \tag{B-34}$$

Agrupando $\tilde{x}(s)$

$$[sI - A]\tilde{x}(s) = BV_s \tilde{d}(s) \tag{B-35}$$

onde I é a identidade da matriz. Resolvendo para $\tilde{x}(s)$

$$\tilde{x}(s) = [sI - A]^{-1} BV_s \tilde{d}(s) \tag{B-36}$$

Expressando $\tilde{v}_o(s)$ em termos de $\tilde{x}(s)$

$$\tilde{v}_o(s) = C^T\tilde{x}(s) = C^T[sI - A]^{-1}BV_s\tilde{d}(s) \tag{B-37}$$

Finalmente, a função de transferência da saída para as variações na taxa de trabalho é expressa como

$$\frac{\tilde{v}_o(s)}{\tilde{d}(s)} = C^T[sI - A]^{-1}BV_s \tag{B-38}$$

Sobre a substituição para as matrizes na equação acima, um processo tedioso de avaliação resulta na função de transferência

$$\frac{\tilde{v}_o(s)}{\tilde{d}(s)} = \frac{V_s}{LC}\left[\frac{1 + sr_CC}{s^2 + s(1/RC + r_C/L) + 1/LC}\right] \tag{B-39}$$

A função de transferência acima foi usada na seção sobre controle de fontes de alimentação no Capítulo 7.

BIBLIOGRAFIA

S. Ang and A. Oliva, *Power-Switching Converters*, 2d ed., Taylor & Francis, Boca Raton, Fla., 2005.

R. D. Middlebrcok and S. Cuk, "A General Unified Approach to Modelling Switching–Converter Power Stages," *IEEE Power Electronics Specialists Conference Record,* 1976.

N. Mohan, T. M. Undeland, and W. P. Robbins, *Power Electronics: Converters, Applications, and Design,* 3d ed., Wiley, New Yorks, 2003.

Índice

A

Acionadores, 435
Acionamento de ajuste de rotação de motor, 351
Acionamento de circuitos
    drenando corrente, *(high side)* 435
    fornecendo corrente, *(low side)* 433
    MOSFET, 433
    PSpice, 17
    TBJ, 439
    tiristor, 442
    transistor, 8
Amplificador de erro, 305, 309, 310, 313
Amplificador de erro compensado tipo 2, 310
Amplificador de erro compensado tipo 3, 319
    localização dos polos e zeros, 325
Amplificadores classe D, 368
Análise em pequeno sinal, 306
Ângulo de atraso, 94, 131
Ângulo de condução, 97, 189
Ângulo de extinção, 70, 72, 77, 96
Área de operação segura (TBJ), 449

C

Capacitores, 25
    corrente média, 26
    energia armazenada, 25
    ESR, 207
    potência média, 26
Capture, 13
Carregador de bateria, 24, 120
Chave eletrônica, 4-5, 65
Chaveamento com corrente zero, 389

Chaveamento com tensão zero, 396
Chopper, CC, 198
Circuitos de controle PWM, 325
Circuitos Snubber
    com tiristor, 452
    com transistor, 443
    recuperação de energia, 451
Compensação, 310, 319
Comutação, 103, 160
Constante de tempo, 69, 93
Controlador de luz, *(dimmer)* 192
Controlador de tensão CA, 171, 172
Controle, 304
Controle de amplitude, 344
    conversor ressonante, 406
    inversores, 344
Controle de fase, 171
Controle de rotação do motor de indução, 381
Controle estático VAR, 191
Convenção de sinal passivo, 21
Conversor
    CA-CA, 2
    CA-CC, 2
    CC-CA, 2
    CC-CC, 2
    classificação, 1
    seleção, 300
Conversor CC-CC
    boost, 212, 245, 303
    buck, 199, 312
    buck-booster, 222
    capacitor chaveado, 248
    cuk, 227

direto, 279
direto com chave dupla, 287
flyback, 269
meia ponte, 293
ponte completa, 293
push-pull, 289
realimentado por corrente, 296
saídas múltiplas, 299
SEPIC, 232
Conversor CC-CC ressonante paralelo, 417
Conversor CC-CC ressonante série-paralelo, 420
Conversor chaveado com capacitor
    abaixador, 251
    com inversão, 250
    elevador, 248
Conversor com indutância simples no primário (SE-PIC), 232
Conversor de tensão CA-CA, 171
Conversor direto, 279
Conversor direto com chave dupla, 287
Conversor em meia ponte, 293
Conversor em ponte completa, 293, 333
Conversor Flyback, 269
Conversor puh-pull, 289
Conversor realimentado por corrente, 296
Conversor ressonante, 389
    CC-CC paralelo, 417
    CC-CC série, 409
    CC-CC série-paralelo, 420
    chaveado com corrente zero, 389
    chaveado com tensão zero, 396
    com *link* CC, 424
    comparação de 423
    inversor ressonante série, 403
Conversor ressonante com ligação CC, 424
Conversores intercalados, 238
Correção do fator de potência, 301
Corrente acionador fornecendo, 433

D

Darlington, 10
Deslocamento do fator de potência, 49
Diodo, 5-6
    de corpo do MOSFET, 9
    de recuparação rápida, 6-7
    de recuperação reversa, 6-7

    ideal, 17, 72
    roda livre, 81
    Schttky, 6-7
Diodo de corpo, 9, 10, 208
Diodo roda livre, 81, 86, 103
Diodo Schottky, 6-7, 208
Dissipador de calor, 452
    com a temperatura variando no tempo, 456
    com temperatura no estado estável, 452
Distorção harmônica total (DHT), 49, 341
Distorção volt-amps, 50
Dobrador de tensão, 125

E

Energia, 22
Escolha da chave, 11
Estabilidade, 157, 305, 309, 313, 319

F

Fator de crista, 50
Fator de distorção, 49
Fator de forma, 50
Fator K, 314, 320
Filtro
    capacitivo, 88, 122
    função de transferência, 308
    L-C, 126, 325, 406
Fonte de alimentação CC, 267
    completa, 327
    fora de linha, 328
Fontes de alimentação sem interrupção, (UPS), 333
Forno a arco elétrico, 192
Frequência de cruzamento *(cross-over)*, 306
Função de transferência
    chave, 307
    filtro, 308
    PWM, 309
Funções ortogonais, 40

I

Impedância térmica, 457
Indutores, 25
    energia armazenada, 25, 30
    potência média, 25
    tensão média, 25

Injetor de combustível, 27
International Rectifier
    IR2110, 437
    IR2117, 437
    IRF150, 16
    IRF4104, 457
    IRF9140, 16
Inversor, 2, 142, 333
    controle de amplitude, 344
    controle de harmônica, 344
    de seis pulsos, 375
    em meia onda, 348
    em onda quadrada, 335
    em ponte completa, 333
    multinível, 350
    PWM, 359
    ressonante série, 403
Inversor PWM bipolar, 363
Inversor PWM unipolar, 367
Inversor trifásico de seis degraus, 375
Inversores multiníveis, 350
    com fonte CC independente, 351
    com grampo de diodo, 356
    trifásico, 380
    troca de padrão 355

L

Ligação CC, 384

M

Malha de controle, 299, 305
Margem de fase, 306, 313
Modelo de circuito ponderado, 255
Modelo de variáveis de estados, 309, 469
Modelo de Vorperian, 260
Modo de condução contínua, 120, 126, 199
Modo de condução descontínua, 199
Modulação por largura de pulso, 309, 359
MOSFET, 9
    circuitos de acionamento, 433
    resistência no estado ligado, 10

P

Parâmetros incrementados,73
Perdas no chaveamento, 241, 242

Potência
    aparente, 42
    calculo, 21
    CC da fonte, 24
    complexa, 44
    fator, 43, 96
    instantânea, 21
    média, 22, 46, 70, 77, 79
    real, 22
    reativa, 44
Potência ativa, 22
Potência média, 22
Probe, 13, 52, 72
Projeto
    amplificador de erro tipo 2, 313
    amplificador de erro tipo 3, 320
    conversor boost, 217
    conversor buck, 208, 209, 211
    conversor Cuk, 231
    conversor direto, 286
    conversor flyback, 276
    inversor, 346, 366
    retificador de meia onda, 74
PSpice, 13
    análise de Fourier, 54
    cálculos de potência, 51
    chave controlada por tensão, 14
    chave de Sbreak, 14
    convergência, 18
    DHT, 56
    diodo ideal, 17
    diodo padrão, 17
    energia, 52
    fonte CC, 303
    malha de controle, 313, 317
    potência instantânea, 52
    potência média, 52
    retificador controlado, 100
    retificador de meia onda, 72
    rms, 54
    SCR, 18, 100

R

Realimentação, 304
Recuperação de energia, 27, 32
Recuperação reversa, 6-7
Regulador de tensão linear, 197

Repositor de carga, 248
Resistência equivalente em série, 207, 275, 309, 311, 325
Resistência térmica, 453
Resposta forçada, 67, 76
Resposta natural, 67, 76
Retificação sincrona, 208
Retificador
   controlado, 94, 95, 99
   meia onda, 65
   filtro capacitivo, 88, 122
   trifásico, 144
Retificador controlado de (SCR), 6-7
Retificador de meia onda controlado, 94
Retificador de onda completa controlado, 94 131
Retificador de seis pulsos, 145
Retificador em ponte, 111, 114, 131, 160
   trifásico, 465
Retificadores de doze pulsos, 151
Rms, 34
   forma de onda pulsante, 35
   forma de onda triangular, 41
   PSpice, 54
   senoides, 36
   soma de formas de onda, 40

S

Semiconductor National
   Circuito de controle LM2743, 325
Série conversor CC-CC ressonante, 409
Série inverso ressonante, 403
Séries Fourier, 4, 43, 45
   no PSpice, 54
   para formas de ondas comuns, 463
   para o controle da amplitude, 345
   para o inversor com PWM, 363
   para o inversor de onda quadrada, 339
   para o inversor multinível, 351
   para o retificador controlado, 136
   para o retificador trifásico, 146
   para senoide retificada em meia onda, 82
   para senoide retificada em onda completa, 115
Sinal da portadora, 359
Solenoide, 27
Sólido relé estado, 179
SPICE, 13

T

Taxa de modulação da frequência, 362
Taxa de modulação da amplitude, 362
Taxa de trabalho, 35, 199
Tensão de ondulação
   conversor boost, 216
   conversor buck, 205
   conversor buck-boost, 226
   conversor Cuk, 229
   conversor direto, 284
   conversor flyback, 275
   conversor push-pull, 291
   efeito da RES na, 207
   retificador de meia onda, 90, 91
   retificador de onda completa, 124
   SEPIC, 235
Tensão de referência, 363
Tiristor, 6-7
   circuito snubber, 452
   circuitos de acionamento, 442
Tiristor controlado por MOS (MCT), 6-7
Tiristor desligado pela porta (GTO), 6-7
Transformada de Fourier rápida (FFT), 55
Transformador
   convenção do ponto, 268
   de tomada central, 114
   indutância de fuga, 269
   indutância de magnetização, 268
   modelos, 267
Transiente térmico da impedância, 457
Transistor bipolar com porta isolada (IGBT), 9, 338, 434
Transistor como chave, 27
Transistor de junção bipolar, 9, 439
   Darlington, 10
Transistores, 8
Transmissão de energia CC, 1, 156
Triac, 6-8
Trifásico
   condutor neutro do sistema, 38
   controladores de tensão, 183
   inversor, 154, 375
   retificador controlado, 149
   retificadores, 144

Equações Usuais em Eletrônica de Potência e Conversores

Potência instantânea: $p(t) = v(t)i(t)$

Energia: $W = \int_{t_1}^{t_2} p(t)\,dt$

Potência média: $P = \dfrac{W}{T} = \dfrac{1}{T}\int_{t_0}^{t_0+T} p(t)\,dt = \dfrac{1}{T}\int_{t_0}^{t_0+T} v(t)i(t)\,dt$

Potência média para uma fonte de tensão CC: $P_{cc} = V_{cc}\,I_{med}$

Tensão rms: $V_{rms} = \sqrt{\dfrac{1}{T}\int_0^T v^2(t)\,dt}$

rms para $v = v_1 + v_2 + v_3 + \cdots$: $V_{rms} = \sqrt{V_{1,rms}^2 + V_{2,rms}^2 + V_{3,rms}^2 + \cdots}$

Corrente rms para uma forma de onda triangular: $I_{rms} = \dfrac{I_m}{\sqrt{3}}$

Corrente rms para uma onda triangular deslocada (offset): $I_{rms} = \sqrt{\left(\dfrac{I_m}{\sqrt{3}}\right)^2 + I_{cc}^2}$

Tensão rms para uma onda senoidal ou senoidal retificada em onda completa: $V_{rms} = \dfrac{V_m}{2}$

Tensão rms para uma senoidal retificada em meia onda: $p(t) = v(t)i(t)$

Fator de potência: $\text{fp} = \dfrac{P}{S} = \dfrac{P}{V_{\text{rms}} I_{\text{rms}}}$

Distorção harmônica total: $\text{DHT} = \dfrac{\sqrt{\sum_{n=2}^{\infty} I_n^2}}{I_1}$

Fator de Distorção: $\text{FD} = \sqrt{\dfrac{1}{1 + (\text{DHT})^2}}$

Fator de Forma $= \dfrac{I_{\text{rms}}}{I_{\text{med}}}$

Fator de crista $= \dfrac{I_{\text{pico}}}{I_{\text{rms}}}$

Conversor buck: $V_o = V_s D$

Conversor boost: $V_o = \dfrac{V_s}{1 - D}$

Conversores buck-boost e Cuk: $V_o = -V_s\left(\dfrac{D}{1 - D}\right)$

SEPIC: $V_o = V_s\left(\dfrac{D}{1 - D}\right)$

Conversor flyback: $V_o = V_s\left(\dfrac{D}{1 - D}\right)\left(\dfrac{N_2}{N_1}\right)$

Conversor direto: $V_o = V_s D\left(\dfrac{N_2}{N_1}\right)$